一级注册建筑师执业资格考试要点式复习教程

建筑结构、建筑物理与设备
（知识题）

总主编单位　深圳市注册建筑师协会
总　主　编　张一莉
本册主编　　张　霖　张晋元
本册副主编　吴俊奇　王晓辉　谢雨飞
　　　　　　王红朝　田　力

中国建筑工业出版社

图书在版编目（CIP）数据

建筑结构、建筑物理与设备：知识题 / 深圳市注册建筑师协会，张一莉总主编；张霖，张晋元本册主编；吴俊奇等本册副主编. — 北京：中国建筑工业出版社，2022.11

一级注册建筑师执业资格考试要点式复习教程 / 张一莉总主编

ISBN 978-7-112-28253-1

Ⅰ.①建… Ⅱ.①深…②张…③张…④张…⑤吴… Ⅲ.①建筑结构-资格考试-自学参考资料②建筑物理学-资格考试-自学参考资料③房屋建筑设备-资格考试-自学参考资料 Ⅳ.①TU

中国版本图书馆CIP数据核字（2022）第240677号

责任编辑：费海玲　张幼平
责任校对：张　颖

一级注册建筑师执业资格考试要点式复习教程
建筑结构、建筑物理与设备
（知识题）

总主编单位　深圳市注册建筑师协会
总　主　编　张一莉
本　册　主　编　张　霖　张晋元
本册副主编　吴俊奇　王晓辉　谢雨飞
　　　　　　王红朝　田　力

*

中国建筑工业出版社出版、发行（北京海淀三里河路9号）
各地新华书店、建筑书店经销
北京红光制版公司制版
天津翔远印刷有限公司印刷

*

开本：787毫米×1092毫米　1/16　印张：35½　字数：885千字
2023年4月第一版　2023年4月第一次印刷
定价：88.00元
ISBN 978-7-112-28253-1
（40115）

版权所有　翻印必究
如有印装质量问题，可寄本社图书出版中心退换
（邮政编码100037）

《一级注册建筑师执业资格考试要点式复习教程》总编委会

总编委会主任 艾志刚　咸大庆

总编委会副主任 张一莉　费海玲　张幼平

总编委会总主编 张一莉

总编委会专家委员（以姓氏笔画为序）

　　马　越　王　静　王红朝　王晓辉
　　艾志刚　冯　鸣　吴俊奇　佘　赟
　　张　晖　张　霖　陆　洲　陈晓然
　　范永盛　林　毅　周　新　赵　阳
　　洪　悦　袁树基　郭智敏

总 主 编 单 位： 深圳市注册建筑师协会

联 合 主 编 单 位： 中国建筑工业出版社

《建筑结构、建筑物理与设备（知识题）》编委会

主　　编：张　霖　张晋元
副主编：吴俊奇　王晓辉　谢雨飞　王红朝　田　力
编　　委：王晓辉　吴俊奇　张　霖　谢雨飞　谭方彤
　　　　　褟晓林
主编单位：华蓝设计（集团）有限公司
　　　　　深圳市华森建筑工程咨询有限公司

《一级注册建筑师执业资格考试要点式复习教程》总编写分工

序号	书名	分册主编、副主编	分册编委	编委工作单位
1	《设计前期与场地设计》（知识题）（第二版）	王　静　主　编 陈晓然　副主编 范永盛　副主编	王　静	华南理工大学建筑学院
			饶　丹　陈晓然 韦久跃　莫英莉 陆姗姗　周林森 陈泽斌	奥意建筑工程设计有限公司
			范永盛	深圳市欧博工程设计顾问有限公司
			曹韶辉	悉地国际设计顾问(深圳)有限公司
2	《建筑设计》（知识题）（第二版）	艾志刚　主　编 马　越　副主编 佘　赟　副主编	马　越　艾志刚 吕诗佳　吴向阳 罗　薇　俞峰华	深圳大学建筑设计研究院有限公司、深圳大学城市规划设计研究院有限公司、深圳大学建筑与城市规划学院
			黄　河　王　超 张金保	北建院建筑设计(深圳)有限公司
			佘　赟　苏绮韶	筑博设计股份有限公司
			李朝晖	深圳机械院建筑设计有限公司
3	《建筑结构、建筑物理与设备》（知识题）	张　霖　主　编 张晋元　主　编 吴俊奇　副主编 王晓辉　副主编 谢雨飞　副主编 王红朝　副主编 田　力　副主编	张　霖　谭方彤 褟晓林	华蓝设计(集团)有限公司
			张晋元　田　力	天津大学
			吴俊奇　王晓辉 谢雨飞	北京建筑大学
			秦纪伟	北京京北职业技术学院
			王红朝	深圳市华森建筑工程咨询有限公司
4	《建筑材料与构造》（知识题）（第二版）	冯　鸣　主　编 洪　悦　副主编 赵　阳　副主编	洪　悦　冯　鸣 杨　钧	深圳大学建筑设计研究院有限公司
			赵　阳　冯　鸣 马　越　王　鹏 高文峰　崔光勋	深圳大学建筑设计研究院有限公司 深圳大学建筑与城市规划学院

续表

序号	书名	分册主编、副主编	分册编委	编委工作单位
5	《建筑经济、施工与设计业务管理》（知识题）（第二版）	郭智敏 主编 陆洲 副主编	郭智敏 陆洲	深圳华森建筑与工程设计顾问有限公司
			林彬海	深圳市清华苑建筑与规划设计研究有限公司
			张鹏	深圳市华森建筑工程咨询有限公司
6	《建筑方案设计》（作图题）（第二版）	林毅 主编 周新 副主编 张晖 副主编 范永盛 副主编	周新 鲁艺 徐基云 雷音 刘小良	香港华艺设计顾问（深圳）有限公司
			张晖 赵婷 周圣捷	深圳华森建筑与工程设计顾问有限公司
			范永盛	深圳市欧博工程设计顾问有限公司

《建筑结构、建筑物理与设备（知识题）》编写分工

章节		编委	编委单位
第一部分 建筑结构		张晋元 田 力	天津大学
第二部分 建筑物理	第一章 建筑热工	张 霖	华蓝设计（集团）有限公司
	第二章 建筑采光和照明	禤晓林	
	第三章 建筑声学	谭方彤	
第三部分 建筑设备	第一章 建筑给水排水	吴俊奇	北京建筑大学
		秦纪伟	北京京北职业技术学院
	第二章 供暖通风与空气调节	王红朝	深圳市华森建筑工程咨询有限公司
	第三章 建筑电气	王晓辉 谢雨飞	北京建筑大学

前　言

本书为一级注册建筑师执业资格考试要点式复习教程《建筑结构、建筑物理与设备（知识题）》分册。为提高参加全国一级注册建筑师考试的执业人员考前复习效率，依据《全国一级注册建筑师资格考试大纲》编制本书。

2021年11月12日，全国注册建筑师管理委员会对《全国一级注册建筑师资格考试大纲（2002年版）》进行了修订，形成《全国一级注册建筑师资格考试大纲（2021年版）》。（2021年版）大纲设置考试科目6门，"建筑结构（知识题）"、"建筑物理与建筑设备（知识题）"整合为"建筑结构建筑物理与设备（知识题）"。考试时间由原来的2.5小时改为4小时。此外，2021年版大纲增加了"能够运用专业技术知识，判断解决本专业工程问题"的要求。

本书以要点式的方法，将各部分知识中的原理、设计原则、设计要点等进行系统的梳理、串联，力图以最小的篇幅，涵盖考试大纲要求内容，为考试复习提供纲举目张的抓手。

本书涉及的国家设计标准、规范较多，且国家设计规范更改修订频繁，其中各种指标、参数应以新版本规定为准。

预祝考试成功。

《建筑结构、建筑物理与设备（知识题）》编委会
2023年1月

配套增值服务说明

中国建筑工业出版社为更好地服务于考生、满足考生需求,除了出版纸质教材书籍外,还同步配套准备了注册建筑师考试增值服务内容。考生可以选择适宜的方式进行复习。

一、兑换增值服务将会获得什么?

增值服务包括如下两大部分内容:

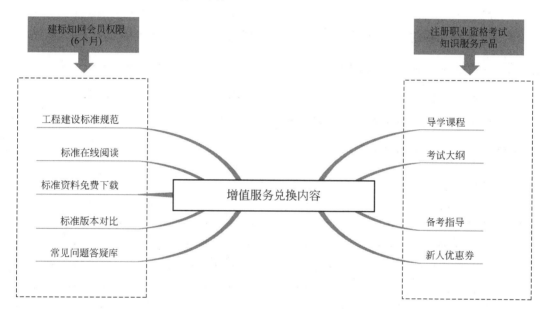

二、如何兑换增值服务?

扫描封面二维码,刮开涂层,输入兑换码,即可轻松享有上述免费增值服务内容。

注:增值服务自激活成功之日起生效,如果无法兑换或兑换后无法使用,请及时与我社联系。客服电话为 4008-188-688(周一至周五 9:00-17:00)。

目 录

第一部分 建 筑 结 构

第一章 结构力学 2
1.1 结构机动分析 2
1.2 静定结构与超静定结构的区别 12
1.3 静定结构的定性分析和计算 19
1.4 超静定结构的定性分析及特定条件下的定量判别 37

第二章 建筑结构荷载及设计方法 51
2.1 建筑结构荷载 51
2.2 概率理论为基础的极限状态设计法 56

第三章 抗震设计的基本知识 61
3.1 地震的基本知识 61
3.2 工程结构抗震设防 66
3.3 建筑场地 70
3.4 建筑形体及构件布置的规则性 73
3.5 地震作用与抗震验算 76
3.6 隔震和消能减震设计 86
3.7 非结构构件抗震 88

第四章 混凝土结构 89
4.1 混凝土结构的一般概念 89
4.2 混凝土结构材料的力学性能 90
4.3 混凝土受弯构件的受力特点和性能 100
4.4 混凝土受压构件的受力特点和性能 107
4.5 混凝土受拉构件的受力特点和性能 114
4.6 钢筋混凝土结构受扭构件 116
4.7 预应力混凝土 118
4.8 构造规定 121
4.9 混凝土构件的裂缝宽度、变形验算和耐久性设计 125
4.10 楼盖结构 129
4.11 多高层混凝土结构 135

第五章 钢结构 ... 166
- 5.1 钢结构特点 ... 166
- 5.2 钢材的力学性能 ... 167
- 5.3 连接 ... 174
- 5.4 轴心受力构件 ... 182
- 5.5 受弯构件和压弯构件 ... 186
- 5.6 民用建筑钢结构 ... 193
- 5.7 钢结构涂装工程 ... 200

第六章 砌体结构 ... 202
- 6.1 砌体材料和砌体构件的基本力学性能 ... 202
- 6.2 多层砌体房屋的墙体设计 ... 212
- 6.3 房屋墙、柱的构造要求 ... 218
- 6.4 过梁、墙梁、挑梁和圈梁 ... 223
- 6.5 多层砌体房屋的抗震设计 ... 229
- 6.6 多层砌体房屋的抗震构造措施 ... 233

第七章 地基与基础 ... 241
- 7.1 土的物理性质及工程分类 ... 241
- 7.2 地基的强度与变形 ... 249
- 7.3 地基基础设计 ... 253
- 7.4 软弱地基 ... 264
- 7.5 土压力和挡土墙 ... 265

第八章 其他结构体系 ... 270
- 8.1 木结构 ... 270
- 8.2 空间网格结构 ... 278

第二部分 建筑物理

第一章 建筑热工 ... 284
- 1.1 考纲分析 ... 284
- 1.2 建筑热工基本原理 ... 284
- 1.3 建筑围护结构的热工设计 ... 297
- 1.4 建筑节能 ... 319

第二章 建筑采光和照明 ... 339
- 2.1 考纲分析 ... 339

2.2	建筑采光和照明基本原理	339
2.3	建筑采光设计标准与计算	356
2.4	建筑室内外照明	364
2.5	采光和照明节能的一般原则和措施	373

第三章　建筑声学 ……………………………………………………………………… 375

3.1	考纲分析	375
3.2	建筑声学的基本原理	375
3.3	噪声控制	382
3.4	建筑隔声	391
3.5	吸声材料与构造	396
3.6	室内声学原理	401
3.7	厅堂音质设计	404

第三部分　建　筑　设　备

第一章　建筑给水排水 ……………………………………………………………… 414

1.1	建筑给水	414
1.2	建筑内部热水系统	426
1.3	水污染的防治及抗震措施	430
1.4	消防给水	433
1.5	建筑排水	443
1.6	建筑节水基本知识	455

第二章　供暖通风与空气调节 ……………………………………………………… 459

2.1	供暖通风与空气调节的常用术语	459
2.2	供暖系统	460
2.3	通风	467
2.4	空气调节（含冷源、热源）	469
2.5	建筑防烟、排烟系统及通风空调系统防火	476
2.6	检测与监控、计量	480

第三章　建筑电气 …………………………………………………………………… 481

3.1	供配电系统	481
3.2	变配电所和自备电源	488
3.3	民用建筑的配电系统	498
3.4	电气照明	508
3.5	电气安全和建筑防雷	518
3.6	火灾自动报警系统	530

3.7　安全防范系统 ··· 538
3.8　电话、有线广播和扩声、同声传译 ··· 539
3.9　共用天线电视系统和闭路应用电视系统 ······································· 543
3.10　呼应（叫）信号及公共显示装置 ·· 544
3.11　智能建筑及综合布线系统 ··· 545
3.12　电气设计基础 ··· 549

第一部分 建筑结构

第一章 结 构 力 学

1.1 结构机动分析

1.1.1 概述

结构机动分析,也称为体系几何组成分析,是指对某一个杆件体系进行几何组成分析,判断其是几何可变的还是几何不变的,从而确定其能否作为建筑结构。

这里的"几何可变"是指在不考虑杆件材料应变(将杆件视为刚体)的情形下,杆件体系的形状和位置会发生改变,发生机构运动。而"几何不变"是指在不考虑杆件材料应变的假定下,体系的几何形状和位置保持不变。

如图 1.1-1 (a) 和图 1.1-1 (b) 所示的两个杆件体系,只要受到轻微的外力作用,就会发生机构运动,直至最后倒塌,这种体系就是几何可变体系。若在这两个杆件体系中分别加入一根斜杆,如图 1.1-1 (c) 和图 1.1-1 (d) 所示,则这两个体系在外力作用下始终保持外形不变,成为几何不变体系。

几何不变体系在荷载作用下也会产生位移,但非常微小,且这种位移是由杆件材料的变形引起的,与"几何可变"的概念完全不同,如图 1.1-1 (e) 和图 1.1-1 (f) 所示。

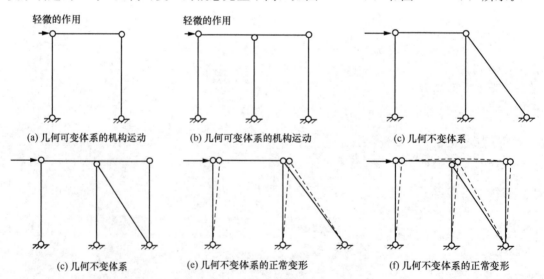

图 1.1-1 几何可变体系与几何不变体系

实际工程中,所有建筑结构必须是几何不变的,否则结构就会倒塌失效。这也是结构机动分析的意义所在。结构机动分析分两个步骤:

第一步：求解杆件体系的计算自由度 W（计算自由度的具体含义暂不考虑）。

如果 $W>0$，则该体系为几何可变体系。例如，在图 1.1-1（a）中，体系的计算自由度 $W=1$（如何计算得到的我们先不管），则该体系是几何可变的。

如果 $W\leqslant 0$，则该体系可能是几何不变的，也可能是几何可变的。例如，图 1.1-1（b）、图 1.1-1（c）、图 1.1-1（d）所示体系的计算自由度分别为 $W=0$、$W=0$、$W=-1$（如何计算得到的我们也先不管），则图 1.1-1（b）是几何可变体系，而图 1.1-1（c）和图 1.1-1（d）都是几何不变体系。因此还需要下一步的分析。

第二步：对体系进行几何组成分析，分析杆件和约束的布置是否合理。如果约束的数量足够，但它们的布置不合理，则体系仍是几何可变的，如图 1.1-1（b）；如果约束的数量足够，布置也合理，则体系就是几何不变体系，如图 1.1-1（c）和图 1.1-1（d）。对于几何不变体系，如果 $W=0$，则称为无多余约束的几何不变体系，如果 $W<0$，则称为有多余约束的几何不变体系。

上述第一步中计算自由度 W 的概念不好理解，公式复杂不便记忆。定性分析时，简单的杆件体系可不做第一步的 W 计算，而直接采用第二步的较为直观的方法，进行体系的几何组成分析。

1.1.2 刚片

由于考试仅涉及平面杆件体系，在做体系几何组成分析时，可将其中任意形状的刚性杆或者已判定为无多余约束的几何不变体系部分视为刚片，这会为体系的几何组成分析工作带来很大方便。

【例 1.1.2】求证图 1.1-1（e）所示体系为无多余约束的几何不变体系。

题解：第一步：参见题解附图（a），将右竖杆、右斜杆和地基分别视为一块刚片，三者通过不在同一条直线上的铰 A、B 和 C 两两相连，符合我们稍后要讲的"三刚片规则"，组成无多余约束的几何不变体系，见图中虚线围起的部分。第二步：参见题解附图（b），将第一步得到的无多余约束的几何不变体系视为一块大的刚片，它与水平杆刚片和左竖杆刚片通过三个不在同一直线上的铰 B、D 和 E 两两相连，也符合"三刚片规则"组成无多余约束的几何不变体系，参见虚线围起的部分。证毕。

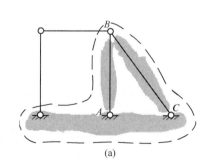
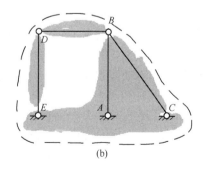

【例 1.1.2】题解附图

1.1.3 自由度和约束

1. 自由度

体系在运动时可以独立变化的几何参数的个数称为体系的自由度。首先讨论刚片的自由度。在图1.1-2（a）所示的坐标系中，一个无约束的刚片从位置 AB 运动到位置 $A'B'$，可见其沿 x 轴方向平移了 Δx，沿 y 轴方向平移了 Δy，绕 A' 点转动了 $\Delta \varphi$。这三种运动方式彼此独立，故一个刚片具有三个自由度。

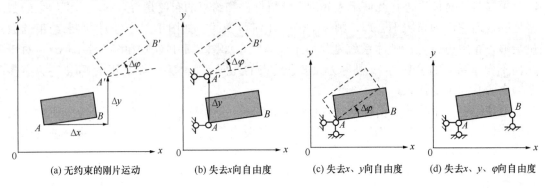

图 1.1-2 自由度和约束

2. 约束（又称联系）

限制体系运动的装置，即减少自由度的装置，称为约束。减少一个自由度的装置称为一个约束，减少 n 个自由度的装置称为 n 个约束。

（1）链杆约束

所谓链杆，是指两端铰接的直杆。若将图1.1-2（a）所示刚片的 A 点沿水平方向加一根链杆支座，参见图1.1-2（b），此时刚片失去了沿 x 向平移的自由度，仅能沿 y 向平移和绕 A 点转动；倘若再在 A 点沿竖向加一根链杆支座，见图1.1-2（c），刚片又失去沿 y 向平移的自由度，仅能绕 A 点转动了；假如在此基础上，又在 B 点沿竖向加一根链杆支座，此时刚片无法运动，形成几何不变体系。显然，每增加一根链杆，刚片就减少一个自由度，而每减少一个链杆，刚片就增加一个自由度。因此，一根链杆相当于一个约束。在几何组成分析中，凡是通过两个铰与外界物体相连的直杆、曲杆或刚片均可以看作一根链杆，去掉一根链杆相当于去掉一个约束。

（2）铰约束和不动铰支座

从图1.1-3（a）和图1.1-3（b）可以看出，刚片在 A 点受到的两种约束效果是一样的。无论是图1.1-3（a）所示的两根相交链杆约束，还是图1.1-3（b）所示的铰约束，都使得刚片只能绕 A 点转动，而不能沿 x、y 向平移，因此这个铰约束与两根相交链杆约束能够互相替代。图1.1-3（b）中的铰与基础相连接，称之为"不动铰支座"或"铰支座"，图1.1-3（a）中的两根相交链杆也可称为"不动铰支座"或"铰支座"。将图1.1-3（b）中的基础看作一个刚片，则这个铰约束成为连接两个刚片之间的单铰，去掉一个单铰相当于去掉两个约束。在几何组成分析中，经常采用去掉连接两个刚片（或杆件）的一个单铰来解除约束的分析方法。

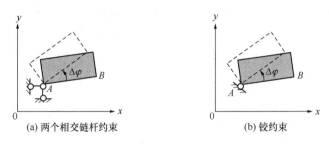

图 1.1-3 两个相交链杆约束和铰约束

（3）刚性约束和固定端支座

将图 1.1-2（d）中的刚片水平放置，并且将刚片画得细长一些，则体系变为一根水平放置的简支梁，如图 1.1-4（a）所示，不难发现：简支梁刚片缺少任一个约束都会产生运动，即简支梁的每一个约束对维持体系几乎不变性而言都不是多余的，因此简支梁（或简支刚片）是无多余约束的几何不变体系。由于刚片几何形状作任意改变都不影响其几何组成性质，因而可将简支梁刚片转变为一个悬壁柱刚片，见图 1.1-4（b）。显然，悬臂柱也是无多余约束的几何不变体系。此时由一个铰支座和另一根延长线不通过该铰支座的链杆支座组合形成了"不能动"的约束，即所谓的"刚性约束"，它约束着刚片与基础（视作另一个刚片）之间不发生相对运动。由于基础不能运动，则其上面的刚片也不产生相对地球的运动，此时的刚性约束称为固定端支座。去掉一个刚性约束或者去掉一个固定端支座，相当于去掉三根链杆，亦即相当于去掉三个约束。图 1.1-4（c）～（g）列举了在几何组成分析中常见的带有固定端的悬臂刚片，它们都是无多余约束的几何不变体系，都可看作是基础部分的延伸。图中固定端的表达既简单又常用。

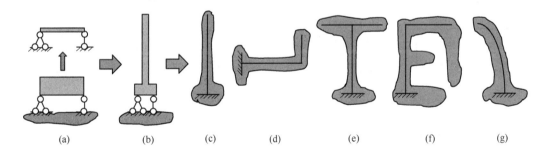

图 1.1-4 有固定端约束的静定结构：悬壁柱刚片及各种悬臂刚片

图 1.1-4 所示的各个含有不会动基础刚片的无多余约束的几何不变体系，均称之为静定结构。如果一个杆件体系为包含基础刚片的有多余约束的几何不变体系，则称为超静定结构，多余约束的个数称为超静定次数。

（4）刚结点

当两个杆件通过一个刚性约束（用三根既不全平行又不全交于一点的链杆连接两个刚片的装置）相连接，这样的刚性约束称为"单刚结点"，如图 1.1-5（a）所示。去掉一个单刚结点相当于去掉三个约束。单刚结点可按图 1.1-5（b）所示简易标注，也可以什么都不标。连续杆件的任意位置均可视为刚结点。本章提及的去掉刚结点约束，如无特殊说明，均指去掉单刚结点的约束。在几何组成分析中，运用去掉一个单刚结点等于去掉三个约束的方法，方便进行体系的几何组成分析。例如将图 1.1-5（c）所示的刚架横梁中点切断，相当于去掉三个约束，原刚架变成两个静定的悬臂刚架，成为无多余约束的几何不变体系，这说明原刚架有三个多余约束，是三次超静定结构。若将该刚架的一个固定端支座去掉，参见图 1.1-5（d），也相当于去掉三个约束，原刚架变成一个静定的悬臂刚架，这样分析出的原刚架的几何组成性质与前述结果相同。

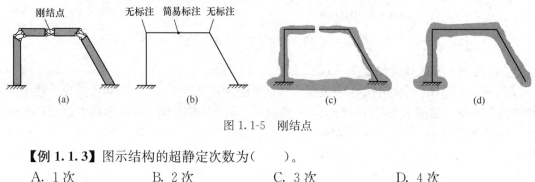

图 1.1-5 刚结点

【例 1.1.3】图示结构的超静定次数为（　　）。
A. 1 次　　　　　B. 2 次　　　　　C. 3 次　　　　　D. 4 次
答案：D
题解：将结构右下端支座链杆去掉，结构减少 1 个约束，再将其中的某横杆切断，见题解附图，相当于去掉一个单刚结点，使结构减少 3 个约束。结构在去掉 1+3=4 个约束之后，可看成是基础刚片向右伸出、形状比较复杂的静定悬臂刚架，它是在去掉 4 个约束后得到的，故原结构的超静定次数为 4。

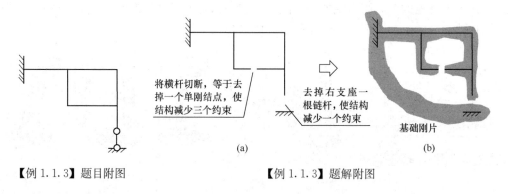

【例 1.1.3】题目附图　　　　　　【例 1.1.3】题解附图

1.1.4　几何组成分析

一个杆件体系通常是由若干个简单的无多余约束几何不变体系所组成。如果事先能将它们逐个确定出来，并分别用刚片来代替，则可以使几何组成的分析工作得到很大的简化。那么怎样才能将这些无多余约束的几何不变体系全部找到，又用何种方法来对整个杆件体系的几何组成进行判定呢？以下我们先来介绍用于杆件体系几何组成分析的几条基本规则。

1. 三刚片规则

三刚片规则是：三个刚片用不在同一条直线上的三个铰两两相连，可构成无多余约束的几何不变体系，如图 1.1-6（a）所示。当三个刚片分别用三根链杆替代时，则得出：三根链杆构成的三角形结构是无多余约束的几何不变体系，可将该体系视作一个刚片，参见图 1.1-6（b）。如果三个连接刚片的铰违反上述规则的限制条件而处在同一条直线上，例如图 1.1-6（c）所示体系，基础和两根链杆这三个刚片通过处于同一直线上的 A、B、C 三个铰两两相连，则在图示荷载 P 作用下，AB 杆和 BC 杆分别绕 A 和 C 点作微小转动，致使 B 点沿竖向发生微小运动，体系在这一瞬间是几何可变的。但在其发生竖向微量位移后，A、B、C 三铰又不在一条直线上了，此时体系又满足了上述三刚片规则，成为几何不变体系，不再发生运动。这种在一瞬间发生几何可变而后很快又保持几何不变的体系，称为"几何瞬变体系"。该体系与图 1.1-1（a）、（b）所示的几何可变体系有明显区别。在 B 点竖向微量位移下，为了与 B 点竖向荷载 P 保持静力平衡，AB 杆和 BC 杆会产生无限大的拉力，导致材料破坏、结构垮塌。因此，几何瞬变或是接近几何瞬变的体系在现实中是不能作为工程结构使用的。

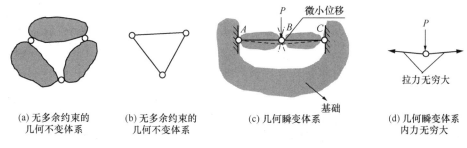

图 1.1-6 三刚片规则

【例 1.1.4-1】图示平面杆件体系的几何组成为（   ）。
A. 几何可变体系
B. 几何不变体系，无多余约束
C. 几何不变体系，有 1 个多余约束
D. 几何不变体系，有 2 个多余约束

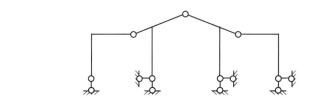

【例 1.1.4-1】题目附图

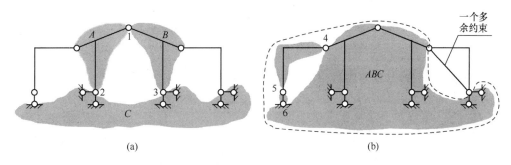

【例 1.1.4-1】题解附图

答案：C

题解：刚片 A、B 与基础刚片 C 用不在同一直线上的三个铰 1、2 和 3 两两相连，参见题解附图（a），组成无多余约束的几何不变体系，可以看作为一个大的刚片 ABC，如题解附图（b）所示；大刚片 ABC 与左侧刚片、左下角支座链杆刚片又通过不在同一直线上的三个铰 4、5、6 两两相连，组成一个无多余约束的几何不变体系，参见题解附图（b）中虚线围起来的部分，再将其视为一个更大的刚片。右侧的刚片通过两个铰与这个更大的刚片连接，显然是一个多余约束，因此整个体系是有一个多余约束的几何不变体系。

需要说明的是：上述题解附图中两根链杆相交的支座实际上就是铰支座，是一种常见的铰支座表达形式，在分析中可直接将其视为基础刚片的一部分。

2. 两刚片规则

（1）第一种表述

两刚片规则的第一种表述是：两个刚片用一个铰和一根不通过该铰的链杆相连接，构成无多余约束的几何不变体系。这条规则与三刚片规则密切相连。既然杆件可以用刚片来代替，那么刚片也可以用杆件来代替，如果将图 1.1-6（a）中的一块刚片用一根链杆来替

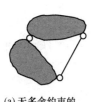
(a) 无多余约束的几何不变体系

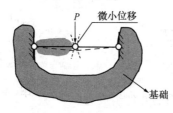
(b) 几何瞬变体系

图 1.1-7 两刚片规则之一

换，就得到图 1.1-7（a），这正符合上述两刚片规则所描述的情形。然而，当这根链杆的延长线通过这个铰时，该体系就变成类似于图 1.1-6（c）的几何瞬变体系，如图 1.1-7（b）所示。

（2）第二种表述

两刚片规则的第二种表述是：两个刚片用三根既不交于同一点也不互相平行的链杆相连接，构成无多余约束的几何不变体系。如图 1.1-8（a）、（b）所示。由于一个铰约束等同于两根相交链杆约束，因此图 1.1-8（a）中两根相交链杆 AB 和 AC 可用一个铰来代替，则该图形就转变成图 1.1-7（a），进而判定其是无多余约束的几何不变体系。图 1.1-8（a）中杆 AB 和杆 AC 实际交于 A 点，故称 A 铰为"实铰"，而图 1.1-8（b）中杆 A′B 和杆 A′C 的延长线交于 A′点，称 A′点为"虚铰"，在几何组成分析中，实铰和虚铰的作用相同，因而图 1.1-8（b）可看作两个刚片通过一个虚铰 A′ 和一根延长线不通过该铰的链杆相连接，构成无多余约束的几何不变体系。针对图 1.1-9 所示的简支梁，可以很容易用两刚片规则来证明其是无多余约束的几何不变体系。

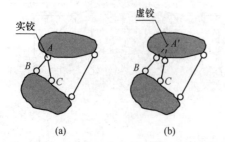

图 1.1-8 两刚片规则之二

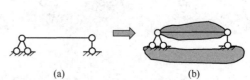

图 1.1-9 用两刚片规则证明简支梁为静定结构

上述两刚片规则的两种表述中均规定了约束的一些限制条件,当不满足这些条件时,会出现如图1.1-10(a)～(d)所示的四种情况。图1.1-10(a)中三根链杆的延长线交于一个虚铰,刚片可绕这一虚铰作瞬间相对转动而后不再运动,故该体系为瞬变体系;图1.1-10(b)中三根不等长链杆相互平行,可认为其延长线在无穷远处交于一个虚铰,两刚片可绕其作瞬间相对转动而后很快不动,也视为瞬变体系;图1.1-10(c)中三根链杆等长且相互平行,两刚片发生相对运动后,三链杆始终相互平行,致使运动不断进行下去,属于几何可变体系,又称几何常变体系;图1.1-10(d)中三根链杆交于同一个实铰,两刚片可绕着该实铰持续发生相对转动,也是几何常变体系。

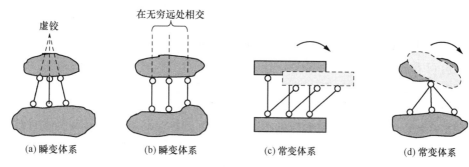

图1.1-10 几何瞬变体系和几何常变体系

【例1.1.4-2】图示结构的超静定次数是（　　）。
A. 2次　　　　　B. 3次　　　　　C. 4次　　　　　D. 5次
答案：B
题解：如题解附图，去掉下面悬臂梁上的两个支座链杆,结构减少2个约束,此时悬臂梁看作是基础刚片的延伸,形成一个大刚片。再将上面倒L形刚架与基础之间的竖向链杆支座去掉,结构又减少了一个约束。将这个倒L形刚架视为另一个刚片,它与悬臂梁和基础构成的大刚片之间通过一个铰结点A和另一根水平支座链杆B相连接,(根据两刚片规则)形成无多余约束的几何不变体系。但这是在去掉3个约束后得到的,故原杆件体系为具有3个多余约束的几何不变体系,是3次超静定结构。

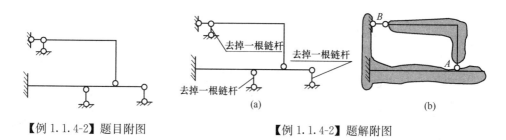

【例1.1.4-2】题目附图　　　　　　　【例1.1.4-2】题解附图

关于虚铰在几何组成分析中的使用方法,以下述例题来说明。

【例1.1.4-3】图示杆件体系的几何组成为（　　）。
A. 无多余约束的几何不变体系　　　　B. 有多余约束的几何不变体系
C. 几何瞬变体系　　　　　　　　　　D. 几何常变体系

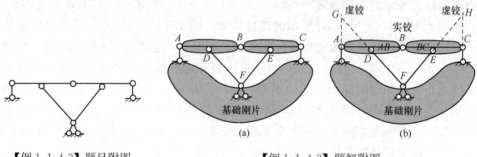

【例1.1.4-3】题目附图 【例1.1.4-3】题解附图

答案：A

题解：首先将杆件AB和杆件BC分别视为刚片AB和刚片BC，中间下面铰支座的两根相交链杆可看成基础刚片的一部分，参见题解附图（a）；然后，如题解附图（b）所示，刚片AB和刚片BC通过实铰B相连接；左边支座链杆的延长线与链杆DF的延长线交于虚铰G，可看成刚片AB与基础刚片通过虚铰G相连接；同理右侧支座链杆的延长线与链杆FE的延长线交于虚铰H，可看成刚片BC与基础刚片通过虚铰H相连接；最后，按照三刚片规则，刚片AB、刚片BC和基础刚片通过不在同一直线上的三个铰（实铰B、虚铰G、虚铰H）两两相连，构成无多余约束的几何不变体系。

3. 二元体规则

在一个体系上用两根不共线的链杆连接出一个新结点的装置，称为二元体，参见图1.1-11（a）。在一个体系上依次增加或依次减少若干个二元体，所得到的新的体系的几何组成性质与原体系完全相同。在应用该规则时，可将二元体中的链杆与刚片互换，如图1.1-11（b）所示。

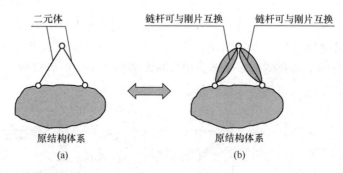

图1.1-11 二元体

【例1.1.4-4】图示杆件体系的几何组成为（　　）。
  A. 几何瞬变体系
  B. 几何常变体系
  C. 无多余约束的几何不变体系
  D. 有多余约束的几何不变体系

答案：C

题解：解法1：用依次减少二元体的方法分析。按照

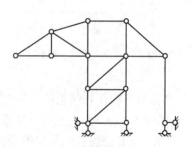

【例1.1.4-4】题目附图

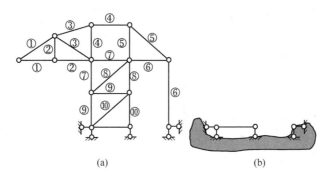

【例 1.1.4-4】题解附图

题解附图（a）的数字从①～⑩依次去掉 10 个二元体后，体系变为一根静定简支梁，由简支梁的无多余约束几何不变体系的性质，判断原体系也是无多余约束的几何不变体系。这里所提的"依次去掉二元体"是指先去除二元体①后，二元体②就暴露出来，接着去除二元体②，则二元体③又暴露出来……，依次直至去除最后一个二元体⑩。

解法 2：本题还可用依次增加二元体的方法来分析。此时从题解附图（b）的静定梁出发，按照题解附图（a）中⑩、⑨、⑧……①的倒序依次增加二元体，便可得到原体系。由于简支梁是无多余约束的几何不变体系，则经过依次递增二元体后的原体系也是无多余约束的几何不变体系。

【例 1.1.4-5】 图示杆件体系的几何组成为（　　）。【2017】
A. 几何可变体系　　　　　　　　B. 无多余约束的几何不变体系
C. 有 1 个多余约束的几何不变体系　D. 有 2 个多余约束的几何不变体系
答案：B
题解：首先，体系中 AB、BC、CA 三根链杆按三刚片规则形成无多余约束的几何不变体系，参见题解附图中的三角形阴影区域；然后在该体系上按照题解附图上①、②、③……⑩的顺序依次增加 10 个二元体，得到一个新的体系，参见题解附图中虚线围起的部分，该体系也是无多余约束的几何不变体系，视为一个大的刚片，这个大刚片与基础刚片通过三根支座链杆（按照两刚片规则）构成无多余约束的几何不变体系。

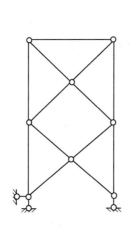

【例 1.1.4-5】题目附图

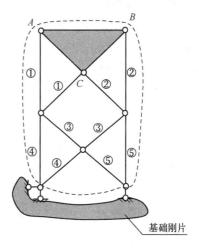

【例 1.1.4-5】题解附图

【例1.1.4-6】 图示杆件体系的几何组成为（　　）。【2017】
A. 几何可变体系　　　　　　　B. 几何瞬变体系
C. 有多余约束的几何不变体系　　D. 无多余约束的几何不变体系

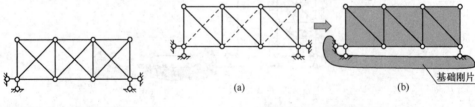

【例1.1.4-6】题目附图　　　　　　【例1.1.4-6】题解附图

答案：C

题解：如题解附图（a）所示，去掉虚线所示的三根链杆后，整个上部结构可看作从左侧的一个铰接三角形开始依次增加若干个二元体而形成，是一个无多余约束的几何不变体系，看作一个大的刚片，再去掉支座的一个水平链杆，然后上部大的刚片与基础刚片通过三根支座链杆按照两刚片规则相连，形成无多余约束的几何不变体系。由于在分析中一共去掉了四根链杆，也就是去掉了四个约束，因此原体系是具有四个多余约束的几何不变体系。

值得注意的是：在桁架结构中，交叉绘制的链杆（参见上述题解附图）实际上是这两根杆件彼此毫无连接，仅仅因投影造成"相交"的假象。

4. 小结

在进行杆件体系的几何组成分析时，应掌握以下几点原则和方法：

（1）能够迅速、准确地找出体系中存在的若干个无多余约束的几何不变体系，并分别用不同的刚片来代替；对于含有多余约束的几何不变体系，要先去除多余约束，再将剩余的用刚片代替。

（2）要善于用虚铰来代替形成该虚铰的两根链杆的作用，其在几何组成分析中与实铰的作用相同。

（3）当一个复杂形状的杆件（诸如折杆、曲杆、T型杆或H型杆等）仅仅以两个铰结点与外界相连时，从几何组成分析的角度，均可以把它当作一根连接这两个铰结点的直杆来看待。当然，这个复杂形状的杆件也可用一个刚片来代替。

（4）在使用去除多余约束的方法分析时，要保证去除后剩余的体系是无多余约束的几何不变体系。否则，若去除约束后体系变为瞬变或常变体系，则所去掉的约束就不是多余约束，分析便出现错误。

（5）在体系的几何组成分析中，必须将基础视为一个不动的特殊刚片，与其他部分联合起来共同考虑。

（6）灵活运用三刚片规则、两刚片规则和二元体规则进行分析，理解并掌握不同规则之间的内在联系和相互转换。

1.2　静定结构与超静定结构的区别

在上一节讨论体系的几何组成分析时，已经提及了"静定结构"与"超静定结构"这两个概念。由于日常的建筑结构都与基础相连，在对某一个杆件体系进行几何组成分析时，都要将基础作为一个特殊的刚片纳入整个体系进行分析。从几何组成分析的角度出发，包含基础刚片的无多余约束的几何不变体系称为"静定结构"；包含基础刚片的有多余约束的几何不变体系称为"超静定结构"，其中多余约束的数目就是超静定次数。区分静定结构和超静定结构需要从两个方面来考虑：(1) 进行结构受力分析时所依据的条件不同；(2) 当非荷载、非地震因素（诸如温度改变、支座沉降和制造误差等）作用于结构时，是否会使结构产生内力。

1.2.1 结构受力分析所需的条件不同

静定结构，是指仅需通过静力平衡条件即可确定其全部的支座反力和内力的结构；而超静定结构，是指单凭静力平衡条件不能确定或完全确定其支座反力和内力的结构。除了静力平衡条件以外，超静定结构的内力计算还需要考虑变形协调条件，从而使其求解方法与静定结构有着本质的不同。

1. 静定结构仅需通过静力平衡条件即可确定其全部的支座反力和内力

为了形象起见，以一胖一瘦两人合挑一桶水为例，参见图 1.2-1 (a)、(b)。只要水桶（1kN 重）位于扁担中央，则无论扁担粗、细，也无论人的胖、瘦，每个挑水者都要分担半桶水重量（0.5kN），于是胖子觉得很轻松，而瘦子感到很吃力，满头大汗。图 1.2-1 (c)、(d) 分别为图 1.2-1 (a)、(b) 的计算简图，均是一个静定的简支梁结构。仅需根据静力平衡条件就可求得两种情况竖杆的反力均为 0.5kN，与横梁刚度（扁担粗细）和竖杆刚度（人的胖瘦）无关，也就是与横梁的弯曲变形和竖杆的竖向变形无关。

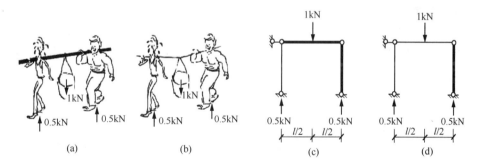

图 1.2-1 静定结构受力分析只需考虑静力平衡条件，不用考虑变形条件

2. 超静定结构需联合静力平衡条件和变形协调条件来确定其支座反力和内力

还是从形象角度来说明，以两胖、一瘦三个人分别用粗、细扁担挑两桶水的情况为例，如图 1.2-2 (a)、(b) 所示。其计算简图用图 1.2-2 (c)、(d) 来表达，显然是一次超静定结构。当扁担很粗时，弯曲刚度很大而变形很小，水桶重量主要压到胖子身上，瘦子感觉很轻松；然而当扁担很细，弯曲刚度很小而变形很大时，两桶水的重量便就近分配，中间的瘦子会同时承担前、后两桶水的部分重量，其所受压力比两边的胖子还大。此时，挑水者受力既受水桶位置和重量的影响（考虑静力平衡条件），又与扁担粗细和挑水者胖瘦有关（考虑变形协调条件）。

由于所用的"力法"求解原理超出了考试大纲范围，在此不予介绍，仅从定性的角度

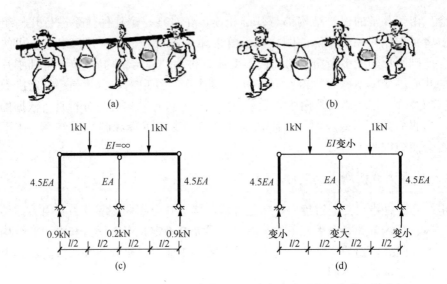

图 1.2-2 超静定结构受力需联合静力平衡条件和变形协调条件一起分析

加以剖析。假设横梁的抗弯刚度无穷大，且在竖杆向下发生相同的竖向变形时，粗竖杆（胖子）承受的轴向压力是细竖杆（瘦子）的 4.5 倍，即在杆长相等的条件下，若细竖杆的抗压刚度为 EA，则粗竖杆的抗压刚度为 $4.5EA$。根据结构和荷载的对称性，加之横梁没有弯曲变形，则粗、细竖杆的竖向变形完全相同，因而若设细竖杆的轴力为 x，那么粗竖杆的轴力即为 $4.5x$，这是依据变形协调条件得出的结果。再利用静力平衡条件，各个竖杆的轴力之和与两桶水重量之和相等，即 $x+2\times 4.5x = 2\times 1{\rm kN}$，解得细竖杆轴力 $x = 0.2{\rm kN}$，而粗竖杆轴力为 $4.5x = 0.9{\rm kN}$，如图 1.2-2（c）所示。像这种利用杆件刚度无穷大进行定量分析的题目经常在考试中出现，需要利用变形协调条件予以分析。

【例 1.2.1-1】图示结构在荷载 P 作用下，支座 1 与支座 2 处的弯矩相比较，哪个大？（　　）

  A. 支座 1 的弯矩较大　　　　　　B. 支座 2 的弯矩较大
  C. 一样大　　　　　　　　　　　D. 无法比较

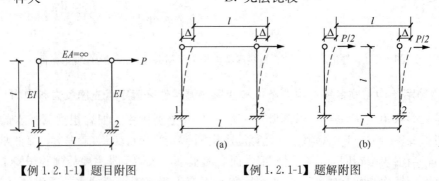

【例 1.2.1-1】题目附图　　　　　【例 1.2.1-1】题解附图

答案：C

题解：将水平链杆（即横梁）视为多余约束，去掉之后，体系减少一个约束，变成两根悬臂柱，为静定结构，故原结构为 1 次超静定结构。由于横梁的 $EA = \infty$，在水平荷载 P 作用下横梁不发生轴向变形，因而其两端的铰结点产生相同的水平位移，亦即两个柱体顶端的水平位移相等。由于两个柱子高度相等且弯曲刚度也相等，因而其侧移刚度相同，在相同的柱顶侧移下，其顶端承受的荷载也必然相同。根据水平方向的静力平衡条件，这两个柱子顶端所受荷载之和等于水平外荷载 P，因而每个柱子顶端承受的荷载均为 $\frac{P}{2}$，它们的高度相同，因而在它们的支座 1、2 处产生相同的弯矩。

【例 1.2.1-2】图示结构在荷载 P 作用下，支座 1 处的弯矩 M_1 的数值会是下列哪种情况？（已知 EI 和 EA 均为有限值）（　　）

A. $0 < M_1 < Pl$　　B. $M_1 > Pl$　　C. $M_1 = Pl$　　D. $M_1 = 0$

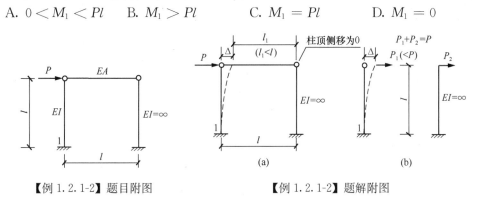

【例 1.2.1-2】题目附图　　　　【例 1.2.1-2】题解附图

答案：A

题解：由于右柱 $EI = \infty$，在荷载 P 作用下该杆件不发生弯曲变形，故柱顶侧移为 0，参见题解附图（a），但在荷载作用下，横梁因抗压刚度 EA 为有限值而产生压缩变形，左柱因抗弯刚度 EI 也为有限值而产生弯曲变形，从而导致左柱柱顶产生向右的侧移 Δ。根据水平方向的静力平衡条件，施加在左柱柱顶的荷载 P_1（由侧移 Δ 引起）与施加在右柱柱顶的荷载 P_2（由于横梁压缩产生压力进而施加到右柱柱顶）之和等于外荷载 P，参见题解附图（b），因而 $0 < P_1 < P$，从而使左柱支座 1 的弯矩 M_1 为 $0 < M_1(= P_1 l) < Pl$。

1.2.2　静定结构在非荷载因素（包括温度变化、支座沉降、制作误差等）作用下不会产生支座反力和内力

1. 静定结构在温度变化影响下不会产生支座反力和内力

【例 1.2.2-1】图示悬臂梁在周边温度上升了 20℃ 的情况下是否会产生支座反力和内力？

题解：悬臂梁是静定结构，当周围温度上升了 20℃ 的时候，它会受热膨胀而伸长，在此过程中没有受到任何约束和阻碍作用，属于自由的伸展，因而不会使梁产生任何的支座反力和内力。

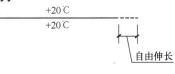

【例 1.2.2-1】附图
温度变化不引起支座反力和内力

2. 静定结构在制造误差影响下不会产生支座反力和内力

【例 1.2.2-2】图示结构的横梁和右侧斜柱在制作过程中出现误差而都变长了，这是否会使结构产生反力和内力？

题解：去掉横梁和右侧斜柱组成的二元体，剩余部分为悬臂柱，属静定结构，因此整

个结构是静定结构。结构可按下述设想进行组装：将制造伸长的杆件 BD' 一端固定在铰支座 B 点，然后该杆件绕 B 点旋转画弧，再将另一根制造伸长的杆件 CD' 一端固定在铰结点 C，让杆件绕 C 点旋转画弧，两段弧线相交于 D' 点，这便是组装后两杆铰接的位置。在整个组装过程中，两杆均是自由的，未受到其他任何结构的约束或阻碍作用，因而结构不会产生任何支座反力和内力。

3. 静定结构在支座位移影响下不会产生支座反力和内力

【例 1.2.2-3】图示结构在支座 A 处因某种原因出现了竖向沉陷和转动，这是否会使结构产生支座反力和内力？

题解：当支座 A 发生竖向沉陷和转动时，左侧立柱因与基础刚接而随着基础产生刚体运动，达到图示 $A'C'$ 位置；右侧斜柱因与基础铰接，可绕 B 点转动画弧；横梁因与左侧立柱铰接而可绕 C' 点自由转动画弧。这两条弧线交于 D' 点，连接 $C'D'$ 和 BD'，便得到横梁和右侧斜柱在支座 A 发生位移后所移动到的位置。在整个位移过程中，各个杆件都自由移动，相互之间未受到任何约束和阻碍作用，因而不会产生内力和支座反力。需要说明的是，支座发生位移后，结构在新的几何形状下依然是静定、稳定的。

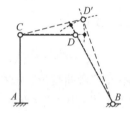

【例 1.2.2-2】附图
制造误差不引起支座反力和内力

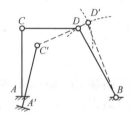

【例 1.2.2-3】附图
支座位移不引起支座反力和内力

1.2.3 超静定结构在非荷载因素（包括温度变化、支座沉降、制作误差等）作用下可能会产生支座反力和内力

1. 超静定结构在温度变化影响下可能会产生支座反力和内力

【例 1.2.3-1】图示一根两端固定的梁，当周边温度上升了 20℃ 时，它是否会产生支座反力和内力？

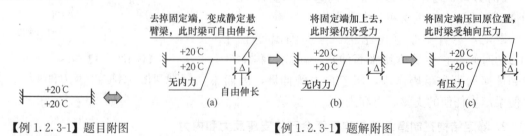

【例 1.2.3-1】题目附图　　　【例 1.2.3-1】题解附图

题解：首先分析其几何组成性质。若去掉该梁右侧的固定端支座，相当于去掉三个约束，则其变成静定的悬臂梁，因此原结构是三次超静定结构。当梁周边温度上升了 20℃ 时，梁受热膨胀有伸长的趋势，但会受到固定端水平位移约束的阻碍，产生压力作用。可

以把这个过程分解成三个步骤来完成：（1）去掉该梁右侧的固定端，使其变为一个悬臂梁，它在温度升高的情形下自由伸长，梁内无内力产生，参见题解附图（a）；（2）在伸长的梁的右端（自由端）加上固定端，此时梁内仍没有内力产生，参见题解附图（b）；（3）在所加的固定端上施加压力 N，将固定端压回原位，使梁还原成原有状态，此时梁内受到轴向压力 N 的作用，它就是梁因温度上升产生的内力，参见题解附图（c）。显然温度上升的幅度越大，梁自由伸长的量就越大，压回原位所用的力也越大。

【例 1.2.3-2】图示一根一端固定、另一端铰支的梁，在周围温度上升了 20℃ 后，梁内是否产生支座反力和内力？

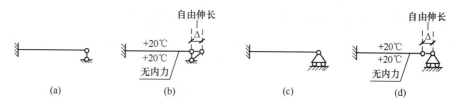

【例 1.2.3-2】附图　温度变化在超静定结构中没有引起支座反力和内力的情况

题解：该结构在去掉右端支座链杆后成为静定的悬臂梁，由于去掉了一个多余约束，故原结构是一次超静定结构。右侧的竖向支座链杆能够约束杆端不发生竖向移动，但对其沿水平方向和绕铰转动方向没有任何约束作用。当梁周围温度上升 20℃ 后，梁受热膨胀而伸长，使得其右端水平向右自由移动，在此过程中未受到任何约束或抑制作用，因此梁内不产生任何内力和支座反力，参见附图（a）、（b）。注意，不要从附图（b）中支座链杆变长的假象中错误地认为该链杆对梁伸长有约束作用。实际上，这种竖向链杆支座的作用机理可用附图（c）、（d）中的形式来更好地表达。

2. 超静定结构在制造误差的影响下可能会产生支座反力和内力

【例 1.2.3-3】附图（a）所示结构由一根横梁和一根立柱构成。如果立柱因制造误差短了 Δ，结构是否会因此引起内力和支座反力？

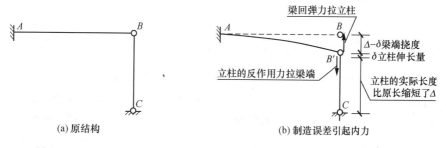

【例 1.2.3-3】附图　制造误差在超静定结构中引起内力和支座反力的情况

题解：去掉右侧立柱，相当于去掉 1 个约束，余下的结构是一个静定的悬臂梁，故原结构是一次超静定结构。由于立柱缩短了，为了与梁连接，首先需用外力强制梁向下弯曲，以使梁端下移，直至与立柱顶端铰接在一起；然后卸除外力，横梁便有一种向上回弹的趋势，于是施加给立柱一个向上的拉力，根据作用力与反作用力原理，立柱施加给梁端一个向下的拉力，以阻止梁端向上回弹，致使横梁因梁端向下受拉而产生向下的弯曲变形，引发梁内的弯矩、剪力效应。而立柱顶端在梁端施加的向上拉力作用下，产生了一个伸长变形，内部受到拉力作用。

一般来说，立柱拉压变形量要远远小于横梁受弯引起的梁端挠曲位移。

【例1.2.3-4】 假如上例中立柱的制造误差不变，并且横梁的抗弯刚度 EI 也不变，将立柱抗拉刚度 EA 较小时横梁变形情况与立柱抗拉刚度 EA 较大时横梁变形进行比较，哪一种情况下横梁梁端的挠曲变形较大？

题解：如果立柱的制造误差不变，并且横梁抗弯刚度 EI 也不变，意味着在两种情况下梁端初始与立柱顶部接触铰接时横梁的弹性恢复力是相同的，对于抗拉刚度 EA 较大的立柱，则梁的弹性恢复力对其产生的拉伸变形较小（相反，若柱的 EA 较小，则产生的拉伸变形较大），因而梁端的挠曲变形就相对较大。

3. 超静定结构在支座位移影响下可能会产生支座反力和内力

【例1.2.3-5】 附图（a）所示结构由一根横梁和一根立柱构成。如果横梁左侧的固定支座产生顺时针转角，结构是否因此而引起支座反力和内力？

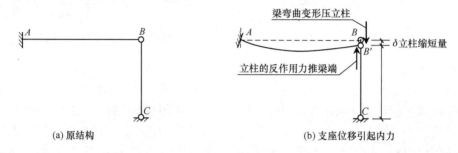

【例1.2.3-5】附图　支座位移在超静定结构中引起支座反力和内力的情况

题解：如附图（a）所示，横梁与基础之间是固定支座相连，属刚性连接。当固定支座顺时针转动时，势必带动横梁发生顺时针刚体运动，这样便会遭遇立柱的阻挡，梁端受到立柱施加的向上的推力，它与支座转动共同作用于横梁，使之产生向下的弯曲变形，引起梁内的弯矩、剪力和支座反力，参见附图（b）。根据作用力与反作用力原理，立柱在施加给梁端向上的推力的同时，也受到梁端施加给它的向下的压力，引起自身的轴向压缩变形，故立柱内部处于受压状态，如附图（b）所示。

1.2.4　超静定结构作为建筑工程中的主要形式被广泛应用

在非荷载、非地震因素（诸如温度变化、制造误差以及支座位移等）作用下，超静定结构内部可能会产生支座反力和内力，这会对其正常使用带来一定的不利影响，但可以通过一些专门的工程措施来避免或尽量减轻其危害。然而工程上一旦采用静定结构，其每一个构件都是维持其整体几何不变性的必要元素，一旦遭受破坏，整个体系立刻成为几何可变结构，必然造成结构破坏乃至垮塌事故。

在结构抗震设计中必须将防止倒塌作为设计的基础要求，这也是抗震设计的最低目标。无论结构局部发生多么严重的破坏，只要整体结构不倒塌，也就是保持几何不变性，就不会造成严重的人员伤亡。因此在保证结构几何不变性的前提下，设置的多余约束越多，结构的超静定次数（工程上又称"赘余度"或"冗余度"）越大，结构遭受破坏后仍保持几何不变的概率就越高，结构就越发安全而有保障。

总之，为了安全起见，在建筑工程中应该广泛采用超静定结构。

1.3 静定结构的定性分析和计算

1.3.1 单跨梁内力的求解

梁的内力是指梁在外部因素作用（包括荷载作用和非荷载作用两种）下某一截面产生的轴力、剪力和弯矩。如例 1.3.1-1 附图所示的简支梁，若求其中某一截面的内力，首先要以整根梁为研究对象，通过静力平衡条件求出这根梁的全部支座反力，然后再将指定截面截断，变成两个分离体，又称隔离体。取其中任一个隔离体为研究对象，此时该隔离体截断面上的内力（弯矩、剪力和轴力）暴露出来，以外力方式作用在该隔离体上，它们是由另一个隔离体提供的，可代替另一个隔离体对所研究隔离体的作用。无论是以整根梁还是以其中某一个隔离体为研究对象，均可以利用静力平衡条件，即列出三个静力平衡方程，来求解梁的支座反力或某一截面的内力。三个静力平衡方程可以写成以下三组形式之一：

$$\begin{cases} \Sigma X = 0 \\ \Sigma Y = 0 \\ \Sigma M_O = 0 \end{cases} \quad \begin{cases} \Sigma X = 0 (\text{或} \Sigma Y = 0) \\ \Sigma M_A = 0 \\ \Sigma M_B = 0 \end{cases} \quad \begin{cases} \Sigma M_A = 0 \\ \Sigma M_B = 0 \\ \Sigma M_C = 0 \end{cases}$$

其中，$\Sigma X = 0$ 代表作用在研究体系上的所有力沿 x 坐标轴方向上的投影代数和为零；$\Sigma Y = 0$ 代表作用在研究体系上的所有力沿 y 坐标轴方向上的投影代数和为零；$\Sigma M_O = 0$ 代表作用在研究体系上的所有力对体系中任意一点 O 取力矩的代数和为零；而 $\Sigma M_A = 0$、$\Sigma M_B = 0$、$\Sigma M_C = 0$ 是体系上的所有力分别对体系中任意三个不同点 A、B、C 取力矩的代数和为零。至于选择哪一组方程求解，需要视具体情况而定。尽量选择一个方程只含一个未知数的形式，避免联立方程求解。

【例 1.3.1-1】求附图所示简支伸臂梁截面 B 处的剪力 Q_B 和弯矩 M_B。

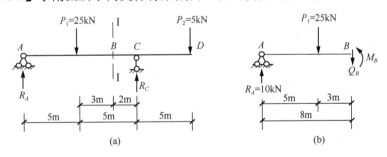

【例 1.3.1-1】附图

题解：

首先，将整根梁作为研究对象，如附图（a）所示，求支座反力。

左侧的固定铰支座提供水平方向和竖直方向的支座反力。根据水平方向的投影方程 $\Sigma X = 0$，在荷载没有水平投影的情况下，其水平支座反力为零。其余的两个竖向的支座反力可以仅求出其中一个。如果下一步选取Ⅰ-Ⅰ截面左侧的部分为隔离体来分析，就只需求解左侧的竖向支座反力；反之，如果选取Ⅰ-Ⅰ截面右侧部分分析，就只需计算右侧的竖向支座反力。现以选取左侧隔离体为例来说明，故需求解左侧的反力 R_A。对整根梁来说，以 C 点为力矩中心，列出 $\Sigma M_C = 0$ 方程，得到：

$$\Sigma M_C = 0 \rightarrow R_A \times 10 - 25 \times 5 + 5 \times 5 = 0 \rightarrow R_A = 10(\text{kN})(\uparrow)$$

所得 R_A 结果为正，说明它的反力的实际方向与开始所设的向上方向一致。如果结果为负，则说明反力的实际方向与开始所设方向相反，实际方向向下。上述方程只包含 R_A 一个未知量，巧妙地避开了它与其他未知量（如 R_B）联合求解的麻烦，因此，合理选取静力平衡方程的形式在静定结构内力计算中显得尤为重要和实用。

其次，用 I-I 截面将 B 点切断，选取截面以左的部分为隔离体，参见附图（b），此时截面 B 的剪力和弯矩暴露出来，以外荷载方式作用在此隔离体上。对于所求的未知量 Q_B 和 M_B，可先按照正值的方向来假设，如果下面求出的结果为正，则它们实际上就是正值，实际方向就是所设的方向；反之，若结果为负，说明实际方向与所设方向相反，那么结果就是负值。此处按材料力学的正负号来规定，即弯矩以使水平杆下侧纤维受拉为正，反之为负；剪力以使所作用的隔离体有顺时针转动趋势的为正，反之为负；轴力以使隔离体受拉为正，受压为负。按照上述原则，在左侧隔离体上作用的 Q_B 和 M_B 方向如附图（b）所示，作用在隔离体上的其他外力按照实际方向标出。对于此隔离体，依然需要满足静力平衡条件。为了实现一个方程求解一个未知数的目的，采用下列方程进行计算。

$$\begin{cases} \Sigma Y = 0 \rightarrow 10 - 25 - Q_B = 0 \rightarrow Q_B = -15\text{kN} \\ \Sigma M_B = 0 \rightarrow 10 \times 8 - 25 \times 3 - M_B = 0 \rightarrow M_B = 5\text{kN} \cdot \text{m} \end{cases}$$

其中，Q_B 为负，说明实际作用在隔离体上的剪力是向上的。

读者可自行以截面的右侧部分为隔离体进行类似的计算，求出的剪力 Q_B 和弯矩 M_B 与上述结果是完全一样的。

从上面的计算过程可以总结出以下几点：

1. 梁或杆件上任一截面的剪力，等于该截面一侧所有外力（包括支座反力）沿梁轴垂直方向投影的代数和；

2. 梁或杆件上任一截面的弯矩，等于该截面一侧所有外力（包括支座反力）对该截面形心力矩的代数和；

3. 梁或杆件上任一截面的轴力，等于该截面一侧所有外力（包括支座反力）沿梁轴方向投影的代数和。（由第 1 条类似地推导得出）

上述求梁截面内力的方法，同样也适用于求解任意方位设置的杆件（例如斜梁、斜柱、立柱等）截面的内力。

【例 1.3.1-2】已知一个悬臂梁受到如图所示的荷载作用，当荷载大小保持不变，但其作用角度 α 从 45°逐渐增大到 90°时，固定端支座 A 的弯矩绝对值将（　　）。

A. 保持不变　　　B. 逐渐增大　　　C. 逐渐减小　　　D. 无法确定

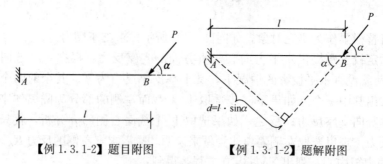

【例 1.3.1-2】题目附图　　　【例 1.3.1-2】题解附图

答案：B

题解：当 P 处于任意角度时，其对固定端支座 A 产生的力矩，也就是固定端支座 A 的弯矩绝对值是 $M_A = P \cdot d = P \cdot l \cdot \sin\alpha = Pl\sin\alpha$。当 α 从 $45°$ 逐渐增大到 $90°$ 时，根据 M_A 的计算公式，固定端弯矩绝对值将会从小到大变化。

1.3.2 弯矩图和剪力图

上面介绍了梁或杆件任一截面弯矩、剪力、轴力的计算方法。如果将某一截面的内力（弯矩、剪力或者轴力）在该截面处沿垂直于梁轴方向按一定比例标出它的数值，并且沿梁轴或杆轴方向把各个截面标出的内力数值连接起来形成曲线，便得到了梁或杆件的内力图。把整个结构体系所有杆件的内力图合在一起，就得到了整个结构的内力图。结构内力图应区分弯矩图、剪力图和轴力图分别绘制，它们对建筑结构的设计计算非常重要。对于单跨梁来说，应重点掌握剪力图和弯矩图的绘制方法。

关于内力图的绘制，容易想到的是将梁轴或杆轴选定一系列的截面，将各截面计算并标注的数据点用一条光滑曲线连接起来，形成内力图。但这势必大大增加工作量，毫无实用性。正确方法是确定截面内力与其所在位置之间的函数关系，即建立所谓的内力方程，并据此绘出函数曲线，进而得到内力图。最简单便捷的方法是找到梁或杆件上的一些关键点，例如杆件端点，集中荷载作用点，分布荷载的边界点等，求得这些关键点位置的内力后，根据相邻关键点之间杆段上外荷载的分布形式来判定这一杆段的内力变化特征，再利用该杆段两端点的内力数据迅速画出这一区段的内力图。该做法的具体原理在此不详细展开，下面把绘制梁或杆件弯矩图和剪力图时用到的具体方法作一简单总结。

（1）当所研究的杆段上无任何荷载作用时，这一区段的截面弯矩沿杆轴呈线性变化，弯矩图是一条斜直线，即将两端点的弯矩竖标用一条直线相连；而这一区段的剪力是常数，剪力图的做法是过该区段任一端点的剪力竖标做一条与杆轴平行的直线即可。

（2）当所研究的杆段上有均布荷载作用时，这一区段的截面弯矩沿杆轴呈二次曲线变化，弯矩图是一条二次抛物线，具体做法是选取该区段两个端点和区段的跨中点作为关键点，计算并标出这三个点的弯矩竖标，然后过这三个竖标点做一条光滑的抛物线；该区段的剪力沿梁轴呈线性变化，剪力图是一条斜直线，即将区段两端点的剪力竖标用一条直线相连即可得到。

（3）当集中力作用在杆件上时，作用点两侧截面的弯矩相等，但两侧的剪力值并不等。弯矩图在集中力作用点处会出现"尖角"现象，亦或是"弯折"现象；剪力图在集中力作用点两侧是两条均与杆轴平行的直线，但竖标不同，在集中力作用点处剪力图发生突变，突变值就等于集中力的数值。

（4）当集中力矩作用在杆件上时，作用点两侧的弯矩不相等，而两侧的剪力相等。因此弯矩图在集中力矩作用点会发生突变，突变值等于集中力矩的数值，而剪力图在此是连续的一条平行线。

（5）对于铰支座（无论是固定铰支座还是单根链杆支座）和铰结点而言，当无集中力矩作用时，这些结点的弯矩值均为零，当有集中力矩作用时，其弯矩值就等于集中力矩值。

（6）对于悬臂梁的自由端而言，当有集中力作用时，该端点的弯矩为零，剪力就是此集中力;当有集中力矩作用时,该端点的弯矩为集中力矩大小,剪力为零。

另外,对于结构在复杂受力作用下的内力图的绘制,可按照叠加原理,将其分解为若干个简单受力状态,分别绘制结构在这些简单受力下的内力图,然后再将这些图叠加而成最后的内力图。

下面将按照上述计算原理和绘制结构内力图的方法,对各类型静定结构的受力分析逐一进行介绍。

本小节着重对简支梁在分别受到跨中竖向集中力、满跨均布荷载以及跨中集中力矩等荷载作用下的内力计算以及弯矩、剪力图作出分析。

1. 简支梁在跨中受到竖向集中力作用的情况

一根长度为 l 的简支梁在跨中受到竖向集中力 P 的作用,如图 1.3-1(a)所示,在绘制其弯矩图、剪力图之前,先作必要的内力计算。首先以整根梁为研究对象求解支座反力。列方程求解如下:

$$\begin{cases} \Sigma M_B = 0 \rightarrow R_A \cdot l - P \cdot \dfrac{l}{2} = 0 \rightarrow R_A = \dfrac{P}{2}(\uparrow) \\ \Sigma Y = 0 \rightarrow \dfrac{P}{2} + R_B - P = 0 \rightarrow R_B = \dfrac{P}{2}(\uparrow) \end{cases}$$

然后选择梁上 A、B、C 三个关键点,求得这三个截面的弯矩和剪力。

A 点:由于 A 点是固定铰支座,没有集中力矩作用,故 $M_A = 0$;支座反力 $R_A = \dfrac{P}{2}$,方向向上,它就是作用在 A 点的剪力,使隔离体顺时针转动,故 $Q_A = \dfrac{P}{2}$。

B 点:由于 B 点是竖向支座链杆,又称可动铰支座,也没有集中力矩作用,故 $M_B = 0$;支座反力 $R_B = \dfrac{P}{2}$,方向向上,它也是作用在 B 点的剪力,使隔离体逆时针转动,故 $Q_B = -\dfrac{P}{2}$。

C 点:先求集中力 P 左侧截面内力,它的弯矩是截面以左所有外力(包括支座反力)对该截面形心的力矩代数和,因而 $M_{C左} = \dfrac{P}{2} \cdot \dfrac{l}{2} = \dfrac{Pl}{4}$(梁下侧受拉);它的剪力是截面以左所有外力(包括支座反力)沿梁轴垂直方向的投影代数和,因而 $Q_{C左} = \dfrac{P}{2}$;再看集中力 P 右侧截面,其弯矩与左侧截面弯矩相等,而剪力则是该截面以右所有外力(包括支座反力)沿梁轴垂直方向的投影代数和,即 $Q_{C右} = -\dfrac{P}{2}$,负号代表该剪力使右侧隔离体逆时针转动。显然,剪力在 P 作用点发生了突变。

最后绘制简支梁在跨中集中力作用下的弯矩图和剪力图。按照上述绘图方法,对于 M 图,如图 1.3-1(b)所示,先定出 A、B、C 三点的弯矩竖标。此处规定弯矩竖标应标在梁纤维受拉的一侧,故 C 点弯矩竖标标在下侧,A、C 点竖标为零,因为 AC 和 CB 两个区段上均无任何荷载作用,弯矩图均是斜直线,所以 A、C 点竖标用直线相连,C、B 点竖标用直线相连,则完成了整个梁的弯矩图。对于 Q 图,参见图 1.3-1(c),先标出 A、B、C 三点的剪力竖标值,正值标在梁上侧,负值标在梁的下侧。因 AC 和 CB 两个区段上均无任

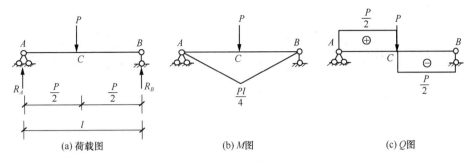

图 1.3-1 简支梁在跨中受到竖向集中力作用情况

何荷载作用，故剪力图是平行线，因而过 A 点剪力竖标做一条与梁轴平行的直线至 C 点结束，过 B 点剪力竖标做一条与梁轴平行的直线至 C 点结束，这样就完成了剪力图的绘制。

2. 简支梁受竖向均布荷载作用的情况

长度为 l 的简支梁受到满跨竖向均布荷载 q 的作用，参见图 1.3-2（a）。首先作内力计算，以整根梁为研究对象求解支座反力。列方程求解如下：

$$\begin{cases} \Sigma M_B = 0 \to R_A \cdot l - q \cdot l \cdot \dfrac{l}{2} = 0 \to R_A = \dfrac{ql}{2}(\uparrow) \\ \Sigma Y = 0 \to \dfrac{ql}{2} + R_B - q \cdot l = 0 \to R_B = \dfrac{ql}{2}(\uparrow) \end{cases}$$

然后，对于均布荷载作用的简支梁，需要确定其两端的端点 A、B 以及跨中截面 C 作为关键点，求出这三个点所在截面的弯矩和剪力。

A 点：A 点是固定铰支座，没有集中力矩作用，故 $M_A=0$；支座反力 $R_A = \dfrac{ql}{2}$，方向向上，它就是作用在 A 点的剪力，使隔离体顺时针转动，故 $Q_A = \dfrac{ql}{2}$。

B 点：B 点是竖向链杆支座，是可动铰支座，也没有集中力矩作用，故 $M_B=0$；支座反力 $R_B = \dfrac{ql}{2}$，方向向上，它也是 B 点的剪力，使隔离体逆时针转动，故 $Q_B = -\dfrac{ql}{2}$。

C 点：C 点位于简支梁中点，它的弯矩可按照截面以左所有外力（包括半跨均布荷载和支座 A 的反力）对该截面形心求解力矩的代数和得到，故 $M_C = \dfrac{ql}{2} \cdot \dfrac{l}{2} - q \cdot \dfrac{l}{2} \cdot \dfrac{l}{4} = \dfrac{ql^2}{8}$（梁下侧受拉）；它的剪力是截面以左所有外力（包括半跨均布荷载和支座 A 的反力）沿梁轴垂直方向的投影代数和，故 $Q_C = \dfrac{ql}{2} - q \cdot \dfrac{l}{2} = 0$。

最后绘制简支梁在均布荷载作用下的弯矩图和剪力图。针对 M 图，参见图 1.3-2（b），先标定 A、B、C 三点的弯矩竖标。A、B 点竖标为零，C 点弯矩竖标标在下侧，因为 AB 段受均布荷载作用，弯矩图是一条二次抛物线，因而过 A、C、B 三点竖标用一条向下凹的光滑曲线连接形成梁的弯矩图。至于 Q 图，因为梁在均布荷载作用下的剪力图是一条斜直线，因而先标出 A、B 两点的剪力竖标值，如图 1.3-2（c）所示，再将这两个竖标用一条直线连接，便得到所需的剪力图。如果将 C 点剪力的竖标（为零）也进行标定，然后分别用直线连接 A、C 点竖标和用直线连接 C、B 点竖标，可得到完全相同的剪力图。

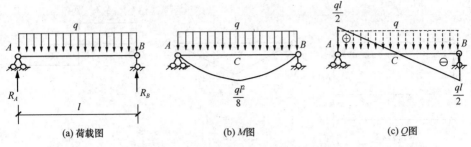

(a) 荷载图 (b) M图 (c) Q图

图 1.3-2 简支梁竖向均布荷载作用情况

3. 简支梁在跨中受到集中力矩作用的情况

长度为 l 的简支梁在跨中受到一个顺时针方向的集中力矩 M 的作用，如图 1.3-3（a）所示。为了求解内力并绘制内力图，首先要以整根梁为研究对象，利用平衡方程求解支座反力，即：

$$\begin{cases} \Sigma M_B = 0 \rightarrow R_A \cdot l + M = 0 \rightarrow R_A = -\dfrac{M}{l}(\downarrow) \\ \Sigma Y = 0 \rightarrow -\dfrac{M}{l} + R_B = 0 \rightarrow R_B = \dfrac{M}{l}(\uparrow) \end{cases}$$

其中，支座 A 的反力开始是假设向上作用的，计算结果为负，说明其实际方向与假设方向相反，即实际方向向下；支座 B 的反力假设向上作用，计算结果为正，说明其实际指向与假设方向一致，就是向上作用。图 1.3-3（a）显示了两个支座反力的实际方向。

然后确定梁上关键点的位置。显然应该将梁两端 A、B 点以及跨中集中力矩作用点 C 作为关键点，求出它们的弯矩和剪力数值。

A 点：A 点为固定铰支座，没有集中力矩作用，故 $M_A = 0$；支座反力 $R_A = \dfrac{M}{l}$，方向向下，它就是作用在 A 点的剪力，使隔离体逆时针转动，故 $Q_A = -\dfrac{M}{l}$。

B 点：B 点是竖向链杆支座，也没有集中力矩作用，故 $M_B = 0$；支座反力 $R_B = \dfrac{M}{l}$，方向向上，它也是 B 点的剪力，使隔离体逆时针转动，故 $Q_B = -\dfrac{M}{l}$。

C 点：C 点是跨中集中力矩作用点，其两侧弯矩出现突变，在跨中左侧截面的弯矩等于该截面以左的所有外力（包括支座反力）对该截面形心的力矩代数和，故 $M_{C左} = -\dfrac{M}{l} \cdot l = -M$（梁的上侧纤维受拉），而跨中右侧截面的弯矩则等于该截面以右的所有外力（包

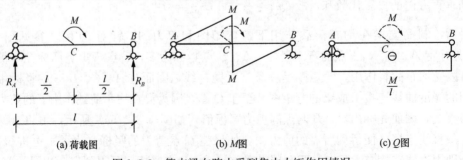

(a) 荷载图 (b) M图 (c) Q图

图 1.3-3 简支梁在跨中受到集中力矩作用情况

括支座反力）对该截面形心的力矩代数和，故 $M_{C右} = \dfrac{M}{l} \cdot l = M$（梁的下侧纤维受拉）。至于 C 点剪力，集中力矩作用点两侧截面的剪力相等，且 AC、CB 区段无其他外力作用，因此整根梁的剪力是一个常数，故 $Q_C = -\dfrac{M}{l}$。

最后绘制简支梁在跨中集中力矩作用下的弯矩图和剪力图。对于 M 图，如图 1.3-3 （b）所示，先标出 A、B、C 三点的弯矩竖标，注意 C 点左侧弯矩标在梁的上侧，C 点右侧弯矩标在梁的下侧，然后用两条直线连接，形成梁的弯矩图。对于 Q 图，如图 1.3-3 （c）所示，可在标出 A 端剪力竖标后（标在梁的下侧），过该竖标点做一条平行于梁轴的直线，即得到梁的剪力图。

4. 利用弯矩图和剪力图的一般规律定性分析单跨静定梁

【例 1.3.2-1】单跨伸臂梁在题目附图（a）所示荷载作用下，其弯矩 M 图和剪力 Q 图可能的形状是（　　）。

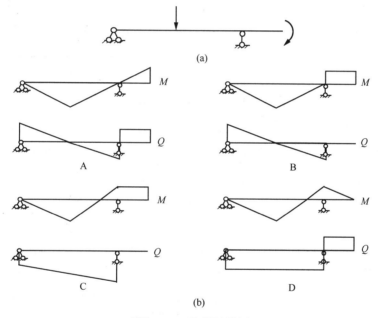

【例 1.3.2-1】题目附图

答案：C

题解：从剪力图来分析，由于悬臂段自由端只有力矩而无荷载作用，因此剪力为零，不可能有剪力，故 A、D 排除。另外，根据弯矩图的规律，右支座无集中力偶作用，该处的弯矩不可能发生突变，因此 B 排除。故只有答案 C 正确。

【例 1.3.2-2】题目附图所示梁的弯矩图和剪力图，为下列哪种外力产生？（　　）

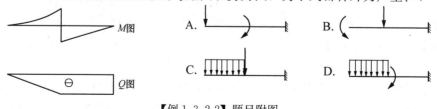

【例 1.3.2-2】题目附图

答案：D

题解：A、B错，有均布荷载区段，弯矩图应为二次抛物线，剪力图应为斜直线；C错，跨中有弯矩突变，说明在此应有集中力矩作用，而不是集中力。

5. 利用对称性、反对称性及叠加原理分析结构内力

对称结构在正对称荷载和反对称荷载的分别作用下，结构的内力分别是正对称和反对称的。利用这一特性再结合叠加原理能使结构在特殊情况下的内力分析得以极大简化，有时甚至无需计算就可直接得出结果。这类考题在以往的考试中多次出现，需引起重视。

【例 1.3.2-3】图示简支梁在两种外力矩作用下，跨中Ⅰ、Ⅱ点弯矩关系为下列哪一项？（ ）

A. $M_Ⅰ = M_Ⅱ/2$　　B. $M_Ⅰ = M_Ⅱ$　　C. $M_Ⅰ = 2M_Ⅱ$　　D. $M_Ⅰ = 4M_Ⅱ$

【例 1.3.2-3】题目附图

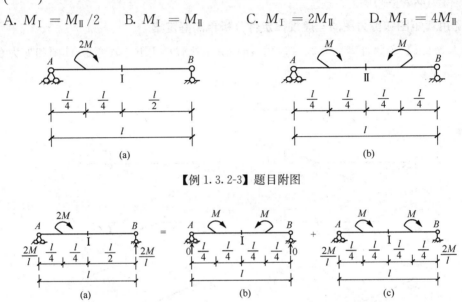

【例 1.3.2-3】题解附图

答案：B

题解：题目附图（a）所示的简支梁受一侧外力矩作用的情况可以分解为该梁受正对称力矩和反对称力矩两种情况的叠加，如题解附图（a）～（c）所示，其各自对应的弯矩图分别如题解附图（d）～（f）所示。由于题解附图（c）所示梁在反对称力矩作用下的弯矩图也是反对称的（参见题解附图 f），因而其跨中弯矩必然为零。于是根据上述叠加关系，题解附图（a）和（b）在跨中的弯矩值一定相等，进而说明题目所给的简支梁在一侧力矩 2M 作用下的跨中弯矩 $M_Ⅰ$ 与其在一组正对称力矩 M 作用下的跨中弯矩 $M_Ⅱ$ 相等。

从上述例题还可以进一步推出，对称的简支梁在正对称荷载作用下的剪力是对称的，在反对称荷载下的剪力是反对称的。由此还可将这一结论推广到任意的对称结构（例如刚架、桁架、拱等）：它们在正对称荷载作用下的内力（弯矩、剪力和轴力）是正对称的；在反对称荷载作用下的内力（弯矩、剪力和轴力）是反对称的。

6. 多跨静定梁的内力分析

多跨静定梁是由若干根水平杆件相互铰接形成的无多余约束的几何不变体系，其内力分析方法是：首先确定出多跨梁的基本部分和附属部分，然后按静力平衡条件求出附属部分在荷载作用下的约束反力和内力，接着将求得的附属部分约束反力等值反向施加到基本部分上，按静力平衡条件继续求解基本部分在外荷载和附属部分施加的约束反力的共同作用下的内力，最后将基本部分和附属部分的内力图合在一起，构成整个多跨梁的内力图。在特定情况下，也可将整个多跨梁作为一个整体，通过整体的静力平衡条件直接计算，这常常能节省不少工作量。

【例1.3.2-4】图示两跨静定梁在荷载作用下的支座 A 的剪力的方向（相对于固定端而言）为（　　）。

A. 向上　　　　　　　　　　B. 向下
C. 为零　　　　　　　　　　D. 方向无法确定

答案：A

题解：图示多跨梁中 AB 杆为悬臂梁，与基础刚性连接形成一个大的刚片，为基本部分，而 BD 杆一端与 AB 杆的 B 端铰接，另用一根支座链杆与基础相连，它的

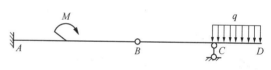

【例1.3.2-4】题目附图

几何不变性需通过 AB 杆的静定不动来维持，故为附属部分。首先，对附属部分 BD 杆进行分析，由 $\Sigma X = 0$ 可知铰结点 B 对 BD 杆的水平约束反力为零，再对 BD 杆上 C 点列力矩平衡方程 $\Sigma M_C = 0$，可知铰 B 对 BD 杆的竖向约束反力的方向一定向下，才能与均布荷载 q 一起满足上述的力矩平衡方程。根据作用力与反作用力原理，则 BD 杆通过铰 B 施加给 AB 杆 B 端一个向上的约束反力。然后，以 AB 杆为研究对象，对基本部分进行分析。由于悬臂杆 AB 受到集中力矩和 B 端竖直向上的约束反力的共同作用，利用 $\Sigma Y = 0$ 建立竖向力的投影的平衡方程。因集中力矩 M 对该方程没有影响，所以根据该方程可知，固定端对 AB 梁 A 端的竖向反力与 B 端约束反力大小相等，方向相反，即反力方向向下。这个竖向反力的反作用力便是 AB 杆 A 端作用于固定端的剪力，方向向上，问题得解。

上述问题的另一种解法：也可以将整根多跨梁当作一个整体来考虑。由于 B 点为理想铰，弯矩为零，根据前面所述的求梁截面弯矩的计算原则，B 点弯矩应等于其右侧 C 支座反力和均布荷载 q 对 B 点的力矩代数和，B 点弯矩为零意味着这个力矩代数和为零。由于 C 支座反力的力臂相比均布荷载 q 的合力的力臂较小，因而 C 支座反力的数值大于均布荷载的合力，方向向上。以整根梁为研究对象，利用 $\Sigma Y = 0$，其中集中力矩 M 对该投影方程没有影响，则固定端对梁端 A 的竖向反力一定向下，连同向下的均布荷载一起与 C 支座的向上的反力相平衡。因此，根据作用力与反作用力原理，梁端 A 对固定端的反作用力，也就是所求的剪力一定向上，问题得解。

7. 静定斜梁的内力分析

静定斜梁的内力计算与水平静定梁类似，下面通过一道例题来说明。

【例1.3.2-5】图示静定斜梁在竖向集中力作用下，C点的弯矩M_C（梁下侧纤维受拉为正）和剪力Q_C分别为（　　）。

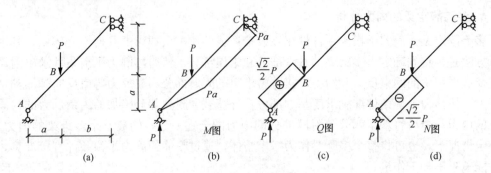

【例1.3.2-5】附图

A. $M_C = Pb$, $Q_C = -\frac{\sqrt{2}}{2}P$ 　　　　B. $M_C = Pb$, $Q_C = 0$

C. $M_C = Pa$, $Q_C = -\frac{\sqrt{2}}{2}P$ 　　　　D. $M_C = Pa$, $Q_C = 0$

答案：D

题解：右端定向支座无竖向反力，由$\Sigma Y=0$，得到$R_A=P(\uparrow)$；由$\Sigma X=0$，得到C端水平反力$H_C=0$，故：$M_C=P\cdot(a+b)-P\cdot b=Pa$（下侧受拉）；$Q_C=P\cdot\frac{\sqrt{2}}{2}-P\cdot\frac{\sqrt{2}}{2}=0$。附图（b）～（d）显示了该斜梁的弯矩图、剪力图和轴力图。

1.3.3 桁架的内力分析

桁架是实际工程中较为常见的结构形式，常用于大跨度的屋架、桥梁等结构体系。由于这类结构的杆件在实际荷载作用下以轴力作用和轴向变形为主要的内力和变形形式，因而将其抽象成结构力学的计算模型（又称计算简图）时，则简化为各个杆件之间通过理想铰连接形成的杆件体系，以反映这类结构主要的受力和变形特性。其中的每一根杆件只承受轴力作用，称为"二力杆"。

静定桁架是无多余约束的几何不变体系，按照几何组成特点分为简单桁架、联合桁架和复杂桁架三类。简单桁架是从基础或一个铰接三角形开始，依次增加若干个二元体而形成的结构；联合桁架是由几个简单桁架按照几何不变体系的组成规则形成的结构；而凡是不属于简单桁架和联合桁架的静定桁架都是复杂桁架。

静定桁架的分析方法包括结点法和截面法两种。其中，结点法适用于求解简单桁架，可按结构组成顺序的逆过程逐个选取结点来计算，直至得出全部杆件的内力；截面法适用于求解桁架中指定几个杆件的内力，计算比较方便、快捷；结点法与截面法联合应用则可用于求解更复杂的桁架（例如联合桁架）的内力。

1. 结点法

结点法是以桁架结点为隔离体进行分析。由于各杆件通过理想铰相互连接，且各杆件均为只承受轴力的二力杆，因而作用在结点上的外力形成了平面汇交力系，可建立沿 x、y 两个坐标轴方向的投影平衡方程。如下式所示：

$$\begin{cases} \Sigma X = 0 \\ \Sigma Y = 0 \end{cases}$$

在用结点法求解简单桁架时，如果按照桁架组成顺序的逆过程依次选取结点，则每个结点暴露出来的未知轴力的个数均不超过两个，可按上述方程组将其求解出来。当所有结点按照上述逆过程逐个分析完成的时候，全部杆件的轴力也就都求解出来了。先用结点法分析下面三种特殊情况下的杆件轴力。

【例 1.3.3-1】求解图示三种情况下的杆件轴力。

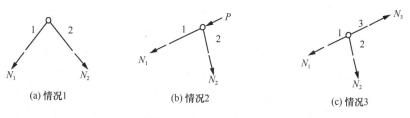

【例 1.3.3-1】题目附图

题解：在上述三种情况中，将任一根杆件（例如 1 杆）的轴线方向设为 x 方向，与其垂直的另一个方向设为 y 方向。杆件轴力均设为受拉方向，若结果为正，则杆轴轴力就是拉力，若结果为负，说明轴力为压力。

第一种情况：由 $\Sigma X = 0$，得出 $N_1 = 0$；由 $\Sigma Y = 0$，得出 $N_2 = 0$；

第二种情况：由 $\Sigma X = 0$，得出 $N_1 = -P$；由 $\Sigma Y = 0$，得出 $N_2 = 0$；

第三种情况：由 $\Sigma X = 0$，得出 $N_1 = N_3$；由 $\Sigma Y = 0$，得出 $N_2 = 0$。

上述计算均出现了杆件轴力为零的情况，在桁架中将轴力为零的杆定义为"零杆"。观察上述三种情况，可总结出"零杆"判别的规则如下：

（1）两个杆件交于一个结点且两杆不在同一直线上，若结点上无荷载作用，则两杆均为零杆，如题目附图（a）所示。

（2）两个杆件交于一个结点且两杆不在同一直线上，若结点上有荷载 P 作用，且它的方向沿其中一个杆件的轴线方向，则这个杆的轴力等于 P，方向与 P 的方向相反，而另一个杆为零杆，如题目附图（b）所示。

（3）三个杆件交于一个结点，其中两个杆件在同一直线上，若结点上无荷载作用，则这两个共线的杆件轴力相等，作用性质相同；第三个与它们不共线的杆件为零杆，如题目附图（c）所示。

在分析桁架内力之前，可先根据上述的判别规则确定出桁架中所有的零杆，因为这些杆件轴力为零，对桁架无任何作用，因而可从桁架中去除以简化结构，节省计算量。

【例 1.3.3-2】图示桁架结构的零杆数为（　　）。

A. 7 根　　　　B. 8 根　　　　C. 9 根　　　　D. 10 根

答案：C

题解：由附图（b）可见，ED 杆与 CD 杆交于 D 点，D 点无荷载作用，符合规则

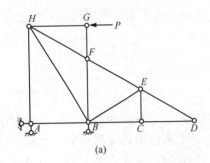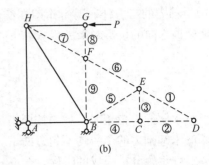

【例1.3.3-2】附图

(1)，故①、②杆为零杆，可去除；此时 BC 杆和 EC 杆相交于 C 点，且 C 点无荷载，符合规则（1），则③、④为零杆，可去除；去除之后 FE 杆和 BE 杆交于 E 点，且 E 点无荷载，又满足了规则（1），则⑤、⑥杆为零杆，继续去除；去除后又发现 GF 杆、HF 杆和 FB 杆三杆交于 F 点，GF、FB 两杆位于同一直线，且 F 点无荷载，根据规则（3），⑦为零杆，可去除；再看荷载 P 的作用点 G，由于 P 的方向与 HG 杆位于同一直线，根据规则（2），⑧为零杆，由于⑧和⑨两杆铰接且位于同一直线，根据静力平衡条件，易知⑨杆也为零杆，故⑧、⑨两杆也可去除。最后，结构的剩余部分如附图（b）的实线所示，经用结点法计算，各杆件的轴力均不为零。因此，整个桁架一共有 9 根零杆。

2. 截面法

截面法是一种适用于求解桁架中指定杆件内力的计算方法。它是用一个截面将指定杆件所在位置的桁架切断，取其一侧的部分桁架（至少包含两个结点以上的部分）为隔离体。其中被截断杆件（包括所求内力的杆件和其他杆件）的轴力暴露出来，作为外力作用在此隔离体上，与隔离体上的原有荷载和支座反力一起构成平面一般力系。按照前述方法列出三个静力平衡方程，尽量使每一个方程只包含一个未知数，避免联立求解。

【例1.3.3-3】图示桁架结构在荷载 P 作用下 a、b 杆的受力性质是（　　）。

A. a 杆受拉，b 杆受拉　　　　B. a 杆受拉，b 杆受压
C. a 杆受压，b 杆受拉　　　　D. a 杆受压，b 杆受压

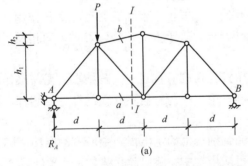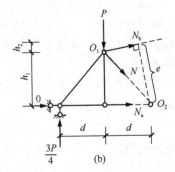

【例1.3.3-3】附图

答案：B

题解：首先以整个桁架为研究对象，利用 $\Sigma X=0$，得出 A 点水平支座反力 $H_A=0$，再利用 $\Sigma M_B=0$，列方程为：$R_A \cdot 4d - P \cdot 3d = 0$，求得 $R_A = \dfrac{3P}{4}(\uparrow)$。

然后用Ⅰ-Ⅰ截面截断含有a、b杆的桁架，如附图（a）所示，取其左侧部分为隔离体，受力状态如附图（b）所示。先求N_a，以O_1为矩心列出力矩平衡方程$\Sigma M_{O_1}=0$，可见为满足方程，N_a的实际方向即为附图（b）所示的受拉方向；再求N_b，此时以另一个点O_2为矩心，列出另一个力矩平衡方程$\Sigma M_{O_2}=0$，列方程为：$\frac{3P}{4}\cdot 2d-P\cdot d+N_b\cdot e=0$，可得$N_b=-\frac{Pd}{2e}$，可见$N_b$的实际方向与所设方向相反，即$N_b$实际为压力。

1.3.4 静定刚架

静定刚架是由若干直杆部分或全部用刚结点联结而成的无多余约束的几何不变体系。刚架的特点包括：（1）各杆件在刚结点处没有相对移动和相对转动；（2）刚结点能够承受和传递弯矩；（3）刚架具有较大的净空，便于使用。图1.3-4（a）、（b）、（c）分别给出静定刚架的几种基本形式，即简支式刚架、悬臂式刚架和三铰式刚架。

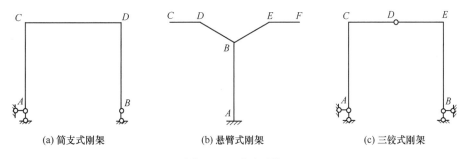

(a) 简支式刚架　　　　(b) 悬臂式刚架　　　　(c) 三铰式刚架

图1.3-4　静定刚架

刚架的内力计算方法与梁基本相同，即：杆件上任一截面的弯矩等于该截面一侧所有外力（包括支座反力）对截面形心的力矩代数和；杆件任一截面的剪力等于该截面一侧所有外力（包括支座反力）沿截面所在梁轴的垂直方向的投影代数和；杆件任一截面的轴力等于该截面一侧所有外力（包括支座反力）沿截面所在梁轴的轴线方向的投影代数和。刚架的弯矩图画在杆件纤维受拉一侧，不用标正负号；刚架截面剪力、轴力的正负号规定与前面的静定梁规定相同，横梁、斜梁的剪力图和轴力图通常将正值标在梁的上方，负值标在梁的下方；竖柱的剪力图和轴力图可画在柱的任一侧，但必须标出正负号。鉴于刚架某结点处常有多根杆件在此相连的情况，为了区分该结点某一个杆端截面的内力，通常将其设置两个下标，前一个下标表示内力所在截面，后一个下标表示内力所属杆件的远端。例如图1.3-4（b）中B点右侧截面的弯矩用M_{BE}表示；图1.3-4（c）中铰结点D左侧截面的剪力用Q_{DC}表示；图1.3-4（c）中C点下侧截面的轴力用N_{CA}表示。此外，刚架的任一部分，诸如结点、杆件、部分杆件组成的局部乃至用某截面截断刚架后所得的任一侧的隔离体等，都必须满足静力平衡条件。充分利用这一原则，可方便刚架的内力计算、校核以及内力图的绘制等。

静定刚架的内力计算步骤包括：（1）以整体结构为研究对象，根据静力平衡条件列三个方程求解支座反力，对于三铰刚架还需利用半个刚架的力矩平衡方程作为补充，才能求出全部支座反力，对于悬臂式刚架常常不用求解支座反力。（2）选取刚架中的一些关键点，计算其内力。这些关键点通常包括支座结点、刚结点、铰结点、组合结点（又称不完全铰）、集中荷载作用点、分布荷载的边界点等位置。（3）根据前面总结的杆段上荷载与内力分布的一般规律，做出各个关键点之间杆段的内力图，从而完成整个结构内力图的绘制。以下分别就悬臂式刚架、简支式刚架、三铰式刚架等的内力分析逐一进行简单介绍。

1. 悬臂式刚架

【例 1.3.4-1】图示悬臂刚架弯矩图正确的是（　　）。

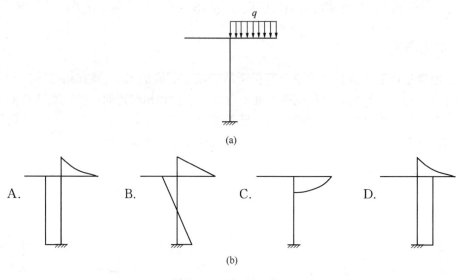

【例 1.3.4-1】题目附图

答案：A

题解：选项 B 中均布荷载区段的弯矩图应为二次曲线而不是直线，且立柱的弯矩图应为常数，是平行线而不是斜线；选项 B 中均布荷载区段的弯矩应是上部受拉，弯矩图应画在梁上方，且立柱存在弯矩，而不是零；选项 D 中立柱的弯矩应是左侧受拉，才能与均布荷载维持静力平衡。故只有 A 选项正确。

2. 简支式刚架

【例 1.3.4-2】一个门形刚架如附图（a）所示，在图示荷载作用下，它的横梁的最大弯矩（梁的下部纤维受拉为正）和最大剪力的位置是（　　）。

A. E 点弯矩、剪力均最大　　　　　　　B. C 点弯矩、剪力均最大

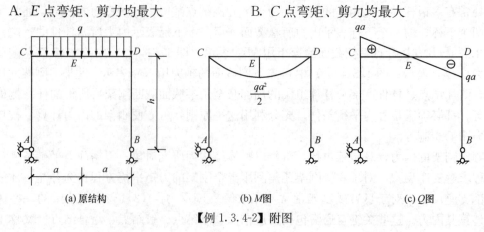

【例 1.3.4-2】附图

C. E 点弯矩最大，C 点剪力最大　　　　D. E 点弯矩最大，D 点剪力最大

答案：C

题解：门形刚架是一个简支式刚架，在均布荷载 q 作用下，两个支座的竖向反力均为其一半，即为 qa，方向向上，而左侧铰支座水平反力为零。利用前述截面弯矩的方法，C、D 两个刚结点的弯矩均为零，因而横梁在均布荷载下的弯矩图是一个两端弯矩为零的抛物线，弯矩最大值在跨中 E 点，大小为 $\dfrac{qa^2}{2}$，梁下部纤维受拉，参见附图（b）；按上述求截面剪力的方法，C 点右侧截面剪力为 $+qa$、D 点左侧截面剪力为 $-qa$，在横梁均布荷载 q 作用下，剪力图为一条斜直线，因而横梁上 C 点截面的剪力值最大，参见附图（c）。因此，C 选项正确。

3. 三铰式刚架

【**例 1.3.4-3**】一个三铰式刚架承受竖向集中力 P 作用，如附图（a）所示，当高度 h_2 逐渐增大而其他的尺寸和荷载保持不变时，刚结点 C 右上侧截面弯矩 M_{CD} 的数值会如何变化？（　　）

A. 增大　　　　B. 减小　　　　C. 不变　　　　D. 无法确定

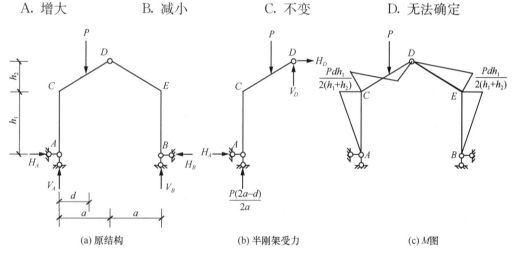

【例 1.3.4-3】附图

答案：B

题解：首先以三铰刚架整体为研究对象，利用 $\Sigma M_B = 0$，得

$$V_A \cdot 2a - P(2a - d) = 0 \to V_A = \dfrac{P(2a - d)}{2a}(\uparrow)$$

由 $\Sigma Y = 0$，得

$$V_A + V_B - P = 0 \to V_B = P - V_A = \dfrac{Pd}{2a}(\uparrow)$$

由 $\Sigma X = 0$，得：$H_A - H_B = 0 \to H_A = H_B$

选取左半跨刚架为隔离体，参见附图（b），利用 $\Sigma M_D = 0$，得

$$\dfrac{P(2a - d)}{2a} \cdot a - P \cdot (a - d) - H_A(h_1 + h_2) = 0 \to H_A = \dfrac{Pd}{2(h_1 + h_2)}(\to)$$

根据刚架截面求弯矩的方法，可求得 C 点右上侧截面弯矩 M_{CD}，即

$$M_{CD} = H_A \cdot h_1 = \frac{P d \, h_1}{2(h_1 + h_2)}(\text{上侧受拉})$$

由上式可见，当高度 h_2 逐渐增大而其他尺寸和荷载不变时，M_{CD} 逐渐减小。结构的弯矩图如附图（c）所示。

通过上述例题可见，承受竖向荷载的三铰刚架，其支座的水平推力与刚架高度密切相关。随着刚架高度的增大，其水平推力逐渐减小，竖柱内的弯矩也相应减小。

1.3.5 三铰拱

三铰拱是工程上常见的一种静定的拱式结构，其特点是在竖向荷载作用下支座处产生较大的水平推力。正是这种推力作用，使得拱内的弯矩明显小于梁的弯矩并承受较大的压力作用。当三铰拱用于屋面承重结构时，为避免支座的水平推力对承重的立柱或墙体造成外推的不利影响，在两支座间联以水平拉杆，并将一铰支座改为可动铰支座，则拉杆的拉力代替了支座推力的作用，而拱的两个支座只产生竖向反力。这种拱称为带拉杆的三铰拱，如图 1.3-5 所示，其受力与三铰拱并无区别。三铰拱的水平推力与哪些因素有关？为使在支座水平推力下的拱肋弯矩降至最小，选用何种形状的拱轴最为合理？这两个问题是本节讨论的重点。

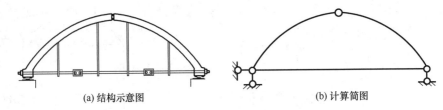

(a) 结构示意图　　(b) 计算简图

图 1.3-5　带拉杆的三铰拱屋架

1. 影响三铰拱水平推力大小的因素

以两个支座（称为拱趾）位于同一水平线上且铰结点居中的三铰拱为例，参见例 1.3.5-1 附图（a），推导其在满跨均布荷载作用下的支座反力。其中，f 称为三铰拱的拱高，又称矢高。为了便于比较，例 1.3.5-1 附图（c）展示了一个与三铰拱同跨度、同荷载的简支梁，其支座反力用 H_A^0、V_A^0、V_B^0 表示，其梁截面弯矩用 M^0 表示。

【例 1.3.5-1】试求图示三铰拱的支座反力。

题解：

第 1 步：以三铰拱整体为研究对象，利用 $\Sigma M_B = 0$，得到

$$V_A \cdot l - q l \cdot \frac{l}{2} = 0 \rightarrow V_A = \frac{q l}{2}(\uparrow)$$

同样地，利用 $\Sigma M_A = 0$，得到

$$-V_B \cdot l + q l \cdot \frac{l}{2} = 0 \rightarrow V_B = \frac{q l}{2}(\uparrow)$$

再利用 $\Sigma X = 0$，得到

$$H_A - H_B = 0 \rightarrow H_A = H_B$$

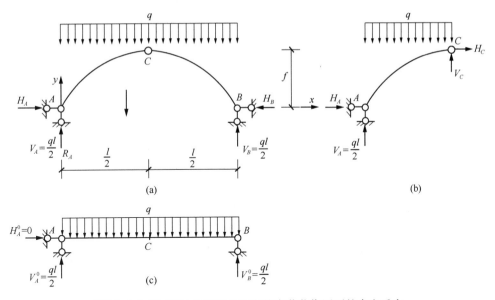

【例 1.3.5-1】附图 三铰拱在竖向均布荷载作用下的支座反力

与同跨度等荷载的简支梁支座反力相比较，因为简支梁的支座反力为

$$V_A^0 = \frac{ql}{2}(\uparrow), V_B^0 = \frac{ql}{2}(\uparrow), H_A^0 = 0$$

故

$$V_A = V_A^0, V_B = V_B^0$$

第 2 步：用截面截断 C 铰，取左侧拱肋为研究对象，如附图（b）所示，利用 $\Sigma M_C = 0$，可得到

$$V_A \cdot \frac{l}{2} - q \cdot \frac{l}{2} \cdot \frac{l}{4} - H_A \cdot f = 0 \rightarrow H_A = \frac{V_A \cdot \frac{l}{2} - q \cdot \frac{l}{2} \cdot \frac{l}{4}}{f}$$

将上式中的 V_A 替换成 V_A^0，则上式中的分子正好是简支梁的跨中弯矩 M_C^0，因而得到

$$H = H_A = H_B = \frac{M_C^0}{f}$$

从上式可以看出，三铰拱在满跨均布荷载作用下的水平推力 H 与拱高 f 成反比。当 $f \rightarrow 0$ 时，$H \rightarrow \infty$，即三铰位于同一直线上，拱成为几何瞬变体系；即使 f 不为零且较小时，推力也很大，这会给基础施加相当大的推力。因此在工程上应根据基础的耐推能力选定矢高。上述公式及规律也适用于其他竖向荷载作用于三铰拱的情况。另外，上述推力 H 的大小在三铰拱的跨度和荷载给定后只与矢高有关，与拱轴的具体形状毫无关系。

2. 三铰拱的合理轴线——合理拱轴

三铰拱在竖向荷载下两支座产生的水平推力，能使拱内的弯矩相比对应简支梁的弯矩大大降低。在某种主要设计荷载作用下，如果拱截面的弯矩能够处处降为零，此时对应的拱轴形状称为拱的合理轴线，即合理拱轴，拱肋各个截面上只有轴力作用，处于均匀受压状态，因而使材料性能得以充分发挥，使用最为经济。可以证明：在满跨竖向均布荷载作用下，三铰拱的合理拱轴线是一条二次抛物线。对于跨度、高度以及所受竖向均布荷载均相等的各型三铰拱、三铰刚架而言，它们的杆件轴线越接近于合理拱轴线，杆件内的弯矩就越小，受力就越趋合理。下面通过一个例题来加以说明。

【例 1.3.5-2】在附图所示的四种结构中，哪种结构 ac 杆的跨中正弯矩最大？（　　）

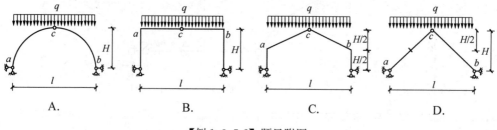

【例 1.3.5-2】题目附图

答案：D

题解：首先，这里所说的梁的正弯矩是指梁下部纤维受拉的弯矩。

A 选项的压力线全部位于圆弧拱肋的内侧，如题解附图（a）所示，因而拱肋全部外侧受拉，没有正弯矩。

B 选项的三铰刚架的弯矩图如题解附图（b）所示，其梁柱弯矩全部外侧受拉，最大负弯矩达到 $\dfrac{ql^2}{8}$，因而横梁上没有正弯矩。

C 选项的三铰刚架的弯矩图参见题解附图（c），它的水平推力与 B 选项相同，但柱高仅有 B 选项的一半，故梁柱交点处的弯矩为 B 选项的二分之一，即 $\dfrac{ql^2}{16}$，梁外侧受拉。另外，由于斜梁跨中的高度低于 B 选项，而它的左侧支座的水平、竖向反力与 B 选项完全相同，在相同的竖向荷载下，按前述刚架弯矩的求解方法计算得出的跨中弯矩恰好为零。

D 选项的三铰刚架弯矩图如题解附图（d）所示，ac 梁可看作斜简支梁受水平均布荷载作用，此时其跨中弯矩为 $\dfrac{ql^2}{32}$，梁下侧纤维受拉，是正弯矩。

综上所述，D 正确。

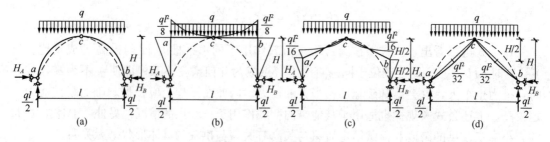

【例 1.3.5-2】题解附图

通过上述例题，可以得出结论：三铰拱在满跨均布荷载作用下的合理拱轴线，又称三铰拱的压力线，是一条二次抛物线。可以视为将均布荷载下简支梁的弯矩图旋转 180° 后得到的曲线。若杆件轴线位于压力线外侧，则其外侧受拉；若它位于压力线内侧，则其内侧受拉。杆件轴线偏离压力线越远，其截面弯矩就越大；越靠近压力线，则弯矩越小。类似地，我们还可得到三铰拱在其他荷载下的合理拱轴线，例如：三铰拱在均匀水压作用下的合理拱轴为圆弧,在填土及类似荷载下的合理拱轴为一条悬链线等。此外,如果三铰拱在某种荷载作用下处于无弯矩状态,则在同一荷载下与该三铰拱轴线相同的无铰拱也接近于无弯矩状态。

1.4 超静定结构的定性分析及特定条件下的定量判别

超静定结构内力和支座反力的计算需要联合考虑静力平衡条件和变形协调条件。变形协调条件涉及两方面问题:一是结构变形的形状,包含了变形的连续性以及变形与内力图的关系;二是变形的大小,这与内力的分配相关,涵盖了杆件材料的应力-应变关系、截面的几何特性和一些简单的计算。

1.4.1 结构变形的连续性

无论是静定结构还是超静定结构,其结构变形必须满足连续性条件。在绘制结构由外部因素作用引起的变形曲线时,不仅要忽略高阶微量的影响,也要忽略实腹杆件中剪切变形的影响以及杆件轴向变形的影响。本书中关于弯曲变形的描述和例题分析,除了特别说明以外,均忽略了这三个因素的影响。下面以一个一次超静定结构弯曲变形判别的例题来说明。

【例 1.4.1】图示梁在荷载 P 作用下的变形图,哪个正确?(　　)

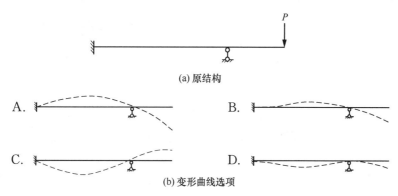

【例 1.4.1】题目附图

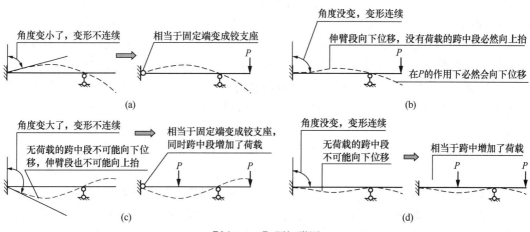

【例 1.4.1】题解附图

答案：B

题解：A错，变形不连续，相当于固定端变成铰支座，参见题解附图（a）。B正确，变形连续，变形与荷载相吻合，参见题解附图（b）。C错，变形不连续，相当于固定端变成铰支座；变形与荷载不相符，相当于跨中增加了荷载，见题解附图（c）。D错，变形连续，但变形与荷载不相符，相当于跨中增加了荷载，见题解附图（d）。

1.4.2 变形与内力图的关系·力法浅说

结构的弯矩图通常绘制在杆件纤维受拉的一侧，若能根据荷载作用预先判别出结构的变形形状，则可以大致知道弯矩图的形状，进而能够推算出剪力图和轴力图的大概形状。

【例 1.4.2-1】 根据例【1.4.1】中梁的正确的弯曲变形曲线，绘制相应弯矩图的大概形状。

题解：参见附图。

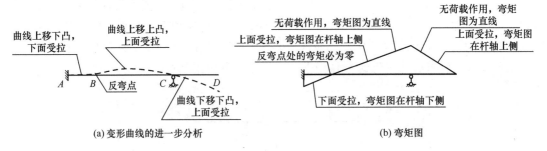

【例 1.4.2-1】题解附图

CD 段：该段是悬臂端，在集中力作用下必发生向下的位移，但变形曲线呈现上凸的形状，使得该梁段全部是上部纤维受拉，弯矩图画在杆件上方，又因该梁段无均布荷载作用，故弯矩图为斜直线。

AC 段：该梁段因 CD 梁下压而被连带着上挑。若 A 为铰支座，则整段梁均为上凸的曲线，但 A 端是固定端，上凸的曲线必须在靠近 A 端的某点转变为下凸，才能使曲线在 A 点的切线为水平线，从而满足 A 支座的变形连续条件。这个上凸与下凸的过渡点称为反弯点，如附图（a）中的 B 点。与上移下凸的 AB 段曲线对应的弯矩图画在杆件下侧，与上移上凸的 BC 段曲线对应的弯矩图画在杆件上侧，因 AC 段无均布荷载作用，故该段弯矩图是一条斜直线。反弯点是两种弯曲变形的交界点，该点是无弯曲的，弯矩为零。

上述例题已将此超静定梁的弯矩图大致绘制出来，根据此弯矩图可大致推算支座约束反力的方向。去掉多余约束并代之以它的反力，原结构变为静定结构，可按静定结构继续求解。

【例 1.4.2-2】 根据上例画出的弯矩图，判断该超静定梁的支座约束有什么样的反力？哪些约束是多余的？

题解：支座 C 提供一个竖向反力 R_C，而固定端 A 提供三个反力 H_A、V_A、M_A。根据弯矩图（参见题解附图 c）尖角的方向以及弯矩竖标方向，可很容易知道 V_A 方向向下，R_C 方向向上，M_A 使梁下侧受拉。H_A 方向暂时判断不出来，可采用去掉支座 C，代之以竖向反

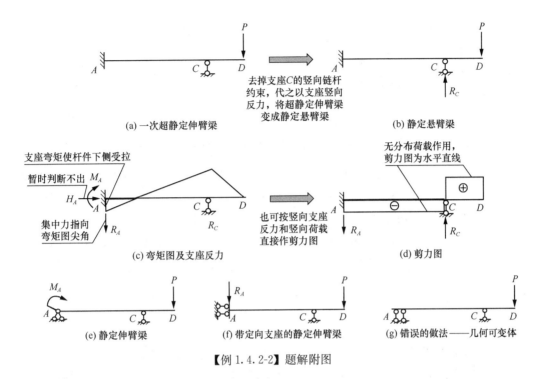

【例 1.4.2-2】题解附图

力 V_C，使原结构变成静定悬臂梁，再根据其 $\Sigma X = 0$ 得出 $H_A = 0$。根据题解附图（b）所示受力情况，可绘制原结构的剪力图，如题解附图（d）所示，而轴力图全为零。本题也可按题解附图（e）所示去掉固定端转动约束，代之以支座弯矩的方法，得到静定简支伸臂梁；或者按题解附图（f）所示去掉固定端竖向约束，代之以竖向反力的方法，得到带定向支座的静定伸臂梁。由此可知：超静定结构去掉多余约束的方法有多种，相应得到的静定结构的形式也不相同。因原结构是一次超静定结构，去掉一个多余约束后，其余约束就变成维持体系几何不变的必要约束。然而，并不是所有约束都是多余的，例如题解附图（g）的做法就是错误的。固定端在去掉水平约束后变成带有两根竖向等长平行链杆的定向支座，它们与 C 处竖向链杆相平行，使体系成为几何可变体系（三根链杆等长）或瞬变体系（三根链杆不等长）。因此，该水平约束不是多余约束。

1.4.3 截面的几何特性

结构杆件横截面的几何特性是影响杆件刚度或杆件弯曲变形程度的一个重要因素。

1. 截面形心

所谓形心，是指截面几何图形的中心。绝大多数结构构件的横截面都有一条或两条对称轴，图 1.4-1 给出了几种常见构件的截面形式。其中，具有两条对称轴的截面形心就是此二轴的交点，而有一条对称轴的截面形心必位于此对称轴上。

2. 截面对形心主轴的惯性矩

（1）形心主轴

图 1.4-1 中每一个图形的 x、y 轴就是各自图形的形心主轴，它们具有两个特点：一

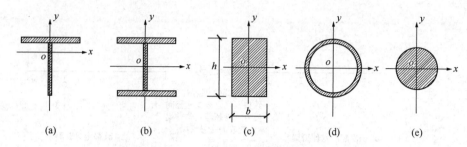

图 1.4-1 单轴对称截面和双轴对称截面的形心和主轴

是每一对主轴垂直相交，交点即为截面形心；二是每一对主轴中至少有一条轴线为对称轴。

（2）关于主轴对称的截面的惯性矩

截面惯性矩是针对某一条坐标轴来说的。面积为 A 的某一横截面，其对 x 轴的惯性矩 I_x 和对 y 轴的惯性矩 I_y 分别表示如下：

$$I_x = \int_A y^2 dA$$

$$I_y = \int_A x^2 dA$$

式中，x 代表微面积 dA 到 y 轴的距离，y 代表微面积 dA 到 x 轴的距离。由此式可以看出：在横截面积相同的情况下，面积分布距离求惯性矩的轴线越远，惯性矩就越大，反之则越小。以图 1.4-1 为例，不难发现：①图（b）和图（c）中的 I_x 均大于 I_y，故称惯性矩较大的轴为强轴，较小的轴为弱轴；②若图（b）和图（c）的截面积相等，则图（b）截面的强、弱轴惯性矩均比图（c）相应轴的惯性矩要大；③图（d）和图（e）截面的 $I_x = I_y$，主轴不分强弱，并且前者的截面惯性矩均大于后者的相应值。

矩形截面的惯性矩可由上述公式得出，如下：

$$I_x = \frac{1}{12}bh^3 \qquad I_y = \frac{1}{12}hb^3$$

结构梁、柱构件应按截面惯性矩较大的方案设计，以提高其抗弯性能。

1.4.4 杆件变形求解

为了对超静定结构进行定性分析，必须先介绍一些静定结构变形计算的原理和方法。

1. 单杆的轴向变形计算

在弹性范围内，一个杆件在轴向力作用下的变形量 Δl 与轴力 N 和杆长 l 成正比，与它的横截面积 A 和材料的弹性模量 E 成反比，用公式表示为：

$$\Delta l = \frac{Nl}{EA}$$

式中，Δl 表示杆件的伸长量（图 1.4-2a，杆件受拉，轴力 N 为正，$\Delta l > 0$）或缩短量（图 1.4-2b，杆件受压，轴力 N 为负，$\Delta l < 0$）；EA 为截面的抗拉（或抗压）刚度，其中 E 为材料的弹性模量，代表材料的软硬程度，A 为杆件横截面面积。在 A 相同时，E 越大，杆件的抗拉（压）刚度越大；在 E 相同时，A 越大则抗拉（压）刚度也越大。反之亦然。

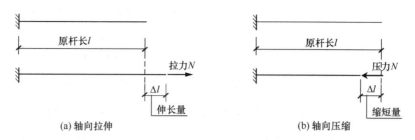

(a) 轴向拉伸   (b) 轴向压缩

图 1.4-2 单杆的轴向变形

2. 静定梁、柱弯曲变形的计算

可以采用图乘法进行静定梁、柱弯曲变形的计算,具体方法在此从略。

【例 1.4.4-1】求图示悬臂柱在水平均布荷载 q 作用下,柱顶 B 的水平位移 Δ_{BH}。

题解:经图乘法计算,得到柱顶 B 水平位移为:

$$\Delta_{BH} = \frac{qH^4}{8EI}$$

其中,H 为柱高;EI 为柱截面的抗弯刚度,它是材料弹性模量 E 与截面惯性矩 I 的乘积。由上式结果可以看出:悬壁柱在水平均布荷载 q 作用下,柱顶 B 的水平位移 Δ_{BH} 与荷载 q 成正比,与 EI 成反比,与柱高 H 的 4 次方成正比。显然,对柱顶侧移影响最大的因素是柱高,在其他因素不变的情况下,若柱高增加到原来的 2 倍,则柱顶水平侧移增加到原来的 16 倍。

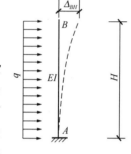

【例 1.4.4-1】题目附图

3. 悬臂柱的侧移刚度的计算

【例 1.4.4-2】求图示悬壁柱在柱顶水平集中力 P 作用下的柱顶 B 的水平位移 Δ_{BH}。

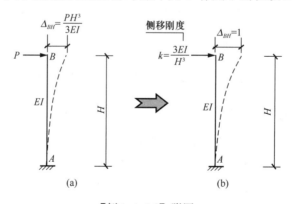

【例 1.4.4-2】附图

题解:采用图乘法,计算得出柱顶 B 的水平位移为:

$$\Delta_{BH} = \frac{PH^3}{3EI}$$

由上式可以看出,悬壁柱在柱顶水平集中力 P 作用下的柱顶侧移 Δ_{BH} 与集中力 P 成正比,与柱抗弯刚度 EI 成反比,与柱高 H 的 3 次方成正比。说明在此种荷载作用下柱高依然是影响柱顶侧移的最大因素,当柱高增加到原来的 2 倍时,柱顶侧移增加到原来的 8 倍。此外,利用上式还可求得"悬臂柱的侧移刚度"。这里所说的柱子的侧移刚度,是指当柱顶沿水平方向发生单位位移时需要在柱顶施加的水平推力的量值。由上述侧移计算公式可求得 $P = \frac{3EI}{H^3}\Delta_{BH}$,令该式两边同时除以 Δ_{BH},则得出侧移刚度 k,即:$k = \frac{3EI}{H^3}$。

柱的侧移刚度在超静定的排架结构和刚架结构的定性分析中经常用到,它涉及水平外力在各个柱子之间的分配问题,柱的侧移刚度越大,其所分得的力越大,反之则越少。

4. 简支梁梁端的转角位移和转角刚度的计算

【例 1.4.4-3】求图示简支梁在梁左端支座处的集中力矩 M 作用下该支座的转角位移 θ。

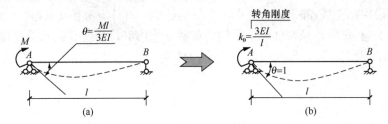

【例 1.4.4-3】附图

题解:采用图乘法,计算得出简支梁左端铰支座的转角位移为:

$$\theta = \frac{Ml}{3EI}$$

从上式中可知:简支梁在左端支座作用集中力矩 M 时,引起该支座的转角位移 θ 与集中力矩 M 成正比,与梁的跨度 l 成正比,与梁的抗弯刚度 EI 成反比。利用此公式可以推出"简支梁杆端的转角刚度"。这里所说的杆端的转角刚度,是指当杆端发生单位转角位移时,在杆端需要施加的力矩量值。根据上述转角位移公式,可以求得 $M = \frac{3EI}{l}\theta$,再令该式两边同时除以 θ,即得到转角刚度 k_θ 的计算式,$k_\theta = \frac{3EI}{l}$。杆端转角刚度的概念在超静定结构分析中具有十分重要意义,其公式和相关结论对于刚架的定性分析十分有用。

1.4.5 超静定梁和柱的内力分析

在充分掌握静定梁、柱弯曲变形计算的基础上,可以方便地进行超静定梁、柱的内力分析。下面通过具体的例题来说明。

【例 1.4.5-1】求图示一次超静定柱在水平均布荷载 q 作用下的内力图。

题解:

首先,将 B 支座水平链杆视为多余约束,去掉它后,结构变为承受水平均布荷载作用的静定悬臂柱,已在例 1.4.4-1 中求得它的弯矩图和柱顶侧移 $\Delta_{BH} = \frac{qH^4}{8EI}$,显示在附图(b)上。

其次,去掉的 B 支座链杆对柱体的约束作用可用水平力 H_B 来代替,它的作用是保持柱顶位置不动,侧移为零,也就是让悬臂柱在 H_B 单独作用下在柱顶产生一个相反方向的

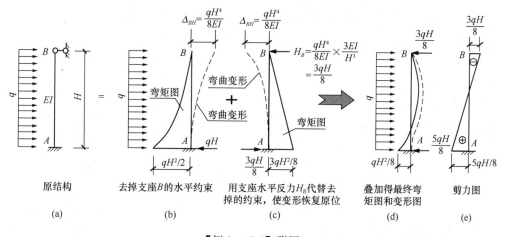

【例1.4.5-1】附图

侧移,其大小与上述悬臂柱在水平均布荷载下的柱顶侧移相等,以实现柱顶在这两种荷载共同作用下的侧移为零的变形协调条件。H_B 可由上述 Δ_{BH} 与悬臂柱侧移刚度 k（参见例1.4.4-2）的乘积得到,即 $H_B = \dfrac{qH^4}{8EI} \times \dfrac{3EI}{H^3} = \dfrac{3qH}{8}$,方向向左,其单独作用下悬臂柱弯矩图如附图（c）所示。

最后,将附图（b）、（c）相叠加,便得到原超静定结构的弯矩图和变形图（附图d）以及剪力图（附图e）。注意其中变形、弯矩、剪力三者的相互联系,例如弯矩极大值对应于剪力图零点、变形图反弯点对应于弯矩图零点等。

【例1.4.5-2】求图示一端固定、另一端简支的超静定梁在固定端转动角度 θ 情况下的弯矩图。

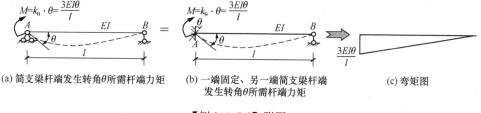

(a) 简支梁杆端发生转角 θ 所需杆端力矩　　(b) 一端固定、另一端简支梁杆端发生转角 θ 所需杆端力矩　　(c) 弯矩图

【例1.4.5-2】附图

题解：本题可将该超静定梁在固定端发生转角 θ 时的情形,等效为具有同样跨度、同样刚度的简支梁在铰支座施加外力矩 M 使之发生相同转角 θ 时的情形,参见附图（a）、（b）。根据前面例1.4.4-3所述简支梁转动刚度的概念,该简支梁上的外力矩 $M = k_\theta \cdot \theta = \dfrac{3EI\theta}{l}$,因此简支梁在此外力矩 M 下的弯矩图如附图（c）所示,它实际上就是超静定梁的弯矩图。

前面讲述的有关静定和超静定杆件的内力分析方法对于其他超静定梁、柱、排架以及刚架等的定性分析是十分重要的。表1.4-1总结了一端固定、另一端简支梁和两端固定梁在一些荷载和支座位移作用下的内力图,以供进行结构内力分析。

超静定杆件反力及内力表

表 1.4-1

情况	项目	A：一端固定、另一端简支	B：两端固定
①	荷载	$qL^2/8$；$5qL/8$，$3qL/8$	$qL^2/12$，$qL^2/12$；$qL/2$，$qL/2$
①	弯矩图	$qL^2/8$；$8qL^2/128$，$9qL^2/128$；$qL^2/8$简支梁跨中弯矩	$qL^2/12$，$qL^2/12$；$qL^2/24$；$qL^2/8$简支梁跨中弯矩
①	剪力图	$5qL/8$，$3qL/8$	$qL/2$，$qL/2$
②	荷载	$3PL/16$；$11P/16$，$5P/16$	$PL/8$，$PL/8$；$P/2$，$P/2$
②	弯矩图	$3PL/16$；$5PL/32$；$PL/4$简支梁跨中弯矩	$PL/8$，$PL/8$；$PL/4$简支梁跨中弯矩
③	支座位移状态	$\dfrac{3EI}{L^2}\Delta=\dfrac{3i}{L}\Delta$；$\dfrac{3EI}{L^3}\Delta=\dfrac{3i}{L^2}\Delta$ 侧移刚度 $\dfrac{3EI}{L^3}\Delta=\dfrac{3i}{L^2}\Delta$	$\dfrac{6EI}{L^2}\Delta=\dfrac{6i}{L}\Delta$，反弯点，$\dfrac{6EI}{L^2}\Delta=\dfrac{6i}{L}\Delta$；$\dfrac{12EI}{L^3}\Delta=\dfrac{12i}{L^2}\Delta$ 侧移刚度 $\dfrac{12EI}{L^3}\Delta=\dfrac{12i}{L^2}\Delta$
③	弯矩图	$\dfrac{3i}{L}\Delta$	$\dfrac{6i}{L}\Delta$；$\dfrac{6i}{L}\Delta$
④	支座位移状态	$\dfrac{3EI}{L}\theta=3i\theta$ 转角刚度；$\dfrac{3EI}{L^2}\theta=\dfrac{3i}{L}\theta$，$\dfrac{3EI}{L^2}\theta=\dfrac{3i}{L}\theta$	$\dfrac{4EI}{L}\theta=4i\theta$ 转角刚度；反弯点；$\dfrac{2EI}{L}\theta=2i\theta$，$M/2$；$\dfrac{6EI}{L^2}\theta=\dfrac{6i}{L}\theta$，$\dfrac{6EI}{L^2}\theta=\dfrac{6i}{L}\theta$
④	弯矩图	$\dfrac{3EI}{L}\theta=3i\theta$	$\dfrac{4EI}{L}\theta=4i\theta$，$M$；$\dfrac{2EI}{L}\theta=2i\theta$，$M/2$

续表

情况	项目	A：一端固定、另一端简支	B：两端固定
⑤	荷载		3PL/16, P, P, 3PL/16; L/4, L/2, L/4; L
	弯矩图		PL/4 简支梁跨中弯矩; 3PL/16, PL/16; L/4, L/2, L/4

注：(1) $i = \dfrac{EI}{L}$ 为杆件的"线抗弯刚度"，体现了杆件整体抵抗弯曲变形的能力，它与截面抗弯刚度 EI 成正比，与杆长 L 成反比。

(2) 用粗下划线和圆圈圈起作标记的数值比较重要，建议记忆以便于做题时使用。

1.4.6 连续梁在可变荷载作用下的最不利布置

当连续梁各个杆件均满跨布置荷载时，其某跨的跨中或支座并不会产生最大的内力。那么如何在连续梁上布置可变荷载，才能使梁的某一截面（通常是跨中或支座）产生最大的内力（弯矩或剪力）呢？下面通过例题进行分析。

【例 1.4.6-1】附图所示连续梁在哪一种荷载作用下，CD 跨的跨中正弯矩最大？（　　）

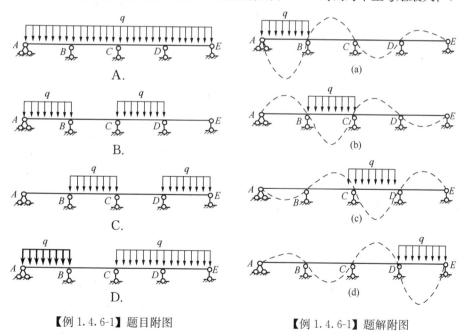

【例 1.4.6-1】题目附图　　　【例 1.4.6-1】题解附图

答案：B

题解：首先绘制单跨荷载作用下梁的弯曲变形曲线，如题解附图（a）～（d）所示，各个曲线应满足变形连续性要求，且荷载作用的梁段弯曲变形最大，随着梁段距离荷载越来越远，其变形也越来越小。其次，杆段内力与变形密切相关，变形越大，意味着内力越大。在荷载作用的梁段，其对该段变形的贡献最大，亦即对该段内力的贡献最大，因此 CD 跨应布置荷载，CD 跨位移向下。若邻跨 BC 或 DE 布置荷载，均会使 CD 跨产生向上的位移，从而削弱 CD 跨的变形，故 BC 跨和 DE 跨均不应布置荷载。若再隔一跨在 AB 跨上布置荷载，则会使 CD 跨产生向下的位移，从而增大 CD 跨的变形，增加其内力，故 AB 跨应布置荷载。综上所述，B 选项是正确的。

【例 1.4.6-2】连续梁的形式和荷载布置选项仍如例 1.4.6-1 题目附图所示，在哪种荷载布置下支座 D 截面的负弯矩最大？（　　）

答案：D

题解：参见例 1.4.6-1 题解附图，要使 D 截面产生最大的负弯矩，需要使该处的梁段产生最大的上凸弯曲变形，那么必须首先在 D 两侧的 CD 和 DE 跨布置荷载，使两侧梁段同时下压，才能达到使 D 上凸的效果。然后再分析其他跨的荷载布置。BC 跨布置荷载虽然可使 D 点右侧向下变形，但同时又使 D 点左侧向上变形，且幅度比 D 点右侧更大一些，从而会削弱 D 点向上凸出的程度，故 BC 跨不应布置荷载。AB 跨布置荷载虽然可使 D 点右侧向上变形，但同时又使 D 点左侧向下变形，且幅度相比 D 点右侧更大一些，从而会增强 D 点向上凸出的程度，因而 AB 跨应布置荷载。综上所述，选项 D 是正确的。

通过上面两道例题分析，可以总结出确定连续梁某截面最大内力的可变荷载最不利布置原则如下：

(1) 求解某跨内的最大正弯矩时，可在该跨内以及其两侧每隔一跨布置可变荷载；

(2) 求解某支座截面的最大负弯矩时，可在紧邻该支座的两侧跨内以及两边每隔一跨布置可变荷载；

(3) 求解某支座截面（左侧或右侧）最大剪力时，可变荷载布置与求解该截面最大负弯矩时的布置相同。

1.4.7 水平荷载作用下排架结构柱的剪力分配计算

排架结构是将横梁与两侧悬臂柱柱顶铰接连接而构成的梁柱体系，常用于单层工业厂房。其在水平荷载作用下各个柱子的剪力分配计算，是解决此类结构内力分析问题的关键。

【例 1.4.7】题目附图所示排架结构在水平荷载 P 作用下，其柱底 A、B 的弯矩之比为（　　）。

A. $M_{AD}:M_{BE}=1:1$ B. $M_{AD}:M_{BE}=1:2$
C. $M_{AD}:M_{BE}=1:4$ D. $M_{AD}:M_{BE}=1:8$

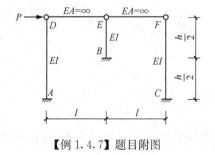
【例 1.4.7】题目附图

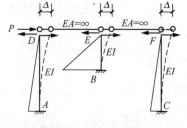
【例 1.4.7】题解附图

答案：C

题解：由横梁 $EA = \infty$ 的条件，可知在水平荷载 P 作用下三个立柱顶部的水平侧移相等，均为 Δ，见题解附图。根据悬臂柱的侧移刚度公式 $k = \dfrac{3EI}{H^3}$，中间短柱柱顶分担的剪力为 $Q_{EB} = \dfrac{24EI\Delta}{h^3}$，而两侧高柱柱顶分担的剪力为 $Q_{DA} = Q_{FC} = \dfrac{3EI\Delta}{h^3}$。于是，短柱柱底的弯矩为 $M_{BE} = Q_{EB} \cdot \dfrac{h}{2} = \dfrac{12EI\Delta}{h^2}$，高柱柱底的弯矩为 $M_{AD} = M_{CF} = Q_{DA} \cdot h = \dfrac{3EI\Delta}{h^2}$。因此，柱底 A、B 的弯矩之比为：$M_{AD} : M_{BE} = 1 : 4$。综上，选项 C 是正确的。

从上述例题分析可以看出：在排架横梁的拉压刚度无穷大的条件下，各个柱子顶部的侧移相等，柱子的侧移刚度越大，其分担的剪力占柱子总剪力的比重越大，产生的柱底弯矩也越大。例如，在上述例题所示结构中，各立柱的抗弯刚度 EI 相同，当中柱高度仅为两侧柱高的一半时，其侧移刚度是两侧柱子的 8 倍，所分担的剪力也是两侧柱子的 8 倍，柱底弯矩则是两侧柱子的 4 倍。这就是房屋建筑中因错层或窗间墙对柱子的嵌固作用而形成的"短柱"，在地震作用下特别容易破坏的原因。

1.4.8　水平荷载作用下框架结构的定性分析

本节讨论的框架结构是指梁柱结点均为刚结点的结构。因框架的内力分布与它的变形形状密切相关，故先讨论框架结构的变形形状。

1. 水平荷载作用下框架结构的变形形状

框架结构的变形主要由杆件的弯曲变形引起，其大小与杆件的线刚度和侧移刚度有密切联系。根据变形连续性要求，汇交于某一刚结点的各个杆件，它们在交点处各个杆轴方向之间的夹角在变形前后均保持不变，这一特性对于框架结构变形分析至关重要。

【例 1.4.8-1】图示一个对称的框架结构受水平荷载 P 的作用，试定性分析其变形特征，绘制其变形的大致形状。

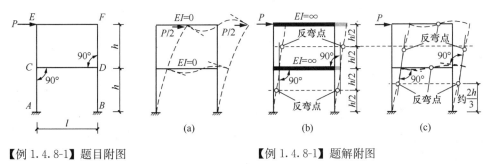

【例 1.4.8-1】题目附图　　　　【例 1.4.8-1】题解附图

题解：框架结构在水平集中力作用下会发生水平方向的位移，这里分三种情况进行讨论。

第一种情况：如题解附图（a）所示，假设横梁抗弯刚度 $EI = 0$，也就是其线刚度 $i = 0$，则横梁对两侧柱子的弯曲变形完全失去抵抗力，只起到将一半水平力传给右柱柱顶的作用，横梁此时软得像"面条"一样，发生如题解附图（a）所示变形，两侧柱子呈悬臂状态发生很大的弯曲变形，柱顶向右发生很大的位移。

第二种情况：如题解附图（b）所示，假设横梁抗弯刚度 $EI=\infty$，即线刚度 $i=\infty$，则横梁没有任何弯曲变形，这相当于用力（即横梁的剪力）将题解附图（a）横梁的变形曲线"扳成直线"，必然使横梁向左发生一定的移动，从而带动柱子的变形大为减小，柱顶侧移大幅缩小。这说明横梁的存在大大提高了框架侧移刚度，它对柱子的转动起到约束作用，加之其没有弯曲变形，则全梁保持水平状态。根据变形连续性条件，梁柱刚性结点使得柱顶轴线的切线必与横梁垂直，才能保持 90°夹角不变。此时各层立柱两端固定发生相对侧移，反弯点位于柱高中点。

第三种情况：如题解附图（c）所示，横梁具有一定的抗弯刚度，会发生一定的弯曲变形。这意味着梁内的剪力会使题解附图（a）横梁的弯曲变形有所减弱，横梁向左发生一些回移，但其对柱顶的约束作用因自身有限的刚度而没有第二种情况那么大，导致柱顶侧移相比第二种情况要大一些，但低于第一种情况。在框架的底层，柱底因固定端约束而弯矩较大，其柱顶与二层柱底受到一层横梁较弱的约束，弯矩较小，故底层柱子反弯点位置偏上，在约 2/3 柱高的位置。在框架顶层（本例的二层），柱底与下一层柱顶受横梁的约束作用要比柱顶单独受横梁约束作用弱一些，即柱顶弯矩稍大于柱底弯矩，反弯点略低于柱高中点。对于规则的多层建筑中间楼层，反弯点大致在柱高中点。由于本例结构对称，荷载 P 可分解成作用在 E 点和 F 点的两个同方向的 $P/2$，属于反对称荷载，故横梁变形反对称，反弯点居于跨中。

2. 水平荷载作用下框架结构的内力分析

掌握了框架结构在水平荷载作用下的变形曲线，便可方便地绘制其内力图。

【例 1.4.8-2】根据【例 1.4.8-1】的题解附图（c）所示的框架变形图，绘制其弯矩图。

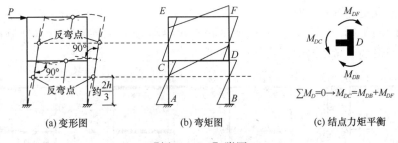

【例 1.4.8-2】附图

题解：将上例题解附图（c）作为本例附图（a）。根据弯曲图画在杆件纤维受拉一侧，沿杆轴垂直方向无分布荷载投影的杆段的弯曲图为斜直线，以及反弯点对应弯矩图零点等方法，绘制出框架的弯矩图，如附图（b）所示。注意：汇交于梁柱结点的各杆件的杆端弯矩应满足力矩平衡条件。例如在结点 D 处，梁端弯矩 M_{DC} 应等于上柱底端弯矩 M_{DF} 与下柱上端弯矩 M_{DB} 之和，参见附图（c）。有了结构大致的弯矩图，那么剪力图和轴力图的大概形状也可根据杆件隔离体或结点隔离体的力的平衡条件来得到。

1.4.9 竖向荷载作用下框架结构的定性分析

【例 1.4.9-1】对附图（a）所示框架结构的变形进行定性分析，画出其大致的弯矩图。

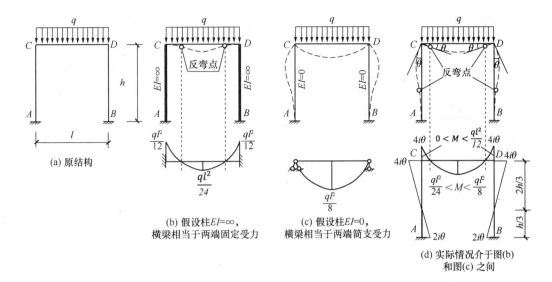

【例 1.4.9-1】附图

题解：类似于上节的分析思路，框架结构在竖向均布荷载作用下变形分以下三种情况讨论。

第一种情况：如附图（b）所示，假设柱的抗弯刚度 $EI=\infty$，即线刚度 $i=\infty$，柱不会发生弯曲变形。对横梁而言，柱顶相当于固定端支座，可按两端固定梁受均布荷载作用查表 1.4.5 的①-B 项来绘制横梁的弯矩图，参见附图（b）。

第二种情况：如附图（c）所示，假设柱的抗弯刚度 $EI=0$，即线刚度 $i=0$，柱子丧失对弯曲变形的抵抗能力，那么柱顶对横梁端部的转动无任何约束作用，只提供竖向支座反力。此时，横梁相当于处在简支状态，其在竖向均布荷载下的弯矩图如附图（c）所示。

第三种情况：如附图（d）所示，柱子的抗弯刚度为有限值，具有一定的弯曲变形能力。在竖向均布荷载作用下，柱子和横梁均发生弯曲变形，梁柱刚结点在这种变形下发生转角位移 θ。无论是梁端还是柱顶均受到对方的转动约束，产生梁端弯矩和柱顶弯矩，二者大小相等，方向对称，满足刚结点的力矩平衡条件。通过查表 1.4-1 的④-B 项，可知在柱顶发生转角 θ 时，柱顶弯矩为 $4i\theta$，外侧纤维受拉，柱底弯矩为 $2i\theta$，内侧纤维受拉，弯矩图为斜直线。

横梁的变形状态介于第一、二种情况之间，故其端部弯矩在 0 至 $\dfrac{ql^2}{12}$ 之间变化，跨中弯矩在 $\dfrac{ql^2}{24}$ 至 $\dfrac{ql^2}{8}$ 之间变化，弯矩曲线为二次抛物线。

框架结构在竖向荷载下的内力分布除了与荷载因素有关外，还与其梁柱线刚度比值 $\alpha=i_b/i_c$ 有关。在上述例题所示结构中，随着 α 值增大，柱子抗弯性能相对梁变弱，对梁端的转动约束变弱，梁端弯矩减小，而其跨中弯矩相应增大；柱顶弯矩随着梁端弯矩一同减小，导致整个柱子的弯矩减小。而当 α 值减小时，柱子抗弯性能增强，对梁端的转动约束也增强，梁端弯矩随之增大，跨中弯矩相应减小，此时柱顶弯矩随梁端一同增大，致使整个柱子弯矩加大。

【例 1.4.9-2】 下列所示刚架中，选项（　　）的横梁跨中正弯矩最大？选项（　　）的横梁端部负弯矩最大？

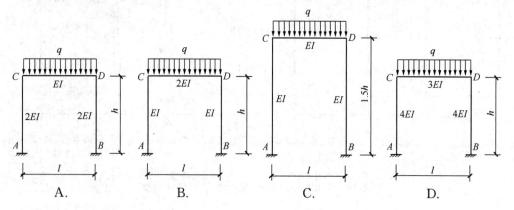

【例 1.4.9-2】题目附图

答案：B；A

题解：选项 A：梁柱线刚度比 $\alpha_A = \dfrac{i_b}{i_c} = \dfrac{EI/l}{2EI/h} = \dfrac{h}{2l}$；选项 B：梁柱线刚度比 $\alpha_B = \dfrac{i_b}{i_c} = \dfrac{2EI/l}{EI/h} = \dfrac{2h}{l}$；选项 C：梁柱线刚度比 $\alpha_C = \dfrac{i_b}{i_c} = \dfrac{EI/l}{EI/1.5h} = \dfrac{3h}{2l}$；选项 D：梁柱线刚度比 $\alpha_D = \dfrac{i_b}{i_c} = \dfrac{3EI/l}{4EI/h} = \dfrac{3h}{4l}$。

由上面计算得到：$\alpha_B > \alpha_C > \alpha_D > \alpha_A$，即选项 B 的梁柱线刚度比最大，故选项 B 的跨中正弯矩最大；选项 A 的梁柱线刚度比最小，故选项 A 的横梁端部负弯矩最大。

第二章　建筑结构荷载及设计方法

2.1　建筑结构荷载

《建筑结构可靠性设计统一标准》GB 50068—2018（以下简称《统一标准》）中，将作用定义为：施加在结构上的集中力和分布力（直接作用，也称为荷载）和引起结构外加变形和约束变形的原因（间接作用）。

直接作用（荷载）以外加力的形式直接施加在结构上，其大小与结构本身的性能无关。例如，结构自重、土压力、水压力、风压力、积雪重量，房屋建筑中楼面上的人群和家具等的重量等。

间接作用是引起结构外加变形和约束变形的原因，其大小与结构本身的性能有关。例如，地基变形、混凝土收缩徐变、温度变化、焊接变形、地震作用等。

由作用引起结构或构件的反应（内力、位移、应力、应变、变形、裂缝宽度等）称为作用效应。当作用为直接作用（荷载）时，其效应也称为荷载效应。

《建筑结构荷载规范》GB 50009—2012（简称《荷载规范》）将作用在建筑结构上的荷载分为下列三类：

① 永久荷载，包括结构自重、土压力、预应力等。

在设计基准期内，其量值不随时间变化，或其量值的变化与平均值相比可以忽略不计，或其变化是单调的并能趋于限值的荷载，称为永久荷载，也常称为恒荷载、恒载。

② 可变荷载，包括楼面活荷载、屋面活荷载和积灰荷载、吊车荷载、风荷载、雪荷载等。

在设计基准期内，其量值随时间变化，且其量值的变化与平均值相比不可忽略不计的荷载，称为可变荷载，也常称为活载。

③ 偶然荷载，包括爆炸力、撞击力等。

在设计基准期内不一定出现，但一旦出现，其值很大且持续时间很短的荷载，称为偶然荷载。

设计基准期是为确定可变荷载代表值而选用的时间参数，一般取 50 年。

以下主要介绍民用建筑中涉及的恒载和主要可变荷载。

2.1.1　恒载

竖向恒荷载包括结构构件、围护构件（如填充墙）、面层及装饰、固定设备、长期储物的自重。

恒荷载标准值，一般可根据构件截面尺寸、建筑构造做法厚度及相应的材料容重计算确定；固定设备的恒载一般由设备样本提供。

常见材料的容重见《荷载规范》附录 A。对容重变化较小的材料，可直接查表确定；对于容重变异性较大的材料，尤其是用于屋面保温、防水的轻质材料，为保证结构的可靠性，在设计中应根据该荷载对结构有利或不利，分别取其自重的下限值或上限值。

根据计算荷载效应的需要，竖向恒荷载可表示为面荷载（单位：kN/m^2）、分布荷载（单位：kN/m）、集中力或荷载总值（单位：kN）。

当采用计算软件分析剪力墙结构、砌体结构时，一般采用考虑主要承重构件装修层重量的折算重力密度。如，剪力墙结构中，将混凝土重力密度 $25kN/m^3$ 放大约 1.1 倍，取 $26\sim28kN/m^3$；砌体结构中，将砌体重力密度 $19kN/m^3$ 放大约 1.15 倍，取 $22kN/m^3$。

2.1.2 屋面均布活荷载

屋面均布活荷载是屋面的水平投影面上的荷载。

房屋建筑的屋面可分为上人屋面和不上人屋面。当屋面为平屋面并设有楼梯、电梯直达屋面时，屋面均布活荷载应按上人屋面考虑；当屋面为斜屋面或仅设有上人孔的平屋面时，可仅考虑施工或维修荷载，屋面均布活荷载按不上人屋面考虑。

屋面均布活荷载不应与雪荷载同时考虑。我国大多数地区的雪荷载标准值小于屋面均布活荷载标准值，因此在设计屋面结构和构件时，往往是屋面均布活荷载起控制作用。

工业及民用建筑房屋的屋面，其水平投影面上屋面均布活荷载标准值可按表 2.1-1 采用。

屋面均布活荷载　　　　表 2.1-1

屋面类别	不上人的屋面	上人的屋面	屋顶花园	屋顶运动场
均布活荷载标准值/(kN/m^2)	0.5	2.0	3.0	3.0

注：① 当上人屋面兼作其他用途时，应按相应楼面活荷载采用。
② 屋顶花园活荷载不包括花池砌筑、卵石滤水层、花圃土壤等材料自重。

2.1.3 楼面均布活荷载

民用建筑楼面活荷载是指建筑物中的人群、家具、生活设施等产生的重力作用，这些荷载的量值随时间发生变化，位置也是可移动的。为方便起见，结构设计时一般将楼面活荷载处理为等效均布荷载，均布活荷载的取值与房屋使用功能有关，详见《荷载规范》表 5.1.1。

2.1.4 风荷载

风荷载是空气流动对工程结构所产生的作用力，是建筑结构承受的主要荷载之一。

风速随离地面高度不同而变化，也与地貌环境等多种因素有关。为了设计上的方便，可按规定的标准条件确定风速，该风速称为基本风速。《荷载规范》规定，基本风速是按当地空旷平坦地面上 10m 高度处 10min 平均的风速观测数据，经概率统计得出的 50 年一遇的年最大风速 v_0。

1. 基本风压和风荷载标准值

由基本风速并考虑相应的空气密度，按下式确定的风压即为基本风压：

$$w_0 = \frac{1}{2}\rho v_0^2$$

式中 w_0——基本风压（kN/m²）；
　　　ρ——空气密度（t/m³）；
　　　v_0——基本风速（m/s）。

基本风压用于确定作用于工程结构上的风荷载，是结构抗风设计必需的基本数据。各地基本风压可按《荷载规范》附录 E 确定。

拟建工程所在地的基本风压确定后，可按下列规定计算垂直于建筑物表面上的风荷载标准值 w_k。

（1）当计算主体结构时，风荷载标准值 w_k 按下式计算：
$$w_k = \beta_z \mu_s \mu_z w_0$$

（2）当计算围护结构时，风荷载标准值 w_k 按下式计算：
$$w_k = \beta_{gz} \mu_{sl} \mu_z w_0$$

式中　w_k——垂直于建筑物表面上的风荷载标准值（kN/m²）；
　　　w_0——基本风压（kN/m²），不应小于 0.3kN/m²；
　　　β_z——z 高度处的风振系数；
　　　μ_z——风压高度变化系数；
　　　μ_s——风荷载体型系数；
　　　β_{gz}——z 高度处的阵风系数；
　　　μ_{sl}——局部风压体型系数。

2. 几个系数

影响风荷载标准值的因素很多，主要包括：风压高度变化系数 μ_z、风荷载体型系数 μ_s、风振系数 β_z 和阵风系数 β_{gz}，以及建筑物的基本自振周期。

（1）风压高度变化系数 μ_z

当气压场随高度不变时，风速随距地面的高度的增大而增大（主要取决于地面粗糙度和温度垂直梯度），如图 2.1-1 所示。离地表一定高度以上时，风速不再受地表粗糙度的影响，该高度称为梯度风高度，又称大气边界层高度，用 H_T 表示。

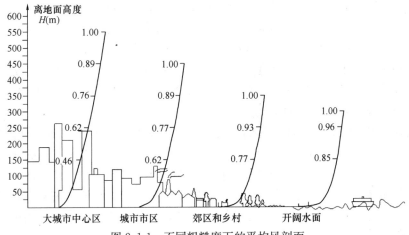

图 2.1-1　不同粗糙度下的平均风剖面

根据我国的地形地貌特点,《荷载规范》将地面粗糙度分为 A、B、C、D 四类,见表 2.1-2。

地面粗糙度类别划分　　　　　　　　　　　　表 2.1-2

粗糙度类别	定义	粗糙度指数 α	梯度风高度 H_T
A 类	近海海面和海岛、海岸、湖岸及沙漠地区	$\alpha_A=0.12$	$H_{TA}=300m$
B 类	田野、乡村、丛林、丘陵以及房屋比较稀疏的乡镇	$\alpha_B=0.15$	$H_{TB}=350m$
C 类	有密集建筑群的城市市区	$\alpha_C=0.22$	$H_{TC}=450m$
D 类	有密集建筑群且房屋较高的城市市区	$\alpha_D=0.30$	$H_{TD}=550m$

(2) 风荷载体型系数 μ_s

风荷载体型系数是指风作用在建筑物表面上所引起的实际压力(或吸力)与来流风的速度压的比值,它描述的是建筑物表面在稳定风压作用下的静态压力的分布规律,主要与建筑物的体型和尺度有关,也与周围环境和地面粗糙度有关。

单体结构物风荷载体型系数 μ_s 值的一些规律如下:

① μ_s 与建筑物尺度比例的关系:迎风墙面,墙高与墙长之比越大,μ_s 值越大;背风墙面与顺风山墙,房屋宽度与高度之比越大,μ_s 值越小。

② μ_s 与屋面坡度的关系:封闭式建筑迎风坡屋面,$\alpha>30°$ 时,μ_s 值为正;背风坡屋面,μ_s 值为负;封闭式建筑多跨屋面,凹面中各面的 μ_s 值为负;天窗屋面上 μ_s 值为负。

③ 圆形截面构筑物的 μ_s:随直径和雷诺数 Re 变化,且与表面粗糙度有关。

局部体型系数 μ_{sl} 是考虑建筑物表面风压分布不均匀的实际情况作出的调整。《荷载规范》第 8.3.3 条规定,验算围护构件及其连接的风荷载时,檐口、雨篷、遮阳板、边棱处的装饰条等突出构件,取 $\mu_{sl}=-2.0$。

(3) 风振系数 β_z

顺风向风速时程曲线中,包括长周期成分和短周期(一般只有几秒左右)成分。因此,常把顺风向的风效应分解为平均风(即稳定风)和脉动风(也称阵风脉动)来加以分析。

平均风相对稳定,由于风的长周期远大于一般结构的自振周期,因此平均风对结构的动力影响很小,可以忽略,将其等效为与时间无关的静力作用。

脉动风是由于风的不规则性引起的,其强度随时间随机变化。由于脉动风周期较短,与一些工程结构的自振周期较接近,是引起结构顺风向振动的主要原因。

在不同粗糙度的地面上同一高度处,脉动风的性质有所不同。在地面粗糙度大的区域上空,平均风速小,而脉动风的幅值大且频率高;反之在地面粗糙度小的区域上空,平均风速大,而脉动风的幅值小且频率低。

结构自振周期越大,脉动风引起的结构动力反应越明显,脉动风的影响必须考虑。

《荷载规范》第 8.4.1 条规定:对于高度大于 30m 且高宽比大于 1.5 的房屋,以及基本自振周期 $T_1>0.25s$ 的各种高耸结构,应考虑风压脉动对结构产生顺风向风振的影响。对于符合本规范第 8.4.3 条规定(对于一般悬臂型结构,例如构架、塔架、烟囱等高耸结构,以及高度大于 30m,高宽比大于 1.5 且可忽略扭转影响的高层建筑,均可仅考虑结构第一振型的影响)的,可采用风振系数法计算其顺风向风荷载。

《荷载规范》第8.4.2条规定：对于风振敏感的或跨度大于36m的屋盖结构，应考虑风压脉动对结构产生风振的影响。屋盖结构的风振响应，宜依据风洞试验结果按随机振动理论计算确定。

（4）阵风系数 β_{gz}

对于围护结构，包括玻璃幕墙在内，脉动引起的振动影响很小，可不考虑风振影响，但应考虑脉动风压的分布，即在平均风的基础上乘以阵风系数（$\beta_{gz}>1.0$）。

阵风系数特点是，同一高度处，地面越粗糙，阵风系数取值越大；同一地面粗糙度，距地面越高，阵风系数取值越小。

3. 横风向风振

建筑物或构筑物受到风力作用时，不但顺风向可以发生风振，在一定条件下，横风向也会发生风振。对于高层建筑、高耸塔架、烟囱等结构物，横向风作用引起的结构共振会产生很大的动力效应，甚至对工程设计起着控制作用。横风向风振与结构的截面形状及雷诺数有关。

《荷载规范》第8.5.1条规定：对于横风向风振作用效应明显的高层建筑以及细长圆形截面构筑物，宜考虑横风向风振的影响。

《荷载规范》第8.5.4条规定：对于扭转风振作用效应明显的高层建筑及高耸结构，宜考虑扭转风振的影响。

2.1.5 雪荷载

在寒冷地区及其他大雪地区，雪荷载是房屋屋面结构的主要荷载之一，尤其是对雪荷载非常敏感的结构（如大跨度、轻质屋盖结构），雪荷载经常是控制荷载。不均匀的雪荷载分布可能导致结构受力形式改变，极端雪荷载作用下容易造成结构的整体破坏。

1. 基本雪压

雪压是指单位水平面积上积雪的自重，其大小取决于积雪深度与积雪密度。年最大雪压 s（单位：kN/m^2）可按下式确定：

$$s = \rho_s \cdot h \cdot g$$

式中 ρ_s——积雪密度（t/m^3）；

h——年最大积雪深度，指从积雪表面到地面的垂直深度（m）；以每年7月份至次年6月份间的最大积雪深度确定；

g——重力加速度，取 $9.80m/s^2$。

积雪密度 ρ_s 随时间及空间变化，与积雪深度、积雪时间和当地的地理气候条件有关。

年最大积雪深度 h 可以根据气象台（站）记录的资料统计得到。

根据当地气象台（站）观察并收集的年最大雪压，经统计得出的50年一遇的最大雪压（即重现期为50年），即为当地的基本雪压。详见《荷载规范》附录E。

《荷载规范》第7.1.4条规定，山区的基本雪压应通过实际调查后确定，无实测资料时，可以附近空旷平坦地面的基本雪压乘以系数1.2采用。

此外，对雪荷载敏感的结构（如大跨度、轻质屋盖结构），基本雪压应适当提高，采用重现期为100年的年最大雪压，并应按相关结构设计规范的规定处理。

2. 屋面积雪分布系数

基本雪压是针对平坦的地面上积雪荷载定义的。但对屋面而言，由于受屋面形式及屋面坡度大小、屋面朝向（太阳辐射）、屋面散热、周围环境、地形地势及风力（风速、风向）等多种因素的影响，屋面雪荷载往往与地面雪荷载不同。

同时，在上述因素的影响下，屋面积雪将出现漂积、滑移、融化及结冰等多种效应，导致屋面积雪分布情况不均匀。因而，不同的屋面形式将有不同的积雪分布；即使同一屋面，不同区域的积雪分布情况也不相同。

《荷载规范》将屋面积雪分布系数 μ_r 定义为屋面雪荷载与地面雪荷载之比，以反映上述因素的影响下不同形式的屋面所形成的不同积雪分布状态。《荷载规范》表 7.2.1 规定了 10 种典型屋面积雪分布系数，其中不均匀分布情况主要考虑积雪产生滑移和堆积后的效应。

3. 雪荷载标准值

设计建筑结构及屋面的承重构件时，可按下列规定采用积雪的分布情况：

（1）屋面板和檩条：按积雪不均匀分布的最不利情况采用；

（2）屋架或拱、壳：应分别按全跨积雪的均匀分布、不均匀分布和半跨积雪的均匀分布，并按最不利情况采用；

（3）框架和柱：可按全跨积雪的均匀分布情况采用。

屋面水平投影面上的雪荷载标准值 s_k 应按下式计算：

$$s_k = \mu_r \cdot s_0$$

式中 μ_r——屋面积雪分布系数，应根据不同类别的屋面形式，按《荷载规范》表 7.2.1 确定；

s_0——基本雪压（kN/m^2）。

2.1.6 栏杆荷载

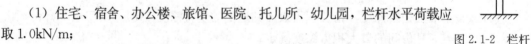

图 2.1-2 栏杆水平荷载

设计楼梯、看台、阳台、上人屋面等的栏杆时，考虑到人群拥挤可能会对栏杆产生侧向推力，应对栏杆顶部作用水平荷载进行验算（图 2.1-2）。栏杆水平荷载的取值与人群活动密集程度有关，可按下列规定采用：

（1）住宅、宿舍、办公楼、旅馆、医院、托儿所、幼儿园，栏杆水平荷载应取 1.0kN/m；

（2）学校、食堂、剧场、电影院、车站、礼堂、展览馆或体育场，栏杆顶部的水平荷载应取 1.0kN/m，竖向荷载应取 1.2kN/m，水平荷载与竖向荷载应分别考虑。

2.2 概率理论为基础的极限状态设计法

为统一各种材料的建筑结构可靠性设计的基本原则、基本要求和基本方法，使结构符合可持续发展的要求，并符合安全可靠、经济合理、技术先进、确保质量的要求，建筑结构设计宜采用以概率理论为基础、以分项系数表达的极限状态设计方法。

2.2.1 结构可靠性

结构设计就是要保证结构具有足够的抵抗自然界各种作用的能力,在规定的使用年限内、在正常的维护条件下,满足各种预定的功能要求,并在可靠与经济、适用与美观之间选择最佳的、合理的平衡。结构的功能要求是指工程结构的安全性、适用性和耐久性,统称为"可靠性"。

1. 安全性

结构设计必须保证结构在正常施工和正常使用时,能承受可能出现的各种直接作用和间接作用,同时还要求保证在偶然事件(如强烈地震、爆炸、冲击力等)发生时及发生后,结构仍然保持必需的整体稳定性(即结构仅产生局部的损坏而不发生连续倒塌)。

为使结构具有合理的安全性,根据工程结构破坏所造成的后果(即危害人的生命、造成经济损失、对社会或环境产生影响等)的严重性确定结构的安全等级。安全等级分为三级,大量的一般结构应列入二级,重要的结构应提高一级,次要的结构应降低一级(表 2.2-1)。

建筑结构的安全等级 表 2.2-1

安全等级	破坏后果	举例
一级	很严重,对人的生命、经济、社会或环境影响很大	重要的房屋,如大型的公共建筑等
二级	严重,对人的生命、经济、社会或环境影响较大	一般的房屋,如普通的住宅和办公楼等
三级	不严重,对人的生命、经济、社会或环境影响较小	次要的房屋,如临时性的贮存建筑等

2. 适用性

结构设计的适用性要求是指结构在正常使用时应具有良好的工作性能,如不发生过大的变形、过宽的裂缝以及影响正常使用的振动等。因此,需要对变形、裂缝宽度、振动加速度、振幅等进行必要的限制。

3. 耐久性要求

结构耐久性是指在设计确定的环境作用和维修、使用条件下,结构构件在设计使用年限内保持其适用性和安全性的能力。

耐久性要求,是指结构在正常维护下,具有足够的耐久性能,不发生钢筋(钢材)锈蚀、木材腐朽和虫蛀以及混凝土严重风化等现象。应根据具体结构的设计使用年限、所处的环境类别及环境作用等级确定相应的构造措施。

(1) 设计使用年限

设计使用年限是指设计规定的结构或构件不需进行大修即可按预定目的使用的年限,即结构在正常设计、正常施工、正常使用和维护下所应达到的使用年限。在这个年限内,结构能够在自然和人为环境的化学和物理作用下,不出现无法接受的承载力减小、使用功能降低和不能接受的外观破损等耐久性问题。

各类工程结构的设计使用年限见表 2.2-2。

建筑结构的设计使用年限　　　　　　　　　表 2.2-2

工程结构类别	设计使用年限/年	示例
房屋建筑工程	1　　　　5	临时性建筑结构
	2　　　　25	易于替换的结构构件
	3　　　　50	普通房屋和构造物
	4　　　　100	标志性建筑和特别重要的建筑结构

注：对特殊的高层建筑和高耸结构，其安全等级可根据相关规范（规程）另行确定。

如果结构的实际使用年限达不到设计使用年限，则意味着在设计、施工、使用和维护的某一环节上出现了不正常情况，应查找并分析原因；当结构的实际使用年限超过设计使用年限后，则认为结构的可靠度降低，或失效概率将高于设计时的预期值，但并不意味着该结构立即丧失功能或报废。

（2）环境类别

混凝土结构的环境类别可分为一般环境、冻融环境、氯化物环境、化学腐蚀环境等，混凝土结构应按照《混凝土结构耐久性设计标准》GB/T 50476—2019 规定的环境作用等级进行耐久性设计。

环境作用是指温度、湿度及其变化以及二氧化碳、氧、盐、酸等环境因素对结构的作用。

4. 可维护修复性要求

除上述要求外，近年来对结构在使用期间的维护、维修，以及在遭受意外作用破坏后的修复也提出了要求，称为可维护修复性。这是因为工程经济的概念不仅包括工程项目第一次建设费用，还应考虑其维护、修复及损失费用。

为满足上述各项设计要求，结构设计时，应根据下列要求采取适当的措施，使结构不出现或少出现可能的损坏：

（1）避免、消除或减少结构可能受到的危害；

（2）采用对可能受到的危害反应不敏感的结构类型；

（3）采用当单个构件或结构的有限部分被意外移除或结构出现可接受的局部损坏时，结构的其他部分仍能保存的结构类型；

（4）不宜采用无破坏预兆的结构体系；

（5）使结构具有整体稳固性；

（6）采用适当的材料、合理的设计和构造，并对结构的设计、制作、施工和使用等制定相应的控制措施。

2.2.2 极限状态、设计状况和设计方法

1. 极限状态

《统一标准》将结构的极限状态分为承载能力极限状态、正常使用极限状态和耐久性极限状态，分别对应于结构的安全性、适用性、耐久性，以保证结构的可靠性。

（1）当结构或结构构件出现下列状态之一时，应认定为超过了承载能力极限状态：

1）结构构件或连接因超过材料强度而破坏，或因过度变形而不适于继续承载；

2) 整个结构或结构的一部分作为刚体失去平衡；
3) 结构转变为机动体系；
4) 结构或结构构件丧失稳定；
5) 结构因局部破坏而发生连续倒塌；
6) 地基丧失承载能力而破坏；
7) 结构或结构构件的疲劳破坏。

（2）当结构或结构构件出现下列状态之一时，应认定为超过了正常使用极限状态：
1) 影响正常使用或外观的变形；
2) 影响正常使用的局部损坏；
3) 影响正常使用的振动；
4) 影响正常使用的其他特定状态。

（3）当结构或结构构件出现下列状态之一时，应认定为超过了耐久性极限状态：
1) 影响承载能力和正常使用的材料性能劣化；
2) 影响耐久性能的裂缝、变形、缺口、外观、材料削弱等；
3) 影响耐久性能的其他特定状态。

2. 设计状况

设计状况代表一定时段内结构体系、承受的作用、材料性能等实际情况的一组设计条件，工程结构设计应做到在该条件下结构不超越有关的极限状态。根据结构在施工和使用中的环境条件和影响，《统一标准》将设计状况分为下列四种。

（1）持久设计状况

在结构使用过程中一定出现、其持续期很长的状况，其持续期一般与设计使用年限属同一数量级，适用于结构使用时的正常情况。

（2）短暂设计情况

在结构施工和使用过程中出现概率较大，而与设计使用年限相比持续时间很短的状况。适用于结构出现的临时情况，如结构施工和维修时承受堆料和施工荷载的状况。

（3）偶然设计状况

在结构使用过程中出现的概率很小，且持续期很短的状况。适用于结构出现的异常情况，如结构遭受火灾、爆炸、撞击时的状况。

（4）地震设计状况

结构遭受地震时的设计状况。在抗震设防地区必须考虑地震设计状况。

3. 设计方法

结构设计时，对于不同的设计状况，应采用相应的结构体系、可靠度水准、设计方法、基本变量和作用组合，考虑所有可能的极限状态，并采用相应的可靠度水平进行设计。

对于上述四种不同的设计状况，均应进行承载能力极限状态设计，以确保结构的安全性。对持久设计状况，尚应进行正常使用极限状态设计以保证结构的适用性和耐久性；对短暂设计状况和地震设计状况，可根据需要进行正常使用极限状态设计。对偶然设计状况，可不进行正常使用极限状态设计，允许主要承重结构因出现设计规定的偶然事件而局部破坏，但其剩余部分应在一段时间内不发生连续倒塌。

进行承载能力极限状态设计时，应根据不同的设计状况采用下列作用组合：

① 基本组合，用于持久设计状况或短暂设计状况。

② 偶然组合，用于偶然设计状况。在每一种偶然组合中，只考虑一个偶然作用。

③ 地震组合，用于地震设计状况。

进行正常使用极限状态设计时，可采用下列作用组合：

① 标准组合，宜用于不可逆正常使用极限状态设计。

② 频遇组合，宜用于可逆正常使用极限状态设计。

③ 准永久组合，宜用于长期作用效应是决定性因素的正常使用极限状态设计。

这里，可逆极限状态是指产生超越状态的作用被移去后，将不再保持超越状态的一种极限状态；不可逆极限状态，是指产生超越状态的作用被移去后，仍将永久保持超越状态的一种极限状态。例如，某简支梁在某一数值的荷载作用后，其挠度超过了允许值，卸去该荷载后，若梁的挠度小于允许值，则为可逆极限状态，若梁的挠度还是超过允许值，则为不可逆极限状态。

第三章 抗震设计的基本知识

地震是地球上常见的现象，但却是一种突发的自然灾害，与水灾、风灾、泥石流、山体滑坡害等灾害相比，具有突发性强、破坏性大、防御难度大、社会影响深远等特点。

地震是工程结构（如建筑物、桥梁等）在使用期间承受的主要作用之一，其作用时间短、随机性强，强度大；同时地震经常引发地基液化失效、火灾等次生灾害。因此，搞好工程结构的抗震设计，是一项重要的防灾减灾措施。

3.1 地震的基本知识

由于地下某处薄弱岩层在累积的弹性应力的作用下突然破裂，断层两侧发生回跳引起震动，或由于地球板块相互挤压、顶撞致使板块边缘岩层脆性破裂引起震动，从而以波的形式将岩层震动传至地表，引起地面的剧烈颠簸和摇晃，这种地面运动就称为地震。

3.1.1 地震的类型

1. 地震的分类和成因

地震一般可分为人工地震和天然地震两大类。由人类活动（如开山、采矿、爆破、水库蓄水、地下核试验等）引起的地面振动称为人工地震，其余统称为天然地震。

天然地震主要分为以下几种类型：

构造地震：由于地壳构造运动使岩层断裂、错动引起的地震，占全球地震总数的90%以上。构造地震分布范围广、发生频度高、强度大、破坏严重，因此是地震监测预报、防灾减灾的重点对象。

火山地震：由于火山喷发引起的地震，占全球地震总数的7%左右。火山地震发生在活火山地区（如印度尼西亚、菲律宾、意大利等地），一般震级不大，在我国很少见。

陷落地震：是由于地层陷落（如喀斯特地形、矿坑下塌等）引起的地震。其破坏范围非常有限，震级也很小。

诱发地震：在特定的地区因某种外界因素诱发（如陨石坠落）而引起的地震。

构造地震往往发生在应力比较集中、构造比较脆弱的地段，即原有断层的端点或转折处、不同断层的交会处等。其成因有多种学说，断层学说和板块构造学说是被普遍认可的两种。

（1）断层学说

断层学说认为，构成地壳的岩层是在运动的，并不断积累着能量，使岩层中的应力不断增大，岩层产生形变或发生皱褶（图3.1-1）；当应力超过某处岩层的极限强度时，岩层产生断裂和错动，释放积累的应变能，并以弹性波的形式传至地面，地面随之产生强烈振动，形成地震。断层学说有助于解释与地质构造有关的地震。

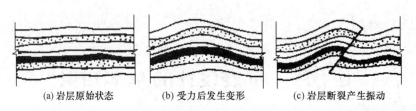

(a) 岩层原始状态　　(b) 受力后发生变形　　(c) 岩层断裂产生振动

图 3.1-1　地壳构造运动与地震形成示意

(2) 板块构造学说

板块构造理论认为，地球表面的最上层是强度较大的岩石层，厚度约为 70～100km。岩石层的下面是强度较低并带有塑性的岩流层。岩石层由美洲板块、非洲板块、欧亚板块、印澳板块、太平洋板块和南极洲板块等若干个大板块组成。由于岩流层的对流运动，板块之间相互挤压和冲撞，致使其边缘附近的岩石层脆性破裂而产生地震。

全球主要地震带处于这些大板块的交界地区，板块构造学说有助于解释地震带的成因。

2. 地震的地理分布

地震的历史表明，地震的地理分布受地质构造控制，呈明显的带状分布规律。全球的地震主要分布在两个地震带：

(1) 环太平洋地震带

从南美洲西部海岸起，向北经中美洲及北美洲西部海岸、阿拉斯加南岸、阿留申群岛，转向西南至日本列岛，再经我国台湾岛至菲律宾、新几内亚和新西兰，形成全球地震最活跃的环形地带。全球 80%～90% 的地震，就集中在这条地震带上。

(2) 地中海—南亚地震带

西起大西洋中的亚速尔岛，向东经意大利、土耳其、伊朗、印度北部、我国西部和西南地区，再经缅甸、印度尼西亚的苏门答腊岛和爪哇岛，最后与环太平洋地震带连接。

此外，在大西洋、太平洋、印度洋中也有呈条形分布的海岭地震带。

我国地处两大地震带之间，除台湾省和西藏自治区南部分别属于环太平洋地震带和地中海南亚地震带之外，其他地区的地震主要集中在下列两个地震带：

(1) 南北地震带

北起贺兰山，向南经六盘山，穿越秦岭，沿川西直至云南东部，形成贯穿我国南北的地震带。

(2) 东西地震带

西起帕米尔高原，向东经昆仑山、秦岭，然后一支向北沿陕西、山西、河北北部向东延伸，直至辽宁北部，另一支向南向东延伸至大别山等地。

据统计，我国大陆 7 级以上的地震占全球大陆 7 级以上地震的 1/3，全国 79% 的国土位于 6 度及 6 度以上地区，41% 的国土、一半以上的城市位于地震基本烈度 7 度或 7 度以上地区。其中，地震活动较强烈的地区是青藏高原和云南、四川西部，华北太行山和京津唐地区，新疆及甘肃、宁夏，福建和广东沿海，台湾岛等。

3. 地震术语及分类

地层构造运动中，地壳发生岩层断裂、错动，而产生剧烈振动并释放大量能量，此处即为震源（图 3.1-2）。震源不是一个点，而是有一定深度和范围的。震源在地面上的垂直投影，即为震中。震中邻近地区称为震中区。地面上某点至震中的距离称为震中距。震中到震源的垂直距离称为震源深度，常以 H 表示（单位：km）。

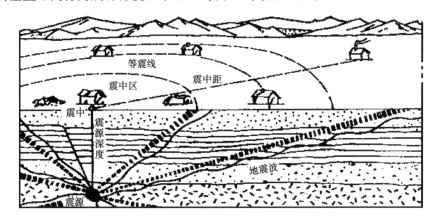

图 3.1-2 地震术语示意图

按震源深度，可将地震分为以下类型：

(1) 浅源地震

震源深度小于 60km 的地震，称为浅源地震。浅源地震的发震频率高，占地震总数的 72.5%，是地震灾害的主要制造者，对人类影响最大。破坏性地震一般是浅源地震，例如，1976 年 7 月 28 日唐山大地震的震级为 7.8 级，震源深度为 11km；2008 年 5 月 12 日汶川大地震的震级为 8.0 级，震源深度为 14km；2010 年 4 月 14 日玉树大地震的震级为 7.1 级，震源深度为 6km。

(2) 中源地震

震源深度在 60km 至 300km 之间的地震称为中源地震。中源地震的发震频率较低，绝大多数中源地震发生在环太平洋地震带上，分布在岛弧的里侧和海岸山脉一带，一般不会造成灾害。

(3) 深源地震

震源深度大于 300km 的地震称为深源地震。深源地震大多分布于太平洋一带的深海沟附近，一般不会造成灾害。

地震时，岩层的破裂往往不是沿一个平面发展，而是形成由一系列裂缝组成的破碎地带，沿整个破碎地带的岩层不可能同时达到平衡，因此，每次大地震的发生都不是孤立的。在一定的地方和一定时间内连续发生的一系列具有共同发震构造的一组地震，称为地震序列。在某一地震序列中，释放能量最大的一次地震称为主震；主震前发生的地震称为前震。主震后发生的地震称为余震。

3.1.2 地震波的传播

震源岩层断裂、错动时产生的振动以弹性波的形式从震源向各个方向传播并释放能量，这种波就是地震波。按地震波在地壳中传播的空间位置不同，可分为体波和面波。

1. 体波

在地球内部传播的地震波称为体波。体波又分为纵波和横波。

在纵波的传播过程中，介质质点的振动方向与波的前进方向一致，故又称为压缩波或疏密波。纵波的周期短、振幅小（图 3.1-3a），在地球内部的传播速度一般为 200～1400m/s。

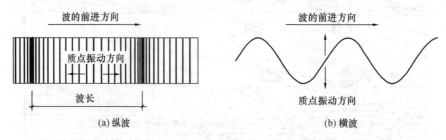

图 3.1-3 体波的传播

在横波的传播过程中，介质质点的振动方向与波的前进方向垂直，故又称为剪切波。横波的周期较长、振幅较大（图 3.1-3b），在地球内部的传播速度一般为 100～800m/s。

纵波比横波传播速度快。在仪器的观测记录图上，纵波先于横波到达，因而也可将纵波称为"初波"（Primary Wave）或 P 波，将横波称为"次波"（Secondary Wave）或 S 波。分析地震波记录图上 P 波和 S 波到达的时间差，可以确定震源的位置。

2. 面波

面波是体波经地层界面多次反射形成的次生波，它包括两种形式的波，即瑞利波（R 波）和洛夫波（L 波）。

瑞利波传播时，质点在波的传播方向和地面法线组成的平面（xz 平面）内做与波的传播方向相反的椭圆形运动，而在与该平面垂直的水平方向（y 方向）没有振动，质点在地面上呈滚动形式（图 3.1-4a）。

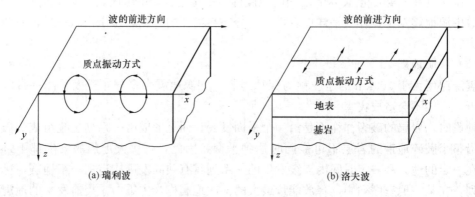

图 3.1-4 面波的传播

洛夫波传播时，质点只是在与传播方向相垂直的水平方向（y 方向）运动，在地面上呈蛇形运动形式（图 3.1-4b）。

面波振幅大、周期长，只在地表附近传播，比体波衰减慢，故能传播到很远的地方。

3. 地震波记录

不同地震波类型的速度不同，到达某地（如地震监测台站）的时间也就先后不同（图 3.1-5），对地面和建筑物的影响也就不同。

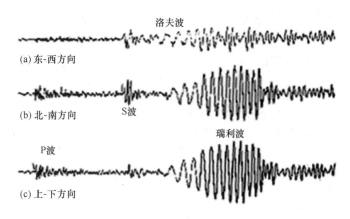

图 3.1-5 地震波记录图

从震源首先到达某地的第一波是 P 波。P 波一般以陡倾角出射地面，因此造成铅垂方向的地面运动，使建筑物上下摇动。P 波之后到达的是 S 波，它包括水平面上和垂直面上的振动。S 波比 P 波持续时间要长一些，使建筑物侧向晃动。

S 波之后或与 S 波同时，洛夫波到达，使地面产生垂直于波动传播方向的横向摇动；之后是瑞利波，它使地面在纵向和垂直方向都产生摇动，引起"摇滚运动"的振动。此时，地面振动最猛烈，造成的危害也最大。在距震源距离较大时感知的或长时间记录下来的主要是面波，因其随着距离衰减的速率比 P 波及 S 波慢。

3.1.3 震级与烈度

1. 地震震级

地震有强有弱，衡量地震强弱的尺度叫震级，用"M"表示。故地震释放的能量越大，震级也应越大。震级的大小可通过地震仪器的记录计算得到。

震级的概念由美国地震学家查尔斯·里克特（Charles Richter）于 1935 年最先提出，故称为"里氏震级（M_L）"。其定义为：用伍德-安德森（Wood-Anderson）式标准地震仪（摆的周期 0.8s，阻尼系数 0.8，放大倍数 2800 倍）所记录到的距震中 100km 处的最大水平地动位移（即振幅 A，单位：$\mu m = 10^{-3}$mm），以常用对数值表示，即

$$M_L = \log A$$

里氏震级 M_L 与地震释放的能量 E [单位：尔格（erg），1 尔格 = 10^{-7} 焦耳（J）] 之间有如下对应关系：

$$\log E = 11.8 + 1.5 M_L$$

上式表明，震级每增加一级，地面振幅增加约 10 倍，地震释放的能量增大约 32 倍。也就是说，一个 6 级地震相当于 32 个 5 级地震，而 1 个 7 级地震则相当于 1000 个 5 级地震。一次里氏 6 级地震所释放的能量为 6.31×10^{20} erg（相当于 1.5 万吨 TNT 炸药的当量）。迄今为止，由仪器记录到的最大地震为 8.9 级（1960 年，智利）。

按震级大小，可把地震划分为以下几类：

① $M_L < 2.0$，人们一般感觉不到，称为微震；

② $M_L = 2.0 \sim 4.0$，人们能够感觉到，但一般不会造成破坏，称为有感地震；

③ $M_L>5.0$，对建筑物引起不同程度的破坏，统称为破坏性地震；

④ $M_L>7.0$，称为强烈地震或大地震；

⑤ $M_L>8.0$，称为特大地震。

2. 地震烈度

地震烈度是指某一地区的地面和各类建筑物遭受到一次地震影响的强弱程度。对于一次地震，表示地震大小的震级只有一个，但在不同地点，其影响是不一样的，即地震烈度不同；一般说，距震中愈远，地震影响愈小，烈度就愈低；反之，烈度就愈高。此外，地震烈度还与震源深度、地震传播介质、表土性质、建筑物动力特性、施工质量等许多因素有关。

评定地震烈度的标准称为地震烈度表。它以描述震害宏观现象为主，即根据建筑物的损坏程度（平均震害指数）、地貌变化特征、地震时人的感觉、家具及器皿的反应等方面，并辅以水平峰值加速度、峰值速度等物理量对地震烈度进行区分。由于对烈度影响轻重的分段不同，以及在宏观现象和定量指标确定方面存在差异，加之各国建筑情况及地表条件的不同，各国所制定的地震烈度表也就不同。日本采用从 0 到 7 度分成 8 等的烈度表，少数欧洲国家用 10 度划分的地震烈度表，大多数国家（包括中国）都采用 12 度的地震烈度表（参见《中国地震烈度表》GB/T 17742—2020）。

3. 震级和地震烈度的关系

定性来讲，震级越大，确定地点上的烈度也越大；定量的关系只在特定条件下存在大致的对应关系，根据我国的地震资料，对于多发性的浅源地震（震源深度在 10～30km），可建立起震中烈度 I_0 与震级 M_L 之间的近似关系（表 3.1-1），即

$$M_L = 1 + \frac{2}{3}I_0$$

地震烈度与震级对照关系　　　　　　　　　　表 3.1-1

震中烈度 I_0	1	2	3	4	5	6	7	8	9	10	11	12
震级 M_L	1.9	2.5	3.1	3.7	4.3	4.9	5.5	6.1	6.7	7.3	7.9	8.5

3.2 工程结构抗震设防

工程结构抗震设防的目的是减轻工程结构的破坏，最大限度地减少（但不能避免）地震灾害造成的人员伤亡和财产损失。

3.2.1 地震动参数区划

地震的发生（包括地点、时间和强度）和地面运动的特性具有很大的随机性。目前主要采用基于概率含义的地震预测方法来预测某地区未来一定时间内可能发生的最大地震烈度。

该方法将地震的发生及其影响看作随机事件，首先根据区域地质构造、地震活动性和历史地震资料，确定地震危险区，即未来 50 年期限内可能发震的地段，并估计每个发震地段可能发生的最大地震，从而确定出震中烈度（地震动参数）；然后，预测这些地震的影响范围，即根据地震衰减规律，用概率方法评价其周围地区的烈度（地震动参数）。

《中国地震动参数区划图》GB 18306—2015 根据地震危险性分析方法，提供了一般中硬场地条件下，设防水准为 50 年、超越概率为 10％时的地震动参数（地震动峰值加速度和反应谱特征周期）。该区划图由《中国地震动峰值加速度区划图》（1∶400 万）、《中国地震动反应谱特征周期区划图》（1∶400 万）和《地震动反应谱特征周期调整表》组成。

一般中硬场地条件下，设防水准为 50 年、超越概率为 10％时的地震动参数所对应的烈度值称为地震基本烈度。

地震动参数区划图上标明的某一地区的基本地震动参数，总是相应于一定震源的，当然也包括几个不同方向震源所造成的同等烈度的影响。由于地质构造的变化，一个地区的地震基本烈度并不是一成不变的。因此，《中国地震动参数区划图》GB 18306—2015 也需要根据大量的地震区划基础资料及其综合研究的最新成果，定期修正，从而更准确地反映未来一定时期内地震动的物理效应，以满足现代工程对地震区划的需求。

3.2.2 抗震设防分类与设防标准

抗震设防是指对建筑物进行抗震设计，包括地震作用、抗震承载力计算和采取相应的抗震措施。

抗震设防的依据是抗震设防烈度。在我国，一个地区的抗震设防烈度，一般情况下可按照《建筑抗震设计规范》GB 50011—2010（2016 年版）规定的设计基本地震加速度值对应的烈度值，该设计基本地震加速度值与《中国地震动峰值加速度区划图》GB 18306—2015 中的地震动峰值加速度一致。

地震经验表明，在宏观烈度相似的情况下，处在大震级远震中距下的柔性建筑，其震害要比中、小震级近震中距的情况重很多；理论分析也发现，震中距不同时反应谱频谱特性并不相同。因此，《建筑抗震设计规范》GB 50011—2010（2016 年版）将建筑工程的设计地震划分为三组，即对场地条件相同、烈度相同的地震，按震源机制、震级大小和震中距远近区别对待。

1. 建筑抗震设防分类

《建筑工程抗震设防分类标准》GB 50223—2008 第 3.0.1 条规定，建筑抗震设防类别划分，应根据下列因素的综合分析确定：

（1）建筑破坏造成的人员伤亡、直接和间接经济损失及社会影响的大小。
（2）城镇的大小、行业的特点、工矿企业的规模。
（3）建筑使用功能失效后，对全局的影响范围大小、抗震救灾影响及恢复的难易程度。
（4）建筑各区段的重要性有显著不同时，可按区段划分抗震设防类别。下部区段的类别不应低于上部区段。所谓区段，是指由防震缝分开的结构单元、平面内使用功能不同的部分或上下使用功能不同的部分。
（5）不同行业的相同建筑，当所处地位及地震破坏所产生的后果和影响不同时，其抗震设防类别可不相同。

根据以上原则，《建筑工程抗震设防分类标准》GB 50223—2008 第 3.0.2 条中将建筑工程分为以下四个设防类别：

① 特殊设防类：指使用上有特殊设施，涉及国家公共安全的重大建筑工程和地震时可能发生严重次生灾害等特别重大灾害后果，需要进行特殊设防的建筑，简称甲类。

② 重点设防类：指地震时使用功能不能中断或需尽快恢复的生命线相关建筑，以及地震时可能导致大量人员伤亡等重大灾害后果，需要提高设防标准的建筑，简称乙类。

③ 标准设防类：指大量的除①、②、④类以外按标准要求进行设防的建筑，简称丙类。

④ 适度设防类：指使用上人员稀少且震损不致产生次生灾害，允许在一定条件下适度降低要求的建筑，简称丁类。

2. 抗震设防标准

依据《建筑工程抗震设防分类标准》GB 50223—2008 第 3.0.3 条，各抗震设防类别建筑的抗震设防标准，应符合下列要求：

① 标准设防类建筑，应按本地区抗震设防烈度确定其抗震措施和地震作用，达到在遭遇高于当地抗震设防烈度的预估罕遇地震影响时不致倒塌或发生危及生命安全的严重破坏的抗震设防目标。

② 重点设防类建筑，应按高于本地区抗震设防烈度一度的要求加强其抗震措施；但抗震设防烈度为 9 度时应按比 9 度更高的要求采取抗震措施；地基基础的抗震措施，应符合有关规定。同时，应按本地区抗震设防烈度确定其地震作用。

③ 特殊设防类建筑，应按高于本地区抗震设防烈度提高一度的要求加强其抗震措施；但抗震设防烈度为 9 度时应按比 9 度更高的要求采取抗震措施。同时，应按批准的地震安全性评价的结果且高于本地区抗震设防烈度的要求确定其地震作用。

④ 适度设防类建筑，允许比本地区抗震设防烈度的要求适当降低其抗震措施，但抗震设防烈度为 6 度时不应降低。一般情况下，仍应按本地区抗震设防烈度确定其地震作用。

这里的抗震措施，是指除去地震作用和结构（构件）抗力计算外的抗震设计内容，包括抗震构造措施。抗震构造措施，是指根据抗震概念设计原则，一般不需计算而对结构和非结构各部分必须采取的各种细部要求。

《建筑工程抗震设防分类标准》GB 50223—2008 列出了主要行业的抗震设防类别的建筑示例；使用功能、规模与示例类似或相近的建筑，可按该示例划分其抗震设防类别。该标准未列出的建筑，宜划为标准设防类。

3.2.3 抗震设防目标与抗震设计方法

建筑结构的抗震设防目标，是对于建筑结构应具有的抗震安全性的要求，即建筑结构物遭遇不同水准的地震影响时，结构、构件、使用功能、设备的损坏程度的总要求。

1. "三水准"设防目标

《建筑抗震设计规范》GB 50011—2010（2016 年版）规定，需进行抗震设计的一般建筑，其基本的抗震设防目标是：

第一水准：当遭受低于本地区抗震设防烈度的多遇地震（众值烈度）影响时，主体结构不受损坏或不需修理可继续使用。

第二水准：当遭受相当于本地区抗震设防烈度的设防地震（基本烈度）影响时，可能损坏，但经一般性修理仍可继续使用。

第三水准：当遭受高于本地区抗震设防烈度的罕遇地震（罕遇烈度）影响时，不致倒塌或发生危及生命的严重破坏。

基于上述设防目标，建筑物在使用期间，对不同强度的地震应具有不同的抵抗能力，一般多遇地震（小震）发生的概率较大，因此要做到结构不损坏，这在技术上、经济上是可以实现的。而罕遇地震（大震）发生的概率较小，如果此时要求结构仍不损坏，在经济上是不合理的，因此可以允许结构破坏，但不应导致建筑物倒塌。概括起来，"三水准"抗震设防目标就是要做到"小震不坏，中震可修，大震不倒"。

使用功能或其他方面有专门要求的建筑，具有更具体或更高的抗震设防目标。

2. 多遇地震烈度与罕遇地震烈度

根据大量地震发震概率的数据统计分析，一般认为，我国地震烈度的概率密度函数服从极限Ⅲ型分布（图3.2-1）。

所谓多遇地震（小震），就是发生机会较多的地震，故多遇地震烈度应是烈度概率密度函数曲线峰值点所对应的烈度，50年期限内多遇地震烈度的超越概率为63.2%，这就是第一水准的烈度。多遇地震烈度大约比基本烈度低1.55度。

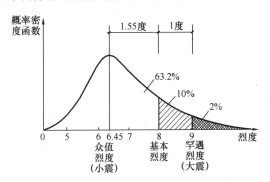

图3.2-1 多遇地震烈度、罕遇地震烈度与基本烈度

基本烈度是50年内超越概率约10%的烈度，相当于《中国地震动参数区划图》GB 18306—2015规定的峰值加速度所对应的烈度，将它定义为第二水准的烈度。

罕遇地震（大震）就是发生机会较少的地震。根据我国华北、西北和西南地区地震发生概率的统计分析，结合我国的经济情况，《建筑抗震设计规范》GB 50011—2010（2016年版）取50年超越概率约为2%的烈度为罕遇地震烈度，作为第三水准烈度。

罕遇地震比基本烈度高约1度左右，相应于基本烈度6、7、8、9度的罕遇地震烈度分别为7度强、8度强、9度弱、9度强。

3. "二阶段"设计法

在进行建筑抗震设计时，原则上应满足"三水准"抗震设防目标的要求。为了简化计算起见，《建筑抗震设计规范》GB 50011—2010（2016年版）采取了二阶段设计法。

（1）第一阶段设计——承载力和弹性变形验算

在方案布置符合抗震原则的前提下，取第一水准（多遇地震烈度）的地震动参数计算结构的地震作用标准值和相应的地震作用效应，采用《建筑结构可靠性设计统一标准》GB 50068—2018规定的分项系数设计表达式进行结构构件的截面承载力验算，对较高的建筑物还要进行变形验算，以控制侧向变形不要过大。这样既满足了第一水准下必要的强度可靠度（小震不坏），又满足第二水准的设防要求（中震可修）。

对大多数的结构，可只进行第一阶段设计，并通过概念设计和抗震构造措施来满足第三水准的设防要求。

（2）第二阶段设计——弹塑性变形验算

对有特殊要求的建筑、地震时易倒塌的结构以及有明显薄弱层的不规则结构，除进行第一阶段设计外，还要按与基本烈度相对应的罕遇烈度进行结构薄弱层（部位）的弹塑性层间变形验算并采取相应的抗震构造措施,以实现第三水准的设防要求(大震不倒)。

3.3 建筑场地

建筑场地条件是决定地震作用大小和建筑物破坏程度的重要因素。

3.3.1 建筑场地类别

场地是指工程群体所在地,具有相同的反应谱特征,其范围相当于厂区、居民小区和自然村或不小于 $1.0 km^2$ 的平面面积。场地范围内的地基土称为场地土。

多次地震的震害表明,在同一烈度区内,由于场地土质条件的不同,建筑物的破坏程度有很大差异。软弱地基与坚硬地基相比,这种差异的一般规律是:表现在对地面运动的影响上,在同一地震和同一震中距离时,软弱地基的地面自振周期长、振幅大,振动持续时间长,震害也重;表现在对地基稳定和变化的影响上,软弱地基在振动的情况下容易产生不稳定状态和不均匀沉降,甚至会发生液化、滑动、开裂等严重现象,而坚硬地基则没有这种危险;表现在改变建筑物的动力特性上,因为地基和上部结构是不可分割的整体。软弱地基对建筑物有增长周期、改变振型和增大阻尼的作用。

场地土层的组成不同,对建筑物震害的影响也是不同的,震害一般随覆盖土层厚度的增加而加重。

地下水位的高低对震害的影响也是不同的,水位越浅,震害越重;尤其是当地下水埋深 1~5m 时,对震害的影响最为显著。在不同的地基中,地下水位的影响程度也有差别,对软弱土层的影响最大,黏性土次之,对卵砾石、碎石、角砾土则影响较小。

场地岩土工程勘察,应划分对建筑抗震有利、一般、不利和危险的地段,提供建筑的场地类别和岩土地震稳定性(如滑坡、崩塌、液化和震陷特性等)评价。

场地条件对建筑物震害影响的主要因素是场地土的刚性大小(即坚硬或密实程度)和场地覆盖层厚度。土的刚性一般用土的剪切波速表示,覆盖层厚度则定义为从地面至坚硬场地土顶面的距离。

《建筑抗震设计规范》GB 50011—2010(2016 年版),根据土层等效剪切波速和场地覆盖层厚度 d_o 将场地类别划分为四类,其中Ⅰ类最好,Ⅳ类最差,见表 3.3-1。

场地类别划分　　　　　　　　　　表 3.3-1

剪切波速 v_s 或 v_{se}/(m/s)	场地类别				
	I_0	I_1	Ⅱ	Ⅲ	Ⅳ
$v_s > 800$	$d_o = 0$				
$800 \geq v_s > 500$		$d_o = 0$			
$500 \geq v_{se} > 250$			$d_o < 5$	$d_o \geq 5$	
$250 \geq v_{se} > 150$			$d_o < 3$	$3 \leq d_o \leq 50$	$d_o > 50$
$v_{se} \leq 150$			$d_o < 3$	$3 \leq d_o \leq 15$	$15 \leq d_o \leq 80$	$d_o > 80$

注:v_s 为岩石或坚硬土的剪切波速,v_{se} 为土层的等效剪切波速。

建筑场地覆盖层厚度的确定,应符合下列要求:

① 一般情况下，应按地面至剪切波速大于500m/s且其下卧各层岩土的剪切波速均不小于500m/s的土层顶面的距离确定。

② 当地面5m以下存在剪切波速大于其上部各土层剪切波速2.5倍的土层，且该层及其下卧各层岩土的剪切波速均不小于400m/s时，可按地面至该土层顶面的距离确定。

③ 剪切波速大于500m/s的孤石、透镜体，应视同周围土层。

④ 土层中的火山岩硬夹层，应视为刚体，其厚度应从覆盖土层中扣除。

3.3.2 液化土地基

1. 液化的概念

地下水位以下的饱和松砂或粉土受到地震的振动作用，土颗粒间有变密的趋势，孔隙水来不及排出，使土颗粒处于悬浮状态，形成有如液体一样的现象，称为液化。

日本1964年的新潟地震中，该城市的低洼地区出现了大面积的砂层液化现象，地面多处喷砂冒水，使很多建筑物地基失效，就是饱和松砂发生液化的典型事例。我国1966年的邢台地震、1975年的海城地震以及1976年的唐山地震中，场地土都发生过液化现象，建筑遭到了不同程度的破坏。

理论上认为，饱和砂土的地震液化与孔隙水压力的变化有关。地震时，由于场地土的强烈振动，孔隙水压力急剧增高，直至与总的法向压应力相等，即等于有效法向压应力时，砂土颗粒便呈悬浮状态，土体抗剪强度为零，从而使场地土失去承载能力。

2. 影响场地土液化的因素

影响场地土液化的因素很多，主要包括以下方面：

（1）地质年代

地质年代的新老表示土层沉积时间的长短。地质年代愈久，土层的固结度、密实度和结构性也就愈好，抵抗液化能力就愈强。

（2）土中黏粒含量

黏粒是指粒径小于等于0.005mm的土颗粒。随着土中黏粒的增加，土的黏聚力增大，从而抗液化能力增加。故当粉土内黏粒含量超过某一限值时，粉土就不会液化。

（3）上覆非液化土层厚度和地下水位深度

上覆非液化土层厚度是指地震时能抑制可液化土层喷水冒砂的厚度，一般取第一层可液化土层的顶面至地表的距离。

实际震害调查表明，地下水位越高，砂土和粉土发生液化的可能性越大。

（4）土的密实程度和土层埋深

砂土和粉土的密实程度是影响土层液化的一个重要因素。

土层埋深越大，土层就越不容易液化。

（5）地震烈度和震级

地震烈度愈高的地区，地面运动强度就愈大，土样振动的持续时间愈长，显然土层就愈容易液化。一般在6度及以下地区，很少看到液化现象。而在7度及以上地区，液化现象则相当普遍。

3. 土层液化的判别和评价

饱和砂土和饱和粉土（不含黄土）的液化判别原则为：6度时，一般情况下可不进行判别，但对液化沉陷敏感的乙类建筑可按7度的要求进行判别，7～9度时，乙类建筑可按本地区抗震设防烈度的要求进行判别。

《建筑抗震设计规范》GB 50011—2010（2016年版）根据影响土层液化的主要因素分析及现场的调查资料，给出了土层液化的判别方法，即先进行初步判别，再进行标准贯入试验判别。

一般而言，当土层的地质年代为第四纪晚更新世（Q_3）及其以前时，7、8度时可判为不液化土；当粉土中的黏粒（粒径小于0.005mm的颗粒）含量（按重量）百分率，7度、8度和9度分别不小于10、13和16时，可初步判别为不液化土。

在同一地震烈度下，液化层的厚度愈厚，埋藏愈浅，地下水位愈高，实测标准贯入锤击数与临界标准贯入锤击数相差愈多，液化就愈严重，带来的危害性也就愈大。

地基土液化程度不同，对建筑物的危害也就不同。《建筑抗震设计规范》GB 50011—2010（2016年版）给出了液化指数概念，能比较全面反映这些因素的影响。对存在液化土层的地基，应探明各液化土层的深度和厚度，计算每个钻孔的液化指数。

根据液化指数I_{lE}，将场地土液化危害的严重程度划分为不同的液化等级（表3.3-2），并据此采取相应的抗液化措施。

液化等级和液化指数的对应关系　　　　表3.3-2

液化等级	轻微	中等	严重
液化指数I_{lE}	$0<I_{lE}\leqslant 6$	$6<I_{lE}\leqslant 18$	$I_{lE}>18$

4. 地基抗液化措施

存在液化土层的地基，应根据建筑的抗震设防类别、地基的液化等级，结合具体情况采取抗液化措施。不宜将未经处理的液化土层作为天然地基持力层。当液化土层较平坦（坡度大于10°的）且均匀时，宜按表3.3-3选用地基抗液化措施。

地基抗液化措施　　　　表3.3-3

抗震设防类别	地基的液化等级		
	轻微	中等	严重
乙类	部分消除液化沉陷，或对基础和上部结构处理	全部消除液化沉陷，或部分消除液化沉陷且对基础和上部结构进行处理	全部消除液化沉陷
丙类	基础和上部结构处理，亦可不采取措施	基础和上部结构处理，或更高要求的措施	全部消除液化沉陷，或部分消除液化沉陷且对基础和上部结构进行处理
丁类	可不采取措施	可不采取措施	基础和上部结构处理，或其他经济的措施

地基抗液化措施的具体要求如下：

（1）全部消除地基液化沉陷的措施：

① 采用桩基时，桩端伸入液化深度以下稳定土层中的长度（不包括桩尖部分），应按计算确定，且对碎石土，砾，粗、中砂，坚硬黏性土和密实粉土尚不应小于0.8m，对其他非岩石土尚不宜小于1.5m。

② 采用深基础时，基础底面应埋入液化深度以下的稳定土层中，其深度不应小

于 0.5m。

③ 采用加密法（如振冲、振动加密、挤密碎石桩、强夯等）加固时，应处理至液化深度下界；振冲或挤密碎石桩加固后，桩间土的标准贯入锤击数不宜小于液化标准贯入锤击数的临界值。

④ 用非液化土替换全部液化土层，或增加上覆非液化土层的厚度。

⑤ 采用加密法或换土法处理时，在基础边缘以外的处理宽度，应超过基础底面下处理深度的 1/2 且不小于基础宽度的 1/5。

（2）部分消除地基液化沉陷的措施：

① 处理深度应使处理后的地基液化指数减少，其值不宜大于 5；对独立基础和条形基础，尚不应小于基础底面下液化土特征深度值和基础宽度的较大值。

② 采用振冲或挤密碎石桩加固后，桩间土的标准贯入锤击数不宜小于液化判别标准贯入锤击数的临界值。

③ 基础边缘以外的处理宽度，应超过基础底面下处理深度的 1/2 且不小于基础宽度的 1/5。

④ 采取减小液化震陷的其他方法，如增加上覆非液化土层的厚度和改善周边的排水条件等。

（3）减轻液化影响的基础和上部结构处理，可综合采用下列各项措施：

① 选择合适的基础埋置深度。

② 调整基础底面积，减少基础偏心。

③ 加强基础的整体性和刚度，如采用箱基、筏基或钢筋混凝土交叉条形基础，加设基础圈梁等。

④ 减轻荷载，增强上部结构的整体刚度和均匀对称性，合理设置沉降缝，避免采用对不均匀沉降敏感的结构形式等。

⑤ 管道穿过建筑处应预留足够尺寸或采用柔性接头等。

3.3.3 软土地基

软土地基通常是指地基持力层范围内存在淤泥、淤泥质土、冲填土、杂填土以及地基承载力小于 80kPa（7 度）、100kPa（8 度）、120kPa（9 度）的黏土、粉土等。

软土地基的震害主要表现为震陷，它使建筑物大幅下沉或不均匀下沉。一般认为，6 度时可不考虑地基震陷的影响；7～9 度时应严格控制基础底面压应力不超过地基承载力；除丁类建筑外，未经处理的淤泥、淤泥质土不应作为天然地基的持力层。

采用桩基础、深基础、全部挖除软土层或换土等措施，可以基本消除软土地基的震陷。也可采用振动、夯击、压实和挤密等方法，对软土地基进行适当处理。

3.4 建筑形体及构件布置的规则性

合理的建筑形体（指建筑平面形状和立面、竖向剖面的变化）和结构布置在抗震设计中是头等重要的。震害表明，简单、对称、规则的结构震害较轻，反之则震害较重。

《建筑抗震设计规范》GB 50011—2010（2016 年版）第 3.4.1 条规定：建筑设计应符

合抗震概念设计的要求，明确建筑形体的规则性。不规则的建筑应按规定采取加强措施；特别不规则的建筑方案应进行专门研究和论证，采取特别的加强措施；严重不规则的建筑不应采用。

《建筑抗震设计规范》GB 50011—2010（2016年版）第3.4.2条规定：建筑设计应重视其平面、立面和竖向剖面的规则性对抗震性能及经济合理性的影响，宜择优选用规则的形体，其抗侧力构件的平面布置宜规则对称、侧向刚度沿竖向宜均匀变化、竖向抗侧力构件的截面尺寸和材料强度宜自下而上逐渐减小、避免侧向刚度和承载力突变。

3.4.1 不规则的类型

建筑和结构的规则性，体现在平面布置和竖向布置两个方面。混凝土房屋、钢结构房屋和钢-混凝土混合结构房屋存在表3.4-1所列举的某项平面不规则类型或表3.4-2所列举的某项竖向不规则类型以及类似的不规则类型，应属于不规则的建筑，参见图3.4-1～图3.4-5的示例。

平面不规则的类型　　　　　　　　　　　　表3.4-1

不规则类型	定义
扭转不规则	在具有偶然偏心的规定水平力作用下，楼层两端抗侧力构件弹性水平位移（或层间位移）的最大值与平均值的比值大于1.2
凹凸不规则	平面凹进的尺寸，大于相应投影方向总尺寸的30%
楼板局部不连续	楼板的尺寸和平面刚度急剧变化，例如，有效楼板宽度小于该层楼板典型宽度的50%，或开洞面积大于该层楼面面积的30%，或较大的楼层错层
偏心布置（钢结构）	任一层的偏心率大于0.15或相邻层质心相差大于相应边长的15%（偏心率按《高层民用建筑钢结构技术规程》JGJ 99—2015附录A计算）

竖向不规则的类型　　　　　　　　　　　　表3.4-2

不规则类型	定义
侧向刚度不规则	该层的侧向刚度小于相邻上一层的70%，或小于其上相邻三个楼层侧向刚度平均值的80%；除顶层或出屋面小建筑外，局部收进的水平向尺寸大于相邻下一层的25%
竖向抗侧力构件不连续	竖向抗侧力构件（柱、抗震墙、抗震支撑）的内力由水平转换构件（梁、桁架等）向下传递
楼层承载力突变	抗侧力结构的层间受剪承载力小于相邻上一楼层的80%

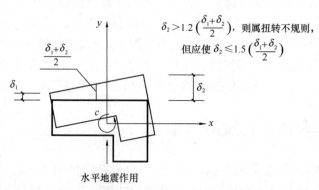

图3.4-1　平面布置的扭转不规则示例

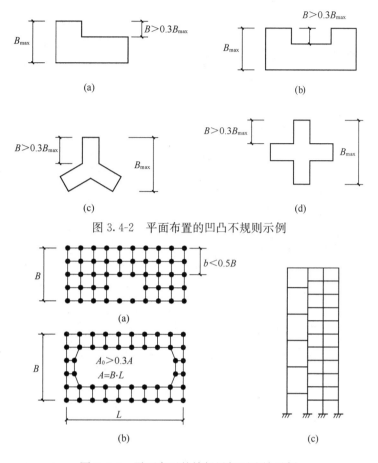

图 3.4-2 平面布置的凹凸不规则示例

图 3.4-3 平面布置的楼板局部不连续示例

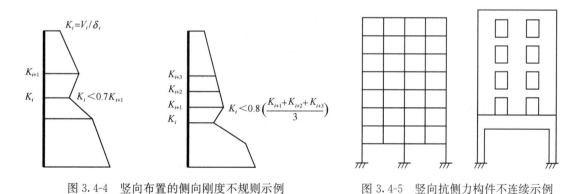

图 3.4-4 竖向布置的侧向刚度不规则示例　　图 3.4-5 竖向抗侧力构件不连续示例

属于不规则的建筑,应按《建筑抗震设计规范》GB 50011—2010（2016 年版）的相关要求进行水平地震作用计算和内力调整,并应对薄弱部位采取有效的抗震构造措施。

3.4.2 防震缝的设置

体型复杂、平立面不规则的建筑,应根据不规则程度、地基基础条件和技术经济等因素的比较分析，确定是否设置防震缝。

《建筑抗震设计规范》GB 50011—2010（2016年版）规定，多高层钢筋混凝土结构房屋，宜避免使用表3.4-1、表3.4-2中的不规则建筑结构方案，尽可能不设置防震缝。无法避免采用不规则建筑结构方案时，可按实际需要在适当部位设置防震缝，形成多个较规则的抗侧力结构单元。

防震缝宽度应根据抗震设防烈度、结构材料种类、结构类型、结构单元的高度和高差情况确定，其两侧的上部结构应完全分开。防震缝最小宽度应符合表3.4-3的要求。

防震缝最小宽度 表3.4-3

结构类型	结构高度 H/m	各抗震设防烈度下防震缝最小宽度/mm			
		6度	7度	8度	9度
框架	$H\leqslant 15$	100	100	100	100
	$H>15$	$100+20(H-15)/5$	$100+20(H-15)/4$	$100+20(H-15)/3$	$100+20(H-15)/2$
框架-抗震墙		相应高度框架结构计算值的70%，且不小于100			
抗震墙		相应高度框架结构计算值的50%，且不小于100			

注：① 防震缝两侧结构类型不同时，防震缝宽度应按不利的结构类型确定；
② 防震缝两侧房屋高度不同时，防震缝宽度应按较低的房屋高度确定。

抗震设计的建筑结构，当需要设伸缩缝、沉降缝时，也应符合防震缝宽度的要求，做到三缝合一。

3.5 地震作用与抗震验算

地震引起地面运动，使原来处于静止的建筑物受到动力作用而产生强迫振动，在振动过程中作用在结构上的惯性力就是地震作用。因此，地震作用可以理解为一种能反映地震影响的等效荷载，属于间接作用，同时也属于动态作用。

地震作用的计算比一般荷载要复杂得多，它不仅取决于地震烈度，而且与工程结构的动力特性（结构自振周期、阻尼）有密切关系。地震作用使工程结构产生内力与变形的动态反应通常称为结构的地震反应。

3.5.1 地震作用的计算方法

1. 振型分解反应谱法

目前，大多数国家（包括我国）抗震设计规范中，主要采用反应谱理论确定地震作用，其中以加速度反应谱应用最普遍。所谓加速度反应谱，就是单质点弹性体系在一定地面运动作用下的最大反应加速度与体系自振周期的关系曲线。考虑到建筑场地（包括表层土的动力特性和覆盖层厚度）、震级和震中距对反应谱的影响，一般抗震规范中都规定了若干代表性场地的加速度反应谱曲线。

若已知结构体系的自振周期，利用反应谱曲线和相应计算公式，即可确定体系的反应加速度，进而求得地震作用。

利用振型分解原理，可有效地将上述概念用于多质点体系的抗震计算，这就是抗震设计规范中给出的振型分解反应谱法。它以结构自由振动的 N 个振型为广义坐标，将多质点体系的振动分解成 n 个独立的等效单质点体系的振动，然后利用反应谱概念求出各个（或前几个）振型的地震作用，并按一定的法则进行组合，即可求出结构总的地震作用。

2. 时程分析法

对一些重要的或复杂的建筑物，采用按地震动的时间历程直接求解结构体系运动微分方程的时程分析法，来计算结构的地震反应。

时程分析法又称为直接动力法。其基本思路如下：

首先选定一条地震波，则某一时刻 t 的地面加速度是已知值，将其直接对结构振动体系的运动方程积分，可得到在 t 时刻各质点的位移、速度及加速度等地震反应，再计算各质点在 $t+\Delta t$ 时刻的地震反应，Δt 称为步长。从初始状态开始，逐步积分，直至振动过程终止，最后得到对应于该条地震波的结构地震反应时程曲线。

时程分析法可以分析结构的弹性地震反应，也可根据结构刚度的弹塑性变化规律（称为结构恢复力特性曲线的计算模型）来分析结构的弹塑性地震反应。

所选地震波可以是实际的地震波记录，也可以是人工模拟地震波。地震波的峰值加速度应满足抗震设防烈度的要求。同时，地震波的卓越周期要基本接近场地类别所确定的反应谱特征周期。

弹性和弹塑性地震反应分析的结果，可用于判断结构抗震性能、判别结构设计常规设计中可能存在的薄弱部位以及是否有可能倒塌等方面。

3.5.2 地震作用计算参数

1. 抗震设防烈度、设计基本地震加速度值的对应关系

根据《建筑抗震设计规范》GB 50011—2010（2016 年版）第 3.2.2 条的规定，抗震设防烈度和设计基本地震加速度取值的对应关系，应按表 3.5-1 的数值采用。表中，g 为重力加速度。

抗震设防烈度、设计基本地震加速度值的对应关系　　表 3.5-1

抗震设防烈度	6	7	8	9
设计基本地震加速度值	$0.05g$	$0.10（0.15）g$	$0.20（0.30）g$	$0.40g$

设计基本地震加速度为 $0.15g$ 和 $0.30g$ 地区内的建筑，除相关规范另有规定外，应分别按抗震设防烈度 7 度和 8 度的要求进行抗震设计。

2. 抗震设计反应谱——地震影响系数 α

地震影响系数 α 就是单质点弹性体系在地震时最大反应加速度（以重力加速度 g 为单位）。《建筑抗震设计规范》GB 50011—2010（2016 年版）规定，地震影响系数 α 的取值应根据烈度、场地类别、设计地震分组、结构自振周期以及结构的阻尼比确定。

建筑结构的地震影响系数曲线分为四段，如图 3.5-1 所示，各段的形状参数和阻尼调整应符合下列要求：

① 直线上升段，周期小于 0.1s 的区段，地震影响系数 α 按直线变化；

② 直线水平段，自 0.1s 至特征周期 T_g 区段，地震影响系数 α 应取最大值 $\eta_2 \alpha_{max}$；

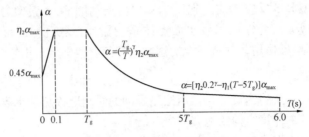

图 3.5-1 地震影响系数曲线

③ 曲线下降段，自 T_g 至 $5T_g$ 区段，地震影响系数 α 应取

$$\alpha = \left(\frac{T_g}{T}\right)^\gamma \eta_2 \alpha_{\max}$$

式中　γ——衰减指数，应按下式确定：

$$\gamma = 0.9 + \frac{0.05 - \zeta}{0.3 + 6\zeta}$$

　　　ζ——阻尼比；对钢筋混凝土结构，可取 $\zeta=0.05$；对钢结构，可取 $\zeta=0.02$；对钢和钢筋混凝土混合结构，可取 $\zeta=0.04$；

　　　T_g——场地特征周期（s），按表 3.5-2 确定；

　　　η_2——阻尼调整系数，应按下式确定，并不应小于 0.55。

$$\eta_2 = 1 + \frac{0.05 - \zeta}{0.08 + 1.6\zeta}$$

④ 直线下降段，自 $5T_g$ 至 6s 区段，地震影响系数 α

$$\alpha = [\eta_2 0.2^\gamma - \eta_1(T - 5T_g)] \cdot \alpha_{\max}$$

式中　η_1——直线下降段的斜率调整系数，按下式计算，计算值小于 0 时取 0。

$$\eta_1 = 0.02 + \frac{0.05 - \zeta}{4 + 32\zeta}$$

3. 特征周期 T_g——场地类别及设计地震分组

特征周期 T_g 的值应根据建筑物所在地区的地震环境确定。所谓地震环境，是指建筑物所在地区及周围可能发生地震的震源机制、震级大小、震中距远近以及建筑物所在地区的场地条件等。《中国地震动参数区划图》GB 18306—2015 中给出了相应于一般（中硬，Ⅱ类）场地的特征周期值以及相应于各特征周期分区、各种场地类别下的反应谱特征周期调整值。在此基础上，《建筑抗震设计规范》GB 50011—2010（2016 年版）进行了调整，用设计地震分组对应于各特征周期分区，根据不同地区所属的设计地震分组和场地类别确定其特征周期，见表 3.5-2。

特征周期 T_g（s）　　　　　　　　　　表 3.5-2

设计地震分组	场地类别				
	I_0	I_1	Ⅱ	Ⅲ	Ⅳ
第一组	0.20	0.25	0.35	0.45	0.65
第二组	0.25	0.30	0.40	0.55	0.75
第三组	0.30	0.35	0.45	0.65	0.90

注：计算罕遇地震作用时，特征周期应增加 0.05s。

4. α_{max} 的取值

《建筑抗震设计规范》GB 50011—2010（2016 年版）规定，不同地震水准下，各抗震设防烈度的 α_{max} 值按表 3.5-3 取值。

抗震设防烈度 I 与地震影响系数 α_{max} 值的对应关系　　表 3.5-3

地震影响	抗震设防烈度 I					
	6 度	7 度（0.10g）	7 度（0.15g）	8 度（0.20g）	8 度（0.30g）	9 度
多遇地震	0.04	0.08	0.12	0.16	0.24	0.32
设防地震	0.12	0.23	0.34	0.45	0.68	0.90
罕遇地震	0.28	0.50	0.72	0.90	1.20	1.40

注：周期大于 6.0s 的建筑结构，所采用的计算地震影响系数应专门研究。

3.5.3 结构的水平地震作用

1. 单质点弹性体系

所谓单质点体系，是指可以将结构参与振动的全部质量集中于一点，用无重量的弹性直杆支承于地面上的体系。例如，水塔、单层房屋，其质量大部分集中于结构的顶部，通常可将这些结构都简化成单质点体系（图 3.5-2）。

对于单质点弹性体系，通常把惯性力看作一种反映地震对结构体系影响的等效作用，即把动态作用转化为静态作用，并用其最大值来对结构进行抗震验算。该惯性力可表示为：

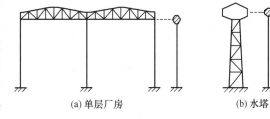

图 3.5-2 单质点体系

$$F_{Ek} = \alpha G$$

式中　F_{Ek}——质点的水平地震作用标准值；

　　　α——相应自振周期的地震影响系数，应按图 3.5-1 确定；

　　　G——集中于质点的重力荷载代表值，应取结构和构配件自重标准值与各可变荷载组合值之和，各可变荷载的组合值系数，应按表 3.5-4 采用。

2. 多质点弹性体系的地震反应

实际工程中，大量的多层工业与民用建筑结构、多跨不等高厂房、高层建筑和高耸结构等，均应简化成多质点体系来计算，才能得出比较切合实际的结果。

对于图 3.5-3 所示的多层框架结构，应按集中质量法将各层的结构重力荷载、楼面和屋面可变荷载集中于楼面和屋面标高处。集中后的质量为 m_i（$i=1$，2，…，n），并假设这些质点由无重量的弹性直杆支承于地面上。这样，就可以将多层框架简化成多质点弹性体系。一般说来，n 层框架可以简化成 n 个质点的多自由度弹性体系。

用振型分解反应谱法计算多质点弹性体系的地震反应和地震作用时，首先要求解体系的自由振动方程，得到各个振型及其对应的自振周期。再利用振型正交性原理，即可得到《建筑抗震设计规范》GB 50011—2010（2016 年版）中给出的振型分解反应谱法计算水平地震作用标准值的公式：

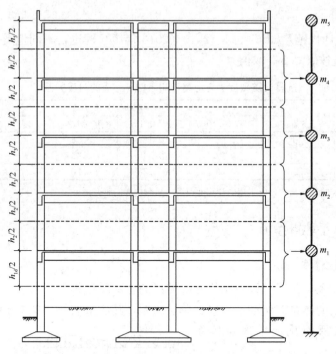

图 3.5-3 多层结构的计算简图

$$F_{ji} = \alpha_j \gamma_j x_{ji} G_i \quad (i=1,2,\cdots,n; j=1,2,\cdots,m)$$

式中　F_{ji}——j 振型 i 质点的水平地震作用标准值；

　　　α_j——相应于 j 振型自振周期的地震影响系数，应按图 3.5-1 确定；

　　　x_{ji}——j 振型 i 质点的水平相对位移；

　　　G_i——集中于 i 质点的重力荷载代表值，应取结构和构配件自重标准值与各可变荷载组合值之和，各可变荷载的组合值系数，应按表 3.5-4 采用。

可变荷载组合值系数　　　　　　表 3.5-4

可变荷载种类	组合值系数	可变荷载种类		组合值系数
雪荷载	0.5	按等效均布荷载计算的楼面活荷载	藏书库、档案库	0.8
屋面积灰荷载	0.5		其他民用建筑	0.5
屋面活荷载	不计入	吊车悬吊物重力	硬钩吊车	0.3
按实际情况计算的楼面活荷载	1.0		软钩吊车	不计入

注：硬钩吊车的吊重较大时，组合值系数应按实际情况采用。

求出第 j 振型第 i 质点上的水平地震作用后，便可以按一般力学方法计算结构的地震作用效应，包括弯矩、剪力、轴力和变形等。

需要注意的是，各振型的地震作用 F_{ji} 的最大值并非出现在同一时刻，其相应的最大地震作用效应也不会同时发生。因此，《建筑抗震设计规范》GB 50011—2010（2016 年版）规定了两种组合方式，一种是"平方和开平方法"（SRSS 法），另一种是完全二次项组合法（CQC 法）。后一种方法主要用于平动-扭转耦连体系。SRSS 方法假定地震时地面运动为平稳的随机过程，各振型反应之间是相互独立的，主要用于平面振动的多质点弹性体系。各振型地震作用效应的组合方式为

$$S = \sqrt{\sum S_j^2} \quad (j = 1, 2, \cdots, n)$$

式中 S——水平地震作用效应；

S_j——第 j 振型水平地震作用所产生的作用效应，包括内力和变形。

各振型在地震总反应中的贡献将随着频率的增加而迅速减小，因此此实际计算中，一般采用前 2~3 个振型即可。《建筑抗震设计规范》GB 50011—2010（2016 年版）规定，当基本自振周期大于 1.5s 或房屋高宽比大于 5 时，可适当增加参与组合的振型个数。

3. 底部剪力法

用振型分解反应谱法计算建筑结构的水平地震作用是比较复杂的，特别是房屋层数较多时，必须用分析软件计算。

《建筑抗震设计规范》GB 50011—2010（2016 年版）规定，对于重量和刚度沿高度分布比较均匀、高度不超过 40m、以剪切变形为主（房屋高宽比小于 4 时）的结构，可采用底部剪力法进行近似计算。

结构总水平地震作用标准值按下式计算：

$$F_{Ek} = \alpha_1 G_{eq}$$

式中 F_{Ek}——结构总水平地震作用标准值；

α_1——相应于结构基本自振周期 T_1 的水平地震影响系数值，按图 3.5-1 确定；

G_{eq}——计算水平地震作用时，结构等效总重力荷载；单质点体系应取总重力荷载代表值，多质点体系取总重力荷载代表值的 85%，即 $G_{eq} = 0.85 G_E$；

G_E——结构总重力荷载代表值，取各质点重力荷载代表值之和。

作用在第 i 质点上的水平地震作用标准值 F_i（图 3.5-4）：

$$F_i = \frac{G_i H_i}{\sum_{j=1}^{n} G_j H_j} F_{Ek} (1 - \delta_n) \quad (i = 1, 2, \cdots, n)$$

$$\Delta F_n = \delta_n F_{Ek}$$

式中 F_i——作用于第 i 层质点处的水平地震作用标准值；

G_i, G_j——分别为集中于质点 i、j 的重力荷载代表值；

H_i, H_j——分别为质点 i、j 的计算高度；

ΔF_n——主体结构顶层附加水平地震作用。

δ_n——顶部附加地震作用系数，可按表 3.5-5 采用；

水平地震作用下各楼层层间剪力：

$$V_i = \sum_{k=i}^{n} F_k \quad (i = 1, 2, \cdots, n)$$

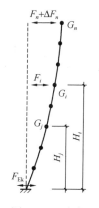

图 3.5-4 底部剪力法

当考虑顶部附加水平地震作用时，结构顶部的水平地震作用为 F_n 与 ΔF_n 两项之和。

顶部附加地震作用系数 δ_n 表 3.5-5

T_g (s)	$T_1 > 1.4 T_g$	$T_1 \leqslant 1.4 T_g$
$T_g \leqslant 0.35$	$\delta_n = 0.08 T_1 + 0.07$	$\delta_n = 0$
$0.35 < T_g \leqslant 0.55$	$\delta_n = 0.08 T_1 + 0.01$	
$T_g > 0.55$	$\delta_n = 0.08 T_1 - 0.02$	

注：T_1 为结构基本自振周期，T_g 为场地特征周期。

对于结构基本自振周期 $T_1 > 1.4 T_g$ 的建筑，并有突出屋顶的小结构（$n+1$ 层）时，附

加水平地震作用 ΔF_n 应置于主体结构的顶部，而不是置于局部突出小结构的屋顶处。突出小结构的屋顶处的水平地震作用 F_{n+1} 应将按上式求得的值放大至 3 倍，但其增大部分不传给下部楼层，即在计算以下各楼层剪力时不予计入。

3.5.4 结构的竖向地震作用

一般来说，水平地震作用是导致房屋破坏的主要原因。但在高烈度地区，震害分析表明，竖向地震地面运动相当可观，竖向地震作用对下列结构的影响非常显著：

(1) 高耸结构、高层建筑和对竖向运动敏感的结构；
(2) 以竖向地震作用为主要地震作用的结构或构件；
(3) 位于高烈度地区（如大震震中区等）的结构，特别是有迹象表明竖向地震动分量可能很大的地区的结构。

因此，《建筑抗震设计规范》GB 50011—2010（2016 年版）规定，8、9 度时的大跨度结构、长悬臂结构及 9 度时的高层建筑，应计算竖向地震作用。

1. 高层建筑和高耸结构

《建筑抗震设计规范》GB 50011—2010（2016 年版）规定，高层建筑竖向地震作用的计算采用竖向地震反应谱法。统计分析表明，同类场地的竖向地震反应谱 β_V 与水平反应谱 β_H 相差不大。因此，在计算竖向地震作用时，可近似采用水平反应谱。另据统计，地面竖向最大加速度与水平最大加速度之比约为 1/3～2/3。因此，竖向地震影响系数 β_V 取为：

$$\alpha_{v\max} = k_v \beta_{v\max} = \frac{2}{3} k_H \beta_{H\max} = 0.65 \alpha_{\max}$$

分析表明，高层建筑和高耸结构取第一振型竖向地震作用作为结构的竖向地震作用时，其误差不大，而第一振型接近于直线，故可参照底部剪力法，得出结构的竖向地震作用标准值 F_{Evk}（图 3.5-5）：

$$F_{Evk} = \alpha_{v1} G_{eq}$$
$$G_{eq} = 0.75 G_E$$

式中　G_{eq}——计算竖向地震作用时，结构等效总重力荷载；
　　　G_E——结构总重力荷载，取各层重力荷载代表值之和；
　　　α_{v1}——相应于结构基本自振周期的竖向地震影响系数，由于竖向自振周期较短，$T_{v1}=0.1\sim0.2s$，故 $\alpha_{v1}=\alpha_{v\max}$。

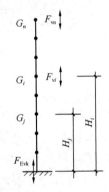

图 3.5-5　竖向地震作用

作用于第 i 层质点处的竖向地震作用标准值 F_{vi}，应按下式计算：

$$F_{vi} = \frac{G_i H_i}{\sum_{j=1}^{n} G_j H_j} F_{Evk} \quad (i=1,2,\cdots,n)$$

式中　G_i，G_j——分别为集中于质点 i、j 的重力荷载代表值（kN）；
　　　H_i，H_j——分别为质点 i、j 的计算高度（m）；

《建筑抗震设计规范》GB 50011—2010（2016 年版）规定，楼层各构件的竖向地震作用效应可按各构件承受的重力荷载代表值的比例分配，并宜乘以增大系数 1.5。

2. 大跨度和长悬臂结构（构件）

(1) 平面投影尺度很大且规则的平板型网架屋盖和跨度大于 24m 的屋架、屋盖横梁

及托架的竖向地震作用标准值 F_{vi} 可采用静力法计算，即

$$F_{vi} = \lambda G_i$$

式中　G_i——结构、构件的重力荷载代表值（kN）；

　　　λ——结构、构件的竖向地震作用系数，按表3.5-6采用。

这里，平面投影尺度很大的空间结构，指跨度大于120m或长度大于300m或悬臂大于40m的结构。

竖向地震作用系数 λ　　　　　　　　　表3.5-6

结构类型	设防烈度	场地类别		
		Ⅰ	Ⅱ	Ⅲ、Ⅳ
平板型网架、钢屋架	8度	可不计算（0.10）	0.08（0.12）	0.10（0.15）
	9度	0.15	0.15	0.20
钢筋混凝土屋架	8度	0.10（0.15）	0.13（0.19）	0.13（0.19）
	9度	0.20	0.25	0.25

注：括号中数值用于设计基本地震加速度为0.30g的地区。

（2）长悬臂构件和不满足上述条件的大跨结构，其竖向地震作用标准值，8度和9度可分别取该结构、构件重力荷载代表值的10%和20%，设计基本地震加速度为0.30g时，可取该结构、构件重力荷载代表值的15%。

3.5.5　地震作用计算的一般规定

1. 各类建筑结构地震作用计算的规定

（1）一般情况下，应至少在建筑结构的两个主轴方向分别计算水平地震作用；各方向的水平地震作用应由该方向的抗侧力构件承担；

（2）有斜交抗侧力构件的结构，当相交角度大于15°时，应分别计算各抗侧力构件方向的水平地震作用；

（3）质量和刚度分布明显不对称的结构，应计入双向水平地震作用下的扭转影响；其他情况，应计算单向水平地震作用下的扭转影响；

（4）8、9度时的大跨度和长悬臂结构（构件），应计算竖向地震作用；

（5）9度抗震设计时的高层建筑，应计算竖向地震作用。

2. 各类建筑结构地震作用的计算方法

《建筑抗震设计规范》GB 50011—2010（2016年版）规定，各类建筑结构的地震作用，应根据不同的情况（如建筑类别、设防烈度以及结构的规则程度和复杂性等），分别采用下列计算方法：

① 高度不超过40m、以剪切变形为主且质量和刚度沿高度分布比较均匀的结构，以及近似于单质点体系的结构，可采用底部剪力法等简化方法。

② 不满足上述条件的建筑结构，宜采用振型分解反应谱法。

③ 特别不规则的建筑、甲类建筑和表3.5-7所列高度范围的高层建筑，应采用弹性时程分析法进行多遇地震下的补充计算；当取三组加速度时程曲线输入时，计算结果宜取时程法的包络值和振型分解反应谱法的较大值；当取七组及七组以上加速度时程曲线输入时，计算结果可取时程法的平均值和振型分解反应谱法的较大值。

采用弹性时程分析法的房屋高度范围　　　　表 3.5-7

抗震设防烈度、场地类别	7度	8度Ⅰ、Ⅱ类场地	8度Ⅲ、Ⅳ类场地	9度
建筑高度范围	>100m	>100m	>80m	>60m

3.5.6 结构构件截面承载力的抗震验算

考虑地震作用时，荷载效应组合的设计值应按下式计算：

$$S_E = \gamma_G S_{GE} + \gamma_{Eh} S_{Ehk} + \gamma_{Ev} S_{Evk} + \sum \gamma_{Di} S_{Dik} + \sum \psi_i \gamma_i S_{Dik}$$

式中　S_E——结构构件地震组合内力设计值，包括组合的弯矩、轴向力和剪力设计值等；
　　　S_{GE}——重力荷载代表值的效应；
　　　S_{Ehk}——水平地震作用标准值的效应；
　　　S_{Evk}——竖向地震作用标准值的效应；
　　　S_{Dik}——不包括在重力荷载内的第 i 个永久荷载标准值的效应；
　　　γ_G——重力荷载分项系数，应按表 3.5-8 采用；
　　　γ_{Di}——不包括在重力荷载内的第 i 个永久荷载的分项系数，应按表 3.5-8 采用；
　　　γ_i——不包括在重力荷载内的第 i 个可变荷载的分项系数，不应小于 1.5；
　　　ψ_i——不包括在重力荷载内的第 i 个可变荷载的组合值系数，应按表 3.5-8 采用；
　　　γ_{Eh}、γ_{Ev}——水平地震作用、竖向地震作用的分项系数，应按表 3.5-9 采用。

荷载分项系数及组合系数　　　　表 3.5-8

荷载类别、分项系数、组合系数			对承载力不利	对承载力有利	适用对象
永久荷载	重力荷载	γ_G	≥1.3	≤1.0	所有工程
	预应力	γ_{Dy}			
	土压力	γ_{Ds}	≥1.3	≤1.0	市政工程、地下工程
	水压力	γ_{Dw}			
可变荷载	风荷载	ψ_w	0.0		一般的建筑结构
			0.20		风荷载起控制作用的建筑结构
	温度作用	ψ_t	0.65		市政工程

地震作用分项系数　　　　表 3.5-9

地震作用	仅计算水平地震作用	仅计算竖向地震作用	同时计算水平与竖向地震作用	
			水平地震为主	竖向地震为主
γ_{Eh}	1.4	0	1.4	0.5
γ_{Ev}	0	1.4	0.5	1.4

按极限状态设计要求，结构构件截面抗震验算表达式如下：

$$S_E \leqslant R_E / \gamma_{RE}$$

式中　R_E——构件承载力设计值；
　　　γ_{RE}——构件承载力抗震调整系数；根据结构构件的类型和受力状态，按《建筑与市政工程抗震通用规范》GB 55002—2021 表 4.3.1 的规定取值。调整原因：地震是一种偶然作用，且作用时间很短，材料性能与静力作用不同，通过可靠度分析对抗震设计的承载能力作相应的调整，适当提高构件的承载力。

3.5.7 结构抗震变形验算

1. 多遇地震作用下结构的弹性位移

各类结构进行多遇地震作用下的抗震变形验算时,其楼层内最大的弹性层间位移应符合下式要求:

$$\Delta u_e \leqslant [\theta_e] h$$

式中 Δu_e——多遇地震作用标准值产生的楼层内最大的弹性层间位移;除以弯曲变形为主的高层建筑外,可不扣除结构整体弯曲变形;应计入扭转变形,各作用分项系数均应采用 1.0;钢筋混凝土结构构件的截面刚度可采用弹性刚度;

$[\theta_e]$——弹性层间位移角限值,宜按表 3.5-10 采用;

h——计算楼层的层高。

楼层层间弹性位移角限值 $[\theta_e]$ 和结构薄弱层(部位)层间弹塑性位移角限值 $[\theta_p]$

表 3.5-10

结构类型	$[\theta_e]$	$[\theta_p]$
钢筋混凝土框架	1/550	1/50
钢筋混凝土框架-抗震墙、板柱-抗震墙、框架-核心筒	1/800	1/100
钢筋混凝土抗震墙、筒中筒	1/1000	1/120
钢筋混凝土框支层	1/1000	1/120
多、高层钢框架	1/250	1/50

2. 罕遇地震作用下结构薄弱层(部位)的弹塑性变形

(1)计算范围

按"三水准""二阶段"设计方法的要求,在罕遇地震作用下,结构不应发生倒塌。在罕遇地震作用下,下列结构应进行薄弱层的弹塑性变形验算:

① 8 度Ⅲ、Ⅳ类场地和 9 度时,高大的单层钢筋混凝土柱厂房的横向排架;
② 7~9 度时楼层屈服强度系数小于 0.5 的钢筋混凝土框架结构;
③ 高度大于 150m 的结构;
④ 甲类建筑和 9 度时乙类建筑中的钢筋混凝土结构和钢结构;
⑤ 采用隔震和消能减震设计的结构。

下列结构宜进行弹塑性变形验算:

① 表 3.5-7 所列高度范围且属于表 3.4-2 所列竖向不规则类型的高层建筑结构;
② 7 度Ⅲ、Ⅳ类场地和 8 度时乙类建筑中的钢筋混凝土结构和钢结构;
③ 板柱-抗震墙结构和底部框架砌体房屋;
④ 高度不大于 150m 的其他高层钢结构;
⑤ 不规则的地下建筑结构及地下空间综合体。

楼层屈服强度系数 ξ_y 定义为:按构件实际配筋和材料强度标准值计算的楼层受剪承载力和按罕遇地震作用标准值计算的楼层弹性地震剪力的比值;对铰接排架柱,指按实际配筋面积、材料强度标准值和轴向力计算的正截面受弯承载力与按罕遇地震作用标准值计算的弹性地震弯矩的比值。

（2）薄弱层（部位）弹塑性层间位移验算

结构薄弱层（部位）弹塑性层间位移应符合下式要求：

$$\Delta u_p \leqslant [\theta_p] h$$

式中 Δu_p——弹塑性层间位移；

h——薄弱层（部位）的高度或单层厂房上柱高度；

$[\theta_p]$——弹塑性层间位移角限值，可按表 3.5-10 采用。

3.6 隔震和消能减震设计

防止和减轻建筑结构地震灾害的传统方法，是通过合理设计增强结构本身的抗震性能来实现的，如足够的刚度、强度、适当的延性等。目前，它仍然是绝大部分结构抗震的主要途径。

隔震和消能减震是建筑结构减轻地震灾害的新技术。《建筑抗震设计规范》GB 50011—2010（2016 年版）第 3.8.1 条规定：隔震和消能减震设计，可用于对抗震安全性和使用功能有较高要求或专门要求的建筑。

隔震设计是指在房屋基础、底部或下部结构与上部结构之间设置由橡胶隔震支座和阻尼装置等部件组成具有整体复位功能的隔震层，以延长整个结构体系的自振周期，减少输入上部结构的水平地震作用，达到预期防震的作用。

国内外的大量试验和工程经验表明：隔震一般可使结构的水平地震加速度反应降低 60% 左右，从而消除或有效减轻结构和非结构的地震损坏，提高建筑物及其内部设施和人员的地震安全性，增加震后建筑物继续使用的功能。

消能减震设计是指在房屋结构中设置消能器，通过消能器的相对变形和相对速度提供附加阻尼，以消耗输入结构的地震能量，达到预期防震减震的作用。

消能减震设计可用于钢、钢筋混凝土、钢-混凝土混合等结构类型的房屋。

图 3.6-1 为传统抗震结构、消能减震结构与隔震结构在地震中的反应比较。

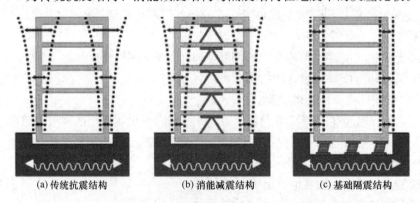

(a) 传统抗震结构　　(b) 消能减震结构　　(c) 基础隔震结构

图 3.6-1　传统抗震结构、消能减震结构、基础隔震结构的比较

隔震机理如下：一般中、低层钢筋混凝土或砌体结构建筑物的刚度大，基本自振周期短，与一般场地能引起建筑物最大反应的地震动周期（卓越周期）相近，故地震反应较

大。水平方向柔软的隔震支座能使这类建筑物的基本自振周期大大延长，避开地震动的卓越周期，大幅度减少这类建筑物的地震反应。但在场地本身比较软，卓越周期较长的情况下，通过隔震支座延长结构基本自振周期的效果会适得其反，会使场地卓越周期和结构基本周期更接近，加大地震反应。需要注意的是，这种隔震支座的抗拉性能差，不适合高宽比较大、在地震或风荷载作用下、底层柱会出现拉力的建筑物。

硬土场地较适合于隔震房屋；软弱场地滤掉了地震波的中高频分量，延长结构的周期将增大而不是减小其地震反应。

3.6.1 设计规定

《建筑抗震设计规范》GB 50011—2010（2016年版）第12.1.3条规定：建筑结构采用隔震设计时应符合下列各项要求：

（1）结构高宽比宜小于4，且不应大于相关规范对非隔震结构的具体规定，其变形特征接近剪切变形，最大高度应满足本规范非隔震结构的要求；高宽比大于4或非隔震结构相关规定的结构采用隔震设计时，应进行专门研究。

（2）建筑场地宜为Ⅰ、Ⅱ、Ⅲ类，并应选用稳定性较好的基础类型。

（3）风荷载和其他非地震作用的水平荷载标准值产生的总水平力不宜超过结构总重力的10%。

（4）隔震层应提供必要的竖向承载力、侧向刚度和阻尼；穿过隔震层的设备配管、配线，应采用柔性连接或其他有效措施以适应隔震层的罕遇地震水平位移。

3.6.2 构造措施

隔震设计应根据预期的竖向承载力、水平向减震系数和位移控制要求，选择适当的隔震装置及抗风装置组成结构的隔震层。

隔震层宜设置在结构的底部或下部，其橡胶隔震支座应设置在受力较大的部位，间距不宜过大，其规格、数量和分布应根据竖向承载力、侧向刚度和阻尼的要求通过计算确定。隔震层在罕遇地震下应保持稳定，不宜出现不可恢复的变形。

隔震结构的隔震措施，应符合下列规定：

（1）隔震结构应采取不阻碍隔震层在罕遇地震下发生大变形的下列措施：

① 上部结构的周边应设置竖向隔离缝，缝宽不宜小于各隔震支座在罕遇地震下的最大水平位移值的1.2倍且不小于200mm。对两相邻隔震结构，其缝宽取最大水平位移之和，且不小于400mm。

② 上部结构与下部结构之间，应设置完全贯通的水平隔离缝，缝宽可取20mm，并用柔性材料填充；当设置水平隔离缝确有困难时，应设置可靠的水平滑移垫层。

③ 穿越隔震层的门廊、楼梯、电梯、车道等部位，应防止可能的碰撞。

（2）隔震层顶部应设置梁板式楼盖，且应符合下列规定：

① 隔震支座的相关部位应采用现浇混凝土梁板结构，现浇板厚度不应小于160mm。

② 隔震层顶部梁、板的刚度和承载力，宜大于一般楼盖梁、板的刚度和承载力。

（3）隔震支座和阻尼装置应安装在便于维护人员接近的部位。

消能减震设计时，应根据多遇地震下的预期减震要求及罕遇地震下的预期结构位移控制要求，设置适当的消能部件。消能部件可由消能器及斜撑、墙体、梁等支承构件组成，消能器可采用速度相关型（如黏滞消能器、黏弹性消能器）、位移相关型（如金属屈服消能器、摩擦消能器）或其他类型。

消能部件可根据需要沿结构的两个主轴方向分别设置。消能部件宜设置在变形较大的位置，其数量和分布宜通过综合分析合理确定。

3.7 非结构构件抗震

处理好非结构构件和主体结构的关系，可以防止附加灾害，减少损失。因此，《建筑抗震设计规范》GB 50011—2010（2016年版）第3.7.1条规定：非结构构件，包括建筑非结构构件和建筑附属机电设备，自身及其与结构主体的连接，应进行抗震设计。

建筑非结构构件，是指建筑中除承重骨架体系以外的固定构件和部件，主要包括：①非承重墙体，如围护墙和隔墙；②附着于楼面和屋面结构的构件，如女儿墙、高低跨封墙、雨篷等；③装饰构件和部件、固定于楼面的大型储物架、贴面、顶棚、悬吊重物等。

建筑附属机电设备，是指为现代建筑使用功能服务的附属机械、电气构件、部件和系统，主要包括电梯、照明和应急电源、通信设备、管道系统、采暖和空气调节系统、烟火监测和消防系统、公用天线等。

1. 设计原则

（1）附着于楼、屋面结构上的非结构构件，以及楼梯间的非承重墙体，应与主体结构有可靠的连接或锚固，避免地震时倒塌伤人或砸坏重要设备。

（2）框架结构的围护墙和隔墙，应估计其设置对结构抗震的不利影响，避免不合理设置而导致主体结构的破坏。

（3）幕墙、装饰贴面与主体结构应有可靠的连接，避免地震时脱落伤人。

（4）安装在建筑上的附属机械、电气设备系统的支座和连接，应符合地震时使用功能的要求，且不应导致相关部件的损坏。

2. 建筑非结构构件的基本抗震措施

建筑结构中，设置连接幕墙、围护墙、隔墙、女儿墙、雨篷、商标、广告牌、顶篷支架、大型储物架等建筑非结构构件的预埋件、锚固件的部位，应采取加强措施，以承受建筑非结构构件传给主体结构的地震作用。

非承重墙体的材料、选型和布置，应根据设防烈度、房屋高度、建筑体型、结构层间变形、墙体自身抗侧力性能的利用等因素，经综合分析后确定。

非承重墙体的具体构造措施，详见《建筑抗震设计规范》GB 50011—2010（2016年版）第13.3条，或后面涉及结构体系的各条。

3. 建筑非结构构件的基本抗震措施

附属于建筑的电梯、照明和应急电源系统、烟火监测和消防系统、采暖和空气调节系统、通信系统、公用天线等与建筑结构的连接件和部件的抗震措施，应根据设防烈度、建筑使用功能、房屋高度、结构类型和变形特征、附属设备所处的位置和运转要求等，经综合分析后确定（详见《建筑抗震设计规范》GB 50011—2010（2016年版）第13.4条）。

第四章 混凝土结构

以混凝土材料为主制成,根据需要配置受力的普通钢筋、预应力筋、钢骨、钢管等,作为主要承重材料的结构,均可称为混凝土结构。

4.1 混凝土结构的一般概念

按配筋材料的不同,土木工程中常见的混凝土结构可分为素混凝土结构、钢筋混凝土结构、预应力混凝土结构、钢管混凝土结构、钢骨混凝土结构、纤维混凝土结构等。

素混凝土结构是指未配筋的混凝土结构,主要用于受压构件、刚性基础(即无筋扩展基础)等。《混凝土结构设计规范》GB 50010—2010(2015 年版)(以下简称《混凝土规范》)附录 D.1.1 条规定,素混凝土构件主要用于受压构件。素混凝土受弯构件仅允许用于卧置在地基上以及不承受活荷载的情况。

混凝土的抗压强度高,而抗拉强度却很低,一般抗拉强度只有抗压强度的 1/8~1/20;破坏时具有明显的脆性性质。

钢材的抗压强度很高,抗拉强度也很高;但细长的钢筋受压时极易压曲,仅能作为受拉构件;钢材具有屈服现象,破坏时表现出较好的延性。

利用混凝土和钢筋两种材料的物理力学性能的不同,将其结合在一起共同工作(钢筋受拉、混凝土受压),充分发挥各自材料性能,形成了工程中实际应用最广的钢筋混凝土结构。

钢筋和混凝土这两种性质不同的材料之所以能有效地结合在一起而共同工作,主要是由于混凝土硬化后钢筋与混凝土之间产生了良好的黏结力,两者可靠地结合在一起,从而保证在外荷载的作用下,钢筋与相邻混凝土能够共同变形;其次,钢筋与混凝土两种材料的温度线膨胀系数的数值颇为接近(钢筋为 1.2×10^{-5},混凝土为 $1.0\times10^{-5}\sim1.5\times10^{-5}$),当温度变化时,不致产生较大的温度应力而破坏两者之间的黏结,从而保持结构的整体性;另外,应用这两种材料时,总是混凝土包围在钢筋的外围,起着保护钢筋免遭锈蚀的作用,这对这两种材料的共同工作无疑也是一项保证。

混凝土结构具有以下优点:

(1)材料利用合理。钢筋和混凝土的材料强度可以得到充分发挥,结构承载力与刚度比例合适,基本无局部稳定问题。对于一般工程结构,经济指标优于钢结构。

(2)可模性好。混凝土可根据需要浇筑成各种性质和尺寸,适用于各种形状复杂的结构,如空间薄壳、箱形结构等。

(3)耐久性和耐火性好,维护费用低。钢筋有混凝土的保护层,不易产生锈蚀;混凝土的强度随时间而增长;混凝土是不良热导体,可使钢筋不致因升温过快而丧失强度。30mm 厚混凝土保护层可耐火 2h。

(4) 刚度大、整体性好。混凝土结构刚度较大,现浇混凝土结构的整体性好,且通过合适的配筋,可获得较好的延性,有利于控制结构变形,适用于抗震、抗爆结构;防振性能和防辐射性能较好,适用于防护结构。

(5) 就地取材。在混凝土结构的组成材料中,用量较大的石子和砂往往容易就地取材,有条件的地方还可以将工业废料制成人工骨料应用,这为材料的供应、运输和土木工程结构的造价都提供了有利的条件。

(6) 节约钢材。混凝土结构合理地应用了材料的性能,在一般情况下可以代替钢结构,从而能节约钢材、降低造价。

混凝土结构的缺点:

(1) 自重大。普通钢筋混凝土结构本身自重比钢结构大。自重过大对于大跨度结构、高层建筑结构的抗震都是不利的。

(2) 抗裂性较差。在正常使用阶段往往带裂缝工作,环境较差时影响耐久性;在大跨结构中使用受限;配置高强钢筋时不能发挥钢筋作用。

(3) 承载力有限。重载结构和高层建筑结构的底部构件尺寸太大,减小使用空间。

(4) 施工复杂,工序多,工期长。现浇结构模板需耗用较多的木材和人工,施工受季节、天气的影响较大,

(5) 维护难度大。混凝土结构一旦破坏,其修复、加固、补强都比较困难。

这些缺点,在一定条件下限制了混凝土结构的应用范围。随着人们对于混凝土结构认识的不断加深,上述一些缺点已经或正在逐步得到改善。例如,目前国内外均在大力研究轻质、高强混凝土以减轻混凝土的自重,采用预应力混凝土技术以减轻结构自重和提高构件的抗裂性,采用预制装配构件以节约模板、加快施工速度,采用工业化的现浇施工方法以简化施工,采用粘钢技术和碳纤维技术加固进行补强等。

4.2 混凝土结构材料的力学性能

钢筋与混凝土材料的物理和力学性能是混凝土结构计算理论、计算公式建立的基础。本节主要介绍混凝土在各种受力状态下的强度与变形性能,建筑工程中所用钢筋的品种、级别及其性能,钢筋与混凝土的黏结机理。

4.2.1 混凝土

1. 混凝土的强度

影响混凝土强度的因素很多,诸如水泥的品质和用量、骨料的性质、混凝土的级配、水灰比、制作的方法、养护环境的温湿度、龄期、试件的形状和尺寸、试验的方法等。

(1) 混凝土的强度等级——立方体抗压强度 $f_{cu,k}$

《混凝土规范》第4.1.1条规定,混凝土强度等级应按立方体抗压强度标准值确定。立方体抗压强度标准值 $f_{cu,k}$ 系指按照标准方法制作和养护的边长为150mm的立方体试块,在28d或设计规定龄期,以标准试验方法测得的具有95%保证率的抗压强度值。

为了应用方便,《混凝土规范》将混凝土的强度按照其立方体抗压强度标准值的大小划分为C15~C80十四个强度等级,数字部分即表示以 N/mm^2 为单位的立方体抗压强度数

值，级差 5N/mm²。

(2) 轴心抗压强度 f_{ck}

在工程中，钢筋混凝土受压构件的尺寸，往往是高度 H 比截面的边长 b (h) 或直径 D 大很多的棱柱体或圆柱体。在棱柱体上所测得的强度称为混凝土的轴心抗压强度 f_{ck}，它能更好地反映混凝土的实际抗压能力。我国《混凝土物理力学性能试验方法标准》GB/T 50081—2019 规定，以 150mm×150mm×300mm 的棱柱体作为混凝土轴心抗压强度试验的标准试件。

轴心抗压强度的试件是在与立方体试件相同条件下制作的，但棱柱体中部在受压时受到的压力机垫板的约束作用较小，如图 4.2-1 (a)、图 4.2-1 (b) 中的虚线所示。

图 4.2-1 (c) 是我国所作的混凝土棱柱体与立方体抗压强度对比试验的结果。由图可以看到试验值 f_c^0 和 f_{cu}^0 的统计平均值大致成一条直线，它们的比值大致在 0.70~0.92，强度大的比值大些，但混凝土的轴心抗压强度恒低于立方体抗压强度。

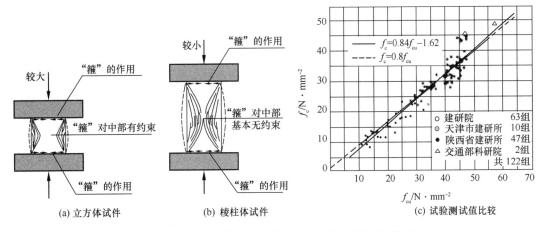

图 4.2-1 混凝土轴心抗压强度与立方体抗压强度的关系

考虑到实际结构构件制作、养护和受力情况，实际构件强度与试件强度之间存在的差异，《混凝土规范》基于安全取偏低值，轴心抗压强度标准值 f_{ck} 与立方体抗压强度标准值 $f_{cu,k}$ 的关系按下式确定：

$$f_{ck} = 0.88\alpha_{c1}\alpha_{c2}f_{cu,k}$$

式中 α_{c1}——棱柱体强度与立方体强度之比；对 C50 及以下等级的混凝土，取 $\alpha_{c1}=0.76$，对 C80 混凝土，取 $\alpha_{c1}=0.82$，在此之间按直线变化取值；

α_{c2}——高强度混凝土的脆性折减系数；对 C40 及以下等级的混凝土，取 $\alpha_{c2}=1.00$，对 C80 混凝土，取 $\alpha_{c2}=0.87$，中间按直线规律变化取值；

0.88——考虑实际构件与试件之间的差异而取用的折减系数。

混凝土的轴心抗压强度设计值 $f_c=f_{ck}/\gamma_c$，γ_c 称为混凝土的材料分项系数，一般取 1.4。即设计值恒小于标准值。

(3) 抗拉强度 f_{tk}

混凝土的抗拉强度很低，与立方体抗压强度之间为非线性关系，一般只有其立方体抗压强度的 1/17~1/8。混凝土抗拉强度的试验结果见图 4.2-2。

经修正后，可得抗拉强度 f_{tk} 与立方体抗压强度值 $f_{cu,k}$ 的关系为：
$f_{tk}=0.88\times 0.395 f_{cu,k}^{0.55}(1-1.645\delta)^{0.45}\times \alpha_{c2}$
式中　δ 为变异系数；0.88 的意义和 α_{c2} 的取值与上式相同。

混凝土的轴心抗拉强度设计值 $f_t=f_{tk}/\gamma_c$，γ_c 取 1.4。

2. 混凝土的变形性能

混凝土的变形可分为两类。一类是在荷载作用下的受力变形，如单调短期加荷、多次重复加荷以及荷载长期作用

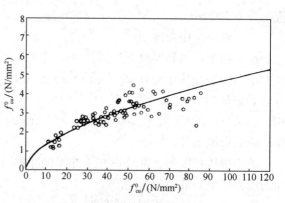

图 4.2-2　混凝土轴心抗拉强度与立方体抗压强度的关系图

下的变形。另一类与受力无关，称为体积变形，如混凝土收缩、膨胀以及由于温度变化所产生的变形等。

（1）混凝土在单调、短期加荷作用下的变形性能

一次单调、短期加荷是指荷载从零开始单调增加至试件破坏。

① 混凝土的应力-应变曲线。该曲线特征是研究钢筋混凝土构件的强度、变形、延性和受力全过程分析的依据。混凝土受压时应力-应变曲线一般取棱柱体试件来测试，典型的应力-应变曲线如图 4.2-3 所示。

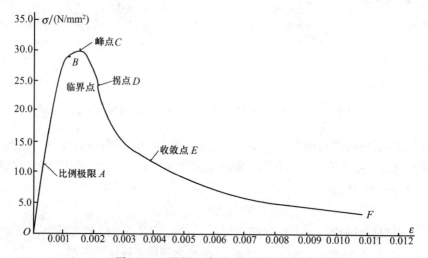

图 4.2-3　混凝土受压时应力-应变曲线

整个曲线大体上呈上升段与下降段两个部分。应力-应变曲线中峰值应力值 f_c、相应的应变值 ε_0（C 点），以及破坏时的极限应变值 ε_{max}（E 点）是曲线的三个特征值。最大应变值 ε_{max} 包括弹性应变和塑性应变两部分，塑性部分愈长，变形能力愈大，即其延性愈好。对于均匀受压的情况，ε_0 是计算结构构件承载力时的主要指标，其平均值一般取为 $\varepsilon_0=2.0\times 10^{-3}$；对于非均匀受压的情况，受压区最外层纤维达到最大应力后，附近受压较小的内层纤维会协助外层纤维受压，对外层起卸荷的作用，直至最外层纤维的应变到达受压极限应变 ε_{cu} 时，截面才破坏，此时压应变值约为 0.002～0.006，甚至达到 0.008 或者更高。

强度等级不同的混凝土，有着相似的应力-应变曲线。随着 f_c 的提高，其相应的峰值应变 ε_0 也略增加。曲线的上升段形状都是相似的，但曲线的下降段形状迥异，强度等级越高，曲线下降段顶部越陡峭，延性就越差。

② 混凝土受压时横向应变与纵向应变的关系，即混凝土的泊松比（$\upsilon_c = \varepsilon_h / \varepsilon_e$），可取 1/6。

③ 混凝土处于三向受压时的变形特点。因混凝土横向处于约束状态，其强度和延性均有较大程度的增长。在工程实际中，可采用间距较小的箍筋或螺旋式箍筋约束混凝土，形成螺旋钢筋柱，或用于构件的节点区来提高承载力、延性和抗震作用。

(2) 混凝土的弹性模量

在钢筋混凝土结构中，无论是进行超静定结构的内力分析，还是计算构件的变形、温度变化和支座沉陷对结构构件产生的内力，以及预应力构件的计算等都要用到混凝土的弹性模量。

① 混凝土的受压变形模量。有图 4.2-4 所示三种表达方式，即切线模量、割线模量和原点切线模量。

《混凝土规范》采用了试验结果经统计分析得出的弹性模量计算公式：

$$E_c = \frac{10^5}{2.2 + \frac{34.7}{f_{cu,k}}}$$

并取混凝土泊松比 $\upsilon = 0.2$，经取整后，规定混凝土的剪切变形模量 $G_c = 0.4 E_c$。

② 混凝土的受拉变形。混凝土抗拉性能差，其应力-应变曲线的峰值应变要比受压时小很多。

根据我国试验资料，混凝土受拉时应力-应变曲线上切线的斜率与受压时基本一致，即两者的弹性模量相同。当拉应力 $\sigma_t = f_t$ 时，弹性系数 $\nu' = 0.5$，故而相应于 f_t 时的变形模量 $E_t = \nu' E_c = 0.5 E_c$。

(3) 混凝土在重复荷载下的变形

混凝土在重复荷载下的变形性能，也就是混凝土的疲劳性能。

混凝土受压棱柱体试件受多次重复荷载作用下的应力-应变曲线如图 4.2-5 所示。图中纵坐标上 f_c^f 称为混凝土的疲劳强度，其定义为试件承受 200 万次（或规定的更多次数）重复荷载时发生破坏的压应力值。

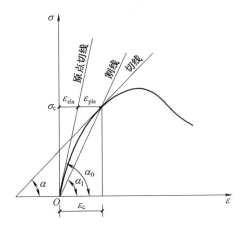

图 4.2-4 混凝土的变形模量

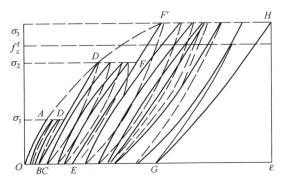

图 4.2-5 混凝土多次重复加荷的应力-应变曲线

疲劳强度与对试件所加重复作用应力的变化幅度有关，应力的变化幅度用疲劳应力比值 ρ_c^f 表示，即构件作疲劳验算时，截面同一纤维上的混凝土最小应力及最大应力之比。

$$\rho_c^f = \sigma_{c,min}^f / \sigma_{c,max}^f$$

混凝土轴心抗压疲劳强度设计值 f_c^f、轴心抗拉疲劳强度设计值 f_t^f 可取为：$f_c^f = \gamma_\rho f_c$，$f_t^f = \gamma_\rho f_t$。其中 γ_ρ 为疲劳强度修正系数（根据不同的疲劳应力比值 ρ_c^f，按《混凝土规范》第 4.1.6 条确定）。

(4) 混凝土在荷载长期作用下的变形性能

在荷载长期作用下，荷载维持不变，混凝土的变形随时间增长而增大的现象称为徐变。

混凝土徐变的成因，一般而言，归因于混凝土中未晶体化的水泥胶凝体，在持续的外荷载作用下产生黏性蠕动，压应力逐渐转移给骨料，骨料应力增大，试件变形也随之增大。另外，当压应力较大时，在荷载的长期作用下，混凝土内部裂缝不断发展，也致使应变增加。卸荷后，水泥胶凝体又逐渐恢复原状，骨料遂将这部分应力逐渐转回给胶凝体，于是产生弹性后效。

影响混凝土徐变的因素主要包括：

① 内在因素。混凝土的组成、配比是影响徐变的内在因素。骨料的刚度（弹性模量）越大，骨料的体积比越大，徐变就越小。水胶比越小，水泥用量越少，徐变就越小。

② 环境影响。养护及使用条件下的温度、湿度是影响徐变的环境因素。受荷前养护的温度、湿度越高，水泥水化作用越充分，徐变就越小；采用蒸汽养护可使徐变减少约 20%～35%。试件受荷后所处环境的温度越高，徐变就越大；环境的相对湿度越低，徐变越大。

③ 应力条件。施加初应力的水平（初应力 σ 与 f_c 的比值）和加荷时混凝土的龄期，是影响徐变的非常重要因素。当 $\sigma \leqslant 0.5 f_c$ 时，徐变与初应力成正比，称为线性徐变；当初应力 $\sigma = (0.5 \sim 0.8) f_c$ 时，徐变与初应力不成比例，徐变系数随初应力增大而增大，这种情况称为非线性徐变；当初应力 $\sigma \geqslant 0.8 f_c$ 时，徐变的发展是非收敛的，最终将导致混凝土的破坏。实际上 $\sigma = 0.8 f_c$ 即为混凝土的长期抗压强度。

受荷时混凝土的龄期越长，混凝土水泥石中结晶体所占的比例越大，胶体的黏性流动相对越小，徐变也越小。因此混凝土过早的受荷（即过早地拆除底模）对混凝土是不利的。

④ 构件的体积与表面积比。混凝土中水分的挥发逸散和构件的体积与其表面之比（体表比）有关，故而构件的体表比愈大，则徐变就愈小。

混凝土徐变对钢筋混凝土构件的内力分布及其受力性能的影响主要表现为：①不利影响：对轴心受压柱，徐变导致钢筋与混凝土间产生应力重分布，使混凝土的应力减小、钢筋的应力增加，但并不影响柱的承载能力；对受弯构件，徐变导致受压区变形加大，从而使挠度增加；对于偏压构件，特别是大偏压构件，徐变导致附加偏心距加大而使构件承载能力降低；对于预应力构件，徐变导致预应力产生损失等；②有利影响：缓和应力集中现象，降低温度应力，减少支座不均匀沉降引起的结构内力，延迟收缩裂缝在受拉构件中的出现等。

(5) 混凝土的收缩、膨胀和温度变形

收缩和膨胀是混凝土在结硬过程中本身体积的变形，与荷载无关。混凝土在空气中结硬体积会收缩，在水中结硬体积要膨胀，但是膨胀值要比收缩值小很多，而且膨胀往往对结构受力有利，所以一般对膨胀可不予考虑。

结硬初期收缩变形发展得很快，半个月大约可完成全部收缩的25%，一个月可完成约50%，二个月可完成约75%，其后发展趋缓，一年左右即渐趋稳定。混凝土收缩变形的试验值很分散，最终收缩值约为（2～5）×10^{-4}，对一般混凝土常取为$3×10^{-4}$。

当混凝土受到各种制约不能自由收缩时，将在混凝土中产生拉应力，甚至导致混凝土产生收缩裂缝。裂缝会影响构件的耐久性、疲劳强度，还会使预应力混凝土发生预应力损失，以及对一些超静定结构产生不利的影响。在钢筋混凝土构件中，钢筋使混凝土收缩受到阻碍，其收缩值较素混凝土小一半，收缩值取为$1.5×10^{-4}$。为了减少结构中的收缩应力，可设置伸缩缝，必要时也可使用膨胀水泥。

一般认为，混凝土结硬过程中特别是结硬初期，水泥水化凝结作用引起的体积的凝缩以及混凝土内游离水分蒸发逸散引起的干缩，是产生收缩变形的主要原因。

影响收缩的原因有很多；就环境因素方面而言，大凡影响混凝土中水分保持的，都影响混凝土的收缩。在养护阶段，在湿度大、温度高的环境中结硬收缩小；蒸汽养护可加快水化作用，减少混凝土中的游离水分，故而收缩减少。体表比（体积与表面积之比）直接涉及混凝土中水分蒸发的速度，体表比比值大，水分蒸发慢，收缩小；体表比比值小的构件如工字形、箱形构件，收缩量大，收缩变形的发展也较快。

混凝土的制作方法和组成也是影响收缩的重要原因。密实的混凝土收缩小；水泥用量大、水灰比大，收缩就大；用强度高的水泥制成的混凝土收缩较大；骨料的弹性模量高、粒径大、所占体积比大，收缩小。

当温度变化时，混凝土也随之热胀冷缩，混凝土的线温度膨胀系数与钢筋相近，故而温度变化时在混凝土和钢筋间引起的内力很小，不致产生不利的变形。但是钢筋没有收缩性能，配置过多时，对混凝土收缩变形的阻滞作用加大，会使混凝土收缩开裂；对于大体积混凝土，表层混凝土的收缩较内部为大，而内部混凝土因水泥水化热蓄积较多，其温度往往比表层高，若内部与外层变形差较大，就会导致表层混凝土开裂。

3. 结构混凝土最低强度等级

（1）设计工作年限为50年的混凝土结构

《混凝土结构通用规范》GB 55008—2021第2.0.2条规定，结构混凝土强度等级的选用应满足工程结构的承载力、刚度及耐久性要求。对设计工作年限为50年的混凝土结构，结构混凝土的强度等级尚应符合表4.2-1的规定。

混凝土结构的最低强度等级　　　　　表4.2-1

结构构件类型		混凝土最低强度等级
素混凝土结构构件		≥C20
钢筋混凝土结构构件	一般构件	≥C25
	承受重复荷载的构件	≥C30
	抗震等级不低于二级的构件	≥C30
	采用500MPa及以上等级钢筋的构件	≥C30
预应力混凝土结构构件	楼板	≥C30
	其他构件	≥C40
钢-混凝土组合结构构件		≥C30

结构混凝土最低强度等级还应考虑耐久性要求。混凝土结构的耐久性与结构所处环境及设计使用年限有关，环境越差，设计使用年限越长，对混凝土的要求就越高。这些要求包括：最大水胶比（水胶比为水与水泥等胶凝材料的重量之比）、最小水泥用量、最低混凝土强度等级、最大氯离子含量和最大碱含量。

《混凝土规范》第3.5.1条规定，混凝土结构应根据设计使用年限和环境类别进行耐久性设计。混凝土结构暴露的环境类别应按《混凝土规范》表3.5.2的要求划分。各环境类别下的结构混凝土最低强度等级详见《混凝土规范》表3.5.3。

(2) 设计使用年限为100年的结构

《混凝土规范》第3.5.5条规定：一类环境中，设计使用年限为100年的混凝土结构应符合下列规定：① 钢筋混凝土结构的最低强度等级为C30；预应力混凝土结构的最低强度等级为C40；② 混凝土中的最大氯离子含量为0.06%。《混凝土规范》第3.5.6条规定：二、三类环境中，设计使用年限100年的混凝土结构应采取专门的有效措施。

4.2.2 钢筋

1. 钢筋的强度和变形

钢筋的力学性能有强度、变形（包括弹性和塑性变形）等。单向拉伸试验是确定钢筋性能的主要手段。经试验，钢筋的拉伸应力-应变关系曲线可分为有明显流幅的（图4.2-6a）和无明显流幅的（图4.2-6b）。

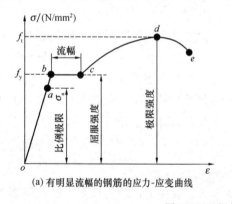
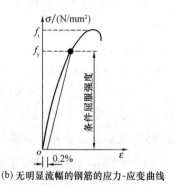

(a) 有明显流幅的钢筋的应力-应变曲线　　(b) 无明显流幅的钢筋的应力-应变曲线

图4.2-6　钢筋的应力应变曲线

国家标准《钢筋混凝土用钢》GB/T 1499.1—2017对混凝土结构所用钢筋的机械性能作出规定：对于有明显流幅的钢筋，其主要指标为屈服强度、抗拉强度、伸长率和冷弯性能四项；对于没有明显流幅的钢筋，其主要指标为抗拉强度、伸长率和冷弯性能三项。

(1) 强度指标

对于有明显屈服点的钢筋（图4.2-6a），一般取屈服点作为钢筋强度标准值取值的依据。但在个别情况下和抗震结构中，受拉钢筋可能进入强化阶段，故而钢筋的抗拉强度也不能过低。钢筋的受压性能与受拉性能类同，其强度和弹性模量取值与受拉时相同。

对于无明显屈服点的钢筋（图4.2-6b），一般取残余应变为0.2%时的应力$\sigma_{0.2}$作为条件屈服点，大约为抗拉强度的85%。

对于有明显流幅的钢筋，一般取屈服点作为钢筋设计强度的依据。没有明显流幅的钢筋，一般取残余应变为 0.2% 的应力 $\sigma_{0.2}$ 作为条件屈服点。

钢筋经冷加工（冷拉、冷拔）可以提高强度，但其塑性将降低。

钢筋的强度标准值应具有不小于 95% 的保证率。

(2) 塑性性能

在图 4.2-6 (a) 中，e 点的横坐标代表了钢筋的伸长率，它和流幅 bc 的长短，都因钢筋的品种而异，且均与含碳量成反比。含碳量低的叫低碳钢或软钢，含碳量愈低则钢筋的流幅愈长、伸长率愈大，钢筋的塑性性能愈好。含碳量高的钢筋，质地较硬，没有明显的流幅，其强度高，但伸长率低，下降段极短促，其塑性性能较差。

冷弯性能是检验钢筋塑性性能的另一项指标。为使钢筋在加工、使用时不开裂、弯断或脆断，可对钢筋试件进行冷弯试验（图 4.2-7），要求钢筋弯绕一辊轴弯心而不产生裂缝、鳞落或断裂现象。弯转角度愈大、弯心直径 D 愈小，钢筋的塑性就愈好。

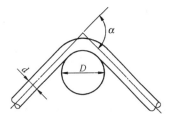

图 4.2-7 钢筋的冷弯试验

2. 钢筋的品种和分类

《混凝土规范》第 4.2.1 条规定，混凝土结构的钢筋应按下列规定选用：

① 纵向受力普通钢筋可采用 HRB400、HRB500、HRBF400、HRBF500、HRB335、RRB400、HPB300 钢筋；梁、柱和斜撑构件的纵向受力普通钢筋宜采用 HRB400、HRB500、HRBF400、HRBF500 钢筋。

② 箍筋宜采用 HRB400、HRBF400、HRB335、HPB300、HRB400、HRBF400 钢筋。

③ 预应力筋宜采用预应力钢丝、钢绞线和预应力螺纹钢筋。

钢筋品牌和规格的含义如图 4.2-8 所示。

图 4.2-8 钢筋品牌和规格的含义

按钢筋的外形，热轧钢筋可分为光面钢筋（HPB300）和带肋钢筋（月牙肋、等高肋），如图 4.2-9 所示。

(a) 光面钢筋　　(b) 月牙肋钢筋　　(c) 等高肋钢筋

图 4.2-9 热轧钢筋分类

预应力筋主要用于预应力混凝土结构，钢绞线一般有二股、三股和七股钢绞线；预应力钢丝一般采用消除应力钢丝，外形有光面、刻痕和螺旋肋三种，一般用于板类构件。

钢筋混凝土结构中的纵向受力钢筋宜优先采用 HRB400 级钢筋。必要时，也可将角钢、槽钢、工字钢、钢轨等型钢作为结构构件的配筋，称为劲性钢筋或钢骨。

4.2.3 混凝土结构对钢筋性能的要求

用于混凝土结构中的钢筋，一般应能满足下列要求：

1. 具有适当的屈强比

钢材屈服强度与抗拉强度的比值称为屈强比，它可以代表结构的强度储备，比值小则结构的强度后备大，但比值太小则钢筋强度的有效利用率太低，所以要选择适当的屈强比。

2. 足够的塑性

混凝土结构发生脆性破坏时无预兆，具有突发性，因此是危险的。为确保结构在破坏之前有明显预兆，要求钢筋断裂时要有足够的塑性变形，所以钢筋要保证冷弯试验的要求。

《混凝土规范》第 9.7.1 条规定，受力预埋件的锚筋应采用 HRB400 或 HPB300 钢筋，不应采用冷加工钢筋。

《混凝土规范》第 9.7.6 条规定，吊环筋应采用 HPB300 钢筋或 Q235B 圆钢。

3. 可焊性

要求钢筋具备良好的焊接性能，保证焊接强度，焊接后钢筋不产生裂纹及过大的变形。

4. 低温性能

在寒冷地区要求钢筋具备抗低温性能，以防钢筋低温冷脆而致破坏。

5. 与混凝土要有良好的黏结力

黏结力是钢筋与混凝土得以共同工作的基础。在钢筋表面加以刻痕或制成各种纹形，都有助于或大大提高黏结力。钢筋表面沾染油脂、糊着泥污、长满浮锈都会损害其黏结力。

对钢筋的各项要求应满足《混凝土结构工程施工质量验收规范》GB 50204—2015 中的规定。

4.2.4 钢筋与混凝土之间的黏结

钢筋与混凝土之间的黏结是这两种材料共同工作的保证（共同承受外力、共同变形、抵抗相互间的滑移），而钢筋能否可靠地锚固在混凝土中则直接影响到这两种材料的共同工作，从而关系到结构和构件的安全和材料强度的充分利用。

1. 黏结力的组成及破坏机理

黏结力是指钢筋和混凝土接触界面上沿钢筋纵向的抗剪能力，也就是分布在界面上的纵向剪应力。而锚固则是通过在钢筋一定长度上黏结应力的积累或某种构造措施，将钢筋

"锚固"在混凝土中，保证钢筋和混凝土共同工作，使两种材料正常、充分地发挥作用。钢筋与混凝土的黏结锚固作用包括：

① 混凝土凝结时，水泥胶的化学作用，使钢筋和混凝土在接触面上产生的胶结力；
② 由于混凝土凝结时收缩，握裹住钢筋，在发生相互滑动时产生的摩阻力；
③ 钢筋表面粗糙不平或变形钢筋凸起的肋纹与混凝土的咬合力；
④ 采用锚固措施后造成的机械锚固力等。

光圆钢筋与混凝土之间的黏结力主要由胶结力形成。根据试验资料，光圆钢筋的黏结强度为 $1.5\sim3.5\text{N}/\text{mm}^2$。新轧制的光圆钢筋，黏结强度只有 $0.4f_t$。若光圆钢筋表面有微锈，只要表面凹凸达到 0.1mm，借助于摩阻力和咬合力的作用，黏结强度可增至 $1.4f_t$（但浮锈无黏结效果，必须清除）。外表光滑的冷加工钢丝，其黏结强度较光圆钢筋还要低约 30%。

光圆钢筋黏结强度低、滑移量大，其破坏形态可认为是钢筋与混凝土相对滑移产生的，或钢筋从混凝土中被拔出的剪切破坏，其破坏面就是钢筋与混凝土的接触表面。为了提高光圆钢筋的抗滑移性能，须在光圆直钢筋的端部增设弯钩或弯折，以加强锚固。

变形钢筋由于表面轧有肋纹，能与混凝土犬牙交错紧密结合，其黏结力和摩阻力的作用也有所增加，但主要还是机械咬合发挥的作用最大，可占黏结力一半以上。根据试验，变形钢筋的黏结强度能高出光圆钢筋 2~3 倍，我国螺纹钢筋的黏结强度为 $2.5\sim6.0\text{N}/\text{mm}^2$。

2. 影响黏结强度的因素

(1) 混凝土的质量。混凝土的质量对黏结力和锚固的影响很大。水泥性能好、骨料强度高、配比得当、振捣密实、养护良好的混凝土对黏结力和锚固非常有利。

(2) 钢筋的形式。由于使用变形钢筋比使用光圆钢筋对黏结力要有利得多，所以变形钢筋的末端一般无需作成弯钩。

变形钢筋纹型不同以及直径较大对黏结力的影响。钢筋纹型对黏结强度有一些影响，月牙纹比螺旋纹钢筋的黏结强度低约 5%~15%，所以月牙纹钢筋的锚固长度就需略加长。另外，变形钢筋的肋高随着钢筋直径 d 的加大而相对变矮，黏结力下降，所以当钢筋直径 $d>25\text{mm}$ 后，锚固长度应予修正。

(3) 钢筋保护层厚度。钢筋的混凝土保护层不能过薄；钢筋的净间距不能过小。就黏结力的要求而言，为了保证黏结锚固性能可靠，应取保护层厚度 $c\geqslant$ 钢筋直径 d，以防止发生劈裂裂缝，因为沿纵向钢筋的劈裂裂缝对受力和耐久性都极为不利。试验表明，黏结强度随混凝土保护层增厚而提高，当 $c\geqslant 5d$ 后，锚固长度的取值可以减少。

(4) 横向钢筋对黏结力的影响。横向钢筋可以延缓内部裂缝和劈裂裂缝的发展，提高黏结强度。设置箍筋可将纵向钢筋的抗滑移能力提高 25%，使用焊接骨架或焊接网则提高得更多。所以在直径较大钢筋的锚固区和搭接区，以及一排钢筋根数较多时，都应设置附加钢筋，以加强锚固或防止混凝土保护层劈裂剥落。不过，横向钢筋的约束作用是有限度的。

(5) 钢筋锚固区有横向压力时对黏结力的影响。此时，混凝土横向变形受到约束，摩阻力增大，抵抗滑移性能好，有利于增大黏结强度，故而在梁的简支支座处，可以相应减少钢筋在支座中的锚固长度。

(6) 反复荷载对黏结力的影响。结构和构件承受反复荷载对黏结力不利。反复荷载所产生的应力愈大、重复的次数愈多，则黏结力遭受的损害愈严重。

4.3 混凝土受弯构件的受力特点和性能

受弯构件主要是指弯矩和剪力共同作用的构件，结构中的梁、板是典型的受弯构件。受弯构件在荷载作用下可能发生两种类型的破坏模式：①沿弯矩最大的截面发生破坏，破坏截面与构件的纵轴线垂直，称为沿正截面破坏，如图4.3-1（a）所示；②沿剪力最大或弯矩和剪力都较大的截面发生破坏，破坏截面与构件的纵轴线斜交，称为沿斜截面破坏，如图4.3-1（b）所示。因此受弯构件需要进行正截面承载力和斜截面承载力计算。

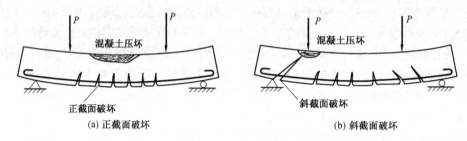

(a) 正截面破坏　　　　　　　　　(b) 斜截面破坏

图 4.3-1　受弯构件的两种破坏形式

4.3.1　受弯构件的正截面承载力

1. 受弯构件正截面的破坏形态

根据试验研究，受弯构件正截面的破坏形态主要与配筋率、混凝土和钢筋的强度等级、截面形式等因素有关，以配筋率对构件的破坏形态的影响最为明显。

所谓配筋率，是指纵向受拉钢筋的配筋率，即受弯构件中纵向受拉钢筋的面积 A_s 与截面有效面积 bh_0（矩形截面）的比值，用 ρ 表示，$\rho = A_s/(bh_0)$，其中 b 为梁或板宽度，h_0 为梁的有效高度或板的有效厚度。

根据配筋率不同，受弯构件正截面的破坏形态可分为适筋破坏、超筋破坏和少筋破坏，如图4.3-2所示。与之相应的梁分别称作适筋梁、超筋梁和少筋梁，三者的弯矩-挠度（M-f）曲线如图4.3-3所示。

（1）适筋梁破坏

当配筋适中，即 $\rho_{min} \leqslant \rho \leqslant \rho_{max}$ 时（ρ_{min}、ρ_{max} 分别为纵向受拉钢筋的最小配筋率、最大配筋率），发生适筋梁破坏，如图4.3-2（a）所示。

破坏过程始于受拉区钢筋的屈服，随之钢筋经历较大的塑性变形，引起裂缝急剧开展和梁挠度的激增（图4.3-3a），具有明显的破坏预兆，属于延性破坏类型。然后，随着弯矩的增加受压区混凝土被压碎，破坏时两种材料的性能均得到充分发挥。

（2）超筋梁破坏

当配筋过多，即 $\rho > \rho_{max}$ 时，发生超筋梁破坏，其破坏特点是混凝土受压区先压碎，纵向受拉钢筋未达到屈服，如图4.3-2（b）所示。

钢筋在梁破坏前仍处于弹性工作阶段，裂缝开展不宽，沿梁高延伸不高，梁的挠度亦不大（图4.3-3b），由于受压区混凝土被压碎而突然破坏，无明显预兆，故属于受压脆性

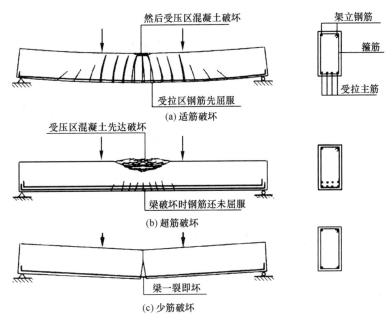

图 4.3-2 梁的三种破坏形态

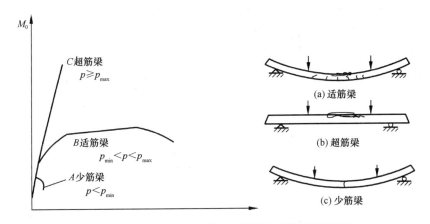

图 4.3-3 适筋梁、超筋梁、少筋梁的弯矩-挠度曲线

破坏类型。梁破坏时,其钢筋应力低于屈服强度,不能充分发挥作用,故设计中不允许采用超筋梁。

(3) 少筋梁破坏

当配筋过少,即 $\rho<\rho_{min}$ 时,发生少筋梁破坏,其破坏特点是一旦开裂,受拉钢筋立即达到屈服强度,有时可迅速经历整个流幅而进入强化阶段,在个别情况下,钢筋甚至可能被拉断。少筋梁破坏时,裂缝往往只有一条,不仅裂缝开展过宽,且沿梁高延伸较高,即已标志着梁的"破坏",如图 4.3-3 (c)。

从单纯满足承载力需要出发,少筋梁的截面尺寸过大,故不经济;同时它的承载力取决于混凝土的抗拉强度,属于受拉脆性破坏类型,故在建筑工程中不允许采用。

根据梁截面应力、应变分布在各个阶段的变化,适筋梁正截面受弯可分为三个受力阶段,各阶段主要特点如表 4.3-1 所示。

适筋梁正截面受弯三个受力阶段的主要特点 表 4.3-1

受力阶段	第Ⅰ阶段	第Ⅱ阶段	第Ⅲ阶段
	未裂阶段	带裂缝工作阶段	破坏阶段
外观特征	无裂缝,挠度很小	有裂缝,挠度还不明显	钢筋屈服,裂缝宽,挠度大
弯矩-曲率	大致成直线	曲线	接近水平的曲线
混凝土应力图形 受压区	直线	受压区高度减小,压应力图形为上升段的曲线,应力峰值在受压区边缘	受压区高度进一步减小,压应力图形为较丰满的曲线;后期为有上升段与下降段的曲线,峰值不在受压区边缘而在边缘的内侧
混凝土应力图形 受拉区	初为直线,后为有上升段的曲线,峰值不在受拉区边缘	混凝土大部分退出工作	混凝土绝大部分退出工作
纵筋应力	$\sigma_s \leqslant 20 \sim 30 \text{N/mm}^2$	$20 \sim 30 \text{N/mm}^2 < \sigma_s < f_y$	$\sigma_s = f_y$
用途	Ⅰa:抗裂验算	Ⅱ:裂宽、变形	Ⅲa 阶段:正截面受弯承载力

2. 受弯构件正截面受弯承载力计算

单筋矩形截面受弯构件正截面受弯承载力计算以适筋梁的受力阶段Ⅲa为基础。此时,受压区混凝土截面应力分布如图 4.3-4(a)所示,为简化计算,根据两图形压应力合力的大小和作用点位置不变的原则,采用等效矩形应力图形进行代换,如图 4.3-4(b)所示。

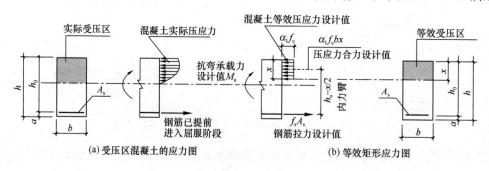

图 4.3-4 受压区混凝土的应力图形简化

根据轴力平衡和弯矩平衡条件可得计算公式:

$$\alpha_1 f_c b x = f_y A_s$$

$$M \leqslant M_u = \alpha_1 f_c b x \left(h_0 - \frac{x}{2}\right)$$

或

$$M \leqslant M_u = f_y A_s \left(h_0 - \frac{x}{2}\right)$$

式中 M——弯矩设计值;

M_u——正截面受弯承载力设计值。

上述公式的适用条件是:

① 为防止发生超筋脆性破坏，应满足：$\xi \leqslant \xi_b$（$x \leqslant \xi_b h_0$）或 $\rho = A_s/(bh_0) \leqslant \rho_{max}$；当 $\xi = \xi_b$ 时，可得单筋矩形截面的最大受弯承载力 M_u：

$$M_u = \alpha_1 f_c b h_0^2 \xi_b (1 - 0.5\xi_b)$$

② 为防止发生少筋脆性破坏 $A_s \geqslant \rho_{min} bh$

根据我国设计经验，受弯构件的经济配筋率范围约为：梁 $0.5\% \sim 1.6\%$，板 $0.4\% \sim 0.8\%$。

一般情况下，满足下列条件之一时，采用双筋截面配筋：

① 弯矩很大，按单筋矩形截面计算时 $\xi > \xi_b$，但梁截面尺寸受到限制，且混凝土强度等级又不能提高时；

② 在不同荷载组合工况下，梁截面承受异号弯矩时；

③ 抗震结构中，需要提高截面的延性时。

由于受压钢筋在纵向压力作用下易产生压曲而导致钢筋侧向凸出，将受压区保护层崩裂，从而使构件提前发生破坏，降低构件的承载力。因此，必须配置封闭箍筋防止受压钢筋的压屈，并限制其侧向凸出。《混凝土规范》规定：箍筋的间距 s 不应大于 15 倍受压钢筋最小直径和 400mm；箍筋直径不应小于受压钢筋最大直径的 1/4。上述箍筋的设置要求是保证受压钢筋发挥作用的必要条件（图 4.3-5）。

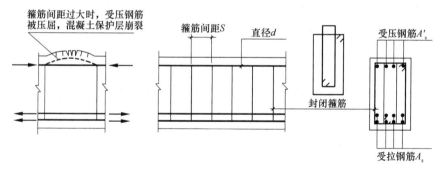

图 4.3-5 双筋截面中受压钢筋的应变和应力

双筋截面受弯构件正截面破坏时的受力特点与单筋截面相似，只要满足 $\xi \leqslant \xi_b$，就具有适筋梁的塑性破坏特征。由于受压区混凝土塑性变形的发展，受压钢筋的应力一般也将达到其抗压强度 f'_y，计算简图如图 4.3-6 所示，同样可得计算公式。

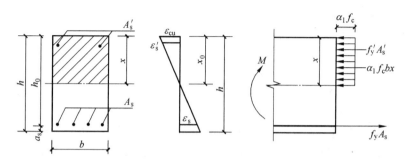

图 4.3-6 双筋截面中受压钢筋的应变和应力

$$\alpha_1 f_c bx + f'_y A'_s = f_y A_s$$

$$M \leqslant M_u = \alpha_1 f_c bx\left(h_0 - \frac{x}{2}\right) + f'_y A'_s (h_0 - a'_s)$$

上述公式的适用条件是：
① 为防止发生超筋脆性破坏，应满足：$\xi \leqslant \xi_b$（$x \leqslant \xi_b h_0$）或 $\rho = A_s/(bh_0) \leqslant \rho_{max}$；
② 为保证受压钢筋达到抗压强度设计值，应满足：$x \geqslant 2a'_s$。
双筋截面一般不会出现少筋破坏情况，故可不必验算最小配筋率。

3. 几个重要参数

（1）相对界限受压区高度 ξ_b

这里的界限是指适筋梁与超筋梁的界限，在界限处，钢筋应力达到屈服强度的同时，受压区边缘纤维应变也恰好达到混凝土受弯时极限压应变值，这种破坏形态叫"界限破坏"，此时的相对受压区高度称为相对界限受压区高度 ξ_b。

根据《混凝土规范》第 6.2.7 条，对有屈服点普通钢筋，纵向受拉钢筋屈服与受压区混凝土破坏同时发生时的相对界限受压区高度 ξ_b（$=x_b/h_0$）为：

$$\xi_b = \frac{\beta_1}{1 + \dfrac{f_y}{E_s \varepsilon_{cu}}}$$

式中　E_s、f_y——纵向钢筋的弹性模量、抗拉强度设计值；

　　　ε_{cu}——非均匀受压时混凝土极限压应变值；当混凝土强度等级不高于 C50 时，取 $\varepsilon_{cu} = 0.0033$；

　　　β_1——系数。

上式表明，ξ_b 仅与材料性能有关，而与截面尺寸无关。当混凝土强度等级不高于 C50、钢筋为 HRB400 级时，可得 $\xi_b = 0.518$。

（2）界限配筋率 ρ_b

与 ξ_b 对应的纵向受拉钢筋的配筋率，称为界限配筋率 ρ_b，即为适筋梁的最大配筋率 ρ_{max}。

对于适筋梁，可导出：

$$\xi = \frac{x}{h_0} = \frac{f_y}{\alpha_1 f_c} \cdot \frac{A_s}{bh_0} = \rho \frac{f_y}{\alpha_1 f_c}$$

由此可见，ξ 不仅反映了配筋率 ρ，也反映了钢筋与混凝土的材料强度比，是反映构件中两种材料配比本质的参数。

当 $\xi = \xi_b$，$\rho = \rho_b = \rho_{max}$ 时，则

$$\rho_b = \rho_{max} = \xi_b \alpha_1 \frac{f_c}{f_y}$$

综上分析，防止梁发生超筋破坏的条件是：$\xi \leqslant \xi_b$ 或 $\rho = A_s/(bh_0) \leqslant \rho_{max}$。

（3）最小配筋率 ρ_{min}

最小配筋率 ρ_{min} 是适筋梁与少筋梁的界限配筋率。理论上是按Ⅲa 阶段计算钢筋混凝土受弯构件的极限弯矩 M_u 等于按Ⅰa 阶段计算的同截面素混凝土受弯构件的开裂弯矩 M_{cr} 确定的。《混凝土规范》规定：受拉钢筋的最小配筋率取 $0.45 f_t/f_y$，同时不应小于 0.2%。

对矩形截面，为防止少筋破坏，截面配筋面积 A_s 应满足：

$$A_s \geqslant A_{s,\min} = \rho_{\min} bh$$

$$\rho = \frac{A_s}{bh_0} \geqslant \rho_{\min} \frac{h}{h_0}$$

4.3.2 受弯构件的斜截面受剪承载力

1. 受弯构件斜截面受剪的破坏形态

受弯构件斜截面受剪破坏形态主要与计算截面上弯矩 M 与剪力 V 的相对大小有关。该比值可表示为无量纲参数——剪跨比 λ：$\lambda = M/(Vh_0)$。对于集中荷载的简支梁，剪跨比可简化为集中荷载作用点到支座或节点边缘的距离 a 与截面有效高度 h_0 之比，即 $\lambda = a/h_0$。根据剪跨比的大小，受弯构件斜截面剪切破坏形态可分为三种：斜压、剪压和斜拉破坏（图 4.3-7）。

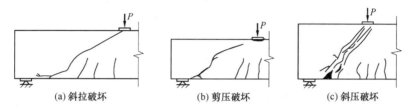

图 4.3-7 斜截面受剪的破坏形态

（1）斜拉破坏

一般发生在筋配箍率太小或箍筋间距太大且剪跨比较大（集中荷载时 $\lambda > 3$，均布荷载时 $l_0/h_0 > 8$）的情况，如图 4.3-7（a）所示。破坏荷载与开裂时荷载接近，梁的抗剪强度取决于混凝土抗拉强度，承载力较低，破坏时箍筋被拉断。

（2）剪压破坏

一般发生在配箍适量且剪跨比适中的情况（集中荷载时 $1 \leqslant \lambda \leqslant 3$，均布荷载时 $3 \leqslant l_0/h_0 \leqslant 8$），如图 4.3-7（b）所示。破坏时荷载一般明显地大于斜裂缝出现时的荷载。这是斜截面破坏最典型的一种。其特征是箍筋受拉屈服，剪压区混凝土压碎，斜截面受剪承载力随配箍率及箍筋强度的增加而增大。

（3）斜压破坏

一般发生在剪力较大而弯矩较小时，即剪跨比很小（集中荷载时 $\lambda < 1$，均布荷载时为 $l_0/h_0 < 3$）的情况，如图 4.3-7（c）所示。其特征是混凝土斜向柱体被压碎，但箍筋不屈服。

就破坏时的承载力而言，斜压破坏最大，剪压次之，斜拉最小。但从破坏形态来看，上述三种破坏形态均属于脆性破坏，其中斜拉破坏最明显，斜压破坏次之，剪压破坏稍好。斜压破坏在破坏时箍筋强度未得到充分发挥，斜拉破坏发生得十分突然，这两种破坏形态都是不理想的，因此在工程设计中应通过构造措施来避免出现。

2. 受弯构件斜截面受剪承载力计算

剪压破坏在破坏时箍筋强度得到了充分发挥，且破坏时承载力较高。因此，《混凝土规范》在剪压破坏模型的基础上给出了斜截面承载力计算公式。

(1) 对矩形、T形和I形截面的一般受弯构件：

$$V \leqslant 0.7 f_t b h_0 + f_{yv} \frac{A_{sv}}{s} h_0$$

式中　V——构件斜截面上的最大剪力设计值；

　　　A_{sv}——配置在同一截面内箍筋各肢的全部截面面积，$A_{sv}=nA_{sv1}$；其中 n 为在同一截面内箍筋肢数；A_{sv1} 为单肢箍筋的截面面积；

　　　s——沿构件长度方向的箍筋间距；

　　　f_t——混凝土轴心抗拉强度设计值；

　　　f_{yv}——箍筋抗拉强度设计值；

　　　b——矩形截面的宽度或T形截面和工形截面的腹板宽度。

(2) 对集中荷载作用下（包括作用有多种荷载，其中集中荷载对支座截面或节点边缘所产生的剪力值占总剪力值的75%以上的情况）的矩形、T形和I形截面的独立梁，按下式计算：

$$V \leqslant \frac{1.75}{\lambda+1} f_t b h_0 + f_{yv} \frac{A_{sv}}{s} h_0$$

式中　λ——计算截面的计算剪跨比，可取 $\lambda=a/h_0$，a 为集中荷载作用点至支座截面或节点边缘的距离；当 $\lambda<1.5$ 时，取 $\lambda=1.5$；当 $\lambda>3$ 时，取 $\lambda=3$。

3. 两个重要限值

为了防止发生斜压及斜拉这两种严重脆性的破坏形态，必须控制构件的截面尺寸（不能过小及箍筋用量不能过少），为此规范给出了相应的控制条件。

(1) 剪力上限值——最小截面尺寸

为了避免斜压破坏，同时也为了防止梁在使用阶段斜裂缝过宽（主要指薄腹梁），对矩形、T形和I形截面的一般受弯构件，应满足下列条件：

当 $h/b \leqslant 4$ 时

$$V \leqslant 0.25 \beta_c f_c b h_0$$

当 $h/b \geqslant 6$ 时

$$V \leqslant 0.20 \beta_c f_c b h_0$$

当 $4 \leqslant h/b \leqslant 6$ 时，按直线内插法取用。

式中　β_c——高强混凝土的强度折减系数，当混凝土强度等级不大于C50级时，取1.0；当混凝土强度等级为C80时，取0.94，其间按线性内插法取值。

设计中，如不满足上式，应加大截面尺寸或提高混凝土强度等级，直到满足。

(2) 下限值——最小配箍率

配箍率 ρ_{sv} 按下式计算：

$$\rho_{sv} = \frac{A_{sv}}{bs}$$

式中　A_{sv}——配置在同一截面内箍筋各肢的截面面积总和，$A_{sv}=nA_{sv1}$，这里 n 为同一截面内箍筋的肢数，A_{sv1} 为单肢箍筋的截面面积；

s——箍筋的间距；
b——梁宽。

为了防止斜拉破坏，规范规定，当 $V > V_c$ 时，配箍率应满足：

$$\rho_{sv} = \frac{nA_{sv1}}{s} \geqslant \rho_{sv,min} = 0.24 \frac{f_t}{f_{yv}}$$

（3）最大箍筋间距

为控制使用荷载下的斜裂缝宽度，并保证箍筋穿越每条斜裂缝，《混凝土规范》规定了最大箍筋间距 s_{max}。

4.4 混凝土受压构件的受力特点和性能

以承受轴向压力 N 为主的构件属于受压构件。例如：多层和高层建筑中的框架柱、剪力墙、筒体、单层厂房柱、拱、屋架上弦杆，烟囱的筒壁，桥梁结构中的桥墩、桩等均属于受压构件。

受压构件按其受力状态可分为轴心受压构件、单向偏心受压构件和双向偏心受压构件。

设计计算时为了方便，不考虑混凝土的不匀质性及钢筋不对称布置的影响，近似地用轴向压力 N 的作用点与构件正截面形心的相对位置来划分受压构件的类型（图 4.4-1）。

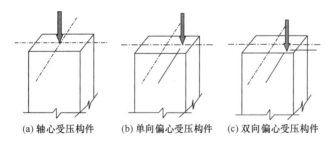

图 4.4-1 轴心受压和偏心受压构件

4.4.1 轴心受压构件的正截面受压承载力

理想的轴心受压构件几乎是不存在的，以承受恒荷载为主的多层房屋的内柱及桁架的受压腹杆等构件，可近似地按轴心受压构件计算。按照箍筋的作用及配置方式，钢筋混凝土柱可分为两种：配有纵向钢筋和普通箍筋的柱，简称普通箍筋柱；配有纵筋和螺旋式（或焊接环式）箍筋的柱，简称螺旋箍筋柱。

1. 普通箍筋柱

配置普通箍筋的柱是轴心受压构件的常见形式（图 4.4-2）。其中，纵筋的主要作用是：提高柱的承载力，减小截面尺寸；抵抗构件的偶然偏心；提高混凝土的变形能力，改善脆性性能；减小混凝土的收缩与徐变。箍筋的主要作用是：固定纵筋，形成钢筋骨架；为纵筋提供侧向支承，防止纵筋压屈；承担剪力；约束混凝土，改善混凝土的性能。

配置普通箍筋和纵筋的短柱，在轴心荷载作用下，整个截面的应变基本上是均匀分布的。当荷载较小时，混凝土和钢筋均处于弹性阶段，柱压缩变形的增加与荷载的增加成正比，纵筋和混凝土的压应力的增加也与荷载的增加成正比。当荷载较大时，由于混凝土塑性变形的发展，压缩变形增加的速度快于荷载增长速度，纵筋配筋率越小，这个现象越明显。同时，在相同荷载增量下，钢筋的压应力比混凝土的压应力增加得快，如图4.4-3所示。随着荷载的继续增加，柱中开始出现微细裂缝，在临近破坏荷载时，柱四周出现明显的纵向裂缝，箍筋间的纵筋发生压屈，向外凸出，混凝土被压碎，柱子即告破坏。

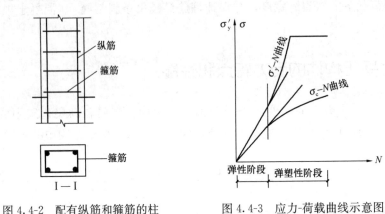

图4.4-2 配有纵筋和箍筋的柱　　　图4.4-3 应力-荷载曲线示意图

在计算时，以构件的压应变达到0.002为控制条件，认为此时混凝土达到了棱柱体抗压强度f_c，相应的纵筋应力值$\sigma'_s = E_s \varepsilon'_s \approx 200 \times 10^3 \times 0.002 \approx 400 \text{N/mm}^2$。对于HRB400级、HRB335级、HPB300级和RRB400级热轧钢筋已达到屈服强度；而对于屈服强度或条件屈服强度大于400N/mm^2的钢筋，在计算f'_y时只能取400N/mm^2。

对于长细比较大的柱，由各种偶然因素造成的初始偏心距的影响是不可忽略的。加载后，初始偏心距导致产生附加弯矩和相应的侧向挠度，而侧向挠度又增大了荷载的偏心距；随着荷载的增加，附加弯矩和侧向挠度将不断增大。这样，相互影响的结果使长柱在轴力和弯矩的共同作用下发生破坏。

试验表明，长柱的破坏荷载低于其他条件相同的短柱破坏荷载。《混凝土规范》采用稳定系数φ表示长柱承载能力的降低程度，稳定系数φ值主要和构件的长细比有关，长细比是指构件的计算长度l_0与其截面的回转半径i之比，对于矩形截面为l_0/b（b为截面的短边尺寸）；l_0/b越大，φ值越小。当$l_0/b < 8$时，柱的承载力没有降低，可取$\varphi=1.0$。《混凝土规范》采用的φ值见其中表6.2.15。

构件计算长度l_0与构件两端支承情况有关。理论上当两端铰支时，取$l_0 = l$；当两端固定时，取$l_0 = 0.5l$；当一端固定，一端铰支时，取$l_0 = 0.7l$；当一端固定，一端自由时取$l_0 = 2l$。这里l是构件实际长度。但实际结构中，构件端部的支承情况不像上面几种情况那样理想、明确，为此《混凝土规范》对单层厂房排架柱、框架柱等的计算长度作了具体规定，见《混凝土规范》表6.2.20-1和表6.2.20-2。

配有纵向钢筋和普通箍筋的轴心受压短柱，破坏时，横截面的计算应力图形如图4.4-4（a）所示。考虑长柱承载力的降低和可靠度的调整因素后，《混凝土规范》第6.2.15条给出了轴心受压构件承载力计算公式：

$$N \leqslant N_u = 0.9\varphi(f_c A + f'_y A'_s)$$

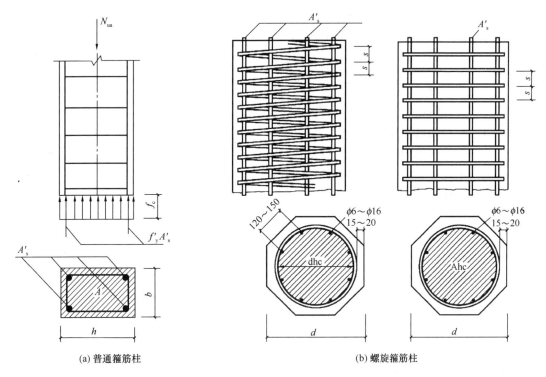

图 4.4-4 轴心受压柱正截面受压承载力计算简图

式中 　N——轴向力设计值；
　　　φ——钢筋混凝土受压构件的稳定系数；
　　　f_c——混凝土的轴心抗压强度设计值；
　　　A——构件截面面积，当纵向钢筋配筋率大于3%时，式中 A 应改用（$A-A'_s$）；
　　　f'_y——纵向钢筋的抗压强度设计值；
　　　A'_s——全部纵向钢筋的截面面积；
　　　0.9——可靠度调整系数。

2. 螺旋箍筋柱

当柱承受轴心受压荷载很大，且柱截面尺寸由于建筑上及使用要求受到限制时，若设计成普通箍筋柱，即使提高了混凝土强度等级和增加了纵筋配筋量，也不足以承受该荷载时，可考虑采用螺旋筋或焊接环筋以提高构件的承载能力。这种柱的截面形状一般为圆形或多边形，图 4.4-4（b）为螺旋箍筋柱和焊接环筋柱的构造形式。

螺旋箍筋柱和焊接环筋柱的配箍率高，而且不会像普通箍筋那样容易"崩出"因而能约束核心混凝土在纵向受压时产生的横向变形从而提高了混凝土抗压强度和变形能力。同时，螺旋筋或焊接环筋中产生了拉应力。当外力逐渐加大，它的应力达到抗拉屈服强度时，就不再能有效地约束混凝土的横向变形，混凝土的抗压强度就不能再提高，这时构件达到破坏。螺旋筋或焊接环筋外的混凝土保护层在螺旋筋或焊接环筋受到较大拉应力时就开裂，故在计算时不考虑此部分混凝土。

《混凝土规范》规定，螺旋式或焊接环式间接钢筋柱的承载力计算公式为：

$$N \leqslant N_u = 0.9(f_c A_{cor} + f'_y A'_s + 2\alpha f_{yv} A_{ss0})$$

$$A_{ss0} = \frac{\pi \cdot d_{cor} A_{ss1}}{s}$$

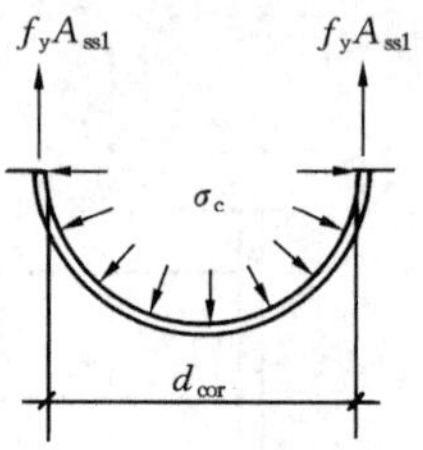

式中 α——折减系数，当混凝土强度等级小于 C50 时，取 $\alpha=1.0$；当混凝土强度等级为 C80 时，取 $\alpha=0.85$；当混凝土强度等级在 C50 与 C80 之间时，按直线内插法确定；

A_{ss1}——单根间接钢筋的截面面积；

f_{yv}——间接钢筋的抗拉强度设计值；

s——沿构件轴线方向间接钢筋的间距；

A_{cor}——构件的核心截面面积；

d_{cor}——构件的核心直径；

A_{ss0}——间接钢筋的换算截面面积〔图 4.4-5〕。

图 4.4-5 混凝土径向压力示意图

为使间接钢筋外面的混凝土保护层对抵抗脱落有足够的安全，《混凝土规范》规定按此式算得的构件承载力不应比按前式 $[N \leqslant N_u = 0.9\varphi(f_c A + f'_y A'_s)]$ 算得的大 50%。

凡属下列情况之一者，不考虑间接钢筋的影响而按前式计算构件的承载力：

(1) 当 $l_0/d > 12$ 时，此时因长细比较大，有可能因纵向弯曲引起螺旋筋不起作用；

(2) 当按后式算得受压承载力小于按前式算得的受压承载力时；

(3) 当间接钢筋换算截面面积 A_{ss0} 小于纵筋全部截面面积的 25% 时，可以认为间接钢筋配置得太少，套箍作用的效果不明显。

间接钢筋间距不应大于 80mm 及 $d_{cor}/5$，也不小于 40mm。间接钢筋的直径按箍筋有关规定采用。

4.4.2 偏心受压构件的正截面承载力

1. 长细比的影响

图 4.4-6 反映了三个截面尺寸、配筋和材料强度等完全相同，仅长细比不相同的柱，从加载到破坏的过程。

图 4.4-6 中，曲线 ABCD 是构件截面材料破坏时的承载力 M 和 N 之间的关系。直线 OB 是长细比小的短柱从加载到破坏点 B 时 N 和 M 的关系线，其变化轨迹是直线，属"材料破坏"。曲线 OC 是长柱从加载到破坏点 C 时 N 和 M 的关系曲线，其变化轨迹呈曲线形状；但就其破坏特征来讲，也属"材料破坏"。曲线 OE 也是长柱从加载到破坏点 E 时 N 和 M 的关系曲线，在 E 点处承载力已达最大，但截面内的钢筋应力并未达到屈服强度，混凝土也未达到极限压应变值。构件破坏类型属于因柱长细比

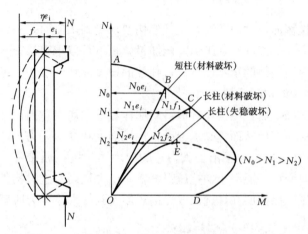

图 4.4-6 不同长细比柱从加荷到破坏的 N-M 关系

很大，由微小的纵向力增量 ΔN 引起不收敛的弯矩 M 的增加而破坏，即"失稳破坏"。

图 4.4-6 表明，这三个柱虽然具有相同外荷载偏心距 e_i 值，但其承受纵向力 N 值的能力是不同的，其值分别为 $N_0 > N_1 > N_2$，即构件长细比的加大会降低构件的承载力。产生这一现象的原因是，当长细比较大时，偏心受压构件的纵向弯曲引起了不可忽略的二阶弯矩；构件在纵向力 N、一阶弯矩 M 和二阶弯矩 Nf 共同作用下发生"材料破坏"或"失稳破坏"。

对于偏心受压"短柱"，由于 f 很小，所以 Nf 在设计时一般可忽略不计。而对于长细比较大的偏心受压构件 f 比较大，且 f 随长细比的增大而增大，所以纵向弯曲引起的二阶弯矩 Nf 在设计时不能忽略。

偏心受压构件的最终破坏是材料破坏，因此在计算中只需考虑由于构件的侧向挠度而引起的二阶弯矩的影响，纵向弯曲引起的二阶弯矩随着构件两端弯矩的不同而不同，可分为三种情况：①构件两端作用有相等的端弯矩情况；②两端弯矩不相等但符号相同的情况；③两端弯矩相等而符号相反的情况。

2. 偏心受压构件的破坏形态及其分类

偏心受压构件随偏心距的大小及配筋量的不同，存在以下两种破坏形态：
① 受拉破坏（图 4.4-7a）

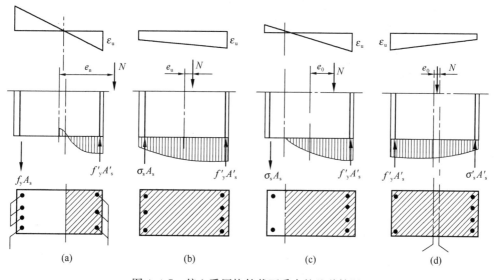

图 4.4-7 偏心受压构件截面受力的几种情况

相对偏心距（e_0/h）较大，且受拉钢筋配置得不太多时，会发生这种破坏形态。其破坏特征是受拉钢筋首先达到屈服，然后受压钢筋屈服，最后由受压区混凝土压碎而导致构件破坏，与双筋截面梁的受弯破坏类似。受拉破坏时，构件的承载力主要取决于受拉钢筋的强度和数量。
② 受压破坏（图 4.4-7b、c、d）

在相对偏心距较小或很小时，或虽相对偏心距较大，但受拉钢筋配置很多时，会发生这种破坏形态。其破坏特征是受压区混凝土首先被压碎，靠近纵向压力一侧的受压钢筋压应力达到屈服强度，而另一侧钢筋，不论受拉还是受压，其应力均达不到屈服强度。这种破坏形态在破坏前变形无明显的急剧增长预兆,具有脆性破坏的性质。受压破坏时,构件的承载力取决于受压区混凝土及受压钢筋的强度。

一般情况下,形成受拉破坏的条件是偏心距较大,同时受拉钢筋数量不多的情况,这类构件称之为大偏心受压构件;形成受压破坏的条件是偏心距较小,或偏心距较大而受拉钢筋数量过多,这类构件称之为小偏心受压构件。

当受拉钢筋达到屈服应变 ε_y 时,受压边缘混凝土也刚好达到极限应变值 ε_{cu},这就是界限状态。可用界限相对受压区高度 ξ_b 来判别两种不同的破坏形态:当 $\xi \leqslant \xi_b$ 时,截面为大偏心受压破坏;当 $\xi > \xi_b$ 时,截面为小偏心受压破坏。

3. 矩形截面偏心受压构件正截面承载力

(1) 大偏心受压构件

按受弯构件的处理方法,大偏心受压破坏的截面计算图形如图 4.4-8 所示。

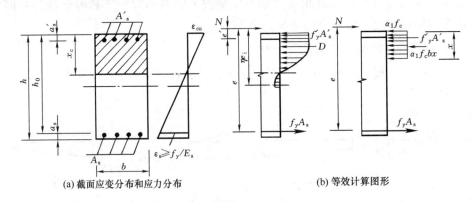

图 4.4-8 大偏心受压破坏的截面计算图形

由力的平衡条件及各力对受拉钢筋合力点取矩的力矩平衡条件,可得

$$N = \alpha_1 f_c bx + f'_y A'_s - f_y A_s$$

$$Ne = \alpha_1 f_c bx \left(h_0 - \frac{x}{2}\right) + f'_y A'_s (h_0 - a'_s)$$

式中 N——轴向力设计值;

e——轴向力作用点至受拉钢筋 A_s 合力点之间的距离。

两个方程的适用条件是:(1) 为了保证构件破坏时受拉区钢筋应力先达到屈服强度,要求 $\xi = x/h_0 \leqslant \xi_b$;(2) 为了保证构件破坏时,受压钢筋应力能达到屈服强度和双筋受弯构件相同,要求满足 $x \geqslant 2a'_s$,a'_s 为纵向受压钢筋合力点至受压区边缘的距离。

(2) 小偏心受压构件

小偏心受压破坏时,受压区混凝土被压碎,受压钢筋 A'_s 的应力达到屈服强度,而"远侧钢筋" A_s 可能受拉而不屈服或受压,分别见图 4.4-9 (a) 或 (b)、(c)。在计算时,受压区的混凝土曲线压应力图仍用等效矩形图来替代。

同理,根据力的平衡条件及力矩平衡条件,可得

$$N = \alpha_1 f_c bx + f'_y A'_s - \sigma_s A_s$$

$$Ne = \alpha_1 f_c bx \left(h_0 - \frac{x}{2}\right) + f'_y A'_s (h_0 - a'_s)$$

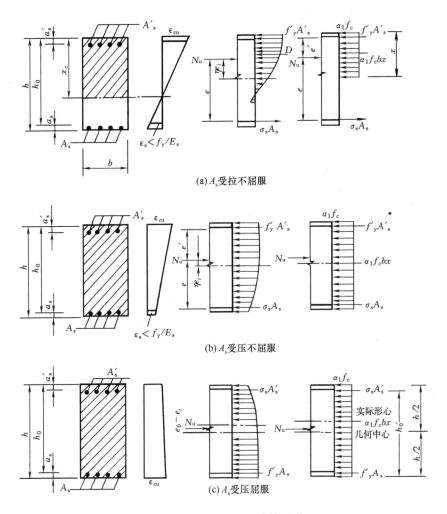

图 4.4-9 小偏心受压计算图形

式中 N——轴向力设计值；

e——轴向力作用点至受拉钢筋 A_s 合力点之间的距离；

x——受压区计算高度，当 $x>h$，在计算时取 $x=h$；

σ_s——钢筋 A_s 的应力值，可根据截面应变保持平面的假定计算，亦可近似取：

$$\sigma_s = \frac{\xi-\beta_1}{\xi_b-\beta_1}f_y \quad (f'_y \leqslant \sigma_s \leqslant f_y)$$

在实际工程中，偏心受压构件在不同内力组合下，可能有相反方向的弯矩。当其数值相差不大时，或即使相反方向的弯矩值相差较大的柱，但按对称配筋设计求得的纵向钢筋的总量比按不对称配筋设计所得纵向钢筋的总量增加不多时，均宜采用对称配筋。此外，装配式柱为了保证吊装不会出错，一般用对称配筋。对称配筋时，截面两侧的配筋相同，即 $A_s = A'_s$，$f_y = f'_y$。

4.4.3 偏心受压构件的斜截面受剪破坏

通过试验资料分析和可靠度计算，对承受轴压力和横向力作用的矩形截面偏心受压构件，其斜截面承载力应按下式计算：

$$V \leqslant \frac{1.75}{\lambda+1.0}f_t bh_0 + 1.0 f_{yv}\frac{A_{sv}}{s}h_0 + 0.07N$$

式中 N——与剪力设计值 V 相应的轴向压力设计值；当 $N>0.3f_c A$ 时，取 $N=0.3f_c A$，A 为构件的截面面积。

λ——偏心受压构件计算截面的剪跨比。对框架结构的框架柱，取 $\lambda=H_n/2h_0$，H_n 为柱的净高；当 $\lambda<1$ 时，取 $\lambda=1$；当 $\lambda>3$ 时，取 $\lambda=3$。对其他偏心受压构件，当承受均布荷载时，取 $\lambda=1.5$；当承受集中荷载时（包括作用有多种荷载且集中荷载对支座截面或节点边缘所产生的剪力值占总剪力的75％以上的情况），取 $\lambda=a/h_0$；当 $\lambda<1.5$ 时，取 $\lambda=1.5$；当 $\lambda>3$ 时，取 $\lambda=3$；此处，a 为集中荷载至支座或节点边缘的距离。

若符合下式的要求时，则可不进行斜截面受剪承载力计算，而仅需根据构造要求配置箍筋：

$$V \leqslant \frac{1.75}{\lambda+1.0}f_t bh_0 + 0.07N$$

4.5 混凝土受拉构件的受力特点和性能

4.5.1 受拉构件正截面承载力计算

1. 轴心受拉构件的承载力计算

混凝土轴心受拉构件破坏时，混凝土已被拉裂，全部拉力由钢筋来承受，直到钢筋受拉屈服。故轴心受拉构件正截面受拉承载力计算公式如下：

$$N \leqslant f_y A_s$$

式中 N——轴向拉力设计值；

f_y——钢筋的抗拉强度设计值；

A_s——受拉钢筋的全部截面面积。

为了防止出现一裂即坏的极度脆性，轴心受拉构件最小配筋率也有要求，其单侧纵向受拉钢筋最小配筋率的计算方法及限制条件与梁完全相同。

2. 偏心受拉构件的承载力计算

偏心受拉构件正截面的承载力计算，按纵向拉力 N 的位置不同，可分为两种情况（图4.5-1）：当纵向拉力 N 作用在钢筋 A_s 合力点及 A'_s 的合力点范围以外（$e_0>h/2-a_s$）时，属于大偏心受拉；当纵向拉力 N 作用在钢筋 A_s 合力点及 A'_s 合力点范围以内（$e_0<h/2-a_s$）时，属于小偏心受拉。

（1）小偏心受拉构件

在小偏心拉力作用下，破坏前，一般情况截面全部裂通，拉力完全由钢筋承担

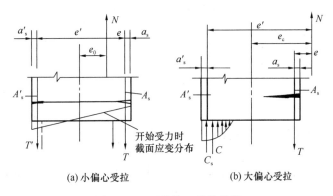

图 4.5-1 两类偏心受拉构件

（图 4.5-1a）。设计时，不考虑混凝土的受拉工作，可假定构件破坏时钢筋 A_s 和 A'_s 的应力都达到屈服强度。根据内外力分别对钢筋 A_s 及 A'_s 的合力点取矩的平衡条件，可得：

$$Ne = f_y A'_s (h_0 - a'_s)$$

$$Ne' = f_y A_s (h'_0 - a_s)$$

（2）大偏心受拉构件

在大偏心拉力作用下，破坏前，截面虽开裂，但还有受压区，否则拉力 N 得不到平衡（图 4.5-1b）。构件破坏时，钢筋 A_s 及 A'_s 的应力都达到屈服强度，受压区混凝土强度达到 $\alpha_1 f_c$。基本公式如下：

$$N = f_y A_s - f'_y A'_s - \alpha_1 f_c b x$$

$$Ne = \alpha_1 f_c b x \left(h_0 - \frac{x}{2}\right) + f'_y A'_s (h_0 - a'_s)$$

受压区的高度应当符合 $\xi \leqslant \xi_b$ 的条件，计算中考虑受压钢筋时，尚需符合 $x \geqslant 2a_s$ 的条件，不满足时，应按小偏心受拉构件公式计算。

（3）对称配筋

对称配筋时，不论大、小偏心受拉，均按下式计算：

$$A'_s = A_s = \frac{Ne'}{f_y (h'_0 - a_s)}$$

4.5.2 偏心受拉构件斜截面承载力计算

一般偏心受拉构件，在承受弯矩和拉力的同时，也存在着剪力，当剪力较大时，不能忽视斜截面承载力的计算。

试验表明，拉力 N 的存在有时会使斜裂缝贯穿全截面，使斜截面末端没有剪压区，构件的斜截面承载力比无轴向拉力时要降低一些，降低的程度与轴向拉力的大小有关。

矩形、T 形和 I 形截面的钢筋混凝土偏心受拉构件，其斜截面受剪承载力可按下式计算：

$$V \leqslant \frac{1.75}{\lambda + 1.0} f_t b h_0 + f_{yv} \frac{A_{sv}}{s} h_0 - 0.2N$$

式中 λ——偏心受拉构件计算截面的剪跨比；
　　　N——轴向拉力设计值。

当上式右侧的计算值小于 $f_{yv}\dfrac{A_{sv}}{s}h_0$ 时，应取等于 $f_{yv}\dfrac{A_{sv}}{s}h_0$，且 $f_{yv}\dfrac{A_{sv}}{s}h_0$ 值不得小于 $0.36f_t bh_0$。

4.6 钢筋混凝土结构受扭构件

在钢筋混凝土结构中，构件受扭是基本受力形式之一。在实际工程中，构件通常都是处在弯矩、剪力和扭矩甚至轴力共同作用的复合受力状态，如钢筋混凝土雨篷梁、框架边梁和曲梁以及吊车梁等，而受纯扭的情况极少。

钢筋混凝土构件受扭状态可以分为两大类，平衡扭转和协调扭转。

平衡扭转是指其扭矩依据构件扭矩平衡关系，由荷载直接确定且与构件的扭转刚度无关的受扭状态，例如支承悬臂板的梁及吊车梁等承受的扭矩即为平衡扭转（图 4.6-1a）。对于平衡扭转，构件必须具有足够的受扭承载力，否则将因不能与作用扭矩平衡而引起破坏。

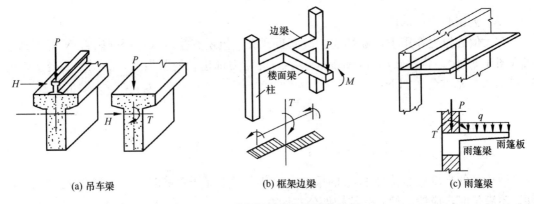

图 4.6-1　平衡扭转与协调扭转示例

协调扭转是指作用在构件上的扭矩由平衡关系与变形协调条件共同确定的受扭状态；例如框架中的边梁，受到次梁负弯矩的作用，在边梁上引起的扭转（图 4.6-1b）。对于协调扭矩，在受力过程中，因为混凝土和钢筋的非线性性能，尤其是混凝土的开裂和钢筋的屈服，会引起内力重分布。

矩形截面梁受扭时，在扭转剪应力 τ 的作用下，将在与构件纵轴成 45°角和 135°角的方向上产生主压应力和主拉应力（图 4.6-2），由于混凝土的抗拉强度低于其抗剪强度，当主拉应力达到混凝土的抗拉强度时，构件就会在垂直于主拉应力的方向产生斜裂缝。截面上的剪应力分布如图 4.6-3 所示，最大剪应力发生在截面长边的中点，其主拉应力和主压应力轨迹线呈 45°正交螺旋线，且在数值上等于扭剪应力。

钢筋混凝土构件在弯矩、剪力和扭矩，甚至轴力共同作用下的受力状态较为复杂，其破坏特征（图 4.6-4）和承载力与外部荷载条件及构件的内在因素有关。对于外部荷载条件，通常以扭弯比 ψ（$\psi=T/M$）和扭剪比 χ（$\chi=T/Vb$）表示。构件的内在因素，则是指构件的截面形状、尺寸、配筋和材料强度。

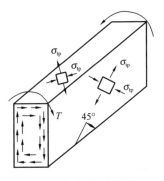
图 4.6-2 矩形截面受扭构件

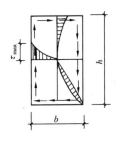
图 4.6-3 扭剪应力分布

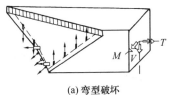
(a) 弯型破坏

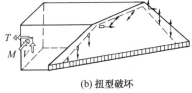
(b) 扭型破坏

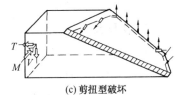
(c) 剪扭型破坏

图 4.6-4 弯剪扭构件的破坏类型

无论哪种破坏特征，沿截面周边布置的纵向钢筋和箍筋，力臂大，抗扭作用强，当采用复合箍筋时，位于截面内部的箍筋作用较小，一般不应计入。

与梁受剪类似，当构件截面尺寸过小而配筋量过大时，构件将由于混凝土首先被压碎而发生脆性破坏。因此，必须规定截面的限制条件。

剪扭构件截面限制条件基本上符合剪、扭叠加的线性分布规律。因此，《混凝土规范》规定，对于 $h/b \leqslant 6$ 的剪扭构件，其截面限制条件可用下式表示：

$$\frac{V}{bh_0} + \frac{T}{0.8W_t} \leqslant 0.25\beta_c f_c$$

为防止发生配筋过少的受拉脆性破坏，剪扭构件箍筋最小配箍率和纵向钢筋最小配筋率应按下式确定：

$$\rho_{sv,min} = \frac{A_{sv,min}}{bs} = 0.28 \frac{f_t}{f_y}$$

$$\rho_{tl,min} = \frac{A_{tl,min}}{bh} = 0.6\sqrt{\frac{T}{Vb}} \cdot \frac{f_t}{f_y}$$

其中，b 为矩形截面的宽度，T 形或 I 形截面的腹板宽度，当 $T/Vb > 2.0$ 时，取 $T/Vb = 2.0$；$A_{tl,min}$ 为沿截面周边对称布置的受扭纵向钢筋总截面最小面积。

对于受弯剪扭构件纵向钢筋的最小配筋率应取受弯构件纵向受力钢筋的最小配筋率与受剪扭构件纵向受力钢筋的最小配筋率之和。

4.7 预应力混凝土

4.7.1 基本概念

1. 预加应力的方法

预加应力的方法主要有两种：

(1) 先张法：在浇灌混凝土前张拉钢筋的方法称为先张法。先张法预应力混凝土构件中，预应力是靠钢筋与混凝土间的黏结力来传递的。

(2) 后张法：混凝土结硬后，在构件上张拉钢筋的方法称为后张法。后张法主要通过锚具传递预应力，锚具永远留在构件上，这种锚具称为工作锚具。

2. 夹具和锚具

夹具和锚具是在制作预应力构件时锚固预应力钢筋的工具，一般说来，构件制成后能够取下重复使用的称夹具，留在构件上不再取下的称锚具。夹具和锚具之所以能夹住或锚住钢筋，主要是依靠摩阻、握裹和承压锚固。

(1) 锚具的要求

设计、制作、选择和使用锚具时，应尽可能满足下列各项要求：①安全可靠，其本身应具有足够的强度和刚度；②锚具应使预应力钢筋尽可能不产生滑移，以保证预应力的可靠传递；③构造简单，便于机械加工制作；④使用方便、材料省，价格低。

(2) 锚具的形式

建筑工程中常用的锚具有如下几种：

① 螺丝端杆锚具

螺丝端杆锚具是指在单根预应力钢筋的两端各焊一根短的螺丝端杆，套以螺帽及垫板形成的锚具，见图4.7-1。预应力螺杆通过螺纹斜面上的承压力将力传给螺帽，螺帽再通过垫板将力传给混凝土。该锚具适用于较短的预应力构件及直线布置的预应力束，其优点是操作简单、受力可靠、滑移量小，按需要便于再次张拉；缺点是预应力钢筋长度的精度要求高，且只能锚固单根钢筋。

② 镦头锚具

镦头锚具主要用于锚固平行钢丝束，是利用钢丝的粗镦头来锚固预应力钢丝的，见图4.7-2。预应力钢筋的预应力依靠镦头的承压力传到锚环，再靠螺纹上的承压力传到螺帽，通过垫板传到混凝土构件上。镦头锚具的特点是加工简单、张拉操作方便、锚固可

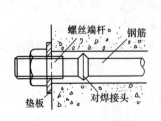

图 4.7-1 螺丝端杆锚具

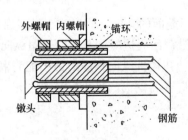

图 4.7-2 镦头锚具

靠、成本低廉，但张拉端一般要扩孔，施工麻烦且对钢丝束的长度有较高的精度要求。

③ 锥形锚具

锥形锚具是由锚环及锚塞组成的，主要用于锚固平行钢丝束或平行钢绞线束。锥形锚具既可用于张拉端，也可用于固定端。预应力钢筋靠摩擦力将拉力传到锚环，再由锚环通过承压力和黏结力将预应力传到混凝土构件上，见图4.7-3。锥形锚具的缺点是滑移量大，每根钢丝的应力不均匀。

④ 夹具式锚具

夹具式锚具是由锚环及夹片组成，夹片呈楔形，夹片的数量与预应力钢筋的数量相同，可用于锚固钢绞线或钢丝束。图4.7-4所示为夹具式锚具的一种JM-12锚具。夹具式锚具可用于张拉端，也可用于固定端，预应力钢筋依靠摩擦力将预拉力传递给夹片，夹片靠其斜面上的承压力将预拉力传给锚环，再由锚环靠承压力将预拉力传给混凝土构件。

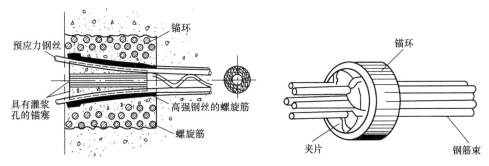

图4.7-3　锥形锚具　　　　　图4.7-4　JM-12模具

除JM-12型外，夹具式锚具有QM型、OVM型和XM型等，此类型锚具具有锚固可靠、自锚能力强、互换性好、施工操作较简便等优点，可用于大型预应力混凝土结构。

3. 预应力混凝土材料

（1）混凝土

预应力混凝土通过张拉预应力钢筋来对混凝土施加预压力，以提高构件的抗裂性能。因此，采用抗压强度较高的混凝土，才能保证构件获得较高的抗裂性能。同时，宜采用收缩徐变小，快硬早强的混凝土。《混凝土规范》第4.1.2条规定，预应力混凝土结构的混凝土强度等级不宜低于C40，且不应低于C30。

（2）钢材

为了取得良好的预应力效果，要求预应力钢筋具有很高的强度，以保证在钢筋中能建立较高的张拉应力，提高预应力混凝土构件的抗裂能力。此外，预应力钢筋还应具有一定的塑性，以及良好的可焊性、镦头加工性能等。对先张法构件的预应力钢筋，要求与混凝土之间具有良好的黏结性能。

预应力混凝土构件中的预应力钢筋形式主要有预应力钢绞线、钢丝和预应力螺纹钢筋，非预应力钢筋宜采用HRB335级和HRB400级钢筋。

4.7.2　张拉控制应力和预应力损失

1. 张拉控制应力

张拉控制应力是指张拉预应力钢筋时，由千斤顶油泵上的压力表所控制的达到的最大应力值（即拉力除以预应力钢筋截面面积），用σ_{con}表示。为了充分发挥预应力的优点，张拉控制应力值σ_{con}宜定得高些，使构件截面上的混凝土获得较大的预压应力值，以提高构件的抗裂度和减小挠度，而且可以节约钢材。但是张拉控制应力值σ_{con}并不是越大越好，《混凝土规范》考虑以下因素，规定了张拉控制应力的上限值：

（1）不使构件出现开裂时的承载力与破坏时的承载力接近，即不使构件开裂不久就破坏，延性差，无破坏预兆。

（2）不使因构件施工时超张拉而致使个别预应力钢筋达到或超过它的实际屈服强度，使钢筋产生较大塑性变形，甚至发生拉断事故。

（3）对后张法构件，不使构件张拉时预拉区开裂或端头混凝土局部受压破坏。

预应力钢筋的张拉控制应力σ_{con}，应符合下列规定：

① 消除应力钢丝、钢绞线

$$0.40 f_{ptk} \leqslant \sigma_{con} \leqslant 0.75 f_{ptk}$$

② 中强度预应力钢丝

$$0.40 f_{ptk} \leqslant \sigma_{con} \leqslant 0.70 f_{ptk}$$

③ 预应力螺纹钢筋

$$0.50 f_{pyk} \leqslant \sigma_{con} \leqslant 0.85 f_{pyk}$$

式中　f_{ptk}——预应力筋极限强度标准值；

f_{pyk}——预应力螺纹钢筋屈服强度标准值。

当符合下列情况之一时，上述张拉控制预应力上限值可提高$0.05 f_{ptk}$或$0.05 f_{pyk}$：

（1）要求提高构件在施工阶段的抗裂性能，而在使用阶段受压区内设置的预应力钢筋；

（2）要求部分抵消由于应力松弛、摩擦，钢筋分批张拉以及预应力钢筋与张拉台座之间的温差等因素产生的预应力损失。

2. 预应力损失

引起预应力损失的因素及各损失项定义见表4.7-1。各损失项损失值应按照《混凝土规范》中表10.2.1的规定计算。

预应力损失的定义及其原因（N/mm²）　　　表4.7-1

引起预应力损失的因素		符号
张拉端锚具变形和钢筋内缩		σ_{l1}
预应力钢筋的摩擦	与孔道壁之间的摩擦	σ_{l2}
	张拉端锚口摩擦	
	在转向装置处的摩擦	
混凝土加热养护时，受张拉的钢筋与承受拉力的设备之间的温差		σ_{l3}
预应力钢筋的应力松弛		σ_{l4}
混凝土的收缩和徐变		σ_{l5}
用螺旋式预应力钢筋作配筋的环形构件，当直径$d \leqslant 3m$时，由于混凝土的局部挤压		σ_{l6}

表中所列预应力损失，有的只发生在先张法构件中，有的只发生于后张法构件中，有的两种构件均有。而在先张法和后张法构件中，各项预应力损失出现的时间也不完全相

同。为了便于分析和计算，《混凝土规范》将这些损失分作两批，以混凝土预压完成前后作为分界。混凝土受预压前的各项预应力损失称为第一批损失，混凝土受预压完成后出现的各项预应力损失称为第二批损失。预应力构件在各阶段的预应力损失值宜按表 4.7-2 的规定进行组合。

各阶段预应力损失值的组合 表 4.7-2

预应力损失值的组合	先张法构件	后张法构件
混凝土预压前（第一批）的损失 σ_{lI}	$\sigma_{l1}+\sigma_{l2}+\sigma_{l3}+\sigma_{l4}$	$\sigma_{l1}+\sigma_{l2}$
混凝土预压后（第二批）的损失 σ_{lII}	σ_{l5}	$\sigma_{l4}+\sigma_{l5}+\sigma_{l6}$

注：先张法构件由于钢筋应力松弛引起的损失值 σ_{l4} 在第一批和第二批损失中所占的比例，如需区分，可根据实际情况确定。

考虑到各项预应力损失的离散性，实际损失值有可能比按《混凝土规范》计算的值高，所以当计算求得的预应力总损失值小于下列数值时，则按下列数值取用：

先张法构件：$100N/mm^2$；后张法构件：$80N/mm^2$。

4.8 构造规定

4.8.1 伸缩缝

（1）钢筋混凝土结构伸缩缝的最大间距可按表 4.8-1 的规定。

钢筋混凝土结构伸缩缝最大间距（m） 表 4.8-1

结构类别		室内或土中	露天
排架结构	装配式	100	70
框架结构	装配式	75	50
	现浇式	55	35
剪力墙结构	装配式	65	40
	现浇式	45	30
挡土墙、地下室墙壁等类结构	装配式	40	30
	现浇式	30	20

注：① 装配整体式结构房屋的伸缩缝间距宜按表中现浇式的数值取用；
② 框架-剪力墙结构或框架-核心筒结构房屋的伸缩缝间距可根据结构的具体布置情况取表中框架结构与剪力墙结构之间的数值；
③ 当屋面无保温或隔热措施时，框架结构、剪力墙结构的伸缩缝间距宜按表中露天栏的数值取用；
④ 现浇挑檐、雨罩等外露结构的伸缩缝间距不宜大于 12m。

（2）对下列情况，表 4.8-1 中的伸缩缝最大间距宜适当减小：
① 柱高（从基础顶面算起）低于 8m 的排架结构；
② 屋面无保温或隔热措施的排架结构；
③ 位于气候干燥地区、夏季炎热且暴雨频繁地区的结构或经常处于高温作用下的结构；

④ 采用滑模类施工工艺的剪力墙结构；
⑤ 材料收缩较大、室内结构因施工外露时间较长等。
（3）对下列情况，如有充分依据和可靠措施，表 4.8-1 中的伸缩缝最大间距可适当增大：
① 混凝土浇筑采用后浇带分段施工；
② 采用专门的预加应力措施；
③ 采取能减小混凝土温度变化或收缩的措施。
当增大伸缩缝间距时，尚应考虑温度变化和混凝土收缩对结构的影响。
具有独立基础的排架、框架结构，当设置伸缩缝时，其双柱基础可不断开。

4.8.2 混凝土保护层

钢筋的混凝土保护层是指结构构件中最外层钢筋的外边缘至混凝土表面的距离，其作用是：①保证钢筋与混凝土共同工作，确保结构受力性能；②保证钢筋不锈蚀，确保结构安全和耐久性。

《混凝土规范》规定，纵向受力的普通钢筋及预应力钢筋，其混凝土保护层厚度不应小于钢筋的公称直径，并应符合下列要求：

（1）设计使用年限为 50 年的混凝土结构，其最外层钢筋的混凝土保护层厚度应符合表 4.8-2 的规定；设计使用年限为 100 年的混凝土结构，其最外层钢筋的混凝土保护层厚度应不小于表 4.8-2 数值的 1.4 倍。

（2）当混凝土强度等级不大于 C25 时，表 4.8-2 中保护层厚度数值应增加 5mm。

钢筋的混凝土保护层厚度（mm） 表 4.8-2

环境类别		一	二 a	二 b	三 a	三 b
构件类型	板、墙、壳	15	20	25	30	40
	梁、柱、杆	20	25	35	40	50

注：与土壤接触的混凝土结构中，钢筋的混凝土保护层厚度不应小于 40mm；对钢筋混凝土现浇底板，无垫层时，钢筋的混凝土保护层厚度不小于 70mm。

（3）当有充分依据并采取下列有效措施时，可适当减小混凝土保护层的厚度：
① 构件表面有可靠的防护层；
② 采用工厂化生产的预制构件，并能保证构件混凝土的质量；
③ 在混凝土中掺加阻锈剂或采用阴极保护处理等防锈措施；
④ 当对地下室墙体采取可靠的建筑防水做法或防护措施时，与土层接触一侧钢筋的保护层厚度可适当减少，但不应小于 25mm；
（4）对有防火要求的建筑，其混凝土保护层厚度尚应符合国家现行有关标准的规定；
（5）当梁、柱、墙中纵向受力钢筋的保护层厚度大于 50mm 时，宜对保护层采取有效的构造措施；当在保护层内配置防裂、防剥落的钢筋网片时，网片钢筋的保护层厚度不应小于 25mm。

4.8.3 钢筋的锚固

1. 基本锚固长度

当计算中充分利用钢筋的抗拉强度时，受拉钢筋的基本锚固长度应按下式计算：

$$l_{ab} = \alpha \frac{f_y}{f_t} d$$

式中 l_{ab}——受拉钢筋的基本锚固长度；
　　f_y——钢筋的抗拉强度设计值；
　　f_t——混凝土轴心抗拉强度设计值，当混凝土强度等级高于 C60 时，按 C60 取值；
　　d——钢筋的公称直径；
　　α——钢筋的外形系数，按表 4.8-3 取用。

钢筋的外形系数 α　　　　表 4.8-3

钢筋类型	光面钢筋	带肋钢筋	刻痕钢丝	螺旋肋钢丝	三股钢绞线	七股钢绞线
α	0.16	0.14	0.19	0.13	0.16	0.17

注：光面钢筋末端应做 180°弯钩，弯后平直段长度不应小于 $3d$，但作受压钢筋时可不做弯钩。

2. 锚固长度

受拉钢筋的锚固长度 l_a 根据锚固条件按下式计算，且不应小于 200mm：

$$l_a = \zeta_a l_{ab}$$

式中 ζ_a——锚固长度修正系数。

纵向受拉普通钢筋的锚固长度修正系数 ζ_a 应按下列规定取用：
（1）当带肋钢筋的公称直径大于 25mm 时，取 1.10；
（2）环氧树脂涂层带肋钢筋，取 1.25；
（3）施工过程中易受扰动的钢筋，取 1.10；
（4）当纵向受力钢筋的实际配筋面积大于其设计计算面积时，修正系数取设计计算面积与实际配筋面积的比值，但对有抗震设防要求及直接承受动力荷载的结构构件，不应考虑此项修正；
（5）锚固钢筋的保护层厚度为 $3d$ 时，修正系数可取 0.80；保护层厚度为 $5d$ 时，修正系数可取 0.70；中间按内插取值，此处 d 为锚固钢筋的直径。

对普通钢筋，同时满足以上多项条件时，可按连乘计算，但不应小于 0.6。

当纵向受拉普通钢筋末端采用弯钩或机械锚固措施时，包括弯钩或锚固端头在内的锚固长度（投影长度）可取为基本锚固长度 l_{ab} 的 60%。弯钩和机械锚固的形式、技术要求应符合《混凝土规范》的规定。

混凝土结构中的纵向受压钢筋，当计算中充分利用其抗压强度时，锚固长度不应小于相应受拉锚固长度的 70%。

4.8.4　钢筋的连接

钢筋的连接可采用绑扎搭接、机械连接或焊接。连接方式和接头应符合下列规定：
（1）混凝土结构中受力钢筋的接头宜设置在受力较小处，在同一根钢筋上宜少设接头。在结构的重要构件和关键传力部位，纵向受力钢筋不宜设置连接接头。
（2）轴心受拉及小偏心受拉杆件的纵向受力钢筋不得采用绑扎搭接；其他构件中的钢筋采用绑扎搭接时，受拉钢筋直径不宜大于 25mm，受压钢筋直径不宜大于 28mm。
（3）需进行疲劳验算的构件，其纵向受拉钢筋不得采用绑扎搭接接头，也不宜采用焊接接头，且严禁在钢筋上焊有任何附件（端部锚固除外）。

(4) 细晶粒热轧带肋钢筋以及直径大于28mm的带肋钢筋，其焊接应经试验确定；余热处理钢筋不宜焊接。

1. 绑扎搭接接头

(1) 同一构件中相邻纵向受力钢筋的绑扎搭接接头宜互相错开。钢筋绑扎搭接接头连接区段的长度为1.3倍搭接长度，凡搭接接头中点位于该连接区段长度内的搭接接头均属于同一连接区段（图4.8-1）。同一连接区段内纵向受力钢筋搭接接头面积百分率为该区段内有搭接接头的纵向受力钢筋与全部纵向受力钢筋截面面积的比值。当直径不同的钢筋搭接时，按直径较小的钢筋计算。

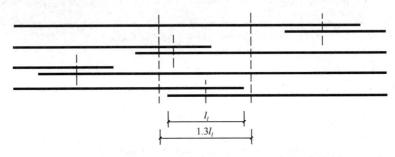

图 4.8-1　同一连接区段内的纵向受拉钢筋的绑扎搭接接头

(2) 位于同一连接区段内的受拉钢筋搭接接头面积百分率：对梁类、板类及墙类构件，不宜大于25%；对柱类构件，不宜大于50%。当工程中确有必要增大受拉钢筋搭接接头面积百分率时，对梁类构件，不宜大于50%；对板、墙、柱及预制构件的拼接处，可根据实际情况放宽。

(3) 并筋采用绑扎搭接连接时，应按每根单筋错开搭接的方式连接。接头面积百分率应按同一连接区段内所有的单根钢筋计算。并筋中钢筋的搭接长度应按单筋分别计算。

(4) 纵向受力钢筋绑扎搭接接头的搭接长度，应根据位于同一连接区段内的钢筋搭接接头面积百分率按下列公式计算，且不应小于300mm：

$$l_l = \zeta_l \cdot l_a$$

式中　l_l——纵向受拉钢筋的搭接长度；

ζ_l——纵向受拉钢筋搭接长度修正系数，按表4.8-4取用。

纵向受拉钢筋搭接长度修正系数　　　　表 4.8-4

纵向钢筋搭接接头面积百分率（%）	25	50	100
ζ_l	1.2	1.4	1.6

(5) 构件中的纵向受压钢筋，当采用搭接连接时，其受压搭接长度不应小于纵向受拉钢筋搭接长度的0.7倍，且在任何情况下不应小于200mm。

2. 机械连接接头

(1) 纵向受力钢筋的机械连接接头宜相互错开。钢筋机械连接区段的长度为35d，d为连接钢筋的较小直径。凡接头中点位于该连接区段长度内的机械连接接头均属于同一连接区段。

（2）位于同一连接区段内的纵向受拉钢筋接头面积百分率不宜大于50%；但对板、墙、柱及预制构件的拼接处，可根据实际情况放宽。纵向受压钢筋的接头百分率可不受限制。

（3）机械连接套筒的保护层厚度宜满足有关钢筋最小保护层厚度的规定。机械连接套筒的横向净间距不宜小于25mm；套筒处箍筋的间距仍应满足相应的构造要求。

（4）直接承受动力荷载结构构件中的机械连接接头，除应满足设计要求的抗疲劳性能外，位于同一连接区段内的纵向受力钢筋接头面积百分率不应大于50%。

3. 焊接接头

（1）纵向受力钢筋的焊接接头应相互错开。钢筋焊接接头连接区段的长度为$35d$，且不小于500mm，d为连接钢筋的较小直径，凡接头中点位于该连接区段长度内的焊接接头均属于同一连接区段。

（2）纵向受拉钢筋的接头面积百分率不宜大于50%，但对预制构件的拼接处，可根据实际情况放宽。纵向受压钢筋的接头百分率可不受限制。

（3）当直接承受吊车荷载的钢筋混凝土吊车梁、屋面梁及屋架下弦的纵向受拉钢筋采用焊接接头时，应符合下列规定：

① 应采用闪光接触对焊，并去掉接头的毛刺及卷边；

② 同一连接区段内纵向受拉钢筋焊接接头面积百分率不应大于25%，焊接接头连接区段的长度应取为$45d$，d为纵向受力钢筋的较大直径。

4.8.5 纵向受力钢筋的最小配筋率

钢筋混凝土结构构件中纵向受力钢筋的配筋率不应小于表4.8-5规定的数值。

钢筋混凝土结构构件中纵向受力钢筋的最小配筋率（%） 表4.8-5

受力类型			最小配筋率
受压构件	全部纵向钢筋	强度等级500MPa	0.50
		强度等级400MPa	0.55
		强度等级300MPa	0.60
	一侧纵向钢筋		0.20
受弯构件、偏心受拉、轴心受拉构件一侧的受拉钢筋			0.20和$45f_t/f_y$中的较大值

4.9 混凝土构件的裂缝宽度、变形验算和耐久性设计

为保证钢筋混凝土构件的可靠性，除了进行承载力极限状态的验算外，还应根据结构构件的功能及外观要求，进行正常使用极限状态验算并满足耐久性方面的要求。

本节主要介绍裂缝宽度和变形验算。

4.9.1 裂缝宽度验算要求

1. 控制裂缝宽度的原因

混凝土抗拉强度较低，在弯矩、剪力、轴向力和扭矩等荷载效应作用下，或由于地基

不均匀沉降、混凝土收缩和温度变化而产生的外加变形受到钢筋或其他构件约束，以及钢筋锈蚀体积膨胀时，混凝土中便产生拉应力，该拉应力超过其极限抗拉强度时就会开裂。同时，混凝土材料来源广泛，成分多样，施工工序繁多，养护硬化需要较长时间，受环境影响较大，混凝土自身构成机理，以及冻融和化学作用等也往往是混凝土开裂的原因。所以，钢筋混凝土构件截面在施工中和正常使用阶段难免出现荷载和非荷载因素导致的裂缝。

要求普通钢筋混凝土构件不出现裂缝是不经济和没有必要的，一般的工业与民用建筑结构允许其带裂缝工作，但要根据裂缝对结构功能的影响予以控制。在工程结构中，素混凝土应用很少，而钢筋则配置在受拉区或易出现裂缝的地方。因而，通常情况下，裂缝出现后对承载力影响不显著。以下是对裂缝宽度进行控制的原因：

（1）使用功能的要求

有些使用上要求不出现渗漏的贮液（气）容器或输送管道，裂缝的存在会直接影响其使用功能，因此，要对其控制裂缝的出现。

（2）建筑外观要求

外观是评价混凝土质量的重要因素之一，裂缝过宽会影响建筑的外观，引起人们的不安全感。满足外观要求的裂缝宽度限值选取，取决于多种原因。调查表明，控制裂缝宽度在 0.3mm 以内，对外观没有显著影响，一般不会引起人们的特别注意。

（3）耐久性要求

这是控制裂缝最主要的原因。混凝土未开裂以前，可以保护钢筋避免锈蚀。而混凝土的抗拉强度远比其抗压强度低，构件在水平较低的拉力作用下就会出现垂直钢筋的裂缝。化学介质、气体和水分侵入裂缝将破坏钢筋钝化膜，在钢筋表面发生电化学反应，引起钢筋锈蚀，使构件性能劣化，甚至发生破坏，影响结构的使用寿命。

2. 裂缝控制标准

《混凝土规范》根据使用要求、工程经验并以耐久性研究成果为基础，考虑了环境条件对钢筋锈蚀的影响、钢筋种类对锈蚀的敏感性及构件的工作条件等，将混凝土构件的裂缝控制划分成三级，分别用应力及裂缝宽度进行控制。

一级：严格要求不出现裂缝的构件，按荷载效应标准组合进行计算时，构件受拉边缘混凝土不应产生拉应力；

二级：一般要求不出现裂缝的构件，按荷载效应标准组合进行计算时，构件受拉边缘混凝土的拉应力不应超过混凝土的抗拉强度标准值，按荷载效应准永久组合下进行计算时，构件受拉边缘混凝土不应产生拉应力；

三级：允许出现裂缝的构件，最大裂缝宽度按荷载效应标准组合并考虑长期作用组合影响计算，并符合最大裂缝宽度限值的要求。

最大裂缝宽度限值，除了考虑结构的外观，主要根据防止钢筋锈蚀，满足结构耐久性的要求来确定，详见《混凝土规范》表 3.4.5。

4.9.2 挠度验算要求

1. 挠度控制的原因

对挠度的控制主要基于以下的原因：

（1）结构构件挠度过大，会损坏其使用功能。如吊车梁挠度过大会增加轨道与扣件间的磨损，甚至影响吊车正常运行；屋面梁、板挠度过大会导致屋面积水，引起渗漏和附加挠度；楼面梁、板挠度过大则影响仪器、设备的水平度和稳定而影响正常使用。

（2）梁、板挠度过大会使与之相连的脆性非承重墙（如用石膏板、灰砂砖等建造的隔断墙、填充墙）严重脱离、开裂以及被压碎。

（3）根据经验，日常生活中，人们心理上能够承受的最大挠度大致为 $l/250$（l 为构件的计算跨度），超过此限值就有可能引起用户的不安。

（4）梁端转角过大将使梁底的应力分布曲线变化，改变其支承面积和支承反力的作用点，并可能危及砌体墙（或柱）的稳定，墙体产生沿楼板的水平裂缝。

（5）构件挠度过大，在可变荷载作用下可能发生振动，出现动力效应，使结构内力增大，甚至发生共振，使构件的受力特征与静态假定不符。

2. 挠度控制标准

《混凝土规范》第 3.4.3 条规定，正常使用极限状态验算时，钢筋混凝土受弯构件的最大挠度应按荷载的准永久组合，预应力混凝土受弯构件的最大挠度应按荷载的标准组合，并均应考虑荷载长期作用的影响进行计算，其计算值不应超过表 4.9-1 规定的挠度限值。

受弯构件的挠度限值 [f]   表 4.9-1

构件类型	吊车梁		屋盖、楼盖及楼梯构件		
	手动吊车	电动吊车	$l_0<7m$	$7m \leqslant l_0 \leqslant 9m$	$l_0>9m$
挠度限值	$l_0/500$	$l_0/600$	$l_0/200$（$l_0/250$）	$l_0/250$（$l_0/300$）	$l_0/300$（$l_0/400$）

注：① 表中 l_0 为构件的计算跨度；计算悬臂构件的挠度限值时，其计算跨度 l_0 按实际悬臂长度的 2 倍取用；
② 表中括号内的数值适用于使用上对挠度有较高要求的构件；
③ 如果构件制作时预先起拱，且使用上也允许，则在验算挠度时，可将计算所得的挠度值减去起拱值；对预应力混凝土构件，尚可减去预加力所产生的反拱值；
④ 构件制作时的起拱值和预加力所产生的反拱值，不宜超过构件在相应荷载组合作用下的计算挠度值。

增加截面高度、提高配筋率、提高混凝土强度等级、增加截面宽度是减小受弯构件挠度的有效手段。

4.9.3 混凝土结构的耐久性设计

混凝土的耐久性是指在正常维护的条件下，在设计使用年限内，在指定的工作环境中保证结构满足规定的功能要求，而不需进行维修加固。

1. 影响混凝土结构耐久性的因素

（1）混凝土的碳化

混凝土碳化是指大气中的二氧化碳或其他酸性气体与混凝土中的碱性物质发生反应使混凝土中性化，而使其碱性下降的现象。混凝土碳化对混凝土本身是无害的，但当碳化到钢筋表面时，会使混凝土中的钢筋保护膜破坏，造成钢筋发生锈蚀的必要条件，同时使混凝土的收缩加大，导致混凝土开裂，从而造成混凝土的耐久性能下降或耐久性能失效。

设计中减小碳化作用的措施主要是：提高混凝土的密实性，增强抗渗性；合理设计混凝土的配合比；采用覆盖面层，覆盖面层可以隔离混凝土表面与大气环境的直接接触，这对减小混凝土碳化十分有利；规定钢筋的混凝土保护层厚度，使混凝土碳化达到钢筋表面的时间与建筑物的设计使用年限相等。

(2) 钢筋锈蚀

钢筋锈蚀是指在水和氧气共同存在的条件下，水、氧气和铁发生电化学反应，在钢筋的表面形成疏松、多孔的锈蚀现象。钢筋锈蚀的必要条件是混凝土碳化使钢筋表面的氧化膜被破坏，钢筋锈蚀的危害是，锈蚀后其体积膨胀数倍，引起混凝土保护层脱落和结构开裂，进一步使空气中的水分和氧气更容易进入，加快锈蚀。钢筋锈蚀将使钢筋有效面积减小，导致结构和构件的承载力下降以及结构破坏。

防止钢筋锈蚀的主要措施是：提高混凝土的密实性，增强抗渗性；采用覆盖面层；采用足够的保护层厚度等，以防止水、二氧化碳、氯离子和氧气的侵入，减少钢筋锈蚀。还可采用钢筋阻锈剂以防止氯盐的腐蚀；采用防腐蚀钢筋如环氧涂层钢筋、镀锌钢筋、不锈钢钢筋等；对于重大工程可对钢筋采用阴极保护法，包括牺牲阳极法和输入电流法等。

(3) 混凝土冻融破坏

混凝土冻融破坏是指处于饱和水状态的混凝土结构受冻时，其内部毛细孔中的水结冰膨胀产生胀力，使混凝土结构内部产生微裂损伤，这种损伤经多次反复冻融循环作用，将逐步积累，最终导致混凝土结构开裂，体积膨胀破坏。

(4) 混凝土的碱集料影响

混凝土的集料中某些活性矿物与混凝土微孔中的碱性溶液发生化学反应称为碱集料反应。其危害是其产生的碱-硅酸盐凝胶吸水膨胀使体积增大数倍，导致混凝土剥落、开裂，以至强度降低，造成耐久性破坏。

(5) 侵蚀性物质的影响

在一些特殊环境条件下，混凝土会受到海水、硫酸盐、酸及盐类结晶型等化学介质的腐蚀作用。其危害表现在化学物质的侵蚀造成混凝土松散破碎，出现裂缝；有些化学物质与混凝土中的一些成分进行化学反应，生成使体积膨胀的物质，引起混凝土结构的开裂和损伤破坏。

2. 《混凝土规范》对耐久性设计的规定

为了防止发生混凝土结构耐久性失效的破坏，《混凝土规范》以结构的环境类别和设计使用年限作为耐久性设计基础，提出了一系列保证混凝土结构耐久性的措施和相关的规定。

(1) 一类、二类和三类环境中，设计使用年限为50年的结构混凝土应符合《混凝土规范》第3.5.3条的规定。混凝土保护层厚度应符合《混凝土规范》第8.2.1条的规定。

(2) 一类环境中，设计使用年限为100年的混凝土结构应符合下列规定：

① 钢筋混凝土结构混凝土强度等级不应低于C30，预应力混凝土结构的混凝土强度等级不应低于C40；

② 预应力混凝土中的最大氯离子含量为0.06%；

③ 宜使用非碱活性骨料，当使用碱活性骨料时，混凝土中的碱含量不应超过3.0kg/m³；

④ 混凝土保护层厚度应按《混凝土规范》第8.2.1条的规定增加40%，当采取有效

的表面防护措施后，混凝土保护层厚度可适当减少。

（3）二类和三类环境中，设计使用年限为 100 年的混凝土结构应采取专门的有效措施。

（4）耐久性环境类别为四类和五类的混凝土结构，其耐久性要求应符合有关标准的规定。

（5）严寒及寒冷地区潮湿环境中的结构混凝土应满足抗冻要求，混凝土抗冻等级应符合有关标准的要求。

（6）有抗渗要求的混凝土结构，混凝土的抗渗等级应符合有关标准的要求。

（7）三类环境中的结构构件，其受力钢筋宜采用环氧涂层带肋钢筋；对预应力钢筋锚具连接应采取专门防护措施。

4.10 楼盖结构

楼盖是房屋结构中重要的组成部分，其作用有二：一是将竖向荷载传递至梁、柱、墙等支承构件；二是与竖向构件连接成为整体的空间结构，并将风荷载、地震作用等水平力有效地传递到各抗侧力构件（框架、剪力墙、筒体等），对结构的安全性、稳定性起着十分重要的作用。

混凝土楼盖按施工方法可分为装配式、装配整体式和现浇式三种。

（1）装配式楼盖。装配式楼盖便于工业化生产和机械化施工，可减轻劳动强度，提高生产率，减少现场湿作业，一般用于多层建筑中。但是这种楼面整体性、抗震性能、防水性能较差，而且不便于开设孔洞，还容易产生干缩裂缝。

（2）装配整体式楼盖。装配整体式楼盖是将各种预制梁、板在现场吊装就位后，通过整浇措施和现浇混凝土构成整体。装配整体式楼盖的刚度、整体性和抗震性能比装配式楼盖好，又比现浇式楼盖节省模板和支承，但焊接工作量往往较大，并且需要混凝土二次浇注。

（3）现浇式楼盖。现浇式楼盖刚度大，整体性、抗震性能及防水性能都比较好，也易于适应平面形状不规则、集中设备荷载较大及设备留洞等情况。缺点是需要现场支设模板和铺设钢筋，现场的工作量大，且工期较长。

随着工具式模板、布料机、泵送混凝土等施工技术的不断发展和完善，现浇楼盖的一些缺点已得到很大程度的克服，故在房屋建筑中大有取代前两种楼盖形式的趋势。这里仅介绍现浇楼盖。

现浇混凝土楼盖按结构形式可分为肋梁楼盖、井格梁楼盖、密肋楼盖、无梁楼盖以及扁梁楼盖，如图 4.10-1 所示。

楼盖结构体系是建筑结构的主要水平分体系，楼盖结构形式将决定建筑物的各种作用的走向，从而影响建筑物的竖向承重体系；楼盖的厚度（板厚和梁高）将影响建筑物的层高和总高度。楼盖结构的选择，应在综合考虑以下因素的基础上确定：

（1）建筑使用功能和室内美观要求；

（2）结构水平分体系和竖向分体系的选择和建筑材料的合理使用；

（3）采暖、通风、空调、给水排水、电气、工艺管道的敷设方案和要求；

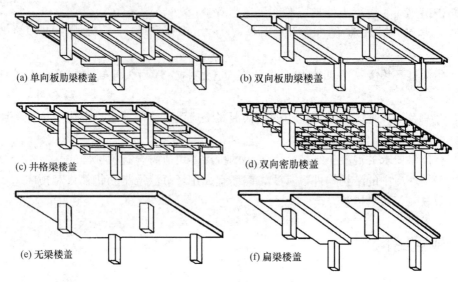

图 4.10-1 楼盖结构的类型

（4）技术经济分析；

（5）施工方案（如结构构件的预制或现浇、预制构件的选择、吊装方案、支模方案、连接构造做法等）。

4.10.1 肋梁楼盖

1. 组成和受力特点

肋梁楼盖一般由板、次梁和主梁组成。依据板区格平面两个方向的尺寸比的不同，板可分成单向板和双向板，即形成单向板肋梁楼盖和双向板肋梁楼盖（图 4.10-1a、b）。

（1）单向板肋梁楼盖

当板的长边 l_2 与短边 l_1 之比较大（一般认为 $l_2/l_1 > 2$）时，板上荷载主要沿短跨方向传递给支承构件，而沿长跨方向传递的荷载可忽略不计，这种主要沿短跨方向弯曲的板称为单向板。其传力路线为：板→次梁→主梁→柱或墙→基础→地基。

（2）双向板肋梁楼盖

当板的长边 l_2 与短边 l_1 之比较小（一般认为 $l_2/l_1 \leq 2$）时，板上荷载沿两个方向传递给支承构件，而沿长跨方向传递的荷载不能忽略，这种在两个方向弯曲的板称为双向板。双向板两个方向分担的荷载与板的边长比有关，在承担面均布荷载时，短跨方向板带的曲率比长跨方向板带的曲率大，因而相应分担的荷载也大。双向板的传力路线为：板→梁→柱或墙→基础→地基。

2. 结构布置

肋梁楼盖的结构布置应力求对称、等跨、等截面，并符合模数。在满足使用要求的情况下，无论是单向板肋形楼盖或是双向板肋形楼盖，梁板布置都应符合经济跨度的原则，以保证楼盖设计的经济合理。

考虑到经济、美观以及施工的方便，柱网通常成方形或矩形（也可为圆形、扇形或环形平面）布置，主梁一般沿墙轴线或柱网布置，以形成完整的竖向抗侧力体系。梁系宜贯通，形成连续梁结构，对承受竖向荷载和水平荷载（作为框架梁）都有利。

肋梁楼盖中，柱网或墙的布置决定了主梁和次梁的跨度，根据设计经验并兼顾经济性要求，一般次梁的跨度宜为 4~7m，主梁的跨度宜为 5~8m。

次梁的间距即为板的跨度。考虑到经济的因素，板的厚度宜尽量薄一些，为此应控制板的跨度，单向板的跨度宜为 2~3m，双向板的跨度宜为 3~5m。

3. 构件截面尺寸估算

对普通钢筋混凝土肋梁楼盖结构，除非有意识地采用小截面，一般在设计中很少考虑挠度，以避免繁琐的挠度计算，即对截面尺寸要有一定的限制。

肋梁板的厚度除考虑挠度外，还应考虑防火、防爆、预埋线管等要求，可参照表 4.10-1 中的经验数值确定。肋梁截面尺寸可参照表 4.10-2 中的经验数值确定。

板的最小厚度 h（mm） 表 4.10-1

板的类别		按挠度控制的最小厚度		构造最小厚度 /mm
		简支	连续	
单向板	屋面板、民用建筑楼面板	$1/30l$	$1/35l$	60
	工业建筑楼面板			70
	行车道下的楼面板			80
双向板		$1/40l$	$1/45l$	80
悬挑板（根部）		$1/12l$		$l \leq 500, 60$ $l \geq 1200, 100$

注：表中 h 为板厚，l 为板的跨度或悬挑长度。

按经验估算梁截面 表 4.10-2

梁的类型	梁的类别	梁高 h	梁宽 b
整体浇注的 T 形梁	主梁	$(1/12 \sim 1/8)l$	$(1/3 \sim 1/2)h$，且 ≥ 250mm
	次梁	$(1/18 \sim 1/14)l$	$(1/3 \sim 1/2)h$，且 ≥ 200mm
矩形截面独立梁		$(1/15 \sim 1/12)l$	$(1/3 \sim 1/2)h$，且 ≥ 200mm
悬挑梁		$(1/8 \sim 1/7)l$	$(1/3 \sim 1/2)h$，且 ≥ 200mm

注：表中 l 为梁的跨度或悬挑长度。

4.10.2 井格梁楼盖

1. 组成和受力特点

井格梁楼盖是肋梁楼盖结构的特例，它与肋梁楼盖的主要区别是，两个方向梁的截面高度相等，没有主梁与次梁之分，共同承受楼板传来的荷载，如图 4.10-1（c）所示。

井式楼盖的主要优点是：

（1）可以形成较大的使用空间，因而特别适用于车站、候机楼、图书馆、展览馆、会议厅、影剧院门厅、多功能活动厅、仓库、车库等要求室内不设或少设柱的建筑。

（2）节省材料，造价较低。与肋梁楼盖相比，由于交叉梁系及板均为双向受力，梁的截面高度较小，板的厚度也较薄。

(3) 外形美观。由于两个方向的梁等高，通常两个方向梁的间距也相等，楼盖底部形成一个个整齐的矩形网格，加之适当的艺术处理，外形美观，也便于设备专业的布置。

2. 结构布置

井格梁楼盖中，交叉梁系的布置有正交正放（图4.10-2a、b）和正交斜放（图4.10-2c、d）两种方案。

当建筑平面或柱网为正方形时，这两种布置方式均可采用，如图4.10-2a、b、c，这时两个方向的梁系能够同时充分发挥作用。

当建筑平面或柱网为长方形时，若长短边之比不大于1.5，交叉梁系的布置可采用正交正放形式；若长短边之比大于1.5，则应优先采用正交斜放形式（图4.10-2d），这时，交叉梁系的最大跨度为短边长的$\sqrt{2}$倍，与平面长边无关。

梁的间距一般为1.5~3m。

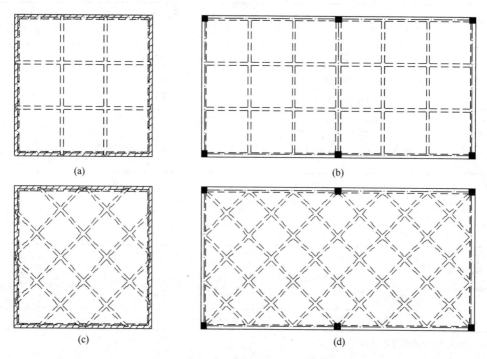

图4.10-2 井格梁楼盖的梁系布置

单跨井格梁楼盖的支承条件一般有四角柱支承、周边墙（梁）支承、周边柱支承三种。采用周边柱支承时，应尽量使每根梁都能直接支承在柱上；柱距与梁距不一致时，应设置截面较高、刚度较大的框架梁，以使两个方向的肋梁都支承在竖向位移都很小的支座上，保证井格梁的刚性。

当建筑平面尺寸较大时，也可在井格梁交叉点处设柱，形成连续跨的多点支承，或周边墙（梁）与内柱共同支承。

3. 构件截面尺寸估算

井格梁楼盖的梁、板尺寸可按表4.10-3初步确定。

井格梁楼盖的梁、板尺寸 表 4.10-3

楼盖类别	项目	梁高或板厚 h/l	常用跨度/m
井格梁楼盖	梁	1/15～1/20	10～20
	双向板	1/40～1/50	3～5

4.10.3 密肋楼盖

密肋楼盖一般用于跨度大而且梁高受限制的情况，由薄板和间距不大于 1.5m 的肋梁组成。根据肋梁布置方式的不同，可分单向密肋楼盖和双向密肋楼盖两种。

与肋梁楼盖相比，密肋楼盖可节约钢材及混凝土 30%～40%，有效降低楼盖造价；同时由于楼盖整体厚度较小，增加了建筑净高。密肋楼盖的施工一般采用定型模壳（图 4.10-3），配合工具式支模系统，施工快速简便。也可采用加气混凝土砌块、空心砖等轻质材料作为肋间填充物，其板底平整，隔声、隔热效果较好。

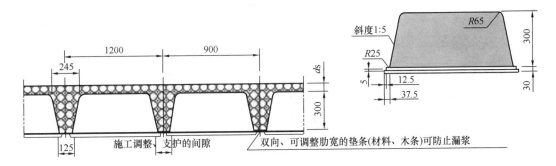

图 4.10-3 密肋楼盖的剖面和定型模壳

1. 单向密肋楼盖

单向密肋楼盖常用于长宽比大于 1.5 的楼盖，其跨度不宜大于 6.0m。其受力性能与单向板肋梁楼盖相似，荷载沿短跨方向传递到两边的肋上，但由于肋间距较小，所承受的荷载也很小，肋高可取跨度的 1/18～1/20，肋宽一般为 80～120mm。

2. 双向密肋楼盖

当建筑的柱网尺寸为正方形或接近方形时，常采用双向密肋楼盖形式，由于双向密肋楼盖中梁的间距小，因而双向传力的效果更好，梁的截面高度也可以比较小，因此更经济。

双向密肋楼盖的柱距不宜大于 12m，肋间距常采用 1.0～1.5m，肋高可取跨度的 1/20～1/30，肋宽一般为 150～200mm。为解决柱边板的抗冲切问题，常在柱周边作加厚实心板（图 4.10-4a），或在周线上设置加厚实心板带（图 4.10-4b）。

双向密肋楼盖两个方向的肋梁高度相等，且一般为等间距布置，抗扭刚度大，变形小，受力性能好，可用于中、大跨度的楼盖中，如高层建筑框架-核心筒结构、筒中筒结构中的楼盖。

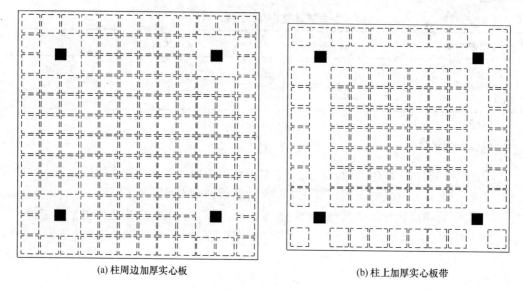

(a) 柱周边加厚实心板　　　　　　(b) 柱上加厚实心板带

图 4.10-4　双向密肋楼盖的平面布置

4.10.4　无梁楼盖

无梁楼盖是一种双向受力的板柱结构体系。当柱网尺寸较小或板面荷载较小时，柱顶一般不设柱帽（图 4.10-5a）；当柱网尺寸较大或板面荷载较大时，为了加强板与柱的整体连接，提高柱顶处平板的受冲切承载力并减少板的计算跨度，可在柱顶设置柱帽，如图 4.10-5 (b)、(c) 所示，柱和柱帽的截面形状一般为矩形，也可根据建筑功能要求设计成圆形截面。

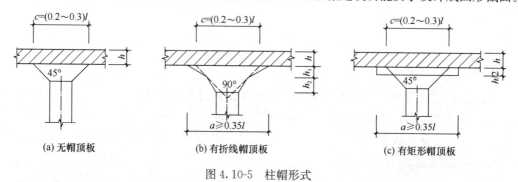

(a) 无帽顶板　　　　　(b) 有折线帽顶板　　　　　(c) 有矩形帽顶板

图 4.10-5　柱帽形式

无梁楼盖的结构高度比肋梁楼盖的小，因而可增大楼层内部的有效空间或降低层高。同时，平滑的底板可很好地改善采光、通风和卫生条件。所以无梁楼盖常用于多层的工业与民用建筑及构筑物中，如商场、冷藏库、书库、仓库、地下水池的顶盖以及多层工业厂房等。

无梁楼盖可布置为等跨或不等跨，每一方向的跨数一般不少于三跨。通常柱网为正方形时最为经济。根据经验，当楼面活荷载标准值在 $5kN/m^2$ 以上，柱距在 6m 以内时，无梁楼盖比肋梁楼盖较为经济。

1. 板厚

无梁楼盖通常设计成等厚的。板厚除须满足承载力的要求外，还需要满足刚度方面的要求，一般用板厚 h 与最大跨度 l_{max} 之比来控制：有帽顶板时，取 $h/l_{max} \geq 1/35$；无帽顶板时，取 $h/l_{max} \geqslant 1/32$，且板厚不应小于 150mm。

2. 圈梁

无梁楼盖的周边，应设置圈梁，其截面高度不小于板厚的 2.5 倍及板跨的 1/5。圈梁除承受弯矩外，还要承受一定的扭矩和剪力。

为提高无梁楼盖刚度，可在柱上设置宽度较大而梁高较小的扁梁，形成扁梁楼盖，如图 4.10-1f。

无梁楼盖结构抵抗侧向力的能力较差，所以，当房屋的层数较多或有抗震要求时，宜设置剪力墙，构成板柱-剪力墙结构。

4.10.5　后张无黏结预应力平板楼盖

后张无黏结预应力平板楼盖，是将无黏结预应力筋同非预应力筋一起按设计曲线铺设在模板内，待混凝土浇筑并达到强度后，张拉无黏结筋并锚固，借助两端锚具，对结构产生预应力。

无黏结预应力钢筋是由高强钢丝束或钢绞线，通过防锈、防腐润滑油脂等涂层包裹塑料套管而构成的新型预应力筋。它与施加预应力的混凝土之间没有黏结力，可以永久地相对滑动，预应力全部由两端的锚具传递。

采用无黏结预应力结构特点：有利于降低建筑物层高和减轻结构自重；改善结构的使用功能，楼板挠度小，几乎不存在裂缝；大跨度楼板可增加使用面积，也较容易改变楼层用途；施工方便、速度快；节约钢材和混凝土；可用平板代替肋形楼盖而降低层高等，有较好的经济效益和社会效益，适用于办公楼、商场、旅馆、车库、仓库和高层建筑等。

无黏结预应力结构适用于跨度大于 6m 的平板，单向板常用跨度为 6~9m，跨高比约为 45，对跨度在 7~12m、活荷载在 5kN/m² 以下的楼盖，可采用双向平板或带有宽扁梁的板，双向平板的跨高比约为 40~45，带柱帽和托板的平板、密肋板或梁支承的双向板，适用于建造更大跨度或活荷载较大的楼盖。无黏结预应力筋也可应用在较大跨度的扁梁上或井字梁和密肋梁上。梁的跨高比，楼层不超过 25，屋顶层不超过 28。

4.11　多高层混凝土结构

多层建筑和高层建筑的分界，不同的规范定义不同。

《民用建筑设计统一标准》GB 50352—2019 第 3.1.2 条第 1 款规定，建筑高度不大于 27m 的住宅建筑、建筑高度不大于 24m 的公共建筑及建筑高度大于 24m 的单层公共建筑为低层或多层民用建筑。

《建筑设计防火规范》GB 50016—2014（2018 年版）将高层建筑定义为：建筑高度大于 27m 的住宅建筑和建筑高度大于 24m 的非单层厂房、仓库和其他民用建筑。

以上两种定义下，建筑高度均应按照《建筑设计防火规范》GB 50016—2014（2018 年版）附录 A 的规定进行计算。

《高层建筑混凝土结构技术规程》JGJ 3—2010（以下简称《高规》）将高层建筑定义为：10 层及 10 层以上或房屋高度大于 28m 的住宅建筑和房屋高度大于 24m 的其他高层民

用建筑。这里的高度是指结构高度,即自室外地面到主要屋面高度,不包括突出屋面的电梯机房、水箱、构架等高度。

4.11.1 高层建筑的主要结构体系与适用范围

结构体系是指结构抵抗竖向荷载和水平荷载时的传力途径及构件组成方式,竖向荷载通过水平构件(楼盖)和竖向构件(柱、墙、斜撑等)传递到基础,水平力(风荷载、地震作用)通过抗侧力体系传到基础。

水平力是高层建筑结构设计时要考虑的主要因素,因而抗侧力体系的选择与组成成为高层建筑结构设计的首要考虑及决策重点,是高层建筑结构是否合理、经济的关键。

高层建筑钢筋混凝土结构(含钢-混凝土混合结构)体系按抗侧力结构体系划分,包括框架结构、剪力墙结构、框架-剪力墙结构体系、框架-筒体结构体系、框架-核心筒-伸臂结构体系、框筒结构体系、筒中筒结构体系、巨型框架结构体系等。

《高规》中给出了在我国常用的各种钢筋混凝土高层结构和混合结构体系的最大适用高度,并将其分为A级和B级。

A级高度钢筋混凝土高层建筑是指符合表4.11-1高度限值的建筑,也是目前数量最多、应用最广泛的建筑;当框架-剪力墙结构、剪力墙结构及筒体结构超出表4.11-1的高度限值时,列入B级高度高层建筑,其最大适用高度不宜超出表4.11-2的规定;高层建筑钢-混凝土混合结构的最大适用高度见表4.11-3。

平面和竖向均不规则的结构或Ⅳ类场地上的钢筋混凝土高层建筑结构,最大适用高度应适当降低。房屋高度超过表4.11-1~表4.11-3数值时,结构设计应有可靠依据,并采取有效措施。

为控制高层建筑的结构刚度、整体稳定、承载能力和经济合理性,《高规》中规定,高层建筑结构的最大高宽比分别不宜超过表4.11-4的数值。

对带有裙房的高层建筑,当裙房的面积和刚度相对于其上部塔楼的面积和刚度较大时,可按裙房以上部分的房屋宽度和高度计算高宽比。

A级高度钢筋混凝土高层建筑的最大适用高度(m) 表4.11-1

结构体系		非抗震设计	抗震设防烈度			
			6度	7度	8度	9度
框架		70	60	55	45	25
框架-剪力墙		140	130	120	100	50
剪力墙	全部落地剪力墙	150	140	120	100	60
	部分框支剪力墙	130	120	100	80	不应采用
筒体	框架-核心筒	160	150	130	100	70
	筒中筒	200	180	150	120	80
板柱-剪力墙		70	40	35	30	不应采用

注:① 表中框架不含异形柱框架结构;
② 部分框支剪力墙结构指地面以上有部分框支剪力墙的剪力墙结构;
③ 甲类建筑,6、7、8度时宜按本地区抗震设防烈度提高一度后符合本表的要求,9度时,应专门研究。

B级高度钢筋混凝土高层建筑的最大适用高度（m） 表4.11-2

结构体系		非抗震设计	抗震设防烈度		
			6度	7度	8度
框架-剪力墙		170	160	140	120
剪力墙	全部落地剪力墙	180	170	150	130
	部分框支剪力墙	150	140	120	100
筒体	框架-核心筒	220	210	180	140
	筒中筒	300	280	230	170

注：① 部分框支剪力墙结构指地面以上有部分框支剪力墙的剪力墙结构；
② 甲类建筑，6、7度时宜按本地区抗震设防烈度提高一度后符合本表的要求，8度时应专门研究。

钢-混凝土混合结构房屋适用的最大高度（m） 表4.11-3

结构体系	非抗震设计	抗震设防烈度			
		6度	7度	8度	9度
钢框架-钢筋混凝土筒体	210	200	160	120	70
型钢混凝土框架-钢筋混凝土筒体	240	220	190	150	70

高层建筑结构适用的最大高宽比 表4.11-4

结构高度及结构体系		非抗震设计	抗震设防烈度		
			6度、7度	8度	9度
A级高度钢筋混凝土高层建筑	框架、板柱-剪力墙	5	4	3	2
	框架-剪力墙	5	5	4	3
	剪力墙	6	6	5	4
	筒中筒、框架-核心筒	6	6	5	4
B级高度钢筋混凝土高层建筑		8	7	6	—
混合结构高层建筑	钢框架-钢筋混凝土筒体	7	7	6	4
	型钢混凝土框架-钢筋混凝土筒体	8	7	6	4

4.11.2 高层建筑结构的抗震概念设计

抗震概念设计是根据地震灾害和工程经验等所获得的基本设计原则和设计思想，进行结构的总体布置并确定细部的过程，包括场地的选择、建筑体型和结构布置、材料选用及构造措施等方面。

1. 抗震概念设计的总体原则

（1）选择有利的场地和地基

根据《建筑抗震设计规范》GB 50011—2010（以下简称《抗震规范》）的规定，选择建筑场地时，应根据工程需要，掌握地震活动情况、工程地质和地震地质的有关资料，对抗震有利、不利和危险地段作出综合评价。对不利地段，应提出避开要求；当无法避开时应采取有效措施；不应在危险地段建造甲、乙、丙类建筑。

（2）选择合理的结构体系

高层建筑结构体系应根据建筑的抗震设防类别、抗震设防烈度、建筑高度、场地条件、地基、结构材料和施工等因素、经技术、经济和使用条件综合比较确定。不应采用严重不规则的结构体系，且应符合下列各项要求：

① 应具有明确的计算简图和合理的地震作用传递途径；

② 应避免因部分结构或构件破坏而导致整个结构丧失抗震能力或对重力荷载的承载能力；

③ 应具备必要的承载能力、刚度和变形能力；

④ 对可能出现的薄弱部位，应采取有效措施予以加强；

⑤ 结构体系宜有多道抗震防线；

⑥ 结构体系的竖向和水平布置宜具有合理的刚度和承载力分布，避免因局部突变和扭转效应而形成薄弱部位，产生过大的应力集中或塑性变形集中；

⑦ 结构在两个主轴方向的动力特性宜相近。

（3）选择合理的建筑结构平立面布置

① 在高层建筑的一个独立结构单元内，宜使结构平面形状简单、规则，刚度和承载力分布均匀，不应采用严重不规则的平面布置；

② 建筑的立面和竖向剖面宜规则，结构的侧向刚度宜均匀变化，竖向抗侧力构件的截面尺寸和材料强度宜自下而上逐渐减小，避免抗侧力构件的侧向刚度和承载力突变。

（4）合理设置防震缝

一般情况下宜采用调整平面形状与尺寸、加强构造措施、设置后浇带等方法，尽量不设缝、少设缝。必须设缝时，应保证有足够的宽度。

（5）保证构件的延性

合理选择构件截面尺寸、配筋率、配箍率及轴压比等，实现强柱弱梁、强剪弱弯、强节点强锚固的抗震要求。

（6）处理好非结构构件

非结构构件，包括建筑非结构构件和建筑附属机电设备，自身及其与主体结构的连接，应进行抗震设计。

（7）合理选用材料，保证施工质量

① 抗震结构对材料和施工质量的特别要求，应在设计文件上注明；

② 材料的选用不仅要满足结构的强度要求，还要保证结构的延性要求。

2. 结构平面布置

（1）以抗风设计为主的高层建筑宜选用风作用效应较小的平面形状。对抗风有利的平面形状是简单、规则的凸平面，如正多边形、圆形、椭圆形、鼓形等；对抗风不利的平面形状是有较多凹凸的复杂平面，如V形、Y形、H形、A形、弧形等。

（2）抗震设计的A级高度钢筋混凝土高层建筑，平面布置宜简单、规则、对称，减少偏心，一般以方形、矩形、正多边形、圆形、椭圆形等有利于抵抗水平地震作用的建筑平面为好，不宜采用角部重叠的平面图形或细腰形平面图形；平面长度不宜过长，以避免两端相距太远，振动不同步，由于复杂的振动形态而使结构受到损害；平面中若有突出部位，其突出部分长度 l 不宜过大（图 4.11-1），L、l 等值宜满足表 4.11-5 的要求。

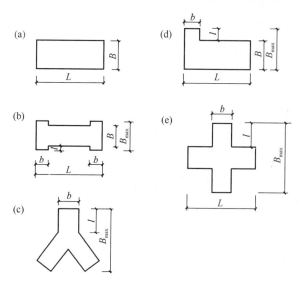

图 4.11-1 建筑平面尺寸示意图

L，l 的限值　　　　　表 4.11-5

设防烈度	L/B	L/B_{max}	l/b
6、7 度	≤6.0	≤0.35	≤2.0
8、9 度	≤5.0	≤0.30	≤1.5

（3）抗震设计的 B 级高度钢筋混凝土高层建筑、混合结构高层建筑及复杂高层建筑，其平面布置应简单、规则，减少偏心。

（4）结构平面布置应减少扭转的影响。首先要限制结构平面布置的不规则性，其次要限制结构的抗扭刚度不能太弱。在考虑偶然偏心影响的地震作用下，楼层位移比应满足《高规》第 3.4.5 条的要求。

（5）保证楼板在自身平面内有很大的刚度。当楼板平面比较狭长、有较大的凹入和开洞而使楼板有较大削弱时，应在设计中考虑楼板削弱产生的不利影响。楼板凹入或开洞尺寸不宜大于楼面宽度的一半；楼板开洞总面积不宜超过楼板面积的 30%；在扣除凹入或开洞后，楼板在任一方向的最小净宽度不宜小于 5m，且开洞后每一边的楼板净宽度不应小于 2m（图 4.11-2）。

艹字形、井字形等外伸长度较大的建筑，当中央部分楼、电梯间使楼板有较大削弱时，应加强楼板及连接部位墙体的构造措施，必要时还可在外伸段凹槽处设置连接梁（图 4.11-3，构件 a）或连接板（图 4.11-3，构件 b）。

（6）变形缝

高层建筑在设计中宜调整平面形状和尺寸，采取构造和施工措施，不设伸缩缝、防震缝和沉降缝。当需要设缝时，应将高层建筑结构划分为独立的结构单元。需要抗震设防的高层建筑，当必须设缝时，其伸缩缝、沉降缝均应符合防震缝宽度的要求。

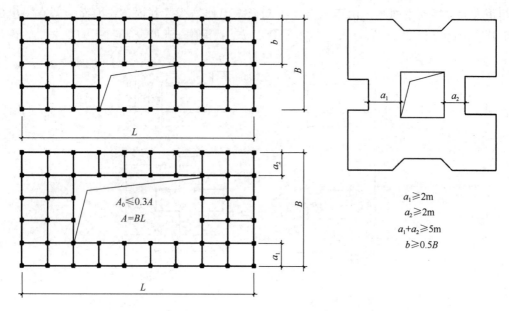

图 4.11-2 楼板自身平面内刚度对平面尺寸的要求

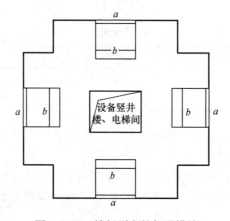

图 4.11-3 楼板刚度的加强措施

3. 结构竖向布置

(1) 高层建筑的竖向体型宜规则、均匀，避免有过大的内挑和外收。结构的侧向刚度宜下大上小，逐渐均匀变化，不应采用竖向布置严重不规则的结构。

柱截面尺寸每次减小 100~150mm 为宜，墙厚每次减小 50mm 为宜。

(2) 抗震设计的高层建筑，结构竖向抗侧力构件宜上下贯通，其楼层侧向刚度不宜小于相邻上部楼层侧向刚度的 70% 或其上相邻三层侧向刚度平均值的 80%（图 4.11-4a）。

这种变化往往是由于抗侧力结构的突然改变布置或结构的竖向体型突变造成的。

(3) A 级高度高层建筑的楼层层间抗侧力结构的受剪承载力不宜小于其上层受剪承载力的 80%（图 4.11-4b），不应小于上层受剪承载力的 65%；B 级高度高层建筑的楼层层间抗侧力结构的受剪承载力不宜小于其上层受剪承载力的 75%。

(4) 抗震设计时，当结构上部楼层收进部位到室外地面的高度 H_1 与房屋高度 H 之比

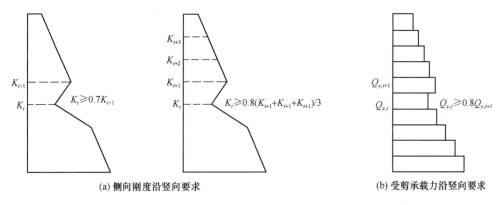

(a) 侧向刚度沿竖向要求 (b) 受剪承载力沿竖向要求

图 4.11-4 结构竖向不规则的限制

大于 0.2 时，上部楼层收进后的水平尺寸 B_1 不宜小于下部楼层水平尺寸 B 的 0.75 倍（图 4.11-5a、b）；当结构上部楼层相对于下部楼层外挑时，下部楼层的水平尺寸 B 不宜小于上部楼层水平尺寸 B_1 的 0.9 倍，且水平外挑尺寸 a 不宜大于 4m（图 4.11-5c、d）。

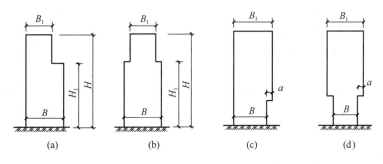

图 4.11-5 结构竖向收进和外挑示意图

4. 楼盖结构

高层建筑结构中，各竖向抗侧力结构（剪力墙、框架、筒体等）通过楼盖结构连接成整体。水平力通过楼盖平面进行传递和分配。因此要求楼板在自身平面内有足够的刚度。

楼盖结构选型应满足《高规》第 3.6.1 条和第 3.6.2 条的要求。此外，房屋的顶层、结构转换层、平面复杂或开洞过大的楼层、作为上部结构嵌固部位的地下室楼层应采用现浇楼面结构，混凝土强度等级不宜低于 C20、不宜高于 C40。现浇楼板的厚度应符合下列规定：

（1）一般楼层现浇楼板厚度不应小于 80mm，当板内预埋暗管时不宜小于 100mm；顶层楼板厚度不宜小于 120mm。

（2）普通地下室顶板厚度不宜小于 160mm；作为上部结构嵌固部位的地下室楼层的顶楼盖应采用梁板结构，楼板厚度不宜小于 180mm，混凝土强度等级不宜低于 C30。

（3）转换层楼板厚度不应小于 180mm。

（4）现浇预应力混凝土楼板厚度可按跨度的 1/45～1/50 采用，且不宜小于 150mm。

5. 地基与基础

高层建筑应选择较好的地基持力层；在地震区，尚宜避开对抗震不利的地段；无法避开时，应采取可靠措施。

高层建筑的基础设计，应综合考虑建筑场地的地质状况、上部结构的类型、施工条件、使用要求，确保建筑物不致发生过量沉降或倾斜，满足建筑物正常使用要求。

高层建筑结构的基础要有较好的整体性，以满足地基的承载力和建筑物容许变形要求并能调节不均匀沉降（特别是当上部结构重量分布不均匀或土质不均匀时）。筏形基础是高层建筑结构常用的基础形式，必要时可采用箱形基础。当地基承载力或变形不能满足设计要求时，可采用桩基或复合地基。

高层建筑结构宜设地下室。地下室的主要作用，除可充分利用地下空间外，还可利用土体的侧压力防止水平力作用下结构的滑移、倾覆，并能减小土的重量，降低地基的附加压力并提高地基土的承载能力；同时也可减少地震作用对上部结构的影响。

确定高层建筑的基础埋置深度时，应考虑建筑物的高度、体型、地基土质、抗震设防烈度等因素。埋置深度可从室外地坪算至基础底面，并宜符合下列要求：

（1）天然地基或复合地基，可取房屋高度的1/15；

（2）桩基础，可取房屋高度的1/18（桩长不计在内）。

高层建筑基础的混凝土强度等级不宜低于C30。当有防水要求时，混凝土抗渗等级应根据地下水最大水头 H 与防水混凝土厚度 h 的比值按表4.11-6采用，且不应小于0.6MPa。必要时可设置架空排水层。

基础防水混凝土的抗渗等级　　　　　　　　　　表 4.11-6

H/h	$H/h<10$	$10{\leqslant}H/h<15$	$15{\leqslant}H/h<25$	$25{\leqslant}H/h<35$	$H/h>35$
抗渗等级/MPa	0.6	0.8	1.2	1.6	2.0

4.11.3 高层建筑结构的延性要求

1. 抗震等级

为了保证结构的延性，抗震设计的高层建筑结构，应根据设防烈度、房屋高度、结构类型以及构件在结构中的重要程度区分为不同的抗震等级，采取相应的计算和构造措施。抗震等级的高低，体现了对结构抗震性能和延性要求的严格程度。

确定抗震等级时应考虑的设防烈度应根据高层建筑结构的抗震设防类别、场地类别按下列要求采用：

（1）甲、乙类建筑：当本地区的抗震设防烈度为6～8度时，应符合本地区抗震设防烈度提高一度的要求；当本地区的抗震设防烈度为9度时，应符合比9度抗震设防更高的要求。当建筑场地为Ⅰ类时，应允许仍按本地区抗震设防烈度的要求采取抗震构造措施。

（2）丙类建筑：应符合本地区抗震设防烈度的要求。当建筑场地为Ⅰ类时，应允许仍按本地区抗震设防烈度降低一度的要求采取抗震构造措施。

（3）建筑场地为Ⅲ、Ⅳ类时，对设计基本地震加速度为0.15g和0.30g的地区，宜分别按抗震设防烈度8度（0.20g）和9度（0.40g）时各类建筑的要求采取抗震构造措施。

A级高度丙类建筑钢筋混凝土结构的抗震等级按表4.11-7确定；B级高度丙类建筑钢筋混凝土结构的抗震等级按表4.11-8确定。

当本地区的抗震设防烈度为9度时，A级高度乙类建筑的抗震等级应按表4.11-8中的特一级采用，甲类建筑应采取更有效的抗震构造措施。

钢-混凝土混合结构房屋抗震设计时，钢筋混凝土筒体及型钢混凝土框架的抗震等级按表4.11-9确定。

表4.11-8及表4.11-9中，所指"特一级"是比一级抗震等级更严格的构造措施。高层建筑结构中，抗震等级为特一级的钢筋混凝土构件，除应符合一级抗震等级的基本要求外，尚应根据构件的具体情况进行内力放大和构造措施的调整。

A级高度的高层建筑结构抗震等级 表4.11-7

结构类型			抗震设防烈度					
			6度		7度		8度	9度
框架	高度/m		≤30	>30	≤30	>30	≤30	≤25
	框架		四	三	三	二	二	一
框架-剪力墙	高度/m		≤60	>60	≤60	>60	≤60	≤50
	框架		四	三	三	二	二	一
	剪力墙		三		二		一	一
剪力墙	高度/m		≤80	>80	≤80	>80	≤80	≤60
	剪力墙		四	三	三	二	二	一
框支剪力墙	非底部加强部位剪力墙		四	三	三	二	二	不应采用
	底部加强部位剪力墙		三	二	二	二		
	框支框架		二	二	二	一		
筒体	框架-核心筒	框架	三		二		一	一
		核心筒	二		二		一	一
	筒中筒	外筒	三		二		一	一
		内筒	三		二		一	一
板柱-剪力墙	板柱的柱		三		二		一	不应采用
	剪力墙		二		二		二	

注：① 接近或等于高度分界时，应结合房屋不规则程度及场地、地基条件适当确定抗震等级；
② 底部带转换层的筒体结构，其框支框架的抗震等级应按表中框支剪力墙结构的规定采用；
③ 板柱-剪力墙中框架的抗震等级应与"板柱的柱"相同。

B级高度的高层建筑结构抗震等级 表4.11-8

结构类型		抗震设防烈度		
		6度	7度	8度
框架-剪力墙	框架	二	一	一
	剪力墙	二	一	特一
剪力墙	剪力墙	二	一	一
框支剪力墙	非底部加强部位剪力墙	二	一	一
	底部加强部位剪力墙	一	一	特一
	框支框架	一	特一	特一

续表

结构类型		抗震设防烈度		
		6 度	7 度	8 度
框架-核心筒	框架	二	一	一
	核心筒	二	一	特一
筒中筒	外筒	二	一	特一
	内筒	二	一	特一

注：底部带转换层的筒体结构，其框支框架和底部加强部位筒体的抗震等级应按表中框支剪力墙结构的规定采用。

钢-混凝土混合结构抗震等级　　　　　　表 4.11-9

结构类型		抗震设防烈度						
		6		7		8		9
钢框架-钢筋混凝土筒体	高度/m	≤150	>150	≤130	>130	≤100	>100	≤70
	钢筋混凝土筒体	二	一	一	特一	一	特一	特一
型钢混凝土框架-钢筋混凝土筒体	钢筋混凝土筒体	二	二	二	一	一	特一	特一
	型钢混凝土框架	三	三	二	二	一	一	一

抗震设计的高层建筑结构，当地下室顶层作为上部结构的嵌固部位时，地下一层的抗震等级应按上部结构采用；地下一层以下的抗震等级可根据具体情况采用三级或更低等级。地下室中超出上部主楼范围且无上部结构的部分，可根据具体情况采用三级或更低等级。

抗震设计的高层建筑结构，与主楼整体连接的裙房的抗震等级，不应低于主楼的抗震等级；主楼结构在裙房顶部上、下各一层应适当加强抗震构造措施。

裙房与主楼分离时，应按裙房本身确定抗震等级。

2. 柱的轴压比

柱的轴压比，是指柱考虑地震作用组合计算的轴压力设计值 N 与柱的全截面面积 A 和混凝土轴心抗压强度设计值 f_c 乘积之比值。在地震区，基于框架延性的要求，柱截面尺寸应满足轴压比限值的要求。

$$\mu_c = \frac{N}{f_c A} \leqslant [\mu_c]$$

式中　$[\mu_c]$——柱的轴压比限值，按表 4.11-10 取值。

框架结构柱轴压比限值　　　　　　表 4.11-10

结构类型	抗震等级			
	一	二	三	四
框架结构	0.65	0.75	0.85	0.90
板柱-剪力墙、框架-剪力墙、框架-核心筒、筒中筒结构	0.75	0.85	0.90	0.95
部分框支剪力墙结构	0.60	0.70	—	—

表 4.11-10 的限值适用于混凝土强度等级不高于 C60、剪跨比大于 2 的柱，遇有下列情况之一时，柱轴压比限值可进行调整，但调整后的柱轴压比不应大于 1.05。

(1) 建造于Ⅳ类场地上,且高度超过40m的框架结构,柱轴压比限值应适当减小。

(2) 当混凝土强度等级为C65~C70时,柱轴压比限值应降低0.05;当混凝土强度等级为C75~C80时,柱轴压比限值应降低0.10。

(3) 剪跨比不大于2但不小于1.5的柱,其轴压比限值应降低0.05;剪跨比小于1.5的柱,其轴压比限值应专门研究并采取特殊构造措施。

(4) 当沿柱全高采用井字复合箍,且箍筋间距不大于100mm、肢距不大于200mm、直径不小于12mm时,轴压比限值可增加0.10。箍筋的配箍特征值应按增大后的轴压比确定。

(5) 当沿柱全高采用复合螺旋箍,且箍筋螺距不大于100mm、肢距不大于200mm、直径不小于12mm时,轴压比限值可增加0.10。箍筋的配箍特征值应按增大后的轴压比确定。

(6) 当沿柱全高采用连续复合螺旋箍,且箍筋螺距不大于80mm、箍筋肢距不大于200mm、直径不小于10mm时,轴压比限值可增加0.10。箍筋的配箍特征值应按增大后的轴压比确定。

(7) 在柱的截面中部设有由附加纵向钢筋形成的芯柱,且附加纵向钢筋截面面积不少于柱截面面积的0.8%时,轴压比限值可增加0.05,此项措施与复合箍筋共同采用时,轴压比限值可增加0.15;但箍筋的配箍特征值可按轴压比增加0.10确定。

3. 剪力墙的轴压比

同柱轴压比类似,控制剪力墙轴压比是提高剪力墙延性的一项措施,剪力墙底部加强部位的轴压比 μ_w 应按下式计算并不超过表4.11-11的限值:

$$\mu_w = \frac{N_{GE}}{f_c A_w}$$

式中 N_{GE}——重力荷载代表值作用下墙肢的轴向压力设计值,不考虑地震作用组合;

f_c——剪力墙混凝土轴心抗压强度设计值;

A_w——剪力墙墙肢截面面积。

剪力墙墙肢轴压比限值 $[\mu_w]$　　　　表4.11-11

设防烈度及抗震等级	一级(9度)	一级(6、7、8度)	二级	三级
一般剪力墙	0.40	0.50	0.60	0.60
短肢剪力墙	—	0.45	0.50	0.55
一字形截面短肢剪力墙	—	0.35	0.40	0.45

4.11.4 框架结构

框架结构是多高层混凝土结构的基本单元。本节中所述的框架结构原则也适用于其他结构形式中的框架。

1. 一般规定

框架结构体系不应采用严重不规则的设计方案,应满足以下要求:

(1) 双向抗侧力体系。框架结构只能承受自身平面内的水平力,因此框架应沿建筑的两个主轴双向设置,形成双向梁柱抗侧力体系。

(2) 刚接体系。除个别部位外,框架的梁柱应采用刚接,以增大结构刚度和整体性。单跨框架的赘余度较少,地震时,框架柱一旦出现塑性铰,将危及该柱距的上层建筑,还可能引起相邻柱距的上层建筑倒塌。因此,抗震设计时不宜采用单跨框架。

(3) 纯框架体系。抗震设计的框架结构,不应采用部分由砌体承重的混合形式。其中的楼、电梯间及局部突出屋顶的电梯机房、楼梯间、水箱间等,应采用框架结构承重,不应采用砌体墙承重。

(4) 柱网布置应做到简单、规则、整齐,柱网尺寸应符合经济原则,尽量符合模数。

2. 楼梯间的布置

现浇框架结构中的楼梯宜采用现浇钢筋混凝土楼梯,楼梯间的布置不应导致结构平面特别不规则。为减少结构扭转,不宜将楼梯间布置在结构单元的端部;也不宜将楼梯间布置在平面转折部位,以避免产生局部应力集中。

3. 框架填充墙的布置

抗震设计时,框架结构的填充墙及隔墙应优先选用轻质墙体。采用砌体填充墙时,在平面和竖向的布置宜均匀对称,以减少因抗侧刚度偏心所造成的扭转,并应避免形成短柱及上下层刚度变化过大。

填充墙及隔墙应具有自身的稳定性,并符合下列要求:

(1) 实心块体的强度等级不宜低于 MU2.5,空心块体的强度等级不宜低于 MU3.5,砌筑砂浆的强度等级不应低于 M5,墙顶应与框架梁(或楼板)密切结合;最上面一层砖斜砌,与梁底(或板底)顶紧。

(2) 填充墙应沿框架柱全高每隔 500mm 设 $2\phi6$ 拉筋,拉筋伸入墙内的长度,6、7 度时宜应沿墙全长贯通,8、9 度时应沿墙全长贯通;

(3) 墙长大于 5m 时,墙顶与梁宜有钢筋拉结;墙长超过层高 2 倍时,宜设置钢筋混凝土构造柱;墙高超过 4m 时,墙体半高处(或门洞上皮)宜设置与柱连接且沿墙全长贯通的钢筋混凝土水平系梁,但应注意避免产生短柱;

(4) 楼梯间和人流通道的填充墙,尚应采用钢丝网砂浆面层加强。

4. 框架柱梁截面尺寸

(1) 框架柱

柱截面的尺寸要根据所承受轴力和弯矩的大小确定,并应符合下列构造要求:

① 柱截面一般采用方形、圆形、多边形以及接近方形的矩形截面,以保证结构在纵、横两个方向都有足够的承载力、刚度和相近的动力特性。矩形截面柱高度和宽度之比不宜过大,一般不超过 1.5。

② 柱净高与截面高度之比不宜小于 4,避免形成短柱。

③ 柱的截面宽度和高度不宜小于表 4.11-12 的要求。

框架柱的截面尺寸的最小值(mm)　　　　表 4.11-12

截面形式	非抗震设计	抗震设计(抗震等级与框架层数)		
		四级	一、二、三级且不超过 2 层	一、二、三级且超过 2 层
矩形(边长)	300	300	300	400
圆形(直径)	350	350	350	450

结构方案阶段,框架柱的截面尺寸可根据下式估算:

$$N = \gamma_G \cdot w \cdot S \cdot n \cdot \beta_1 \cdot \beta_2$$
$$N/(f_c b_c h_c) \leqslant [\mu_c]$$

式中　　$[\mu_c]$——框架柱的允许轴压比，非抗震设计时取 1.0，抗震设计时，按表 4.11-10 取值；

　　　　N——估算的柱轴力设计值；

　　　　γ_G——荷载分项系数，取 1.2；

　　　　w——单位面积重量，取 $12 \sim 14 \text{kN/m}^2$；

　　　　S——柱承载楼面面积；

　　　　n——柱设计截面以上楼层数；

　　　　β_1——抗震等级为一、二级时，角柱取 1.3，其余柱取 1.0；非抗震设计时取 1.0；

　　　　β_2——考虑水平力影响的轴力增大系数，非抗震设计和抗震设防烈度为 6 度时，取 1.0；抗震设防烈度为 7 度、8 度、9 度时，分别取 1.05、1.1、1.2。

（2）框架梁

框架梁的截面尺寸应满足以下要求：

① 梁宽不宜小于 200mm，且不宜小于柱宽的 1/2，以保证节点连接紧密；

② 梁截面的高度与宽度之比宜小于 4，以保证梁的抗剪能力，避免形成薄腹梁而降低其抗剪性能；

③ 梁净跨与截面高度之比宜大于 4，避免形成以抗剪为主、可能脆性破坏的深梁。

结构方案阶段，考虑强度与刚度的需要，框架梁的截面尺寸取值如下：

梁高：$h = (1/8 \sim 1/14)l$，l 为梁跨；通常取 $l/10$；

梁宽：$b = (1/2 \sim 1/3)h$；一般不宜小于 300mm。

（3）梁柱偏心

框架结构梁、柱中心线宜重合。当梁柱中心线不能重合时，在计算中应考虑偏心对梁柱节点核心区受力和构造的不利影响，以及梁荷载对柱的偏心影响。

梁柱中线之间偏心距，9 度抗震设计时不应大于柱截面在该方向宽度的 1/4；非抗震设计和 6～8 度抗震设计时不宜大于柱截面在该方向宽度的 1/4（图 4.11-6）。

这时，若建筑上要求柱墙外平，则梁宽应不小于柱在该方向宽度的一半。不满足该要求时，可在梁上设外挑沿，承托填充墙（图 4.11-7）中，或增设梁的水平加腋（图 4.11-8）。设置水平加腋后，在计算中仍应考虑梁柱偏心的不利影响。

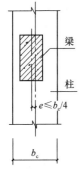
图 4.11-6　梁柱偏心距限值

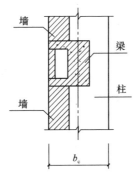
图 4.11-7　梁挑沿承托填充墙

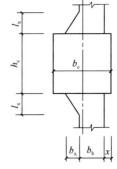
图 4.11-8　梁的水平加腋

梁的水平加腋厚度可取梁截面高度，其水平尺寸应满足：

$$\begin{cases} b_x/l_x \leqslant 1/2 \\ b_x/b_b \leqslant 2/3 \\ b_b + b_x + x \geqslant b_c/2 \end{cases}$$

式中　b_x、l_x——分别为梁的水平加腋宽度、长度；

　　　b_b、b_c——分别为梁截面宽度、沿偏心方向的柱截面宽度；

　　　x——非加腋侧梁边到柱边的距离。

(4) 宽扁梁

当梁高较小或采用梁宽大于柱宽的扁梁时，除验算其承载力和受剪截面要求外，尚应满足刚度和裂缝的有关要求。楼板应现浇，梁中线宜与柱中线重合；扁梁应双向布置，且不宜用于一级框架结构。扁梁的截面尺寸应符合下列要求：

$$\begin{cases} b_b \leqslant 2b_c \\ b_b \leqslant b_c + h_b \\ h_b \geqslant 16d \end{cases}$$

式中　b_c——柱截面宽度，圆形截面取柱直径的0.8倍；

　　　b_b、h_b——分别为梁截面宽度和高度；

　　　d——柱纵筋直径。

5. 梁纵筋

(1) 抗震设计时，梁端纵向受拉钢筋的配筋率不应大于2.5%，计入受压钢筋的梁端截面混凝土受压区相对高度$\xi(= x/h_0)$，一级不应大于0.25，二、三级不应大于0.35。

(2) 纵向受拉钢筋的最小配筋率ρ_{min}（%），非抗震设计时，不应小于0.20和$45f_t/f_y$二者的较大值；抗震设计时，不应小于《高规》表6.3.2-1的规定。

(3) 梁端截面的底面和顶面纵向钢筋配筋量的比值，除按计算确定外，一级不应小于0.5，二、三级不应小于0.3。

(4) 沿梁全长顶面和底面的配筋，一、二级抗震等级时不应少于2ϕ14且不应少于梁两端顶面、底面纵向配筋中较大截面面积的1/4，三、四级抗震等级及非抗震设计时，不应少于2ϕ12。

(5) 一、二、三级抗震等级的框架梁内贯通中柱的每根纵向钢筋直径，不宜大于矩形截面柱在该方向截面尺寸的1/20，或圆形截面柱中纵向钢筋所在位置柱截面弦长的1/20。

6. 梁箍筋

(1) 梁端箍筋加密区的长度、箍筋最大间距和最小直径应按表4.11-13采用，当梁端纵向受拉钢筋配筋率大于2%时，表中箍筋最小直径数值应增大2mm。

梁端箍筋加密区长度、箍筋最大间距和最小直径　　　表4.11-13

抗震等级	加密区长度（取较大值）l_j/mm	箍筋最大间距（取较小值）s_v/mm	箍筋最小直径d_{min}/mm
一级	2.0h_b，500	$h_b/4$，6d，100	10
二级	1.5h_b，500	$h_b/4$，8d，100	8
三级	1.5h_b，500	$h_b/4$，8d，150	8
四级	1.0h_b，500	$h_b/4$，8d，150	6

注：d为纵向钢筋直径，h_b为梁截面高度。

(2) 框架梁沿梁全长箍筋的面积配箍率及在箍筋加密区范围内的箍筋肢距,应符合表 4.11-14 的要求。

箍筋的面积配箍率及在箍筋加密区范围内的箍筋肢距　　表 4.11-14

抗震等级	面积配箍率 ρ_{vmin}/mm	加密区范围内箍筋最大肢距(取较大值)/mm
一级	$0.30 f_t/f_{yv}$	200,$20d_v$
二级	$0.28 f_t/f_{yv}$	250,$20d_v$
三级	$0.26 f_t/f_{yv}$	250,$20d_v$
四级	$0.26 f_t/f_{yv}$	300

7. 柱纵筋

(1) 柱纵向钢筋宜对称配置,其最小总配筋率应按照《抗震规范》第 6.3.7 条第 1 款或《高规》第 6.4.3 条第 1 款的规定确定。

(2) 全部纵向钢筋的配筋率,不应大于 5%;一级且剪跨比不大于 2 的柱,每侧纵向钢筋配筋率不宜大于 1.2%。

8. 柱箍筋加密区

(1) 柱的箍筋加密范围应按下列规定采用:

① 底层柱的上端和其他各层柱的两端,应取矩形截面柱之长边尺寸(或圆形截面柱之直径)、柱净高的 1/6 和 500mm 三者的最大值。

② 底层柱柱根以上 1/3 柱净高的范围;底层柱刚性地面上下各 500mm 的范围。

③ 剪跨比不大于 2 的柱和因设置填充墙等形成的柱净高与柱截面高度之比不大于 4 的柱,取柱全高。

④ 一、二级框架角柱以及需要提高变形能力的柱,取全高。

(2) 一般情况下,柱箍筋在加密区的最大间距和最小直径,应按表 4.11-15 选用。

柱端箍筋加密区的构造要求　　表 4.11-15

抗震等级	箍筋最大间距 s_v/mm	箍筋最小直径 d_{min}/mm
一级	$6d$,和 100 的较小值	10
二级	$8d$,和 100 的较小值	8
三级	$8d$,和 150(柱根 100)的较小值	8
四级	$8d$,和 150(柱根 100)的较小值	6(柱根 8)

注:d 为柱纵筋最小直径;柱根指框架底层柱下端嵌固部位。

(3) 柱箍筋加密区的体积配箍率,应符合下列要求:

$$\rho_v \geqslant \lambda_v f_c/f_{yv}$$

式中　ρ_v——柱箍筋加密区的体积配箍率,一级不应小于 0.8%,二级不应小于 0.6%,三、四级不应小于 0.4%;计算复合箍筋的体积配箍率时,应扣除重叠部分的箍筋体积;计算复合螺旋箍筋的体积配箍率时,其非螺旋箍筋的体积应乘以 0.8;

f_c——混凝土轴心抗压强度设计值;强度等级低于 C35 时,应按 C35 计算;

f_{yv}——箍筋或受拉筋抗拉强度设计值,超过 360MPa 时,应取 360MPa 计算;

λ_v——最小配箍特征值,宜按《高规》表 6.3.9 采用。

4.11.5 剪力墙结构设计

剪力墙结构是由一定数量的钢筋混凝土纵、横墙体和楼盖组合在一起的空间受力体系,其侧移刚度大,水平位移小,抗震性能好,是高层建筑中常用的结构体系,广泛应用于高层住宅、旅馆、写字楼等建筑中。

1. 剪力墙的分类和受力特点

剪力墙的分类方法主要有以下四种。

(1) 按外形尺寸分类

剪力墙的高宽比 H/h_w 与剪跨比相关,对剪力墙的受力性能和破坏形态影响很大(图 4.11-9)。

当 $H/h_w \geqslant 3 (\lambda_w \geqslant 2)$ 时,剪力墙以受弯为主,剪切变形占总变形的比例较小,其破坏形态是弯曲性质的,属于延性破坏类型,称之为高墙;当 $H/h_w \leqslant 1.5 (\lambda_w \leqslant 1)$ 时,剪切变形占总变形的比例较大,其破坏形态是剪切性质的,属于脆性破坏类型,称之为矮

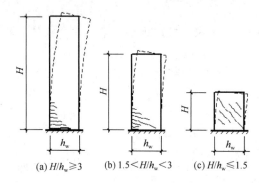

图 4.11-9 剪力墙按外形尺寸分类

墙;当 $1.5 < H/h_w < 3$ ($1 < \lambda_w < 2$) 时,其剪切变形和破坏形态介于高墙和矮墙之间,称之为中高墙。

(2) 按截面尺寸分类

按墙截面高度 h_w 与厚度 b_w 之比分类:当 $h_w/b_w > 8$ 时,称为一般(普通)剪力墙;当 $4 < h_w/b_w \leqslant 8$ 时,称为短肢剪力墙;当 $h_w/b_w \leqslant 4$ 时,称为异型柱。

(3) 按洞口情况和截面应力分布

由于门、窗、走廊及设备管道等的要求,剪力墙上常开有不少洞口,并大多沿竖向成列布置。根据洞口大小不同,其受力性能是不同的。一般根据剪力墙开洞的大小、水平力作用下的截面应力分布特点等,将剪力墙分为以下四类:

① 整体墙。包括无洞口的实体墙和洞口很小的剪力墙(图 4.11-10a)。

② 整体小开口墙。即洞口尺寸比整体墙洞口稍大的剪力墙(图 4.11-10b)。

③ 联肢墙。即洞口再大一些的情况,其中只有一列较大洞口的称为双肢墙(图 4.11-10c),有多列较大洞口的称为多肢墙(图 4.11-10d)。

④ 壁式框架。当洞口大而宽时,因墙肢过弱使其受力性能接近于框架,称为壁式框架(图 4.11-10e)。其极限就是框架。

在剪力墙结构中,外纵墙一般属壁式框架,山墙属整体小开口墙,内横墙和内纵墙属联肢墙或整体小开口墙。

(4) 按剪力墙周边支承情况

① 带边框的剪力墙。主要用于框架-剪力墙结构中,由框架的梁、柱与墙板共同构成。

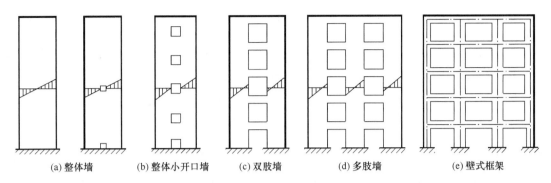

图 4.11-10 剪力墙分类

其水平截面是哑铃形。

② 一般剪力墙。其水平截面宜采用 T 形或工字形。当水平截面是矩形时，其承载能力、刚度和延性都较差，抗震等级较高时不应采用。

③ 框支剪力墙。当底层要求大空间、不允许剪力墙落地时，可在底层部分采用框架来支承上部的剪力墙，则形成框支剪力墙。

2. 结构布置

剪力墙墙体的布置必须满足建筑平面布置的要求。结构布置方面，除满足结构布置的一般要求外，剪力墙结构还应考虑以下一些要求：

(1) 剪力墙宜沿建筑的主轴方向设置，宜拉通对直，墙肢截面宜简单、规则。抗震设计时，不应仅在单向布置剪力墙。

一般情况下，采用矩形、L 形、T 形平面时，剪力墙宜沿两个正交的主轴双向布置；采用三角形及 Y 形平面时，可沿三个方向布置；采用正多边形、圆形和弧形平面时，则宜沿环向和径向布置。当稍有错开或转折（转折角小于 15°）时，可作为同一道墙考虑。

(2) 剪力墙的结构应具有适宜的侧向刚度。应优先采用 6~8m 间距，以减轻结构自重并适当降低刚度。

(3) 单片墙的侧向刚度不宜过大。长度过大的剪力墙将使侧向刚度增大，地震力增大，不经济。另外，长度过大的剪力墙降低了墙的高宽比，使剪力墙呈脆性，不利于抗震。

较长的剪力墙宜设置跨高比较大的连梁将其分成为长度较为均匀的若干墙段，每个独立墙段的总高度与其截面高度之比不宜小于 3，每个墙段可以是单片墙，小开口墙或具有若干墙肢的联肢墙，每一墙肢截面高度不宜大于 8m。

用于分割墙段的洞口上，可设置约束弯矩较小的弱连梁（其跨高比一般宜大于 6）。

(4) 剪力墙宜沿高度自下而上连续布置，避免刚度的突变。

剪力墙的门窗洞口宜上下对齐、成列布置，形成明确的墙肢和连梁。宜避免使墙肢刚度相差悬殊的洞口布置；抗震设计时，一、二、三级抗震等级的底部加强部位不宜采用上下洞口不对齐的错洞墙，全高均不宜采用洞口局部重叠的叠合错洞墙。

剪力墙厚度沿高度宜自下而上逐渐减小。

(5) 不宜将楼面梁支承在剪力墙之间的连梁上。

(6) 当剪力墙或核心筒墙肢与其平面外方向的楼面梁连接时，应采取措施减少梁端部弯矩对剪力墙的不利影响。

① 设置沿楼面梁轴线方向与梁相连的剪力墙，墙的厚度不宜小于梁的截面宽度；

② 设置扶壁柱，其截面宽度不应小于梁宽，其截面高度可计入墙厚；

③ 墙内设置暗柱；暗柱的截面，高度可取墙的厚度，宽度可取梁宽加 2 倍墙厚；

④ 必要时，剪力墙内可设置型钢。

(7) 应限制短肢剪力墙的数量。

《高规》中规定，抗震设计时，高层建筑结构不应采用全部为短肢剪力墙的剪力墙结构；B 级高度高层建筑以及抗震设防烈度为 9 度的 A 级高度高层建筑，不宜布置短肢剪力墙，不应采用具有较多短肢剪力墙的剪力墙结构。

短肢剪力墙承担的倾覆力矩不小于结构底部总倾覆力矩的 30% 时，称为具有较多短肢剪力墙的剪力墙结构。这种情况下，应布置筒体（或一般剪力墙），形成短肢剪力墙与筒体（或一般剪力墙）共同抵抗水平力的剪力墙结构。并符合下列规定：

① 其最大适用高度应比表 4.11-1 中剪力墙结构的规定值适当降低，7 度、8 度 (0.20g) 和 8 度 (0.30g) 时分别不应大于 100m、80m 和 60m。

② 在规定的地震作用下，短肢剪力墙承担的底部倾覆力矩不宜大于结构底部总地震倾覆力矩的 50%。

对于 L 形、T 形、十字形剪力墙，仅各肢的肢长 h_w 与截面厚度 b_w 之比的最大值均大于 4 且不大于 8 时，应判断其属于短肢剪力墙。对于采用刚度较大的连梁与墙肢形成的开洞剪力墙，不宜按单独墙肢判断其是否属于短肢剪力墙。

3. 截面尺寸限制条件

构件截面尺寸太小，则截面上剪应力过高，会在早期出现斜裂缝，抗剪钢筋不能充分发挥作用，也会过早发生剪切破坏。因此需要限制构件的剪压比，即为截面剪力设计值设定上限值，见表 4.11-16 和表 4.11-17。

剪力墙墙肢截面的剪力设计值 V_w 的上限值　　　　表 4.11-16

设计状况		剪压比要求
持久设计状况和短暂设计状况		$V_w \leqslant 0.25\beta_c f_c b_w h_{w0}$
地震设计状况	剪跨比 $\lambda_w > 2.5$ 时	$V_w \leqslant \dfrac{1}{\gamma_{RE}}(0.20\beta_c f_c b_w h_{w0})$
	剪跨比 $\lambda_w \leqslant 2.5$ 时	$V_w \leqslant \dfrac{1}{\gamma_{RE}}(0.15\beta_c f_c b_w h_{w0})$

注：b_w——矩形截面宽度，T 形截面、工字型截面的腹板宽度；h_{w0}——剪力墙截面有效高度；β——混凝土强度影响系数，当混凝土强度等级不大于 C50 时，取 1.0；当混凝土强度等级为 C80 时，取 0.8；其间按线性内插取用。

剪力墙的剪跨比 λ_w 按下式计算，并取墙肢上下端截面计算值的较大值：

$$\lambda_w = M^c/(V^c h_{w0})$$

其中，M^c、V^c 应取同一组组合的、未经调整的墙肢截面弯矩、剪力计算值。

连梁截面的剪力设计值 V_b 的上限值 表 4.11-17

设计状况		剪压比要求
持久设计状况和短暂设计状况		$V_b \leqslant 0.25\beta_c f_c b_b h_{b0}$
地震设计状况	跨高比 $l/h_b > 2.5$ 时	$V_b \leqslant \dfrac{1}{\gamma_{RE}}(0.20\beta_c f_c b_b h_{b0})$
	跨高比 $l/h_b \leqslant 2.5$ 时	$V_b \leqslant \dfrac{1}{\gamma_{RE}}(0.15\beta_c f_c b_b h_{b0})$

注:V_b——连梁剪力设计值;b_b——连梁截面宽度;h_{b0}——截面有效高度。

4. 剪力墙厚度

剪力墙厚度与建筑物的层数、高度、荷载大小有关,并应满足抗侧刚度、水平截面承载力、剪压比、平面外稳定性、轴压比的要求,同时兼顾施工条件等因素。

剪力墙厚度首先应满足表 4.11-18 的构造要求,还应满足稳定性验算要求。

剪力墙截面最小厚度(mm) 表 4.11-18

抗震设计		剪力墙部位	剪力墙类型		
			一般剪力墙	一字形独立剪力墙	短肢剪力墙
抗震等级	一、二级	底部加强部位	≥200	≥220	≥200
		其他部位	≥160	≥180	≥180
	三、四级	底部加强部位	≥160	≥180	≥200
		其他部位		≥160	≥180
非抗震设计			≥160		

注:剪力墙井筒中,分割电梯井或管道井的墙肢数量多而且长度不大,两端嵌固好,因此其截面厚度可适当减小,但不宜小于 160mm。短肢剪力墙截面厚度不应小于 200mm。

5. 剪力墙边缘构件

剪力墙边缘构件(暗柱、端柱、翼墙)配置横向钢筋,可约束混凝土而改善其受压性能,增大延性。对延性要求较高的剪力墙,在可能出现塑性铰的部位应设置约束边缘构件;在其他部位可设置构造边缘构件(表 4.11-19)。

剪力墙可不设边缘构件的最大轴压比 表 4.11-19

设防烈度及抗震等级	一级(9度)	一级(6、7、8度)	二级	三级
轴压比限值	0.1	0.20	0.30	0.30

一、二、三级剪力墙墙肢底截面的轴压比大于表 4.11-19 规定的限值时,以及部分框支剪力墙结构的剪力墙,应在底部加强部位及相邻上一层设置约束边缘构件。除上述部位外,应设置构造边缘构件。

此外,B 级高度高层建筑的剪力墙,宜在约束边缘构件层与构造边缘构件层之间设置 1~2 层过渡层,过渡层边缘构件的箍筋配置要求可低于约束边缘构件的要求,但应高于构造边缘构件的要求。

(1) 剪力墙约束边缘构件

剪力墙约束边缘构件可为暗柱、翼墙或端柱，主要约束措施是加大边缘构件的长度 l_c 及其体积配箍率 ρ_v，以达到约束混凝土而改善其受压性能、增大延性的目的。

约束边缘构件沿墙肢的长度 l_c 和箍筋配箍特征值 λ_v 宜符合表 4.11-20 的要求。箍筋的配筋范围如图 4.11-11 中的阴影面积所示。

约束边缘构件的长度 l_c 及箍筋配箍特征值 λ_v 表 4.11-20

项目		一级（9度）		一级（6、7、8度）		二、三级	
		$\mu_w \leqslant 0.2$	$\mu_w > 0.2$	$\mu_w \leqslant 0.3$	$\mu_w > 0.3$	$\mu_w \leqslant 0.4$	$\mu_w > 0.4$
l_c	暗柱	$0.20h_w$	$0.25h_w$	$0.15h_w$	$0.20h_w$	$0.15h_w$	$0.20h_w$
	翼墙或端柱	$0.15h_w$	$0.20h_w$	$0.10h_w$	$0.15h_w$	$0.10h_w$	$0.15h_w$
λ_v		0.12	0.20	0.12	0.20	0.12	0.2

注：① h_w 为剪力墙墙肢的长度。
② l_c 为约束边缘构件沿墙肢方向的长度（图 4.11-11）。对暗柱，l_c 不应小于表中数值、墙厚和 400mm 三者的较大值；对翼墙或端柱，不应小于翼墙厚度或端柱沿墙肢方向截面高度加 300mm。
③ 剪力墙的翼墙长度小于翼墙厚度的 3 倍或端柱截面边长小于 2 倍墙厚时，视为无翼墙或无端柱。
④ 对特一级剪力墙，其箍筋配箍特征值 λ_v 应在一级的基础上增加 20%。

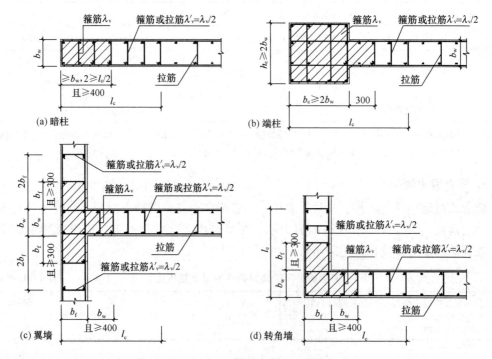

图 4.11-11 剪力墙的约束边缘构件

(2) 剪力墙构造边缘构件

抗震设计时，剪力墙构造边缘构件按构造要求设置，构造边缘构件的范围见图 4.11-12 中的阴影面积。

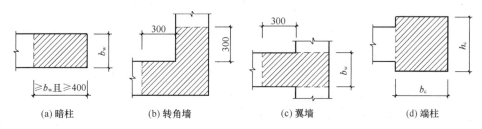

图 4.11-12 剪力墙的构造边缘构件

4.11.6 框架-剪力墙结构

框架-剪力墙结构由框架和剪力墙两种变形性质不同的抗侧力结构单元通过楼板的协调变形而协同工作,共同抵抗竖向荷载及水平力(图 4.11-13)。结构具有较大的整体抗侧刚度,侧向变形和内力都比较合理(侧向变形介于剪切变形和弯曲变形之间,层间水平位移的变化较缓和;框架内力上下比较均匀),并形成结构的多重抗震防线。同时,框架-剪力墙结构能提供较大的建筑平面空间,因而成为高层建筑中广泛应用的一种结构形式。可应用于多种使用功能的高层建筑,如办公楼、宾馆、图书馆、教学楼、医院等。

板柱-剪力墙结构与框架-剪力墙结构类似,仅以柱上板带代替了框架梁,是框架-剪力墙结构的一种特殊形式。

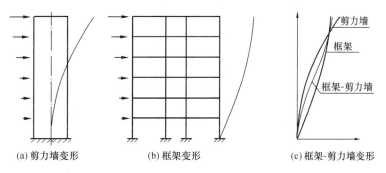

图 4.11-13 框架与剪力墙的协同工作

1. 框架-剪力墙结构布置

框架-剪力墙结构的结构布置应满足结构布置的一般要求,框架的布置也应尽量规则、传力直接和受力合理,符合框架结构的布置原则。核心问题是剪力墙的数量与布置方式。

(1) 剪力墙的形式和布置

框架-剪力墙结构中剪力墙的形式主要根据建筑平面布局和结构受力需要灵活处理。一般可采用 L 形、T 形、⊏形等形式。

框架-剪力墙结构在结构两个主轴方向均应布置剪力墙,形成双向抗侧力体系。非抗震设计时,可根据建筑物迎风面的大小及风荷载的大小设置不同数量和刚度的剪力墙;抗震设计时,两个主轴方向的剪力墙数量、抗侧刚度和周期尽可能接近。

框架梁、柱及剪力墙的中心线宜重合。当梁、柱中心线不能重合时,按框架结构的规定考虑偏心对梁柱节点核心区受力和构造的不利影响,以及梁荷载对柱的不利偏心影响。

剪力墙的平面布置应遵循"对称""周边""均匀""分散"的原则。

① 剪力墙应尽可能对称布置，以减少结构的扭转效应，并宜均匀布置在建筑物的周边附近，以及楼梯间、电梯间、平面形状变化及恒载较大的部位，以加强结构的抗扭作用。

② 不宜只布置一道剪力墙，更不宜为了加大剪力墙的截面惯性矩而设置很长的墙。每个主轴方向不少于三片，各片的长度宜接近，长度较大的墙可用洞口分割成较短的墙段。

《高规》中规定，单片剪力墙底部承担的水平剪力不宜超过结构底部总剪力的30%。

剪力墙沿高度方向宜贯通建筑物全高，应做到竖向连续，结构刚度沿高度分布均匀或逐渐减小，避免刚度突变。开洞时，应尽量做到洞口上下对齐。

此外，平面形状凹凸较大时，宜在凸出部分的端部附近布置剪力墙，以抵抗局部应力集中，加强平面的薄弱部位。

楼、电梯间采用剪力墙井筒时，宜尽量与其附近的框架或剪力墙的布置相结合，形成连续完整的抗侧力结构（图 4.11-14）。

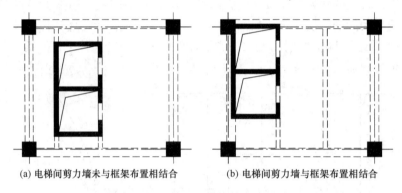

(a) 电梯间剪力墙未与框架布置相结合　　(b) 电梯间剪力墙与框架布置相结合

图 4.11-14　楼、电梯间剪力墙的设置

(2) 剪力墙的数量

框架-剪力墙结构中，剪力墙的配置数量对结构的整体刚度、刚度中心位置以及结构的整体受力性能影响很大。

剪力墙的数量过多，不仅影响建筑使用空间，也会使结构刚度过大，导致地震力加大，剪力墙承担的剪力增大，既不安全又不合理；而且会增加材料用量，提高工程造价。

剪力墙的数量过少，则结构刚度过小，侧移将会较大，可能不满足正常使用要求，甚至影响到结构的安全；同时剪力墙承担的剪力较小，起不到第一道抗震防线的作用。

使用设计软件分析框架-剪力墙结构时，可主要通过周期、层间水平位移和楼层最小地震剪力系数（楼层剪重比）三方面来判断剪力墙的配置数量是否合理。若周期在合理范围内，层间水平位移满足层间弹性位移角限值而又不是太小，同时楼层剪重比大于最小地震剪力系数λ_v而又不是太大，则可认为剪力墙的配置数量是合理的。

近似计算时，一般根据刚度特征值 λ 进行判断，当 $1 \leqslant \lambda \leqslant 2.4$ 时，可认为剪力墙的数量比较适中。刚度特征值 λ 按下式确定：

$$\lambda = H \sqrt{\frac{C_F + C_b}{EJ_w}}$$

式中 H——结构总高度;

C_F——总框架的层剪切刚度;

C_b——总连梁的总约束刚度;

EJ_w——总剪力墙抗弯刚度,取每片墙抗弯刚度的总和。

《高规》对框架-剪力墙结构中剪力墙的合理数量尚无明确规定,抗震设计时,主要根据底层框架部分承担的地震倾覆力矩与结构底部总地震倾覆力矩的比值,确定相应的设计方法(详见《高规》第 8.1.3 条)。

(3)剪力墙的间距

剪力墙的间距过大时,两墙之间的楼盖(相当于水平梁)在水平力作用下产生水平变形,不能满足楼板平面内刚度无限大的要求,造成处于该区间的框架不能与邻近的剪力墙协同工作而增加负担(图 4.11-15)。

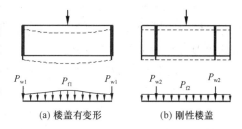

图 4.11-15 剪力墙间距

因此,在长矩形平面或平面有一部分较长的建筑中,其横向剪力墙沿长方向的间距宜满足表 4.11-21 的要求。超过时,应考虑楼盖平面内变形的影响。当这些剪力墙之间的楼盖有较大的开洞时,该段楼盖的平面内刚度更差,除对楼盖采取加强措施外,剪力墙的间距也宜适当减小。

剪力墙的间距(m)   表 4.11-21

楼盖形式	非抗震设计	抗震设防烈度		
		6 度、7 度	8 度	9 度
现浇式	min(5.0B, 60)	min(4.0B, 50)	min(3.0B, 40)	min(2.0B, 30)
装配整体式	min(3.5B, 50)	min(3.0B, 40)	min(2.5B, 30)	—

注:① 表中 B 为楼面宽度(m);
② 当房屋端部未布置剪力墙时,第一片剪力墙与房屋端部的距离,不宜大于表中剪力墙间距的 1/2。

此外,在长矩形平面中布置的纵向剪力墙,不宜集中布置在平面的两尽端。其原因是剪力墙集中布置在两端时,房屋的两端被抗侧刚度较大的剪力墙锁住,中间部分的楼盖在混凝土收缩或温度变化时容易出现裂缝。

2. 板柱-剪力墙结构布置

同框架-剪力墙一样,板柱-剪力墙结构也应布置成双向抗侧力体系,并应避免结构刚度偏心。剪力墙可在结构两个主轴方向分别布置,也可布置剪力墙筒体,对应剪力墙或筒体的各楼层处应设置暗梁。

抗震设计时,板柱-剪力墙结构房屋的周边是受力的主要部位,应设置边梁形成周边框架。为保证关键部位的可靠性,房屋的顶层、地下一层的顶板宜采用梁板结构。

板柱-剪力墙结构的无梁板可根据承载力和变形的需要,采用无柱帽(柱托)板或有柱帽(柱托)板。托板的长度和厚度应按计算确定,且每个方向长度不宜小于板跨度的 1/6,其厚度不宜小于 1/4 的无梁板的厚度。7 度时,宜采用有柱托板,8 度时,应采用有柱托板。托板每个方向长度尚不宜小于同方向柱截面宽度与 4 倍板厚度之和,托板总厚度尚不宜小于柱纵向钢筋直径的 16 倍。

为保证楼板整体刚性和抗裂性能，双向无梁楼板厚度不宜过小，其厚度与长跨之比，不宜小于表 4.11-22 的规定。

双向无梁楼板厚度与长跨的最小比值　　　表 4.11-22

非预应力楼板		预应力楼板	
无柱帽托板	有柱帽托板	无柱帽托板	有柱帽托板
1/30	1/35	1/40	1/45

当楼板跨度较大时，可根据实际情况（强度、刚度、抗裂度要求及施工技术条件）选用预应力混凝土楼盖结构或其他楼盖结构。

对楼、电梯间等较大开洞，当其周边未布置剪力墙或筒体时，宜设置框架梁或边梁。无梁楼板开局部洞口时，应验算承载力及刚度要求。当未作专门分析时，在板的不同部位开单个洞的大小应符合图 4.11-16 的要求。若在同一部位开多个洞时，则在同一截面上各个洞宽之和不应大于该部位单个洞的允许宽度。所有洞边均应设置补强钢筋。

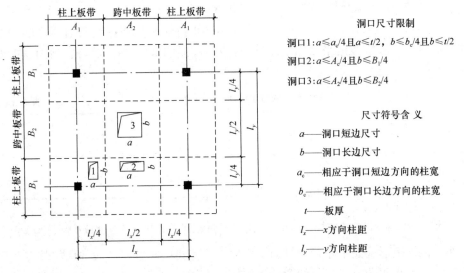

图 4.11-16　无梁楼板开洞要求

3. 带边框剪力墙的构造要求

框架-剪力墙（板柱-剪力墙）结构由框架（板柱框架）和剪力墙组成，因此要分别符合这两类构件的设计要求。但由于这两类结构中，剪力墙周边都有梁柱，形成带边框剪力墙，是主要的抗侧力构件，承担较大的水平力，其构造要求略有不同。

（1）剪力墙的厚度应满足稳定性验算要求，一般情况下不应小于 160mm；抗震设计时，一、二级剪力墙的底部加强部位尚不应小于 200mm。

（2）与剪力墙重合的框架梁可保留，或设宽度与墙等厚的暗梁，暗梁截面高度可取墙厚的 2 倍或与该榀框架梁截面等高。暗梁的配筋可按构造配置且应符合一般框架梁相应抗震等级的最小配筋要求。

（3）带边框剪力墙的混凝土强度等级宜与边框柱相同。

(4)剪力墙边框柱截面宜与同层框架柱相同。

4.11.7 筒体结构

1. 剪力滞后现象

在水平力作用下,框筒结构由平行于水平力作用方向的腹板框架及与垂直于水平力作用方向的翼缘框架共同抵抗水平力产生的倾覆力矩。腹板框架一端受拉,另一端受压,角柱受力最大。翼缘框架的受力是通过裙梁从角柱传来的,角柱受压(或受拉)缩短(或伸长),使与之相连的裙梁承受剪力(受弯),同时相邻的第一内柱承受轴力;第一内柱的受力又使第二跨裙梁承受剪力(受弯),相邻柱又承受轴力,如此传递,使翼缘框架的裙梁、柱承受其平面内的弯矩、轴力和剪力。翼缘框架中裙梁的弯曲和剪切变形,使翼缘框架各柱压缩变形(或拉伸变形)及轴力向中心逐渐递减,同时腹板框架中裙梁变形,使角柱的轴力增大,其内力与变形不再符合平截面假定,这种现象称为"剪力滞后"现象,如图4.11-17所示。从图 4.11-17 来看,翼缘框架和腹板框架的内力与变形均在其各自的平面内,这即是框筒在水平力作用下内力分布形成"筒"的空间特性。

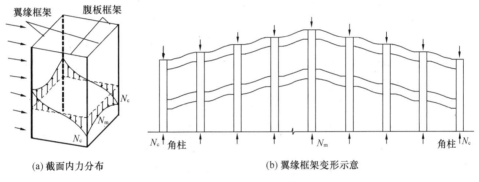

图 4.11-17 剪力滞后现象

剪力滞后的程度直接影响外框筒的空间受力性能及其整体抗倾覆力矩的大小。若能使翼缘框架中间柱的轴力增大,就能提高抗倾覆力矩的能力,提高结构的抗侧刚度。影响剪力滞后的因素很多,主要有以下几方面:

(1)柱距与裙梁高度。实际是裙梁剪切刚度与柱轴向刚度的比值。减小裙梁跨度或加大其截面高度,都能增大裙梁的剪切刚度。梁的剪切刚度愈大,剪力滞后愈小。

(2)角柱面积。角柱愈大,其轴向刚度愈大,承受的轴力也愈大。提高角柱及其相邻柱的轴力,翼缘框架的抗倾覆力矩会增大。随角柱面积加大,角柱与中柱轴力差也加大,但是只要裙梁保持一定高度,中柱轴力没有明显变化;随角柱面积加大,在水平荷载下角柱拉力也加大,需要更多的竖向压力去平衡角柱的拉力。柱出现拉力是非常不利的。

(3)框筒结构高度。剪力滞后现象沿框筒高度是变化的,底部剪力滞后现象相对严重一些,愈向上柱轴力绝对值减小,剪力滞后现象缓和,轴力分布趋于平均。要达到相当高度,才能充分发挥框筒结构的作用,高度不大的框筒,剪力滞后影响相对较大。

(4)框筒平面形状。正方形、圆形、正多边形是最理想的平面形状。平面边长尺寸过大或长方形平面都是不利的,翼缘框架愈长,剪力滞后也愈大。在长方形平面中间加密柱形成束筒，可减小翼缘框架的剪力滞后现象。

框筒结构的侧移变形由两部分组成。腹板框架与一般框架类似，由梁柱弯曲变形及剪切变形产生的层间变形一般是下部大、上部小，呈剪切型；而翼缘框架中主要由柱的轴向变形抵抗力矩，翼缘框架的拉、压轴向变形使结构侧移具有弯曲性质。作为一个整体，框筒结构的变形综合了弯曲变形与剪切变形，大多数情况下框筒结构的总变形仍略偏向于剪切型。

由于框筒各个柱承受的轴力不同，轴向变形也不同，角柱轴力及轴向变形最大（拉伸或压缩），中部柱子轴向应力及轴向变形减小，将使楼板产生翘曲。底部楼层翘曲严重，向上逐渐减小。

2. 结构布置

框筒、筒中筒和束筒结构的布置应符合高层建筑结构的一般布置原则，同时应合理布置，以减小剪力滞后，充分发挥所有柱子的作用。

（1）为了充分发挥外框筒的空间作用，筒中筒结构的高度不宜低于 60m，高宽比不应小于 3，并宜大于 4。

当筒体的高宽比小于 3 时，主要表现为刚性抗剪筒体，抗弯不会成为这种矮筒的控制因素。当筒体的高宽比为 3~6 时，剪力将不起控制作用，而由抗弯来决定其设计。高宽比大于或等于 7，称为柔性筒，必须通过楼盖体系与其他抗侧力体系连成整体，共同工作；如设置环向桁架，以加强深梁的作用，减小剪力滞后，从而提高其抗侧力能力。

（2）筒中筒结构的平面外形宜选用圆形、正多边形、椭圆形或矩形等，内筒宜居中。采用矩形平面时长宽比不宜大于 2。建筑平面长宽比大于 2 时，可形成双筒多筒形式，双向尺寸均较大时，可形成田字格或九宫格形式。

（3）内筒是筒中筒结构的主要抗侧力结构，应尽量贯通建筑物全高，其刚度沿竖向宜均匀变化，避免结构的侧移和内力发生急剧变化。内筒的刚度不宜过小，通常内筒的边长为外框筒相应边长的 1/2~1/3，高宽比一般在 1/12~1/15，不宜超过 1/15。如有另外的角筒或剪力墙时，内筒平面尺寸还可适当减小。

（4）内外筒间距（内筒的外墙与外框柱间的中距），非抗震设计时不宜大于 12m，抗震设计时不宜大于 10m，超过上述规定时，宜采用预应力混凝土楼（屋）盖，必要时可采取增设内柱等措施。

（5）三角形平面宜切角，或在角部设置刚度较大的角柱或角筒，以避免角部应力过分集中。外筒的切角长度不宜小于相应边长的 1/8；内筒的切角长度不宜小于相应边长的 1/10，切角处的筒壁宜适当加厚。

（6）除了高宽比和平面形状外，外框筒结构的受力性能还与开孔率、洞口形状、柱距、梁的截面高度和角柱截面面积等参数有关。外框筒应符合下列规定：

① 柱距不宜大于 4m。当内外筒之间通过平板或小梁联系时，框筒柱的截面长边应沿筒壁方向布置，当内外筒之间有较大的梁时，柱在两个方向受弯，可采用 T 形截面。

② 洞口面积不宜大于墙面面积的 60%。洞口高宽比宜与层高与柱距之比值相近。洞口面积大于墙面面积的 60% 时，框筒的剪力滞后现象相当明显。

③ 外框筒梁的截面高度可取柱净距的 1/4。

④ 角柱截面面积应适当增大，可取中柱的 1~2 倍，以减少各层楼盖的翘曲。角柱太

大也不利,它会导致过大的轴力,特别是重力荷载较小不足以抵消过大的轴向拉力时,柱将承受拉力。

(7) 在底层因设置出入通道等要求而需加大柱距时,必须设置转换层结构。采用梁式转换时,转换梁的高度不宜小于跨度的 1/6。

(8) 钢筋混凝土筒中筒结构的楼盖可采用平板式楼盖或密肋楼盖:

① 减少梁端弯矩,使框筒的空间传力体系更加明确;

② 在保证建筑净空的条件下,减小楼层层高,从而减小水平力并降低造价;

③ 筒中筒结构的抗侧刚度已经很大,设置大梁对增加刚度的作用很小,反而引起框筒柱和内筒剪力墙受到较大的平面外弯矩,得不偿失。

楼板必须满足承受竖向荷载的要求,同时楼板又是保证框筒空间作用的一个重要构件,楼板的跨度及布置形式必须考虑这两方面的要求。

3. 框架-核心筒结构

框架-核心筒由核心筒和柱距为 6~12m 的框架组成,其周边柱间必须设置框架梁。

核心筒是钢筋混凝土剪力墙和连梁组成的薄壁筒,核心筒是框架-核心筒结构的主要抗侧力结构,应尽量贯通建筑物全高。核心筒的宽度不宜小于筒体总高的 1/12,当筒体结构设置角筒、剪力墙或增强结构整体刚度的构件时,核心筒的宽度可适当减小。

核心筒应具有良好的整体性,墙肢应尽量均匀、对称布置,并满足下列要求:

(1) 筒体角部附近不宜开洞,当不可避免时,筒角内壁至洞口的距离不应小于 500mm 和开洞墙的截面厚度;

(2) 核心筒外墙的截面厚度不应小于层高的 1/20 及 200mm,对一、二级抗震设计的底部加强部位不宜小于层高的 1/16 及 200mm,否则应验算墙体的稳定,必要时可增设扶壁柱或扶壁墙;在满足承载力要求以及轴压比限值(仅对抗震设计)时,核心筒内墙可适当减薄,但不应小于 160mm;

(3) 筒体墙的水平、竖向配筋不应少于两排;

(4) 抗震设计时,核心筒的连梁,宜通过配置交叉暗撑、设水平缝或减小梁截面的高宽比等措施来提高连梁的延性。

4.11.8 复杂高层建筑结构和混合结构

复杂高层建筑结构的"复杂"主要表现为竖向布置不规则,传力途径复杂,有时平面也不规则,包括带转换层的结构、带加强层的结构、错层结构、连体结构、多塔楼结构。这五种结构,在地震作用下,易形成敏感的薄弱部位。为保证结构安全,抗震设计时,应限制其复杂性。

(1) 9 度抗震设计时不应采用带转换层的结构、带加强层的结构、错层结构和连体结构。

(2) 7 度和 8 度抗震设计时,剪力墙结构错层高层建筑的房屋高度分别不宜大于 80m 和 60m;框架-剪力墙结构错层高层建筑的房屋高度分别不应大于 80m 和 60m。

(3) 抗震设计时,B 级高度高层建筑不宜采用连体结构。

(4) 抗震设计时,底部带转换层的筒中筒结构 B 级高度高层建筑,当外筒框支层以上采用由剪力墙构成的壁式框架时,其最大适用高度应适当降低。

(5) 7度和8度抗震设计的高层建筑不宜采用两种以上复杂结构的组合。

1. 带转换层高层建筑结构

带转换层高层建筑结构由于竖向布置及刚度变化,在地震作用下受力复杂,其结构布置要符合一般布置原则,平面力求规则、简单、对称,特别要注意落地剪力墙的规则和对称。

转换层结构不但应能承受上部不落地的竖向构件传下来的竖向荷载,将其传至底层,而且还应能承受上部不落地竖向构件传下来的水平力,将其传递到落地的抗侧力构件。在水平力的传递中,转换层的楼板起到至关重要的作用。对它的计算不能仅考虑楼面竖向荷载,而且还要考虑传递水平力时产生的水平向剪力。《高层建筑混凝土结构技术规程》JGJ 3—2010 第10.2.4条规定:转换结构构件可采用转换梁、桁架、空腹桁架、箱形结构、斜撑等;非抗震设计和6度抗震设计时转换构件可采用厚板,7、8度抗震设计时地下室的转换结构构件可采用厚板。

结构转换层的设置高度,对底部大空间部分框支剪力墙高层建筑结构,8度时不宜超过3层,7度时不宜超过5层,6度时其层数可适当增加;底部带转换层的框架-核心筒结构和外筒为密柱框架的筒中筒结构,其转换层位置可适当提高。

结构布置时,还应注意:落地剪力墙和筒体底部墙体应加厚;框支层周围楼板不应错层布置;落地剪力墙和筒体的洞口宜布置在墙体的中部;框支梁上一层墙体内不宜设边门洞,也不宜框支在中柱上方设门洞;转换层楼板厚度不宜小于180mm;落地剪力墙间距 l 及落地剪力墙与相邻框支柱的距离 l_b 应满足表4.11-23的规定。

落地剪力墙间距 l 及落地剪力墙与相邻框支柱的距离 l_b 表 4.11-23

底部框支层数量		1~2层	3层及3层以上
落地剪力墙的间距 l	非抗震设计	$l\leqslant 3B$ 且 $l\leqslant 36m$	
	抗震设计	$l\leqslant \min[2B, 24m]$	$l\leqslant \min[1.5B, 20m]$
落地剪力墙与相邻框支柱的距离 l_b		$l_b\leqslant 12m$	$l_b\leqslant 10m$

注:B 为落地剪力墙之间楼盖的平均宽度(m)。

2. 带加强层高层建筑结构

加强层结构一般用于框架—核心筒结构中,框架—核心筒结构的外围框架为稀柱框架,当房屋较高时,结构的侧向刚度较弱。侧向刚度不能满足设计要求时,可沿竖向利用建筑避难层、设备层空间,在核心筒和外围框架之间设置刚度适宜的水平伸臂构件,形成带加强层的高层建筑结构,也称为框架-核心筒-伸臂结构体系。必要时,也可设置周边水平环带构件。

所谓伸臂,是指刚度很大、连接核心筒和外框架的实腹梁或桁架,伸臂增大了结构的抗侧刚度,设置伸臂的楼层称为加强层或刚性层。

(1) 伸臂的作用和对结构受力的影响

由于伸臂的刚度很大,在结构产生侧移时,它使外柱拉伸或压缩,从而承受较大轴力,增加了外柱承担的倾覆力矩,同时使内筒反弯,减小内筒弯矩,减小侧移(图4.11-18)。但是伸臂也带来一些不利的影响,它使内力沿高度发生突变,不利于抗震。设置伸臂时,伸臂所在层的上、下相邻层的柱弯矩、剪力都有突变，更主要的是刚度突变，对抗震不利。因此，在非地震区或烈度不高的地震区，由风荷载控制结构设计时，采用伸臂方案增加结构抗侧刚度和减小位移，是较好的选择。在中等地震或强震地区，则应该做方案比较，要看层间位移是否满足规范和规程要求以及相差多少，慎重选择伸臂的刚度和数量。

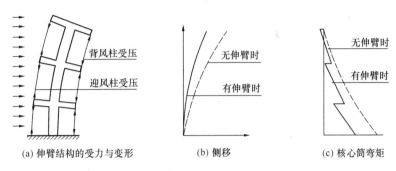

图 4.11-18　伸臂结构的受力与变形示意

伸臂层柱子内力突变的大小与伸臂刚度有关，伸臂刚度愈大，内力突变愈大；伸臂刚度与柱刚度相差愈大，则愈容易形成薄弱层（柱端出铰或被剪坏）。因此，尽可能采用桁架、空腹桁架等刚度大而杆件不大的伸臂构件，桁架的上下弦杆与柱相连，可减少不利影响。

（2）伸臂的位置和数量

伸臂的位置要考虑建筑布置、设备布置、经济美观、结构合理等方面的要求，通常将伸臂层与设备层、避难层合为一层。从结构设计角度，可综合如下：

① 当只设置一道伸臂时，最佳位置在底部固定端以上 $0.60\sim 0.67H$ 之间（H 为结构总高度），也就是说设置一道伸臂时，大约在结构的 2/3 高度处设置伸臂效果最好。

② 设置两道伸臂的效果优于一道伸臂，侧移将更小。设置两道伸臂时，如果其中一道设置在 $0.7H$ 以上（也可在顶层），另一道设置在 $0.5H$ 处，可以取得较好的效果。

③ 设置多道伸臂时，会进一步减小位移，但位移减小并不与伸臂数量成正比，设置伸臂多于 4 道时，减小侧移的效果基本稳定。当设置多道伸臂时，一般可沿高度均匀布置。

（3）在施工程序及连接构造上应采取措施减小结构竖向温度变形及轴向压缩对加强层的影响。

3. 连体结构

连体结构通过连接体将不同结构连在一起，体型及结构受力比一般结构复杂。

（1）扭转效应显著。在风荷载或水平地震作用下，结构除产生平动变形外，还将会产生扭转变形，扭转效应随两塔楼不对称性的增加而加剧。

（2）连接体部分受力复杂。连接体是连体结构的关键部位，一方面要协调两侧结构的变形，在水平荷载作用下承受较大的内力；另一方面当本身跨度较大时，除竖向荷载作用外，竖向地震作用影响也较明显。

（3）连接体与主体应有可靠连接

连接体结构与两侧塔楼的支座连接有刚性连接、铰接、滑动连接等，每种连接方式的处理方式不同，但均应进行详细分析与设计。如处理不当，结构安全将难以保证。

连体结构各独立部分宜有相同或相近的体型、平面和刚度。宜采用双轴对称的平面形式。7度、8度抗震设计时，层数和刚度相差悬殊的建筑应尽量不采用连体结构。

连接体结构自身的重量应尽量减轻，因此应优先选用钢结构，也可采用型钢混凝土结构等。当连接体包含多个楼层时，最下面一层宜采用桁架结构形式。

连接体两端与主体结构刚接的结构，应特别注意加强连接体结构与主体结构的连接构造。对连接体与主体结构的水平连接，钢梁、钢桁架和型钢混凝土梁，与主体结构宜采用刚性连接，型钢应伸入主体结构并加强锚固，必要时连接体结构可延伸至主体部分的内筒，并与内筒可靠连接；如无法伸至内筒，也可在主体结构内沿连接体方向设置型钢混凝土梁与主体结构可靠锚固。

连接体结构的楼板应与主体结构的楼板可靠连接并加强配筋构造，楼板厚度不宜小于150mm。当连接体结构包含多个楼层时，应特别加强其最下面一至两个楼层的设计和构造。

连体结构的连接体应根据烈度情况考虑竖向地震的影响。

4. 错层结构

错层结构也属于竖向不规则结构，错层附近的抗侧力结构受力复杂，往往形成应力集中部位，有时会使楼板受到较大的削弱。剪力墙结构错层后使部分剪力墙的洞口布置不规则，形成错洞剪力墙或叠合错洞剪力墙；框架结构错层后往往形成许多短柱与长柱混合的不规则体系，对结构受力极为不利。因此，高层建筑尽量不采用错层结构，尤其是抗震设计时，更应尽可能避免错层。

采用错层结构时，错层两侧宜采用结构布置和侧向刚度相近的结构体系。

错层处框架柱的截面高度不应小于600mm，混凝土强度等级不应低于C30，抗震等级应提高一级采用，箍筋应全柱段加密。

错层处平面外受力的剪力墙，其截面厚度，非抗震设计时不应小于200mm，抗震设计时不应小于250mm，并均应设置与之垂直的墙肢中扶壁柱。

5. 竖向体型收进、悬挑结构

多塔楼结构、竖向体型收进和悬挑结构，共同特点是结构侧向刚度沿竖向发生剧烈变化，往往在变化部位产生结构的薄弱部位。

多塔楼结构、竖向体型收进和悬挑结构，竖向突变部位的楼板宜加强，楼板厚度不宜小于150mm，宜双层双向配筋，每层每方向的配筋率不宜小于0.25%。体型突变部位上、下层结构的楼板也应加强构造措施。

结构设计应注意以下几点：

(1) 各塔楼的层数、平面和刚度宜接近；塔楼底盘宜对称布置；上部塔楼结构的综合质心与底盘结构质心的距离不宜大于底盘相应边长的20%。

(2) 抗震设计时，转换层不宜设置在底盘屋面的上层塔楼内，否则应采取有效的抗震措施。

(3) 抗震设计时，多塔楼之间裙房连接体的屋面梁应加强；塔楼中与裙房连接体相连的外围柱、剪力墙，从固定端至裙房屋面上一层的高度范围内，柱纵向钢筋的最小配筋率宜适当提高，柱箍筋宜在裙楼屋面上、下层的范围内全高加密，剪力墙应设置约束边缘构件。

（4）悬挑部位应采取降低结构自重的措施，悬挑部位结构宜采用冗余度较高的结构形式。

（5）悬挑结构应根据烈度情况考虑竖向地震的影响。

第五章 钢 结 构

用H型钢、工字钢、槽钢、角钢等热轧型钢和钢板组成的以及用冷弯薄壁型钢制成的承重构件或承重结构统称为钢结构。钢结构广泛应用于大跨度结构、高层建筑钢结构、工业厂房钢结构、高耸塔桅钢结构、桥梁钢结构、板壳（储罐、压力容器）钢结构、索膜结构、移动钢结构、钢-混凝土组合结构中。

5.1 钢结构特点

5.1.1 钢材的优点

（1）材料强度高，自身重量轻

钢材强度较高，弹性模量也高。与混凝土和木材相比，其密度与屈服强度的比值相对较低，因而在同样受力条件下钢结构的构件截面小，自重轻，便于运输和安装，适于跨度大、高度大、承载重的结构。

（2）钢材韧性、塑性好，材质均匀，结构可靠性高

适于承受冲击和动力荷载，具有良好的抗震性能。钢材内部组织结构均匀，近于各向同性匀质。钢结构的实际工作性能比较符合计算理论，可靠性高。

（3）钢结构制造安装机械化程度高

钢结构构件便于在工厂制造、工地拼装。工厂机械化制造钢结构构件成品精度高、生产效率高、工地拼装速度快、工期短。钢结构是工业化程度最高的一种结构。

（4）钢结构密封性能好

由于焊接结构可以做到完全密封，可以做成气密性、水密性均很好的高压容器、大型油池、压力管道等。

（5）低碳、节能、绿色环保，可重复利用

钢结构建筑拆除几乎不会产生建筑垃圾，钢材可以回收再利用。

5.1.2 钢材的缺点

1. 钢结构耐热不耐火

当温度在150℃以下时，钢材性质变化很小，具有一定的耐热性，因而适用于热车间，但当温度达150℃以上时，必须用隔热层加以保护。

但钢材不耐火，温度超过300℃后，强度和弹性模量均显著下降，温度达到600℃左右时，钢材便进入塑性状态丧失承载能力。因此在有特殊防火需求的建筑中采用钢结构时，必须采用耐火材料加以保护以提高耐火等级。

2. 钢结构耐腐蚀性差

钢材的最大缺点是容易腐蚀，特别是在潮湿和腐蚀性介质的环境中。对处于无侵蚀性介质环境下的钢结构，钢构件防腐蚀可通过彻底除锈、喷涂油漆或镀锌、定期维护加以解决。对处于湿度大、有侵蚀性介质环境中的钢结构，可采用耐候钢或不锈钢提高其抗锈蚀性能。对处于海水中的海洋平台结构，需采用"锌块阳极保护"等特殊措施。

5.2 钢材的力学性能

5.2.1 钢结构对钢材力学性能的要求

钢结构在使用过程中常常需要在不同的环境和条件下承受各种荷载，所以对钢材的材料性能提出了要求。钢材的力学性能通常指钢材所提供的强度、断后伸长率、冷弯性能和冲击韧性等。这些性能指标是钢结构设计的重要依据，主要依靠试验来测定，如拉弯试验、冷弯试验和冲击试验等。

钢结构的种类繁多，性能差别很大，适用于承重结构的结构钢主要有两类：一类是碳素结构钢中的低碳钢（Q235），另一类是低合金高强度结构钢（Q355、Q390、Q420）。

钢材的主要强度指标和多项性能指标通过单向拉伸试验获得。试验采用符合国家标准规定形式和尺寸的标准试件，在室温20℃左右，按规定的加载速度在拉力试验机上进行。钢材的拉伸试验（图5.2-1）所得的屈服强度 f_y、抗拉强度 f_u 和断后伸长率 δ 是钢结构设计中对钢材力学性能要求的三项重要指标。

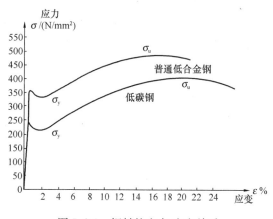

图 5.2-1 钢材的应力-应变关系

1. 钢材的强度

钢材的屈服强度 f_y 是钢结构承载能力极限状态的标志。当应力 $\sigma > f_y$ 时，钢材暂时失去了继续承载的能力并伴随产生很大的不适于继续受力或使用的变形。

钢材的抗拉强度 f_u 是钢材抗破坏能力的极限，是钢材塑性变形很大且即将破坏时的强度，此时已无安全储备，只能作为衡量钢材强度的一个指标。

钢材的屈服强度 f_y 与抗拉强度 f_u 之比，称屈强比，是表明设计强度储备的一项重要指标，f_y/f_u 愈小，强度储备愈大，结构愈安全，但强度利用率低且不经济。因此，《钢结构设计标准》GB 50017—2017（以下简称《钢结构标准》）第 4.3.6 条、第 4.3.7 条规定，采用塑性设计的结构及进行弯矩调幅的构件，钢材应有明显的屈服台阶，且伸长率不应小于20%，钢材屈强比不应大于 0.85；钢管结构中的无加劲直接焊接相贯节点，其管材的屈强比不宜大于 0.80。

2. 钢材的伸长率

钢材的伸长率是反映钢材塑性的指标，是试件拉断后，标距长度的伸长量与原标距长度的百分比。伸长率愈大，则塑性越好，试件标距长度 l 与试件截面直径 d 之比，对伸长率有较大的影响，试件标距长度与试件截面直径越大，伸长率就越小。标准试件取 $l=5d$。

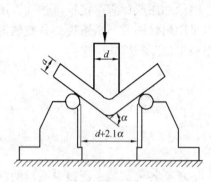

图 5.2-2 钢材冷弯试验示意图

3. 钢材的冷弯性能

钢材的冷弯性能是衡量钢材在常温下弯曲加工产生塑性变形时，抵抗产生裂纹能力的一项指标，由冷弯试验（图 5.2-2）确定。冷弯性能也是显示钢材内部缺陷状况的一项指标，是鉴定钢材在弯曲状态下塑性应变能力和钢材质量的综合指标。

4. 钢材的冲击韧性

钢材的冲击韧性是衡量钢材在冲击荷载作用下，抵抗脆性断裂能力的一项力学指标，通常是在材料试验机上对标准试件进行冲击荷载试验（图 5.2-3）来测定。常用的标准试件的形式有夏比 V 型缺口和梅氏 U 型缺口两种。韧性是钢材强度和塑性的综合指标。

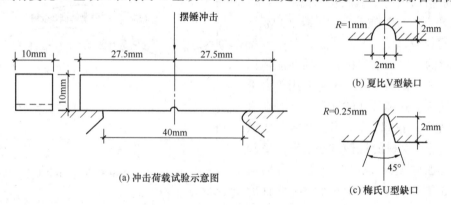

图 5.2-3 钢材冲击韧性

5. 钢材的焊接性能

钢材的焊接性能是指在一定的焊接工艺条件下，获得性能良好的焊接接头的可焊性。焊接过程中要求焊缝及焊缝附近金属不产生热裂纹或冷却收缩裂纹，在使用过程中焊缝处的冲击韧性和热影响区内塑性良好。国产钢材除了 Q235A 外，其他几种牌号的钢材均具有良好的焊接性能。在高强度低合金钢中低合金元素大多对可焊性有不利影响，《建筑钢结构焊接技术规程》JGJ 81—2002 推荐使用碳当量来衡量低合金钢的可焊性，其计算公式如下：

$$CE(\%) = C + \frac{Mn}{6} + \frac{Cr + Mo + V}{5} + \frac{Cu + Ni}{15}$$

式中 C、Mn、Cr、Mo、V、Cu、Ni 分别为碳、锰、铬、钼、钒、铜和镍的百分含量。

碳当量宜控制在 0.45% 以下，超出该范围的幅度愈多，焊接性能变差的程度愈大。

《钢结构焊接规范》GB 50661—2011 根据碳当量的高低等指标确定了焊接难度等级。因此，对焊接承重结构尚应具有碳当量的合格保证。

5.2.2 钢材的破坏形态

(1) 塑性破坏：是构件应力超过屈服强度 f_y，并达到抗拉极限强度 f_u 后，构件产生明显的塑性变形而断裂，其断口常为杯形，呈纤维状，色泽发暗。破坏前有明显的变形，且有较长的变形持续时间，较易发现和补救。

(2) 脆性破坏：破坏前无明显变形，平均应力低于抗拉强度 f_u，甚至是低于屈服强度 f_y，其断口平直，呈有光泽的晶粒状。破坏突然，无明显预兆，此破坏危险性极大，应尽量避免。钢材脆性破坏的产生主要与裂纹、材料的韧性、钢材化学成分、冶金缺陷、钢板厚度、加载速度、应力性质和大小、最低使用温度、连接方法和应力集中等有关。

(3) 疲劳破坏：钢材或构件在连续反复荷载作用下，在应力远低于极限强度，甚至低于屈服强度的情况下发生的破坏，称为疲劳破坏。疲劳破坏时，钢材达到的最大应力称为疲劳强度。影响疲劳强度的因素主要包括：应力的种类（拉应力、压应力、剪应力和复合应力等）、应力循环形式、应力循环次数、应力集中程度和残余应力等。

5.2.3 影响钢材力学性能的因素

1. 化学成分的影响

钢是含碳量小于 2% 的铁碳合金。钢中基本元素包括铁（Fe）、碳（C）、硅（Si）、锰（Mn）、硫（S）、磷（P）、氮（N）、氧（O）。普通碳素钢中，铁元素占 99%，低合金钢中，铁元素占 95% 左右，其余 5% 为合金元素（镍、钒、钛等）及残留下来的有害元素，这部分元素的含量虽少，但对钢材的强度、塑性、韧性、可焊性和耐腐蚀性影响较大。

(1) 碳（C）：随着碳含量的增加，钢材强度提高，但冷弯性能、冲击韧性降低，疲劳强度降低，同时焊接性能和抗腐蚀性恶化。按碳的含量区分，小于 0.25% 的为低碳钢，大于 0.25% 而小于 0.6% 的为中碳钢，大于 0.6% 的为高碳钢。

结构钢的钢材基本上都是低碳钢。一般在碳素结构钢中碳的含量不应超过 0.22%，对于焊接结构，为了获得良好的可焊性，碳的含量应低于 0.2%。

(2) 硅（Si）：是低合金钢的一种有用元素，用以制成质量较高的镇静钢。适量的硅可以使钢材的强度大为提高，而对塑性、冲击韧性、冷弯性能及可焊性均无显著的不良影响。如含量过高（达 1% 左右）将会降低钢材的塑性、冲击韧性、抗锈性和可焊性。

碳素结构钢中应控制 ≤0.3%，在低合金高强度钢中硅的含量可达 0.55%。

(3) 锰（Mn）：也是低合金钢的一种有用元素。含锰适量可有效地提高钢材的强度，降低硫、氧的热脆影响，改善热加工性能，并能改善钢材的冷脆倾向，而同时又不显著降低钢材的塑性和冲击韧性。在碳素结构钢中锰的含量为 0.3%~0.8%，在低合金高强度中钢锰的含量可达 1.0%~1.6%。

(4) 硫（S）：是钢材中的有害元素，能生成易于熔化的硫化铁，降低钢材的塑性、冲击韧性、抗疲劳性能以及抗锈蚀的性能。当热加工或焊接的温度达到 800~1200℃ 时，可能会因硫含量过高使钢材变脆而出现"裂纹"，这种现象称"热脆"。硫化物也会使钢材出现"分层"的缺陷。其含量应不超过 0.055%。

(5) 磷（P）：也是钢材中的有害元素，可以提高钢材的强度和抗锈蚀性，但却会降低钢的塑性、韧性、冷弯性能和焊接性能，特别是在温度较低时使钢材变脆，即钢材的"冷脆"。因此，磷的含量也要严格控制。随着钢材牌号和质量等级的提高，含磷量的限值由 0.045% 依次降为 0.025%。

(6) 氧（O）、氮（N）：均是钢材中的有害元素，能显著降低钢材的塑性、韧性、可焊性和疲劳强度。氧与硫类似，使钢产生"热脆"，其作用比硫剧烈。氮与磷类似，使钢产生"冷脆"。

(7) 钒（V）、铌（Nb）、钛（Ti）：我国的低合金钢中都含有这三种元素。这三种元素在钢中形成微细碳化物，适量加入能起细化晶粒和弥散强化的作用，从而提高钢材的强度和韧性，又可保持良好的塑性。

(8) 铝（Al）、铬（Cr）、镍（Ni）：铝是强氧化剂，用于补充脱氧，可进一步减少钢中的有害氧化物且能细化晶粒，提高钢的强度和低温韧性。铬和镍是提高钢材强度的合金元素，用于 Q390 及以上牌号的钢材中，但其含量也应限制，以免影响钢材的其他性能。

2. 生产工艺的影响

常见的冶金缺陷有偏析、非金属夹杂、气孔、裂纹等。

偏析是指金属结晶后化学成分分布不均匀的现象。主要是硫、磷偏析，容易造成偏析区钢材的塑性、韧性、可焊性变差。

非金属夹杂指钢材中的非金属化合物，如硫化物、氧化物，使钢材性能变脆，在轧制后可能造成钢材的分层。

气孔是浇铸时由 FeO 和 C 作用所生成的 CO 气体不能充分溢出而滞留在钢锭内形成的微小空洞。

裂纹是指钢材中存在的微观裂纹。

目前，我国大部分钢厂已经采用连铸技术取代传统的钢锭模浇铸方法。连续浇铸的过程不再出现沸腾状态，产品属于镇静钢。连铸钢坯化学成分分布比较均匀，只有轻微的偏析现象。因此，目前《钢结构标准》中的钢材均指镇静钢。

3. 轧制的影响

轧制是型钢和钢板成型的工序，钢材的轧制能使金属的晶粒变细，也能使气孔、裂纹等焊合，改善钢材的力学性能。薄板因轧制的次数多，其强度比厚板略高。浇铸时的非金属夹杂物在轧制后能造成钢材的分层，所以分层是钢材（尤其是厚板）的一种缺陷。设计时应尽量避免拉力垂直于板面的情况，以防止层间撕裂。

4. 热处理

一般钢材以热轧状态交货，某些高强度钢材则在轧制后经热处理才出厂。热处理的目的在于取得高强度的同时保持良好的塑性和韧性。

5. 残余应力

热轧型钢在冷却过程中，在截面突变处如尖角、边缘及薄细部位，率先冷却，其他部位渐次冷却，先冷却部位约束阻止后冷却部位的自由收缩，产生复杂的热轧残余应力分布。不同形状和尺寸规格的型钢残余应力分布不同。钢材经过气割或焊接后，由于不均匀的加热和冷却，也将引起残余应力。

残余应力是一种自相平衡的应力，退火处理后可部分乃至全部消除。结构受荷后，残余应力与荷载作用下的应力相叠加，将使构件某些部位提前屈服，降低构件的刚度和稳定性，降低抵抗冲击断裂和抗疲劳破坏的能力。

6. 应力集中

由于钢结构的钢材存在孔洞、槽口、凹角裂纹、厚度变化、形状变化及内部缺陷等构造缺陷，此时截面中的应力分布不再保持均匀，同时主应力线在绕过孔口等缺陷时发生弯转，不仅在孔口边缘处会产生沿力作用方向的应力高峰，而且会在孔口附近产生垂直于力作用方向的横向应力，甚至会产生三向拉应力，而且厚度越厚的钢板，在其缺口中心部位的三向拉应力也越大。在设计中，应采取措施避免或减小应力集中。

7. 钢材硬化

（1）时效硬化：钢材仅随时间增长而变脆的现象称为时效硬化。

（2）应变硬化：钢材经冷加工或一次加载而产生塑性变形，卸载后重新加载，可使钢材屈服点得到提高。钢材塑性和韧性明显降低的现象，称为应变硬化（冷作硬化）。

冷加工是在常温下通过机械的力量，使钢材产生所需要的永久塑性变形，获得需要的薄板或型钢的工艺，包括冷轧、冷弯、冷拔等延伸性加工，也包括剪、冲、钻、刨等切削性加工。

（3）应变时效硬化：钢材经应变硬化后，其时效硬化速度将加快，从而在较短时间内又产生显著的时效硬化，这种现象称为应变时效硬化。

5.2.4 钢结构用钢材的分类及钢材的选用

钢结构用钢材主要有两个种类，即碳素结构钢和低合金高强度结构钢。后者因含有锰、钒等合金元素而具有较高的强度。此外，处在腐蚀介质中的结构，会采用高耐候性结构钢，这种钢因含铜、磷、铬、镍等合金元素而具有较高的抗锈能力。

钢的牌号由代表屈服强度"屈"字的汉语拼音首字母 Q、规定的最小屈服强度数值、交货状态代号（可省略）、质量等级符号构成，例如 Q235B，表示钢材屈服强度标准值为 235 N/mm²，质量等级为 B 级。不同的质量等级是按对冲击韧性（夏比 V 型缺口试验）的要求来区分的。

1. 碳素结构钢

《钢结构标准》推荐采用的碳素钢是 Q235 钢（按质量由低到高的顺序分 A、B、C、D 四个等级），钢材材质符合标准《碳素结构钢》GB/T 700—2006，牌号及化学成分见表 5.2-1。

碳素结构钢的牌号及化学成分　　　　　　　表 5.2-1

牌号	等级	化学成分（质量分数）/%（不大于）				
		C	Si	Mn	P	S
Q235	A	0.22	0.35	1.40	0.045	0.050
	B	0.20			0.045	0.045
	C	0.17			0.040	0.040
	D	0.17			0.035	0.035

《优质碳素结构钢》GB/T 699—2015 中的优质碳素结构钢主要用作压力加工用钢和切削加工用钢，钢结构中使用较少，仅用经热处理的优质碳素结构钢制作冷拔高强度钢丝或高强螺栓、自攻螺钉等。

2. 低合金高强度结构钢

《钢结构标准》推荐采用的低合金高强度结构钢应符合国家标准《低合金高强度结构钢》GB/T 1591—2018 的规定，分为 Q355、Q390、Q420、Q460 四种钢号和 B、C、D、E 四个质量等级，牌号及化学成分见表 5.2-2。

热轧低合金高强度钢的牌号及化学成分　　　　　　　表 5.2-2

牌号	等级	化学成分（质量分数）/% （不大于）													
		C	Si	Mn	P	S	Nb	V	Ti	Cr	Ni	Cu	Mo	N	B
Q355	B	0.24			0.035	0.035								0.012	
	C	0.20	0.55	1.60	0.030	0.030	—	—	—	0.30	0.30	0.40	—	0.012	—
	D	0.20			0.025	0.025								—	
Q390	B				0.035	0.035									
	C	0.20	0.55	1.70	0.030	0.030	0.05	0.13	0.05	0.30	0.50	0.40	0.10	0.015	—
	D				0.025	0.025									
Q420	B	0.20	0.55	1.70	0.035	0.035	0.05	0.13	0.05	0.30	0.80	0.40	0.20	0.015	—
	C				0.030	0.030									
Q460	C	0.20	0.55	1.80	0.030	0.030	0.05	0.13	0.05	0.30	0.80	0.40	0.20	0.015	0.004

3. 建筑结构用钢板（GJ 钢）

《建筑结构用钢板》GB/T 19879—2015 适用于高层建筑结构、大跨度结构及其他重要建筑结构用厚度为 6~100mm 的钢板。

建筑结构用钢板的牌号由代表屈服强度的汉语拼音字母（Q）、屈服强度数值、代表高性能建筑结构用钢汉语拼音字母（GJ）、质量等级符号（B、C、D、E）组成，如 Q355GJC。对于厚度方向性能钢板，在质量等级后加注厚度方向的性能级别（Z15、Z25 或 Z35），如 Q355GJCZ25。

厚度方向的性能级别与硫含量有关（表 5.2-3）。

建筑结构用钢板厚度方向的性能级别　　　　　　　表 5.2-3

厚度方向的性能级别	Z15	Z25	Z35
硫含量（质量分数）/%	≤0.010	≤0.007	≤0.005

GJ 钢与碳素结构钢、低合金高强度结构钢的主要差异有：规定了屈强比和屈服强度的波动范围；规定了碳当量 CE 和焊接裂纹敏感性指数 P_{cm}；降低了 P、S 的含量，提高了冲击功值；降低了强度的厚度效应等。

焊接裂纹敏感性指数 P_{cm} 按下式计算：

$$P_{cm}(\%) = C + \frac{Si}{30} + \frac{Mn}{20} + \frac{Cu}{20} + \frac{Ni}{60} + \frac{Cr}{20} + \frac{Mo}{15} + \frac{V}{10} + 5B$$

式中，C、Si、Mn、Cu、Ni、Cr、Mo、V、B 分别为碳、硅、锰、铜、镍、铬、钼、钒和硼的百分含量。

4. 钢材的选择

选择钢材要做到结构安全可靠，又要用材经济合理。选择钢材时应考虑的主要因素是：(1) 结构或构件的重要性；(2) 荷载性质（静载或动载）；(3) 连接方法（焊接、铆接或螺栓连接）；(4) 工作条件（温度及腐蚀介质）。对于重要结构、直接承受动载的结构、处于低温条件下的结构及焊接结构，应选用质量较高的钢材。

《钢结构标准》第 4.3.3 条规定了钢材质量等级的选用条件：

（1）A 级钢仅可用于结构工作温度高于 0℃的不需要验算疲劳的结构，且 Q235A 钢不宜用于焊接结构。

（2）需验算疲劳的焊接结构用钢材应符合下列规定：

① 当工作温度高于 0℃时其质量等级不应低于 B 级；

② 当工作温度不高于 0℃但高于 −20℃时，Q235、Q355 不应低于 C 级，Q390、Q420 及 Q460 钢不应低于 D 级；

③ 当工作温度不高于 −20℃时，Q235 钢和 Q345 钢不应低于 D 级，Q390 钢、Q420 钢、Q460 钢应选用 E 级。

（3）需验算疲劳的非焊接结构，其钢材质量等级要求可较上述焊接结构降低一级但不应低于 B 级。吊车起重量不小于 50t 的中级工作制吊车梁，其质量等级要求应与需要验算疲劳的构件相同。

《钢结构标准》第 4.3.4 条规定，工作温度不高于 −20℃的受拉构件和承重构件的受拉钢板应符合下列规定：

（1）所用钢材厚度或直径不宜大于 40mm，质量等级不宜低于 C 级；

（2）当钢材厚度或直径不小于 40mm 时，其质量等级不宜低于 D 级；

（3）重要承重构件的受拉钢板宜满足《建筑结构用钢板》GB/T 19879—2015 的要求。

5. 型钢的规格

（1）热轧钢板

热轧钢板分厚板及薄板两种，厚板的厚度为 4.5～60mm，薄板厚度为 0.35～4mm。前者广泛用来组成焊接构件和连接钢板，后者是冷弯薄壁型钢的原料。在图样中钢板用"厚×宽×长（mm）"前面附加钢板横断面的方法表示，如：−12×800×2100 等。

（2）热轧型钢

我国目前生产的热轧型钢，有 H 型钢、工字钢、槽钢、角钢、钢管等。

H 型钢的尺寸标准和表示方法应符合《热轧 H 型钢和剖分 T 型钢》GB/T 11263—2017；工字钢、槽钢、角钢的尺寸标准和表示方法应符合《热轧型钢》GB/T 706—2016；无缝钢管的尺寸标准和表示方法应符合《结构用无缝钢管》GB/T 8162—2018。

（3）冷弯薄壁型钢

冷弯薄壁型钢是用 2～6mm 厚的薄钢板经冷弯或模压而成形的。

(4) 压型钢板

由热轧薄钢板经冷压或冷轧成形，具有较大的宽度及曲折外形，从而增加了惯性矩和刚度，所用钢板厚度为 0.4～2mm，尺寸标准和表示方法应符合《建筑用压型钢板》GB/T 12755—2008。

5.2.5 钢材的强度设计值

钢材的强度设计值由钢材屈服强度标准值除以抗力分项系数得到。以厚度或直径不大于 16mm 的钢板和圆钢为例，对于 Q235 钢，抗力分项系数为 1.090，于是得 Q235 钢抗拉、抗压和抗弯的强度设计值为 235/1.090＝215.596N/mm^2，取整后为 215N/mm^2；对于 Q355 钢、Q390 钢、Q420 钢和 Q460 钢，其抗力分项系数为 1.125，用同样的方法可得到它们抗拉、抗压和抗弯的强度设计值（N/mm^2）。

钢材的抗拉、抗压和抗弯的强度设计值相等，但厚板（厚度大于 16mm）因辊轧次数少，其强度比薄板略低；抗剪强度设计值强度为抗拉强度设计值的 $1/\sqrt{3}$，钢材的端面承压是一种局部作用，故其强度设计值比较高。

5.3 连接

钢结构的连接应坚持安全可靠、传力明确，构造简单、施工方便和节约钢材的原则。列入《钢结构标准》的连接方法分为焊缝连接、紧固件连接（图 5.3-1）、销轴连接和钢管法兰连接四类。

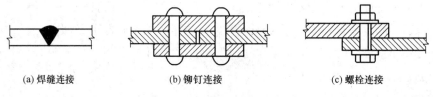

(a) 焊缝连接　　　　(b) 铆钉连接　　　　(c) 螺栓连接

图 5.3-1　钢结构的连接方法

5.3.1 焊缝连接

焊缝连接是目前钢结构最主要的连接方法，任何形状的结构均可以采用焊缝连接方式。其优点是：构造简单，各种样式的构件都可直接相连；用料经济，截面无削弱；制作加工方便，可实现自动化操作；连接的密闭性好，结构刚度大。其缺点是：在焊缝附近的热影响区内，钢材的金相组织发生改变，导致局部材质变脆；焊接残余应力和残余变形使受压构件的承载力降低；焊缝结构对裂纹很敏感，局部裂纹一旦发生，就容易扩展到整体；低温冷脆问题较为突出。

随着焊接工艺的不断改进和完善，除少数直接承受动力荷载结构的连接外，焊缝连接可广泛应用于工业与民用建筑的钢结构中。

焊接方法很多，但在钢结构中通常采用电弧焊。电弧焊有手工电弧焊（图 5.3-2）、埋弧焊（埋弧自动或半自动焊）（图 5.3-3）、气体保护焊以及电阻焊等。

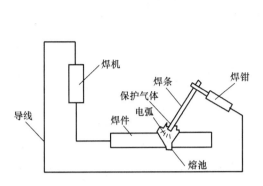

图 5.3-2　手工电弧焊示意图

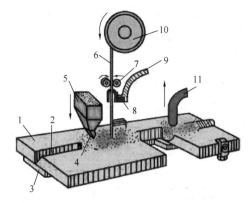

图 5.3-3　埋弧自动电弧焊示意图
1—焊件；2—V 型坡口；3—垫板；4—焊剂；
5—焊剂斗；6—焊丝；7—送丝轮；8—导电器；
9—电缆；10—焊丝盘；11—焊剂回收器

焊缝主要分对接焊缝和角焊缝，也可将这两种焊缝组合应用。

1. 焊缝材料

《钢结构标准》第 4.3.8 条规定，焊条或焊丝的型号和性能应与相应母材性能相适应，其熔敷金属的力学性能应符合设计规定，且不应低于相应母材标准的下限值；对直接承受动力荷载或需验算疲劳的结构，以及低温环境下工作的厚板结构，宜采用低氢型焊条。

焊条型号 EXXYY 中，字母 E 代表焊条，前两位数字 XX 表示焊条金属的抗拉强度标准值，后两位数字 YY 表示适用焊接位置、电流种类等。一般采用等强度的原则确定焊条。

同样，埋弧焊所采用焊丝和焊剂应与主体金属等强度。

《建筑钢结构焊接技术规程》JGJ 81—2002 规定：

（1）焊条应符合现行国家标准《碳钢焊条》GB/T 5117、《低合金钢焊条》GB/T 5118 的规定。

（2）焊丝应符合现行国家标准《熔化焊用钢丝》GB/T 14957、《气体保护电弧焊用碳钢、低合金钢焊丝》GB/T 8110 及《碳钢药芯焊丝》GB/T 10045、《低合金钢药芯焊丝》GB/T 17493 的规定。

（3）埋弧焊用焊丝和焊剂应符合现行国家标准《埋弧焊用碳钢焊丝和焊剂》GB/T 5293、《低合金钢埋弧焊用焊剂》GB/T 12470 的规定。

2. 焊缝的质量等级

《建筑钢结构焊接技术规程》JGJ 81—2002 将焊缝的质量分为三个等级。一、二级焊缝应采用超声波探伤进行内部缺陷的检验，探伤的比例是一级焊缝 100%、二级焊缝 20%。一、二、三级焊缝都要进行外观质量检测，但三级焊缝没有超声波探伤的要求。焊缝质量等级的确定与其受力情况有关，受拉焊缝或受动载作用的焊缝需采用较高的等级。

3. 焊缝连接的构造及强度设计值

按被连接钢材的相互位置可分为对接、搭接、T形连接和角部连接四种（图5.3-4）。这些连接所采用的焊缝主要有对接焊缝、角焊缝以及对接与角接组合焊缝。这里介绍前两种。

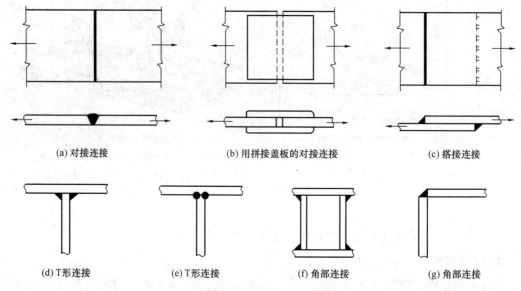

图5.3-4 焊缝连接的形式

（1）对接焊缝

对接焊缝构造简单，节省钢材，传力平顺均匀，没有明显的应力集中，适合于直接承受动力荷载作用的结构。对接焊缝在施焊前，焊件边缘需根据不同厚度加工成各种坡口形状，以保证焊透，故又叫坡口焊缝。坡口形式与焊件厚度有关。当焊件厚度很小（手工焊6mm，埋弧焊10mm）时，可用直边缝，即不用加工。对于厚度或宽度不同的板件之间的对接，为了减小应力集中的程度，可采用具有斜坡口的单边V形或V形焊缝。《钢结构标准》第11.3.3条规定：不同厚度和宽度的材料对接时，应作平缓过渡，其连接处坡度值不宜大于1:2.5（图5.3-5、图5.3-6）。

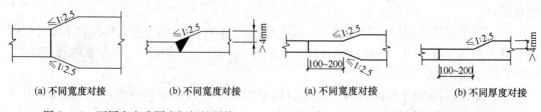

图5.3-5 不同宽度或厚度钢板的拼接　　图5.3-6 不同宽度或厚度铸钢件的拼接

在焊缝的起灭弧处，由于电流特别大，容易形成弧坑缺陷，引起应力集中，导致钢材变脆，故应设置引弧板（图5.3-7），焊后将它割除。采用引弧板后，可以认为焊缝的计算截面与母材相同。当对接焊缝的质量达到一、二级时，其强度与母材强度相同；当对接焊缝的质量为三级时，其抗压和抗剪强度度仍与母材的相应值相同，抗拉强度约为母材相应值的0.84～0.86倍。对接焊缝可看成是母材的一部分，除抗弯强度计算略有不同之外

（不考虑塑性发展），其他计算与母材相同。即，当采用了引弧板、焊缝质量等级又为一级或二级时，对接焊缝就没有必要再进行除抗弯强度之外的所有计算，母材能满足的要求，对接焊缝自然也能满足。

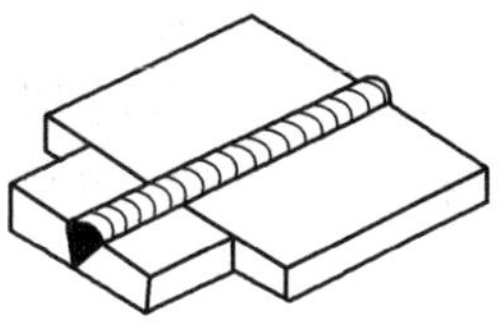

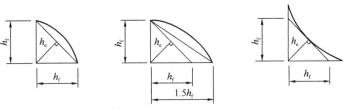

图 5.3-7　引弧板

（2）角焊缝

角焊缝按其与作用力的关系可分为正面角焊缝、侧面角焊缝和斜焊缝。正面角焊缝的焊缝与作用力垂直；侧面角焊缝的焊缝长度方向与作用力平行；斜焊缝的焊缝长度方向与作用力方向斜交。角焊缝按其截面形式可分为直角角焊缝和斜角角焊缝（图 5.3-8、图 5.3-9）。

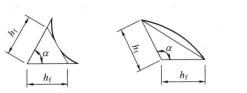

(a) 等边直角焊缝截面　　(b) 等边直角焊缝截面　　(c) 等边凹形直角焊缝截面

图 5.3-8　直角角焊缝的截面形式

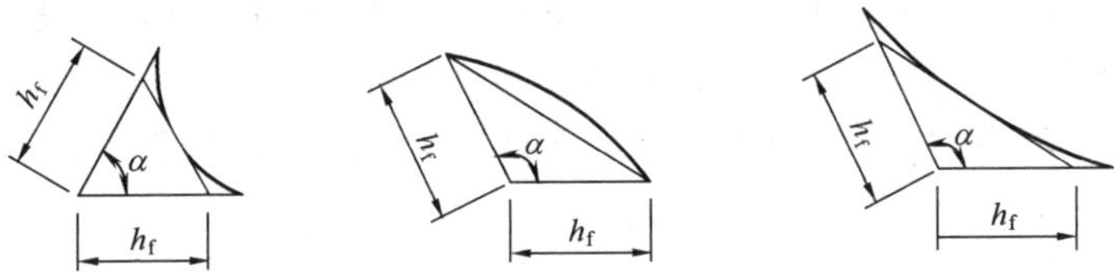

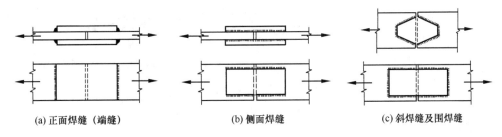

图 5.3-9　斜角角焊缝的截面形式

角焊缝不需加工坡口，施焊比较方便。缺点是传力线曲折，受力情况较复杂，有应力集中现象，也较费材料。角焊缝按剖面形式分为普通型、平坡型和凹型。一般采用普通型，但它用在端焊缝连接时，传力路线曲折，应力集中较为严重。因此，直接承受动力荷载的构件的端焊缝宜采用平坡型或凹型。

搭接连接是角焊缝连接的一种比较常见的方式（图 5.3-10）。除了用正面焊缝连接或侧面焊缝连接之外，还可以用有斜焊缝参与组合而成的围焊缝来连接。正面焊缝强度高但塑性较差，侧面焊缝强度较低但塑性较好，斜焊缝介乎于两者之间；围焊缝的性质则视前面这几种焊缝所占的比例而定。

(a) 正面焊缝（端缝）　　(b) 侧面焊缝　　(c) 斜焊缝及围焊缝

图 5.3-10　角焊缝的搭接连接

角焊缝的最大焊脚尺寸 $h_{fmax} \leq 1.2t_1$，t_1 为较薄焊件的厚度（mm）。对于板件边缘的角焊缝：当 $t \leq 6mm$ 时，$h_{fmax} \leq t$；当 $t > 6mm$ 时，$h_{fmax} \leq t-(1\sim2)mm$；对圆孔或槽孔内的角焊缝，焊脚尺寸尚不宜大于圆孔直径或槽孔短径的1/3（图5.3-11）。

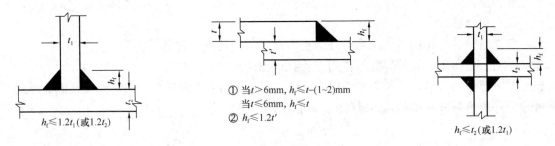

图5.3-11 角焊缝的最大焊脚尺寸

焊脚尺寸也不宜太小，应能保证焊缝的最小承载力，并防止焊缝冷却过快而产生裂纹。《钢结构标准》规定，角焊缝的焊脚尺寸 $h_f \geq 1.5\sqrt{t_2}$，t_2 为较厚焊件的厚度（mm）。

自动焊熔深大，角焊缝的最小焊脚尺寸可减小1mm；对T形连接的单面角焊缝，应增加1mm。当焊件厚度不大于4mm时，则最小焊脚尺寸应与焊件厚度相同。

侧面角焊缝的计算长度不宜大于 $60h_f$，大于 $60h_f$ 部分在计算中不予考虑。

侧面角焊缝或正面角焊缝的计算长度均不得小于 $8h_f$ 和40mm，考虑到焊缝两端的缺陷，其实际焊接长度应较前述数值还要大 $2h_f$。

在钢桁架中，角钢腹杆与节点板的连接焊缝一般采用两面侧焊，也可采用三面围焊，特殊情况也允许采用L形围焊（图5.3-12）。

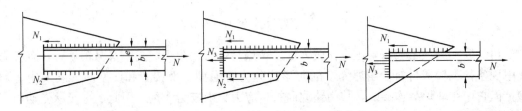

图5.3-12 桁架腹杆与节点板的连接

5.3.2 紧固件连接

紧固件连接包括铆钉连接、普通螺栓连接、高强度螺栓连接（图5.3-13）。

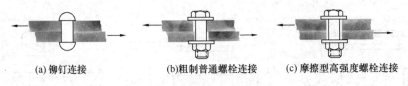

图5.3-13 连接的种类

1. 铆钉连接

铆钉的材料通常采用专用钢 BL2 和 BL3 制成，铆钉连接的制造有热铆和冷铆两种方法。打铆的程序大致为：将预先制好、一端带有铆钉头的铆钉烧红到 900～1000℃，安放在较钉杆大 1.0～1.5mm 的钉孔中，然后用风动铆钉枪或油压铆钉机打、压，以制成另一端的钉头。

铆钉连接优点是连接刚度大，传力可靠；缺点是对施工技术要求很高，劳动强度大，施工条件差，施工速度慢。铆合后由于钉杆的冷却收缩，杆中产生一定的预拉力，有利于被连接件的整体工作。铆钉连接适用于直接承受动力荷载的结构，但由于工艺复杂，现已很少采用。

《钢结构标准》第 11.1.4 条规定，沉头和半沉头铆钉不得用于其杆轴方向受拉的连接。

2. 螺栓连接

螺栓连接在钢结构工程中应用非常广泛。螺栓用钢材与构件用钢材不同，和构件相比，螺栓的截面小，残余应力小，没有可焊性的要求，可以通过提高碳含量来获得强度和必要的硬度。普通螺栓碳含量的上限值是 0.55%，超过低碳钢的上限值（0.25%），进入中碳钢的范围。

根据所使用螺栓的性能，可分为普通螺栓连接和高强度螺栓连接两种。

（1）普通螺栓连接

列入《钢结构标准》的普通螺栓分精制螺栓（A 级和 B 级）和粗制螺栓（C 级）两种、三个等级。

① 精制螺栓连接。A 级精制螺栓的直径和杆长较小，B 级精制螺栓的直径和杆长则较大。精制螺栓由毛坯在车床上经过切削加工精制而成，表面光滑，尺寸准确，螺孔与螺杆直径的公称尺寸相同，允许的间隙偏差非常小（0.3～0.5mm），性能等级有 5.6 级和 8.8 级；抗剪性能好。但因造价昂贵且制造安装费工，目前在建筑钢结构中很少采用。

② 粗制螺栓连接。粗制螺栓（C 级）的表面不经特别加工、比较粗糙，螺孔与螺杆之间的间隙较大（1.5～2.0mm）。性能等级有 4.6 级和 4.8 级。

粗制螺栓在受剪时，板件滑移较大，而且螺栓群中各螺栓会因错位量不等导致受力不均，故抗剪性能较差。但粗制螺栓容易制作和安装，受拉性能也不错，它与焊接组合的连接在永久性的工程中也比较多见。在这类组合的连接中，粗制螺栓传递拉力，剪力则由焊缝承担，如图 5.3-14 所示。

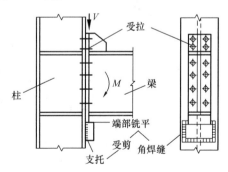

图 5.3-14　普通螺栓受拉、焊缝受剪

螺栓性能等级（以 4.6 级的 C 级螺栓为例）：小数点前的数字表示螺栓成品的抗拉强度不小于 400N/mm²，小数点及小数点后的数字表示屈强比（屈服强度和抗拉强度之比）为 0.6。

《钢结构标准》第 11.1.3 条规定：C 级螺栓宜用于沿其杆轴方向受拉的连接，在下列情况下可用于受剪连接：

① 承受静力荷载或间接承受动力荷载结构中的次要连接；
② 承受静力荷载的可拆卸结构的连接；
③ 临时固定构件用的安装连接。

（2）高强度螺栓连接

高强度螺栓采用高强度钢材（如45号钢、40B钢），性能等级有8.8级和10.9级。其连接的受剪、受拉性能较好且施工简便，广泛应用于建筑钢结构和桥梁钢结构的工地连接，是目前钢结构安装的主要手段之一。按受力状况，可分为摩擦型和承压型两类，其中摩擦型高强度螺栓连接应用最广。

《高层民用建筑钢结构技术规程》JGJ 99—2015第8.1.6条规定：高层民用建筑钢结构承重构件的螺栓连接，应采用高强度螺栓摩擦型连接。考虑罕遇地震时连接滑移，螺栓杆与孔壁接触，极限承载力按承压型连接计算。

① 摩擦型连接。通过对螺栓施加强大的预拉力，将被连接的板件夹紧，利用被处理过的板接触面之间的摩擦力来传递剪力，并以剪力不超过接触面摩擦力作为设计准则；变形小，承载力低，耐疲劳、抗动力荷载性能好。摩擦型高强度螺栓对螺孔与螺杆之间的间隙要求不高（1.5～2.0mm），制作和安装都比较简便，故已成为紧固件连接的最主要形式。

② 承压型高强度螺栓连接。当摩擦型高强度螺栓受剪连接的剪力超过被连接板件接触面的摩擦力时，应认为摩擦型高强度螺栓的承载能力极限状态已被超过。此时，板件之间产生了滑移，但连接并没有破坏，还可以通过螺杆受剪、孔壁承压来承受继续增加的剪力，直到螺杆剪断或孔壁压坏才算超过承载力的极限状态。据此设计的高强度螺栓连接称为承压型连接。显然，承压型连接的承载力比摩擦型高，但承压型连接有板件滑移，剪切变形较大，不得用于直接承受动力荷载的结构。

3. 螺栓（铆钉）连接的构造要求

螺栓（铆钉）连接的螺栓孔可采用并列布置或错列布置（图5.3-15），但均应简单、统一、整齐而紧凑，以减小连接板的构造尺寸。

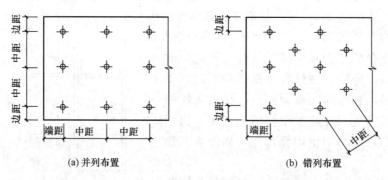

图5.3-15　钢板的螺栓（铆钉）连接

并列布置比较简单整齐，连接板的尺寸较小，但并列布置的螺栓孔对构件截面的削弱较大；错列布置可以减小螺栓孔对构件截面的削弱，但螺栓孔排列不如并列方式紧凑，连接板的尺寸也较大。

螺栓布置时应考虑受力要求、构造要求和施工要求。螺栓间距过小，连接钢板容易剪坏，而且施工时转动扳手困难；螺栓间距过大，受压时钢板张开，连接不紧密，潮气容易侵入腐蚀。螺栓最大和最小容许间距见表5.3-1。

当杆件在节点上或拼接接头的一端时，永久性的螺栓（或铆钉）数不宜少于两个；对组合构件的缀条，其端部连接可采用一个螺栓（或铆钉）。

螺栓最大和最小容许间距　　　　表 5.3-1

名称	位置和方向			最大容许间距	最小容许间距
中心间距	外排（垂直内力方向或顺内力方向）			Min[$8d_0$，$12t$]	$3d_0$
	中间排	垂直内力方向		Min[$16d_0$，$24t$]	
		顺内力方向	构件受拉力	Min[$12d_0$，$18t$]	
			构件受压力	Min[$16d_0$，$24t$]	
	沿对角线方向			—	
中心至构件边缘距离	顺内力方向				$2d_0$
	垂直内力方向	剪切边或手工气割边		Min[$4d_0$，$8t$]	$1.5d_0$
		轧制边、自动气割或锯割边	高强度螺栓		
			其他螺栓或铆钉		$1.2d_0$

注：① d_0 为螺栓或铆钉的孔径，t 为外层较薄板件的厚度；
　　② 钢板边缘与刚性构件（如角钢、槽钢等）相连的螺栓或铆钉的最大间距，可按中间排的数值采用。

高强度螺栓孔应采用钻孔。

在同一连接接头中，高强度螺栓连接不应与普通螺栓连接混用，承压型高强度螺栓连接不应与焊接连接并用。

高强度螺栓连接中施加的预应力应按照《钢结构标准》表 11.4.2-2 的规定确定。

5.3.3 销轴连接和法兰连接

1. 销轴连接

销轴连接适用于铰接柱脚或拱脚以及拉索、拉杆端部的连接，销轴与耳板的材质宜采用 Q355、Q390 与 Q420 钢材，也可以采用 45 号钢、35CrMo 或 40Cr 等钢材。

销轴连接的构造应符合下列规定（图 5.3-16）：

（1）销轴孔中心应位于耳板的中心线上，其孔径与销轴直径相差不应大于 1mm。

（2）耳板两侧宽厚比 b/t 不宜大于 4，几何尺寸应符合下列公式规定：

$$a \geqslant \frac{4}{3}b_e$$

$$b_e = 2t + 16 \leqslant b$$

式中　b——连接耳板两侧边缘与销轴孔边缘净距（mm）；
　　　t——耳板厚度（mm）；
　　　a——顺受力方向，销轴孔边距板边缘最小距离（mm）。

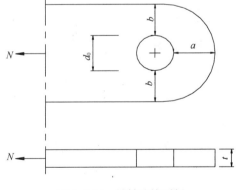

图 5.3-16　销轴连接耳板

（3）销轴表面与耳板孔周表面宜进行机加工，机加工质量应符合相应的机械零件加工标准的规定。

（4）当销轴直径大于 120mm 时，宜采用锻造加工工艺制作。

2. 钢管法兰连接

法兰板可采用环状板或整板，并宜设加劲肋。

法兰板上螺孔应均匀分布，螺栓宜采用较高强度等级。

当钢管内壁不作防腐处理时，管端部法兰应作气密性焊接封闭。当钢管用热浸镀锌作内外防腐处理时，管端不应封闭。

5.4 轴心受力构件

轴心受力构件分为轴心受拉构件和轴心受压构件，截面形式可分为如图 5.4-1 所示四类。

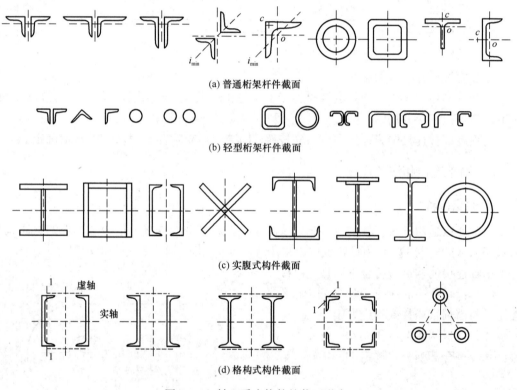

图 5.4-1 轴心受力构件的截面形式

两类构件的截面形式均应符合强度、刚度及经济性要求，且制作简便，便于和相邻的构件连接，都需满足允许长细比和承载力的要求。对于受压构件，尚应满足稳定性的要求，包括整体稳定和局部稳定。

5.4.1 承载力

轴心受力构件以截面平均应力达到钢材的屈服强度作为计算准则；对于有孔洞削弱的轴心受力构件，宜以其净截面的平均应力达到屈服强度为承载力极限状态标志。

强度设计表达式为：

$$\sigma = \frac{N}{A_n} \leqslant f$$

式中 N——轴向荷载（拉力或压力）；

f——钢材强度设计值；

A_n——构件净截面面积。

5.4.2 刚度

为保证钢构件满足正常使用极限状态要求，应限制其长细比 λ，以保证构件的刚度。基于钢构件截面形式的多样性，钢构件的长细比 λ 一般用计算长度 l_0 除以截面相应的回转半径 i 来定义，即：

$$\lambda_x = \frac{l_{0x}}{i_x} = \frac{l_{0x}}{\sqrt{I_x/A}} \leqslant [\lambda] ; \quad \lambda_y = \frac{l_{0y}}{i_y} = \frac{l_{0y}}{\sqrt{I_y/A}} \leqslant [\lambda]$$

式中 $[\lambda]$——钢构件的允许长细比；

l_{0x}、l_{0y}——钢构件在主轴 x、y 方向的计算长度；

i_x、i_y——钢构件截面在主轴 x、y 方向的回转半径；

I_x、I_y——钢构件截面在主轴 x、y 方向的惯性矩；

A——构件截面面积；

λ——钢构件的长细比。

《钢结构标准》中对构件容许长细比的规定，主要是避免构件柔度太大，在本身自重作用下产生过大的挠度和运输、安装过程中造成弯曲，以及在动力荷载作用下发生较大振动。对受压构件来说，由于刚度不足产生的不利影响远比受拉构件严重，故其长细比允许值的限制比受拉构件严。

《钢结构标准》第7.4.6条对轴心受压构件长细比允许值的要求是：

① 跨度等于或大于60m的桁架，其受压弦杆、端压杆和直接承受动力荷载的受压腹杆的长细比不宜大于120；

② 轴心受压构件的长细比不宜超过表5.4-1规定的容许值，但当杆件内力设计值不大于承载能力的50%时，容许长细比值可取200。

受压构件的长细比容许值　　　　表5.4-1

构件名称	容许长细比
轴心受压柱、桁架和天窗架中的压杆	150
柱的缀条、吊车梁或吊车桁架以下的柱间支撑	150
支撑	200
用以减小受压构件计算长度的杆件	200

《钢结构标准》第7.4.7条对轴心受拉构件长细比允许值的要求是：

① 中级、重级工作制吊车桁架下弦杆的长细比不宜超过200；

② 在设有夹钳或刚性料耙等硬钩起重机的厂房中，支撑的长细比不宜超过300；

③ 受拉构件在永久荷载与风荷载组合作用下受压时，其长细比不宜超过250；

④ 跨度等于或大于 60m 的桁架，其受拉弦杆和腹杆的长细比，承受静力荷载或间接承受动力荷载时不宜超过 300，直接承受动力荷载时不宜超过 250；

⑤ 受拉构件的长细比不宜超过表 5.4-2 规定的容许值。

受拉构件的容许长细比　　　　　　　　　表 5.4-2

构件名称	承受静力荷载或间接承受动力荷载的结构			直接承受动力荷载的结构
	一般建筑结构	对腹杆提供平面外支点的弦杆	有重级工作制起重机的厂房	
桁架的构件	350	250	250	250
吊车梁或吊车桁架以下柱间支撑	300	—	200	—
除张紧的圆钢外的其他拉杆、支撑、系杆等	400	—	350	—

5.4.3 轴心受压构件的整体稳定

（1）构件长细比的影响

长细比是衡量构件细长程度的标准，是影响受压构件稳定承载力的主要因素。在其他条件相同的情况下，长细比越大，稳定承载力就越低。

（2）初始缺陷的影响

实际的轴心受压构件不可避免地都存在初始缺陷。初始缺陷主要有残余应力、初偏心和初弯曲三个方面，钢构件截面分类综合考虑了这三方面的因素，按不同的截面形式对构件整体稳定性的不利影响程度，由轻到重分为 a、b、c、d 四类。

在理论分析中，只考虑初弯曲和残余应力两个最主要的不利因素。初始缺陷中的残余应力对轴心受压构件整体稳定承载力的影响最大，以翼缘为剪切边的焊接工字形截面为例。图 5.4-2(a) 表示截面受荷前的焊接残余应力分布，构件受压后，截面中有残余压应力的部分很快便达到屈服强度而提前退出工作，如图 5.4-2(b) 所示。对于截面的弱轴（y 轴），离该轴最远、对截面惯性矩贡献最大的部位全部退出工作，使截面对弱轴的惯性矩 I_y 大幅度下降，进而构件对弱轴的稳定承载力也有较大幅度下降；而对于截面的强轴（x 轴），离该轴最远、对截面惯性矩贡献最大的部位部分地（而不是全部）退出工作，截面对强轴的惯性矩 I_x 下降幅度较小，进而对构件强轴稳定承载力的影响也比较小。

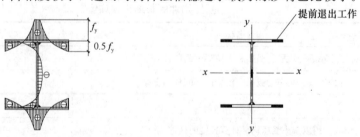

(a) 翼缘为剪切边的焊接工字形截面的残余应力　　(b) 残余压应力部分提前退出工作

图 5.4-2　同一个截面的焊接残余应力对截面强、弱轴稳定承载力影响程度的差别

因此，当钢板的厚度小于 40mm 时，《钢结构标准》将这种截面对强轴划归为一般的 b 类截面，而对弱轴则划归为较差的 c 类截面；当钢板的厚度大于等于 40mm 时，残余应

力的影响更加显著。此时，这种截面对强轴划归为较差的 c 类截面，而对弱轴则划归为最差的 d 类截面。

（3）轴心受压构件整体稳定的计算

轴心受压构件失稳时的应力称临界应力，它与钢材屈服强的比值就是轴心受压构件的稳定系数 φ，相应的稳定强度设计值就变成为 φf。钢结构轴心受压构件的稳定系数 φ 是一个小于 1 的数，它反映了构件长细比的影响，同时通过截面分类反映了残余应力、初偏心、初弯曲及板厚的影响。《钢结构标准》规定，轴心受压构件的整体稳定按下式计算：

$$\sigma = \frac{N}{\varphi A} \leqslant f$$

式中 N——轴心受压构件的压力设计值；

φ——轴心受压构件的稳定系数；

A——构件毛截面面积。

由于轴心受压构件的稳定性系数 φ 小于 1，故截面若无孔眼削弱，净截面就是毛截面，构件的整体稳定性得到满足时，净截面的强度就自然会满足，不需另行验算。

5.4.4 轴心受压构件的局部稳定

在不增加材料的情况下，可通过将板件变薄来加大截面的高度和宽度，从而提高构件的整体稳定性，但这又有可能导致板件的失稳，称"局部失稳"。板件的稳定性取决于截面的宽厚比、高厚比及其边界的支承条件，高厚比中的"高"是指截面腹板的有效高度 h_0。

H 形截面的局部稳定性按板件失稳的临界应力和构件整体失稳的临界应力相等的条件得出，故其限制条件中有影响整体稳定性的最主要参数——长细比 λ。同时由于翼缘为悬伸板，故翼缘宽厚比 b/t 的要求比腹板的高厚比 h_0/t 严。

箱形截面的整体稳定性好，其局部稳定按板件失稳的临界应力不小于屈服强度来考虑（图 5.4-3）。

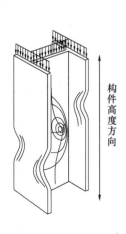

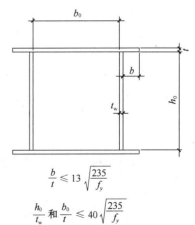

$\dfrac{b}{t} \leqslant (10+0.1\lambda)\sqrt{\dfrac{235}{f_y}}$

$\dfrac{h_0}{t_w} \leqslant (25+0.5\lambda)\sqrt{\dfrac{235}{f_y}}$

$\dfrac{b}{t} \leqslant 13\sqrt{\dfrac{235}{f_y}}$

$\dfrac{h_0}{t_w}$ 和 $\dfrac{b_0}{t} \leqslant 40\sqrt{\dfrac{235}{f_y}}$

$\lambda < 30$ 时，取为 30；$\lambda > 100$ 时，取为 100

(a) 钢构件的局部失稳　　　　(b) H 形截面的板件稳定要求　　　　(c) 箱形截面的板件稳定要求

图 5.4-3　轴心受压构件的局部稳定

钢材强度等级越高,对板件稳定性的要求就越严,其影响用钢号修正系数 $\varepsilon_k = \sqrt{235/f_y}$ 体现。板件稳定的临界应力上得去,强度等级高的钢材的强度才能得以发挥。

5. 格构式轴心受压构件的截面设计

格构式轴心受压构件是由两个或两个以上的相同截面的分肢,用缀材连成一体的构件,通常采用对称双肢组合截面,分肢的截面常为热轧 H 型钢、热轧工字钢、热轧槽钢和热轧角钢。根据缀材的不同分为缀条式和缀板式两种格构构件,缀条通常采用单角钢,一般与构件轴线成夹角斜放,缀条也可采用斜杆和横杆共同组成;缀板通常采用钢板,一般等距离垂直于构件直线横放(图 5.4-4)。

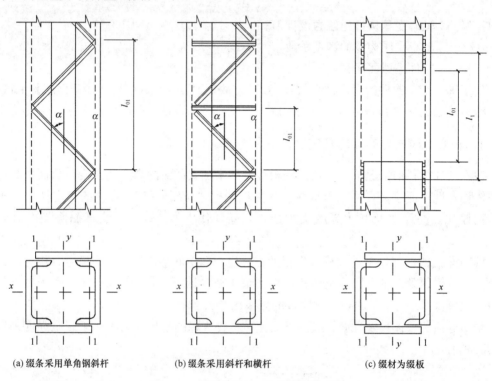

图 5.4-4 格构式轴心受压构件的组成

对称格构式双肢构件截面,与肢件腹板垂直的轴线为实轴,如图中的 x-x 轴,与缀材平面垂直的轴线为虚轴,如图中的 y-y 轴。格构式构件的分肢轴线间距可以根据需要进行调整,使截面对虚轴有较大的惯性矩,因而适用于荷载不大而柱身高度较大时。当格构式柱截面宽度较大时,因缀条柱的刚度较缀板柱为大,故宜采用缀条柱。

5.5 受弯构件和压弯构件

5.5.1 受弯构件的截面形式

受弯构件的截面形式很多(图 5.5-1),可以采用各类热轧、冷轧型钢,也可以根据受力情况采用各种焊接组合截面,以及采用钢和混凝土组合梁等。

受弯构件应该满足承载能力极限状态与正常使用极限状态的要求。

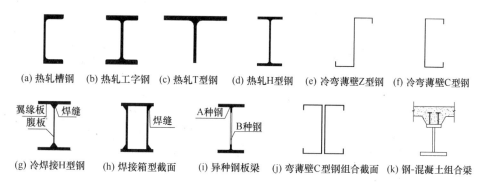

图 5.5-1　钢梁的截面类型

承载能力极限状态包括强度、整体稳定和局部稳定三个方面。设计时，要求在荷载设计值作用下，梁的弯曲正应力、剪应力、局部压应力和折算应力均不超过规范规定的相应强度设计值；整根梁不会侧向弯扭屈曲；组成梁的板件不会出现波状的局部屈曲。

正常使用的极限状态在钢梁的设计中主要考虑梁的刚度。设计时要求梁有足够的抗弯刚度，即在荷载标准值作用下，梁的最大挠度不大于规范规定的容许挠度。

5.5.2　受弯构件（梁）的整体稳定

梁绕强轴受弯时，其截面常设计得高而窄，这样可以更有效地发挥材料的作用。

以图 5.5-2 所示的简支工字形截面梁为例，荷载作用在其最大刚度平面内。当截面弯矩 M_x 较小时，梁的弯曲平衡状态是稳定的。虽然外界各种因素会使梁产生微小的侧向弯曲和扭转变形，但外界影响消失后，梁仍能恢复原来的弯曲平衡状态。然而，当截面弯矩增大到某一数值（M_{cr}）后，梁在向下弯曲的同时，将突然发生侧向弯曲和扭转变形而破坏，这种现象称之为梁的侧向弯扭屈曲或整体失稳。

梁维持其稳定平衡状态所承担的最大荷载或最大弯矩 M_{cr}，称为临界荷载或临界弯矩。对于跨中无侧向支承的中等或较大跨度的梁，其丧失整体稳定性时的临界弯矩往往低于按其抗弯强度确定的截面承载能力。因此，这些梁的截面大小也就往往由整体稳定性所控制。

梁的整体稳定性与下列因素有关：

① 沿跨度方向的弯矩分布。同侧弯矩图面积大时（图 5.5-2a），全梁段各截面受压区向侧面鼓出去的倾向一致，对整体稳定不利；当同侧弯矩图面积较小时（图 5.5-2b），对整体稳定比较有利。

② 竖向荷载作用的位置。竖向荷载作用在下部可抵消扭转，对整体稳定性有利（图 5.5-2c）；竖向荷载作用在上部将助长扭转，对整体稳定性不利（图 5.5-2d）。

③ 加宽受压翼缘有利于整体稳定（图 5.5-2e），梁的整体失稳的起因是受压区绕弱轴侧向弯曲，受压翼缘加宽后，受压区的侧向刚度变大，整体稳定性增强。但加宽受压翼缘会使下部的拉应力变大，降低梁的抗弯强度承载力。

④ 梁受压翼缘侧向支承约束的间距。间距越小（相当于构件对弱轴的长细比越小），就越不容易发生整体失稳（图 5.5-2f）。当这种约束的间距小到一定程度时，梁的整体稳定就自然会满足。因此，《钢结构标准》第 6.2.1 条规定：当铺板密铺在梁的受压翼缘上

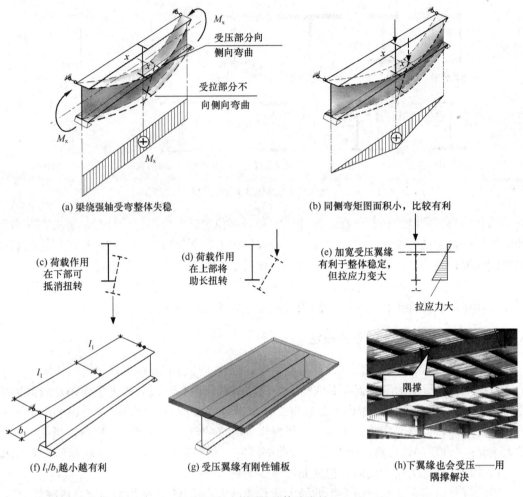

图 5.5-2 梁的整体稳定性

并与其牢固相连，能阻止梁受压翼缘的侧向位移时，可不计算梁的整体稳定性。

5.5.3 受弯构件（梁）的局部稳定

截面板件宽厚比指截面板件平直段的宽度和厚度之比，受弯或压弯构件腹板平直段的高度与腹板厚度之比也可称为板件高厚比。

1. 截面板件宽厚比分级

绝大多数钢构件由板件构成，而板件宽厚比大小直接决定了钢构件的承载力和受弯及压弯构件的塑性转动变形能力，因此钢构件截面的分类，是钢结构设计技术的基础，尤其是钢结构抗震设计方法的基础。

根据截面承载力和塑性转动变形能力的不同，并考虑到我国在受弯构件设计中采用截面塑性发展系数，《钢结构标准》将截面根据其板件宽厚比分为 5 个等级。

（1）S1 级：可达全截面塑性，保证塑性铰具有塑性设计要求的转动能力，且在转动过程中承载力不降低，称为一级塑性截面，也可称为塑性转动截面；

(2) S2级：可达全截面塑性，但由于局部屈曲，塑性铰转动能力有限，称为二级塑性截面；

(3) S3级：翼缘全部屈服，腹板可发展不超过1/4截面高度的塑性，称为弹塑性截面；

(4) S4级：边缘纤维可达屈服强度，但由于局部屈曲而不能发展塑性，称为弹性截面；

(5) S5级：在边缘纤维达屈服应力前，腹板可能发生局部屈曲，称为薄壁截面。

对工字形截面的翼缘，边界条件为三边简支一边自由，分类的界限宽厚比以S3级为基准，S1级、S2级、S4级、S5级界限宽厚比分别是S3级的0.5、0.6、0.8和1.1倍取整数。

对箱形截面的翼缘，边界条件为四边简支，分类的界限宽厚比以S3级为基准，S1级、S2级、S4级界限宽厚比分别是S3级的0.5、0.6和0.8倍并适当调整为整数；对S5级，因为两纵向边支承的翼缘有屈曲后强度，所以板件宽厚比不再作额外限制。

压弯构件和受弯构件的截面板件宽厚比等级及限值详见《钢结构标准》表3.5.1。

2. 保证局部稳定的措施

梁的翼缘处于对抗弯承载力贡献最大的部位，通过增加板厚来减小宽厚比可保证翼缘的局部稳定问题。

梁的腹板有弯曲正应力、剪应力，有时还有局部压应力，均有可能引起板件失稳。保证腹板的稳定性的方法不外乎两种：一是增加板厚，二是设置加劲肋（图5.5-3a）。加劲肋分为横向加劲肋、纵向加劲肋和短加劲肋（图5.5-3d）。横向加劲肋的主要作用是防止由剪应力和局部压应力引起的腹板失稳；纵向加劲肋的主要作用是防止由弯曲压应力引起的腹板失稳；短加劲肋的主要作用是防止由局部压应力引起的腹板失稳。

梁腹板的主要作用是抗剪，因此剪应力最容易引起腹板失稳。三种加劲肋布置中横向加劲肋最为常见（图5.5-3b、c），同时设置三种加劲肋的情况比较少见。

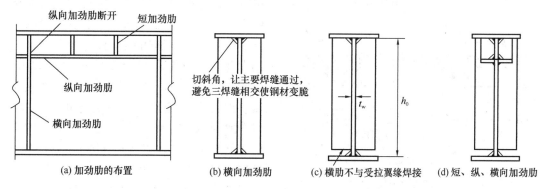

图5.5-3 梁腹板的局部失稳现象及加劲肋的布置

横向加劲肋的另一个作用就是为纵向加劲肋提供侧向支承边，纵、横肋相交处，纵向加劲肋应断开（图5.5-3d）。对于焊接钢梁，为了避免焊缝相交使钢材变脆，在翼缘与腹板连接处，横向加劲肋需切斜角（图5.5-3b~d）；对于焊接吊车梁，横向加劲肋的下边不与受拉翼缘焊接，以避免焊接应力与荷载拉应力形成三向拉应力使钢材变脆。

5.5.4 吊车梁的疲劳问题

《钢结构标准》第16.1.1条规定：直接承受动力荷载重复作用的钢结构构件及其连接，当应力变化的循环次数等于或大于$5×10^4$次时，应进行疲劳计算。

在建筑结构中，属于应进行疲劳验算的构件主要是吊车梁。钢结构的疲劳破坏是裂纹在重复或交变荷载的长期作用下逐渐发展，最后达到临界尺寸而出现的断裂。它发展缓慢，破坏突然，具有脆性特征，故所用钢材应具有冲击韧性的合格保证。

《钢结构标准》第16.1.3条规定：疲劳计算应采用基于名义应力的容许应力幅法，名义应力应按弹性状态计算，容许应力幅应按构件和连接类别、应力循环次数以及计算部位的板件厚度确定。对非焊接的构件和连接，其应力循环中不出现拉应力的部位可不计算疲劳强度。

所谓容许应力幅法是指验算部位的等效应力变化幅度不得超过容许的应力变化的幅度（容许应力幅）。容许应力幅习惯上称为"疲劳强度"。

疲劳强度与钢材静力强度无关，即疲劳强度所控制的构件，采用强度较高的钢材是不经济的。影响钢材的疲劳强度的因素主要有：

① 应力集中的程度。应力集中的程度越严重，疲劳强度就越低。构件及其连接处形状的突变、钢材内部的缺陷，都会引起应力集中。

② 连接的类型。在同一种形式的连接中，焊接连接的疲劳强度较非焊接连接者低。

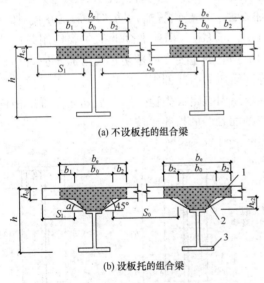

图 5.5-4 钢与混凝土组合梁断面及混凝土翼缘的计算宽度

5.5.5 钢与混凝土组合梁

钢梁通过栓钉等抗剪连接件与其上面的现浇混凝土楼板连成一体，共同工作，形成的组合构件为"钢与混凝土组合梁"（图5.5-4）。钢梁的下翼缘宜比上翼缘宽，可以使钢梁拉应力（对于简支梁或框架梁的正弯矩段）或压应力（对于框架梁的负弯矩段）的合力作用点下移，增大抵抗力的力臂，从而提高组合梁的抗弯承载力。在正弯矩作用下，组合梁的混凝土楼板受压，钢梁主要受拉；而在负弯矩作用下，组合梁的钢梁主要受压，梁上部的拉应力由混凝土楼板有效宽度b_e（图5.5-4）内的钢筋承担。在负弯矩段，钢梁较宽的受压下翼缘也有利于提高整体稳定性。但在工程实际中，组合梁的抗剪连接件宜采用圆柱头焊钉，也可采用槽钢或有可靠依据的其他类型连接件（图5.5-5）。

组合梁截面高度不宜超过钢梁截面高度的2倍，混凝土板托高度h_{c2}不宜超过翼板厚度h_{c1}的1.5倍。

组合梁边梁混凝土翼板的构造（图5.5-6）应满足下列要求：

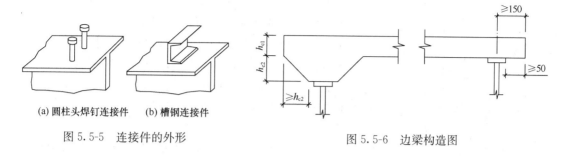

图 5.5-5 连接件的外形　　　　图 5.5-6 边梁构造图

(1) 有板托时，伸出长度不宜小于 h_{c2}；

(2) 无板托时，应同时满足伸出钢梁中心线不小于 150mm、伸出钢梁翼缘边不小于 50mm 的要求。

5.5.6 压弯构件

钢结构中的压弯构件类似于混凝土结构中的偏心受压柱，是实际工程中的受力常态。一般来说，厂房及多高层建筑的框架柱等都属于双向弯曲压弯构件，有间接荷载作用的屋架上弦属于单向弯曲压弯构件。

对于单层厂房而言，横向水平力由框架或排架承受，而纵向水平力由柱间支撑和刚性系杆组成的支撑体系来承担。因此，单层厂房的框架或排架柱是单向弯曲压弯构件，在结构布置时要注意使截面强轴受弯。

压弯构件的受力状态介于轴心受压与受弯之间，也需要进行整体稳定、局部稳定和强度验算。

5.5.7 柱脚

多高层结构框架柱的柱脚可采用埋入式柱脚、插入式柱脚及外包式柱脚；多层结构框架柱尚可采用外露式柱脚；单层厂房刚接柱脚可采用插入式柱脚、外露式柱脚，铰接柱脚宜采用外露式柱脚。抗震设计时，宜优先采用埋入式；外包式柱脚可在有地下室的高层民用建筑中采用。

1. 外露式柱脚

外露式柱脚应通过底板锚栓固定于混凝土基础上，锚栓不宜用于承受柱脚底部的水平反力，此水平反力由底板与混凝土基础间的摩擦力（摩擦系数可取 0.4）或设置抗剪键承受。

外露式柱脚的锚栓规格应考虑使用环境由计算确定，并应有足够的埋置深度，当埋置深度受限或锚栓在混凝土中的锚固较长时，则可设置锚板或锚梁。

外露式柱脚的底板尺寸和厚度应根据柱端弯矩、轴心力、底板的支承条件和底板下混凝土的反力以及柱脚构造确定。

2. 外包式柱脚

外包式柱脚（图 5.5-7）的计算与构造应符合下列规定：

(1) 外包式柱脚底板应位于基础梁或筏板的混凝土保护层内；外包混凝土厚度，对 H

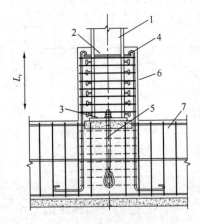

图 5.5-7 外包式柱脚
1—钢柱；2—水平加劲肋；3—柱底板；4—栓钉（可选）；5—锚栓；6—外包混凝土；7—基础梁；
L_r—外包混凝土顶部箍筋至柱底板的距离

形截面柱不宜小于 160mm，对矩形管或圆管柱不宜小于 180mm，同时不宜小于钢柱截面高度的 30%；混凝土强度等级不宜低于 C30；柱脚混凝土外包高度 L_r，H 形截面柱不宜小于柱截面高度的 2 倍，矩形管柱或圆管柱宜为矩形管截面长边尺寸或圆管直径的 2.5 倍；当没有地下室时，外包宽度和高度宜增大 20%；当仅有一层地下室时，外包宽度宜增大 10%。

（2）柱脚底板尺寸和厚度应按结构安装阶段荷载作用下轴心力、底板的支承条件计算确定，其厚度不宜小于 16mm。

（3）柱脚锚栓应按构造要求设置，直径不宜小于 16mm，锚固长度不宜小于其直径的 20 倍。

（4）柱在外包混凝土的顶部箍筋处应设置水平加劲肋或横隔板，其宽厚比应符合相关规定。

（5）当框架柱为圆管或矩形管时，应在管内浇灌混凝土，强度等级不应小于基础混凝土。浇灌高度应高于外包混凝土，且不宜小于圆管直径或矩形管的长边。

3. 埋入式柱脚

埋入式柱脚应符合下列规定：

（1）柱翼缘或管柱外边缘混凝土保护层厚度（图 5.5-8），边列柱的翼缘或管柱外边缘至基础梁端部的距离不应小于 400mm，中间柱翼缘或管柱外边缘至基础梁梁边相交线的距离不应小于 250mm；基础梁梁边相交线的夹角应做成钝角，其坡度不应大于 1：4 的斜角。

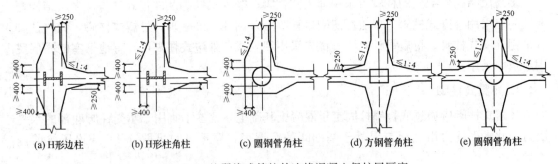

(a) H形边柱　(b) H形柱角柱　(c) 圆钢管角柱　(d) 方钢管柱　(e) 圆钢管角柱

图 5.5-8 柱翼缘或管柱外边缘混凝土保护层厚度

（2）柱脚端部及底板、锚栓、水平加劲肋或横隔板的构造要求与外包式柱脚相同。

（3）圆管柱和矩形管柱应在管内浇灌混凝土。

（4）对于有拔力的柱，宜在柱埋入混凝土部分设置栓钉。

4. 插入式柱脚

插入式柱脚插入混凝土基础杯口的深度应符合表 5.5-1 的规定。

钢柱插入杯口的最小深度　　表 5.5-1

柱截面形式	实腹柱	双肢格构柱（单杯口或双杯口）
最小插入深度 d_{min}	$1.5h_c$ 或 $1.5D$	$0.5h_c$ 和 $1.5b_c$（或 $1.5D$）的较大值

注：① 实腹 H 形柱或矩形管柱的 h_c 为截面高度（长边尺寸），b_c 为柱截面宽度，D 为圆管柱的外径；
② 格构柱的 h_c 为两肢垂直于虚轴方向最外边的距离，b_c 为沿虚轴方向的柱肢宽度；
③ 双肢格构柱柱脚插入混凝土基础杯口的最小深度不宜小于 500mm，亦不宜小于吊装时柱长度的 1/20。

插入式柱脚设计应符合下列规定：
（1）H 形钢实腹柱宜设柱底板，钢管柱应设柱底板，柱底板应设排气孔或浇筑孔；
（2）实腹柱柱底至基础杯口底的距离不应小于 50mm，当有柱底板时，其距离可采用 150mm。

5.6 民用建筑钢结构

民用建筑钢结构应满足高层建筑结构在概念设计、结构体系、平面和立面布置方面的规定。高层民用建筑钢结构及其抗侧力结构的平面布置宜规则、对称，并应具有良好的整体性；建筑的立面和竖向剖面宜规则，结构的侧向刚度沿高度宜均匀变化；竖向抗侧力构件的截面尺寸和材料强度宜自下而上逐渐减小，应避免抗侧力结构的侧向刚度和承载力突变。

5.6.1 民用建筑钢结构体系及其适用高度

《高层民用建筑钢结构技术规程》JGJ 99—2015 第 3.2.1 条规定，高层民用建筑钢结构可采用下列结构体系：框架结构；框架-支撑结构，包括框架-中心支撑、框架-偏心支撑和框架-屈曲约束支撑结构；框架-延性墙板结构，延性墙板主要指钢板剪力墙、无黏结内藏钢板支撑剪力墙板和内嵌竖缝剪力墙板等；筒体结构，包括框筒、筒中筒、桁架筒和束筒结构；巨型框架结构。

1. 钢结构民用建筑适用的最大高度

非抗震设计和抗震设防烈度为 6～9 度的乙类和丙类高层民用建筑钢结构适用的最大高度应符合表 5.6-1 的规定。平面和竖向均不规则的钢结构，适用的最大高度应适当降低。

钢结构房屋适用的最大高度（m）　　表 5.6-1

结构类型	6 度	7 度		8 度		9 度	非抗震设计
	0.05g	0.10g	0.15g	0.20g	0.30g	0.40g	
框架	110	110	90	90	70	50	110
框架-中心支撑	220	220	200	180	150	120	240
框架-偏心支撑、框架-屈曲约束支撑、框架-延性墙板	240	240	220	200	180	160	260
筒体（框筒，筒中筒，桁架筒，束筒）和巨型框架	300	300	280	260	240	180	360

注：① 房屋高度指室外地面到主要屋面板板顶的高度（不包括局部突出屋顶部分）；
② 超过表内高度的房屋应进行专门研究和论证，采取有效的加强措施；
③ 表内的筒体不包括混凝土筒；框架柱包括全钢柱和钢管混凝土柱。

2. 钢结构民用建筑的高宽比限制

《高层民用建筑钢结构技术规程》JGJ 99—2015 第 3.2.3 条和《建筑抗震设计规范》GB 50011—2010（2016 年版）第 8.1.2 条均规定了钢结构民用房屋适用的最大高宽比限值（表 5.6-2）。

钢结构民用房屋适用的最大高宽比　　　　表 5.6-2

烈度	6 度、7 度	8 度	9 度
最大高宽比	6.5	6.0	5.5

注：塔形建筑的底部有大底盘时，高宽比可按大底盘以上计算。

高宽比太大的建筑，在风荷载或地震作用下，建筑物重心处的侧向位移 Δ 比较大，而高层建筑本身的竖向荷重 P 也较大，于是结构底部的 $P\text{-}\Delta$ 效应也较大，不能忽略。在计算中，采用二阶分析方法考虑 $P\text{-}\Delta$ 效应。

3. 钢结构民用建筑抗震等级的划分

《建筑抗震设计规范》GB 50011—2010（2016 年版）第 8.1.3 条规定：钢结构房屋应根据设防分类、烈度和房屋高度采用不同的抗震等级，并应符合相应的计算和构造措施要求。丙类建筑的抗震等级应按表 5.6-3 确定。

钢结构房屋的抗震等级　　　　表 5.6-3

高度	抗震设防烈度			
	6	7	8	9
≤50m		四	三	二
>50m	四	三	二	一

5.6.2 民用建筑钢结构体系的结构布置

1. 结构体系选择

根据《高层民用建筑钢结构技术规程》JGJ 99—2015 第 3.2.4 条规定，高层民用建筑钢结构不应采用单跨框架结构；房屋高度不超过 50m 的高层民用建筑钢结构，可采用框架、框架-中心支撑或其他体系的结构；房屋高度超过 50m 的高层民用建筑钢结构，8、9 度时宜采用框架-偏心支撑、框架-延性墙板或屈曲约束支撑等结构。

2. 楼盖体系选型

宜采用压型钢板现浇钢筋混凝土组合楼板、现浇钢筋桁架混凝土楼板或钢筋混凝土楼板，楼板应与钢梁有可靠连接。

6、7 度时，房屋高度不超过 50m 的高层民用建筑钢结构，尚可采用装配整体式钢筋混凝土楼板，也可以采用装配式楼板或其他轻型楼盖，并应将楼板预埋件与钢梁焊接，或采取其他措施保证楼板的整体性。

对转换层楼盖或楼板有大洞口的情况，宜在楼板内设置钢水平支撑。

建筑物中有较大的中庭时，可在中庭的上端楼层用水平桁架将中庭开口连接，或采取其他增强结构抗扭刚度的有效措施。

3. 与下部混凝土结构的连接

钢框架柱应至少延伸至计算嵌固端以下一层,并宜采用钢骨混凝土柱,以下可采用钢筋混凝土柱。基础埋深宜一致。

高层民用建筑钢结构与钢筋混凝土基础或地下室的钢筋混凝土结构层之间,宜设钢骨混凝土过渡层。

4. 防震缝

与混凝土结构相比,钢结构整体侧移刚度较小,地震时侧移较大。因此,《建筑抗震设计规范》GB 50011—2010(2016年版)第8.1.4条规定:钢结构房屋需要设置防震缝时,缝宽应不小于相应钢筋混凝土结构房屋的1.5倍。

5.6.3 框架-支撑结构

框架结构抗侧能力主要由柱和梁的抗弯刚度提供,对于30层以上的钢结构房屋不够经济。可在框架中增设支撑或剪力墙等抗侧力构件,形成双重抗侧力体系。

高层建筑钢结构的竖向支撑通常呈贯通整个建筑物高度的平面或空间桁架形式,以抵抗风和地震的水平作用。支撑的斜腹杆可以跨柱、跨层设置,也可以在每一层的两柱之间设置。当斜腹杆都连接于梁柱节点时称中心支撑,否则称偏心支撑。

《建筑抗震设计规范》GB 50011—2010(2016年版)第8.1.6条规定,支撑框架在两个方向的布置均宜基本对称,支撑框架之间楼盖的长宽比不宜大于3。抗震等级为三、四级且高度不大于50m的钢结构宜采用中心支撑,也可采用偏心支撑、屈曲约束支撑等消能支撑。

《建筑抗震设计规范》GB 50011—2010(2016年版)第8.1.5条规定,一、二级的钢结构房屋,宜设置偏心支撑、带竖缝钢筋混凝土剪力墙板、内藏钢支撑钢筋混凝土剪力墙板、屈曲约束支撑等消能支撑或筒体。

抗震等级为一、二、三级的钢结构,可采用带有耗能装置的中心支撑体系。

1. 中心支撑

中心支撑增加了结构抗侧刚度,地震作用下支撑首先进入屈服,保证不破坏框架结构或延缓框架结构的破坏。

《高层民用建筑钢结构技术规程》JGJ 99—2015规定:框架-中心支撑结构体系的中心支撑宜采用十字交叉斜杆、单斜杆、人字形斜杆或V形斜杆体系。中心支撑斜杆的轴线应交汇于框架梁柱的轴线上。抗震设防的结构不得采用K形斜杆体系(图5.6-1)。

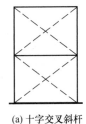
(a) 十字交叉斜杆

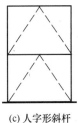
(c) 人字形斜杆

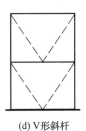
(d) V形斜杆

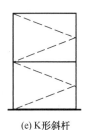
(e) K形斜杆

图 5.6-1 框架-中心支撑结构体系的中心支撑

采用屈曲约束支撑时，宜采用人字支撑、成对布置的单斜杆支撑等形式（图 5.6-2），不应采用 K 形或 X 形，支撑与柱的夹角宜在 35°～55°之间。

当中心支撑采用人字形和 V 形支撑时，与人字形、V 形支撑相交的横梁，在柱间应保持连续；且在确定该跨横梁截面尺寸时，不应考虑支撑的支承作用；为减小支撑作用处竖向不平衡力引起的横梁截面过大，可采用跨层 X 形支撑或拉链柱（图 5.6-3）。

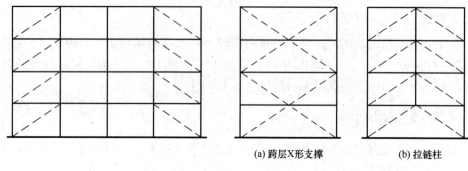

图 5.6-2　成对布置的单斜杆支撑　　　　图 5.6-3　人字形支撑的加强

2. 偏心支撑

偏心支撑具有弹性阶段刚度接近中心支撑框架，弹塑性阶段的延性和消能能力接近于延性框架的特点，是一种良好的抗震结构。常用的偏心支撑形式如图 5.6-4 所示。

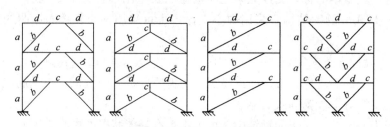

图 5.6-4　偏心支撑示意图
a—柱；b—支撑；c—消能梁段；d—其他梁段

偏心支撑框架的设计原则是强柱、强支撑和弱消能梁段，即在大震时消能梁段屈服形成塑性铰支撑斜杆、柱和其余梁段仍保持弹性。因此，偏心支撑框架的每根支撑应至少有一端与框架梁连接，并在支撑与梁交点和柱之间或同一跨内另一支撑与梁交点之间形成消能梁段。

超过 50m 的钢结构，采用偏心支撑框架时，顶层可采用中心支撑。

5.6.4　楼盖

多高层建筑的墙、柱、支撑在抵抗风和地震的水平作用时，需要平面内刚度很大、整体性很好的楼盖共同工作，常采用图 5.6-5 所示的用压型钢板混凝土组合板做翼板的组合梁楼盖，其中的压型钢板起到代替钢筋混凝土板中受力钢筋和施工模板的双重作用。若多层、高层建筑采用平面内刚度较小的楼盖形式时，为了加强楼盖的整体性，使同一楼层的抗侧力构件能较好地协同工作，可设置水平支撑。

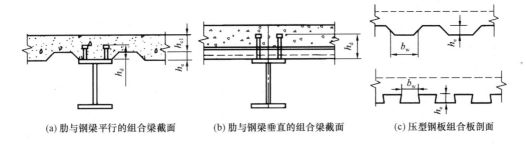

(a) 肋与钢梁平行的组合梁截面　　(b) 肋与钢梁垂直的组合梁截面　　(c) 压型钢板组合板剖面

图 5.6-5　用压型钢板混凝土组合板做翼板的组合梁

5.6.5　柱截面形式

多层、高层建筑常用的柱截面形式有箱形、焊接工字形、H 型钢和圆管等。H 型钢具有经济性好、规格尺寸多、加工量少以及便于连接等优点。焊接工字形截面的优点在于可灵活地调整截面特性。焊接箱形截面的优点是两个主轴的惯性矩可以做到基本相等。普通工字型钢柱在两个方向的惯性矩相差较大，而且翼缘内侧有较大的坡度，不便于梁、柱之间的连接，故不宜采用。

5.6.6　钢框架结构抗震构造措施

1. 框架柱的长细比和柱板件的宽厚比

框架柱的长细比关系到钢结构的整体稳定，因此，《建筑抗震设计规范》GB 50011—2010（2016 年版）规定了框架柱的长细比限值，一级不应大于 $60\varepsilon_k$，二级不应大于 $80\varepsilon_k$，三级不应大于 $100\varepsilon_k$，四级时不应大于 $120\varepsilon_k$。

研究表明，对高层钢结构，钢柱轴向力大，且竖向地震对框架柱的影响也很大。《高层民用建筑钢结构技术规程》JGJ 99—2015 规定的钢框架柱长细比及板件宽厚比限值见表 5.6-4，表中框架柱的长细比限值较《建筑抗震设计规范》GB 50011—2010（2016 年版）更严格。

钢框架柱长细比及板件宽厚比限值　　表 5.6-4

构件名称及部位		抗震等级				非抗震设计
		一级	二级	三级	四级	
框架柱长细比		$60\varepsilon_k$	$70\varepsilon_k$	$80\varepsilon_k$	$100\varepsilon_k$	$100\varepsilon_k$
板件宽厚比	工字形截面翼缘外伸部分	$10\varepsilon_k$	$11\varepsilon_k$	$12\varepsilon_k$	$13\varepsilon_k$	$13\varepsilon_k$
	工字形截面腹板	$43\varepsilon_k$	$45\varepsilon_k$	$48\varepsilon_k$	$52\varepsilon_k$	$52\varepsilon_k$
	箱形截面壁板	$33\varepsilon_k$	$36\varepsilon_k$	$38\varepsilon_k$	$40\varepsilon_k$	$40\varepsilon_k$
	冷成型方管壁板	$32\varepsilon_k$	$35\varepsilon_k$	$37\varepsilon_k$	$40\varepsilon_k$	$40\varepsilon_k$
	圆管（径厚比）	$50\varepsilon_k^2$	$55\varepsilon_k^2$	$60\varepsilon_k^2$	$70\varepsilon_k^2$	$70\varepsilon_k^2$

注：冷成型方管适用于 Q235GJ 或 Q345GJ 钢。

2. 框架梁板件的宽厚比

框架梁、柱板件宽厚比的规定，是出于强柱弱梁的考虑。对梁的要求比较严，以便梁在出现塑性铰时有足够的转动能力。《建筑抗震设计规范》GB 50011—2010（2016年版）规定：框架梁板件宽厚比，应符合表5.6-5的规定。

钢框架梁板件宽厚比限值   表 5.6-5

板件名称	抗震等级				非抗震设计
	一级	二级	三级	四级	
工字形截面和箱形截面翼缘外伸部分	$9\varepsilon_k$	$9\varepsilon_k$	$10\varepsilon_k$	$11\varepsilon_k$	
箱形截面翼缘在两腹板之间部分	$30\varepsilon_k$	$30\varepsilon_k$	$32\varepsilon_k$	$36\varepsilon_k$	
工字形截面和箱形截面腹板	$(72-120\rho)\varepsilon_k$ $\leqslant 60$	$(72-100\rho)\varepsilon_k$ $\leqslant 65$	$(80-110\rho)\varepsilon_k$ $\leqslant 70$	$(85-120\rho)\varepsilon_k$ $\leqslant 75$	$(85-120\rho)\varepsilon_k$ $\leqslant 75$

注：$\rho = N_b/(Af)$，为梁的轴压比。

3. 梁与柱的连接

（1）梁与柱连接的形式及特点

梁与柱连接主要采用全焊接、栓焊混合连接和全栓接，也可采用端板连接、顶底角钢连接等构造。

采用全焊接连接时，翼缘坡口采用全熔透焊缝，腹板采用角焊缝。其优点是传力充分、不会滑移、可提供足够的延性；缺点是焊接部分有一定的残余应力。

采用栓焊混合连接时，翼缘坡口采用全熔透焊缝，腹板采用高强度螺栓连接。其优点是操作方便，一般先用螺栓安装定位，再翼缘施焊，此类连接的性能滞回曲线与全焊连接接近；缺点是翼缘焊缝会降低螺栓预拉力（10%左右），因此腹板处的高强度螺栓预拉力要留有富余量。

采用全栓接时，翼缘和腹板全部采用高强度螺栓连接。其优点是施工便捷，全部高强度螺栓连接，符合工业化生产模式；缺点是结构尺寸较大，钢板用量稍多，费用较高，强震时接头可能滑移。

相比钢筋混凝土框架结构的双向刚接体系，钢结构框架体系只要侧向刚度满足要求，就可将其中的一部分做成刚接形成刚架，而其余部分按铰接处理。当柱在两个互相垂直的方向都与梁刚接时，宜采用箱形截面；当梁柱连接仅在一个方向刚接时，宜采用宽翼缘工字形截面（例如，宽翼缘H型钢），并将柱腹板置于刚接框架平面内。另外，在建筑物的纵、横方向都应有刚接框架，使结构纵、横方向的刚度比较接近，如图5.6-6所示。

（2）梁与柱的刚接连接构造

梁与柱的连接宜采用柱贯通型。柱在两个互相垂直的方向都与梁刚接时宜采用箱形截面，并在梁翼缘连接处设置隔板；隔板采用电渣焊时，柱壁板厚度不宜小于16mm，小于16mm时可改用工字形柱或采用贯通式隔板。当柱仅在一个方向与梁刚接时，宜采用工字形截面，并将柱腹板置于刚接框架平面内。

工字形柱（绕强轴）和箱形柱与梁刚接时（图5.6-7），应符合下列要求：

① 柱在梁翼缘对应位置应设置横向加劲肋（隔板）；

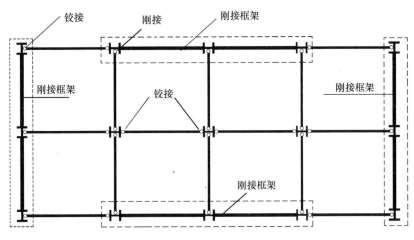

图 5.6-6　刚接框架的布置

② 梁腹板宜采用摩擦型高强度螺栓与柱连接板连接。

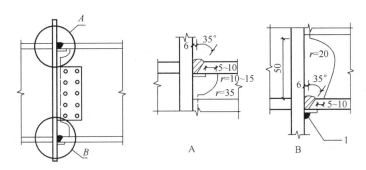

图 5.6-7　框架梁与柱的现场连接

框架梁采用悬臂梁段与柱刚性连接时（图 5.6-8），悬臂梁段与柱应采用全焊接连接，此时上下翼缘焊接孔的形式宜相同；梁的现场拼接可采用翼缘焊接腹板螺栓连接或全部螺栓连接。

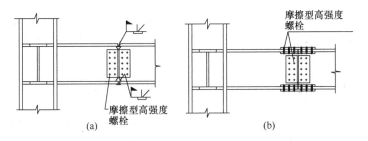

图 5.6-8　框架柱与梁悬臂段的连接

箱形柱在与梁翼缘对应位置设置的隔板，应采用全熔透对接焊缝与壁板相连。工字形柱的横向加劲肋与柱翼缘，应采用全熔透对接焊缝连接，与腹板可采用角焊缝连接。

（3）梁柱刚性连接时的焊缝等级要求

梁翼缘与柱的连接、框架柱的拼接、外露式柱脚的柱身与底板的连接以及伸臂桁架等

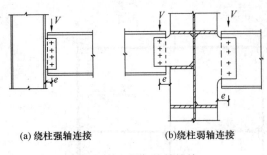

(a) 绕柱强轴连接　　　　(b) 绕柱弱轴连接

图 5.6-9　梁与柱的铰接

重要受拉构件的拼接,均应采用一级全熔透焊缝,其他全熔透焊缝为二级。非熔透的角焊缝、部分熔透的对接与角接组合焊缝,外观质量应为二级。现场一级焊缝宜采用气体保护焊。

(4) 梁与柱的铰接连接

梁与柱的铰接连接(图 5.6-9)不能传递弯矩。在建筑钢结构中,梁柱连接的铰大多不是理想的铰,在连接的计算中需要考虑剪力偏心引起的弯矩。

《高层民用建筑钢结构技术规程》JGJ 99—2015 第 8.3.9 条规定:梁与柱铰接时,与梁腹板相连的高强度螺栓,除应承受梁端剪力外,尚应承受偏心弯矩的作用。

5.7　钢结构涂装工程

钢材容易生锈、不耐火,故钢结构的应用必须首先解决防腐蚀和防火这两个令人担忧的问题。钢结构涂装工程包括防腐蚀涂料涂装和防火涂料涂装,它们是价格适中、应用较广的防腐、防火的方法。当然,钢结构的防腐、防火还有其他一些方法:在防腐方面,例如热浸镀锌防腐、金属热喷涂防腐(喷的是锌、铝或锌铝合金而不是涂料)、采用耐候钢等;在防火方面,例如防火板保护、混凝土防火保护、结构内通水冷却、采用耐火钢等。

5.7.1　钢材表面除锈

防腐涂装和防火涂装的底漆施工之前都必须对钢材表面除锈。除锈是涂装工程的第一道工序,钢材表面除锈不仅包括对钢材表面锈蚀的清除,而且还包括对钢材表面各种各样杂物碎片、油污和湿气的清除。《钢结构工程施工质量验收标准》GB 50205—2020 规定:涂装前钢材表面除锈应符合设计要求和国家现行有关标准和规定。处理后的钢材表面不应有焊渣、焊疤、灰尘、油污、水和毛刺等。

表面除锈的方法主要有手动工具除锈、动力工具除锈和喷射除锈。手动工具除锈常用的工具有砂纸、钢丝刷、凿子等,用于在那些不便进行喷射除锈的小面积部位上的表面处理。

动力工具除锈也是一种作为喷射除锈辅助手段的小面积表面处理方法,常用的工具有电动砂纸盘、电动钢丝刷、电砂轮片等。

喷射除锈是目前应用最广泛的除锈方法。喷射除锈有开放式喷砂除锈和抛丸喷射除锈两种方法:

(1) 开放式喷砂除锈是利用空气压缩机将磨料从喷砂机喷射出去,在需要清理的钢材表面形成很大的冲击力,除去锈、氧化皮和其他杂物。

(2) 抛丸喷射除锈是借助高速旋转叶轮产生的离心力将磨料(钢丸)抛出,撞击边转动边被送入抛丸室的工件,除去其表面的锈、氧化皮和其他杂物。

钢构件制作前,其表面均应进行喷砂(丸)除锈处理,除锈质量、等级达到现行国家标准《涂装前钢材表面锈蚀等级和除锈等级》GB 8923.1—2011 中的 Sa2.5 等级，并按有关要求涂底漆后出厂。

5.7.2 涂料涂装

1. 防腐涂层

防腐涂层所需干漆膜的厚度与涂层设计寿命及腐蚀环境有关。涂层材料通常采用油漆，也可使用合成树脂。

防腐蚀涂层总厚度不小于 $200\mu m$。室外工程的涂层厚度宜增加 $20\sim40\mu m$。

高强度螺栓节点处的摩擦面不得涂装。

2. 防火涂料

防火涂料有超薄、薄、厚之分。

超薄型防火涂料属于膨胀型，一般用于耐火极限要求在 2h 内的建筑钢结构。由于涂层超薄，单位防火面积的用料量少，造价低，装饰效果良好，工程中应用广泛。

薄型防火涂料也属于膨胀型，一般用于耐火极限要求在 2h 内的建筑钢结构。它的装饰性优于厚型防火涂料，稍差于超薄型防火涂料。

厚型防火涂料属于非膨胀型，具有成本较低、耐火极限高的优点。一般耐火极限要求 3h 以上的钢构件（如钢柱）需用到厚型防火涂料。

第六章 砌体结构

由块体（砖、石或砌块）和砂浆砌筑而成的墙、柱作为建筑物主要承重构件，与钢筋混凝土楼（屋）盖组成的结构称为砌体结构。

砌体结构广泛用于多层建筑中，一般用于五层或五层以下的楼房，如教学楼、医院、办公楼、住宅等。

砌体结构的优点是：①容易就地取材，具有良好的耐火性和较好的耐久性；②砌体砌筑时不需要模板和特殊的施工设备；③砖墙和砌块墙体隔热和保温性能较好，兼有承重和围护双重功能。

砌体结构的缺点是：①与钢和混凝土相比，砌体的强度较低，自重大，材料用量多；②砌体的砌筑以手工为主，施工进度慢，人工费用高；③块体和砂浆间黏结力较弱，砌体的抗拉和抗剪强度都很低，故采用砖墙承重时，房屋层数受到限制，砖、石的抗压强度也不能充分发挥；④抗震性能较差，在地震区使用受到一定限制，同时需要采用构造柱、圈梁及其他拉结等构造措施以提高其延性和抗倒塌能力。

6.1 砌体材料和砌体构件的基本力学性能

砌体是砖砌体、砌块砌体和石砌体的总称，由块体和砌筑砂浆两种材料组成。

6.1.1 块体

1. 块体材料

列入《砌体结构设计规范》GB 50003—2011（以下简称《砌体规范》）的块体有烧结普通砖、烧结多孔砖、蒸压灰砂普通砖、蒸压粉煤灰普通砖、混凝土普通砖、混凝土多孔砖、混凝土砌块、轻集料混凝土砌块、空心砖和石材（图6.1-1）。

（1）烧结普通砖

由煤矸石、页岩、粉煤灰或黏土为主要原料，经过焙烧而成的实心砖。分烧结煤矸石砖、烧结页岩砖、烧结粉煤灰砖、烧结黏土砖等。主规格尺寸为240mm×115mm×53mm。

（2）烧结多孔砖

以煤矸石、页岩、粉煤灰或黏土为主要原料，经焙烧而成、孔洞率不大于35%，孔的尺寸小而数量多，主要用于承重部位的砖。

（3）蒸压灰砂普通砖

以石灰等钙质材料和砂等硅质材料为主要原料，经坯料制备、压制排气成型、高压蒸汽养护而成的实心砖。主规格尺寸为240mm×115mm×53mm。

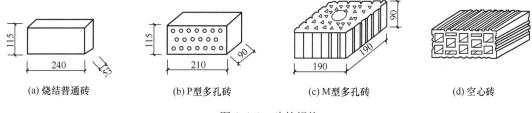

图 6.1-1 砖的规格

(4) 蒸压粉煤灰普通砖

以石灰、消石灰（如电石渣）或水泥等钙质材料与粉煤灰等硅质材料及集料（砂等）为主要原料，掺加适量石膏，经坯料制备、压制排气成型、高压蒸汽养护而成的实心砖。主规格尺寸为 240mm×115mm×53mm。

(5) 混凝土小型空心砌块

由普通混凝土或轻集料混凝土制成，主规格尺寸为 390mm×190mm×90mm、空心率为 25%～50% 的空心砌块。简称混凝土砌块或砌块（图 6.1-2）。

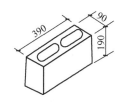 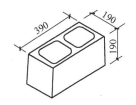 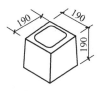

图 6.1-2 混凝土小型空心砌块

(6) 混凝土砖

以水泥为胶结材料，以砂、石等为主要集料，加水搅拌、成型、养护制成的一种多孔的混凝土半盲孔砖或实心砖。多孔砖的主规格尺寸为 240mm×115mm×90mm、240mm×190mm×90mm、190mm×190mm×90mm 等，实心砖的主规格尺寸为 240mm×115mm×53mm、240mm×115mm×90mm 等。

(7) 石材

石材按其外形加工的规整程度分为毛石和料石。毛石是指形状不规则，中部厚度不小于 200mm 的块石。料石依加工细作程度又可分为：

① 细料石：通过细加工，外表规则，截面的宽度、高度不宜小于 200mm，且不宜小于长度的 1/4，叠砌面凹入深度不应大于 10mm。

② 粗料石：规格尺寸同上，但叠砌面凹入深度不应大于 20mm。

③ 毛料石：外形大致方正，一般不加工或仅稍加修整，高度不应小于 200mm，叠砌面凹入深度不应大于 25mm。

2. 块体的强度等级

块体的强度等级是块体力学性能的基本标志，用符号"MU"表示，是由标准试验方法得出的块体极限抗压强度（按规定的评定方法确定的），单位为"MPa"。

《砌体规范》规定了各种块体的强度等级，承重结构的块体的强度等级见表 6.1-1，自承重墙的空心砖、轻集料混凝土砌块的强度等级见表 6.1-2。

承重结构的块体的强度等级　　　　　表 6.1-1

块体	强度等级分级						
烧结普通砖、烧结多孔砖	MU30	MU25	MU20	MU15	MU10		
蒸压灰砂普通砖、蒸压粉煤灰普通砖		MU25	MU20	MU15			
混凝土普通砖、混凝土多孔砖	MU30	MU25	MU20	MU15			
混凝土砌块、轻集料混凝土砌块				MU20	MU10	MU7.5	MU5
毛石、料石	MU100	MU80	MU60	MU50	MU40	MU30	MU20

自承重结构的块体的强度等级　　　　　表 6.1-2

块体	强度等级
空心砖	MU10、MU7.5、MU5、MU3.5
轻集料混凝土砌块	MU10、MU7.5、MU5、MU3.5

6.1.2　砌筑砂浆

1. 砂浆的类型

砂浆是用砂和适量的无机胶凝材料（水泥、石灰、石膏、黏土等）加水搅拌而成的一种黏结材料。

砂浆在砌体中的作用是：将单个块体黏连成整体；垫平块体的上、下表面，使块体的应力分布较为均匀；填满块材间隙，以提高砌体的防水、抗冻、防风、保温等性能。

砂浆的基本性能要求包括强度、流动性（和易性）、保水性。

根据砂浆中所用胶凝材料的不同，可分为普通砂浆（水泥砂浆、水泥混合砂浆、非水泥砂浆）、专用砌筑砂浆［蒸压砖专用砌筑砂浆、混凝土砌块（砖）专用砌筑砂浆］。

（1）水泥砂浆

纯水泥砂浆是由水泥、砂和水拌合而成的砂浆。这种砂浆强度高、耐久性好，能在潮湿环境下硬化，故一般多用于地下砌体。但水泥砂浆的和易性和保水性较差，施工难度较大。

（2）水泥混合砂浆

水泥混合砂浆是在水泥砂浆中掺入一定比例塑化剂的砂浆，如水泥石灰砂浆、水泥石膏砂浆等。其可塑性和保水性较好，砌筑质量较好，施工方便，常用于地上砌体。

（3）非水泥砂浆

非水泥砂浆即不含水泥的砂浆，如石灰砂浆、黏土砂浆和石膏砂浆。其强度较低、耐久性差，但可塑性和保水性较好，一般用于不受潮湿的地上砌体和承载不大的临时性建筑。

（4）蒸压（灰砂、粉煤灰）砖专用砌筑砂浆

由水泥、砂、水以及根据需要掺入的掺和料和外加剂等组分，按一定比例，采用机械拌合制成，专门用于砌筑蒸压灰砂砖和蒸压粉煤灰砖砌体，且砌体抗剪强度不低于烧结普通砖砌体的取值的砂浆。

（5）混凝土砌块（砖）专用砌筑砂浆

由水泥、砂、水以及根据需要掺入的掺和料和外加剂等组分，按一定比例，采用机械拌和制成，专门用于砌筑混凝土砌块（砖）、提高砌体强度及改善砌筑质量的砂浆。其优点是使砌体灰缝饱满，黏结性能好，减少墙体开裂和渗漏，提高砌块建筑质量。

2. 砂浆的强度等级

砂浆强度等级与块体材料有关，详见表 6.1-3。

砂浆的强度等级　　　　　　　　　　　表 6.1-3

砌体块材类型	砂浆类型	砂浆强度等级分级					
烧结普通砖、烧结多孔砖砌体	普通砂浆	—	M15	M10	M7.5	M5	M2.5
蒸压灰砂普通砖砌体	普通砂浆						
蒸压粉煤灰普通砖砌体	专用砂浆	—	Ms15	Ms10	Ms7.5	Ms5	—
混凝土普通砖、混凝土多孔砖砌体	专用砂浆	Mb20	Mb15	Mb10	Mb7.5	Mb5	
单排孔轻集料混凝土砌块砌体							
双（多）排孔轻集料混凝土砌块砌体	专用砂浆			Mb10	Mb7.5	Mb5	
毛料石、毛石砌体	普通砂浆				M7.5	M5	M2.5

3. 灌孔混凝土

由水泥、集料（砂子和豆石）、水以及根据需要掺入的掺和料和外加剂等组分，按一定比例，采用机械搅拌后，用于浇注混凝土砌块砌体芯柱或其他需要填实部位孔洞的混凝土，简称砌块灌孔混凝土。

砌块灌孔混凝土的强度等级用"Cb"表示。砌块灌孔混凝土的强度等级 Cb×× 等同于对应的混凝土的强度等级 C××，例如 Cb20 砌块灌孔混凝土等同于 C20 混凝土。

砌块砌体的灌孔混凝土的强度等级不应低于 Cb20，也不宜低于块体强度等级的 1.5 倍。

6.1.3　选用块体和砂浆的基本原则

1. 基本要求

（1）因地制宜，就地取材。

（2）既要考虑受力需要，又要考虑材料的耐久性问题，保证砌体在长期使用过程中具有足够的强度和正常使用的性能。

（3）方便施工。材料强度等级不宜变化过多，同一层的砌体，一般宜采用同强度等级的材料。

（4）砂浆应具有良好的可塑性和适当的保水性，以保证砌筑质量和正常硬化所需的水分。

（5）在冻胀地区，地面以下或防潮层以下的砌体，不宜采用多孔砖。如采用时，其孔洞应用水泥砂浆灌实。当采用混凝土砌块砌体时，其孔洞应采用不低于 Cb20 的混凝土灌实。

2. 最低强度等级要求

设计使用年限为50年时，砌体材料的最低强度等级不低于表6.1-4的规定。对安全等级为一级或设计使用年限大于50年的房屋，表中材料强度等级至少提高一级。

地面以下或防潮层以下的砌体、潮湿房间的墙所用材料的最低强度等级　　表6.1-4

潮湿程度	烧结普通砖	混凝土普通砖蒸压普通砖	混凝土砌块	石材	水泥砂浆
稍潮湿的	MU10	MU20	MU7.5	MU30	MU5
很潮湿的	MU20	MU20	MU10	MU30	MU7.5
含水饱和的	MU20	MU25	MU15	MU40	MU10

6.1.4 砌体的种类

按砌体中是否配置钢筋，砌体可分为无筋砌体和配筋砌体。

1. 无筋砌体

无筋砌体根据块体的不同，又分为砖砌体、砌块砌体和石砌体。

（1）砖砌体

采用烧结普通砖、烧结多孔砖、蒸压粉煤灰普通砖、蒸压灰砂普通砖砌筑的砌体统称为砖砌体。主要用于承重构件。

砖墙砌筑时的组砌方式应遵循错缝搭接的原则，即在墙体上下皮砖的垂直砌缝有规律地错开。常用的有一顺一丁、梅花丁（十字式）、三顺一丁等多种砌法（图6.1-3）。

墙体的厚度根据强度和稳定性的要求确定，同时还应符合砖的规格；对外墙，尚需满足保温、隔热和防水透气性等要求。

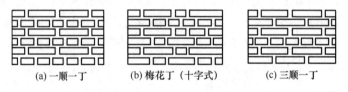

图6.1-3　砖的组砌方式

（2）砌块砌体

目前我国应用较多的砌块砌体主要是混凝土小型空心砌块砌体，主要用于住宅、办公楼及学校等建筑以及一般工业建筑的承重墙或围护墙，具有强度较高、壁薄、孔洞率较高，可减轻结构自重、降低造价等优点。

砌块砌体应分皮错缝搭砌，砌筑空心砌块时，一般应孔对孔，使上、下皮砌块的肋对齐以利于传力，而且可以利用其孔洞做成配筋芯柱，提高砌体的抗震能力。因此，砌块排版是一个重要的环节，不仅要求排列有规律性、砌块类型最少，而且应排列整齐，尽量减少通缝，并砌筑牢固（图6.1-4）。

（3）石砌体

石砌体是由天然石材和砂浆或由天然石材和混凝土砌筑而成，它可分为料石砌体、毛石砌体和毛石混凝土砌体，见图6.1-5。石砌体可用作一般民用房屋的承重墙、柱和基础。

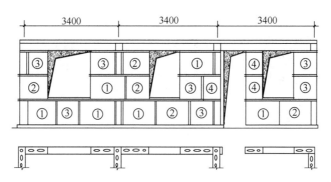

图 6.1-4 砌块的组砌方式

料石砌体不仅用作房屋,还用于建造拱桥、坝、涵洞、渡槽和储液池等构筑物;毛石混凝土砌体的砌筑方法比较简单,它是在预先立好的模板内交替地铺设混凝土层和毛石层,通常用作一般房屋和构筑物的基础及挡土墙等。

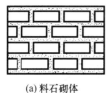 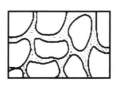 

(a) 料石砌体　　　　　　(b) 毛石砌体　　　　　　(c) 毛石混凝土砌体

图 6.1-5 砖的组砌方式

2. 配筋砌体

为了提高砌体的强度,减小砌体截面尺寸,增强砌体结构的整体性,可在砌体内配置适量的钢筋或钢筋混凝土,形成配筋砌体。配筋砌体可分为配筋砖砌体和配筋砌块砌体。

(1) 网状配筋砖砌体

网状配筋砖砌体将钢筋网配在砌体水平灰缝内,在砖柱或砖墙中每隔几皮砖在其水平灰缝中设置直径为 3~4mm 的方格网式钢筋网片(图 6.1-6a),或直径 6~8mm 的连弯式钢筋网片(图 6.1-6b)。在砖砌体截面尺寸和材料强度等级不变的前提下,网状配筋可约束受压砌体的横向变形,从而提高砌体的抗压强度。

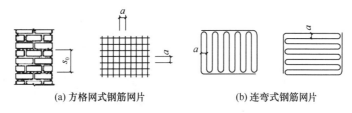

(a) 方格网式钢筋网片　　　　　(b) 连弯式钢筋网片

图 6.1-6 网状配筋砖砌体

(2) 组合砖砌体

组合砖砌体是由砖砌体和钢筋混凝土面层或钢筋砂浆面层组成的组合构件(图 6.1-7),可有效提高砌体偏心受压的承载能力。

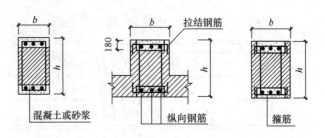

图 6.1-7 组合砖砌体构件截面

(3) 砖砌体和钢筋混凝土构造柱组合墙

砖砌体和钢筋混凝土构造柱组合墙是在砖砌体中每隔一定距离设置钢筋混凝土构造柱，并在各层楼盖处设置钢筋混凝土圈梁（约束梁），使砖砌体墙与钢筋混凝土构造柱及圈梁组成一个整体结构共同受力，见图 6.1-8。这种结构对增强房屋的变形能力和抗倒塌能力十分明显。

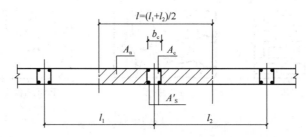

图 6.1-8 砖砌体和钢筋混凝土构造柱组合墙

(4) 配筋砌块砌体

在砌筑过程中，将分皮错缝搭砌、孔对孔、肋对肋的混凝土空心砌块砌体的孔洞中配置竖向钢筋，并浇入灌孔混凝土，在横向凹槽中配置水平钢筋并浇筑灌孔混凝土，或在水平灰缝中配置水平钢筋并用砌块专用砌筑砂浆或混凝土所形成的即为配筋砌块砌体结构。其具体做法详见图 6.1-9、图 6.1-10。配筋砌块砌体又可分为约束配筋砌块砌体和均匀配筋砌块砌体。

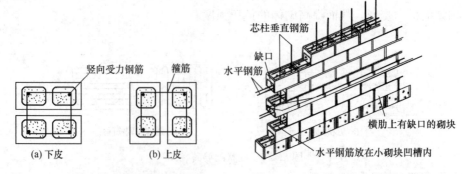

图 6.1-9 配筋砌块砌体柱截面示意图　　图 6.1-10 配筋砌块砌体墙示意图

约束配筋砌块砌体是仅在砌块墙体的转角、接头部位及较大洞口的边缘设置竖向钢筋，并在这些部位设置一定数量的钢筋网片，主要用于中、低层建筑。

均匀配筋砌块砌体是在砌块墙体上下贯通的竖向孔洞中插入竖向钢筋，并用灌孔混凝土灌实，使竖向和水平钢筋与砌体形成一个共同工作的整体，故又称配筋砌块剪力墙，可用于大开间建筑和中高层建筑。配筋砌块剪力墙的受力性能类似于钢筋混凝土剪力墙，抗震性能好，而且造价低。

6.1.5 砌体的力学性能

1. 砌体的抗压强度

砌体抗压强度是砌体力学性能的基本指标。砌体在受压时，块体外形不规则、不平整，导致砂浆层厚度不均匀；同时，块体与砂浆具有不同的弹性模量和横向变形系数，再加上竖向灰缝不饱满，形成应力集中，导致单块砖在砌体中处于压、弯、剪及拉的复合应力状态，因此砌体的轴心抗压强度远远低于所用砖的抗压强度。

影响砌体抗压强度的因素很多，主要有以下几个方面：

（1）块体的强度。砌体的抗压强度主要取决于块体的抗压强度。在其他条件相同时，块体抗压强度愈高，砌体抗压强度越高。

（2）砂浆的强度。砂浆强度对砌体强度也有较大影响。砂浆的强度等级越高，砂浆的横向变形越小，块体和砂浆的交互作用越小，砌体的抗压强度越好。

（3）块体的外形、尺寸。块体的形状越规则，表面越平整，则块体的受弯、受剪作用越小，可推迟单个块体内竖向裂缝的出现，因而砌体抗压强度得到提高。块体的厚度越大，则砌体的强度越高。块体的长度越大，块体在砌体中受到的弯、剪应力越大，砌体抗压强度越低。

（4）砂浆的流动性和保水性。砂浆的流动性和保水性对砌体的抗压强度有重要影响。砂浆的流动性大、保水性好，有助于灰缝的均匀、密实，并使砌体中的单块块体受力均匀，弯、剪应力减小，进而提高砌体的抗压强度。

（5）砂浆的变形性能。砂浆的弹性模量对砌体的抗压强度影响很大。当块体强度不变时，砂浆的弹性模量越大，其变形越小，相应的块体和砌体的抗压强度越高。

（6）施工砌筑质量。施工砌筑质量对砌体结构的抗压强度有很大影响，施工砌筑质量优劣主要体现在灰缝厚度、灰缝的均匀和饱满程度、块体的含水量等方面。

此外，砌体的龄期、搭缝方式、竖向灰缝填满程度、构件截面尺寸等对砌体的抗压强度也有一定的影响。

2. 砌体的轴心受拉、受弯、受剪性能

实际工程中，砌体大多数是受压构件，但砌体结构的圆形水池、矩形水池、挡土墙以及拱体分别承受轴拉、偏拉、弯曲、剪切等作用。

（1）砌体的轴心受拉性能

与砌体抗压强度相比，砌体抗拉强度很低。在实际工程中圆形水池的池壁是砌体结构中常见的轴心受拉构件，在静水压力作用下池壁承受环向轴心拉力。在轴心拉力作用下，砌体构件可能发生三种破坏形态，如图6.1-11所示：

① 沿齿缝截面破坏。当块体强度较高，砂浆强度较低时发生该种破坏，此时块体与砂浆的切向黏结强度低于块体的抗拉强度。

② 沿块体和竖向灰缝截面破坏。当块体抗拉强度较低时，块体与砂浆的切向黏结强度高于块体的抗拉强度，就会发生沿块体和竖向灰缝截面的受拉破坏。

③ 沿水平通缝截面破坏。当轴向拉力与水平灰缝垂直时，发生此种破坏。

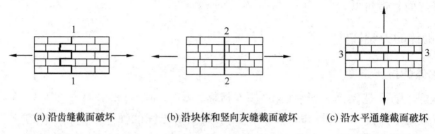

(a) 沿齿缝截面破坏　　　(b) 沿块体和竖向灰缝截面破坏　　　(c) 沿水平通缝截面破坏

图 6.1-11　砖砌体轴心受拉破坏特征

砌体的抗拉强度应取上述三种破坏的较小值。《砌体规范》限制了块体的最低强度等级，可以防止发生沿块体与竖向灰缝截面的破坏。当砌体沿水平灰缝受拉破坏时，对抗拉承载力起决定作用的是块体和砂浆的法向黏结力，由于法向黏结力极不可靠，所以工程中禁止使用垂直于通缝受拉的轴心受拉构件，因此规范只规定了砌体沿齿缝截面破坏的轴心抗拉强度。

(2) 砌体的受弯性能

砌体结构中的挡土墙、地下室墙体等属于受弯构件。砌体受弯破坏有三种破坏形态：

① 沿齿缝破坏。与轴心受拉破坏类似，沿齿缝截面受弯破坏发生在块体本身的抗拉强度高于灰缝黏结强度时发生，如图 6.1-12(a) 所示。

② 沿块体与竖向灰缝截面破坏。此种破坏发生在灰缝黏结强度高于块体本身的抗拉强度时，破坏主要取决于块体的抗拉强度，如图 6.1-12(b) 所示。

③ 沿水平通缝截面破坏。沿水平通缝截面受弯破坏主要取决于砂浆与块体之间的法向黏结强度，发生这两种破坏时弯曲抗拉强度主要与砂浆强度等级有关。如图 6.1-12(c) 所示，砌体将在弯矩最大的水平灰缝处发生弯曲受拉破坏。

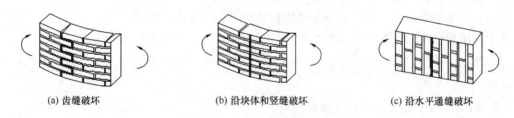

(a) 齿缝破坏　　　(b) 沿块体和竖缝破坏　　　(c) 沿水平通缝破坏

图 6.1-12　砌体弯曲受拉破坏形态

与轴心受拉相同，《砌体规范》只规定砌体沿齿缝与沿水平通缝截面受弯破坏时的弯曲抗拉强度。

(3) 砌体的受剪性能

砌体结构中的门窗过梁、拱过梁等可能发生受剪破坏。根据砌体截面上垂直压应力 σ_y 与剪应力 τ 比值的不同，砌体的受剪破坏形态有三种：当 σ_y/τ 较小时，发生沿通缝截面的破坏；当 σ_y/τ 较大时，发生沿阶梯形缝截面的破坏；当 σ_y/τ 更大时，发生沿齿缝破坏（图 6.1-13）。

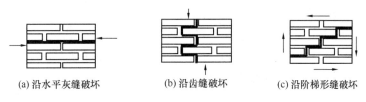

图 6.1-13　砌体受剪破坏形态

如果忽略竖向灰缝的抗剪作用，则以上三种破坏均属于沿水平灰缝的剪切破坏。《砌体规范》针对剪切破坏模式给出了砌体的抗剪强度。

影响砌体抗剪强度的主要因素有以下几方面：

①垂直压应力。如前所述，垂直压应力与剪应力的比值大小决定了砌体的破坏形态，也就是说在剪应力一定的情况下，垂直压应力的取值决定了砌体结构的受剪破坏类型和抗剪强度。当 σ_y/τ 较小时，砌体沿水平通缝方向受剪且在摩擦力作用下产生滑移，产生剪切-摩擦破坏即沿通缝截面的破坏，这时随垂直压应力的增大，砌体的抗剪强度提高；当 σ_y/τ 较大时，砌体沿阶梯形灰缝截面受剪破坏，称为剪压破坏，此时砌体抗剪强度随垂直压应力的增大而提高，但提高幅度越来越小；当 σ_y/τ 更大时，砌体沿块体与竖向灰缝截面受剪破坏，称为斜压破坏，即沿块体与竖向灰缝截面的破坏，此时砌体抗剪强度随垂直压应力的增大而逐渐减小。

②块体与砂浆的强度。对于剪切-摩擦破坏和剪压破坏的砌体，破坏截面沿砌体灰缝截面发生，砌体抗剪强度主要取决于砂浆的强度；而对于斜压破坏的砌体，破坏沿块体与竖向灰缝截面发生，裂缝贯穿块体发展，因此砌体抗剪强度主要取决于块体的强度，砂浆的强度影响相对较小。

③砌筑质量。砌体的砌筑质量对砌体的各种强度都有较大影响。砌体砌筑质量好，灰缝均匀饱满，则砂浆与块体的黏结强度高，相应的砌体的抗剪强度也高。

另外砌体的抗剪强度还与试验方法、试件的尺寸和形状以及加载方式有关。

6.1.6 砌体的变形性能

1. 砌体的弹性模量

各类砌体的应力应变曲线不完全相同，但从总的趋势看，都具有曲线变化的特点。应力较小时，可以近似认为砌体具有弹性性质，随着应力的增大，其应变增长速度将逐渐加快，即具有越来越明显的非线性性质。受压后，由于塑性变形的发展，砌体割线模量及切线模量是变量，它们随应力的增大而减小。

砌体的受压变形主要取决于水平灰缝内砂浆的变形。砌体的强度越高，弹性模量越高；灰缝越多，砌体的弹性模量越低；砂浆强度等级越低，弹性模量越低。

石材的弹性模量和强度比砂浆的弹性模量和强度高得多，而砌体的受压变形主要取决于水平灰缝内砂浆的变形，因此对于石砌体，可仅按砂浆强度等级确定其弹性模量。

混凝土砌块砌体、粗料石、细料石砌体的弹性模量要高些，而蒸压粉煤灰砖、蒸压灰砂砖的弹性模量比普通砖砌体的弹性模量低。

砌体的剪变模量按砌体弹性模量的 0.4 倍采用。

2. 砌体的线膨胀系数和收缩率

不同块体的砌体具有不同的线膨胀系数和收缩率，详见《砌体规范》表 3.2.5-2。

干燥收缩变形是墙体开裂的重要原因之一。干燥收缩变形的特点是早期收缩变形大，28d 的收缩可达 50%，而后逐渐变慢，几年后停止。

6.2 多层砌体房屋的墙体设计

墙体是多层砌体房屋的主要承重结构，外墙同时也是围护结构，墙体的布置必须同时兼顾结构和建筑方面的要求，即要根据建筑设计方案选择合理的承重结构体系，满足各项使用功能要求，坚固耐用又经济合理。

6.2.1 多层砌体房屋的结构体系

按荷载的传递路径，多层砌体房屋的结构体系可分为下列三种：

1. 纵墙承重体系

使用上要求有较大空间的房屋，如教学楼、实验楼、办公楼、医院等，通常将大梁或大跨度屋面板支撑在内外纵墙上（图 6.2-1）。此时，楼、屋盖的自重及活荷载通过梁或直接传给纵墙，再由纵墙将这些荷载连同自重传给基础和地基，因而称之为纵墙承重体系。

纵墙承重体系中，横墙的设置主要为满足房屋空间刚度及整体性的要求，并与楼盖一起形成纵墙的侧向支撑，以保证纵墙承重时的侧向稳定，因而横墙间距可以比较大。横墙承担自身的重量及一部分楼、屋盖荷载。

纵墙承重体系的优点是房间的空间可以较大，平面布置比较灵活，墙体面积小。其缺点是房屋的刚度较差，纵墙受力集中；当纵墙上的荷载较大时，设在纵墙上的门窗的大小和位置度将受到一定的限制，纵墙较厚或要加壁柱。

相对于横墙承重体系，纵墙承重体系的楼、屋盖材料用量较多，墙体材料用量较少。

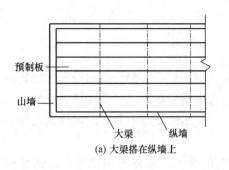
(a) 大梁搭在纵墙上

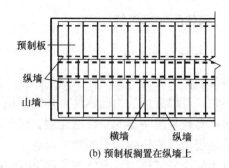
(b) 预制板搁置在纵墙上

图 6.2-1 纵墙承重体系

2. 横墙承重体系

当使用上要求房间的开间不大，而且各层横墙的位置比较固定时，如住宅、宿舍、旅馆等，通常可以按照房屋的开间布置横墙（图 6.2-2）。楼、屋盖支承在横墙上，其荷载直接传给横墙，再由横墙将这些荷载连同自重传给基础和地基，因而称之为横墙承重体系。

横墙承重体系中，纵墙主要起围护和隔断作用，并将横墙连成整体。纵墙仅承担自身重量及小部分楼、屋盖荷载，故对在纵墙上的开门、开窗的限制较少。立面处理比较方便。

由于横墙间距小，几乎每个开间内均设有横墙，同时又有纵墙在纵向拉结，因此房屋的空间刚度很大，整体性很好。这种承重结构体系对抵抗风荷载、地震作用以及调整地基不均匀沉降比纵墙承重体系有利得多，其楼、屋盖做法比较简单，施工方便，材料用量较少，但墙体材料用量较多。

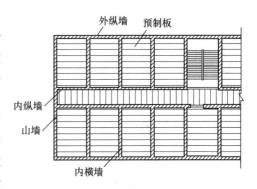

图 6.2-2 横墙承重体系

横墙承重体系的缺点是横墙间距很小、房间布置灵活性差，故多用于宿舍、住宅等居住建筑。

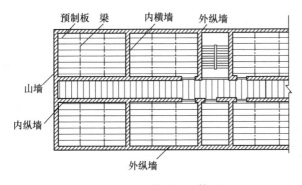

图 6.2-3 纵横墙承重体系

3. 纵横墙混合承重体系

在大多数砌体结构房屋中，由于建筑功能的需要以及结构受力的合理性要求，较多采用纵横墙混合承重体系（图 6.2-3）。即纵横墙均为承重墙，楼、屋盖多为现浇钢筋混凝土梁板结构。该承重体系的楼、屋盖布置灵活，横墙间距比纵墙承重方案的小，所以房屋的横向刚度比纵墙承重方案有所提高，空间刚度大。

震害调查表明，纵墙承重体系由于横向支撑少，纵墙较易发生平面外弯曲破坏而导致倒塌。为此，应优先采用横墙承重体系或纵横墙混合承重体系。

不论采用哪种承重体系，纵横墙的布置均宜均匀对称，使各墙垛受力基本相同，避免薄弱部位的破坏。纵横墙沿平面内宜对齐，使房屋的质量和结构刚度尽可能分布均匀；沿竖向应上下连续，同一轴线上的窗间墙宽度宜均匀，使全片砖墙均能形成相当于房屋全宽或全长的竖向整体构件，从而使房屋获得最大的整体抗弯能力。

6.2.2 多层砌体房屋的静力计算方案

砌体结构房屋是一种空间受力体系，各承载构件不同程度地参与工作，共同承受作用在房屋上的各种荷载的作用。在进行房屋的静力分析时，首先应根据房屋不同的空间性能，分别确定其静力计算方案，然后再进行静力计算。《砌体规范》根据房屋空间刚度的大小把房屋的静力计算方案分为刚性方案、弹性方案和刚弹性方案三种（图 6.2-4）。

1. 刚性方案

当房屋的横墙间距较小，屋盖和楼盖的刚度较大时，房屋的空间刚度也较大。若在水平荷载作用下，房屋的水平位移很小时，可假定墙、柱顶端的水平位移为零。因此在确定

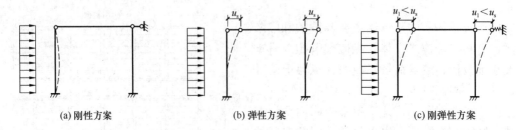

图 6.2-4 单层单跨房屋墙体的计算简图

墙、柱的计算简图时,可以忽略房屋的水平位移,把楼盖和屋盖视为墙、柱的不动铰支承,墙、柱的内力按侧向有不动铰支承的竖向构件计算,图 6.2-4(a)为单层刚性方案房屋墙体计算简图,按这种方法进行静力计算的房屋属刚性方案房屋。

2. 弹性方案

当横墙间距较大,或无横墙(山墙),屋盖和楼盖的水平刚度较小时,房屋的空间刚度较小。若在水平荷载作用下,房屋的水平位移较大,空间作用的影响可以忽略。其静力计算可按屋架(大梁)与墙柱为铰接,墙柱下端固定于基础,不考虑空间工作的平面排架来计算。图 6.2-4(b)为单层弹性方案房屋墙体计算简图,按这种方法进行静力计算的房屋属弹性方案房屋。

弹性方案房屋在水平荷载作用下,墙顶水平位移较大,而且墙内会产生较大的弯矩。因此,如果增加房屋的高度,房屋的刚度将难以保证,如增加纵墙的截面面积势必耗费材料。所以对于多层砌体结构房屋,不宜采用弹性方案。

3. 刚弹性方案

房屋的空间刚度介于刚性方案与弹性方案之间,在水平荷载的作用下,水平位移比弹性方案房屋要小,但不能忽略不计。其静力计算可根据房屋空间刚度的大小,按考虑房屋空间工作的排架来计算。图 6.2-4(c)为单层刚弹性方案房屋墙体的计算简图,按这种方法进行静力计算的房屋属刚弹性方案房屋。

《砌体规范》第 4.2.1 条考虑屋(楼)盖水平刚度的大小和相邻横墙间距两个主要因素,划分砌体结构的静力计算方案,见表 6.2-1。

房屋的静力计算方案　　表 6.2-1

	屋盖或楼盖类别	刚性方案	刚弹性方案	弹性方案
1	整体式、装配整体和装配式无檩体系钢筋混凝土屋盖或钢筋混凝土楼盖	$s<32$	$32 \leqslant s \leqslant 72$	$s>72$
2	装配式有檩体系钢筋混凝土屋盖、轻钢屋盖和有密铺望板的木屋盖或木楼盖	$s<20$	$20 \leqslant s \leqslant 48$	$s>48$
3	瓦材屋面的木屋盖和轻钢屋盖	$s<16$	$16 \leqslant s \leqslant 36$	$s>36$

注:① 表中 s 为房屋横墙间距,其长度单位为 m;
② 当屋盖、楼盖类别不同或横墙间距不同时,可按《砌体规范》第 4.2.7 条的规定确定房屋的静力计算方案;
③ 对无山墙或伸缩缝处无横墙的房屋,应按弹性方案考虑。

《砌体规范》第4.2.2条规定，刚性和刚弹性方案房屋的横墙，还应符合下列要求：

（1）横墙中开有洞口时，洞口的水平截面面积不应超过横墙截面面积的50%；

（2）横墙的厚度不宜小于180mm；

（3）单层房屋的横墙长度不宜小于其高度；多层房屋的横墙长度，不宜小于$H/2$（H为横墙总高度）；

当横墙不能同时符合上述要求时，应对横墙的刚度进行验算；如横墙的最大水平位移值 $u_{max} \leqslant H/4000$ 时，仍可视作刚性或刚弹性方案房屋的横墙。

《砌体规范》第4.2.6条规定，当刚性方案多层房屋的外墙符合下列要求时，在静力计算中可不考虑风荷载的影响：

① 洞口水平截面面积不超过全截面面积的2/3；

② 层高和总高不超过表6.2-2的规定；

③ 屋面自重不小于$0.8kN/m^2$。

外墙不考虑风荷载时的最大高度　　　　　　　　　　　表6.2-2

基本风压值/(kN/m²)	层高/m	总高/m
0.4	4.0	28
0.5	4.0	24
0.6	4.0	18
0.7	3.5	18

注：对于多层砌块房屋，当外墙厚度不小于190mm、层高不大于2.8m、总高不大于19.6m、基本风压不大于0.7kN/m² 时，可不考虑风荷载的影响。

6.2.3 砌体墙、柱高厚比验算

墙、柱的高厚比是指墙、柱的计算高度H_0与墙厚或矩形柱较小边长h的比值，用符号β表示。墙、柱的高厚比越大，其稳定性越差，从而影响墙、柱的正常使用。

验算墙、柱的高厚比是保证墙、柱在施工阶段和使用期间的稳定性，使砌体结构能满足正常使用极限状态的一项重要构造措施。

进行高厚比验算的构件主要包括：承重的柱、无壁柱墙、带壁柱墙、带构造柱墙及非承重墙。由于高厚比与构件的计算高度H_0有关，因此需要先确定构件的计算高度H_0。

1. 墙、柱计算高度H_0的确定

砌体结构中的细长构件在受到轴心压力时，常由于侧向变形的增大而发生失稳破坏，破坏时的临界荷载不仅与构件端部的约束情况有关，还与砌体的结构构造有关。墙、柱的计算高度H_0应根据房屋的类别和构件两端的支撑条件等确定，按表6.2-3采用。

受压构件的计算高度H_0　　　　　　　表6.2-3

房屋类别			柱		带壁柱墙或周边拉结的墙		
			排架方向	垂直排架方向	$s > 2H$	$2H \geqslant s > H$	$s \leqslant H$
有吊车的单层房屋	变截面柱上段	弹性方案	$2.5H_u$	$1.25 H_u$	$2.5H_u$		
		刚性、刚弹性方案	$2.0H_u$	$1.25 H_u$	$2.0H_u$		
	变截面柱下段		$1.0H_l$	$0.8H_l$	$1.0H_l$		

续表

房屋类别		柱		带壁柱墙或周边拉结的墙		
		排架方向	垂直排架方向	$s>2H$	$2H\geqslant s>H$	$s\leqslant H$
无吊车的单层和多层房屋	单跨	弹性方案	1.5H	1.0H		1.5H	
		刚弹性方案	1.2H	1.0H		1.2H	
	多跨	弹性方案	1.25H	1.0H		1.25H	
		刚弹性方案	1.10H	1.0H		1.10H	
		刚性方案	1.0H	1.0H	1.0H	0.4s+0.2H	0.6s

注：① 表中 H_u 为变截面柱的上段高度；H_l 为变截面柱的下段高度；
② 对于上端为自由端的构件，$H_0=2H$；
③ 独立砖柱，当无柱间支撑时，柱在垂直排架方向的 H_0 应按表中数值乘以 1.25 后采用；
④ s 为房屋横墙间距；
⑤ 自承重墙的计算高度应根据周边支承或拉结条件确定。

表 6.2-3 中的构件高度 H，应按下列规定采用：

（1）在房屋底层，为楼板到构件下端支点的距离。下端支点的位置，可取在基础顶面。当埋置较深且有刚性地坪时，可取室外地面下 500mm 处。

（2）在房屋其他层，为楼板或其他水平支点间的距离。

（3）对于无壁柱的山墙，可取层高加山墙尖高度的 1/2；对于带壁柱的山墙，可取壁柱处的山墙高度。

对无吊车房屋的变截面柱以及有吊车的房屋但荷载组合不考虑吊车作用时的变截面柱，变截面柱上段的计算高度可按表 6.2-3 规定采用；变截面柱下段的计算高度，可按下列规定采用：

（1）当 $H_u/H\leqslant 1/3$ 时，取无吊车房屋的 H_0；

（2）当 $1/3<H_u/H<1/2$ 时，时，取无吊车房屋的 H_0 乘以修正系数 μ，μ 可按下式计算：

$$\mu=1.3-0.3\frac{I_u}{I_l}$$

式中 I_u、I_l——分别为变截面柱上段、下段截面的惯性矩。

（3）当 $H_u/H\geqslant 1/2$ 时，取无吊车房屋的 H_0。但在确定 β 值时，应采用上柱截面。

2. 墙、柱高厚比的验算

《砌体规范》第 6.1.1 条规定，墙、柱的高厚比应按下式验算：

$$\beta=\frac{H_0}{h}\leqslant\mu_1\mu_2[\beta]$$

式中 H_0——墙、柱的计算高度，按表 6.2-3 采用；
  h——墙厚或矩形柱与 H_0 相对应的边长；
  μ_1——自承重墙允许高厚比的修正系数；
  μ_2——有门窗洞口墙允许高厚比的修正系数；
  $[\beta]$——墙、柱的允许高厚比。

对带有壁柱的整片墙，其计算截面应考虑为 T 形截面，上式中的墙厚 h 应采用折算厚

度 h_T。

对设置钢筋混凝土构造柱的整片墙,其允许高厚比应乘以提高系数 μ_c,μ_c 按下式计算:

$$\mu_c = 1 + \gamma \frac{b_c}{l}$$

式中 γ——系数。对细料石砌体,$\gamma=0$;对混凝土砌块、混凝土多孔砖、粗料石、毛料石及毛石砌体,$\gamma=1.0$;对其他砌体,$\gamma=1.5$。

l、b_c——分别为构造柱的间距、构造柱沿墙长方向的宽度。当 $b_c/l>0.25$ 时,取 $b_c/l=0.25$;当 $b_c/l<0.05$ 时,取 $b_c/l=0$。

由于在施工过程中大多是先砌筑墙体后浇筑构造柱,因此考虑构造柱有利作用的高厚比验算不适用于施工阶段,同时应注意采取措施保证构造柱墙在施工阶段的稳定性。

当与墙连接的相邻两墙间的距离 $s \leqslant \mu_1\mu_2[\beta]h$ 时,墙的高度可不受高厚比计算式的限制。

(1) 墙、柱的允许高厚比 $[\beta]$

根据房屋中墙、柱的稳定性及刚度条件等因素,《砌体规范》第 6.1.1 条规定了砌体结构墙、柱允许高厚比 $[\beta]$,见表 6.2-4。

墙、柱的允许高厚比 $[\beta]$ 值   表 6.2-4

砌体类型	砂浆强度等级	墙	柱
无筋砌体	M2.5	22	15
	M5.0 或 Mb5.0、Ms5.0	24	16
	≥M7.5 或 Mb7.5、Ms7.5	26	17
配筋砌块砌体	—	30	21

注:① 毛石墙、柱的允许高厚比应按表中数值降低 20%;
② 带有混凝土和砂浆面层的组合砖砌体构件的允许高厚比,可按表中数值提高 20%,但不得大于 28;
③ 验算施工阶段砂浆尚未硬化的新砌体构件高厚比时,允许高厚比对墙取 14,对柱取 11。

(2) μ_1 取值

自承重墙仅承受自重,其允许高厚比可适当放宽。《砌体规范》第 6.1.3 条规定,厚度不大于 240mm 的自承重墙,允许高厚比修正系数 μ_1 应按下列规定采用:

① 当墙厚为 240mm 时,$\mu_1=1.2$;当墙厚为 90mm 时,$\mu_1=1.5$;当墙厚小于 240mm 且大于 90mm 时,μ_1 可按插入法取值。

② 上端为自由端墙的允许高厚比,除按上述规定提高外,尚可提高 30%。

③ 对厚度小于 90mm 的墙,当双面采用不低于 M10 的水泥砂浆抹面,包括抹面层的墙厚不小于 90mm 时,可按墙厚等于 90mm 验算高厚比。

(3) μ_2 取值

对开有门窗洞口的墙,其刚度因开洞而降低,其允许高厚比应予降低,故有门窗洞口的墙(图 6.2-5)的允许高厚比修正系数 μ_2 应按下式计算:

$$\mu_2 = 1 - 0.4 \frac{b_s}{s}$$

式中 b_s——在宽度 s 范围内的门窗洞口总宽度;

s——相邻横墙或壁柱之间的距离（图 6.2-6）。

当按上式算得的 μ_2 值小于 0.7 时，取 $\mu_2=0.7$；当洞口高度等于或小于墙高的 1/5 时，取 $\mu_2=1.0$；当洞口高度大于或等于墙高的 4/5 时，可按独立墙段验算高厚比。

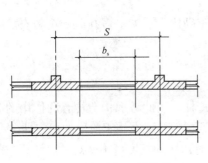

图 6.2-5 有门窗洞口墙的截面

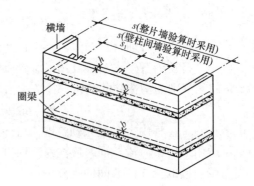

图 6.2-6 带壁柱墙的墙体布置图

3. 影响墙、柱的允许高厚比的因素

（1）砂浆强度等级。砂浆强度等级是影响砌体弹性模量和砌体构件刚度与稳定性的主要因素，砂浆强度等级越高，砌体的稳定性就越好，允许高厚比 [β] 就越大。

（2）砌体类型。砌体材料和砌筑方式的不同，都将在较大程度上影响块材和砂浆间的黏结性能，进而影响砌体构件的刚度与稳定性。如，毛石墙的 [β] 值比普通砖墙的 [β] 值降低 20%，而组合砖砌体构件却可以提高。

（3）带壁柱墙和带构造柱墙。壁柱和构造柱都有利于墙体的稳定。

（4）承重墙与自承重墙。显然后者的 [β] 值可以比前者高，因为后者对稳定性的要求相对较低。

（5）墙的开洞情况。开洞越多，墙体削弱就越严重，对稳定就越不利，[β] 值也就越低。

6.3 房屋墙、柱的构造要求

在进行砌体结构房屋设计时，不仅要求砌体结构和构件满足承载力要求，还要求其具有良好的工作性能和足够的耐久性。因此要对承载力计算中未考虑的一些因素，通过采取必要、合理的构造措施来加以保证。

6.3.1 墙柱的一般构造要求

1. 墙、柱截面最小尺寸

同混凝土构件相似，墙、柱截面尺寸愈小，其稳定性愈差，且截面的碰损削弱对墙、柱的承载力影响显著。因此《砌体规范》第 6.2.5 条规定：承重的独立砖柱截面尺寸不应小于 240mm×370mm。毛石墙的厚度不宜小于 350mm，毛料石柱较小边长不宜小于 400mm。当有振动荷载时，墙、柱不宜采用毛石砌体。

2. 墙、柱上垫块设置

当屋架及大梁搁置于墙、柱上时,会使支承处的砌体处于局部受压状态,容易发生局部受压破坏。因此《砌体规范》第6.2.7条规定:跨度大于6m的屋架和跨度大于4.8m(对砖砌体)、4.2m(对砌块和料石砌体)、3.9m(对毛石砌体)的梁,应在支承处砌体上设置混凝土或钢筋混凝土垫块;当墙中设有圈梁时,垫块与圈梁宜浇成整体。

3. 壁柱设置

(1)当梁跨度大于或等于6m(对240mm厚的砖墙)、4.8m(对180mm厚的砖墙与砌块、料石墙)时,其支承处宜加设壁柱,或采取其他加强措施。设置壁柱是为了加强墙体平面外的刚度和稳定性。

(2)山墙处的壁柱或构造柱宜砌置山墙顶部,且屋面构件应与山墙可靠连接。

6.3.2 墙体稳定性和房屋整体性要求

1. 预制板的支承、连接构造要求

震害经验表明,预制钢筋混凝土板之间有可靠连接,才能保证楼面板的整体作用,增强墙体约束,减小墙体竖向变形,避免楼板在较大位移时坍塌,这是保证结构安全与房屋整体性的主要措施之一,应严格执行。

2. 墙体转角处与纵横墙交接处的构造要求

工程实践表明,墙体转角处与纵横墙交接处设拉结钢筋是提高墙体稳定性和房屋整体性的重要措施之一。

3. 混凝土砌块墙体的构造要求

为增强混凝土砌块砌体结构房屋的整体性和抗裂能力,《砌体规范》对砌块砌体提出了以下要求:

(1)砌块砌体应分皮错缝搭砌,上下皮搭砌长度不得小于90mm。当搭砌长度不满足上述要求时,应在水平灰缝内设置不少于2根直径不小于4mm的焊接钢筋网片(横向钢筋的间距不宜大于200mm,网片每端应伸出该垂直缝不小于300mm)。

(2)砌块墙与后砌隔墙交接处,应沿墙高每400mm在水平灰缝内设置不少于2根直径不小于4mm、横筋间距不应大于200mm的焊接钢筋网片(图6.3-1)。

(3)混凝土砌块房屋,宜将纵横墙交接处,距墙中心线每边不小于300mm范围内的孔洞,采用不低于Cb20灌孔混凝土沿全墙高灌实。

(4)混凝土砌块墙体的下列部位,如未设圈梁或混凝土垫块,应采用不低于Cb20灌孔混凝土将孔洞灌实:

① 搁栅、檩条和钢筋混凝土楼板的支承面下,高度不应小于200mm的砌体;

② 屋架、梁等构件的支承面下,长度不应小于600mm,高度不应小于600mm的砌体;

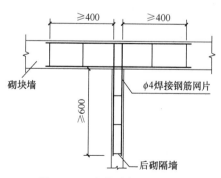

图6.3-1 砌块墙与后砌隔墙交接处钢筋网片

③ 挑梁支承面下，距墙中心线每边不应小于300mm，高度不应小于600mm的砌体。

4. 预制梁的锚固

支承在墙、柱上的吊车梁、屋架及跨度大于或等于9m（对砖砌体）、7.2m（对砌块和料石砌体）的预制梁的端部，应采用锚固件与墙、柱上的垫块锚固。

5. 在砌体中留槽洞及埋设管道时，应遵守下列规定

（1）不应在截面长边小于500mm的承重墙体、独立柱内埋设管线；

（2）不宜在墙体中穿行暗线或预留、开凿沟槽，当无法避免时应采取必要的措施或按削弱后的截面验算墙体的承载力。

对受力较小或未灌孔的砌块砌体，允许在墙体的竖向孔洞中设置管线。

6. 填充墙与隔墙的构造要求

填充墙、隔墙应分别采取措施与周边主体结构构件可靠连接，连接构造和嵌缝材料应能满足传力、变形、耐久和防护要求。

6.3.3 防止或减轻墙体开裂的主要措施

1. 裂缝产生的原因

砌体结构房屋墙体裂缝的形成是内因和外因共同作用的结果。内因主要指房屋楼盖采用钢筋混凝土构件，墙体则采用砌体材料，两者的物理力学特性差异明显；外因则是地基不均匀沉降、温湿度变化及构件之间相互约束等。

（1）温度变化和材料干缩引起裂缝

屋顶温差较大，因此顶层墙体开裂最为严重，导致屋盖和墙体之间产生水平裂缝，纵横墙交接处呈现包角裂缝（平屋顶的房屋，由于屋面伸长或缩短引起的向外或向内的推力而产生），而外墙上端呈现八字形裂缝。钢筋混凝土的收缩率比砌体材料大很多，当温度降低时，楼盖处于受拉或受剪状态，砌体处于受压和受剪状态，则外墙上端出现倒八字裂缝；在负温差和砌体收缩共同作用下，可能在墙体中出现上下贯通裂缝（图6.3-2）。

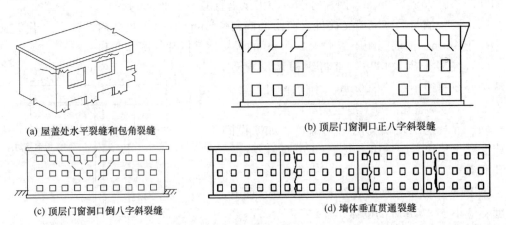

图 6.3-2 温度与干缩引起的裂缝

(2) 基础不均匀沉降导致裂缝

地基不均匀沉降引起的斜裂缝大多发生在房屋纵墙的两端，多数裂缝通过窗口的两个对角向沉降较大的方向倾斜。裂缝多发生在墙体的下部，裂缝的宽度向上逐渐减小。当地基沉降曲线为凹形时，墙体裂缝呈正八字形；当地基沉降曲线为凸形时，墙体裂缝呈倒八字形。当建筑物高差很大时，也会因沉降不同造成底层结构产生斜裂缝（图6.3-3）。

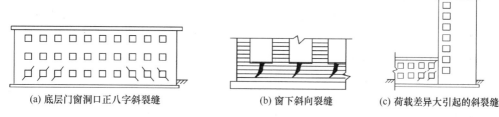

(a) 底层门窗洞口正八字斜裂缝　　(b) 窗下斜向裂缝　　(c) 荷载差异大引起的斜裂缝

图 6.3-3　由地基不均匀沉降引起的裂缝

根据工程实践和统计资料，温度裂缝和材料干缩裂缝几乎占全部可遇裂缝的80%以上。此外，设计不合理、无针对性防裂措施、施工质量差、材料质量不合格、砌体强度达不到设计要求，也会引起砌体结构出现裂缝。

2. 防止或减轻墙体开裂的主要措施

砌体结构出现裂缝是难以避免的，因此对策是采取必要措施防止或减轻墙体开裂。

（1）伸缩缝

伸缩缝将过长的建筑物用缝分成几个长度较小的独立单元，使每个单元砌体因收缩和温度变形而产生的拉应力小于砌体的抗拉强度，从而防止和减少墙体竖向裂缝的产生。

伸缩缝应设置在因温度和收缩变形引起应力集中、砌体产生裂缝可能性最大的部位。伸缩缝的间距可通过计算确定，也可按表6.3-1采用。

但应注意以下几点：

① 表6.3-1中数值只适用于烧结普通砖、烧结多孔砖、配筋砌块砌体房屋。对石砌体、蒸压灰砂普通砖、蒸压粉煤灰普通砖、混凝土砌块、混凝土普通砖和混凝土多孔砖房屋取表中数值乘以0.8。当墙体有可靠外保温效措施时，其间距可取表中数值。

② 当有实践经验并采取有效措施时，可不按表6.3-1的规定取值。

砌体房屋伸缩缝的最大间距（m）　　　　　　表 6.3-1

屋盖或楼盖类别		间距
整体式或整体装配式钢筋混凝土结构	有保温层或隔热层的屋盖或楼盖	50
	无保温层或隔热层的屋盖	40
装配式无檩体系钢筋混凝土结构	有保温层或隔热层的屋盖或楼盖	60
	无保温层或隔热层的屋盖	50
装配式有檩体系钢筋混凝土结构	有保温层或隔热层的屋盖或楼盖	75
	无保温层或隔热层的屋盖	60
瓦材屋盖、木屋盖或楼盖、轻钢屋盖		100

③ 在钢筋混凝土屋面上挂瓦的屋盖应按钢筋混凝土屋盖采用；

④ 层高大于5m的烧结普通砖、烧结多孔砖、配筋砌块砌体结构单层房屋，其伸缩缝间距可按表6.3-1中数值乘以1.3；

⑤ 温差较大且变化频繁地区和严寒地区不采暖的房屋及构筑物墙体的伸缩缝的最大间距，应按表6.3-1中数值予以适当减小；

⑥ 按表6.3-1设置的墙体伸缩缝，一般不能防止由于钢筋混凝土屋盖的温度变形和砌体干缩变形引起的局部裂缝；

⑦ 墙体的伸缩缝应与结构的其他变形缝相重合，在进行立面处理时，必须保证缝隙的伸缩作用。

伸缩缝一般采用双墙方案，只需将地面以上的结构分开，保证各单元能自由伸缩。基础部分由于埋于地下，温度变形不大，可不分开。

(2) 沉降缝

设置沉降缝是消除由于过大不均匀沉降对房屋造成危害的有效措施。沉降缝将建筑物从屋顶到基础全部断开，分成若干长高比小、整体刚度好的单元，保证各单元能独立沉降，而不致引起开裂。下列部位宜设沉降缝：① 建筑平面的转折部位；② 建筑物高度和荷载差异处（包括局部地下室边缘）；③ 过长建筑物的适当部位；④ 地基土的压缩性有显著差异处；⑤ 建筑物基础或结构类型不同处；⑥ 分期建造的房屋的交界处。

为防止沉降缝两侧地基应力集中严重，沉降量较大而造成上部结构可能产生向沉降缝靠拢倾向的情况，应使沉降缝有足够的宽度。根据经验，对于一般软土地基上的沉降缝宽度可按表6.3-2选用。

软土地基上的沉降缝宽度　　　　　　　　　　　　　　　　表6.3-2

房屋层数	沉降缝宽度/mm
2～3	50～80
4～5	80～120
5层以上	≥120

沉降缝的做法很多，一般采用双墙方案（图6.3-4a，偏心式基础），也可采用悬挑基础方案（图6.3-4b）、双墙交叉块形基础方案（图6.3-4c）。

(3) 防止或减轻房屋顶层墙体开裂可采取的措施

① 屋面应设置保温、隔热层；屋面保温（隔热）层或屋面刚性面层及砂浆找平层应设置分隔缝，分隔缝间距不宜大于6m，其缝宽不小于30mm，并与女儿墙隔开；

② 采用装配式有檩体系钢筋混凝土屋盖和瓦材屋盖；

③ 顶层屋面板下设置现浇钢筋混凝土圈梁，并沿内外墙拉通，房屋两端圈梁下的墙体内宜适当设置水平钢筋；

④ 顶层墙体有门窗等洞口时，在过梁上的水平灰缝内设置2～3道焊接钢筋网片或2根直径6mm钢筋，焊接钢筋网片或钢筋应伸入洞口两端墙内不小于600mm；

⑤ 顶层及女儿墙砂浆强度等级不低于M7.5（Mb7.5、Ms7.5）；

⑥ 女儿墙应设置构造柱，构造柱间距不宜大于4m，构造柱应伸至女儿墙顶并与现浇钢筋混凝土压顶整浇在一起；

⑦ 房屋顶层端部墙体内宜适当增设构造柱；

⑧ 对顶层墙体施加竖向预应力。

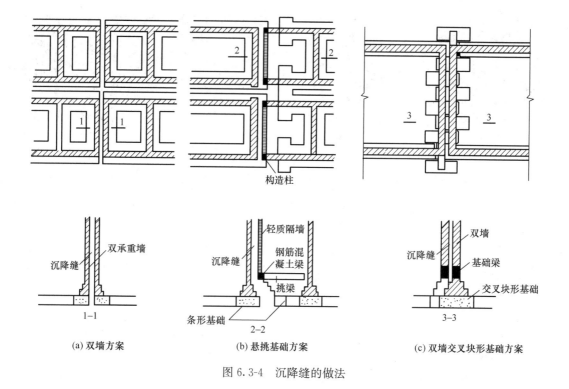

图 6.3-4 沉降缝的做法

(4) 防止或减轻房屋底层墙体开裂的措施

① 增大基础圈梁的刚度；还可以在基础墙体中增设短构造柱，使其将基础与基础圈梁连接成整体，增大基础墙的刚度。

② 在底层的窗台下墙体灰缝内设置 3 道焊接钢筋网片或 $2\phi6$ 钢筋，并应伸入两边窗间墙内不小于 600mm，窗间墙宽度较小时，钢筋网片或钢筋可通长设置。

③ 采用钢筋混凝土窗台板，窗台板嵌入两边窗间墙内不小于 600mm，窗间墙宽度较小时，窗台板可通长设置。

6.4 过梁、墙梁、挑梁和圈梁

6.4.1 过梁

砌体结构房屋中，为了承担门、窗洞口以上的墙体自重，以及承受上部墙体和楼盖传来的荷载，在门、窗洞口上设置的梁称为过梁。常用的过梁有钢筋混凝土过梁（图 6.4-1a）和砖砌过梁两类。砖砌过梁按其构造不同分为钢筋砖过梁（图 6.4-1b）、砖砌平拱过梁（图 6.4-1c）和砖砌弧拱过梁（图 6.4-1d）等。

对有较大振动荷载或可能产生不均匀沉降的房屋，应采用混凝土过梁。当过梁的跨度不大于 1.5m 时，可采用钢筋砖过梁；不大于 1.2m 时，可采用砖砌平拱过梁。

1. 钢筋混凝土过梁

钢筋混凝土过梁具有施工方便、跨度较大、抗震性能好的优点，因而在地震区被广泛

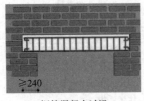 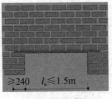 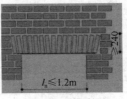 

(a) 钢筋混凝土过梁　　(b) 钢筋砖过梁　　(c) 砖砌平拱过梁　　(d) 砖砌弧拱过梁

图 6.4-1　过梁的分类

采用。钢筋混凝土过梁端部的支承长度,不宜小于 240mm。

2. 砖砌过梁

(1) 钢筋砖过梁

钢筋砖过梁底面砂浆层内的钢筋,其直径不应小于 5mm,间距不宜大于 120mm,钢筋伸入支座砌体内的长度不宜小于 240mm,并应在末端增设弯钩;底面砂浆层厚度不宜小于 30mm。

(2) 砖砌平拱过梁

砖砌平拱过梁由砖竖立或侧立砌成,用竖砖砌筑部分的高度不应小于 240mm。

(3) 砖砌弧拱过梁

砖砌弧拱过梁是将砖竖立或侧立砌成弧形,拱的跨度 l_n 和拱高 f 有关。当 $f=(1/8\sim1/12)l_n$ 时,$l_n=2.5\sim3m$;当 $f=(1/5\sim1/6)l_n$ 时,$l_n=3.0\sim4.0m$。

砖砌过梁具有造价低、节约钢筋和水泥、砌筑方便等优点,但整体性差,对振动荷载和基础不均匀沉降较敏感,跨度不宜过大。因此,在有振动或软弱地基的情况下,或门窗洞口较大时不宜采用,而采用钢筋混凝土过梁。砖砌过梁截面计算高度范围内砂浆的强度等级不宜低于 M5(Mb5、Ms5)。砖砌弧拱由于施工比较复杂,目前较少使用。

6.4.2　墙梁

承托上部墙体的梁称为托梁或托墙梁。当托梁及其上部墙体达到一定强度后,墙体和托梁共同工作而形成墙梁。只承受托梁自重和托梁顶面以上墙体重量的墙梁,称为自承重墙梁,如单层房屋自承重墙的基础梁;除了承受托梁自重和托梁顶面以上墙体重量外,还承受由楼盖或屋盖传来荷载的墙梁,称为承重墙梁,如底层为大空间、上层为小开间时设置的墙梁。按墙梁的支承情况,可分为简支墙梁(图 6.4-2a)、框支墙梁(图 6.4-2b)和连续墙梁(图 6.4-2c)。

墙梁的工作机理是,其上部荷载主要通过墙体的拱作用向两边支座传递,托梁承受拉力,从加载到破坏的整个过程中,墙梁受力的总格局不会发生实质性变化,即墙梁的受力始终像一个带拉杆的拱(图 6.4-3)。

1. 设计规定

影响墙梁承载力的因素很多,如墙体高跨比(h_w/l_0)、托梁高跨比(h_b/l_0)、砌体强度、混凝土强度、托梁纵筋配筋率、加荷方式、集中力作用位置、墙体开洞情况以及有无翼墙等(图 6.4-4)。

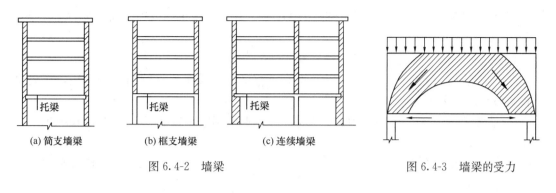

图 6.4-2 墙梁　　　　　　　　　图 6.4-3 墙梁的受力

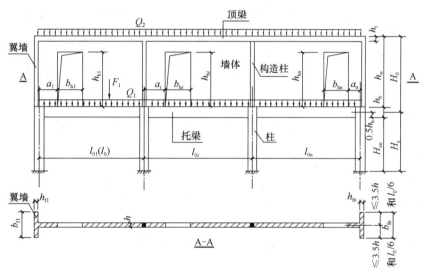

图 6.4-4　墙梁的计算简图

2. 洞口的设置要求

墙梁上的洞口对墙梁的组合作用极为不利。因此，《砌体规范》对洞口的设置做了如下规定：

（1）洞口边缘至支座中心的距离 a_1：距边支座不应小于 $0.15l_{0i}$，距中支座不应小于 $0.07l_{0i}$（l_{0i} 为墙梁相应跨的计算跨度）。托梁支座处上部墙体设置混凝土构造柱，且构造柱边缘至洞口边缘的距离不小于 240mm 时，洞口边至支座中心距离的限值可不受本规定限制。

（2）托梁高跨比，对无洞口墙梁不宜大于 1/7，对靠近支座有洞口的墙梁不宜大于 1/6。配筋砌块砌体墙梁的托梁高跨比可适当放宽，但不宜小于 1/14；当墙梁结构中的墙体均为配筋砌块砌体时，墙体总高度可不受本规定限制。

3. 构造要求

为了使托梁与墙体具有良好的共同工作性能，墙梁除应符合设计规定、满足承载力要求之外，还应符合下列构造要求：

（1）材料

① 托梁和框支柱的混凝土强度等级不应低于 C30。

② 承重墙梁的块体强度等级不应低于MU10，计算高度范围内墙体的砂浆强度等级不应低于M10（Mb10）。

(2) 墙体

① 框支墙梁的上部砌体房屋，以及设有承重的简支墙梁或连续墙梁的房屋，应满足刚性方案房屋的要求。

② 墙梁的计算高度范围内的墙体厚度，对砖砌体不应小于240mm，对混凝土砌块砌体不应小于190mm。

③ 墙梁洞口上方应设置混凝土过梁，其支承长度不应小于240mm；洞口范围内不应施加集中荷载。

④ 承重墙梁的支座处应设置落地翼墙。翼墙厚度，对砖砌体不应小于240mm，对混凝土砌块砌体不应小于190mm；翼墙宽度不应小于墙梁墙体厚度的3倍，并与墙梁墙体同时砌筑。当不能设置翼墙时，应设置落地且上、下贯通的构造柱。

⑤ 当墙梁墙体在靠近支座1/3跨度范围内开洞时，支座处应设置落地且上下贯通的混凝土构造柱，并应与每层圈梁连接。

⑥ 墙梁计算高度范围内的墙体，每天可砌筑高度不应超过1.5m，否则应加设临时支撑。

(3) 托梁

① 托梁两侧各两个开间的楼盖应采用现浇混凝土楼盖，楼板厚度不宜小于120mm，当楼板厚度大于150mm时，应采用双层双向钢筋网，楼板上应少开洞，洞口尺寸大于800mm时应设洞口边梁。

② 托梁每跨底部的纵向受力钢筋应通长设置，不得在跨中弯起或截断，钢筋连接应采用机械连接或焊接。

③ 托梁跨中截面的纵向受力钢筋总配筋率不应小于0.6%。

④ 托梁上部通长布置的纵向钢筋面积与跨中下部纵向钢筋面积之比值不应小于0.4；连续墙梁或多跨框支墙梁的托梁支座上部附加纵向钢筋从支座边缘算起每边延伸长度不应小于$l_0/4$。

⑤ 承重墙梁的托梁在砌体墙、柱上的支承长度不应小于350mm。纵向受力钢筋伸入支座应符合受拉钢筋的锚固要求。

⑥ 当托梁截面高度h_b大于等于450mm时，应沿梁截面高度设置通长水平腰筋，其直径不应小于12mm，间距不应大于200mm。

⑦ 对于洞口偏置的墙梁，其托梁的箍筋加密区范围应延到洞口外，距洞边的距离大于等于于托梁截面高度h_b（图6.4-5），箍筋直径不应小于8mm，间距不应大于100mm。

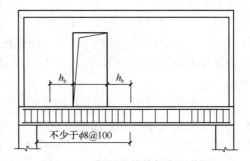

图6.4-5 托梁的箍筋加密区范围

6.4.3 挑梁

在砌体结构房屋中，挑梁是嵌固在砌体中的悬挑式钢筋混凝土梁，是一种常用的混凝土构件。其主要特征是，一端嵌入墙内，另一端挑出墙外，依靠压在其上部的砌体重量及上部荷载来平衡悬挑部分承担的荷载。主要用于雨篷、阳台、挑檐和悬挑楼梯等部位。

1. 挑梁的受力特点及破坏形态

挑梁的计算简图见图 6.4-6。挑梁的嵌固部分承受着上部砌体及其传递下来的荷载作用，实际上是与砌体共同作用的。当悬挑端受到外荷载 P 的作用后，挑梁 A 处的上、下界面上就分别产生拉、压应力。随着荷载的增大，挑梁的上表面与上部砌体脱开，而出现水平裂缝。随着荷载的进一步增大，挑梁埋入端尾部 B 处的下表面与下部砌体脱开，而出现水平裂缝。

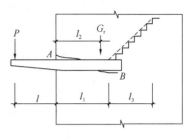

图 6.4-6 挑梁的计算简图

如果挑梁本身的承载力能够保证，则挑梁在砌体中可能有下面两种破坏形态：

(1) 挑梁倾覆破坏

当悬臂荷载较大，而挑梁埋入端砌体强度较高，且埋入段长度较短，就可能在挑梁尾端处角部砌体中产生阶梯形斜裂缝。随着这条斜裂缝进一步加宽、延伸，如果斜裂缝范围内砌体及其上部荷载不能有效地抵抗挑梁的倾覆，挑梁即发生倾覆破坏。

为避免这种破坏，挑梁应具有足够的抗倾覆荷载，抗倾覆荷载取挑梁尾端上部 45°扩展角的阴影范围（其水平长度为 l_3）内本层砌体与楼层恒荷载标准值之和，并按图 6.4-7 确定：

① 若墙体无洞口且 $l_3 \leqslant l_1$，取 l_3 的长度范围内 45°扩展角（梯形面积）内本层的砌体和楼面恒荷载标准值之和，如图 6.4-7（a）所示。

② 若墙体无洞口且 $l_3 > l_1$，取 l_1 的长度范围内 45°扩展角（梯形面积）内本层的砌体和楼盖恒荷载标准值之和，如图 6.4-7（b）。

③ 若墙体有洞口，且洞口内边至挑梁尾部距离大于 370mm，则抗倾覆荷载的取法同上（应扣除洞口墙体自重），如图 6.4-7（c）所示。

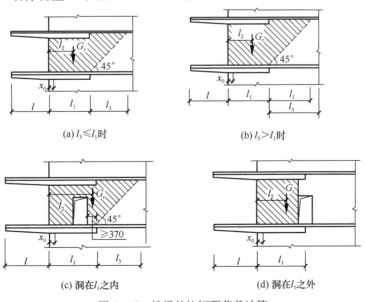

(a) $l_3 \leqslant l_1$ 时　　　　(b) $l_3 > l_1$ 时

(c) 洞在 l_1 之内　　　　(d) 洞在 l_1 之外

图 6.4-7 挑梁的抗倾覆荷载计算

④ 若墙体有洞口，且洞口内边至挑梁尾部距离不大于370mm，则仅能考虑墙外边至洞口外边范围内的砌体与楼盖恒荷载标准值之和，如图6.4-7（d）所示。

⑤ 雨篷的抗倾覆荷载应按图6.4-8中的阴影范围确定。

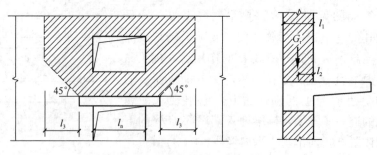

图6.4-8 雨篷的抗倾覆荷载计算

（2）挑梁下砌体局部受压破坏

当挑梁埋入端砌体强度较低，而埋入段长度较长时，在尾部斜裂缝发展的同时，下界面水平裂缝也在延伸，挑梁下砌体受压区长度减小，砌体压应力增大。若压应力超过了砌体局部抗压强度，挑梁下的砌体将发生局部受压破坏。

2. 挑梁的构造要求

挑梁设计除应符合《混凝土结构设计规范》GB 50010—2010（2015年版）的有关规定外，尚应满足下列要求：

（1）纵向受力钢筋至少应有1/2的钢筋面积伸入梁尾端，且不少于2ϕ12。其余钢筋伸入支座的长度不应少于$2l_1/3$；

（2）挑梁埋入砌体长度l_1与挑出长度l之比宜大于1.2；当挑梁上无砌体时，l_1与l之比宜大于2。

6.4.4 圈梁

在房屋的檐口、窗顶、楼层、吊车梁顶或基础顶面标高处，沿砌体墙水平方向设置封闭状的按构造配筋的混凝土梁式构件称为圈梁。圈梁一般与构造柱（在砌体房屋墙体的规定部位，按构造配筋，并按先砌墙后浇灌混凝土柱的施工顺序制成的混凝土柱）共同使用，对增强砌体结构房屋的整体性、空间刚度及减少墙体裂缝等有非常重要的作用。

1. 圈梁的作用

（1）圈梁与构造柱将纵、横墙连成整体，形成套箍，提高房屋的整体性。

（2）圈梁可以箍住预制的楼、屋盖，增强其整体刚度。

（3）圈梁可减小墙体的自由长度，增加墙体的稳定性；其与构造柱对墙体在竖向平面内进行约束，限制墙体斜裂缝的开展，且不延伸出两道圈梁之间的墙体，在一定程度上延缓墙体裂缝的出现与发展。

（4）圈梁能有效地消除或减弱由于地震或其他原因引起的地基不均匀沉降对房屋的破坏作用。特别是檐口处和基础顶面处的圈梁，抵御不均匀沉降的能力更为明显。

（5）圈梁跨过门窗洞口时，若接近洞口且配筋不少于过梁，可兼作过梁使用。

2. 圈梁的设置

对于有地基不均匀沉降或较大振动荷载的房屋，按《砌体规范》相关规定在砌体墙中设置现浇混凝土圈梁。

建筑在较软弱地基或不均匀地基上的砌体结构房屋，除按上述规定设置圈梁外，尚应符合《建筑地基基础设计规范》GB 50007—2011 的有关规定。地震区砌体房屋的圈梁设置应符合《建筑抗震设计规范》GB 50011—2010（2016 年版）的有关规定。

3. 圈梁的构造要求

（1）圈梁宜连续地设在同一水平面上，并形成封闭状；当圈梁被门窗洞口截断时，应在洞口上部增设相同截面的附加圈梁；附加圈梁与圈梁的搭接长度不应小于其中到中垂直间距的 2 倍，且不得小于 1m（图 6.4-9）。

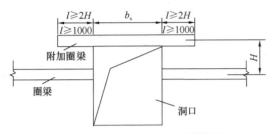

图 6.4-9 附加圈梁和圈梁的搭接

（2）纵、横墙交接处的圈梁应可靠连接。刚弹性和弹性方案房屋，圈梁应与屋架、大梁等构件可靠连接。

（3）混凝土圈梁的宽度宜与墙厚相同，当墙厚不小于 240mm 时，其宽度不宜小于墙厚的 2/3。圈梁高度不应小于 120mm；纵向钢筋不应少于 4φ10mm，绑扎接头的搭接长度按受拉钢筋考虑，箍筋间距不应大于 300mm。

（4）圈梁兼作过梁时，过梁部分的钢筋应按计算面积另行增配。

6.5 多层砌体房屋的抗震设计

多层砌体结构房屋的抗震设计可分成三个部分：

（1）建筑布置与结构选型——概念设计

《建筑抗震设计规范》GB 50011—2010（2016 年版）非常强调抗震概念设计的思想，许多规定来源于震害经验的总结，并吸取了试验研究的成果。抗震概念设计除了总体布置、结构选型等方面的要求外，还包括一系列限制条件，主要目的是使房屋在地震作用下均匀受力，不产生过大的内力或应力。

（2）抗震构造措施——构造设计

主要包括加强房屋整体性和构件间连接强度的措施，如构造柱、圈梁、拉结筋的布置以及楼板搁置长度等。

（3）抗震强度验算——计算设计

包括地震作用及抗震强度的计算，确保房屋在地震作用下不发生破坏。

本节和下节主要介绍前两部分。

6.5.1 主要限制条件

1. 房屋的总高度和层数

多层砖房的抗震能力，除与横墙间距、砖和砂浆的强度等级、结构的整体性和施工质量有关外,还与房屋的总高度有直接关系。震害调查表明,房屋的破坏程度随层数的增加而加重,倒塌率与房屋的层数成正比。因此,《建筑抗震设计规范》GB 50011—2011（2016年版）第7.1.2条规定了对多层砌体结构房屋和底部框架-抗震墙砌体房屋的总高度和层数的限值,见表6.5-1。

多层砌体房屋的总高度（m）和层数限值　　　　表6.5-1

房屋类别		最小抗震墙厚度/mm	抗震设防烈度									
			6		7				8			9
			0.05g		0.10g		0.15g		0.20g		0.30g		0.40g
			高度	层数	高度	层数	高度	层数	高度	层数	高度	层数	高度	层数
多层砌体房屋	普通砖	240	21	7	21	7	21	7	18	6	15	5	12	4
	多孔砖	240	21	7	21	7	18	6	18	6	15	5	9	3
	多孔砖	190	21	7	18	6	15	5	15	5	12	4	—	—
	小砌块	190	21	7	21	7	18	6	18	6	15	5	9	3
底部框架-抗震墙砌体房屋	普通砖多孔砖	240	22	7	22	7	19	6	16	5	—	—	—	—
	多孔砖	190	22	7	19	6	16	5	13	4	—	—	—	—
	小砌块	190	22	7	22	7	19	6	16	5	—	—	—	—

注：① 房屋的总高度指室外地面到主要屋面板板顶或檐口的高度,半地下室从地下室室内地面算起;全地下室和嵌固条件好的半地下室应允许从室外地面算起;对带阁楼的坡屋面应算到山尖墙的1/2高度处;
② 室内外高差大于0.6m时,房屋的总高度应允许比表中数据适当增加,但不应多于1m;
③ 乙类的多层砌体房屋仍按本地区设防烈度查表,其层数应减少一层且总高度应降低3m;不应采用底部框架-抗震墙砌体房屋;
④ 小砌块砌体房屋不包括混凝土小型空心砌块砌体房屋。

对横墙较少的多层砌体房屋,总高度应比表6.5-1的规定降低3m,层数相应减少一层;各层横墙很少的房屋,还应再减少一层。这里,横墙较少系指同一楼层内开间大于4.20m的房间占该层总面积的40%以上;横墙很少系指开间不大于4.20m的房间占该层总面积不到20%且开间大于4.80m的房间占该层总面积的80%以上。

为保证墙体平面外的稳定性,多层混合结构房屋的层高不应超过3.6m。底部框架-抗震墙砌体房屋的底部,层高不应超过4.5m;当底层采用约束砌体抗震墙时,底层的层高不应超过4.2m。

2. 房屋高宽比限值

砖房的整体弯曲破坏与地震烈度、房屋的高宽比以及横墙的开洞率有关。烈度高、房屋的高宽比大时,在水平地震倾覆力矩作用下墙体水平截面产生的弯曲应力超过砖砌体的抗拉强度,导致底层外纵墙出现水平裂缝;横墙上的门窗洞口愈大,横墙被洞口分割成的墙肢的局部弯曲就愈显著,弯曲应力则愈容易超过砖砌体的抗拉强度。因此应对房屋的高宽比有一定限值,见表6.5-2。

对于单面走廊房屋,计算高宽比时,房屋总宽度不包括走廊宽度。

房屋最大高宽比　　　　　　　　　　　　　　表 6.5-2

烈度	6	7	8	9
最大高宽比	2.5	2.5	2.0	1.5

3. 抗震横墙的最大间距

房屋的空间刚度对房屋的抗震性能影响很大。墙体的布置是影响房屋空间刚度的主要因素。对抗震横墙最大间距的构造规定，是为了满足楼盖对传递水平地震力的刚度要求。《建筑抗震设计规范》GB 50011—2001（2016 年版）对多层砌体结构房屋的抗震横墙的最大间距的限值如表 6.5-3 所示。

房屋抗震横墙的最大间距（m）　　　　　　表 6.5-3

楼、屋盖类别		烈度			
		6	7	8	9
多层砌体房屋	现浇或装配整体式钢筋混凝土楼、屋盖	18	18	15	11
	装配式钢筋混凝土楼、屋盖	15	15	11	7
	木楼、屋盖	11	11	7	4
底部框架-抗震墙砌体房屋	上部各层	同多层砌体房屋			—
	底层或底部两层	18	15	11	—

注：① 多层砌体房屋的顶层，除木屋盖外的最大横墙间距应允许放宽，但应采取相应加强措施；
② 多孔砖抗震横墙厚度为 190mm 时，最大横墙间距应比表中数值减少 3m。

4. 房屋的局部尺寸限值

地震时，房屋的破坏首先从薄弱环节开始，这些薄弱环节主要是窗间墙、尽端墙段、突出屋顶的女儿墙和烟囱等。表 6.5-4 系根据震害宏观调查而提出的房屋局部尺寸限值。如果采用增设构造柱等措施，则局部尺寸可适当放宽。

房屋的局部尺寸限值（m）　　　　　　　　表 6.5-4

部位	抗震设防烈度			
	6 度	7 度	8 度	9 度
承重窗间墙最小宽度	1.0	1.0	1.2	1.5
承重外墙尽端至门窗洞边的最小距离	1.0	1.0	1.2	1.5
非承重外墙尽端至门窗洞边的最小距离	1.0	1.0	1.0	1.0
内墙阳角至门窗洞边的最小距离	1.0	1.0	1.5	2.0
无锚固女儿墙（非出入口处）的最大高度	0.5	0.5	0.5	0.0

注：① 局部尺寸不足时，应采取局部加强措施弥补，且最小宽度不宜小于 1/4 层高和表列数据的 80%；
② 出入口处的女儿墙应有锚固。

6.5.2 结构选型和结构布置

1. 多层砌体房屋

多层砌体房屋的建筑布置和结构体系，应符合下列要求：

(1) 应优先采用横墙承重或纵横墙共同承重的结构体系,不应采用砌体墙和混凝土墙混合承重的结构体系。

(2) 纵横向砌体抗震墙的布置应符合下列要求:

① 纵横向砌体抗震墙的布置宜均匀对称,沿平面内宜对齐,沿竖向应上下连续;且纵横向墙体的数量不宜相差过大。

② 平面轮廓凹凸尺寸,不应超过典型尺寸的50%;当超过典型尺寸的25%时,房屋转角处应采取加强措施。

③ 楼板局部大洞口的尺寸不宜超过楼板宽度的30%,且不应在墙体两侧同时开洞。

④ 房屋错层的楼板高差超过500mm时,应按两层计算;错层部位的墙体应采取加强措施。

⑤ 同一轴线上的窗间墙宽度宜均匀;在满足房屋局部尺寸限值的前提下,墙面洞口的立面面积,6、7度时不宜大于墙面总面积的55%,8、9度时不宜大于50%。

⑥ 在房屋宽度方向的中部应设置内纵墙,其累计长度不宜少于房屋总长度的60%(高宽比大于4的墙段不计入)。

(3) 楼梯间的位置不宜设在房屋的尽端和转角处。

(4) 不应在房屋转角处设置转角窗。

(5) 横墙较少、跨度较大的房屋,宜采用现浇钢筋混凝土楼、屋盖。

2. 底部框架-抗震墙砌体房屋

底部框架-抗震墙砌体房屋的结构布置,应符合下列要求:

(1) 上部的砌体墙体与底部的框架梁或抗震墙,除楼梯间附近的个别墙段外均应对齐。

(2) 房屋的底部,应沿纵横两个方向设置一定数量的抗震墙,并应均匀对称布置。6度且总层数不超过4层的底框-抗震墙砌体房屋,应允许采用嵌砌于框架之间的约束普通砖砌体或小砌块砌体的抗震墙,但应计入砌体墙对框架的附加轴力和附加剪力并进行底层抗震验算,且同一方向不应同时采用钢筋混凝土抗震墙和约束砌体抗震墙;其余情况,8度时应采用钢筋混凝土抗震墙,6、7度时应采用钢筋混凝土抗震墙或配筋小砌块砌体抗震墙。

(3) 底层框架-抗震墙砌体房屋的纵横两个方向,第二层计入构造柱影响的侧向刚度与底层侧向刚度的比值,6、7度时不应大于2.5,8度时不应大于2.0,且均不应小于1.0。

(4) 底部两层框架-抗震墙砌体房屋纵横两个方向,底层与底部第二层侧向刚度应接近,第三层计入构造柱影响的侧向刚度与底部第二层侧向刚度的比值,6、7度时不大于2.0,8度时不大于1.5,且均不应小于1.0。

(5) 底部框架-抗震墙砌体房屋的抗震墙应设置条形基础、筏形基础等整体性较好的基础。

(6) 底部框架-抗震墙砌体房屋的钢筋混凝土结构部分,底部框架的抗震等级,6、7、8度应分别按三、二、一级采用;混凝土墙体的抗震等级,6、7、8度应分别按三、三、二级采用。

3. 多层砌体房屋的非结构构件

(1) 后砌非承重墙应沿墙高每隔500~600mm配置2φ6拉结钢筋与承重墙或柱拉结,

每边伸入墙内不应少于500mm；8度和9度时，长度大于5m的后砌隔墙，墙顶尚应与楼板或梁拉结，独立墙肢端部及大门洞边宜设置钢筋混凝土柱；

（2）烟道、风道、垃圾道等不应削弱墙体；当墙体被削弱时，应对墙体采取加强措施；不宜采用无竖向配筋的附墙烟囱或出屋面的烟囱；

（3）不应采用无锚固的钢筋混凝土预制挑檐。

6.5.3 防震缝

多层砌体结构的防震缝应沿房屋全高设置，其两侧应设置墙体，基础可不设防震缝。

房屋有下列情况之一时宜设防震缝，缝宽应根据房屋高度、场地类别及抗震设防烈度确定，一般可采用70～100mm：（1）房屋立面高差在6m以上；（2）房屋有错层，且楼板高差大于层高的1/4；（3）各部分刚度、质量截然不同。

在地震区，沉降缝、伸缩缝应符合防震缝的要求。

6.6 多层砌体房屋的抗震构造措施

多层砖房的抗倒塌，不是依靠罕遇地震下的抗震变形验算来保障，而主要是通过总体布置要求和本节中的构造措施等抗震措施，以搞好抗震概念设计来加以解决。

6.6.1 钢筋混凝土构造柱的设置

多次强震震害调查表明，设置构造柱是一种有效的抗倒塌措施。设有钢筋混凝土构造柱的多层砌体结构房屋，与未设构造柱的同类房屋相比，震害显著减轻。

1. 构造柱设置部位

各类多层砖砌体房屋，应根据抗震设防烈度、房屋高度、层数等条件在抗震薄弱部位（如纵横墙连接处、楼梯间、墙角部等）设置构造柱。

（1）一般情况下，构造柱的设置部位应符合表6.6-1的要求。

多层砖砌体房屋构造柱设置要求　　　　表6.6-1

抗震设防烈度与房屋层数				设置部位	
6度	7度	8度	9度		
四、五	三、四	二、三	一	楼、电梯间的四角，楼梯斜梯段上下端对应的墙体处；外墙四角和对应转角；错层部位横墙与外纵墙交接处；大房间内外墙交接处；较大洞口两侧	隔12m或单元横墙与外纵墙交接处；楼梯间对应的另一侧内横墙与外纵墙交接处
六	五	四	二		隔开间横墙（轴线）与外墙交接处；山墙与内纵墙交接处
七	≥六	≥五	≥三		内墙（轴线）与外墙交接处；内墙的局部较小墙垛处；内纵墙与横墙（轴线）交接处

注：较大洞口，内墙指不小于2.1m的洞口。

（2）外廊式和单面走廊式的多层房屋，应根据房屋增加一层的层数，按表6.6-1的要求设置构造柱，且单面走廊两侧的纵墙均应按外墙处理。

（3）横墙较少的房屋（如教学楼、医院等），应根据房屋增加一层的层数，按表6.6-1的要求设置构造柱。当横墙较少的房屋为外廊式和单面走廊式时，应按第（2）条的要求设置构造柱；但6度不超过四层、7度不超过三层和8度不超过二层时，应按增加二层后的层数对待。

（4）各层横墙很少的房屋，应根据房屋增加二层的层数对待。

（5）采用蒸压灰砂砖和蒸压粉煤灰砖的砌体房屋，当砌体的抗剪强度仅达到普通黏土砖砌体的70%时，应根据增加一层的层数按第（1）～（4）条要求设置构造柱；但6度不超过四层、7度不超过三层和8度不超过二层时，应按增加二层后的层数对待。

2. 构造柱的构造要求

（1）构造柱最小截面可采用180mm×240mm（墙厚190mm时为180mm×190mm），房屋四角的构造柱应适当加大截面及配筋。

（2）构造柱施工时必须先砌墙、后浇柱，与墙连接处应砌成马牙槎，并应沿墙高每隔500mm设2ϕ6拉结钢筋，每边伸入墙内不宜小于1m。

（3）构造柱应与圈梁连接。在连接处，构造柱的纵筋应穿过圈梁，保证构造柱纵筋上下贯通。

（4）构造柱可不单独设置基础，但应伸入室外地面下500mm，或与埋深小于500mm的基础圈梁相连。

（5）房屋高度和层数接近表6.6-1的限值时，纵、横墙内构造柱间距尚应符合下列要求：

① 横墙内的构造柱间距不宜大于层高的二倍；下部1/3楼层的构造柱间距适当减小；

② 当外纵墙开间大于3.9m时，应另设加强措施。内纵墙的构造柱间距不宜大于4.2m。

6.6.2 钢筋混凝土圈梁的设置

震害调查表明，圈梁是提高多层砌体房屋的抗震能力、减轻震害的一种经济有效的构造措施。圈梁的主要作用是：增强房屋的整体性；提高楼板的水平刚度；限制墙体斜裂缝的发展，保证墙体的整体性和变形能力，提高墙体的抗剪能力；减轻地震时地基不均匀沉降与地表裂缝对房屋的影响，具有提高房屋的竖向刚度和抵御不均匀沉降的能力。

1. 圈梁设置要求

多层砖砌体房屋的现浇钢筋混凝土圈梁设置应符合下列要求：

（1）装配式钢筋混凝土楼、屋盖或木楼、屋盖的砖房，横墙承重时应按表6.6-2的要求设置圈梁；纵墙承重时，抗震横墙上的圈梁间距应比表内要求适当加密。

（2）现浇或装配整体式钢筋混凝土楼、屋盖与墙体有可靠连接的房屋，应允许不另设圈梁，但楼板沿墙体周边均应加强配筋并应与相应的构造柱钢筋可靠连接。

现浇钢筋混凝土圈梁设置要求　　　　　　表 6.6-2

墙类	抗震设防烈度		
	6、7 度	8 度	9 度
外墙及内纵墙	屋盖处及每层楼盖处	屋盖处及每层楼盖处	屋盖处及每层楼盖处
内横墙	屋盖处及每层楼盖处；屋盖处间距不应大于 4.5m；楼盖处间距不应大于 7.2m；构造柱对应部位	屋盖处及每层楼盖处；各层所有横墙，且间距不应大于 4.5m；构造柱对应部位	屋盖处及每层楼盖处；各层所有横墙

2. 圈梁的构造要求

（1）圈梁应闭合，遇有洞口时圈梁应上下搭接（图 6.6-1）。圈梁宜与预制板设在同一标高处（板平圈梁）或圈梁紧靠板底（板底圈梁）（图 6.6-2）；

（2）圈梁在表 6.6-2 要求的间距内无横墙时，应利用梁或板缝中配筋替代圈梁；

（3）圈梁的截面高度不应小于 120mm；当地基有软弱黏性土、液化土、新近填土或严重不均匀土层时，为加强基础的整体性和刚性以抵抗地基变形和不均匀沉降而增设的基础圈梁，截面高度不应小于 180mm。

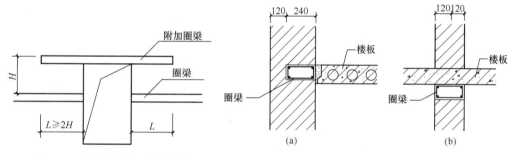

图 6.6-1　圈梁遇洞口时的搭接　　　　图 6.6-2　圈梁与预制板的关系

6.6.3　房屋整体性要求

1. 纵横墙的连接

对多层砖纵横墙之间的连接，首先应在施工中注意同时咬槎砌筑，流水作业或必须留槎时，应留坡槎，不应留直槎。另外，在设计中，对 6、7 度时长度大于 7.2m 的大房间，及 8、9 度时，外墙转角及内外墙交接处，应沿墙高每隔 500mm 配置 2φ6 拉结钢筋并每边伸入墙内不宜小于 1m（图 6.6-3）。

2. 楼、屋盖与墙体间的连接

多层砖砌体房屋的楼、屋盖应符合下列要求：

（1）现浇钢筋混凝土楼板或屋面板伸进纵、横墙内的长度，均不应小于 120mm。

（2）装配式钢筋混凝土楼板或屋面板，当圈梁未设在板的同一标高时，板端伸进外墙的长度不应小于 120mm，伸进内墙的长度不应小于 100mm，梁上不应小于 80mm。

（3）当板的跨度大于 4.8m 并与外墙平行时，靠外墙的预制板侧边应与墙或圈梁配筋拉结。

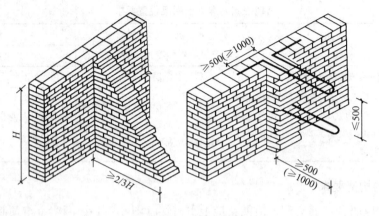

图 6.6-3 纵横墙连接

（4）房屋端部大房间的楼盖，8 度时房屋的屋盖和 9 度时房屋的楼屋盖，当圈梁设在板底时，钢筋混凝土预制板应相互拉结并应与梁、墙或圈梁拉结（图 6.6-4）。

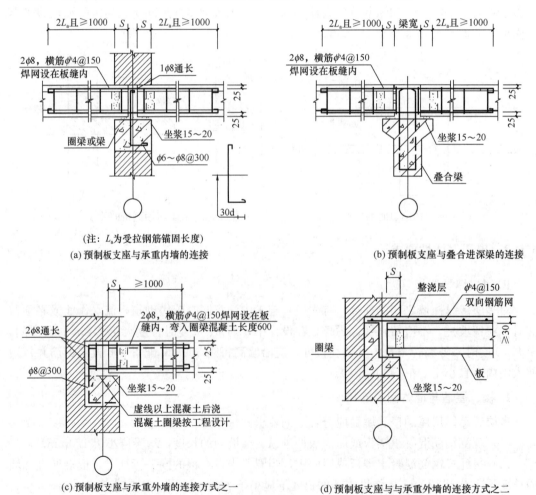

(a) 预制板支座与承重内墙的连接　　(b) 预制板支座与叠合进深梁的连接

(c) 预制板支座与承重外墙的连接方式之一　　(d) 预制板支座与与承重外墙的连接方式之二

图 6.6-4 预制板与墙体（梁）的拉结

(5) 楼、屋盖的钢筋混凝土梁或屋架应与墙、柱（包括构造柱）或圈梁可靠连接；不得采用独立砖柱。跨度不小于6m大梁的支承构件应采用组合砌体等加强措施，并满足承载力要求。

(6) 门窗洞口处不应采用砖过梁，过梁支承长度，6~8度时不应小于240mm，9度时不应小于360mm。

3. 加强楼梯间的整体性

楼梯间是地震时的重要疏散通道。震害调查表明，楼梯间由于比较空旷，常常破坏严重，当楼梯间设在房屋尽端时破坏尤为严重。

为了加强楼梯间的整体性，除上述对墙体的要求外，楼梯间尚应符合下列要求：

(1) 顶层楼梯间墙体应沿墙高每隔500mm设2ϕ6通长钢筋和ϕ4分布短钢筋平面内点焊组成的拉结网片或ϕ4点焊网片；7~9度时其他各层楼梯间墙体应在休息平台或楼层半高处设置60mm厚、纵向钢筋不应少于2ϕ10的钢筋混凝土带或配筋砖带，配筋砖带不少于3皮，每皮的配筋不少于2ϕ6，砂浆强度等级不应低于M7.5且不低于同层墙体的砂浆强度等级。

(2) 楼梯间及门厅内墙阳角处的大梁支承长度不应小于500mm，并应与圈梁连接。

(3) 装配式楼梯段应与平台板的梁可靠连接；8、9度时不应采用装配式楼梯段；不应采用墙中悬挑式踏步或踏步竖肋插入墙体的楼梯，不应采用无筋砖砌栏板。

(4) 突出屋顶的楼、电梯间，构造柱应伸到顶部，并与顶部圈梁连接，所有墙体应沿墙高每隔500mm设2ϕ6通长钢筋和ϕ4分布短横筋平面内点焊组成的拉结网片或ϕ4点焊网片。

6.6.4 横墙较少的多层砖房的加强措施

对横墙较少的丙类多层砌体房屋，《建筑设计抗震规范》GB 50011—2011（2016年版）规定：当其总高度和层数接近或达到表7.1.2规定限值时，除上述对墙体的要求外，尚应采取下列加强措施：

(1) 房屋的最大开间尺寸不宜大于6.6m。

(2) 同一结构单元内横墙错位数量不宜超过横墙总数的1/3，且连续错位不宜多于两道；错位的墙体交接处均应增设构造柱，且楼、屋面板应采用现浇钢筋混凝土板。

(3) 横墙和内纵墙上洞口的宽度不宜大于1.5m；外纵墙上洞口的宽度不宜大于2.1m或开间尺寸的一半；且内外墙上洞口位置不应影响内外纵墙与横墙的整体连接。

(4) 所有纵横墙均应在楼、屋盖标高处设置加强的现浇钢筋混凝土圈梁：圈梁的截面高度不宜小于150mm。

(5) 所有纵横墙交接处及横墙的中部，均应增设满足下列要求的构造柱：在横墙内的柱距不宜大于层高，在纵墙内的柱距不宜大于4.2m，最小截面尺寸不宜小于240mm×240mm（墙厚190mm时为240mm×190mm）。

(6) 同一结构单元的楼、屋面板应设置在同一标高处。

(7) 房屋底层和顶层的窗台标高处，宜设置沿纵横墙通长的水平现浇钢筋混凝土带；其截面高度不小于60mm，宽度不小于240mm，纵向钢筋不少于2ϕ10。

6.6.5 多层砌块房屋构造措施

1. 设置钢筋混凝土芯柱

为了增加混凝土小砌块房屋的整体性和延性，提高其抗震能力，可结合空心砌块的特点，在墙体的适当部位设置钢筋混凝土芯柱。

（1）芯柱设置部位及数量

混凝土小砌块房屋应按规范要求设置钢筋混凝土芯柱。

（2）芯柱的构造要求

① 小砌块房屋芯柱截面不宜小于120mm×120mm。

② 芯柱混凝土强度等级，不应低于Cb20。

③ 芯柱的竖向插筋应贯通墙身且与圈梁连接；插筋不应小于1ϕ12，6、7度时超过五层，8度时超过四层和9度时，插筋不应小于1ϕ14。

④ 芯柱应深入室外地面下500mm或与埋深小于500mm的基础梁连接。

⑤ 多层小砌块房屋墙体交接处或芯柱与墙体连接处应设置拉结钢筋网片，网片可采用直径4mm的钢筋点焊而成，沿墙高间距不大于600mm，并沿墙体水平通长设置。6、7度时底部1/3楼层，8度时底部1/2楼层，9度时全部楼层，上述拉结筋沿墙高度间距不应大于400mm。

2. 设置圈梁

多层小砌块房屋的现浇钢筋混凝土圈梁的设置部位应按照多层砌体房屋圈梁的要求执行，圈梁宽度不应小于190mm，配筋不应小于4ϕ12，箍筋间距不应大于200mm。

3. 多层小砌块房屋的层数要求

多层小砌块房屋的层数，6度时超过五层，7度时超过四层，8度时超过三层和9度时，在底层和顶层的窗台标高处，沿纵横墙应设置通长的水平现浇钢筋混凝土带；其截面高度不小于60mm，纵筋不小于2ϕ10，并应有分布拉结筋；混凝土强度等级不应低于Cb20。

6.6.6 底部框架-抗震墙砌体房屋的抗震构造措施

底部框架-抗震墙砌体房屋，除其上部砌体房屋需满足多层砌体房屋的抗震构造措施外，还应满足下列要求：

1. 构造柱设置

（1）上部砌体房屋构造柱或芯柱的设置部位、截面最小尺寸，均应按多层砖砌体房屋和多层小砌块砌体房屋的规定设置；

（2）构造柱、芯柱应与每层圈梁连接，或与现浇楼板可靠拉结。

2. 过渡层墙体构造

过渡层即为与底部框架-抗震墙相邻的上一层砌体楼层，其在破坏时震害较严重。应适当提高其抗震构造措施。

（1）上部砌体墙的中心线宜与底部的框架梁、抗震墙的中心线相重合；构造柱或芯柱，宜与框架柱上下贯通。

（2）过渡层应在底部框架柱、混凝土墙或约束砌体墙的构造柱所对应处设置构造柱或芯柱；墙体内的构造柱间距不宜大于层高；芯柱间距不宜大于1m。

（3）过渡层构造柱的纵向钢筋，6、7度时不宜少于4ϕ16，8度时不宜少于4ϕ18，芯柱的纵筋，6、7度时不宜少于每孔1ϕ16，8度时不宜少于1ϕ18。

（4）过渡层的砌体墙在窗台标高处，应设置沿纵向横墙通长的水平现浇钢筋混凝土带；其截面高度不小于60mm，宽度不小于墙厚，纵向钢筋不少于2ϕ10，横向分布钢筋的直径不小于6mm，间距不大于200mm。

3. 楼盖

（1）过渡层楼板应采用现浇钢筋混凝土板，板厚不应小于120mm；并应少开洞、开小洞，当洞口尺寸大于800mm时，洞口周边应设置边梁。

（2）其他楼层，采用装配式钢筋混凝土楼板时均应设现浇圈梁；采用现浇钢筋混凝土楼板时可不另设圈梁，但楼板沿墙体周边应加强配筋并应与相应的构造柱可靠连接。

4. 托墙梁

（1）梁的截面宽度不应小于300mm，截面高度不应小于跨度的1/10。

（2）箍筋直径不应小于8mm，间距不应大于200mm；梁端在1.5倍梁高且不小于1/5梁净跨范围内，以及上部墙体的洞口处和洞口两侧各500mm且不小于梁高范围内，间距不应大于100mm。

（3）沿梁高应设腰筋，数量不应少于2ϕ14，间距不应大于200mm。

（4）主筋和腰筋应按受拉钢筋的要求锚固在柱内，且支座上部的纵筋在柱内的锚固长度应符合钢筋混凝土框支梁的有关要求。

5. 钢筋混凝土抗震墙

底部抗震墙采用钢筋混凝土抗震墙时，其截面和构造应符合以下要求：

（1）抗震墙周边应设置梁（或暗梁）和边框柱（或框架柱）组成的边框；边框梁的截面宽度b不宜小于墙板厚度b_w的1.5倍，截面高度h不宜小于墙板厚度b_w的2.5倍；边框柱的截面高度不宜小于墙板厚度b_w的2倍。

（2）抗震墙墙板的厚度b_w不宜小于160mm，且不应小于墙板的净高的1/20；抗震墙宜开设洞口形成若干墙段，各墙段的高宽比不宜小于2。

（3）抗震墙竖向和横向分布钢筋配筋率均不应小于0.25%，并应采用双排布置；双排分布钢筋间拉筋间距不应大于600mm，直径不应小于6mm。

（4）抗震墙边缘构件可按《建筑抗震设计规范》GB 50011—2011（2016年版）中一般部位的规定设置。

6. 普通砖砌体抗震墙

（1）墙厚不应小于240mm，砌筑砂浆强度等级不应低于M10，应先砌墙后浇框架。

（2）沿框架柱每隔300mm设置2ϕ8水平钢筋和ϕ4分布短钢筋平面内点焊组成的拉结网片，并沿砖墙水平通长设置；在墙体半高处尚应设置与框架柱相连的钢筋混凝土水平系梁。

（3）墙长大于4m时和洞口两侧，应在墙内增设钢筋混凝土构造柱。

7. 小砌块砌体抗震墙

(1) 墙厚不应小于190mm，砌筑砂浆强度等级不应低于Mb10，应先砌墙后浇框架。

(2) 沿框架柱每隔400mm设置2ϕ8水平钢筋和ϕ4分布短横筋平面内点焊组成的拉结网片，并沿砖墙水平通长设置；在墙体半高处尚应设置与框架柱相连的钢筋混凝土水平系梁。系梁截面不应小于190mm×190mm。

(3) 墙体在门窗洞口两侧应设置芯柱，墙长大于4m时，应在墙内增设芯柱。

8. 钢筋混凝土框架柱

框架柱的截面和构造应符合以下要求：

(1) 柱的截面不应小于400mm×400mm，圆柱直径不应小于450mm。

(2) 柱的轴压比，6度时不宜大于0.85，7度时不宜大于0.75，8度时不宜大于0.65。

(3) 柱的纵向钢筋最小总配筋率，当钢筋的强度标准值低于400MPa时，中柱在6、7度时不应小于0.9%，8度时不应小于1.1%；边柱、角柱和混凝土抗震墙端柱在6、7度时不应小于1.0%，8度时不应小于1.2%。

(4) 柱的箍筋直径，6、7度时不应小于8mm，8度时不应小于10mm，并应全高加密箍筋，间距不大于100mm。

9. 材料

(1) 框架柱、混凝土抗震墙和托墙梁的混凝土强度等级，不应低于C30。

(2) 过渡层砌体块材的强度等级不应低于MU10，砖砌体砌筑砂浆强度的等级不应低于M10，砌块砌体砌筑砂浆强度的等级不应低于Mb10。

第七章 地基与基础

建筑物的全部荷载都由它下面的地层来承担,受建筑物影响的那一部分地层称为地基,建筑物向地基传递荷载的下部结构就是基础。

7.1 土的物理性质及工程分类

7.1.1 概述

根据生物的演变和地壳运动等重大变化,地质年代从老到新划分为 5 个时代区段,即太古代、元古代、古生代、中生代和新生代。代内又分纪,纪内分世,世内分期。

地层中的岩石和土是自然界的产物。土是新生代第四纪以来,岩石经过风化、剥蚀、搬运、沉积后形成的沉积物。地质报告中常标示的早更新世(Q_1)、中更新世(Q_2)、晚更新世(Q_3)和全新世(Q_4)即属于第四纪的细分。同一类土,形成的年代越长就越密实,年代更久远的土,经过成岩作用又会变成为岩石,如砂土变成砂岩,黏土变成页岩等。

一般认为土的特性是碎散性、多相性和作为天然材料的多样性。土的工程特性和工程问题,如强度问题、变形问题和渗透问题,主要源于其碎散性。例如,土的强度主要是由固体颗粒间的摩擦力形成的抗剪强度,地基失稳、滑坡、塌陷等都是由于土的剪切破坏;碎散颗粒间的孔隙的胀缩使它的变形远大于连续介质固体,建筑物的沉降、开裂、倾斜均源于土的变形;碎散颗粒间的孔隙允许水、气等流体的流动,造成了土的渗透性,基坑突涌、堤坝溃决、流沙冒水都是由水引发的渗透变形造成的。

7.1.2 土的三相组成

土是由固体颗粒、水和气体三部分所组成的三相体系。固体部分一般由矿物质组成,有时也含有有机质。相互接触和联结的土颗粒形成的构架,称为土骨架。它具有整个土体的截面和体积,并承担土的有效应力。土骨架间布满相互贯通的孔隙。这些孔隙有时完全被水充满,称为饱和土;如只有一部分被水占据,另一部分被气体占据,称为非饱和土;若完全充满气体,那就是干土。水和溶解于水的物质构成土的液体部分;空气及其他气体构成土的气体部分。各相的特性及其相对含量(比例关系)与相互作用决定了土的物理力学性质。

1. 土的固体颗粒

土中的固体颗粒大小不同,可使土的性状迥异。例如粗颗粒的砂砾石,具有很大的透水性,完全没有黏性和可塑性;而细颗粒的黏土则透水性很小,黏性和可塑性较大。颗粒的大小通常以粒径表示。粒径是在筛分时颗粒可通过的筛孔的最小孔径;工程上按粒径大小分组，称为粒组。一般将土颗粒按粒径 d 的大小分成 6 个粒组，如表 7.1-1 所示。

土的粒组划分 表 7.1-1

粒组划分	巨粒组		粗粒组		细粒组	
	漂（块）石组	卵（碎）石组	砾粒组	砂粒组	粉粒组	黏粒组
粒径范围/mm	$d>200$	$200>d>20$	$20>d>2$	$2>d>0.075$	$0.075>d>0.005$	$d<0.005$

天然土是各种大小不同颗粒的混合物，土的性质取决于土中不同粒组的相对含量。土中各粒组的相对含量就称为土的粒径级配。

2. 土中的水

土中水除了一部分以结晶水的形式存在于固体颗粒内部的矿物中以外，可以分成结合水和自由水两大类。

（1）结合水

受黏土颗粒表面电场作用力吸引而包围在颗粒四周的水称为结合水。结合水因离颗粒表面远近不同，受电场作用力的大小不一样，可以分成强结合水和弱结合水两类。

① 强结合水（吸附水）

强结合水紧靠土粒表面，受到的吸力极大，几乎完全固定排列，其性质接近于固体，可以抗剪，不传递静水压力。强结合水的冰点低于 0℃，密度也比自由水大，在温度略高于 100℃时它才会蒸发，表现为固体的状态，但具有蠕变性。

② 弱结合水（扩散层水）

弱结合水也受颗粒表面电荷所吸引而定向排列于颗粒四周，但电场作用力随远离颗粒而减弱。这层水是一种黏滞水膜。受力时膜能发生变形和转移，但不因自身的重力作用而流动。弱结合水的存在是黏性土在一定含水量范围表现出可塑性的原因。砂土可以认为不含弱结合水。无论强结合水或弱结合水，都可因蒸发而由土中逸出。

（2）自由水

不受颗粒电场引力作用的水称为自由水。自由水又可分为毛细水和重力水两类。

① 毛细水

毛细水分布在土粒内部间相互贯通的孔隙内，这些贯通的孔隙可以看成是许多形状不一、直径互异、彼此连通的毛细管。由于毛细管周壁水膜与空气的分界处表面张力的作用，地下水沿着这个不规则的通道上升，形成土中的毛细水上升带。一般认为，粒径大于 2mm 的土粒无毛细现象。毛细水的上升高度：在碎石土中无；在砂土中一般不到 2m；在粉土及黏性土中一般都超过 2m。

在工程中应注意毛细水的上升高度是否有可能使地下室受潮，或使地基可能产生冻胀等不利影响。毛细水上升带随地下水位的升降而变动。

② 重力水

自由水面以下，土颗粒电分子引力范围以外的水，仅在本身重力作用下运动，称为重力水，与一般水的性质无异。

3. 土中气体

土中气体按其所处的状态和结构特点可分为以下几种存在形式：吸附于土颗粒表面的

气体，溶解于水中的气体，四周为颗粒和水所封闭的气泡以及自由气体。通常认为自由气体与大气连通，对土的性质影响不大。密闭气体的体积与压力有关，压力增加，其体积缩小，压力减小，其体积胀大。因此，密闭气体的存在增加了土的弹性，同时还可阻塞土中水的渗流通道，减小土的渗透性。

7.1.3 土的物理性质指标

土的三相在土中是混合分布的，土的性质不仅决定于三相成分的性质，而且三相之间量的比例关系也是一个很重要的影响因素。要全面反映其性质与状态，就需要了解其三相在体积和质量方面的比例关系，常用三相草图（图 7.1-1）表示。它将一定量的土中的固体颗粒、水和气体分别集中，并将其质量和体积分别标注在草图的左右两侧。

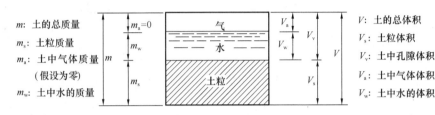

图 7.1-1 土的三相示意图

1. 土的三项基本物理性质指标

土的三相指标很多，其中有三项是基本物理指标，可通过实验室试验测定。这三个指标分别是土的密度（ρ）、土颗粒比重（G_s）、土的含水量（w）。其他指标可由这三个指标换算求出。

（1）土的密度

土的密度定义为天然状态下，单位体积内土体的质量（包含土粒的质量和孔隙水的质量，气体的质量忽略不计），以 kg/m^3 或 g/cm^3 计：

$$\rho = \frac{m}{V} = \frac{m_s + m_w}{V_s + V_w + V_a}$$

工程中还常用重度 γ 来表示类似的概念。土的重度定义为单位体积土的重量，以 kN/m^3 计。它与土的密度有如下的关系：

$$\gamma = \rho \times g$$

式中 g——重力加速度，工程上为计算方便，常取 $g=10m/s^2$。

天然土的密度（或重度）因土的矿物组成、孔隙体积和水的含量等因素而异。

（2）土颗粒比重

土颗粒比重定义为土固体颗粒的质量与同体积纯蒸馏水在 4℃ 时的质量之比。即

$$G_s = \frac{m_s}{V_s \rho_{w,4℃}} = \frac{\rho_s}{\rho_{w,4℃}}$$

式中 ρ_s——土固体颗粒的密度，即单位体积土粒的质量；

$\rho_{w,4℃}$——4℃ 时纯蒸馏水的密度，取 $1.0g/cm^3$。

土颗粒比重在数值上即等于土颗粒的密度，是无量纲数。试验测定的是土颗粒的平均比重。土颗粒的比重变化范围不大，细粒土颗粒（黏性土）一般在 2.70～2.75，砂粒的比

重为 2.65 左右。土中有机质含量增加时，土的比重会减小。

(3) 土的含水量

土的含水量定义为土中水的质量 m_w 与土颗粒质量 m_s 之比，一般以百分数表示。

$$w = \frac{m_w}{m_s} \times 100\% = \frac{m - m_s}{m_s} \times 100\%$$

含水量对土特别是对黏性土的力学性质有很大影响。土受水浸泡就会发软，抗剪强度降低。

2. 土的换算物理性质指标

表示三相量的比例关系的指标主要有 9 个，即：天然密度 ρ，土颗粒比重 G_s，含水量 w，孔隙比 e，孔隙率 n，饱和度 S_r，饱和密度 ρ_{sat}，干密度 ρ_d，浮重度 γ'。后面 6 个物理量的概念及换算公式详见表 7.1-2。天然重度、饱和重度与干重度可通过相应的密度与重力加速度之积来表示。

常用的三相比例指标之间的换算公式　　　　　　　　表 7.1-2

指标名称	定义及特点	换算公式
干密度 ρ_d	单位体积土粒的质量称为土的干密度，$\rho_d = m_s/V$，是衡量填土压实程度的一个参数	$\rho_d = \dfrac{\rho}{1+w}$
孔隙比 e	土体中的孔隙体积 V_v 与土颗粒体积 V_s 之比，即 $e = V_v/V_s$。可用来评价土体的压缩特性，一般 $e < 0.6$ 的土是密实的低压缩性土，$e > 1.0$ 的土是疏松的高压缩性土	$e = \dfrac{\rho_s(1+w)}{\rho} - 1$
孔隙率 n	土体中的孔隙体积 V_v 与土的总体积 V 之比，即 $n = V_v/V \times 100\%$，很少用到	$n = 1 - \dfrac{\rho}{\rho_s(1+w)}$
饱和密度 ρ_{sat}	单位体积的完全饱和 ($S_r = 100\%$) 土体的质量，即 $\rho_{sat} = (m_s + \rho_w V_v)/V$	$\rho_{sat} = \dfrac{G_s + e}{1+e}\rho_w$
浮重度 γ'	土的有效重度	$\gamma' = \gamma_{sat} - \gamma_w$
饱和度 S_r	土中被水所充填的孔隙体积 V_w 与孔隙总体积 V_v 的百分比称为土的饱和度，即 $S_r = V_w/V_v$，反映了土体中孔隙被水所充填的程度。砂土和粉土根据饱和度大小可分为稍湿 ($S_r \leqslant 50\%$)、很湿 ($50\% < S_r \leqslant 80\%$) 与饱和 ($S_r > 80\%$) 三种湿度状态。$S_r = 100\%$ 称为完全饱和	$S_r = \dfrac{wG_s}{e}$

7.1.4 土的物理状态指标

所谓土的物理状态，是指土的松、密、软、硬的程度。对于粗粒土，是指土的密实程度，对于细粒土，则是指土的软硬程度或称为黏性土的稠度。

1. 粗粒土（无黏性土）的密实度

土的密实度通常指单位体积中固体颗粒的体积含量，土颗粒含量多，土就密实；反之土就疏松。

为更好地表明粗粒土所处的松密状态，采用将粗粒土的孔隙比 e 与该种土所能达到最密时的孔隙比 $e_{\min}$ 和最松时的孔隙比 $e_{\max}$ 相对比的办法，来表示孔隙比为 e 时土的密实程度。该指标称为相对密度 D_r，表示为

$$D_r = \frac{e_{\max} - e}{e_{\max} - e_{\min}}$$

式中　e——现场粗粒土的孔隙比；

$e_{\max}$——土的最大孔隙比，指室内试验所能达到的最松散状态的孔隙比；

$e_{\min}$——土的最小孔隙比，指室内试验所能达到的最紧密状态的孔隙比。

当 $D_r=0$ 时，$e=e_{\max}$，表示土处于最松状态；当 $D_r=1$ 时，$e=e_{\min}$，表示土处于最密状态。用相对密度 D_r 判定粗粒土的密实度标准是：$D_r \leqslant 1/3$，疏松；$1/3 < D_r \leqslant 2/3$，中密；$D_r > 2/3$，密实。

2. 黏性土的缩限、塑限、液限、塑性指数和液性指数

随着黏性土中水分含量的增加，黏性土可呈现出固态、半固态、塑性状态（又分硬塑、可塑和软塑）与流塑状态。

黏性土从某种状态进入另外一种状态的分界含水量称为土的特征含水量，或称为稠度界限。工程上常用的稠度界限有液性界限 w_L 和塑性界限 w_p。

液性界限 w_L 也称液限含水量，简称液限，相当于土从塑性状态转变为液性状态时的含水量。这时，土中水的形态除结合水外，已有相当数量的自由水。

塑性界限 w_p 也称塑限含水量，简称塑限，相当于土从半固体状态转变为塑性状态时的含水量。这时，土中水大约是强结合水含量的上限。

缩限 w_s，相当于土从半固态转变为固态时的含水量，是在湿土干燥过程中，土的体积不再收缩时的含水量。

在实验室中，液限 w_L 用锥式液限仪测定，塑限 w_p 可用搓条法测定，也可用联合测定仪同时测定液限和塑限。但这些测定方法主要是根据表观观察土在某种含水量下是否"流动"或者是否"可塑"，而不是真正根据土中水的形态来划分的。目前尚不能够定量地结合水膜的厚度来确定液限或塑限，而实测的塑限和液限则是一种近似的定量分界含水量。

黏性土物理状态的改变，反映了土中水对土性质的影响（图 7.1-2）。

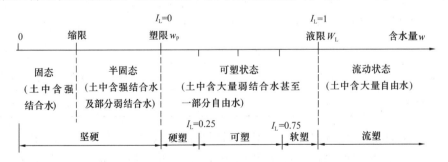

图 7.1-2　黏性土物理状态与含水量的关系

塑性指数 I_p，等于液限与塑限之差（均去掉百分号），即 $I_p = w_L - w_p$。它大体上表示

土所能吸着的弱结合水质量与土粒质量之百分比。塑性指数 I_p 常用作细粒土工程分类的依据。塑性指数 I_p 大，说明土中黏粒的含量大、土的可塑性范围大，土能接纳结合水的能力强。

但土的比表面积和矿物成分不同，吸附结合水的能力不一样。因此，同样的含水量对于黏性高的土，水的形态可能全是结合水，而对于黏性低的土，则可能相当部分已经是自由水。要说明细粒土的稠度状态，需要有一个表征土的天然含水量与分界含水量之间相对关系的指标，这就是液性指数 I_L。

定义液性指数 I_L 为：

$$I_L = \frac{w - w_p}{w_L - w_p}$$

当土的含水量增加到 $w=w_p$ 时，$I_L=0$，土从半固态进入可塑状态；当含水量增加到 $w=w_L$ 时，$I_L=1$，土从可塑状态进入液态。因此，根据液性指数 I_L 值的大小，把黏性土（细粒土）分为坚硬、硬塑、可塑、软塑及流塑五种状态。

7.1.5 岩土的分类

作为建筑地基的岩土，可分为岩石、碎石土、砂土、粉土、黏性土和人工填土。

1. 岩石的质量分级

岩石应为颗粒间牢固联结，呈整体或具有节理裂隙的岩体。在工程建设中，为了正确地对岩体的质量和稳定性作出评价，需要进行工程岩体的质量分级。分级主要由岩石坚硬程度和岩体完整程度两个基本因素确定。

（1）岩石坚硬程度。见表 7.1-3，按岩石饱和单轴抗压强度大小将其分为坚硬岩、较硬岩、较软岩、软岩和极软岩五类。

岩石坚硬程度的划分　　　　　表 7.1-3

坚硬程度类别	坚硬岩	较硬岩	较软岩	软岩	极软岩
饱和单轴抗压强度标准值 f_{rk}/MPa	$f_{rk}>60$	$60 \geq f_{rk}>30$	$30 \geq f_{rk}>15$	$15 \geq f_{rk}>5$	$f_{rk} \leq 5$

（2）岩体完整程度。主要根据完整性指数分类（表 7.1-4）。完整性指数为岩体纵波波速与岩块纵波波速之比的平方。在无条件取得实测值的情况下，可通过野外调查或量测岩体体积节理数进行完整程度的划分。

岩体完整程度划分　　　　　表 7.1-4

完整程度等级	完整	较完整	较破碎	破碎	极破碎
完整性指数	>0.75	0.75~0.55	0.55~0.35	0.35~0.15	<0.15

（3）岩石的风化程度。可分为未风化、微风化、中风化、强风化和全风化。

根据岩石的坚硬程度和岩体的完整程度按表 7.1-5 将岩体的质量等级分为五级，不同质量级别岩体的物理力学参数见表 7.1-6。

岩体基本质量等级分类　　　　　　　　　　　　　　　　　　　表 7.1-5

完整程度		完整	较完整	较破碎	破碎	极破碎
坚硬程度	坚硬岩	Ⅰ	Ⅱ	Ⅲ	Ⅳ	Ⅴ
	较硬岩	Ⅱ	Ⅲ	Ⅳ	Ⅳ	Ⅴ
	较软岩	Ⅲ	Ⅳ	Ⅳ	Ⅴ	Ⅴ
	软岩	Ⅳ	Ⅳ	Ⅴ	Ⅴ	Ⅴ
	极软岩	Ⅴ	Ⅴ	Ⅴ	Ⅴ	Ⅴ

岩体物理力学参数　　　　　　　　　　　　　　　　　　　　表 7.1-6

岩体基本质量级别	重力密度 γ /(kN/m³)	抗剪断峰值强度		变形模量 E/MPa	泊松比 ν
		内摩擦角 φ/°	黏聚力 c/MPa		
Ⅰ	>26.5	>60	>2.1	>33	<0.2
Ⅱ		60～50	2.1～1.5	33～20	0.2～0.25
Ⅲ	26.5～24.5	50～39	1.5～0.7	20～6	0.25～0.3
Ⅳ	24.5～22.5	39～27	0.7～0.2	6～1.3	0.3～0.35
Ⅴ	<22.5	<27	<0.2	<1.3	>0.35

注：据《工程岩体分级标准》GB/T 50218—2014。

2. 土的分类

《建筑地基基础设计规范》GB 50007—2011（以下简称《地基规范》）将土分为碎石土、砂土、粉土、黏性土和人工填土 5 大类。人工填土是由于人为的因素，只是成因上的不同。因此，天然土实际上被分为碎石土、砂土、粉土和黏性土四大类。碎石土和砂土属于粗粒土，粉土和黏性土属于细粒土。粗粒土按粒径级配分类，细粒土则按塑性指数 I_P 分类。

（1）碎石土

碎石土是指粒径大于 2mm 的颗粒质（重）量含量超过颗粒总质（重）量的 50% 的土。根据粒组含量及颗粒形状，又可细分为漂石、块石、卵石、碎石、圆砾和角砾六类（表 7.1-7）。

碎石土的分类　　　　　　　　　　　　　　　　　　　　　　表 7.1-7

土的名称	颗粒形状	粒组含量
漂石（块石）	圆形及亚圆形为主（棱角形为主）	粒径大于 200mm 的颗粒质量超过颗粒总质量 50%
卵石（碎石）	圆形及亚圆形为主（棱角形为主）	粒径大于 20mm 的颗粒质量超过颗粒总质量 50%
圆砾（角砾）	圆形及亚圆形为主（棱角形为主）	粒径大于 2mm 的颗粒质量超过颗粒总质量 50%

注：分类时应根据粒组含量由大到小以最先符合者确定。

（2）砂土

砂土为粒径大于 2mm 的颗料含量不超过全 50%、粒径大于 0.075mm 的颗粒超过全重 50% 的土。砂土可分为砾砂、粗砂、中砂、细砂和粉砂（表 7.1-8）。砂土具有透水性大、易于排水固结、抗剪强度较高的优点。

砂土的分类   表 7.1-8

土的名称	粒组含量
砾砂	粒径大于 2mm 的颗粒含量占全重 25%～50%
粗砂	粒径大于 0.5mm 的颗粒含量占全重 50%
中砂	粒径大于 0.25mm 的颗粒含量占全重 50%
细砂	粒径大于 0.075mm 的颗粒含量占全重 85%
粉砂	粒径大于 0.075mm 的颗粒含量占全重 50%

注：分类时应根据粒组含量栏从上到下以最先符合者确定。

(3) 粉土

粉土是指塑性指数 $I_L \leqslant 10$ 且粒径大于 0.075mm 的颗粒含量不超过全重 50% 的土。粉土的力学性质较差，如受振动容易液化、冻胀性大、常具有湿陷性和易被冲蚀等。

(4) 黏性土

黏性土为塑性指数 I_p 大于 10 的土，可按表 7.1-9 分为黏土、粉质黏土。黏性土的优点是防水性能好、不易被水冲蚀流失、具有较大黏聚力。

黏性土的分类   表 7.1-9

塑性指数 I_p	土的名称
$I_p > 17$	黏土
$10 < I_p \leqslant 17$	粉质黏土

黏性土的状态，可按表 7.1-10 分为坚硬、硬塑、可塑、软塑、流塑。

黏性土的状态   表 7.1-10

液性指数 I_L	$I_L \leqslant 0$	$0 < I_L \leqslant 0.25$	$0.25 < I_L \leqslant 0.75$	$0.75 < I_L \leqslant 1$	$I_L > 1$
状态	坚硬	硬塑	可塑	软塑	流塑

(5) 淤泥和淤泥质土及其他

淤泥为在静水或缓慢的流水环境中沉积，并经生物化学作用形成，其天然含水量 w 大于液限 I_L、天然孔隙比 $e \geqslant 1.5$ 的黏性土。天然含水量 w 大于液限 I_L 而天然孔隙比 e 满足 $1.0 \leqslant e < 1.5$ 的黏性土或粉土为淤泥质土。

含有大量腐殖质，有机质含量大于 60% 的土为泥炭，有机质含量大于或等于 10%、小于或等于 60% 的土为泥炭质土。

此外自然界中还分布有许多具有特殊性质的土，如黄土、红黏土、冻土、膨胀土等。

(6) 人工填土

人工填土根据其组成和成因，可分为素填土、压实填土、杂填土、冲填土。

素填土为由碎石土、砂土、粉土、黏性土等组成的填土。经过压实或夯实的素填土为压实填土。杂填土为含有建筑垃圾、工业废料、生活垃圾等杂物的填土。冲填土为由水力冲填泥砂形成的填土。

填土用于很多工程建设中，例如用在人工地基、铁（公）路路基、土堤和土坝中。进行填土时，经常都要采用夯击、振动或辗压等方法，使土得到压实，以提高土的强度，减小压缩性和渗透性，从而保证地基和土工建筑物的稳定性。压实就是指土体在压实能量作用下，土颗粒克服粒间阻力，产生相对位移，使土中的孔隙减小，干密度增加。

细粒土和粗粒土具有不同的压密性质。压实细粒土宜用夯击机具或压强较大的辗压机具，同时必须控制土的含水量。含水量太高或太低都得不到好的压密效果。压密粗粒土时，则宜采用振动机具，同时充分洒水。

7.2 地基的强度与变形

7.2.1 概述

地基设计须同时满足强度和变形的要求。

土的强度、变形和渗透是土力学中的三个主要课题，也是岩土工程事故和地质灾害的主要原因。土的强度实质上是土体的抗剪强度，地基虽然是受压，但它的强度破坏形态却都是剪切滑移破坏，工程中的强度问题主要表现在滑坡、地基失稳和挡土结构的失稳等（图 7.2-1）。

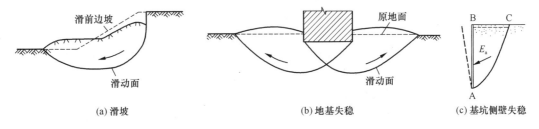

图 7.2-1 土体失稳的几种情况

对建筑物来说，地基的变形是指土体受到压缩引起的沉降。土在压力作用下体积减小的特性叫作压缩性。土的压缩可看成是土中孔隙体积的减小、孔隙中一部分水和空气被挤出，土颗粒相应地发生移动、重新排列、靠拢挤紧的过程，这个过程称"固结"。土的孔隙率越大，压缩性就越高，沉降量就越大。土的颗粒越粗，孔隙中的水分和空气就越容易排出，沉降的过程就发展得快（例如砂土）；土的颗粒越细，孔隙中的水分和空气就越难排出，沉降的过程就发展得慢。

7.2.2 土体的抗剪强度

土是一种碎散的、三相的粒状集合体，颗粒本身的矿物强度很高，但颗粒间的接触较薄弱，颗粒间容易发生相对运动和接触处的破碎。因此，土的破坏主要是剪切破坏，其强度主要是其抗剪强度。对于砂土，其抗剪强度主要是由颗粒间的摩擦力形成的；黏性土颗粒间会有较弱的连接强度，因而也会有很小的抗拉强度，由于其强度值和极限拉应变都很小，一般只在验算土体裂缝时用到。在侧限压缩情况下，土会被不断压密，因而土不会被压坏。所以土的强度是指其抗剪强度。

1773 年，法国力学家、物理学家库仑（C. A. Coulomb）采用直剪仪系统地研究了土体的抗剪强度特性。图 7.2-2（a）是直剪仪装置的原理简图。仪器可由固定的上盒和可移动的下盒构成，截面积为 A 的土样置于上、下剪切盒之内。

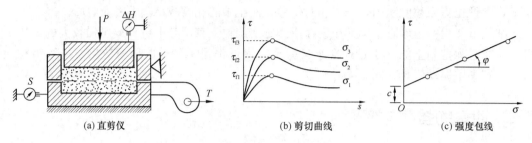

图 7.2-2 直剪试验示意图及抗剪强度包线

试验时,首先对试样施加中心竖向压力 P,然后施加水平力 T 于下盒,使试样在上、下盒间土的水平接触面处产生剪切位移 s。在施加某一级法向压应力 $\sigma_n=P/A$ 后,逐步增加剪切面上的剪应力 $\tau=T/A$,直至试样破坏。将试验结果绘制成剪应力 τ 和剪切变形 s 的关系曲线如图 7.2-2(b)所示。图中每条曲线的峰值 τ_{fn} 为土样在该级法向应力 σ_n 作用下所能承受的最大剪应力,即相应的抗剪强度。

结果表明,土的抗剪强度不是一个常量,而是随剪切面上法向应力 σ_n 的增加而增大的(图 7.2-2c)。据此,库伦总结了土的破坏现象和影响因素,提出了土的抗剪强度公式:

$$\tau = c + \sigma\tan\varphi$$

上式中,τ 为剪切破裂面上的剪应力,即土的抗剪强度;φ 为土的内摩擦角;c 为土的黏聚力,为对应于法向压力为零时的抗剪强度,其大小与所受法向应力无关。对于无黏性土,$c=0$。这就是著名的库仑公式。

c 和 φ 是决定土的抗剪强度的两个指标,称为土的抗剪强度指标。对于同一种土,它们在相同的试验条件下为常数。

砂土的内摩擦角一般随土颗粒变细而逐渐降低。砾砂、粗砂、中砂的 φ 值约为 $32°\sim40°$,细砂、粉砂的 φ 值约为 $28°\sim36°$,松散砂的 φ 值与天然休止角(也叫天然坡度角,即砂堆自然形成的最陡角度)相近,密砂的 φ 值比天然休止角大。饱和砂土比同样密度的干砂 φ 值约小 $1°\sim2°$,这说明含水量的变化对砂土的 φ 值影响很小。

黏性土的抗剪强度指标变化范围颇大,与试验方式有关。例如,试验时若允许水分慢慢排出,土颗粒就有机会靠紧,摩擦力就大,相应地 φ 值也大,反之则小。黏性土的内摩擦角 φ 的变化范围大致为 $0°\sim30°$,黏聚力的变化范围大致为 $10\sim100\text{kN/m}^2$。

7.2.3 土的压缩系数 a 和压缩模量 E_s

侧限压缩试验是最常用的测定土的压缩性参数的室内试验方法。

由于可认为土颗粒在通常的压力范围下是不可压缩的,因而可将土的体积变化看作完全是土的孔隙体积的变化,则侧限条件下压缩量 s 和孔隙比 e 之间具有一一对应的关系,如图 7.2-3 三相草图所示。

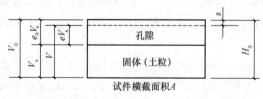

图 7.2-3 试样的三相草图

设施加压力 p 前试件的高度为 H_0,体积为 V_0,孔隙比为 e_0,施加压力 p 后试件的压缩变形量为 s,体积变为 V,孔隙比为 e。从图 7.2-3 可知,施加压力 p 前后试件中的固体体积 V_s 是相同的。则

$$V_s = \frac{1}{1+e_0}V_0 = \frac{1}{1+e_0}H_0 A = \frac{1}{1+e}V = \frac{1}{1+e}(H_0 - s)A$$

因此

$$\frac{H_0}{1+e_0} = \frac{H_0 - s}{1+e}$$

所以

$$e = e_0 - (1+e_0)\frac{s}{H_0}$$

由此可求出压缩量 s 与相应的孔隙比 e 的关系,进而确定孔隙比 e 与竖向压力 p 间的关系,如图 7.2-4 所示。必要时,可做加载-卸载-再加载试验。图 7.2-4(a)和(b)称为 e-p 曲线,图 7.2-4(c)称为 e-$\log p$ 曲线。

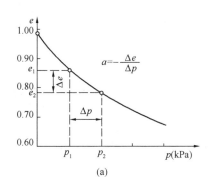 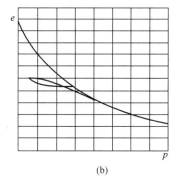 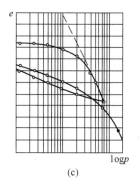

图 7.2-4 土的压缩曲线

在图 7.2-4(a)中,取曲线的割线斜率作为土在侧限条件下的压缩系数 a(单位:kPa^{-1} 或 MPa^{-1}),即

$$a = \frac{e_1 - e_2}{p_2 - p_1}$$

土的压缩模量 E_s(单位:MPa)对应于限制变形边界条件(侧限:$\varepsilon_x = \varepsilon_y = 0$),可表示为:

$$E_s = \frac{p_2 - p_1}{\Delta H / H_1}$$

压缩系数 a 与压缩模量 E_s 之间的关系为:

$$E_s = \frac{1+e_0}{a}$$

一般用 $p_1 = 100kPa$ 增加到 $p_2 = 200kPa$ 的压缩指标 a_{1-2} 及 E_{s1-2} 反映土的压缩性大小。压缩系数越小,压缩模量越大,土就越密实、压缩性越低。

《地基规范》第 4.2.6 条规定,地基土的压缩性可按 $p_1 = 100kPa$、$p_2 = 200kPa$ 时相对应的压缩系数值 a_{1-2} 划分为低、中、高压缩性,并符合以下规定:

(1) 当 $a_{1-2} < 0.1 MPa^{-1}$ 时,为低压缩性土;

(2) 当 $0.1 MPa^{-1} \leqslant a_{1-2} < 0.5 MPa^{-1}$ 时,为中压缩性土;

(3) 当 $a_{1-2} \geqslant 0.5 MPa^{-1}$ 时,为高压缩性土。

相应地,也可以用这个荷载段的压缩模量 E_{s1-2} 来评定土的压缩性:

(1) 当 $E_{s1-2} \geqslant 20\text{MPa}$ 时，为低压缩性土；

(2) 当 $4\text{MPa} \leqslant E_{s1-2} < 20\text{MPa}$ 时，为中压缩性土；

(3) 当 $E_{s1-2} < 4\text{MPa}$ 时，为高压缩性土。

7.2.4 地基变形的计算深度

引起地基变形的因素很多，土的湿陷、膨胀与干缩、冻胀与融陷、振陷、矿山采空区的塌陷、溶岩地区的溶洞与土洞塌陷。特别是长期过量开采地下水导致的上千平方公里的大面积沉降已经成了严重的环境与生态问题。

对于具体的建筑物，其中最普遍的问题是由建筑物附加应力引起的土体压缩变形。荷载、土层性质与厚度的不均匀，会引起建筑物差异沉降，使建筑物倾斜、开裂、扭曲，甚至导致建筑物倾覆破坏，也会使超静定上部结构产生次生应力，影响建筑物结构的安全和建筑物的正常使用。因此，进行地基设计时，必须计算基础可能发生的沉降量和沉降差，并采取措施将其控制在容许范围以内，以尽量减小地基沉降可能给建筑物造成的危害。

另外，地下水位下降时，降幅范围内土的自重应力变大，相当于给土体增加了附加应力，其后果就是会引起附加沉降。当建筑物的地下室做成封闭的筏形基础或箱形基础时，因空心地下室的重量小于被挖掉的实心土体重量，故可减小地基的附加应力，进而减小建筑物沉降。但须注意，当地下室层数较多时，在变形计算中需要考虑基坑开挖后地基土的回弹量。《地基规范》第5.3.10条条文说明指出：高层建筑由于基础埋置较深，地基回弹再压缩变形往往在总沉降中占重要地位，甚至某些高层建筑设置3～4层（甚至更多层）地下室时，总荷载有可能等于或小于该深度土的自重压力，这时高层建筑地基沉降变形将由地基回弹变形决定。

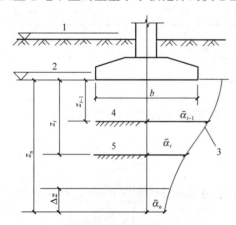

图 7.2-5 基础沉降计算的分层示意图
1—天然地面标高；2—基底标高；3—平均附加应力系数 $\bar{\alpha}$ 曲线；4—$(i-1)$ 层；5—i 层

由于土对基础底面附加应力的扩散作用，地基土越深，附加应力就越小，但自重应力却越大。当深度达到某一量值 z_n（图7.2-5）时，附加应力与自重应力相比就变得微不足道了。当该深度 z_n 向上厚度为 Δz 的土层计算变形值 Δs_n，小于深度 z_n 范围内各土层变形量之和的 0.025 倍时，深度 z_n 称地基变形的计算深度。上述确定地基变形的计算深度的方法称"修正变形比法"。

《地基规范》第5.3.7条规定了地基变形计算深度 z_n 的取值要求，Δz 见图7.2-5并按表7.2-1确定。

		Δz		表 7.2-1
基础宽度 b/m	$b \leqslant 2$	$2 < b \leqslant 4$	$4 < b \leqslant 8$	$8 < b$
Δz/m	0.3	0.6	0.8	1.0

7.2.5 建筑物的地基变形控制

建筑物的地基变形计算值，不应大于地基变形允许值。建筑物的地基变形允许值，按《地基规范》表 5.3-4 规定采用。对表中未包括的建筑物，其地基变形允许值应根据上部结构对地基变形的适应能力和使用上的要求确定。

《地基规范》第 5.3.3 条要求：在计算地基变形时，应符合下列规定：

（1）由于建筑地基不均匀、荷载差异很大、体型复杂等因素引起的地基变形，对于砌体承重结构应由局部倾斜控制；对于框架结构和单层排架结构应由相邻柱基的沉降差控制；对于多层或高层建筑和高耸结构应由倾斜值控制；必要时尚应控制平均沉降量。

（2）在必要情况下，需要分别预估建筑物在施工期间和试用期间的地基变形值，以便预留建筑物有关部分之间的净空，选择连接方法和施工顺序。

7.3 地基基础设计

7.3.1 基本规定

1. 地基基础设计等级

在地基基础设计时，应根据建筑场地条件的复杂程度、建筑物的规模和使用功能特点采取相应的对策。

《地基规范》第 3.0.1 条规定，地基基础设计应根据地基复杂程度、建筑物规模和功能特征以及由于地基问题可能造成建筑物损坏或影响正常使用的程度，将地基基础设计分为三个设计等级，设计时应根据具体情况，按《地基规范》表 3.0.1 选用。

2. 与地基基础设计等级相应的设计要求

《地基规范》第 3.0.2 条要求，根据建筑物地基基础设计等级及长期荷载作用下地基变形对上部结构的影响程度，地基基础设计应符合下列规定：

（1）所有建筑物的地基计算均应满足承载力计算的有关规定；

（2）设计等级为甲级、乙级的建筑物，均应按地基变形设计；

（3）设计等级为丙级的建筑物如有下列情况之一时应作变形验算：

① 地基承载力特征值小于 130kPa，且体型复杂的建筑；

② 在基础上及其附近有地面堆载或相邻基础荷载差异较大，可能引起地基产生过大的不均匀沉降时；

③ 软弱地基上的建筑物存在偏心荷载时；

④ 相邻建筑距离过近，可能发生倾斜时；

⑤ 地基内有厚度较大或厚薄不均的填土，其自重固结未完成时。

（4）对经常受水平荷载作用的高层建筑、高耸结构和挡土墙等，以及建造在斜坡上或边坡附近的建筑物和构筑物，尚应验算其稳定性；

（5）基坑工程应进行稳定性验算；

（6）建筑地下室或地下构筑物存在上浮问题时，尚应进行抗浮验算。

《地基规范》表3.0.3所列范围内设计等级为丙级的建筑物可不作变形验算。

3. 基础的埋置深度

一般情况下，基础埋置深度是指从室外地坪算起，至基础底面的距离。《地基规范》第5.1.1～5.1.8条，详细规定了对基础埋置深度的要求。

(1) 基础的埋置深度，应按下列条件确定：① 建筑物的用途，有无地下室、设备基础和地下设施，基础的形式和构造；② 作用在地基上的荷载大小和性质；③ 工程地质和水文地质条件；④ 相邻建筑物的基础埋深；⑤ 地基土冻胀和融陷的影响。

(2) 在满足地基稳定和变形要求的前提下，当上层地基的承载力大于下层土时，宜利用上层土作持力层。除岩石地基外，基础埋深不宜小于0.5m。所谓持力层，是指直接与基础底面或基础垫层底面接触的土层。

(3) 高层建筑基础的埋置深度应满足地基承载力、变形和稳定性要求。位于岩石地基上的高层建筑，其基础埋深应满足抗滑稳定性要求。

(4) 在抗震设防区，除岩石地基外，天然地基上的箱形和筏形基础其埋置深度不宜小于建筑物高度的1/15；桩箱或桩筏基础的埋置深度（不计桩长）不宜小于建筑物高度的1/18（上部结构为混凝土结构）或1/20（上部结构为钢结构）。

(5) 基础宜埋置在地下水位以上；当必须埋在地下水位以下时，应采取措施确保地基土在施工时不受扰动。当基础埋置在易风化的岩层上，施工时应在基坑开挖后立即铺筑垫层。

(6) 当存在相邻建筑物时，新建建筑物的基础埋深不宜大于原有建筑基础。当埋深大于原有建筑基础时，两基础间应保持一定净距，其数值应根据原有建筑荷载大小、基础形式和土质情况确定。

(7) 季节性冻土地区基础埋置深度宜大于场地冻结深度。

(8) 当独立基础连系梁下或桩基础承台下有冻土时，应在梁或承台下留有相当于该土层冻胀量的空隙。

7.3.2 地基承载力验算

地基承载力是在保证地基强度和稳定的条件下，建筑物不产生过大沉降和不均匀沉降的地基承受荷载的能力。所有建筑物的地基计算均应满足承载力的要求。

1. 地基承载力特征值 f_{ak}

《地基规范》第2.1.3条定义地基承载力特征值为：由载荷试验测定的地基土压力变形曲线线性变形段内规定的变形所对应的压力值，其最大值为比例界限值。

2. 修正后的地基承载力特征值

载荷试验一般在较浅土层进行，且压力板尺寸较小，故试验测出的 f_{ak} 不能完全反映实际基础的地基承载力。为此，需要对 f_{ak} 进行修正，修正后的地基承载力特征值用 f_a 表示。

《地基规范》第5.2.4条规定，当基础宽度大于3m或埋置深度大于0.5m时，从载荷试验或其他原位测试、经验值等方法确定的地基承载力特征值，尚应按下式修正：

$$f_a = f_{ak} + \eta_b \gamma (b-3) + \eta_d \gamma_m (d-0.5)$$

式中　f_a——修正后的地基承载力特征值（kPa）；

f_{ak}——地基承载力特征值（kPa）；

η_b、η_d——基础宽度和埋深的地基承载力修正系数，按基底下土的类别查《地基规范》表 5.2.4 取值；

γ——基础底面以下土的重度（kN/m³），地下水位以下取浮重度；

b——基础底面宽度（m），基础底面宽度小于 3m 时按 3m 取值，大于 6m 时按 6m 取值；

γ_m——基础底面以上土的加权平均重度（kN/m³），位于地下水位以下的土层取有效重度；

d——基础埋置深度（m），宜自室外地面标高算起。在填方整平地区，可自填土地面高算起。对于地下室，如采用箱形基础或筏形基础时，基础埋置深度自室外地面标高算起；当采用独立基础或条形基础时，应从室内地面标高算起。

3. 基础底面处的压力

基础底面处压力的实际分布与地基土的软硬、基础刚度的大小有关。计算中近似地假定压力呈直线分布。则基础底面处压力可按下列公式确定（图 7.3-1）：

（1）当轴心荷载作用时

$$p_k = \frac{F_k + G_k}{A}$$

式中 F_k——相应于作用的标准组合时，上部结构传至基础顶面的竖向力标准值（kN）；

G_k——基础自重和基础上的土重标准值（kN）；

A——基础底面面积（m²）。

（2）当偏心荷载作用时

$$p_{kmax} = \frac{F_k + G_k}{A} + \frac{M_k}{W}$$

$$p_{kmin} = \frac{F_k + G_k}{A} - \frac{M_k}{W}$$

式中 M_k——相应于作用的标准组合时，作用于基础底面的力矩标准值（kN·m）；

p_{kmin}——相应于作用的标准组合时，基础底面边缘的最小压力标准值（kPa）；

p_{kmax}——相应于作用的标准组合时，基础底面边缘的最大压力标准值（kPa）；

W——基础底面的抵抗矩（m³）。

上式仅适合于 $p_{kmin} \geq 0$。当基础底面形状为矩形且偏心距 $e > b/6$ 时（图 7.3-2），$p_{kmin} = 0$，p_{kmax} 按下式确定：

$$p_{kmax} = \frac{2(F_k + G_k)}{3la}$$

式中 l——垂直于力矩作用方向的基础底面边长（m）；

a——合力作用点至基础底面最大压力边缘的距离（m）。

4. 基础底面处的压力验算规定

《地基规范》第 5.2.1 条规定，基础底面的压力，应符合下式要求：

当轴心荷载作用时

$$p_k \leqslant f_a$$

当偏心荷载作用时，除符合上式要求外，尚应符合下式规定：

$$p_{kmax} \leqslant 1.2 f_a$$

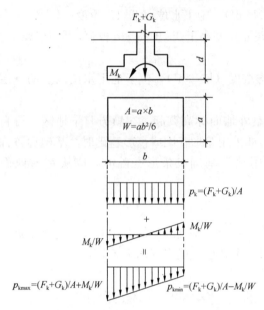

图 7.3-1　基础底面处压力计算图解

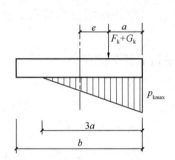

图 7.3-2　基础底面处压力（$e>b/6$，b—力矩作用方向的基础底面边长）

7.3.3　无筋扩展基础

无筋扩展基础一般用砖石、混凝土、毛石混凝土、灰土和三合土等材料建筑，此类基础抗压性好，而抗弯性能差。为适应这种特点，无筋扩展基础应符合一定的构造形式，如图 7.3-3 所示。主要限制 a 角的大小，不要超过刚性角 a_{max}，或用宽高比 b_1/H_0 表示，即要求 b_1/H_0 不要超过容许值。否则，当基础外伸长度相对于高度来说比较大时，可能由于基础材料抗弯强度不足而开裂破坏。宽高比的容许值根据基础材料和基底压力大小而定，详见表 7.3-1。

无筋扩展基础台阶宽高比的允许值　　　　　表 7.3-1

基础材料	质量要求	台阶宽高比的允许值		
		$p_k \leqslant 100$	$100 < p_k \leqslant 200$	$200 < p_k \leqslant 300$
混凝土基础	C15 混凝土	1∶1.00	1∶1.00	1∶1.25
毛石混凝土基础	C15 混凝土	1∶1.00	1∶1.25	1∶1.50
砖基础	砖不低于 MU10、砂浆不低于 M5	1∶1.50	1∶1.50	1∶1.50
毛石基础	砂浆不低于 M5	1∶1.25	1∶1.50	—
灰土基础	体积比为 3∶7 或 2∶8 的灰土，其最小干密度：粉土 1.55t/m³；粉质黏土 1.50t/m³；黏土 1.45t/m³	1∶1.25	1∶1.50	—

续表

基础材料	质量要求	台阶宽高比的允许值		
		$p_k \leq 100$	$100 < p_k \leq 200$	$200 < p_k \leq 300$
三合土基础	体积比1：2：4～1：3：6（石灰：砂：骨料），每层约虚铺220mm，夯至150mm	1：1.50	1：2.00	—

注：① p_k为荷载效应标准组合时基础底面处的平均压力值（kPa）；
② 阶梯形毛石基础的每阶伸出宽度，不宜大于200mm；
③ 当基础由不同材料叠合组成时，应对接触部分作抗压验算。

无筋扩展基础可用于6层和6层以下（三合土基础不宜超过四层）的一般民用建筑和墙承重的轻型厂房。如超过此范围内，必须进行基础强度验算。

如果根据刚性角的要求，基础所需高度超过埋深时，或基础顶面离地面不足100mm时，则应加大埋深，或者改用钢筋混凝土基础（不受刚性角限制，可以浅埋）。

采用无筋扩展基础的钢筋混凝土柱，其柱脚高度h_1不得不小于b_1（图7.3-3b），并不应小于300mm且不小于20d（d为柱中的纵向受力钢筋的最大直径）。当柱纵向钢筋在柱脚内的竖向锚固长度不满足锚固要求时，可沿水平方向弯折，弯折后的水平锚固长度不应小于10d，也不应大于20d。

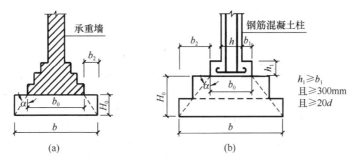

图7.3-3 无筋扩展基础构造示意

1. 灰土基础

灰土基础必须采用符合标准的石灰和土料，并取灰土比为3：7或2：8为宜。施工时还应保证灰土的夯实干密度（粉质黏土为1.5t/m³，黏土为1.45t/m³）。

为了保证灰土基础的强度和耐久性，石灰宜用块状生石灰，经消化1～2d后，通过孔径5～10mm的筛子后立即使用，土料以粉质黏土为宜并使其达到散粒状，使用前应通过10～20mm孔径的筛子。

施工时，基坑应保持干燥，防止灰土早期浸水，灰土拌合要均匀，湿度要适当，含水量过大或过小均不易夯实。因此，最好实地测定其最佳含水量，使其在一定夯击能量下，达到最大密实度（干密度不小于1.50t/m³）；夯实应分层进行，每层虚铺22～25cm，夯至15cm。

2. 毛石基础

毛石基础是用强度等级不低于MU20的毛石以砂浆砌成，一般采用混合砂浆或水泥砂浆。当基底压力较小,且基础位于地下水位以上时,也可用白灰砂浆。

毛石基础一般砌筑成阶梯形。毛石的形状不规整,不易砌平,为了保证毛石基础的整体刚性传力均匀,每一台阶均不少于2~3排(视石块大小和规整情况而定),每阶挑出宽度应小于200mm,每阶高度不小于400mm。

3. 砖基础

砖基础一般用不低于MU75的砖(砖材宜用经熔烧过的)和不低于M10的砂浆砌成。因砖的抗冻性较差,所以在严寒地区和含水量较大的土中,应采用高强度等级的砖和水泥砂浆。

砖基础通常做成阶梯形,俗称大放脚。大放脚一般是两皮一收,或者是两皮一收与一皮一收相间,后者较节省材料,故而采用较多。砌砖基础前,必须先铺底灰。砌筑时,砖应先用水浇透,并要求砌体砂浆饱满。

4. 混凝土和毛石混凝土基础

混凝土基础一般用C7.5和C10混凝土。基础的剖面形式有阶梯形和锥形等,按基础的尺寸大小和施工条件确定。

毛石混凝土基础一般用C7.5或C10混凝土,掺入少于基础体积30%的毛石(毛石强度等级不低于MU20,其长度不宜大于800mm)。在严寒潮湿的地区,应用不低于C10的混凝土和不低于MU30的毛石。

7.3.4 钢筋混凝土扩展基础

钢筋混凝土扩展基础包括柱下独立基础和墙下条形基础。《地基规范》第8.2.1条规定,扩展基础的构造,应符合下列要求:

(1)锥形基础的边缘高度不宜小于200mm,且两个方向的坡度不宜大于1:3;阶梯形基础的每阶高度,宜为300~500mm。

(2)垫层的厚度不宜小于70mm,垫层混凝土强度等级不宜低于C10。

(3)扩展基础受力钢筋最小配筋率不应小于0.15%,底板受力钢筋的最小直径不应小于10mm,间距不应大于200mm,也不应小于100mm。墙下钢筋混凝土条形基础纵向分布钢筋的直径不应小于8mm;间距不宜大于300mm;每延米分布钢筋的面积不应小于受力钢筋面积的15%。当有垫层时钢筋保护层的厚度不应小于40mm;无垫层时不应小于70mm。

(4)混凝土强度等级不应低于C20。

1. 柱下独立基础

柱下独立基础按外形可分为锥形基础和阶型基础,按施工方式可分为现浇柱基础和预制柱基础。

(1)锥形基础。现浇柱下锥形基础的构造见图7.3-4,图中的基础高度h除应满足抗冲切要求外,尚应满足柱子纵向钢筋锚固长度的要求。

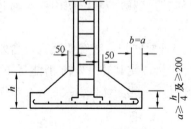

图7.3-4 现浇柱下独立锥形基础

(2)阶形基础。阶形基础的每阶高度一般为300~500mm。基础高度$h \leqslant 350$mm用一阶,350mm$< h \leqslant$

900mm用二阶，$h>900$mm用三阶，如图7.3-5所示。阶梯尺寸宜用整数，一般在水平及垂直方向均用50mm的倍数。其他构造要求与锥形基础相同。

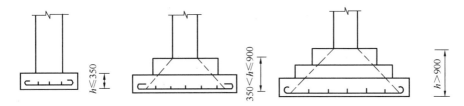

图7.3-5 现浇柱下独立阶形基础

（3）预制柱下独立基础。预制柱下独立基础通常做成杯形基础（锥形或阶梯形），预制的柱子插入并嵌固在杯口中，如图7.3-6所示。为了保证预制柱与基础的整体结合，柱的插入深度，可按表7.3-2选用，并应满足钢筋锚固长度的要求及吊装时柱的稳定性。基础的杯底厚度和杯壁厚度，可按表7.3-3选用。

2. 钢筋混凝土墙下条形基础

钢筋混凝土墙下条形基础（以下简称墙下条形基础）是在上部结构的荷载比较大，地基土质软弱，用一般砖石和混凝土砌体又不经济时采用。

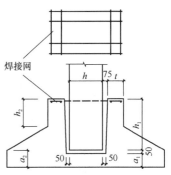

图7.3-6 预制钢筋混凝土柱下独立基础

柱的插入深度 h_1 单位：mm　　　　表7.3-2

矩形柱或I形柱				双肢柱
$h<500$	$500 \leqslant h<800$	$800 \leqslant h \leqslant 1000$	$h>1000$	
$h \sim 1.2h$	h	$0.9h$ 且 $\geqslant 800$	$0.8h$ 且 $\geqslant 1000$	$(1/3 \sim 2/3)h_a$，$(1.5 \sim 1.8)h_b$

注：① h 为柱截面长边尺寸，h_a 为双肢柱全截面长边尺寸，h_b 为双肢柱全截面短边尺寸。
　　② 柱轴心受压或小偏心受压时，h_1 可适当减小；偏心距大于 $2h$ 时，h_1 应适当加大。

基础杯底厚度和杯壁厚度　　　　表7.3-3

柱截面长边尺寸/mm	$h<500$	$500 \leqslant h<800$	$800 \leqslant h<1000$	$1000 \leqslant h<1500$	$1500 \leqslant h<2000$
杯底厚度 a_1/mm	$\geqslant 150$	$\geqslant 200$	$\geqslant 200$	$\geqslant 250$	$\geqslant 300$
杯壁厚度 t/mm	$\geqslant 150 \sim 200$	$\geqslant 200$	$\geqslant 300$	$\geqslant 350$	$\geqslant 400$

注：① 双肢柱的杯底厚度值可适当加大。
　　② 当有基础梁时，基础梁下的杯壁厚度应满足其支承宽度的要求。
　　③ 柱插入杯口部分的表面应凿毛。柱与杯口之间的空隙，应用比基础混凝土强度高一级的细石混凝土充填密实，其强度达到基础设计强度的70%以上时，方能进行上部吊装。

墙下条形基础一般做成无肋的板，有时做成带肋的板，如图7.3-7所示。

墙下条形基础的受力钢筋在横向（基础宽度方向）配置，纵向配置分布筋。在不均匀地基上，或沿基础纵向荷载分布不均匀时，为了抵抗不均匀沉降引起的弯矩，在纵向也应配置受力钢筋，做成如图7.3-7（b）所示的带纵肋的条形基础，以增加基础的纵向抗弯能力。

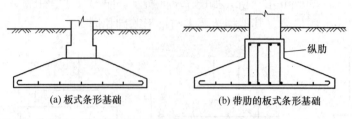

图 7.3-7 钢筋混凝土墙下条形基础

7.3.5 柱下条形基础

柱下钢筋混凝土条形基础也称为基础梁，连接上部结构的柱列布置成单向条状的钢筋混凝土基础（图 7.3-8），通常在下列情况下采用：

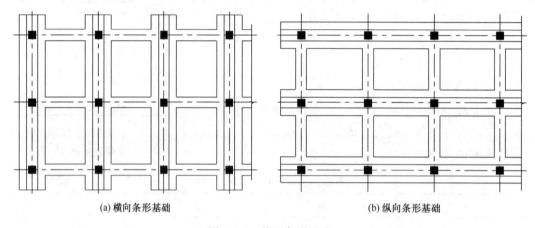

图 7.3-8 柱下条形基础

(1) 多层与高层房屋，或上部结构传下的荷载较大，地基土的承载力较低，采用各种形式的单独基础不能满足设计要求时；
(2) 当采用单独基础所需的底面积由于邻近建筑物或设备基础的限制而无法扩展时；
(3) 地基土质变化较大或局部有不均的软弱地基，需作地基处理时；
(4) 各柱荷载差异过大，会引起基础之间较大的相对沉降差异时；
(5) 需要增加基础的刚度，以减少地基变形，防止过大的不均匀沉降量时。

柱下条形基础的构造，除应满足扩展基础的一般要求外，还应符合下列规定：

(1) 柱下条形基础的横截面一般做成倒 T 形（图 7.3-9），梁的高度 h 宜为柱距的 1/4～1/8。翼板厚度 h_f 不应小于 200mm。当 $h_f \leqslant 250$ 时，可采用等厚翼板，当 $h_f > 250$ 时，宜采用变厚度翼板，其坡度不宜大于 1∶3。
(2) 条形基础的端部宜向外伸出，每端伸出长度宜为第一跨距的 0.25～0.30 倍。
(3) 现浇柱与条形基础梁的交接处，其平面尺寸不应小于图 7.3-10 的规定。
(4) 柱下条形基础的混凝土强度等级，不应低于 C20。

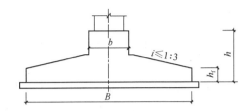
图 7.3-9　条形基础构造要求

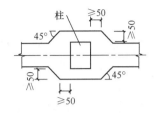
图 7.3-10　柱与基础梁交接处构造尺寸

7.3.6　高层建筑的筏形基础和箱形基础

筏形基础以其成片覆盖于建筑物地基的较大面积和完整的平面连续性为明显特点，它不仅易于满足软弱地基承载力的要求，减少地基的附加应力和不均匀沉降，还具有可跨越地下浅层小洞穴和局部有软弱土不规则夹层，提供地下比较宽敞的使用空间等良好功能。适用于上部结构荷载较大、地基承载力相对较低的工程。

筏形基础简称筏基，可分为平板式筏基（图 7.3-11）和梁板式筏基。其选型应根据工程地质、上部结构体系、柱距、荷载大小以及施工条件等因素确定。

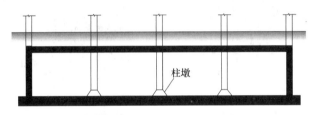
图 7.3-11　平板式筏基

平板式筏基适于较小或中等柱荷载以及柱距较小且基本相等的情况。当柱荷载较大时可加大柱下局部区域的板厚，使之足以承受柱下应力比较集中区域的剪力和弯矩。如果柱距过大和柱荷载差别较大，则可沿轴线设置肋梁，形成梁板式筏基。肋梁可以向上，也可向下。

为了获得更好的整体性，可将地下室大部分的纵横墙体采用钢筋混凝土制作，当它们的数量和布置满足一定要求时，地下室便成了刚度很大的一根卧梁，称之为箱形基础，见图 7.3-12。箱形基础墙体太多，不便于地下空间的利用，在实际工程中比较少见。当地基承载力或变形不能满足设计要求时，可采用桩基。

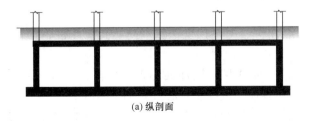
(a) 纵剖面

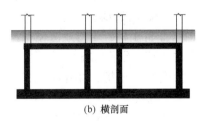
(b) 横剖面

图 7.3-12　箱形基础

7.3.7 桩基础

如果建筑场地浅层的土质不能满足建筑物对地基承载力和变形的要求，而又不适宜采取地基处理措施时，可考虑采用桩基。

桩型与成桩工艺应根据建筑结构类型、荷载性质、桩的使用功能、穿越土层、桩端持力层、地下水位、施工设备、施工环境、施工经验、制桩材料供应条件等，按安全适用、经济合理的原则选择。

1. 桩基分类

关于桩基分类，《建筑桩基技术规范》JGJ 94—2008 第 3.3.1 条规定（图 7.3-13），基桩可按下列规定分类：

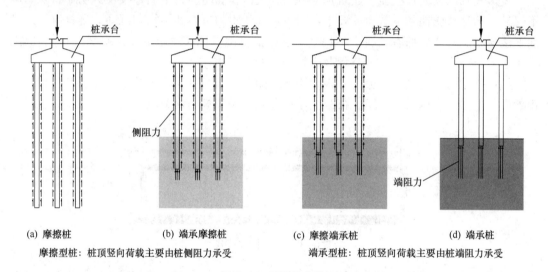

图 7.3-13 桩基分类

（1）按承载性状分类

① 摩擦型桩

摩擦桩：在承载能力极限状态下，桩顶竖向荷载由桩侧阻力承受，桩端阻力小到可忽略不计；端承摩擦桩：在承载能力极限状态下，桩顶竖向荷载主要由桩侧阻力承受。

② 端承型桩

端承桩：在承载能力极限状态下，桩顶竖向荷载由桩端阻力承受，桩侧阻力小到可忽略不计；摩擦端承桩：在承载能力极限状态下，桩顶竖向荷载主要由桩端阻力承受。

（2）按成桩方法分类

① 非挤土桩：干作业法钻（挖）孔灌注桩、泥浆护壁法钻（挖）孔灌注桩、套管护壁法钻（挖）孔灌注桩；

② 部分挤土桩：冲孔灌注桩、钻孔挤扩灌注桩、搅拌劲芯桩、预钻孔打入（静压）预制桩、打入（静压）式敞口钢管桩、敞口预应力混凝土空心桩和 H 型钢桩；

③ 挤土桩：沉管灌注桩、沉管夯（挤）扩灌注桩、打入（静压）预制桩、闭口预应力混凝土空心桩和闭口钢管桩。

（3）按桩径（设计直径 d）大小分类

小直径桩：$d \leqslant 250mm$；中等直径桩：$250mm < d < 800mm$；大直径桩：$d \geqslant 800mm$。

2. 桩和桩基的构造

（1）基桩的最小中心距应符合表 7.3-4 的规定。当施工中采取减小挤土效应的可靠措施时，可根据当地经验适当减小。

（2）应选择较硬土层作为桩端持力层。桩端全断面进入持力层的深度，对于黏性土、粉土不宜小于 $2d$，砂土不宜小于 $1.5d$，碎石类土不宜小于 $1d$。当存在软弱下卧层时，桩端以下硬持力层厚度不宜小于 $3d$。此外，尚应考虑特殊土、岩溶以及震陷液化等影响。嵌岩灌注桩周边嵌入完整和较完整的未风化、微风化、中风化硬质岩体的最小深度，不宜小于 $0.5m$。

（3）布置桩位时宜使桩基承载力合力点与竖向永久荷载合力作用点重合。

（4）扩底灌注桩的扩底直径，不应大于桩身直径的 3 倍。

（5）设计使用年限不少于 50 年时，灌注桩的混凝土强度等级不应低于 C25，非腐蚀环境中预制桩的混凝土强度等级不应低于 C30，预应力桩不应低于 C40；二 b 类环境及三类及四类、五类微腐蚀环境中不应低于 C30。

桩的最小中心距　　　　　　　　表 7.3-4

土类与成桩工艺		排数不少于 3 排且桩数不少于 9 根的摩擦型桩桩基	其他情况
非挤土灌注桩		$3.0d$	$3.0d$
部分挤土桩		$3.5d$	$3.0d$
挤土桩	非饱和土	$4.0d$	$3.5d$
	饱和黏性土	$4.5d$	$4.0d$
钻、挖孔扩底桩		$2.0D$ 或 $D+2.0m$（当 $D>2m$）	$1.5D$ 或 $D+1.5m$（当 $D>2m$）
沉管夯扩、钻孔挤扩桩	非饱和土	$2.2D$ 且 $4.0d$	$2.0D$ 且 $3.5d$
	饱和黏性土	$2.5D$ 且 $4.5d$	$2.2D$ 且 $4.0d$

注：① d——圆桩直径或方桩边长，D——扩大端设计直径。
② 当纵横向桩距不相等时，其最小中心距应满足"其他情况"一栏的规定。
③ 当为端承型桩时，非挤土灌注桩的"其他情况"一栏可减小至 $2.5d$。

3. 建筑桩基的沉降计算

桩基础属于深基础，由于持力层部位，桩基础的土层自重应力要比浅基础大得多，故建筑物附加应力引起的沉降就会比浅基础小得多。故规范对桩基础需要验算变形的范围比对浅基础者宽松。

《地基规范》第 8.5.13 条要求，桩基沉降计算应符合下列规定：

（1）对以下建筑物的桩基应进行沉降验算：
① 地基基础设计等级为甲级的建筑物桩基；
② 体形复杂、荷载不均匀或桩端以下存在软弱土层的设计等级为乙级的建筑物桩基；
③ 摩擦型桩基。

（2）桩基沉降不得超过建筑物的沉降允许值。

《地基规范》第8.5.14条规定，嵌岩桩、设计等级为丙级的建筑物桩基、对沉降无特殊要求的条形基础下不超过两排桩的桩基、吊车工作级别A5及A5以下的单层工业厂房且桩端下为密实土层的桩基，可不进行沉降验算。当有可靠地区经验时，对地质条件不复杂、荷载均匀、对沉降无特殊要求的端承型桩基也可不进行沉降验算。

4. 桩基承台之间的连接

《地基规范》第8.5.23条要求，承台之间的连接应符合下列要求：
(1) 单桩承台，应在两个互相垂直的方向上设置连系梁。
(2) 两桩承台，应在其短向设置连系梁。
(3) 有抗震要求的柱下独立承台，宜在两个主轴方向设置连系梁。
(4) 连系梁顶面宜与承台位于同一标高。连系梁的宽度不应小于250mm，梁的高度可取承台中心距的1/10～1/15，且不小于400mm。

7.4 软弱地基

7.4.1 一般规定

当地基压缩层主要由淤泥、淤泥质土、冲填土、杂填土或其他高压缩性土层构成时应按软弱地基进行设计。在建筑地基的局部范围内有高压缩性土层时，应按局部软弱土层处理。

勘察时，应查明软弱土层的均匀性、组成、分布范围和土质情况；冲填土尚应查明排水固结条件；杂填土应查明堆积历史，明确自重压力下的稳定性、湿陷性等。

设计时，应考虑上部结构和地基的共同作用。对建筑体型、荷载情况、结构类型和地质条件进行综合分析，确定合理的建筑措施、结构措施和地基处理方法。

施工时，应注意对淤泥和淤泥质土基槽底面的保护，减少扰动。荷载差异较大的建筑物，宜先建重、高部分，后建轻、低部分。

活荷载较大的构筑物或构筑物群（如料仓、油罐等），使用初期应根据沉降情况控制加载速率，掌握加载间隔时间，或调整活荷载分布，避免过大倾斜。

基础直接建造在未经加固的天然土层上时，这种地基称为天然地基。若天然地基很软弱而不能满足强度和变形的要求，则必须经过地基处理后再修建基础，这种地基称为人工地基。地基处理是利用软弱地基的主要措施，但并不是所有软弱地基都必须经过处理变成人工地基后，才能在其上建造建（构）筑物。

7.4.2 软弱地基的利用和处理

1. 软弱地基的利用

利用软弱土层作为持力层时，应符合下列规定：
(1) 淤泥和淤泥质土，宜利用其上覆较好土层作为持力层，当上覆土层较薄，应采取避免施工时对淤泥和淤泥质土扰动的措施；
(2) 冲填土、建筑垃圾和性能稳定的工业废料，当均匀性和密实度较好时，可利用作为轻型建筑物地基的持力层。

2. 软弱地基的处理

软弱地基的处理方法有很多，《地基规范》建议的处理方法如下：

（1）局部软弱土层以及暗塘、暗沟等，可采用基础梁、换土、桩基或其他方法处理。

（2）当地基承载力或变形不能满足设计要求时，地基处理可选用机械压（夯）实、堆载预压、真空预压、换填垫层或复合地基等方法。处理后的地基承载力应通过试验确定。

（3）机械压实包括重锤夯实、强夯、振动压实等方法，可用于处理由建筑垃圾或工业废料组成的杂填土地基，处理有效深度应通过试验确定。

（4）堆载预压可用于处理较厚淤泥和淤泥质土地基。预压荷载宜大于设计荷载，预压时间应根据建筑物的要求以及地基固结情况决定，并应考虑堆载大小和速率对堆载效果和周围建筑物的影响。采用塑料排水带或砂井进行堆载预压和真空预压时，应在塑料排水带或砂井顶部做排水砂垫层。

（5）换填垫层（包括加筋垫层）可用于软弱地基的浅层处理。垫层材料可采用中砂、粗砂、砾砂、角（圆）砾、碎（卵）石、矿渣、灰土、黏性土以及其他性能稳定、无腐蚀性的材料。加筋材料可采用高强度、低徐变、耐久性好的土工合成材料。

7.4.3 大面积地面荷载

地面荷载系指生产堆料、工业设备等地面堆载和天然地面上的大面积填土荷载。

在建筑范围内有地面荷载的单层工业厂房、露天车间和单层仓库的设计，应考虑由于地面荷载所产生的地基不均匀变形及其对上部结构的不利影响。当有条件时，宜利用堆载预压过的建筑场地。

地面堆载应均衡，并应根据使用要求、堆载特点、结构类型和地质条件确定允许堆载量和范围。堆载不宜压在基础上。大面积的填土，宜在基础施工前三个月完成。

地面堆载荷载应满足地基承载力、变形、稳定性要求，并考虑对周边环境和既有建筑物的影响。当堆载量超过地基承载力特征值时应进行专项设计。

7.5 土压力和挡土墙

土的侧压力是指挡土墙后的填土因自重或外荷载作用对墙背产生的侧向压力，简称土压力。挡土墙是防止土体坍塌的构筑物，广泛应用于房屋建筑、水利、铁路以及公路和桥梁工程中。

7.5.1 土压力的分类

根据挡土墙（结构）的移动情况和墙后土体所处平衡状态的不同，土压力可分为静止土压力、主动土压力和被动土压力三种形式（图 7.5-1）。挡土结构的移动情况包括滑移、地基变形引起的转动、构件截面刚度不足造成的较大变形等。在大多数情况下，工程结构中主要考虑主动土压力和静止土压力。

（1）静止土压力

挡土墙在土压力作用下，不产生任何位移或转动，墙后土体处于弹性平衡状态，此时

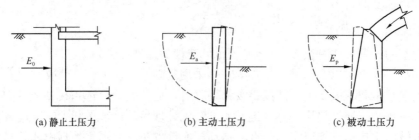

(a) 静止土压力　　(b) 主动土压力　　(c) 被动土压力

图 7.5-1　挡土墙的三种土压力

墙背所受的土压力称为静止土压力（图 7.5-1a），一般用 E_0 表示。例如，地下室外墙由于受到内侧楼面支撑，可认为没有位移发生，故作用在墙体外侧的回填土侧压力可按静止土压力计算。

（2）主动土压力

当挡土墙在土压力的作用下，背离墙背方向移动或转动时（图 7.5-1b），作用在墙背上的土压力从静止土压力值逐渐减少，直至墙后土体出现滑动面。滑动面以上的土体将沿这一滑动面向下向前滑动，墙背上的土压力减小到最小值，滑动楔体内应力处于主动极限平衡状态，此时作用在墙背上的土压力称为主动土压力，一般用 E_a 表示。例如基础开挖时的围护结构，由于土体开挖，基础内侧失去支承，围护墙体向基坑内产生位移，这时作用在墙体外侧的土压力可按主动土压力计算。

（3）被动土压力

如果挡土墙在外力作用下向土体方向移动或转动时（图 7.5-1c），墙体挤压墙后土体，作用在墙背上的土压力从静止土压力值逐渐增大，墙后土体也会出现滑动面，滑动面以上土体将沿滑动方向向上向后推出，墙后土体开始隆起，作用在挡土墙上的土压力增加到最大值，滑动楔体内应力处于被动极限平衡状态。此时作用在墙背上的土压力称为被动土压力，一般用 E_p 表示。例如拱桥在桥面荷载作用下，拱体将水平推力传至桥台，挤压桥台背后土体，这时作用在桥台背后的侧向土压力可按被动土压力计算。

一般情况下，在相同的墙高和填土条件下，主动土压力 E_a、静止土压力 E_0、被动土压力 E_p 三者间的关系为：

$$E_a < E_0 < E_p$$

试验研究表明：除挡土结构构件的移动情况外，影响土压力大小的因素还有：

（1）挡土结构构件的截面形状

挡土结构构件横截面形状，包括墙背为竖直或倾斜、光滑或粗糙，都与采用何种土压力计算理论公式有关。

（2）墙后填土的性质

墙后填土的松密程度、含水率、土的强度指标、内摩擦角和黏聚力的大小，以及填土表面的形状（水平、上斜或下倾）等，都会影响土压力的大小。

（3）挡土结构构件的材料

挡土结构构件的材料种类不同，其表面与填土间的摩擦力也不同，因而土压力的大小和方向都不同。

（4）其他因素

填土表面是否有地面荷载以及填土内的地下水位等因素均影响土压力的大小。

7.5.2 挡土墙

本节只介绍边坡支护工程中的挡土墙,其形状与墙相似,主要有重力式、悬臂式、扶壁式、锚杆式、锚定板式和土钉式等(表7.5-1)。

基坑支护工程中的支挡结构,虽然也属挡土墙,大部分属于建筑物基础施工过程中的临时结构,习惯上称之为支护结构,主要有排桩、地下连续墙、水泥土墙、逆作拱墙以及土钉墙等,不在此赘述。

挡土墙的主要形式和适用范围　　　　　表 7.5-1

序号	类型	结构示意图或图片	特点及适用范围
1	重力式		依靠自身的重力使边坡保持稳定的支护结构。墙很厚,一般用浆砌片石砌筑,也可采用混凝土
2	悬臂式		断面尺寸小,一般采用钢筋混凝土结构;利用墙踵板上方的土重维持稳定。适用于矮墙
3	扶壁式		较高的悬臂式挡土墙中,沿墙体的长度方向每隔一定距离设置扶壁,形成扶壁式挡土墙。其侧向支承条件由单边支承变为三边支承,从而大幅度地减小墙底弯矩和墙顶的侧向位移,使得采用断面尺寸小的钢筋混凝土结构仍然成为可能。 适用于墙较高的情况,墙高可做到10m
4	锚杆式		锚杆式挡土墙由钢筋混凝土肋柱、钢筋混凝土挡土板及钢锚杆组成。根据被加固边坡的高度,可设计为单级、双级和多级(每级高约为5~6m)。钢锚杆锚固在稳定的地层内,承受拉力,以维持挡土墙力系的平衡。 适用于岩质、半岩质深路堑边坡的防护加固,也可用作陡坡路堤或坡脚的挡土墙

续表

序号	类型	结构示意图或图片	特点及适用范围
5	锚定板式	（钢筋混凝土肋柱、破裂面、钢筋混凝土挡土板、钢拉杆、锚定板）	锚定板式挡土墙由钢筋混凝土肋柱、挡土板、钢拉杆和锚定板组成。其工作原理与锚杆式挡土墙基本相同，其区别仅仅在于用拉杆末端的"锚定板"的抗拔力来代替锚杆在稳定地层段水泥砂浆压力灌孔产生的握裹力。适用于加固路堑边坡、支挡填土路肩和坡脚
6	土钉式	（喷射混凝土面层、土钉、被加固的土体）	土钉墙是由锚固于土体内的土钉（一般采用钢筋）、被土钉加固的土体及带钢筋网的喷射混凝土面层组成。适用于边坡加固；也是基坑支护的一种形式

下面仅介绍"边坡重力式挡土墙"。

1. 适用条件

《地基规范》第 6.7.4 条第 1 款规定：重力式挡土墙适用于高度小于 8m、地层稳定、开挖土石方时不会危及相邻建筑物的地段。

2. 计算要点

重力式挡土墙是靠自身的重力 W 来抵抗墙背土压力的一种结构。根据《地基规范》第 6.7.5 条，重力式挡土墙需进行抗滑移稳定性验算、抗倾覆稳定性验算、整体滑动稳定性验算和地基承载力验算（图 7.5-2）。

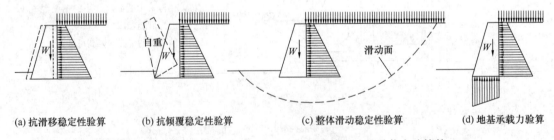

(a) 抗滑移稳定性验算　　(b) 抗倾覆稳定性验算　　(c) 整体滑动稳定性验算　　(d) 地基承载力验算

图 7.5-2　重力式挡土墙的抗滑移稳定性验算和地基承载力验算等

3. 构造要点

在挡土墙稳定性验算中，抗滑移稳定性常比抗倾覆稳定性不易满足要求。为了增加墙体的抗滑移稳定性，将基底面做成逆坡是一种有效方法（图 7.5-3）。但逆坡过大，可能使墙体连同基底下面的土体一起滑移，所以需对它的坡度加以限制。因此，《地基规范》第 6.7.4 条要求，重力式挡土墙的构造应符合下列规定：

（1）重力式挡土墙可在基底设置逆坡。对于土质地基，基底逆坡坡度不宜大于 1：10；对于岩石地基，基底逆坡坡度不宜大于 1：5。

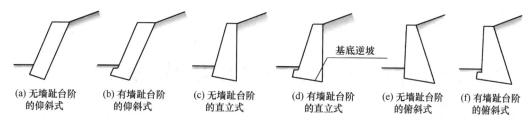

图 7.5-3　基底设置逆坡的重力式挡土墙

（2）毛石挡土墙的墙顶宽度不宜小于 400mm；混凝土挡土墙的墙顶宽度不宜小于 200mm。

（3）重力式挡墙的基础埋置深度，应根据地基承载力、水流冲刷、岩石裂隙发育及风化程度等因素确定。在特强冻胀、强冻胀地区应考虑冻胀的影响。在土质地基中，基础埋置深度不宜小于 0.5m；在软质岩地基中，基础埋置深度不宜小于 0.3m。

（4）重力式挡土墙应每间隔 10～20m 设置一道伸缩缝。当地基有变化时宜加设沉降缝。在挡土结构的拐角处，应采取加强的构造措施。

第八章 其他结构体系

8.1 木结构

8.1.1 材料

1. 承重结构用木材

《木结构设计标准》GB 50005—2017（以下简称《木结构标准》）第 3.1.1 条规定：承重结构用材（图 8.1-1）可采用原木、方木、板材、规格材、胶合木层板、结构复合木材和木基结构板。各类木材的材质标准应符合《木结构标准》附录 A 的规定。

原木　　　　　　　　　　方木　　　　　　　　　　规格材

图 8.1-1　承重木结构用材

原木指伐倒的树干经打枝和造材加工而成的木段。

方木和板材统称为锯材，是原木经制材加工而成的成品材或半成品材。方木为直角锯切且宽厚比小于 3 的锯材，又称方材；板材为直角锯切且宽厚比大于或等于 3 的锯材。

现场目测分级的原木、方木和板材，材质等级由高至低分为三级：I_a 级最好，II_a 级次之，III_a 级最差。

工厂目测分级的方木，用于梁构件时，材质等级由高至低分为 I_e、II_e、III_e 三级；用于柱构件时，材质等级由高至低分为 I_f、II_f、III_f 三级。

胶合木层板是以厚度不大于 45mm 的胶合木层板沿顺纹方向叠层胶合而成的木制品，也称胶合木或结构用集成材，接长时采用胶合指形接头。普通胶合木层板的材质等级由高至低分为 I_b、II_b、III_b 三级。其他胶合木层板分级的选材标准应符合《胶合木结构技术规范》GB/T 50708—2012 和《结构用集成材》GB/T 26899—2011 的相关规定。

规格材指木材截面的宽度和高度按规定尺寸加工的规格化木材。轻型木结构用规格材的材质等级由高至低分为 I_c、II_c（II_{c1}）、III_c（III_{c1}）、IV_c（IV_{c1}）七级。

结构复合木材指采用木质的单板、单板条或木片等，沿构件长度方向排列组合，并采用结构用胶粘剂叠层胶合而成，专门用于承重结构的复合材料，包括旋切板胶合木、平行木片胶合木、层叠木片胶合木和定向木片胶合木，以及其他具有类似特征的复合木产品。

木基结构板指以木质单板或木片为原料，采用结构胶粘剂热压制成的承重板材，包括结构胶合板和定向木片板。

在针叶与阔叶两大类木材中,结构用木材以针叶类为主。针叶材的纹理顺直、树干较高、易于得到长材、便于加工也比较轻,符合承重结构的要求。阔叶材的纹理扭曲、树干较矮、不易于得到长材、不便于加工也比较重,不适宜用作承重结构的主要构件(大构件),但可用作木制小零件。

《木结构标准》第3.1.4条规定:主要的承重构件应采用针叶材;重要的木制连接件应采用细密、直纹、无节和无其他缺陷的耐腐硬质阔叶材。

2. 方木原木结构用材的材质等级

《木结构标准》中,考虑以木结构承重构件采用的主要木材材料来划分木结构建筑,因而,将普通木结构的名称改为方木原木结构。

按照构件的用途和加工条件,《木结构标准》第3.1.3条给出了相应的最低材质等级要求:方木原木结构的构件设计时,应根据构件的主要用途选用相应的材质等级。当采用目测分级木材时,不应低于表8.1-1的要求;当采用工厂加工的方木用于梁柱构件时,最低材质等级不应低于$Ⅲ_e$(用于梁)、$Ⅲ_f$(用于柱)。

方木原木构件的材质等级要求 表8.1-1

项次	主要用途	最低材质等级
1	受拉或拉弯构件	$Ⅰ_a$
2	受弯或压弯构件	$Ⅱ_a$
3	受压构件及次要受弯构件	$Ⅲ_a$

3. 木材的含水率

木材的含水率为木材所含水分质量占木材绝对干质量的百分比。为了避免因木材干缩造成的松弛变形和裂缝的危害,制作木构件时,应控制木材的含水率。

《木结构标准》第3.1.12条要求,制作构件时,木材含水率应符合下列规定:

① 板材、规格材和工厂加工的方木不应大于19%;
② 方木、原木受拉构件的连接板不应大于18%;
③ 作为连接件,不应大于15%;
④ 胶合木层板和正交胶合木层板应为8%~15%,且同一构件各层木板间的含水率差别不应大于5%;
⑤ 井干式木结构构件采用原木制作时不应大于25%;采用方木制作时不应大于20%;采用胶合原木木材制作时不应大于18%。

现场制作的方木或原木构件的木材含水率不应大于25%。当受条件限制,使用含水率大于25%的木材制作原木或方木结构时,应符合下列规定:

① 计算和构造应符合本标准有关湿材的规定;
② 桁架受拉腹杆宜采用可进行长短调整的圆钢;
③ 桁架下弦宜选用型钢或圆钢;当采用木下弦时,宜采用原木或破心下料(图8.1-2)的方木;
④ 不应使用湿材制作板材结构及受拉构件的连接板;
⑤ 在房屋或构筑物建成后,应加强结构的检查和维

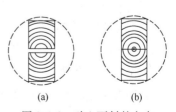

图8.1-2 破心下料的方木

护,结构的检查和维护可按《木结构标准》附录C的规定进行。

4. 钢材与金属连接件

木结构用钢材多用作连接件,在特殊情况下可代替一部分木结构发挥作用。主要有型钢、螺栓、焊条等。

8.1.2 设计规定

1. 木结构的使用年限

木结构的设计使用年限应与《建筑结构可靠性设计统一标准》GB 50068—2018 的规定一致。

2. 受弯构件的挠度限制

根据《木结构标准》第 4.3.15 条,受弯构件的挠度限值应按表 8.1-2 的规定采用。

受弯构件挠度限值　　　　　　　　　　　　　　　表 8.1-2

项次	构件类别		挠度限值 [w]
1	檩条	$l \leq 3.3$m	$l/200$
		$l > 3.3$m	$l/250$
2	椽条		$l/150$
3	吊顶中的受弯构件		$l/250$
4	楼盖梁和搁栅		$l/250$
5	墙骨柱	墙面为刚性贴面	$l/360$
		墙面为柔性贴面	$l/250$
6	屋盖大梁	工业建筑	$l/120$
		民用建筑 无粉刷吊顶	$l/180$
		民用建筑 有粉刷吊顶	$l/240$

注:表中,l 为受弯构件的计算跨度。

3. 受压构件的长细比

受压构件长细比限值按表 8.1-3 确定。

受压构件长细比限值　　　　　　　　　　　　　　表 8.1-3

项次	构件类别	长细比限值[λ]
1	结构的主要构件,包括桁架的弦杆、支座处的竖杆或斜杆,以及承重柱等	≤ 120
2	一般构件	≤ 150
3	支撑	≤ 200

注:构件的长细比 λ 应按 $\lambda = l_0/i$ 计算,其中,l_0 为受压构件的计算长度,i 为构件截面的回转半径。

4. 木材强度等级划分

木材强度等级的划分类似于混凝土强度等级的划分。根据不同的树种进行强度等级的划分,见表 8.1-4 和表 8.1-5。

针叶树种木材适用的强度等级 表 8.1-4

强度等级	组别	适用树种
TC17	A	柏木,长叶松,湿地松,粗皮落叶松
	B	东北落叶松,欧洲赤松,欧洲落叶松
TC15	A	铁杉,油杉,太平洋海岸黄柏,花旗松-落叶松,西部铁杉,南方松
	B	鱼鳞云杉,西南云杉,南亚松
TC13	A	油松,西伯利亚落叶松,云南松,马尾松,扭叶松,北美落叶松,海岸松,日本扁柏,日本落叶松
	B	红皮云杉,丽江云杉,樟子松,红松,西加云杉,欧洲云杉,北美山地云杉,北美短叶松
TC11	A	西北云杉,西伯利亚云杉,西黄松,云杉-松-冷杉铁-冷杉,加拿大铁杉,杉木
	B	冷杉,速生杉木,速生马尾松,新西兰辐射松,日本柳杉

阔叶树种木材适用的强度等级 表 8.1-5

强度等级	适用树种
TB20	青冈,栎木,甘巴豆,冰片香,重黄婆罗双,重坡垒,龙脑香,绿心樟,紫心木,李叶苏木,双龙瓣豆
TB17	栎木,腺瘤豆,筒状非洲楝,蟹木棟,深红默罗藤黄木
TB15	锥栗,桦木,黄婆罗双,异翅香,水曲柳,红尼克樟
TB13	深红婆罗双,浅红婆罗双,白婆罗双,海棠木
TB11	大叶椴,心形椴

5. 木材的强度设计值和弹性模量

《木结构标准》第 4.1.6 条规定,当确定承重结构用材的强度设计值时,应计入荷载持续作用时间对木材强度的影响。

(1) 木材的强度设计值及弹性模量应按表 8.1-6 的规定采用。

方木、原木等木材的强度设计值和弹性模量（N/mm²） 表 8.1-6

强度等级	组别	抗弯 f_m	顺纹抗压及承压 f_c	顺纹抗拉 f_t	顺纹抗剪 f_v	横纹承压 $f_{c,90}$ 全表面	横纹承压 $f_{c,90}$ 局部表面和齿面	横纹承压 $f_{c,90}$ 拉力螺栓垫板下	弹性模量 E
TC17	A	17	16	10	1.7	2.3	3.5	4.6	10000
	B		15	9.5	1.6				
TC15	A	15	13	9.0	1.6	2.1	3.1	4.2	10000
	B		12	9.0	1.5				
TC13	A	13	12	8.5	1.5	1.9	2.9	3.8	10000
	B		10	8.0	1.4				9000
TC11	A	11	10	7.5	1.4	1.8	2.7	3.6	9000
	B		10	7.0	1.2				
TB20	—	20	18	12	2.8	4.2	6.3	8.4	12000
TB17	—	17	16	11	2.4	3.8	5.7	7.6	11000
TB15	—	15	14	10	2.0	3.1	4.7	6.2	10000
TB13	—	13	12	9.0	1.4	2.4	3.6	4.8	8000
TB11	—	11	10	8.0	1.3	2.1	3.2	4.1	7000

注：计算木构件端部的拉力螺栓垫板时,木材横纹承压强度设计值应按"局部表面和齿面"一栏的数值采用。

(2)《木结构标准》第4.3.2条规定：对于下列情况，表8.1-6中的设计指标，尚应按下列规定进行调整：

① 当采用原木，验算部位未经切削时，其顺纹抗压、抗弯强度设计值和弹性模量可提高15%；

② 当构件矩形截面的短边尺寸不小于150mm时，其强度设计值可提高10%；

③ 当采用含水率大于25%的湿材时，各种木材的横纹承压强度设计值和弹性模量以及落叶松木材的抗弯强度设计值宜降低10%。

(3) 承重结构用材的强度设计值和弹性模量尚应根据《木结构标准》第4.3.9条的规定进行调整。

6. 原木构件的计算截面

树木的生长是下粗上细，故锯下来的原木沿长度方向的截面是不相等的，一根原木的两端有大小头之分。关于原木构件的计算截面，《木结构标准》第4.3.18条规定：标注原木直径时，应以小头为准。原木构件沿其长度的直径变化率，可按每米9mm或当地经验数值采用。验算挠度和稳定时，可取构件的中央截面；验算抗弯强度时，可取弯矩最大处截面。

8.1.3 设计规定木结构的连接

木材因天然尺寸有限，或结构构造的需要，常采用拼合、接长和节点联结等方法，将木料连接成结构和构件。连接是木结构的重要部位，设计与施工的要求较严格，其具有传力明确、韧性和紧密性良好、构造简单、检查和制作方便等优点。

常见的连接方法有：榫卯连接；齿连接；销连接；齿板连接。

1. 桁架支座节点的齿连接

(1) 齿连接的特点

将受压构件的端头做成齿榫，抵承在另一构件的齿槽内以传递压力的一种连接方式。齿槽除承受压杆的压力外，还在槽底平面上承受顺纹方向的剪力。

桁架支座节点的齿连接如图8.1-3所示，分单齿连接和双齿连接两种。两种齿连接均需要进行承压面的承压验算、剪切面的受剪验算、保险螺栓的验算和桁架下弦因齿连接的局部削弱而必须进行的净截面抗拉强度验算。

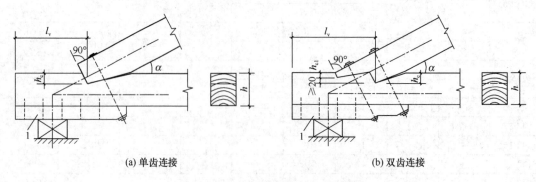

图 8.1-3 桁架支座节点的齿连接

在齿连接中，木材抗剪属于脆性工作，其破坏一般无预兆。为防止意外，应采取保险的措施。因此，桁架的支座节点采用齿连接时，必须设置保险螺栓。考虑到木材的剪切破坏是突然发生的，对螺栓有一定的冲击作用，故规定螺栓宜采用延性较好的钢材（如 Q235 钢）制作。在正常使用时不考虑保险螺栓参与齿连接的受力，只是作为一种安全的储备。

（2）齿连接的构造要求

齿连接的承压面，应与所连接的压杆轴线垂直；单齿连接应使压杆轴线通过承压面中心。

木桁架支座节点的上弦轴线和支座反力的作用线，当采用方木或板材时，宜与下弦净截面的中心线交汇于一点；当采用原木时，可与下弦毛截面的中心线交汇于一点。此时，刻齿处的截面可按轴心受拉验算。

齿连接的齿深，对于方木不应小于 20mm；对于原木不应小于 30mm。桁架支座节点齿深不应大于 $h/3$，中间节点齿深不应大于 $h/4$（h 为沿齿深方向的构件截面高度）。双齿连接中，第二齿的齿深 h_c 应比第一齿的齿深 h_{c1} 至少大 20mm；单齿和双齿第一齿的剪面长度不应小于 4.5 倍齿深。当受条件限制只能采用湿材制作时，木桁架支座节点齿连接的剪面长度应比计算值加长 50mm。

2. 销连接

销轴类紧固件的端距、边距、间距和行距最小尺寸应符合表 8.1-7 的规定。当采用螺栓、销或六角头木螺钉作为紧固件时，其直径不应小于 6mm。

销轴类紧固件的端距、边距、间距和行距最小尺寸　　　　表 8.1-7

距离名称	顺纹荷载作用时		横纹荷载作用时	
最小端距 e_1	受力端	$7d$	受力边	$4d$
	非受力端	$4d$	非受力边	$1.5d$
最小边距 e_2	当 $l/d \leqslant 6$	$1.5d$	$4d$	
	当 $l/d > 6$	Max $[1.5d, r/2]$		
最小间距 s	$4d$		$4d$	
最小行距 r	$2d$		当 $l/d \leqslant 6$	$2.5d$
			当 $2 < l/d < 6$	$(5l+10d)/8$
			当 $l/d \geqslant 6$	$5d$
几何位置示意图				

注：① 受力端为销槽受力指向端部；非受力端为销槽受力背离端部；受力边为销槽受力指向边部；非受力边为销槽受力背离边部。
② 表中 l 为紧固件长度，d 为紧固件的直径；并且 l/d 值应取下列两者中的较小值：
　a) 紧固件在主构件中的贯入深度 l_m 与直径 d 的比值 l_m/d；
　b) 紧固件在侧面构件中的总贯入深度 l_s 与直径 d 的比值 l_s/d；
　c) 当钉连接不预钻孔时，其端距、边距、间距和行距应为表中数值的 2 倍。

8.1.4 其他设计规定

1. 一般性要求

《木结构标准》第7.1.4条规定，方木原木结构设计应符合下列要求：
（1）木材宜用于结构的受压或受弯构件；
（2）在受弯构件的受拉边，不应打孔或开设缺口；
（3）对于在干燥过程中容易翘裂的树种木材，用于制作桁架时，宜采用钢下弦；当采用木下弦，对于原木其跨度不宜大于15m，对于方木其跨度不应大于12m，且应采取防止裂缝的有效措施；
（4）木屋盖宜采用外排水，采用内排水时，不应采用木制天沟；
（5）应保证木构件，特别是钢木桁架，在运输和安装过程中的强度、刚度和稳定性，宜在施工图中提出注意事项；
（6）木结构的钢材部分应有防锈措施。

2. 木梁、柱

矩形木柱截面尺寸不宜小于100mm×100mm，且不应小于柱支撑的构件截面宽度。

梁在支座上的最小支承长度不应小于90mm，梁与支座应紧密接触。

《木结构标准》第7.2.5条规定：木梁在支座处应设置防止其侧倾的侧向支承和防止其侧向位移的可靠锚固。当采用方木制作时，其截面高宽比不宜大于4。对于高宽比大于4的木梁应根据稳定承载力的验算结果，采取必要的保证侧向稳定的措施。

3. 桁架

桁架中央高度与跨度之比不应小于表8.1-8规定的最小高跨比。桁架制作应按其跨度的1/200起拱。

桁架最小高跨比　　表8.1-8

序号	桁架类型	h/l
1	三角形木桁架	1/5
2	三角形钢木桁架；平行弦木桁架；弧形、多边形和梯形木桁架	1/6
3	弧形、多边形和梯形钢木桁架	1/7

注：h为桁架中央高度；
　　l为桁架跨度。

8.1.5 轻型木结构

轻型木结构是指用规格材、木基结构板或石膏板制作的木构架墙体、楼板和屋盖系统构成的建筑结构。轻型木结构的承载力、刚度和整体性通过主要结构构件（骨架构件）和次要结构构件（墙面板、楼面板和屋面板）的共同作用得到，见图8.1-4。

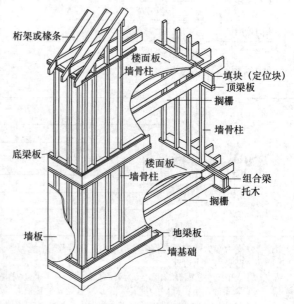

图8.1-4　轻型木结构

《木结构标准》第9.1.1条规定：轻型木结构的层数不宜超过3层。对于上部结构采用轻型木结构的组合建筑，木结构的层数不应超过3层，且该建筑总层数不应超过7层。

轻型木结构构件之间的连接主要是钉连接。有抗震设防要求的轻型木结构，连接中的关键部位应采用螺栓连接。

8.1.6 木结构的保护

木结构对于使用环境的要求较高，不能在高温、潮湿、虫害猖獗的环境中使用。

1. 防火

《木结构标准》第10.1.8条规定：木结构建筑构件的燃烧性能和耐火极限不应低于表8.1-9的规定。

不同层数建筑最大允许长度和防火分区面积不应超过表8.1-10的规定。当安装有自动喷水灭火系统时，每层楼最大允许长度、面积可在表8.1-10基础上扩大一倍，局部设置时，应按局部面积计算。

木结构建筑中构件的燃烧性能和耐火极限　　　　表8.1-9

构件名称	燃烧性能和耐火极限/h
防火墙	不燃性3.00
电梯井墙体	不燃性1.00
承重墙、住宅建筑单元之间的墙和分户墙、楼梯间的墙	难燃性1.00
非承重外墙、疏散走道两侧的隔墙	难燃性0.75
房间隔墙	难燃性0.50
承重柱	可燃性1.00
梁	可燃性1.00
楼板	难燃性0.75
屋顶承重构件	可燃性0.50
疏散楼梯	难燃性0.50
吊顶	难燃性0.15

注：① 除现行国家标准《建筑设计防火规范》GB 50016另有规定外，当同一座木结构建筑存在不同高度的屋顶时，较低部分的屋顶承重构件和屋面不应采用可燃性构件；当较低部分的屋顶承重构件采用难燃性构件时，其耐火极限不应小于0.75h。

② 轻型木结构建筑的屋顶，除防水层、保温层和屋面板外，其他部分均应视为屋顶承重构件，且不应采用可燃性构件，耐火极限不应低于0.50h。

③ 当建筑的层数不超过2层、防火墙间的建筑面积小于600m²，且防火墙间的建筑长度小于60m时，建筑构件的燃烧性能和耐火极限应按现行国家标准《建筑设计防火规范》GB 50016中有关四级耐火等级建筑的要求确定。

不同层数建筑最大允许长度和防火分区面积　　　　表8.1-10

层数	最大允许长度/m	每层最大允许面积/m²
单层	100	1200
两层	80	900
三层	60	600

木结构建筑之间、木结构建筑与其他耐火等级的建筑之间的防火间距不应小于表 8.1-11 的规定。

防火间距 (m)　　　　　　　　　　　　　　　　　表 8.1-11

建筑种类	一、二级建筑	三级建筑	木结构建筑	四级建筑
木结构建筑	8.0	9.0	10.0	11.0

两座木结构建筑之间、木结构建筑与其他结构建筑之间的外墙均无任何门窗洞口时，其防火间距不应小于 4m。

2. 防潮通风

《木结构标准》第 11.2.9 条要求，木结构的防水防潮措施应按下列规定设置：

（1）当桁架和大梁支承在砌体或混凝土上时，桁架和大梁的支座下应设置防潮层；

（2）桁架、大梁的支座节点或其他承重木构件不应封闭在墙体或保温层内；

（3）支承在砌体或混凝土上的木柱底部应设置垫板，严禁将木柱直接砌入砌体中，或浇筑在混凝土中；

（4）在木结构隐蔽部位应设置通风孔洞；

（5）无地下室的底层木楼盖应架空，并应采取通风防潮措施。

3. 防生物侵害

蛀蚀木材的昆虫主要有白蚁和家天牛、家茸天牛、粉蠹和长蠹等甲虫。白蚁的危害较甲虫广泛而严重。目前常用的既能防腐又能防虫的药剂主要是硼酸、硼砂和五氯酚钠配制的水溶性硼酚合剂。由于这种药剂遇水容易流失，只宜用于不受潮的木构件。对易受潮的木构件，则应采用油溶性的五氯酚、林丹合剂。

下列情况下，除从结构上采取通风防潮措施外，尚应进行药剂处理：露天结构；内排水桁架的支座节点处；檩条、隔栅、柱等木构件直接与砌体、混凝土接触的部位；白蚁容易繁殖的潮湿环境中使用木构件；承重结构中使用马尾松、云南松、湿地松、桦木以及新利用树种中易腐朽或易遭虫害的木材。

8.2 空间网格结构

空间网格结构是按照一定规律布置的杆件、构件通过节点连接而构成的空间结构，包括网架、曲面型网壳以及立体桁架等。按外形，平板型或微曲面型的称为网架，主要承受整体弯曲内力；曲面状空间杆系或梁系结构称为网壳，主要承受整体薄膜内力；由上弦、腹杆与下弦构成的横截面为三角形或四边形的格式式桁架称为立体桁架。

空间网格结构是一种高次超静定结构体系，具有较好的空间整体性。在节点荷载作用下，各杆件主要承受轴力，能够充分发挥材料强度和空间传力的优越性，结构的技术经济指标较好，适宜于覆盖大跨度建筑。

绝大部分空间网格结构的杆件采用钢管或型钢材料制作而成，节点形式为焊接空心球节点、螺栓球节点或钢板焊接节点，钢材一般采用 Q355 钢或 Q235 钢。

下面主要介绍网架结构。

8.2.1 网架结构的形式

按照杆件的布置规律及网格的格构原理进行分类，网架结构可分为交叉杆架体系和角锥体系两大类。交叉桁架体系由两向或三向交叉的平面桁架组成，角锥体系则分别由四角锥、三角锥、六角锥组成。两者相比，角锥体系因其良好的受力性能而得到更广泛的应用。

《空间网格结构技术规程》JGJ 7—2010 附录 A 给出了常用的平板网架结构形式。

(1) 交叉桁架体系（图 8.2-1）

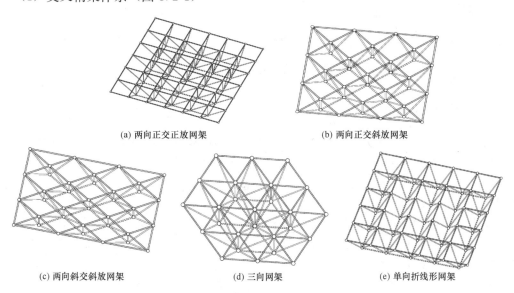

(a) 两向正交正放网架　　(b) 两向正交斜放网架

(c) 两向斜交斜放网架　　(d) 三向网架　　(e) 单向折线形网架

图 8.2-1　交叉桁架体系网架的五种形式

(2) 四角锥体系（图 8.2-2）

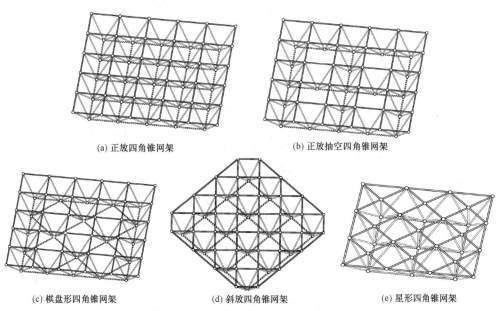

(a) 正放四角锥网架　　(b) 正放抽空四角锥网架

(c) 棋盘形四角锥网架　　(d) 斜放四角锥网架　　(e) 星形四角锥网架

图 8.2-2　四角锥体系网架的五种形式

(3) 三角锥体系（图 8.2-3）

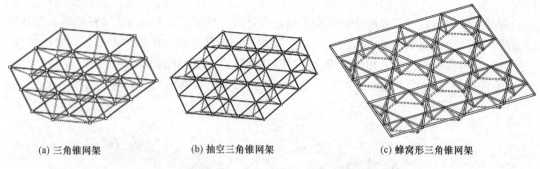

(a) 三角锥网架　　　　(b) 抽空三角锥网架　　　　(c) 蜂窝形三角锥网架

图 8.2-3　三角锥体系网架的三种形式

8.2.2　网架结构的支承条件

网架的支承方式与建筑的功能和形式有密切关系。设计时，应把结构的支承体系与建筑的平、立面设计综合起来考虑。目前常用的支承方式有两类。

（1）周边支承与对边支承（图 8.2-4）

周边支承的网架，柱距比较灵活，网格的分割也不受柱距的限制，建筑的平面和立面处理灵活性较大，网架受力比较均匀，对于中、小跨度的网架是比较合适的。

有时由于使用要求，还可采用对边支承或三边支承、一边自由的支承方式，这时网架的自由边必须设置边梁（或桁架梁）。

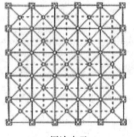 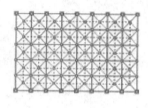

周边支承　　　　　　对边支承

图 8.2-4　周边支承和对边支承

（2）四点支承或多点支承（图 8.2-5）

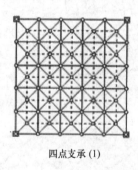 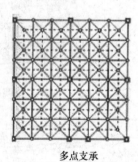

四点支承(1)　　　　　　四点支承(2)　　　　　　多点支承

图 8.2-5　四点支承和多点支承

这种支承方式是整个网架支承在四个支点或更多的支点上。

当采用四点支承时，柱子数量少，刚度大，可以利用柱子采用顶升法安装网架。由于柱子少，使用灵活，对于大柱距的厂房或大仓库等建筑非常合适。采用四点支承的网架周边一般都有悬挑部分，挑出长度以四分之一柱距为宜。这样可以利用悬臂部分来减小网架中部的内力和挠度，获得较好的效果。

多点支承的网架有条件时宜设柱帽。柱帽宜设置于下弦平面之下或采用伞形柱帽（图 8.2-6）。屋面条件允许时，柱帽也可设置于上弦平面之上。

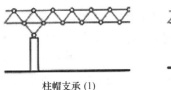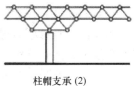

柱帽支承 (1)　　　　柱帽支承 (2)

图 8.2-6　多点支承网架柱帽设置

8.2.3　网架结构的选型

网架的空间工作性能既与结构的支承条件有关，又与杆件的布置有关。对结构的制作、安装、施工进度造价等有直接影响。

影响网架结构选型的因素很多，除支承条件和杆件布置外，还包括建筑造型、建筑平面形状、跨度、支承方式、荷载的形式及大小、屋面构造和材料以及网架的制作安装方法等。

《空间网格结构技术规程》JGJ 7—2010 第 3.1.7 条规定，空间网格结构的选型应结合工程的平面形状、跨度大小、支承情况、荷载条件、屋面构造、建筑设计等要求综合分析确定。网架杆件布置应保证结构体系几何不变。

表 8.2-1 列出了各类网架的较为合适的应用范围，可供选型时参考。

网架选型　　　　表 8.2-1

支撑方式	平面形状		网架选型
周边支承	矩形	长宽比≈1　中小跨度	棋盘形四角锥网架、斜放四角锥网架 星形四角锥网架、正放抽空四角锥网架 两向正交正放桁架网架、两向正交斜放桁架网架 蜂窝形三角锥网架
		长宽比≈1　大跨度	两向正交正放网架、两向正交斜放网架 正放四角锥网架、斜放四角锥网架
		长宽比为 1~1.5	两向正交斜放网架、正放抽空四角锥网架
		长宽比>1.5	两向正交正放网架、正放四角锥网架、正放抽空四角锥网架
	圆形、多边形	中小跨度	抽空三角锥网架、蜂窝形三角锥网架
		大跨度	三向交叉网架、三角锥网架
四点支承 多点支承	矩形		两向正交正放网架、正放四角锥网架、正放抽空四角锥网架
周边支承与 点支承结合			正交正放类网架、两向正交斜放类网架、斜放四角锥网架

8.2.4　网架结构主要几何尺寸

网架结构的几何尺寸一般是指网格的尺寸、网架的高度及腹杆的布置等。网架几何尺寸应根据建筑功能、建筑平面形状、支承条件、跨度大小、屋面材料、荷载大小、有无悬挂吊车、施工条件等因素确定。

(1) 网架高度

网架的高度直接影响网架的刚度和杆件内力。网架的高度主要取决于网架的跨度。

屋面荷载较大或有悬挂吊车时，为了满足刚度要求（一般控制挠度小于 1/250 跨度），网架高度可大些；当采用轻屋面时，网架高度可小些。当建筑平面为方形或接近方形时，网架高度可小些；当建筑平面为长条形时，网架高度可大些，因为长条形平面网架的单向梁作用较为明显。当采用螺栓球节点时，则希望网架高度大些，以减小弦杆内力，并尽可能使各杆间内力相差不要太大，以便统一杆件和螺栓球的规格；当采用焊接节点时，网架高度则可小些。

(2) 网格尺寸

网格尺寸应与网架高度配合确定，以获得腹杆的合理倾角；同时还要考虑柱距模数、屋面构件和屋面做法等。

网格的尺寸也取决于网架的跨度。在可能的条件下，网格宜大些，以减少节点数并更有效地发挥杆件的截面强度，简化构造，节约钢材。当采用钢筋混凝土屋面板时，网格尺寸不宜过大，一般不超过 3m×3m，否则构件重，吊装困难；当采用轻型屋面时，可取檩条间距的倍数。当网架杆件为钢管时，由于杆件截面性能好，网格尺寸可以大些。当杆件为角钢时，由于截面受长细比限制，杆件不宜太长，网格尺寸不宜太大。

网架高度、网格尺寸与网架短向跨度之比见表 8.2-2。

网架高度、网格尺寸与网架短向跨度的关系　　　　表 8.2-2

网架短向跨度 l	网架的高度 h	网格尺寸 a
$l<30m$	$h=1/10\sim1/14l$	$a=1/8\sim1/12l$
$l=30\sim60m$	$h=1/12\sim1/16l$	$a=1/10\sim1/16l$
$l>60m$	$h=1/14\sim1/20l$	$a=1/12\sim1/20l$

(3) 腹杆布置

腹杆布置应尽量使受压杆件短，受拉杆件长，减小压杆的长细比，充分发挥杆件截面的强度，使网架受力合理。对交叉桁架体系网架，腹杆倾角一般在 40°～55°。对角锥网架，斜腹杆的倾角宜采用 60°，以使杆件标准化。

8.2.5　立体桁架、立体拱架与张弦立体拱架设计的基本规定

《空间网格结构技术规程》JGJ 7—2010 第 3.4 节规定：

(1) 立体桁架的高度可取跨度的 1/12～1/16。

(2) 立体拱架的拱架厚度可取跨度的 1/20～1/30，矢高可取跨度的 1/3～1/6。当按立体拱架计算时，两端下部结构除了可靠传递竖向反力外还应保证抵抗水平位移的约束条件。当立体拱架跨度较大时应进行立体拱架平面内的整体稳定性验算。

(3) 张弦立体拱架的拱架厚度可取跨度的 1/30～1/50，结构矢高可取跨度的 1/7～1/10，其中拱架矢高可取跨度的 1/14～1/18，张弦的垂度可取跨度的 1/12～1/30。

(4) 立体桁架支承于下弦节点时桁架整体应有可靠的防侧倾体系，曲线形的立体桁架应考虑支座水平位移对下部结构的影响。

(5) 对立体桁架、立体拱架和张弦立体拱架应设置平面外的稳定支撑体系。

第二部分　建　筑　物　理

　　建筑物理即建筑物理环境。建筑是人类赖以生活的场所。最初的建筑以简单的本地材料做成围护结构，为人类遮蔽风霜雨雪、抵挡野兽攻击，功能简单。今天的建筑，为人类提供了近乎完美的生活和生产的场所。人类创造和控制建筑的温度、湿度、采光、照明、隔声、防噪，等等，并形成了专门的学科——建筑物理。建筑物理包含三大内容：建筑热工学、建筑光学、建筑声学。

第一章 建 筑 热 工

1.1 考纲分析

1.1.1 考试大纲

全国一级注册建筑师资格考试大纲（2021版）3.2.1建筑热工规定：了解建筑热工的基本原理和建筑围护结构的节能设计原则；掌握建筑围护结构的保温、隔热、防潮设计，以及日照、遮阳、自然通风的设计。能够运用建筑热工综合技术知识，判断解决专业工程实际问题。

考试时间：建筑结构、建筑物理与设备（知识题）是第三个考试科目。考试时间为4个小时。

1.1.2 考试大纲解读

（1）了解建筑热工的基本原理和建筑围护结构的节能设计原则：要求了解建筑热工的基本概念，了解建筑围护结构的传热原理和建筑围护结构节能设计依据的法则、标准。

（2）掌握建筑围护结构的保温、隔热、防潮的设计：要求掌握建筑围护结构的保温、隔热、防潮等设计标准的常用数据、相关材料的性能及基本参数和围护结构节能构造。

（3）掌握日照、遮阳、自然通风方面的设计：要求掌握建筑日照、遮阳、自然通风方面设计标准的参数要求、计算公式、技术措施等。

（4）运用建筑热工综合技术知识、解决专业工程实际问题，例如解决建筑隔热和节能设计中的问题。

1.2 建筑热工基本原理

人类生存的地球有阳光、空气和水及其他生存所需的条件，也有冰雪、风暴、暴雨等危及人类生存的恶劣气象。建筑则为人们的生存提供保障。

建筑把自然环境分成了室外环境和室内环境。通过适当的设计，建筑能够利用室外环境来改善室内热环境，满足不同的使用要求。同时，随着科技进步，通过设备进行采暖或供冷，可控制建筑室内的温度和湿度，达到建筑的舒适、健康、高效。

建筑热工学是研究建筑室外气候通过建筑围护结构对室内热环境的影响、室内外湿热作用对围护结构的影响，通过建筑设计改善室内热环境的学科。

建筑围护结构是分隔建筑室内和室外，以及建筑内部使用空间的建筑部件。一般指建筑屋面、外墙、隔墙、门窗、楼面、地面等。

建筑室内外存在着热交换，为了室内环境的适宜，需要通过控制建筑的得热和失热而达到建筑中的热平衡，使室内处于稳定的适宜温度。建筑中得热和失热与建筑围护结构热工性能有关，建筑围护结构的热工设计对室内热环境舒适度与建筑节能有关键作用。

建筑热工设计的目标：为人们提供舒适、健康、高效的工作和居住环境。

在进行建筑设计时，无论是新建建筑、扩建或改建建筑都必须进行热工设计。

与绿色建筑的关系：绿色建筑是品质更高的建筑，不是所有的建筑都是绿色建筑，但是所有建筑必须执行《民用建筑热工设计规范》GB 50176—2016。《绿色建筑评价标准》GB/T 50378—2019 涉及建筑热工的内容主要体现在健康舒适、资源节约、生活宜居等评价指标上：健康舒适涉及室内热环境要求；约节资源涉及建筑节能要求；生活宜居涉及建筑室外环境要求。

1.2.1 传热基本原理

传热是自然界的一种现象。传热是因为存在温差而发生的热能的转移。

1) 温度

（1）温度：表示物体冷热程度的物理量。温度只能通过物体随温度变化的某些特性来间接测量。

（2）温度的基本单位：国际单位为开尔文温标（K），或摄氏温标（℃）、华氏温标（℉）。

开尔文单位：开尔文温度常用符号 K 表示，其单位为开尔文。

摄氏温标：1 摄氏度记作 1℃，1K=1℃。

华氏温标：1 华氏度记作 1℉。世界上仅有 5 个国家、地区使用华氏度，包括巴哈马、伯利兹、英属开曼群岛、帕劳、美国及其附属领土（波多黎各、关岛、美属维京群岛）。

2) 温度场

（1）温度场：物质系统内各个点上温度的集合称为温度场。温度场是时间和空间坐标的函数，反映了温度在空间和时间上的分布：$T = T(x,y,z,t)$。

（2）温度场类型：

非稳态（瞬态）温度场：温度场随时间而变化。

稳态温度场：不随时间而变的温度场。

按空间坐标的个数不同，有一维、二维和三维温度场之分。一维稳态温度场中，温度变化方向是单向的，一维非稳态温度场中，不仅温度变化方向是单向的，而且各点的温度还随时间发生改变。

3) 热量

（1）热量：指系统与外界间存在温度差时，即存在热学相互作用时，作用的结果有能量从高温物体传递给低温物体，这时所传递的能量称为热量。

（2）热量的单位：焦耳（简称焦，缩写为 J），1 卡=4.184 焦。

1 大卡=1 千卡=1000 卡=1000 卡路里=4184 焦耳=4.184 千焦

4) 热流密度

（1）热流密度：单位时间内通过单位面积传递的热量称热流密度，也称热通量，一般用 q 表示。

$$q = Q/(S \times t)$$

式中　Q——热量；

　　　t——时间；

　　　S——截面面积。

（2）热流密度的单位：$J/(m^2 \cdot s)$，还可换算为：$kcal/(m^2 \cdot h)$

基准换热面面积单位：m^2。

时间单位：s。

5) 传热方式

传热是一种复杂现象。从本质上来说，只要一个介质内或者两个介质之间存在温度差，就一定会发生传热。我们把不同类型的传热过程称为传热模式。物体的传热过程有三种基本传热模式，即热传导、热对流和热辐射。

传递热量的单位为 J（焦耳）。

（1）导热（热传导）

热传导：指在物质无相对位移的情况下，物体内部具有不同温度或者不同温度的物体直接接触时所发生的热能传递现象。在各向同性的物体中，任何地点的热流都是向着温度较低的方向传递的。

傅立叶定律：一个物体在单位时间、单位面积上传递的热量与在其法线方向上的温度变化率呈正比。

（2）对流

对流传热（热对流）：是指由于流体的宏观运动而引起的流体各部分之间发生相对位移，冷热流体相互掺混所引起的热量传递过程。

（3）辐射

热辐射：一种物体用电磁辐射的形式把热能向外散发的传热方式。它不依赖任何外界条件而进行，是在真空中最为有效的传热方式。

不管物质处在何种状态（固态、气态、液态或者玻璃态），只要物质有温度（所有物质都有温度），就会以电磁波（也就是光子）的形式向外辐射能量。这种能量的发射是由于组成物质的原子或分子中电子排列位置的改变所造成的。

实际传热过程一般都不是单一的传热方式，建筑围护结构传热过程也是通过传导、对流和热辐射三种方式进行的。

1.2.2　建筑热工

1) 热环境

建筑热工研究的热环境包含室外热环境和室内热环境。

热环境是指由太阳辐射、气温、周围物体表面温度、相对湿度与气流速度等物理因素组成的作用于人、影响人的冷热感和健康的环境。它主要是指自然环境、城市环境和建筑环境的热特性。

热环境可以分为自然热环境和人工热环境：

（1）自然热环境

自然热环境热源为太阳光，热特性取决于环境接收太阳辐射的情况，并与环境中大气同地表间的热交换有关，也受气象条件的影响。

(2) 人工热环境

热源为房屋、火炉、机械、人为设备产生的热量。

人工热环境是人类为了缓和外界环境剧烈的热特性变化而创造的更适于生存的优化环境。

人类的各种生产、生活和生命活动都是在人类创造的人工热环境中进行的。

2) 室外热环境

室外热环境由太阳辐射、气温、风、降水、空气湿度等因素构成。

(1) 太阳辐射

太阳辐射是影响地球气候的主要因素，也是建筑室外热环境的主要气候条件之一。地球上所有气象现象如风的形成、空气、大地和海水的温度变化都受到太阳辐射直接或间接的影响。

太阳辐射透过大气层到达地球表面。到达地球表面的太阳辐射由两部分组成：一部分为直射辐射（方向未经改变的部分），另一部分为散射辐射（到达地面时无特定方向的部分）。

(2) 气温

气温：表示空气冷热程度的物理量称为空气温度，简称气温。

气温日较差：一天之内气温最高值与气温最低值之差。

气温年较差：一年之内气温最高值与气温最低值之差。

(3) 风

风是太阳能的一种转换形式。风是一种矢量，既有速度又有方向。风向用 16 个方位表示，风频就是各个风向的频率，用各风向出现的次数占风向总观测次数的百分率来表示。根据风向及风频绘制的风向分布图，就称为风玫瑰图。

我国风能分布及分区：

最大风能区：有效风密度 200W/m² 以上，大于等于 3m/s 的风速全年达 6000～8000h，大于等于 6m/s 的风速全年达 3500h，如东南沿海及岛屿。

风能次大区：有效风密度 200W/m² 左右，大于等于 3m/s 的风速全年 6000h 以上，大于等于 6m/s 的风速全年 2200～2500h，如渤海沿岸及内蒙古、甘肃北部以及新疆阿拉山口等。

风能较大区：有效风密度 200W/m² 以上，大于等于 3m/s 的风速全年达 5000～6000h 以上，大于等于 6m/s 的风速全年达 2000h，如黑龙江南部、吉林东部和辽宁、山东半岛。

风能过渡区：有效风密度 100～150W/m²，大于等于 3m/s 的风速全年 2000～4000h，大于等于 6m/s 的风速全年达 750～2000h，如青藏高原北部、东北、华北与西北地区北部和江苏、浙江的东部。

风能贫乏地区：有效风密度 50W/m² 以下，大于等于 3m/s 的风速全年 2000h 以下，大于等于 6m/s 的风速全年 150h 以下，如云贵川、甘肃、陕西、豫西、鄂西和福建、广东、广西的山区及塔里木盆地、雅鲁藏布江谷地。

(4) 降水

降水：地表蒸发的水蒸气进入大气层，经过凝结后又以液态或固态形式降落地面的过程。雨、雪、冰雹都是降水现象。

降水量：是指一定时段内液态或固态（经融化后）降水在水平面积累的水层厚度（未经蒸发、渗透或流失），单位：mm。

降水时间：是指一次降水过程从开始到结束的持续时间，单位：h 或 min。

降水强度：是指单位时间内的降水量。降水强度的等级以 24h 的总量划分：小雨小于 10mm；中雨 10～25mm；大雨 25～50mm；暴雨 50～100mm。

(5) 空气湿度

空气湿度：表示空气中水汽含量和湿润程度的气象要素。分为绝对湿度和相对湿度。

绝对湿度：一定体积的空气中含有的水蒸气的质量，一般其单位是 g/m^3。绝对湿度的最大限度是饱和状态下的最高湿度。绝对湿度越靠近最高湿度，它随温度的变化就越小。

相对湿度：绝对湿度与最高湿度之间的比，它的值显示水蒸气的饱和度有多高。一般气温升高相对湿度就会降低；气温降低则相对湿度增大。

我国空气湿度分布，南方大部分地区相对湿度在一年之内夏季最大，秋季最小。南方地区在春夏之交气候较潮湿。

3) 室内热环境

室内热环境：室内空气温度、空气湿度、气流速度以及人体与周围环境之间的辐射换热等综合因素组成的建筑室内环境。

(1) 影响室内热环境的因素

影响室内热环境的因素包括导热、对流换热、热辐射、长波辐射、室内余热等五个方面。

导热：热量通过建筑围护结构如屋顶、外墙、地面、窗户的传导。

对流换热：热量通过敞开的门、窗与室外进行交换，并使室内的空气温度接近于室外空气温度；即使门窗紧闭，只要存在温差，室内和室外也会通过门窗的缝隙进行热交换，使得室内失去或获得热量。

热辐射：指太阳光通过开启的门窗或透过窗玻璃把辐射热传导至室内，被室内的墙面和地面所吸收。

室内各表面之间由于温度差别存在长波辐射并交换热量。

室内产生的余热，如人体散热、电器散热等。

(2) 人体正常热平衡

人体正常热平衡是指处于舒适状态下的人体热平衡。

人体正常散热比例：对流换热（人体表面与周围空气）占 25%～30%，辐射换热（人体表面与周围墙壁、顶棚、地面以及窗玻璃）占 45%～50%，呼吸无感蒸发散热占 25%～30%。

(3) 影响人体热舒适的因素

主观因素：人体所处的活动状态和人体的衣着状态。

客观因素：室内空气温度、空气湿度、风速和平均辐射温度。气温对人体的舒适感起主要作用；空气湿度对人体舒适有重大的影响；空气加速流动时，人体热舒适有明显改变。

（4）室内热环境评价指标

预计热指标（PMV），该指标以人体热平衡方程式以及生理学主观感觉的等级为出发点，综合反映了人的活动、衣着及周围空气温度、相对湿度、平均辐射温度和室内风速等因素的关系及影响，是迄今为止考虑人体热舒适中最全面的评价指标。

评价热舒适的标准：ISO 7730 预测平均评价 PMV，代表了对同一环境绝大多数人的舒适感觉。PMV=0 意味着室内热环境为最佳热舒适状态。推荐值为 $-0.5 \sim +0.5$ 之间（即使 PMV=0，仍然有 5% 的人感到不满意）（表1.2-1）。

PMV 热感觉标尺　　　表 1.2-1

热感觉	热	暖	微暖	适中	微凉	凉	冷
PMV值	+3	+2	+1	0	-1	-2	-3

1.2.3 建筑围护结构传热原理

1) 建筑围护结构传热过程

建筑室内空气通过围护结构与室外空气进行热量传递的过程，称为围护结构传热过程。

整个传热过程分为三个阶段（图1.2-1）：

第一阶段 感（吸）热阶段：室内空气以对流和热辐射方式向墙体内表面传热；

第二阶段 传（导）热阶段：在墙体内部以固体导热方式由墙体内表面向室外表面传热；

第三阶段 散（放）热阶段：以对流和热辐射方式由墙体外表面向室外空气防热。

2) 建筑围护结构传热三种基本方式

（1）对流换热

① 自然对流和受迫对流。

流体：液体和气体的统称。流体的特点：抗剪强度极小，外形以其容器的形状为准。

对流：由重力作用或外力作用引起的冷热空气的相对运动。

在建筑中围护结构存在热量传出、传进或在其内部传递的现象，对流换热对建筑热环境有较大影响。

对流换热：指流体分子中作相对位移而传送热量的方式，按形成原因分为自然对流和受迫对流。

自然对流是由于流体冷热不同时的密度不同引起的流动。空气温度愈高其密度愈小，如 0℃ 时干空气密度为 1.342kg/m³，20℃ 时的干空气密度为 1.205kg/m³。

热压：指当环境存在温度差时，低温、密度大的空气与高温、密度小的空气之间形成的压力差。

压力差能够使空气产生自然流动。热压愈大，空气流动的速度愈快。

自然对流：在建筑中，当室内气温高于室外时，室外密度较大的冷空气将从房间下部开口流入室内，室内密度较小热空气则从上部开口处排出，形成空气的自然对流。

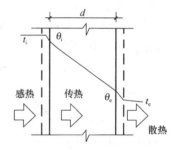

图 1.2-1　建筑围护结构传热过程

受迫对流：是由外力作用（如风吹、泵压等）迫使流体产生的流动。受迫流体的速度取决于外力的大小，外力愈大，对流愈强。

② 表面对流换热

表面对流换热：是指在空气温度与物体表面温度不等时，由于空气沿壁面流动而使表面与空气之间所产生的热交换。这种传热方式发生在建筑的外表面或建筑构造内的空气层。

影响表面对流换热量的因素：与温差成正比、热流的方向、气流速度、物体表面状况。

平壁表面的表面对流换热量主要取决于其"边界层"的空气状况。

边界层：是指处于壁面到气温恒定区之间的区域。

表面对流换热量的计算式：

$$q_c = \alpha_c(\theta - t)$$

式中 q_c——单位面积、单位时间内表面对流换热量，W/m^2；

α_c——对流换热系数，$W/(m^2 \cdot K)$；

θ——壁面温度，℃；

t——气温恒定区的空气温度，℃。

(2) 辐射换热

辐射换热：在物体表面之间由辐射与吸收综合作用下完成的热量传递。辐射换热是两个物体互相辐射的结果。

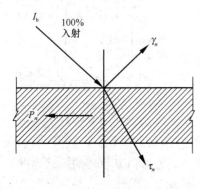

图 1.2-2 辐射的反射、吸收和透过

凡温度高于绝对零度的物体都可以发射或接受热辐射。但只有波长范围在 $0.38 \sim 1000 \mu m$ 之间的热辐射具有实际意义。太阳辐射是一种高温物体的热辐射，辐射能主要集中在短波范围，而且占总辐射52%的是 $0.39 \sim 0.76 \mu m$ 可见光区段，故此，建筑热工习惯把太阳辐射称为短波辐射，而常温物体的辐射称为长波辐射。

辐射的形式：物体对外来辐射存在反射、吸收和透过三种情况（图 1.2-2）。反射、吸收和透过与入射辐射的比值分别称为：物体对辐射的反射系数（反射率）γ、吸收系数（吸收率）ρ、透过系数（透过率）τ。关系：$\gamma + \rho + \tau = 1$。

不透明物体（$\tau = 0$）：$\gamma + \rho = 1$；

黑体：将外来辐射全吸收的物体（$\rho = 1$）；

白体：对外来辐射全部反射的物体（$\gamma = 1$）；

透明体：对外来辐射全部透过的物体（$\tau = 1$）；

灰体：灰体的辐射特性与黑体近似，但在同温度下其全辐射力低于黑体。多数建筑材料均近似认为是灰体以便于计算。

灰体全辐射能力，公式：$E = C\left(\dfrac{T}{100}\right)^4$

式中 E——灰体全辐射能力；

C——灰体辐射系数；

T——灰体绝对温度。

黑度（辐射率）：黑体的黑度为 1，其他物体的黑度均小于 1。

表示公式：$\varepsilon = \dfrac{C}{C_b}$

式中 ε——黑度；

C——物体辐射系数；

C_b——黑体辐射系数。

辐射系数 C 可以表征物体向外发射辐射的能力。各种物体（灰体）的辐射系数均低于黑体，其辐射系数大小取决于物体表层的化学物质、光洁度、颜色等。

在一定温度下，物体对辐射热的吸收系数在数值上与其黑度相等。就是说物体辐射能力越大，其对外来辐射吸收能力也越大，反之若辐射能力越小，吸收能力也越小。

对于多数不透明物体而言，对外来辐射只存在吸收和反射，即吸收系数与反射系数之和等于 1。吸收系数越大，反射系数越小。

常用普通透明玻璃一般被认为是透明材料，但透明玻璃只对波长 2~2.5μm 的可见光和近红外线有很高的透过率，而对波长为 4μm 以上远红外辐射的透过率却很低。建筑中的玻璃温室效应，被利用于建筑节能。

辐射换热的计算公式：$q_\tau = q_{1-2} = \alpha_\tau (\theta_1 - \theta_2)$

或用热阻表达：$q_\tau = q_{1-2} = (\theta_1 - \theta_2)/R_\tau$

式中 q_τ、q_{1-2}——表面 1、2 的辐射换热热流，W/m²；

α_τ——表面 1、2 的辐射换热系数，W/（m²·K）；

R_τ——辐射换热热阻，$R_\tau = 1/\alpha_\tau$，m²·K/W。

（3）导热换热

导热可产生于液体、气体、固体中，是由于温度不同的质点（分子、原子或自由电子）热运动而传送热量的现象。只要物体内部存在温差就会有导热产生。按照物体内部温度分布情况不同，可分为一维、二维和三维导热现象；同时，根据热流及各部分温度分布是否随时间而改变，又分为稳态导热和非稳态导热。

导热换热，在各向同性的物体中，任何地点的热流都是向着温度较低的方向传递的。

① 一维稳态导热

一维稳态导热计算式：$q = \lambda \dfrac{t_1 - t_2}{d}$

式中 q——热流密度，即单位面积上单位时间内传导的热量，W/m²；

t_2——低温表面温度，℃；

t_1——高温表面温度，℃；

d——单一实体材料厚度，m；

λ——材料导热系数，W/(m·K)。

冬季采暖地区建筑围护结构保温设计一般按一维稳态导热计算。平壁所用材料的导热系数越大，则通过的热流密度越大，平壁所用的材料厚度越大，则通过的热流密度越小。

导热热阻 R 是热流通过平壁时受到的阻力，导热热阻越大，通过平壁的热流密度就越小，反之，导热热阻越小，通过平壁的热流密度越大。由此可知，增大平壁层导热热阻有两个方法：一是增加平壁层的厚度，二是选择导热系数较小的材料。

② 一维非稳态导热

一维非稳态导热现象产生于物体在一个方向上有温差。温差方向的温度不是恒定而是随时间变化的，因此在建筑上的非稳态导热多属周期性非稳态导热，即热流和物体内部温度呈周期性变化。

单项周期性热流，如空调房间的隔热设计，墙体内表面温度保持稳定，而外表面温度在太阳辐射作用下，呈周期性变化。

双向周期性热流，在干热性气候区，白天在太阳辐射作用下，墙体外表面温度高于内表面温度，热量通过墙体由室外向室内传导；太阳下山后，墙体外表面温度逐渐降低，直至夜间低于内表面温度，此时，热量通过墙体从室内向室外传导，直至次日太阳升起，形成以一天为周期的双向周期性热作用。

在非稳态导热中，由于温度不稳定，围护结构不断吸收或释放热量，即材料导热的同时还伴随着蓄热量的变化。

3）热工计算基本参数和计算方法

(1) 室外气象参数

最冷月平均温度：最冷月平均温度 $t_{min \cdot m}$ 应为累年一月平均温度的平均值；

最热月平均温度：最热月平均温度 $t_{max \cdot m}$ 应为累年七月平均温度的平均值。

采暖度日数：采暖度日数 HDD18 应为历年采暖度日数的平均值；

空调度日数：空调度日数 CDD26 应为历年空调度日数的平均值。

(2) 室外计算参数

冬季：采暖室外计算温度 t_w 应为累年年平均不保证 5d 的日平均温度；累年最低日平均温度 $t_{e \cdot min}$ 应为历年最低日平均温度中的最小值；冬季室外热工计算温度 t_e 应按围护结构的热惰性指标 D 值的不同，依据相关规定取值。

夏季：夏季室外计算温度逐时值应为历年最高日平均温度中的最大值所在日的室外温度逐时值；夏季各朝向室外太阳辐射逐时值应为与温度逐时值同一天的各朝向太阳辐射逐时值。

(3) 室内计算参数

冬季室内热工计算参数应按下列规定取值：

温度：采暖房间应取 18℃，非采暖房间应取 12℃；

相对湿度：一般房间应取 30%~60%。

夏季室内热工计算参数应按下列规定取值：

非空调房间：空气温度平均值应取室外空气温度平均值+1.5K、温度波幅应取室外空气温度波幅-1.5K，并将其逐时化；

空调房间：空气温度应取 26℃；

相对湿度应取 60%。

(4) 基本计算方法

① 单一匀质材料层的热阻应按下式计算：

$$R = \frac{\delta}{\lambda}$$

式中 R——材料层的热阻，$m^2 \cdot K/W$；
　　δ——材料层的厚度，m；
　　λ——材料的导热系数，$W/(m \cdot K)$。

② 多层匀质材料层组成的围护结构平壁的热阻应按下式计算：

$$R = R_1 + R_2 + \cdots\cdots + R_n$$

式中 $R_1, R_2\cdots\cdots R_n$——各层材料的热阻，$m^2 \cdot K/W$。

③ 由两种以上材料组成的、二（三）向非均质复合围护结构的热阻 R 应按《民用建筑热工设计规范》GB 50176—2016 附录第 C.1 节的规定计算。

④ 围护结构平壁的传热阻应按下式计算：

$$R_0 = R_i + R + R_e$$

式中 R_0——围护结构的传热阻，$m^2 \cdot K/W$；
　　R_i——内表面换热阻，$m^2 \cdot K/W$；
　　R_e——外表面换热阻，$m^2 \cdot K/W$；
　　R——围护结构平壁的热阻，$m^2 \cdot K/W$。

⑤ 围护结构平壁的传热系数应按下式计算：

$$K = 1/R_0$$

式中 K——围护结构平壁的传热系数，$W/(m^2 \cdot K)$；
　　R_0——围护结构的传热阻，$m^2 \cdot K/W$。

⑥ 围护结构单元的平均传热系数应考虑热桥的影响，并应按下式计算：

$$K_m = K + \Sigma \psi_j l_j / A$$

式中 K_m——围护结构单元的平均传热系数，$W/(m^2 \cdot K)$；
　　K——围护结构平壁的传热系数，$W/(m^2 \cdot K)$；
　　ψ_j——围护结构上的第 j 个结构性热桥的线传热系数，$W/(m \cdot K)$；
　　l_j——围护结构第 j 个结构性热桥的计算长度，m；
　　A——围护结构的面积，m^2。

⑦ 材料的蓄热系数应按下式计算：

$$S = \sqrt{2\pi\lambda c\rho/3.6T}$$

式中 S——材料的蓄热系数，$W/(m^2 \cdot K)$；
　　λ——材料的导热系数，$W/(m \cdot K)$；
　　c——材料的比热容，$kJ/(kg \cdot K)$；
　　ρ——材料的密度，kg/m^3；
　　T——温度波动周期，h；一般取 $T = 24h$；
　　π——圆周率，取 $\pi = 3.14$。

⑧ 单一匀质材料层的热惰性指标应按下式计算：

$$D = R \cdot S$$

式中 D——材料层的热惰性指标，无量纲；
　　R——材料层的热阻，$m^2 \cdot K/W$；

S——材料层的蓄热系数，W/(m²·K)。

⑨ 多层匀质材料层组成的围护结构平壁的热惰性指标应按下式计算：

$$D = D_1 + D_2 + \cdots\cdots + D_n$$

式中 $D_1, D_2 \cdots\cdots D_n$——各层材料的热惰性指标，无量纲。

⑩ 封闭空气层的热惰性指标应为零。

计算由两种以上材料组成的、二（三）向非均质复合围护结构的热惰性指标 $\overline{D}$ 值时，应先将非匀质复合围护结构沿平行于热流方向按不同构造划分成若干块，再按下式计算：

$$\overline{D} = \frac{D_1 A_1 + D_2 A_2 + \cdots\cdots + D_n A_n}{A_1 + A_2 + \cdots\cdots + A_n}$$

式中　$\overline{D}$——非匀质复合围护结构的热惰性指标，无量纲；
　　$A_1, A_2 \cdots\cdots A_n$——平行于热流方向的各块平壁的面积，m²；
　　$D_1, D_2 \cdots\cdots D_n$——平行于热流方向的各块平壁的热惰性指标，无量纲。

⑪ 室外综合温度指室外空气温度 t_e 与太阳辐射当量温度 $\rho_s I/\alpha_e$ 之和，应按下式计算：

$$t_{se} = t_e + \frac{\rho_s I}{\alpha_e}$$

式中　t_{se}——室外综合温度，℃；
　　t_e——室外空气温度，℃；
　　I——投射到围护结构外表面的太阳辐射照度，W/m²；
　　ρ_s——外表面的太阳辐射吸收系数，无量纲；
　　α_e——外表面换热系数，W/(m²·K)。

⑫ 围护结构的衰减倍数应按下式计算：

$$\nu = \frac{\Theta_e}{\Theta_i}$$

式中　ν——围护结构的衰减倍数，无量纲；
　　Θ_e——室外综合温度或空气温度波幅，K；
　　Θ_i——室外综合温度或空气温度影响下的围护结构内表面温度波幅，K；应采用围护结构周期传热计算软件计算。

⑬ 围护结构的延迟时间应按下式计算：

$$\xi = \xi_i - \xi_e$$

式中　ξ——围护结构的延迟时间，h；
　　ξ_e——室外综合温度或空气温度达到最大值的时间，h；
　　ξ_i——室外综合温度或空气温度影响下的围护结构内表面温度达到最大值的时间，h；应采用围护结构周期传热计算软件计算。

⑭ 单一匀质材料层的蒸汽渗透阻应按下式计算：

$$H = \frac{\delta}{\mu}$$

式中　H——材料层的蒸汽渗透阻，m²·h·Pa/g；
　　δ——材料层的厚度，m；

μ——材料的蒸汽渗透系数，$g/(m \cdot h \cdot Pa)$。

⑮ 多层匀质材料层组成的围护结构的蒸汽渗透阻应按下式计算：

$$H = H_1 + H_2 + \cdots\cdots + H_n$$

式中 H_1、$H_2\cdots\cdots H_n$——各层材料的蒸汽渗透阻，$m^2 \cdot h \cdot Pa/g$；封闭空气层的蒸汽渗透阻应为零。

⑯ 冬季围护结构平壁的内表面温度应按下式计算：

$$\theta_i = t_i - \frac{R_i}{R_0}(t_i - t_e)$$

式中 θ_i——围护结构平壁的内表面温度，℃；

R_0——围护结构平壁的传热阻，$m^2 \cdot K/W$；

R_i——内表面换热阻，$m^2 \cdot K/W$；

t_i——室内计算温度，℃；

t_e——室外计算温度，℃。

4）材料热工参数

(1) 比热容 c

比热容：指单位质量的物质温度升高或降低 1K 所吸收或放出的热量。

计算式：$c = Q/(m \cdot \Delta T)$，单位：$kJ/(kg \cdot K)$。

比热容简称比热，亦称比热容量，是热力学中常用的一个物理量，表示物体吸热或散热能力。比热容越大，物体的吸热或散热能力越强。

(2) 导热系数 λ

导热系数：指在稳态条件和单位温度作用下，通过单位厚度、单位面积匀质材料的热流量（图 1.2-3）。单位：$W/(m \cdot K)$，此处 K 可用℃代替。

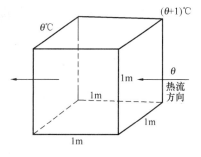

图 1.2-3 导热系数示意图

导热系数是建筑材料最重要的热湿性参数之一，与建筑能耗、室内环境及很多其他热湿过程息息相关。

影响导热系数的主要因素：材料的密度和湿度。同一物质含水率低、温度较低时，导热系数较小。一般来说，固体的热导率比液体的大，而液体的又要比气体的大。对多孔材料而言，当其受潮后，液态水会替代微孔中原有的空气。常温常压下：液态水的导热系数约为 $0.59W/(m \cdot K)$；空气的导热系数约为 $0.026W/(m \cdot K)$；冰的导热系数高达 $2.2W/(m \cdot K)$。

含湿材料的导热系数会大于干燥材料的导热系数，且含湿量越高，导热系数也越大。若在低温下水分凝结成冰，材料整体的导热系数也将增大。

(3) 蓄热系数 S

材料蓄热系数，通俗地讲就是材料储存热量的能力，分为材料蓄热系数和表面蓄热系数。

材料蓄热系数：表征材料对波动热作用的基本性能。蓄热系数取决于材料的导热系数及材料的体积热容量，即比热与密度的乘积。

表面蓄热系数：表面蓄热系数是指在周期性热作用下，物体表面温度升高或降低 1℃

时，在1h内，$1m^2$ 表面积贮存或释放的热量。

计算式为：$S=A_q/A_\theta$ 单位：$W/(m^2 \cdot K)$

式中 A_q——表面热流波幅；

A_θ——表面温度波幅。

(4) 热阻 R

热阻：表征围护结构本身或其中某层材料阻抗传热能力的物理量。材料层的热阻 R 与材料层的导热系数 λ 成反比，与材料的厚度成正比。

(5) 传热阻 R_0

传热阻：表征围护结构本身加上两侧空气边界层作为一个整体的阻抗传热能力的物理量。

(6) 传热系数 K

传热系数：在稳态条件下，围护结构两侧空气为单位温差时，单位时间内通过单位面积传递的热量。传热系数与传热阻互为倒数。

计算式：$K = 1/R_0$ 单位：$W/(m^2 \cdot K)$

传热系数是表征外围护结构总传热性能的参数，其值取决于围护结构所采用的材料、构造及其两侧的环境因素。传热系数愈大的围护结构保温效果愈差。例如：单层3mm厚玻璃的金属窗传热系数=6.4 $W/(m^2 \cdot K)$；370mm 厚两面抹灰的砖墙传热系数=1.59 $W/(m^2 \cdot K)$。

K 值愈大，传热过程进行得愈为强烈。传热系数越大对节能越不利。

(7) 热惰性指标 D

热惰性指标：表征围护结构反抗温度波动和热流波动能力的无量纲指标，其值等于材料层热阻与蓄热系数的乘积。

计算式：单层结构时 $D = R \cdot S$；

多层结构时 $D=\Sigma(R \cdot S)$。

式中 R——结构层的热阻；

S——相应材料层的蓄热系数。

D 值越大，温度波在其中衰减越快，围护结构的热稳定性越好。

(8) 蒸汽渗透系数 μ

蒸汽渗透系数：单位厚度的物体，在两侧单位蒸汽分压力差作用下，单位时间内通过单位面积渗透的蒸汽量，单位：$g/(m^2 \cdot h \cdot Pa)$。

1.2.4 考点与考题分析

1) 考点分析

重点考查考生对传热原理的掌握程度、考查考生对材料的热阻与导热系数的关系的理解及在工程实践中的应用。

2) 考题分析

试题1：热量传播的三种基本方式是(　　)。

A. 导热、对流、辐射　　　　　　B. 吸热、传热、防热

C. 吸热、蓄热、散热　　　　　　D. 蓄热、导热、放热

答案：A

考题分析：此题为2003年、2005年、2007年、2009年试题。主要考查考生对传热原理的掌握程度。热量传播的基本方式是研究建筑热工最基本的也是最重要的原理之一。必须记牢。

试题2：多层材料组成的复合墙体，其中某一层材料热阻的大小取决于( )。
A. 该层材料的容重　　　　　　　　B. 该层材料的导热系数和厚度
C. 该层材料位于墙体外侧　　　　　D. 该层材料位于墙体内侧
答案：B
考题分析：此题为2010年、2009年、2007年的考题。目的是考查考生对材料的热阻与导热系数的关系的理解及在工程实践中的应用。材料层的热阻R与材料层的导热系数λ成反比，与材料的厚度成正比（$R = d/\lambda$），所以，正确答案为B。

1.3 建筑围护结构的热工设计

建筑围护结构指划分建筑室内与室外的建筑部件，一般包括屋面、外墙、门窗和地板等。

建筑围护结构热工设计：根据建筑功能和地域气候，对其围护结构的热工性能进行计算和材料选择，使其满足室内热舒适度的要求的过程。

1.3.1 建筑围护结构的热工设计原则

1) 热工设计分区
《民用建筑热工设计规范》GB 50176—2016将建筑热工设计区划分为两级。
（1）一级区划
一级区划沿用严寒、寒冷、夏热冬冷、夏热冬暖、温和地区的区划方法和指标，并将其作为热工设计分区的一级区划。分区如下：

严寒地区：最冷月平均温度−10℃，日平均温度小于等于5℃的天数145d；

寒冷地区：最冷月平均温度大于−10℃至0℃，日平均温度小于等于5℃的天数大于等于90d且少于145d；

夏热冬冷地区：最冷月平均温度＞0℃且≤10℃，日平均温度≤5℃的天数≥0天且＜90天；最热月平均温度＞25℃且≤30℃，日平均温度≥25℃的天数≤40d且＜110d；

夏热冬暖地区：最冷月平均温度＞10℃，最热月平均温度＞25℃且≤29℃，日平均温度≥25℃的天数≥100天且＜200天；

温和地区：最冷月平均温度＞0℃且≤13℃，日平均温度≤5℃的天数≥0天且＜90天；最热月平均温度＞18℃且≤25℃。

（2）二级区划
二级区划采用"$HDD18$、$CDD26$"作为区划指标，将建筑热工各一级区划进行细分。与一级区划指标（最冷、最热月平均温度）相比，该指标既表征了气候的寒冷和炎热的程度，也反映了寒冷和炎热持续时间的长短，具体划分如下：

严寒地区A区（1A）：以18℃为基准的采暖度日数≥6000h；

严寒地区B区（1B）：以18℃为基准的采暖度日数≥5000h，＜6000h；

严寒地区C区（1C）：以18℃为基准的采暖度日数≥3800h，＜5000h；

寒冷地区A区（2A）：以18℃为基准的采暖度日数≥2000h，＜3800h；以26℃为基准的空调度日数≤90h；

寒冷地区B区（2B）：以18℃为基准的采暖度日数≥2000h，＜3800h；以26℃为基准的空调度日数＞90h；

夏热冬冷A区（3A）：以18℃为基准的采暖度日数≥1200h，＜2000h；

夏热冬冷B区（3B）：以18℃为基准的采暖度日数≥700h，＜1200h；

夏热冬暖A区（4A）：以18℃为基准的采暖度日数≥500h，＜700h；

夏热冬暖B区（4B）：以18℃为基准的采暖度日数＜500h；

温和地区A区（5A）：以26℃为基准的空调度日数＜10h；以18℃为基准的采暖度日数≥700h，＜1200h；

温和地区B区（5B）：以26℃为基准的空调度日数＜10h；以18℃为基准的采暖度日数＜700h。

2）建筑围护结构的热工设计原则

（1）一级区划热工设计原则

严寒地区：必须充分满足冬季保暖要求，一般可不考虑夏季防热；

寒冷地区：必须充分满足冬季保暖要求，部分地区兼顾夏季防热；

夏热冬冷地区：必须满足夏季防热要求，适当兼顾冬季保温；

夏热冬暖地区：必须充分满足夏季防热要求，一般可不考虑冬季保暖；

温和地区：部分地区考虑冬季保暖，一般可不考虑夏季防热。

（2）二级区划热工设计原则

严寒地区（1A）：冬季保温要求极高，必须满足保暖设计要求，不考虑夏季防热；

严寒地区（1B）：冬季保温要求非常高，必须满足保暖设计要求，不考虑防热设计；

严寒地区（1C）：必须满足保暖设计要求，可不考虑防热设计；

寒冷地区（2A）：应满足保暖设计要求，可不考虑防热设计；

寒冷地区（2B）：应满足保暖设计要求，宜满足隔热设计要求，兼顾自然通风、遮阳设计；

夏热冬冷地区（3A）：应满足保暖、隔热设计要求，兼顾自然通风、遮阳设计；

夏热冬冷地区（3B）：应满足保暖、隔热设计要求，强调自然通风、遮阳设计；

夏热冬暖地区（4A）：应满足隔热设计要求，宜满足保温设计要求，强调自然通风、遮阳设计；

夏热冬暖地区（4B）：应满足隔热设计要求，可不考虑保温设计要求，强调自然通风、遮阳设计；

温和地区（5A）：应满足冬季保温设计要求，可不考虑防热设计；

温和地区（5B）：宜满足冬季保温设计要求，可不考虑防热设计。

1.3.2 围护结构的保温设计

1）保温设计原理

冬季室外空气温度持续低于室内气温，围护结构中热流始终从室内流向室外，其大小随室内外温差的变化也会产生一定的波动。除受室内气温的影响外，围护结构内表面的冷辐射对人体热舒适影响也很大。

围护结构保温设计的目标：保证良好的室内热环境。

围护结构的传热可以粗略地按稳态导热计算。

（1）围护结构传热过程和传热量

围护结构传热过程包括接面感热、构件传热、表面散热三个基本过程。

内表面感热：主要通过对流和辐射从室内得到热量，定义为：当内表面与室内空气之间温差为1K（1度）时，单位时间内通过单位表面积的热量。

构件传热：就是热量在围护结构材料中的导热过程，构件传热的热量为在稳态导热条件下，单位时间内、单位面积上通过围护结构各层材料的热量。

表面散热：与表面感热在传热机理上相同，都是表面与空气之间通过辐射和对流进行热交换。

在围护结构传热的三个过程中，其单位时间、单位面积的传热量均相等。用传热系数K值说明围护结构的保温性能，在室内外温差条件下，K值越小，在单位时间内通过围护结构的传热量越少，围护结构保温性能就越好。传热阻R_0是传热系数K的倒数，表示热量从围护结构的一侧空间传至另一侧空间所受到的阻力。传热阻越大则通过围护结构的热量越小。

（2）围护结构内表面温度

围护结构内表面温度是衡量围护结构过热水平的重要指标。夏季内表面温度太高，易造成室内过热，影响人体健康。建筑热工设计主要任务之一，是要采取措施提高外围护结构防热能力。对屋面、外墙（特别是西墙）要进行隔热处理，应达到防热所要求的热工指标，减少传进室内的热量和降低围护结构的内表面温度。当围护结构的材料及构造选定之后，就可以通过计算内表面温度和各层材料的内部温度来分析围护结构的保温效果。

（3）围护结构保温的薄弱部位

① 玻璃门窗。在围护结构的各部位中，玻璃窗的保温能力是最低的，一般情况下通过单层玻璃窗的热量是外墙的3～5倍。因为单层玻璃窗的边框和玻璃本身热阻都很小，在窗的传热阻中，内、外表面的换热阻的影响就相对较大。各种建筑常用玻璃窗的传热阻由专门实验得出，设计时可从《民用建筑热工设计规范》GB 50176—2016中查取。

② 热桥尤其是贯通热桥（图1.3-1）。热桥是指围护结构中的传热量比主体部分大得多，内表面温度比主体部分低的部位。例如，钢筋混凝土圈梁、柱子，铝合金中空玻璃窗中空玻璃的热阻比铝合金窗框大得多，铝合金框就成为"热桥"。

③ 外墙角。在墙角部分由于墙角的放热面大于吸热面，室内空气流动速度慢，感热阻大，因此墙角部分的内表面温度远比主体部分的内表面温度低，一般低4～5℃。

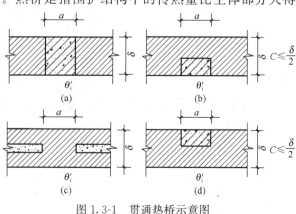

图1.3-1 贯通热桥示意图

2) 保温设计一般要求

(1) 总体原则

建筑外围护结构应具有抵御冬季室外气温作用和气温波动的能力，非透光外围护结构内表面温度与室内空气温度的差值应控制在《民用建筑热工设计规范》GB 50176—2016允许的范围内。

严寒、寒冷地区建筑设计必须满足冬季保温要求，夏热冬冷地区、温和A区建筑设计应满足冬季保温要求，夏热冬暖A区、温和B区宜满足冬季保温要求。

围护结构的保温形式应根据建筑所在地的气候条件、结构形式、采暖运行方式、外饰面层等因素选择，并应进行防潮设计。

(2) 总平面及建筑设计

建筑物的总平面布置、平面和立面设计、门窗洞口设置应考虑冬季利用日照并避开冬季主导风向。

建筑物宜朝向南北或接近朝向南北，体形设计应减少外表面积，平、立面的凹凸不宜过多。

严寒地区和寒冷地区的建筑不应设开敞式楼梯间和开敞式外廊，夏热冬冷A区不宜设开敞式楼梯间和开敞式外廊。

严寒地区建筑出入口应设门斗或热风幕等避风设施，寒冷地区建筑出入口宜设门斗或热风幕等避风设施。

外墙、屋面、直接接触室外空气的楼板、分隔采暖房间与非采暖房间的内围护结构等非透光围护结构应进行保温设计。

外窗、透光幕墙、采光顶等透光外围护结构的面积不宜过大，应降低透光围护结构的传热系数值、提高透光部分的遮阳系数值，减少周边缝隙的长度，且应进行保温设计。

建筑的地面、地下室外墙应按《民用建筑热工设计规范》GB 50176—2016第5.4节和第5.5节的要求进行保温验算。

(3) 建筑构件

围护结构中的热桥部位应进行表面结露验算，并应采取保温措施，确保热桥内表面温度高于房间空气露点温度。

建筑及建筑构件应采取密闭措施，保证建筑气密性要求。

(4) 日照利用

日照充足地区宜在建筑南向设置阳光间，阳光间与房间之间的围护结构应具有一定的保温能力。

对于南向辐射温差比（ITR）大于等于$4W/(m^2 \cdot K)$，且1月南向垂直面冬季太阳辐射强度大于等于$60W/m^2$的地区，可按《民用建筑热工设计规范》GB 50176—2016附录C第C.4节的规定采用"非平衡保温"方法进行围护结构保温设计。

3) 墙体保温设计

(1) 墙体的内表面温度

墙体的内表面温度与室内空气温度的温差Δt_w应满足以下要求：

防结露时 $\Delta t_w \leqslant t_i - t_d$；

基本热舒适时 $\Delta t_w \leqslant 3K$。

(注：$\Delta t_w = t_i - t_d$)

(2) 计算墙体内表面温度

计算公式（未考虑密度和温差修正的）：

$$\theta_{i \cdot w} = t_i - \frac{R_i}{R_{0 \cdot w}}(t_i - t_e)$$

式中　$\theta_{i \cdot w}$——墙体内表面温度，℃；

　　　t_i——室内计算温度，℃；

　　　t_e——室外计算温度，℃；

　　　R_i——内表面换热阻，m²·K/W；

　　　$R_{0 \cdot w}$——墙体传热阻，m²·K/W。

(3) 计算墙体热阻最小值 $R_{min \cdot w}$

计算公式（或按《民用建筑热工设计规范》GB 50176—2016 附录 D 表 D.1 的规定选用）：

$$R_{min \cdot w} = \frac{(t_i - t_e)}{\Delta t_w} R_i - (R_i + R_e)$$

式中　$R_{min \cdot w}$——满足 Δt_w 要求的墙体热阻最小值，m²·K/W；

　　　R_e——外表面换热阻，m²·K/W。

(4) 墙体热阻最小值修正计算

应按下式进行：

$$R_w = \varepsilon_1 \varepsilon_2 R_{min \cdot w}$$

式中　R_w——修正后的墙体热阻最小值，m²·K/W；

　　　ε_1——热阻最小值的密度修正系数；

　　　ε_2——热阻最小值的温差修正系数。

围护结构的密度越小，修正系数越大，例如：密度≥1200 时，修正系数为 1，密度＜500 时，修正系数为 1.4。

(5) 提高墙体热阻值措施

采用轻质高效保温材料与砖、混凝土、钢筋混凝土、砌块等主墙体材料组成复合保温墙体构造；采用低导热系数的新型墙体材料；采用带有封闭空气间层的复合墙体构造设计。

(6) 提高墙体热稳定性可采取的措施

外墙宜采用热惰性大的材料和构造，采用内侧为重质材料的复合保温墙体，采用蓄热性能好的墙体材料或相变材料复合在墙体内侧。

(7) 常用保温墙体材料及其构造

单一的墙体很难满足墙体保温要求，一般采用复合墙体保温系统：墙体＋保温层。例如：

200mm 厚钢筋混凝土墙＋聚苯乙烯保温板（厚度 30～130mm）：K 值 1.01～0.30，D 值 2.12～2.24；

190mm 厚混凝土空心砌块＋聚苯乙烯保温板（厚度 30～125mm）：K 值 0.90～0.30，D 值 2.05～2.87；

240mm 厚多孔砖＋聚苯乙烯保温板（厚度 30～150mm）：K 值 0.57～0.22，D 值 3.58～4.18；

200mm 厚加气混凝土＋聚苯乙烯保温板（厚度 30～130mm）：K 值 0.77～0.27，D 值 3.76～4.62；

200mm 厚钢筋混凝土墙＋聚氨酯泡沫保温板（厚度 20～115mm）：K 值 1.01～0.23，D 值 2.34～3.35；

190mm 厚混凝土空心砌块＋聚氨酯泡沫保温板（厚度 20～90mm）：K 值 0.92～0.28，D 值 2.01～2.76；

240mm 厚多孔砖＋聚氨酯泡沫保温板（厚度 20～120mm）：K 值 0.77～0.21，D 值 3.72～4.79；

200mm 厚加气混凝土＋聚氨酯泡沫保温板（厚度 20～140mm）：K 值 0.57～0.17，D 值 3.54～4.83。

4）楼、屋面保温设计

（1）楼、屋面的内表面温度与室内空气温度的温差 Δt_r：

防结露 $\Delta t_r \leqslant t_i - t_d$；

基本热舒适 $\Delta t_w \leqslant 4K$。

（注：$\Delta t_r = t_i - \theta_{i \cdot r}$）

（2）计算楼、屋面内表面温度（未考虑密度和温度修正）

计算公式：

$$\theta_{i \cdot r} = t_i - \frac{R_i}{R_{0 \cdot r}}(t_i - t_e)$$

式中 $\theta_{i \cdot r}$——楼、屋面内表面温度，℃；

$R_{0 \cdot r}$——楼、屋面传热阻，$m^2 \cdot K/W$。

（3）不同地区，符合《民用建筑热工设计规范》GB 50176—2016 第 5.2.1 条要求的楼、屋面热阻最小值 $R_{min \cdot r}$ 应按下式计算或按《民用建筑热工设计规范》GB 50176—2016 附录 D 表 D.1 的规定选用。

$$R_{min \cdot r} = \frac{(t_i - t_e)}{\Delta t_r}R_i - (R_i + R_e)$$

式中 $R_{min \cdot r}$——满足 Δt_r 要求的楼、屋面热阻最小值，$m^2 \cdot K/W$。

（4）不同材料和建筑不同部位的楼、屋面热阻最小值应按下式进行修正计算：

$$R_r = \varepsilon_1 \varepsilon_2 R_{min \cdot r}$$

式中 R_r——修正后的楼、屋面热阻最小值，$m^2 \cdot K/W$；

ε_1——热阻最小值的密度修正系数，可按《民用建筑热工设计规范》GB 50176—2016 表 5.1.4-1 选用；

ε_2——热阻最小值的温差修正系数，可按《民用建筑热工设计规范》GB 50176—2016 表 5.1.4-2 选用。

（5）屋面保温设计应符合下列规定：

屋面保温材料应选择密度小、导热系数小的材料；屋面保温材料应严格控制吸水率。

（6）屋面保温材料一般采用聚苯保温板、无机保温砂浆、泡沫混凝土。

构造做法有正置式屋面和倒置式屋面。保温层置于防水层之下,为正置式屋面;保温层置于防水层上面,为倒置式屋面。依据《倒置式屋面工程技术规程》JGJ 230—2010 倒置式屋面工程防水等级应为Ⅰ级,防水层合理使用年限不得少于 20 年;倒置式屋面保温层设计厚度应按计算厚度增加 25% 取值,且最小厚度不得小于 25mm。

5) 门窗、幕墙、采光顶保温设计

(1) 各个热工气候区建筑内对热环境有要求的房间,其外门窗、透光幕墙、采光顶的传热系数宜符合表 1.3-1 的规定,并应按表 1.3-1 的要求进行冬季的抗结露验算。严寒地区、寒冷 A 区、温和地区门窗、透光幕墙、采光顶的冬季综合遮阳系数不宜小于 0.37。

夏热冬冷 A 区、夏热冬暖、温和 B 区不要求抗结露验算。

建筑外门窗、透光幕墙、采光顶传热系数的限值和抗结露验算要求　　表 1.3-1

气候区	$K/[W/(m^2 \cdot K)]$	抗结露验算要求
严寒 A 区	≤2.0	验算
严寒 B 区	≤2.2	验算
严寒 C 区	≤2.5	验算
寒冷 A 区	≤3.0	验算
寒冷 B 区	≤3.0	验算
夏热冬冷 A 区	≤3.5	验算
夏热冬冷 B 区	≤4.0	不验算
夏热冬暖地区	—	不验算
温和 A 区	≤3.5	验算
温和 B 区	—	不验算

(2) 门窗、透光幕墙的传热系数应按《民用建筑热工设计规范》GB 50176—2016 附录 C 第 C.5 节的规定进行计算,抗结露验算应按《民用建筑热工设计规范》GB 50176—2016 附录 C 第 C.6 节的规定计算。

(3) 严寒地区、寒冷地区建筑应采用木窗、塑料窗、铝木复合门窗、铝塑复合门窗、钢塑复合门窗和断热铝合金门窗等保温性能好的门窗。严寒地区建筑采用断热金属门窗时宜采用双层窗。夏热冬冷地区、温和 A 区建筑宜采用保温性能好的门窗。

(4) 严寒地区、寒冷地区、夏热冬冷地区、温和 A 区的玻璃幕墙应采用有断热构造的玻璃幕墙系统,非透光的玻璃幕墙部分、金属幕墙、石材幕墙和其他人造板材幕墙等幕墙面板背后应采用高效保温材料保温。幕墙与围护结构平壁间(除结构连接部位外)不应形成热桥,并宜对跨越室内外的金属构件或连接部位采取隔断热桥措施。

(5) 有保温要求的门窗、玻璃幕墙、采光顶采用的玻璃系统应为中空玻璃、Low-E 中空玻璃、充惰性气体 Low-E 中空玻璃等保温性能良好的玻璃,保温要求高时还可采用三玻两腔、真空玻璃等。传热系数较低的中空玻璃宜采用"暖边"中空玻璃间隔条。

(6) 严寒地区、寒冷地区、夏热冬冷地区、温和 A 区的门窗、透光幕墙、采光顶周边与墙体、屋面板或其他围护结构连接处应采取保温、密封构造;当采用非防潮型保温材料填塞时,缝隙应采用密封材料或密封胶密封。其他地区应采取密封构造。

(7) 严寒地区、寒冷地区可采用空气内循环的双层幕墙,夏热冬冷地区不宜采用双层幕墙。

(8) 不同材料外窗的传热系数比较详见表 1.3-2。

不同材料外窗的传热系数　　　表 1.3-2

类型(钢、铝窗框)	空气层厚度/mm	框洞面积比/%	传热系数/[W/(m²·K)]
单层窗	—	20~30	6.4
单层双玻窗	12	20~30	3.9
单层双玻窗	16	20~30	3.7
单层双玻窗	20~30	20~30	3.6
双层窗	100~140	20~30	3.0
单层+单层双玻窗	100~140	20~30	2.5
类型(木、塑料窗框)	空气层厚度/mm	框洞面积比/%	传热系数/[W/(m²·K)]
单层窗	—	30~40	4.7
单层双玻窗	12	30~40	2.7
单层双玻窗	16	30~40	2.6
单层双玻窗	20~30	30~40	2.5
双层窗	100~140	30~40	2.3
单层+单层双玻窗	100~140	30~40	2.0

6) 地面保温设计

(1) 建筑中与土体接触的地面内表面温度与室内空气温度的温差 Δt_g 应满足以下要求：

防结露时 $\Delta t_w \leqslant t_i - t_d$；

基本热舒适时 $\Delta t_w \leqslant 2K$。

(注：$\Delta t_g = t_i - \theta_{i \cdot g}$)

(2) 地面内表面温度可按下式计算：

$$\theta_{i \cdot g} = \frac{t_i \cdot R_g + \theta_e \cdot R_i}{R_g + R_i}$$

式中　$\theta_{i \cdot g}$——地面内表面温度，℃；

R_g——地面热阻，m²·K/W；

θ_e——地面层与土体接触面的温度，℃；应取《民用建筑热工设计规范》GB 50176—2016 附录 A 表 A.0.1 中的最冷月平均温度。

(3) 不同地区，符合《民用建筑热工设计规范》GB 50176—2016 第 5.4.1 条要求的地面层热阻最小值 $R_{min \cdot g}$ 可按下式计算或按本规范附录 D 表 D.2 的规定选用。

$$R_{min \cdot g} = \frac{(\theta_{i \cdot g} - \theta_e)}{\Delta t_g} R_i$$

式中　$R_{min \cdot g}$——满足 Δt_g 要求的地面热阻最小值，m²·K/W。

(4) 地面层热阻的计算只计入结构层、保温层和面层。

(5) 地面保温材料应选用吸水率小、抗压强度高、不易变形的材料。

7) 地下室保温设计

(1) 距地面小于 0.5m 的地下室外墙保温设计要求同外墙；距地面超过 0.5m、与土体接触的地下室外墙内表面温度与室内空气温度的温差 Δt_b：

防结露：$\Delta t_b \leqslant t_i - t_d$；

基本热舒适：$\Delta t_b \leqslant 4K$。

(注：$\Delta t_b = t_i - \theta_{i \cdot b}$)。

(2) 地下室外墙内表面温度可按下式计算：

$$\theta_{i \cdot b} = \frac{t_i \cdot R_b + \theta_e \cdot R_i}{R_b + R_i}$$

式中　$\theta_{i \cdot b}$——地下室外墙内表面温度，℃；

　　　R_b——地下室外墙热阻，$m^2 \cdot K/W$；

　　　θ_e——地下室外墙与土体接触面的温度，℃；应取《民用建筑热工设计规范》GB 50176—2016 附录 A 表 A.0.1 中的最冷月平均温度。

(3) 不同地区，符合《民用建筑热工设计规范》GB 50176—2016 第 5.5.1 条要求的地下室外墙热阻最小值 $R_{min \cdot b}$ 可按下式计算或按《民用建筑热工设计规范》GB 50176—2016 附录 D 表 D.2 的规定选用。

$$R_{min \cdot b} = \frac{(\theta_{i \cdot b} - \theta_e)}{\Delta t_b} R_i$$

式中　$R_{min \cdot b}$——满足 Δt_b 要求的地下室外墙热阻最小值。

(4) 地下室外墙热阻的计算只计入结构层、保温层和面层。

1.3.3　围护结构隔热设计

夏热冬暖和夏热冬冷地区的围护结构在夏季有隔热要求。

夏季室内过热主要原因：室外气温和太阳辐射综合热作用。

围护结构防热能力越强，室外综合热作用对室内热环境影响越小，不易造成室内过热。

防止室内过热的主要措施：提高外围护结构防热能力。对屋面、外墙（特别是西墙）要进行隔热处理，减少传进室内的热量，降低围护结构的内表面温度。

途径 1：合理地选择外围护结构的材料和构造形式。最理想的是白天隔热好而夜间散热又快的构造形式。围护结构热工参数要有利于房间的散热。

途径 2：组织自然通风，排除房间余热。

途径 3：设置遮阳。

1) 隔热设计原理

夏季热作用是非稳态导热，需要考虑太阳辐射的周期变化，在非稳态导热情况下，围护结构不是单纯的热传递问题，还要考虑围护结构自身的热稳定性。

(1) 围护结构隔热过程

夏季室外热作用呈周期性变化，以一天为一个作用周期。白天，太阳辐射强度大，围护结构外表面温度大大高于室外的空气温度，热量由围护结构的外表面向室内传递。夜间，围护结构外表面温度迅速降低，甚至低于室外空气温度，热量从室内向室外传递。因此，夏季热作用按周期性非稳态导热计算，把围护结构抵抗波动热作用的能力作为评价围护结构防热优劣的标准。

(2) 室外综合温度

室外综合温度：室外气温＋太阳辐射对围护结构的热作用产生的当量温度。

太阳辐射当量温度也成为"等效温度"。

不同朝向表面接收太阳辐射有很大的差异，对同样材料和构造做法的外墙，东向、西向的室外综合温度比北向墙的表面综合温度要高出很多。

因为综合温度以一天为周期，所以，进行隔热计算时，还需要确定综合温度的最大值、昼夜平均值和昼夜温度波动振幅。

(3) 围护结构的衰减倍数和衰减时间

围护结构的隔热能力取决于其对周期性热作用的衰减倍数和衰减时间，以及由此得出的具体气象情况下的内表面最高温度和最高温度出现的时间。

衰减倍数：室外综合温度振幅与围护结构内表面温度振幅的比值。

衰减倍数越大的围护结构，其内表面温度振幅就越小，因而内表面的最高温度就越低，即隔热性能越好。围护结构的衰减倍数与材料的导热系数、比热、密度和热作用频率有关。热作用频率越高，对围护结构的影响越小。围护结构的衰减倍数与热惰性总和有关，外层衰减大、内层衰减小相对有利，而内层衰减大、外层衰减小则不利，因此，最好采用外保温材料，尽量在外层衰减。

延迟时间：指温度波通过围护结构的相位延迟，即内表面最高温度出现的时间与室外综合温度最大值的出现时间之差，以小时"h"表示。

(4) 围护结构内表面最高温度

围护结构内表面最高温度是控制室内热环境的重要指标，受到室外综合温度和围护结构衰减倍数的影响，又受到室内温度及其波幅的影响。

2) 隔热设计一般要求

(1) 总体原则

建筑外围护结构应具有抵御夏季室外气温和太阳辐射综合热作用的能力。自然通风房间的非透光围护结构内表面温度与室外累年日平均温度最高日的最高温度的差值，以及空调房间非透光围护结构内表面温度与室内空气温度的差值应控制在规范允许的范围内。

夏热冬暖和夏热冬冷地区建筑设计必须满足夏季防热要求，寒冷B区建筑设计宜考虑夏季防热要求。

建筑物防热应综合采取有利于防热的建筑总平面布置与形体设计、自然通风、建筑遮阳、围护结构隔热和散热、环境绿化、被动蒸发、淋水降温等措施。

(2) 总平面和建筑设计

建筑朝向宜采用南北向或接近南北向，建筑平面、立面设计和门窗设置应有利于自然通风，避免主要房间受东、西向的日晒。

非透光围护结构（外墙、屋面）应按《民用建筑热工设计规范》GB 50176—2016 第6.1节和第6.2节的要求进行隔热设计。

建筑围护结构外表面宜采用浅色饰面材料，屋面宜采用绿化、涂刷隔热涂料、遮阳等隔热措施。

透光围护结构（外窗、透光幕墙、采光顶）隔热设计应符合《民用建筑热工设计规范》GB 50176—2016 第6.3节的要求。

建筑设计应综合考虑外廊、阳台、挑檐等的遮阳作用。建筑物的向阳面，东、西向外窗（透光幕墙），应采取有效的遮阳措施。

房间天窗和采光顶应设置建筑遮阳，并宜采取通风和淋水降温措施。

(3) 其他

夏热冬冷、夏热冬暖和其他夏季炎热的地区，一般房间宜设置电扇调风改善热环境。

3) 外墙隔热设计

(1) 外墙内表面最高温度（$\theta_{i \cdot max}$）限值（强制性条文）

自然通风房间：$\theta_{i \cdot max} \leqslant t_{e \cdot max}$

空调房间：

重质围护结构（$D \geqslant 2.5$）　　$\theta_{i \cdot max} \leqslant t_i + 2$

轻质围护结构（$D < 2.5$）　　$\theta_{i \cdot max} \leqslant t_i + 3$

(2) 外墙内表面最高温度 $\theta_{i \cdot max}$ 计算方法：按《民用建筑热工设计规范》GB 50176—2016 附录 C 第 C.3 节的规定计算。

(3) 外墙隔热措施

宜采用浅色外饰面。

可采用通风墙、干挂通风幕墙等。

设置封闭空气间层时，可在空气间层平行墙面的两个表面涂刷热反射涂料、贴热反射膜或铝箔。当采用单面热反射隔热措施时，热反射隔热层应设置在空气温度较高一侧。

采用复合墙体构造时，墙体外侧宜采用轻质材料，内侧宜采用重质材料。

可采用墙面垂直绿化及淋水被动蒸发墙面等。

宜提高围护结构的热惰性指标 D 值。

西向墙体可采用高蓄热材料与低热传导材料组合的复合墙体构造。

(4) 常用外墙隔热材料及其构造

夏热冬暖地区优先采用自隔热墙体外墙，自隔热墙体材料详见表 1.3-3。

自隔热墙体外墙热工参数　　表 1.3-3

墙体名称（厚度）	干密度/(kg/m³)	传热系数 K	热惰性指标 D
加气混凝土砌块（200）	500	0.98	3.21
页岩多孔砖（240）	1120	1.89	2.45
自保温混凝土砌块（190）	1350	1.49	5.38

复合隔热一般采用砌墙＋保温隔热材料，构造有外墙外保温和外墙内保温两种形式。保温隔热材料有泡沫陶瓷保温板、岩棉保温板、无机保温砂浆（仅用于内保温）等。

4) 屋面隔热设计

(1) 屋面内表面最高温度（$\theta_{i \cdot max}$）限值（强制性条文）

自然通风房间 $\theta_{i \cdot max} \leqslant t_{e \cdot max}$

空调房间：

重质围护结构（$D \geqslant 2.5$）　　$\theta_{i \cdot max} \leqslant t_i + 2.5$

轻质围护结构（$D < 2.5$）　　$\theta_{i \cdot max} \leqslant t_i + 3.5$

(2) 屋面内表面最高温度 $\theta_{i \cdot max}$ 计算方法：按《民用建筑热工设计规范》GB 50176—2016 附录 C 第 C.3 节的规定计算。

(3) 屋面隔热措施：

宜采用浅色外饰面。

宜采用通风隔热屋面。通风屋面的风道长度不宜大于10m，通风间层高度应大于0.3m，屋面基层应做保温隔热层，檐口处宜采用导风构造，通风平屋面风道口与女儿墙的距离不应小于0.6m。

可采用有热反射材料层（热反射涂料、热反射膜、铝箔等）的空气间层隔热屋面。单面设置热反射材料的空气间层，热反射材料应设在温度较高的一侧。

可采用蓄水屋面。水面宜有水浮莲等浮生植物或白色漂浮物。水深宜为0.15~0.2m。

宜采用种植屋面。种植屋面的保温隔热层应选用密度小、压缩强度大、导热系数小、吸水率低的保温隔热材料。种植屋面的布置应使屋面热应力均匀、减少热桥，未覆土部分的屋面应采取保温隔热措施使其热阻与覆土部分接近。

可采用淋水被动蒸发屋面。

宜采用带老虎窗的通气阁楼坡屋面。

采用带通风空气层的金属夹芯隔热屋面时，空气层厚度不宜小于0.1m。

5) 门窗、幕墙、采光顶的隔热设计

(1) 透光围护结构太阳得热系数与夏季建筑遮阳系数的乘积的限值

该限值与气候区及朝向有关系，夏热冬暖地区要求较低，向北放松；相同地区水平（屋面）限值最低，其次是东、西向，再次是南向，最后是北向。表1.3-4 为太阳得热系数限值：

透光围护结构太阳得热系数与夏季建筑遮阳系统的乘积限值表　　表1.3-4

气候区	南向	北向	东西向	水平
寒冷B区	—	—	0.55	0.45
夏热冬冷A区	0.55	—	0.50	0.40
夏热冬冷B区	0.50	—	0.45	0.40
夏热冬暖A区	0.50	—	0.40	0.35
夏热冬暖B区	0.45	0.55	0.40	0.35

(2) 透光围护结构的太阳得热系数、建筑遮阳系数计算

太阳得热系数应按《民用建筑热工设计规范》GB 50176—2016 附录C第C.7节的规定计算；建筑遮阳系数应按《民用建筑热工设计规范》GB 50176—2016 第9.1节的规定计算。

(3) 隔热措施

对遮阳要求高的门窗、玻璃幕墙、采光顶隔热宜采用着色玻璃、遮阳型单片Low-E玻璃、着色中空玻璃、热反射中空玻璃、遮阳型Low-E中空玻璃等遮阳型的玻璃系统。

向阳面的窗、玻璃门、玻璃幕墙、采光顶应设置固定遮阳或活动遮阳。固定遮阳设计可考虑阳台、走廊、雨篷等建筑构件的遮阳作用，设计时应进行夏季太阳直射轨迹分析，根据分析结果确定固定遮阳的形状和安装位置。活动遮阳宜设置在室外侧。

对于非透光的建筑幕墙，应在幕墙面板的背后设置保温材料，保温材料层的热阻应满足墙体的保温要求，且不应小于$1.0(m^2 \cdot K)/W$。

1.3.4 建筑围护结构防潮设计

舒适的热环境要求空气中保持适宜的相对湿度，湿度过大或过小都会给人带来不舒适感。湿度过大还会影响围护结构的性能，对保温构造产生不利影响。

1）防潮设计原理

寒冷地区建筑围护结构的热湿现象主要包括表面结露和内部冷凝。

（1）内表面结露

结露：围护结构内表面温度在冬季经常低于室内空气温度，当内表面温度低于室内空气露点温度时，空气中的水蒸气就会在内表面凝结。这种现象称为"结露"。

如果建筑内部通风组织不合理，室内相对湿度过高，容易在热桥部位产生结露。

防止墙和屋顶内表面结露，是建筑热工设计的基本要求。控制措施如下：

围护结构应具有足够的保温能力，传热阻值至少应在有关规范规定的最小传热阻值以上，并注意防止冷桥。

如果室内空气湿度过大，可以通过自然通风或强制通风来控制，但以削弱房间气密性来降低室内过高的相对湿度会加大房间的热损失，是不可取的。

围护结构内表面最好采用具有一定吸湿性的材料，使得在一天中温度较低的一段时间内产生的少量凝结水可以被内表面吸收，在室内温度高而相对湿度低时又返回室内空气中。

对室内湿度大、内表面不可避免结露的房间，如公共浴室等，采用光滑不易吸水的材料作内表面，同时加设导水设施，将凝结水导出。

（2）围护结构内部蒸气渗透

蒸气渗透：当室内外空气的含湿量不等，也就是围护结构的两侧存在着蒸气分压力差时，蒸气分子就会从分压力高的一侧透过围护结构向分压力低的一侧渗透扩散，这种现象称为蒸气渗透。

蒸气渗透过程是蒸气分子的转移过程。

（3）围护结构内部冷凝

内部冷凝：在严寒和寒冷地区，冬季保温房间的围护结构中蒸气将由高温高压的室内一侧向室外一侧转移，如果在围护结构内部蒸汽渗透路径上存在冷凝界面，而且界面处饱和蒸汽压小于蒸气分压力，就可能出现内部冷凝。内部冷凝严重影响保温效果。

检验围护结构内表面是否结露，主要依据其温度是否低于露点温度。步骤如下：

第一步，计算围护结构各层的实际蒸气分压力，并作出实际蒸气分压 e 的分布线；

第二步，确定围护结构各层温度，查表得出相应的饱和蒸气分压力 E，并画出曲线；

第三步，根据 e 线和 E 线相交与否来判定围护结构内部是否会出现冷凝。

2）防潮设计原则

（1）总体原则

建筑构造设计应防止水蒸气渗透进入围护结构内部，围护结构内部不应产生冷凝。

围护结构内部冷凝验算应符合《民用建筑热工设计规范》GB 50176—2016 第 7.1 节的要求。

（2）建筑设计

建筑设计时，应充分考虑建筑运行时的各种工况，采取有效措施确保建筑外围护结构内表面温度不低于室内空气露点温度。

建筑围护结构的内表面结露验算应符合《民用建筑热工设计规范》GB 50176—2016第7.2节的要求。

（3）围护结构防潮设计应遵循下列基本原则：

室内空气湿度不宜过高；地面、外墙表面温度不宜过低；可在围护结构的高温侧设隔汽层；可采用具有吸湿、解湿等调节空气湿度功能的围护结构材料；应合理设置保温层，防止围护结构内部冷凝；与室外雨水或土壤接触的围护结构应设置防水（潮）层。

（4）其他

夏热冬冷长江中下游地区、夏热冬暖沿海地区建筑的通风口、外窗应可以开启和关闭。室外或与室外连通的空间，其顶棚、墙面、地面应采取防止返潮的措施或采用易于清洗的材料。

3）内部冷凝验算

（1）要求冷凝验算的部位：采暖建筑中外侧有防水卷材或其他密闭防水层的屋面、保温层外侧有密实保护层或保温层的蒸汽渗透系数较小的多层外墙，当内侧结构层的蒸汽渗透系数较大时，应进行屋面、外墙的内部冷凝验算。

（2）采暖期间，围护结构中保温材料因内部冷凝受潮而增加的重量湿度允许增量，应符合表1.3-5规定（强制性条文）。

采暖期间，围护结构中保温材料因内部冷凝受潮而增加的重量湿度允许增量　　表1.3-5

保温材料	重量湿度的允许增量$(\Delta W)/\%$
多孔混凝土（泡沫混凝土、加气混凝土等）($\rho_0=500\sim700kg/m^3$）	4
水泥膨胀珍珠岩和水泥膨胀蛭石等($\rho_0=300\sim500kg/m^3$）	6
沥青膨胀珍珠岩和沥青膨胀蛭石等($\rho_0=300\sim400kg/m^3$）	7
矿渣和炉渣填料	2
水泥纤维板	5
矿棉、岩棉、玻璃棉及制品（板或毡）	5
模塑聚苯乙烯泡沫塑料（EPS）	15
挤塑聚苯乙烯泡沫塑料（XPS）	10
硬质聚氨酯泡沫塑料（PUR）	10
酚醛泡沫塑料（PF）	10
玻化微珠保温浆料（自然干燥后）	5
胶粉聚苯颗粒保温浆料（自然干燥后）	5
复合硅酸盐保温板	5

（3）围护结构内任一层内界面的水蒸气分压分布曲线不应与该界面饱和水蒸气分压曲线相交。围护结构内任一层内界面饱和水蒸气分压P_s，应按《民用建筑热工设计规范》GB 50176—2016 表B.8 的规定确定。

（4）当围护结构内部可能发生冷凝时，应计算冷凝计算界面内侧所需的蒸汽渗透阻。

（5）计算围护结构冷凝计算界面温度。

（6）围护结构冷凝计算界面的位置，应取保温层与外侧密实材料层的交界处（图1.3-1）。

（7）对于不设通风口的坡屋面，其顶棚部分的蒸汽渗透阻应进行计算。

4）表面结露验算

(1) 冬季室外计算温度 t_e 低于 0.9℃时，应对围护结构进行内表面结露验算。

(2) 围护结构平壁部分的内表面温度应按《民用建筑热工设计规范》GB 50176—2016 第 3.4.16 条计算。热桥部分的内表面温度应采用符合《民用建筑热工设计规范》GB 50176—2016 附录第 C.2.4 条规定的软件计算，或通过其他符合《民用建筑热工设计规范》GB 50176—2016 附录第 C.2.5 条规定的二维或三维稳态传热软件计算得到。

(3) 当围护结构内表面温度低于空气露点温度时，应采取保温措施，并应重新复核围护结构内表面温度。

5）进行民用建筑的外围护结构热工设计时，热桥处理可遵循下列原则：

(1) 提高热桥部位的热阻；

(2) 确保热桥和平壁的保温材料连续；

(3) 切断热流通路；

(4) 减少热桥中低热阻部分的面积；

(5) 降低热桥部位内外表面层材料的导温系数。

6）围护结构冷凝计算界面的位置，应取保温层与外侧密实材料层的交界处（图 1.3-2）。

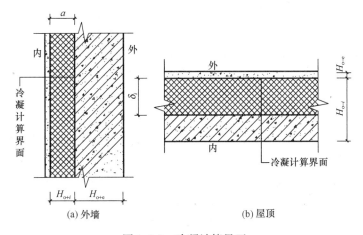

图 1.3-2 冷凝计算界面

7）防潮技术措施

(1) 采用松散多孔保温材料的多层复合围护结构，应在水蒸气分压高的一侧设置隔汽层。对于有采暖、空调功能的建筑，应按采暖建筑围护结构设置隔汽层。

(2) 外侧有密实保护层或防水层的多层复合围护结构，经内部冷凝受潮验算而必须设置隔汽层时，应严格控制保温层的施工湿度。对于卷材防水屋面或松散多孔保温材料的金属夹芯围护结构，应有与室外空气相通的排湿措施。

(3) 外侧有卷材或其他密闭防水层，内侧为钢筋混凝土屋面板的屋面结构，经内部冷凝受潮验算不需设隔汽层时，应确保屋面板及其接缝的密实性，并应达到所需的蒸气渗透阻。

(4) 室内地面和地下室外墙防潮宜采用下列措施：

建筑室内一层地表面宜高于室外地坪 0.6m 以上；

采用架空通风地板时，通风口应设置活动的遮挡板，使其在冬季能方便关闭，遮挡板的热阻应满足冬季保温的要求；

地面和地下室外墙宜设保温层；

地面面层材料可采用蓄热系数小的材料，减少表面温度与空气温度的差值；

地面面层可采用带有微孔的面层材料；

面层宜采用导热系数小的材料，使地表面温度易于紧随空气温度变化；

面层材料宜有较强的吸湿、解湿特性，具有对表面水分湿调节作用。

（5）严寒地区、寒冷地区非透光建筑幕墙面板背后的保温材料应采取隔汽措施，隔汽层应布置在保温材料的高温侧（室内侧），隔汽密封空间的周边密封应严密。夏热冬冷地区、温和A区的建筑幕墙宜设计隔汽层。

（6）在建筑围护结构的低温侧设置空气间层，保温材料层与空气层的界面宜采取防水、透气的挡风防潮措施，防止水蒸气在围护结构内部凝结。

1.3.5 建筑自然通风设计

良好的室内通风，不仅为室内提供新鲜空气，保证人们健康和舒适，在夏季还可以通风除湿。

通风的三种功能：利于健康、更为舒适和降低室内温度。

健康通风，其功能是保证室内空气质量，为室内提供必需的氧气量，防止二氧化碳过量，减少令人不愉快的气味，并保障一氧化碳浓度低于危害健康的水平。一般通过换气量或换气次数指标的控制来达到要求。

热舒适通风，目的是维持室内适宜的温度和湿度。热舒适通风取决于气流速度和形式。不同功能的房间对室内气流速度分布的要求有所不同。

建筑降温通风效果是增热还是降温取决于通风前室内外的温差，当室内气温高于室外时，通风可以降低室内温度，反之效果相反。一般情况下，傍晚和夜间的室内温度高于室外，所以夜间通风常起到降温的效果。建筑降温通风不仅与气候有关，而且还与季节有关，需要采取不同的措施。在干燥寒冷地区或季节，通风会带走室内热量，降低室内温度，同时低相对湿度，造成人的不舒适感；在潮湿的寒冷地区，需要控制通风以避免室温过低，同时避免围护结构凝结；而在干热地区，需要控制白天通风，主要保证室内空气质量即可，在夜间室外温度下降以后，充分利用夜间通风给围护结构内表面降温和蓄冷。

1）自然通风原理

形成风的原因是压力差：室内与室外的温度梯度引起的热压通风和外部风压引起的风压通风。

（1）热压通风

热压通风：由室内外空气温度差而造成空气密度差，从而产生压差，形成热气向上、冷气向下的空气流动现象。

室外冷空气（密度大）从建筑底部被吸入，热空气（密度小）上升从建筑上部风口排出；当室内空气气温低于室外时，位置互换，气流方向也互换。室内外温度差越大，则热压作用越强；在室内外温度差相同且进、排风口面积相同时，上下口之间的高差越大，在单位时间内交换的空气量越多。在夏季，普通房间依靠热压不足以提供具有实际用途的通风。

（2）风压通风

风压通风：因迎风面空气压力增高，背风面空气压力降低，从而产生压差，形成由迎风面流向背风面的空气流动现象。

当风吹向建筑时，迎风侧的气压就高于大气压力（正压区），而背风侧的气压降低（负压区），使整个建筑形成压力差。如果建筑围护结构任意两点存在压力差，在两点开口间就存在空气流动的驱动力。风压的压力差与建筑形式、建筑与风的夹角以及周围建筑布置等因素相关，当风垂直吹向建筑正面时，建筑正面中心处正压最大，屋脊屋角及屋脊处负压最大。因此，当建筑垂直于主导风向时，其风压通风效果最为显著。"穿堂风"就是风压通风的典型实例。

文丘里效应：空气流速越快，压强越小，因此，风吹过坡屋顶时产生的压力差导致室内空气从坡屋顶屋脊开口排出，形成通风（图1.3-3）。

(3) 建筑通风设计

风对建筑热环境的影响：第一，风速的大小会影响建筑围护结构的热交换速率；第二，风的渗透或通风会带走（或带来）热量，使建筑

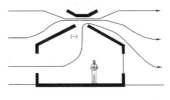 

图1.3-3 文丘里效应

内部温度发生变化。建筑周围的风环境，风速越大，热交换就越强烈。因此，如果想减少建筑与外界的热交换，达到保温隔热的目的，就应该选择避风场所，并尽可能减少体形系数。反之，如果想加速建筑与外界的热交换，特别是希望利用通风来加快建筑的散热降温，就应该提高建筑周围的风速。

建筑群布局与通风

邻近建筑对建筑通风有较大影响。

风影：风在建筑背后产生涡流区，涡流区在地面的投影称为风影。风影内风力弱，风向不稳定，不能形成有效的风压通风。因此，每一排迎风的建筑物都会造成其后面建筑周围风速的下降，因而建筑密集地区的风速大大低于空旷的郊区。

风影长度受风向投射角和建筑物高度影响，建筑垂直迎风时，风影最长。建筑以一定的角度迎风时，风影明显变小，但投射角大，会降低室内平均风速。

建筑体形与通风

影响室内通风质量的因素：合理的风速、风量和风场分布。

组织自然通风的有效措施：合理选择建筑的平面、立面和剖面。

要取得良好的通风效果，必须组织穿堂风，让风顺畅流经全室，就是要求房间既有进风口又有出风口。一般来说进风口的位置决定气流的方向，进风口与出风口的面积比决定气流速度。

建筑构件与通风

窗户朝向：窗户朝向及开窗位置直接影响室内气流流场。室内气流流场取决于建筑表面上的压力分布及空气流动时的惯性作用。当建筑的迎风墙和背风墙上均设有窗户时，就会形成一股气流从高压区穿过建筑流向低压区。气流通过房间的路径主要取决于气流从进风口进入室内的初始方向。在许多情况下，风向倾斜于进风窗口可取得较好的效果。

窗口尺寸：合理选择进风口和出风口的尺寸，可以达到控制室内气流速度和气流流场

的目的。如果房间有穿堂风，扩大窗户尺寸对于室内气流速度的影响甚大，但进风口和出风口必须同时扩大，即使两者同时扩大，室内气流速度的增加量也并不是与窗户尺寸及室外风速的增减率成正比。

窗口竖向位置：调整窗口竖向位置的主要目的是给人的活动区域带来舒适的气流，并且有利于排出室内的热量。气流高度在2m以下才能作用于人体产生舒适感，如果起居室窗台高度在人坐着的高度以上，室内大部分使用区的通风效果不好。

窗户的开启方式：水平推拉窗最大的开启面积为整个窗扇面积的二分之一；立旋窗可调整气流量和气流水平方向；外开的标准平开窗开启面积最大，并可通过采取不同的开启方式，如两扇都打开、仅打开逆风的一扇或顺风的一扇，起到调节气流的作用；上悬窗气流的方向总是被引导向上的，所以这种窗宜设于需要通风的高度位置以下。改变窗扇的开启角度主要对整个房间的气流流场及气流分布有影响，而对平均速度的影响很有限。

导风构件设置

以导风板为例。

导风板：对于单侧外墙有两个窗户的房间，主要在两扇窗户相邻的两侧各设置一块挑出的垂直导风板，即可在前一扇窗户（对风而言）的前面形成正压区，在后一扇窗户的前面形成负压区，由第一扇窗户进入室内的气流可由第二扇窗户流出，室内气流速度可与穿堂风相比拟。

如果主导风向倾斜于墙面，风与墙的夹角可在20°~70°之间选定，室内通风可以得到很大的改善。

除了木质、混凝土等材料的导风板，窗扇、建筑的凹凸面、矮墙、绿篱等均能够作为导风构件。

2）自然通风设计原则

（1）建筑应优先采用自然通风去除室内热量。

（2）建筑的平、立、剖面设计，空间组织和门窗洞口的设置应有利于组织室内自然通风。

（3）受建筑平面布置的影响，室内无法形成流畅的通风路径时，宜设置辅助通风装置。

（4）室内的管路、设备等不应妨碍建筑的自然通风。

3）技术措施

（1）建筑的总平面布置宜符合下列规定：

建筑宜朝向夏季、过渡季节主导风向；

建筑朝向与主导风向的夹角：条形建筑不宜大于30°，点式建筑宜在30°~60°；

建筑之间不宜相互遮挡，在主导风向上游的建筑底层宜架空。

（2）采用自然通风的建筑，进深应符合下列规定：

未设置通风系统的居住建筑，户型进深不应超过12m；

公共建筑进深不宜超过40m，进深超过40m时应设置通风中庭或天井。

（3）通风中庭或天井宜设置在发热量大、人流量大的部位，在空间上应与外窗、外门以及主要功能空间相连通。通风中庭或天井的上部应设置启闭方便的排风窗（口）。

（4）进、排风口的设置应充分利用空气的风压和热压以促进空气流动，设计应符合下列规定：

进风口的洞口平面与主导风向间的夹角不应小于 45°。无法满足时，宜设置引风装置。

进、排风口的平面布置应避免出现通风短路。

宜按照建筑室内发热量确定进风口总面积，排风口总面积不应小于进风口总面积。

室内发热量大，或产生废气、异味的房间，应布置在自然通风路径的下游。应将这类房间的外窗作为自然通风的排风口。

可利用天井作为排风口和竖向排风风道。

进、排风口应能方便地开启和关闭，并应在关闭时具有良好的气密性。

（5）当房间采用单侧通风时，应采取下列措施增强自然通风效果：

通风窗与夏季或过渡季节典型风向之间的夹角应控制在 45°～60°；

宜增加可开启外窗窗扇的高度；

迎风面应有凹凸变化，尽量增大凹口深度；

可在迎风面设置凹阳台。

（6）室内通风路径的设计应遵循布置均匀、阻力小的原则，应符合下列规定：

可将室内开敞空间、走道、室内房间的门窗、多层的共享空间或者中庭作为室内通风路径。在室内空间设计时宜组织好上述空间，使室内通风路径布置均匀，避免出现通风死角。

宜将人流密度大或发热量大的场所布置在主通风路径上；将人流密度大的场所布置在主通风路径的上游，将人流密度小但发热量大的场所布置在主通风路径的下游。

室内通风路径的总截面积应大于排风口面积。

1.3.6 建筑日照及遮阳设计

1）太阳运行规律

地球自转同时绕太阳公转，地球公转的轨道平面称为黄道面。由于地轴是倾斜的，与黄道面形成 66°33′ 的交角；而且在公转运行中，交角和地轴的倾斜角度都是不变的，就使得太阳光线直射范围在南北纬 23°27′ 之间做周期性变动（图 1.3-4）。

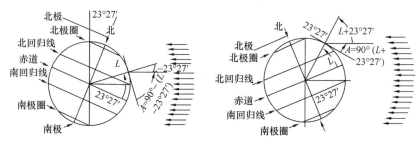

图 1.3-4 夏至日、冬至日太阳北极圈运行图

（1）太阳位置计算方法

用高度角和方位角确定太阳位置。

太阳高度角：太阳光线与地平面的夹角（h）；在任何地区，在日出日落时，太阳高度角为零；一天正午时，即当地太阳时为 12 点的时候，高度角最大，在北半球，此时太阳位于正南。

太阳方位角：太阳光线在地平面上的投影线与地平面正南方向所夹的角（A）。太阳方位角以正南为零,顺时针方向的角度为正值,表示太阳位于下午的范围;逆时针方向的角度为负值,表示太阳位于上午的范围。

计算式:

$$\sin h = \sin\phi \cdot \sin\delta + \cos\phi \cdot \cos\delta \cdot \cos t$$
$$\cos A = (\sin h \cdot \sin\phi - \sin\delta)/(\cos h \cdot \cos\phi)$$

式中,ϕ 为地理纬度,δ 为赤纬,t 为时角。

正午时太阳方位角在正南,其方位角为 $0°$,高度角计算简化为:

$$h = 90° - (\phi - \delta) \quad (当 \delta > \phi)$$
$$h = 90° - (\delta - \phi) \quad (当 \phi > \delta)$$

日出日落时的时角和方位角,计算式:

$$\cos t = -\tan\phi \cdot \tan\delta \quad (太阳高度角 = 0°)$$
$$\cos A = -\sin\delta/\cos\phi \quad (太阳高度角 = 0°)$$

(2) 日照图表及其应用

借助日照图表进行日照计算。太阳高度角及方位角均可在日照图表中查取,一般的设计手册常有各主要地区的日照图表,例如正投影日照图和平射影日照图,从中可直接读取任一日期、任一时刻的高度角和方位角,可供遮阳设计、建筑间距、庭院布局时确定地形、树木对建筑遮挡、太阳能集热板角度等的计算(图1.3-5)。

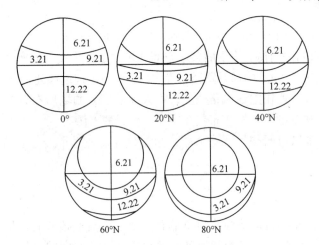

图 1.3-5 不同纬度区的平射日照图

2) 建筑日照

(1) 日照间距计算

在住区规划中,如果已知前后两栋建筑的朝向及外形尺寸,就可以根据建筑所在地的地理纬度,用计算法按照当地所规定日期各小时的太阳高度角和方位角,计算满足日照时间的建筑间距。

计算式:$D_0 = H_0 \coth \cdot \cos\gamma$

式中　D_0——建筑所需日照间距,m;

H_0——前栋建筑计算高度(前栋建筑总高度减后栋建筑第一层窗台高度),m;

h——太阳高度角,度(°);

γ——后栋建筑面法线与太阳方位角的夹角,即太阳方位角与墙面方位角之差。$\gamma = A - \alpha$,A 为太阳方位角,度(°);α 为前面法线与正南方向所夹的角,度(°)。(图1.3-6)

(2) 日照间距与建筑布局

住区总平面布局中,满足日照的建筑间距与提高建筑密度、节约用地存在矛盾,为此,设计时应掌握日照规律,做到既满足日照要求又提高建筑密度。主要方法是调整建筑朝向,从朝向正南北调为南偏东或偏西小于30°范围内;错行布置利用上下午的日照,也

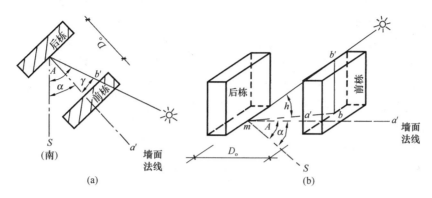

图 1.3-6 日照间距计算

可以提高建筑密度,但须进行日照计算(图 1.3-7)。

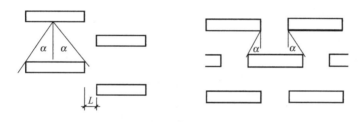

图 1.3-7 日照间距示意

(3) 建筑遮阳设计原则

建筑遮阳应与建筑立面、门窗洞口构造一体化设计。处理好遮阳与隔热、遮阳与采光、遮阳与通风的关系。

遮阳与隔热

遮阳能够遮挡太阳辐射对建筑的作用,使室内气温明显降低,而且使室内的温度波动小,延迟室内出现最高温度的时间。遮阳可起到很好的隔热作用,改善室内热环境。遮阳构件宜选用浅色而且蓄热系数小的轻质材料。遮阳板宜选用低热容的材料,以保证日落后能够迅速冷却。置于室外的遮阳板,隔热效果优于置于室内(主要是遮阳板置于室内不利于其通风散热)。

遮阳与采光

遮阳构件在遮阳的同时会减少窗户的光线,对建筑采光不利,降低房间的照度。因此,遮阳设计时,应利用遮阳板对光线的反射,将自然光引导到房间深处。

遮阳与通风

遮阳构件对建筑房间通风存在一定的阻挡,尤其是挡板遮阳,使室内风速有所降低。风速的减弱程度与遮阳的设置方式有很大的关系,因此,可以把遮阳板作为引风装置,增加建筑进风口的风压,对通风量进行调节,以便于自然通风散热。

(4) 建筑遮阳设置

遮阳的设置范围:北回归线以南地区,各朝向门窗洞口均宜设计建筑遮阳;北回归线以北的夏热冬暖、夏热冬冷地区,除北向外的门窗洞口宜设计建筑遮阳;寒冷 B 区东、西向和水平朝向门窗洞口宜设计建筑遮阳；严寒地区、寒冷A区、温和地区建筑可不考虑建筑遮阳。

建筑遮阳设置方式

固定式遮阳：南向宜采用水平遮阳；东北、西北及北回归线以南地区的北向宜采用垂直遮阳；东南、西南朝向窗口宜采用组合遮阳；东、西朝向窗口宜采用挡板遮阳。

活动遮阳：建筑门窗洞口的遮阳宜优先选用活动式建筑遮阳。为冬季有采暖需求房间的门窗设计建筑遮阳时，应采用活动式建筑遮阳、活动式中间遮阳，或采用遮阳系数冬季大、夏季小的固定式建筑遮阳。

建筑遮阳系数的确定

① 水平遮阳和垂直遮阳的建筑遮阳系数应按下列公式计算：

$$SC_s = (I_D \cdot X_D + 0.5 \cdot I_d \cdot X_d)/I_0$$

$$I_0 = I_D + 0.5 I_0$$

式中　SC_s——建筑遮阳的遮阳系数，无量纲；

　　　I_D——门窗洞口朝向的太阳直射辐射，W/m^2；应按门窗洞口朝向和当地的太阳直射辐射照度计算；

　　　X_D——遮阳构件的直射辐射透射比，无量纲，应按《民用建筑热工设计规范》GB 50176—2016 附录 C 第 C.8 节的规定计算；

　　　I_d——水平面的太阳散射辐射，W/m^2；

　　　X_d——遮阳构件的散射辐射透射比，无量纲，应按《民用建筑热工设计规范》GB 50176—2016 附录 C 第 C.9 节的规定计算；

　　　I_0——门窗洞口朝向的太阳总辐射，W/m^2。

② 组合遮阳的遮阳系数应为同时刻的水平遮阳与垂直遮阳建筑遮阳系数的乘积。

③ 挡板遮阳的建筑遮阳系数应按下式计算：

$$SC_s = 1 - (1-\eta)(1-\eta^*)$$

式中　η——挡板的轮廓透光比，无量纲，应为门窗洞口面积扣除挡板轮廓在门窗洞口上阴影面积后的剩余面积与门窗洞口面积的比值；

　　　η^*——挡板材料的透射比，无量纲，应按表 1.3-6 的规定确定。

挡板材料的透射比　　　　表 1.3-6

遮阳板使用的材料	规格	η^*
织物面料		0.5 或实测太阳透射比
玻璃钢板		0.5 或实测太阳透射比
玻璃、有机玻璃类板	0＜太阳光透射比≤0.6	0.5
玻璃、有机玻璃类板	0.6＜太阳光透射比≤0.9	0.8
金属穿孔板	0＜穿孔率≤0.2	0.15
金属穿孔板	0.2＜穿孔率≤0.4	0.3
金属穿孔板	0.4＜穿孔率≤0.6	0.5
金属穿孔板	0.6＜穿孔率≤0.8	0.7
混凝土、陶土窗外花格		0.6 或按实际镂空比例及厚度
木质、金属窗外花格		0.7 或按实际镂空比例及厚度
木质、竹质窗外帘		0.4 或按实际镂空比例

④ 百叶遮阳的建筑遮阳系数应按下式计算：

$$SC_s = E_\tau / I_0$$

式中 E_τ——通过百叶系统后的太阳辐射，W/m²；应按《民用建筑热工设计规范》GB 50176—2016 附录 C 第 C.10 节的规定计算。

⑤ 活动外遮阳全部收起时的遮阳系数可取 1.0，全部放下时应按不同的遮阳形式进行计算。

1.3.7 考点与考题分析

（1）考点分析

主要考查考生对建筑热工理论基础的了解，考查考生对建筑保温、隔热、自然通风、日照遮阳等技术措施的掌握程度。

（2）考题分析

试题1：（2010）除室内空气温度外，下列哪组参数是评价室内热环境的要素？（　　）
A. 有效温度、平均辐射温度、空气湿度　　B. 有效温度、露点温度、空气湿度
C. 平均辐射温度、空气湿度、露点温度　　D. 平均辐射温度、空气湿度、气流速度
解析：该题主要考查考生对建筑热工理论基础的了解。除室内空气温度外，还有平均辐射温度、空气湿度、气流速度是评价室内热环境的要素。必须牢记。
答案：D

试题2：（2009）下列哪一项不应归类为建筑热工设计中的隔热措施？（　　）
A. 外墙和屋顶设置通风间层　　　　B. 窗口遮阳
C. 合理的自然通风设计　　　　　　D. 室外绿化
解析：建筑热工设计的对象为建筑围护结构，室外绿化不在其范围内。
答案：D

1.4 建筑节能

1.4.1 建筑节能概述

最早的建筑（无人工照明和人工采暖）是无能耗的，同时建筑是不舒适的。随着社会的发展，为了获得适宜的生活和工作环境，针对不同的气候条件，需要采取人工照明和供暖、降温等技术措施改善建筑热环境，建筑能耗由此产生，而且越来越大。建筑能耗已成为一个全球关注的问题。

1) 建筑能耗

广义建筑能耗：由建筑内部使用能耗、建材生产能耗和建筑物建造能耗三部分组成。

建筑能耗（建筑节能）：指建筑建成以后，在使用过程中每年消耗商品能源的总和，包括采暖、通风、空调、热水、照明、办公设备电器、厨房炊事等方面的用能。

在建筑能耗中，使用阶段能耗约为全建筑能耗的70%，因此，降低使用阶段能耗成为建筑节能的关键。目前，我国现行的建筑节能设计标准均以降低使用能耗为依据。

2) 建筑节能概念

建筑节能包括开源、节流两部分。

节流为主，指在建筑规划、设计、施工和使用维护过程中，在满足规定的建筑功能和室内质量环境的前提下，通过采取技术措施和管理手段实现降低运行能耗、提高能源利用效率的过程。

开源为辅，指可再生能源建筑利用。

建筑节能的核心是提高能源利用效率。

3) 建筑节能与碳达峰、碳中和

建筑碳排放包含四个部分：燃煤燃气、照明电器、北方供暖、空调制冷。

达到零碳建筑的途径：不仅要通过技术措施提高用能设备的效率，还必须开发建筑可再生能源的利用，满足自身的用能要求，实现碳的零排放。

4) 建筑节能目标

我国《"十四五"时期建筑节能与绿色建筑规划》提出建筑节能总体目标和具体目标。

(1) 总体目标

到2025年，城镇新建建筑全面建成绿色建筑，建筑能源利用效率稳步提升，建筑用能结构逐步优化，建筑能耗和碳排放增长趋势得到有效控制，基本形成绿色、低碳、循环的建设发展方式，为城乡建设领域2030年前碳达峰奠定坚实基础。

(2) 具体目标

到2025年，完成既有建筑节能改造面积3.5亿m^2以上，建设超低能耗、近零能耗建筑0.5亿m^2以上，装配式建筑占当年城镇新建建筑的比例达到30%，全国新增建筑太阳能光伏装机容量0.5亿kWh以上，地热能建筑应用面积1亿m^2以上，城镇建筑可再生能源替代率达到8%，建筑能耗中电力消费比例超过55%。

5) 建筑节能相关法律法规

我国已经颁布的节能相关法律法规有《中华人民共和国节约能源法》《中华人民共和国可再生能源法》《民用建筑节能条例》《公共机构节能条例》。

6) 建筑节能标准（现行标准）

(1) 通用标准

《建筑节能与可再生能源利用通用规范》GB 55015—2021

(2) 建筑节能设计标准

在建设领域中，建筑节能设计标准为强制性标准。我国现行节能设计标准如下：

① 民用建筑（现行标准）

强制性标准（现行标准）：

《民用建筑热工设计规范》GB 50176—2016

《建筑气候区划标准》GB 50178—1993

《城市居住区规划设计标准》GB 50180—2018

《公共建筑节能设计标准》GB 50189—2015

《严寒和寒冷地区居住建筑节能设计标准》JGJ 26—2018

《夏热冬冷地区居住建筑节能设计标准》JGJ 134—2010

《夏热冬暖地区居住建筑节能设计标准》JGJ 75—2012

《温和地区居住建筑节能设计标准》JGJ 475—2019

推荐性标准（现行标准）：
《近零能耗建筑技术标准》GB/T 51350—2019

② **工业建筑（现行标准）**
《工业建筑节能设计统一标准》GB 51245—2017

（3）建筑节能验收和检测标准
《建筑节能工程施工质量验收标准》GB 50411—2019
《公共建筑节能检测标准》JGJ/T 177—2009
《居住建筑节能检测标准》JGJ/T 132—2009

7）建筑节能设计与建筑热工设计的关系

建筑热工设计和建筑节能设计相辅相成。建筑热工是建筑设计的基础，重点是保证建筑满足人们对建筑室内热舒适度的要求；建筑节能设计是在建筑热工设计的基础上，通过采取有效技术措施降低建筑使用阶段的能耗，以节能为最终目标。通常以建筑节能率为阶段性目标。

8）建筑节能设计策略和设计方法

（1）建筑节能四个影响因素：

① **外部条件** 以气象为主的外部环境，它不以人们的意志而改变，如温度、湿度、风速、太阳辐射强度等。

② **建筑本体** 建筑外围护结构不同，其建筑能耗也不同，可以人为改变，如隔热性能、气密性能、遮日照性能、热容量等。

③ **建筑设备** 包括空调设备、照明设备及其他设备的有关能效方面的性能。随着科技的发展，可以人为改变。

④ **室内条件** 主要是室内环境质量（包括热环境、空气质量环境等），根据在室内生活或行为目的的不同而变化。

（2）建筑节能设计策略

气候适应性策略：充分利用良好的气候条件（自然的）（如在过渡季节、空调季节内的良好的室外气候条件），例如利用自然通风，消除、削弱恶劣气候的影响（人工的）。

整体性策略：从建筑的整体考虑，以酝酿出整体性的解决方案，将建筑中用户的使用要求和自然界可再生能源的利用有机地结合在一起。

综合性策略：通过对建筑物能耗和用能特点的综合性分析，在满足室内舒适度要求的前提下采用多种手段进行节能设计。

性能性策略：通过对建筑整体能耗的分析确定节能设计策略而非某一项节能措施。

（3）设计方法

建筑节能设计方法：规定性设计、性能化设计。

规定性设计方法：建筑围护结构各项指标满足标准限值。

优点：设计简单易行、经济合理，摆脱了复杂高深的计算分析，节省了大量时间。

缺点：按规定性指标很难进行优化设计；规定性指标阻碍新技术的应用，压抑设计人员的创造性。

性能化设计方法：通过计算机模拟计算建筑能耗水平。

优点：当今国际工程设计的发展方向，更高水平的设计，直接联系工程设计的根本目标，充分的灵活性，创造空间，综合工程各方面具体条件优化方案，有利于科学技术的发展和新成果的应用。

缺点：分析计算复杂，需要计算机辅助设计。

9) 建筑围护结构节能设计

建筑围护结构的节能设计，不同的气候区采取不同的技术措施，主要围绕以下内容展开：

(1) 节能设计计算指标

室内计算温度

换气次数（严寒和寒冷地区）

(2) 建筑体形系数

建筑体形系数：建筑物与室外大气接触的外表面积与其所包围的体积的比值。

建筑外表面积越大，接触室外冷空气的面积越大，热量流失就越大，所以，在严寒地区、寒冷地区、夏热冬冷地区必须进行控制。

(3) 窗墙面积比

窗墙面积比：窗户洞口面积与房间立面单元面积（即建筑层高与开间定位线围成的面积）之比。

普通窗户的保温隔热性能比外墙差很多，而且夏季白天太阳辐射还可以通过窗户直接进入室内。一般说来，窗墙面积比越大，建筑物的能耗也越大。所以要限制窗墙面积比就是要求窗户面积在合理范围之内。较大的窗户有利于建筑的采光和通风，但是也会造成热量或冷量流失较大。窗墙面积比限值主要与建筑外墙的朝向有关。

(4) 建筑围护结构热工参数

建筑围护结构热工性能直接影响居住建筑采暖和空调的负荷与能耗，必须予以严格控制。由于我国幅员辽阔，各地气候差异很大。为了使建筑物适应各地不同的气候条件，满足节能要求，应根据建筑物所处的建筑气候分区，确定建筑围护结构合理的热工性能参数。

传热系数 K

传热系数：是表征围护结构传递热量能力的指标。K 值越小，围护结构的传热能力越低，其保温隔热性能越好。

确定建筑围护结构传热系数的限值时不仅应考虑节能率，而且也要从工程实际的角度考虑可行性、合理性。严寒地区和寒冷地区的围护结构传热系数限值，是通过对气候子区的能耗分析和考虑现阶段技术成熟程度而确定的。根据各个气候区节能的难易程度，确定了不同的传热系数限值。

热惰性指标 D

热惰性指标：表征围护结构对温度波衰减快慢程度的无量纲指标，其值等于材料层热阻与蓄热系数的乘积。

D 值越大，温度波在其中的衰减越快，围护结构的热稳定性越好，越有利于节能。对 D 值作出规定是考虑了夏热冬冷地区的特点。这一地区夏季外围护结构不稳定温度波作用较为明显，例如夏季实测屋面外表面最高温度南京可达 62℃，武汉 64℃，重庆 61℃以上，西墙外表面温度南京可达51℃，武汉55℃，重庆56℃以上，夜间围护结构外表面温度可降至25℃以下，对处于这种温度波幅很大的非稳态传热条件下的建筑围护结构来说，只采用传热系数这个指标不能全面地评价围护结构的热工性能。在非稳态传热的条件下，围护结构的热工性能除了用传热系数这个参数之外，还应该用抵抗温度波和热流波在建筑围护结构中传播能力的热惰性指标 D 来评价。

遮阳系数和太阳得热系数

建筑遮阳系数：在照射时间内，同一窗口（或透光围护结构部件外表面）在有建筑外遮阳和没有建筑外遮阳两种情况下，接收到的两个不同太阳辐射量的比值。

综合遮阳系数：建筑遮阳系数和透光围护结构遮阳系数的乘积（建筑的阳台、出挑的空调室外机搁板均可计入）。

外窗遮阳系数 SC：实际透过窗玻璃的太阳辐射得热与透过3mm透明玻璃的太阳辐射得热之比值。它是表征窗户透光系统遮阳性能的无量纲指标，其值在0～1范围内变化。

外窗遮阳系数越小，通过窗户透光系统的太阳辐射得热量越小，其遮阳性能越好。

外窗遮阳系数越小，透过窗户进入室内的太阳辐射热就越小，对降低空调负荷有利，但对降低采暖负荷不利。

太阳得热系数 $SHGC$：在照射时间内，通过透光围护结构部件（如窗户）的太阳辐射室内得热量与透光围护结构外表面（如窗户）接收到的太阳辐射量的比值。

透过窗户的太阳能量包括：直接透过窗户进入室内的热量；各层玻璃吸收太阳能量后，作为一个个独立的小热源，传向室内的热量。

太阳得热系数的理论值为0～1，实际值在0.15～0.80之间，该值越小，相同条件下，窗户的太阳辐射得热就越少。

得热系数 $SHGC$ 与遮阳系数 SC 的关系（标准玻璃）：$SHGC = 0.87 \times SC$。

常见玻璃遮阳系数可参考表1.4-1。

常见玻璃的 SC 值　　　　　　　　　　　　　　　　　表1.4-1

名称	外窗遮阳系数 SC	传热系数 K
5～6mm 无色透明玻璃	0.96～0.99	6.3
6mm 热反射镀膜玻璃	0.25～0.90	6.2
无色透明中空玻璃	0.86～0.88	3.5
热反射镀膜中空玻璃	0.20～0.80	3.4
Low-E 中空玻璃	0.25～0.70	2.5

门窗气密性

外窗及阳台门具有良好的气密性能，可以保证夏季开空调时室外热空气不过多地渗漏到室内，抵御冬季室外冷空气过多地向室内渗漏。

气密性分级：现行国家标准《建筑幕墙、门窗通用技术条件》GB/T 31433—2015 规定分级：

4级对应的空气渗透数据是：在10Pa压差下，每小时每米缝隙的空气渗透量在2.0～2.5m^3 之间和每小时每平方米面积的空气渗透量在6.0～7.5m^3；

6级对应的空气渗透数据是：在10Pa压差下，每小时每米缝隙的空气渗透量在1.0～

1.5m³ 之间和每小时每平方米面积的空气渗透量在 3.0~4.5m³。

门窗窗地面积及开口面积比例

通风开口面积：外围护结构上自然风气流通过开口的面积。用于进风者为进风开口面积，用于出风者为出风开口面积。

南方地区居住建筑应能依靠自然通风改善房间热环境，缩短房间空调设备使用时间，发挥节能作用。房间实现自然通风的必要条件是外门窗有足够的通风开口。

(5) 建筑围护结构热工性能权衡判断

详见《建筑节能与可再生能源利用通用规范》GB 55015—2021 附录 C。

① 基本要求

进行权衡判断的设计建筑，其围护结构的热工性能应符合下列规定：

传热系数基本要求：不得低于《建筑节能与可再生能源利用通用规范》GB 55015—2021 附录 C 表 C.0.1-1 的规定。

透光围护结构传热系数和太阳得热系数基本要求应符合《建筑节能与可再生能源利用通用规范》GB 55015—2021 附录 C 表 C.0.1-2 的规定。

② 建筑围护结构热工性能的权衡判断采用对比评定法

公共建筑和居住建筑判断指标为总耗电量，工业建筑判断指标为总耗煤量，当设计建筑总耗电（煤）量不大于参照建筑时，应判定围护结构的热工性能符合本规范的要求；当设计建筑的总能耗大于参照建筑时，应调整围护结构的热工性能重新计算，直至设计建筑的总能耗不大于参照建筑。

③ 参照建筑的形状、大小、朝向、内部的空间划分、使用功能应与设计建筑完全一致。

④ 建筑围护结构热工性能权衡判断计算应采用能按照本规范要求自动生成参照建筑计算模型的专用计算软件。

(6) 外墙保温工程

《建筑节能与可再生能源利用通用规范》GB 55015—2021 第 3.1.19 条（强制性条文）；外墙保温工程应采用预制构件、定型产品或成套技术，并应具备同一供应商提供配套的组成材料和型式检验报告。型式检验报告应包括配套组成材料的名称、生产单位、规格型号、主要性能参数。外保温系统型式检验报告还应包括耐候性和抗风压性能检验项目。

(7) 电梯节能

《建筑节能与可再生能源利用通用规范》GB 55015—2021 第 3.1.20 条（强制性条文）；电梯应具备节能运行功能。两台及两台以上电梯集中排列时，应设置群控措施。电梯应具备无外部召唤且轿厢内一段时间无预置指令时，自动转为节能运行模式的功能。自动扶梯、自动人行步道应具备空载时暂停或低速运转的功能。

10）可再生能源建筑利用

(1) 可再生能源种类：太阳能系统（光热、光伏）、地源热泵系统、空气源热泵系统。

(2) 可再生能源建筑应用需求：生活热水系统、照明系统、采暖系统、制冷系统等。

(3) 可再生能源建筑利用规定：

① 新建建筑应安装太阳能系统（详见《建筑节能与可再生能源利用通用规范》GB

55015—2021 第 5.2.1 条，强制性条文）。

② 太阳能建筑一体化应用系统的设计应与建筑设计同步完成。

③ 建筑物上安装太阳能系统不得降低相邻建筑的日照标准。

④ 可再生能源建筑利用的采用，应对当地环境资源条件和技术经济进行可行性分析。例如太阳能热水系统，技术比较成熟，但由于太阳辐照时间的差异，如果投资回报周期太长，就不适合采用。又例如，地源热泵系统，在夏热冬暖地区，由于冷热的不平衡，效率逐年下降，也不适合采用。

⑤ 光热或光伏与建筑一体化系统不应影响建筑外围护结构的建筑功能。

⑥ 太阳能集热器和光伏组件的设置应避免受自身或建筑本体的遮挡。在冬至日采光面上的日照时数，太阳能集热器不应少于 4h，光伏组件不宜少于 3h。

1.4.2 居住建筑节能设计

居住建筑用能耗能的主要方面：照明、炊事、热水、供暖、空调、电视电脑等家电产品。其中，供暖空调占比最大，尤其是北方供暖能耗最大，是居住建筑节能设计的重点。居住建筑用能特点决定了建筑围护结构的热工设计是居住建筑节能设计的重点。

1）居住建筑节能设计标准

1+4 个标准覆盖 5 个热工分区。1 个标准即《建筑节能与可再生能源利用通用规范》GB 55015—2021。该标准为全文强制性条文国家标准，2021 年 4 月 1 日实施。实施后其他气候区的 4 个居住建筑节能设计标准中的强制性条文同时废止。

2）居住建筑节能设计主要内容

（1）建筑节能设计

（2）设备专业节能设计

（3）可再生能源建筑利用

3）居住建筑节能设计要点

（1）节能设计目标

新建居住建筑能耗平均水平应在 2016 年执行的节能设计标准的基础上降低 30%，不同气候区节能率应符合下列规定：

严寒和寒冷地区居住建筑平均节能率应为 75%；

除严寒和寒冷地区外，其他气候区的居住建筑平均节能率应为 65%。

（2）碳排放强度

新建居住建筑的碳排放强度应在 2016 年执行的节能设计标准的基础上平均降低 40%。

（3）居住建筑节能设计原则

建筑节能应以保证生活和生产所必须的室内环境参数和功能为前提，遵循被动措施优先采用的原则。应尽量利用天然采光、自然通风，提高建筑围护结构保温隔热性能，提高建筑设备及系统的能源利用率，降低建筑用能需求。应充分利用可再生能源，降低建筑化石能源消耗量。

（4）建筑规划

新建建筑群及总体规划，应为可再生能源利用创造条件，并应有利于冬季增加日照和降低冷风对建筑的影响，夏季增强自然通风减轻热岛效应。

(5) 居住建筑围护结构节能设计
① 体形系数限值

详见《建筑节能与可再生能源利用通用规范》GB 55015—2021 第 3.1.2 条。强制性条文。

居住建筑体形系数应满足表 1.4-2 规定。

居住建筑体形系数限值　　　　　　　　　　表 1.4-2

热工区划	建筑层数	
	≤3层	>3层
严寒地区	≤0.55	≤0.30
寒冷地区	≤0.57	≤0.33
夏热冬冷 A 区	≤0.60	≤0.40
温和地区 A 区	≤0.60	≤0.45

夏热冬暖地区无体形系数要求。

② 窗墙面积比限值

详见《建筑节能与可再生能源利用通用规范》GB 55015—2021 第 3.1.4 条。强制性条文。允许权衡判断通过。

居住建筑的窗墙面积比应符合表 1.4-3 的规定；其中，每套住宅应允许一个房间在一个朝向上的窗墙面积比不大于 0.6。

居住建筑窗墙面积比限值　　　　　　　　　　表 1.4-3

朝向	窗墙面积比	
	严寒地区	寒冷地区
北	≤0.25	≤0.30
东、西	≤0.30	≤0.35
南	≤0.45	≤0.50

仅严寒地区、寒冷地区设限，其他地区无要求。

③ 屋面天窗

详见《建筑节能与可再生能源利用通用规范》GB 55015—2021 第 3.1.5 条。强制性条文。

居住建筑的屋面天窗与所在房间屋面面积的比值应符合表 1.4-4 的规定。

居住建筑的屋面天窗限值　　　　　　　　　　表 1.4-4

屋面面积与所在房间屋面面积的比值				
严寒地区	寒冷地区	夏热冬冷地区	夏热冬暖地区	温和地区
≤10%	≤15%	≤6%	≤4%	≤10%

④ 非透光围护结构的热工性能指标

详见《建筑节能与可再生能源利用通用规范》GB 55015—2021 第 3.1.8 条。强制性条文。允许权衡判断通过。

居住建筑非透光围护结构的热工性能指标按二级区划提出规定，总共列表11个。仅以严寒地区A区为例，见表1.4-5。

严寒地区A区居住建筑热工参数限值　　　　　表1.4-5

围护结构部位	传热系数/[W/(m²·K)]	
	≤3层	>3层
屋面	≤0.15	≤0.15
外墙	≤0.25	≤0.35
架空或外挑楼板	≤0.25	≤0.35
阳台门下部芯板	≤1.20	≤1.20
非供暖地下室顶板（上不为供暖房间时）	≤0.35	≤0.35
分隔供暖和非供暖空间的隔墙、楼板	≤1.20	≤1.20
分隔供暖和非供暖空间的户门	≤1.50	≤1.50
分隔供暖设计温度差大于5K的隔墙、楼板	≤1.50	≤1.50
围护结构部位	保温材料层热阻/[(m²·K)/W]	
周边地面	≤2.0	≤2.0
地下室外墙（与土壤接触的外墙）	≤2.0	≤2.0

⑤ 透光围护结构的热工性能指标

详见《建筑节能与可再生能源利用通用规范》GB 55015—2021第3.1.8条。强制性条文。允许权衡判断通过。

居住建筑透光围护结构的热工性能指标按一级区划提出规定，总共列表5个。仅以夏热冬暖区为例，见表1.4-6。

夏热冬暖区居住建筑透光围护结构热工参数限值　　　　　表1.4-6

外窗		传热系数K/[W/(m²·K)]	太阳得热系数SHGC（西向/东、南向/北向）
夏热冬暖A区	窗墙面积比≤0.25	≤3.00	≤0.35/≤0.35/≤0.35
	0.25<窗墙面积比≤0.35	≤3.00	≤0.30/≤0.30/≤0.35
	0.35<窗墙面积比≤0.40	≤2.50	≤0.20/≤0.30/≤0.35
	天窗	≤3.00	≤0.20
夏热冬暖B区	窗墙面积比≤0.25	≤3.50	≤0.30/≤0.35/≤0.35
	0.25<窗墙面积比≤0.35	≤3.50	≤0.25/≤0.30/≤0.30
	0.35<窗墙面积比≤0.40	≤3.00	≤0.20/≤0.30/≤0.30
	天窗	≤3.50	≤0.20

⑥ 外窗通风开口面积

详见《建筑节能与可再生能源利用通用规范》GB 55015—2021 第 3.1.14 条。强制性条文。

夏热冬暖、温和 B 区居住建筑外窗的通风开口面积不应小于房间地面面积的 10% 或外窗面积的 45%，夏热冬冷、温和 A 区居住建筑外窗的通风开口面积不应小于房间地面面积的 5%。

⑦ 建筑遮阳措施

详见《建筑节能与可再生能源利用通用规范》GB 55015—2021 第 3.1.15 条。强制性条文。

夏热冬暖地区，居住建筑的东、西向外窗的建筑遮阳系数不应大于 0.8。

⑧ 门窗、幕墙气密性

详见《建筑节能与可再生能源利用通用规范》GB 55015—2021 第 3.1.16 条。强制性条文。

居住建筑幕墙、外窗及敞开阳台的门在 10Pa 压差下，每小时每米缝隙的空气渗透量 q_1 不应大于 $1.5m^3$，每小时每平方米面积的空气渗透量不应大于 $4.5m^3$。

⑨ 外窗玻璃透射比

详见《建筑节能与可再生能源利用通用规范》GB 55015—2021 第 3.1.17 条。强制性条文。

居住建筑外窗玻璃的可见光透射比不应小于 0.40。

⑩ 房间窗地比

详见《建筑节能与可再生能源利用通用规范》GB 55015—2021 第 3.1.18 条。强制性条文。

居住建筑的主要使用房间（卧室、书房、起居室等）的房间窗地面积比不应小于 1/7。

(6) 居住建筑围护结构权衡判断

① 基本要求

进行权衡判断的设计建筑，其围护结构的热工性能：

围护结构传热系数基本要求不得低于《建筑节能与可再生能源利用通用规范》GB 55015—2021 附录 C 中表 C.0.1-1 的规定。

透光围护结构传热系数和太阳得热系数基本要求：

居住建筑透光围护结构太阳得热系数的基本要求应符合详见《建筑节能与可再生能源利用通用规范》GB 55015—2021 附录 C 中表 C.0.1-3 的规定。

② 判断指标

建筑围护结构热工性能的权衡判断采用对比评定法。居住建筑判断指标为总耗电量，居住建筑总耗电量应为全年供暖和供冷总耗电量。

1.4.3 公共建筑节能设计

1) 概述

(1) 公共建筑类型：包括办公建筑（如写字楼、政府办公楼等），商业建筑（如商场、超市、金融建筑等），酒店建筑（如宾馆、饭店、娱乐场所等），科教文卫建筑（如文化、教育、科研、医疗、卫生、体育建筑等），通信建筑（如邮电、通信、广播用房）以及交通运输建筑（如机场、车站等）。其中办公建筑、商业建筑、酒店建筑、医疗卫生建筑、教育建筑等几类建筑存在许多共性，而且其能耗较高，节能潜力大。

(2) 公共建筑耗能特点：在公共建筑的全年能耗中，供暖空调系统的能耗约占40%~50%，照明能耗约占30%~40%，其他用能设备约占10%~20%。而在供暖空调能耗中，外围护结构传热所导致的能耗约占20%~35%（夏热冬暖地区大约20%，夏热冬冷地区大约35%）。与居住建筑比较，公共建筑用能设备种类多，能耗大。

(3) 公共建筑节能设计的对象：改善建筑围护结构保温、隔热性能；提高供暖、通风和空气调节设备、系统的能效比；增进照明设备效率；改善水泵能效；可再生能源建筑应用。

2) 公共建筑节能设计标准

1+1两个国家标准：《建筑节能与可再生能源利用通用规范》GB 55015—2021、《公共建筑节能设计标准》GB 50189—2015。前者2021年4月1日实施，后者中的强制性条文同时废止。

3) 公共建筑节能设计要点

(1) 节能设计目标

① 能耗水平和节能率

公共建筑平均设计能耗水平应在2016年执行的节能设计标准的基础上降低20%。公共建筑平均节能率应为72%。

② 碳排放强度

新建公共建筑碳排放强度应分别在2016年执行的节能设计标准的基础上平均降低40%，碳排放强度平均降低$7kgCO_2/(m^2 \cdot a)$以上。

③ 公共建筑节能设计的原则

公共建筑的节能设计，必须结合当地的气候条件，在保证室内环境质量，满足人们对室内舒适度要求的前提下，提高围护结构保温隔热能力，提高供暖、通风、空调和照明等系统的能源利用效率；在保证经济合理、技术可行的同时实现国家的可持续发展和能源发展战略，完成公共建筑承担的节能任务。

(2) 建筑群总体规划、建筑总平面设计及平面布置

建筑群的总体规划应考虑减轻热岛效应。建筑的总体规划和总平面设计应有利于自然通风和冬季日照。建筑的主朝向宜选择本地区最佳朝向或适宜朝向，且宜避开冬季主导风向。

建筑的朝向、方位以及建筑总平面设计应综合考虑社会历史文化、地形、城市规划、道路、环境等多方面因素，权衡分析各个因素之间的得失轻重，优化建筑的规划设计，采用本地区建筑最佳朝向或适宜的朝向，尽量避免东西向日晒。就是说在冬季最大限度地利用日照，多获得热量，避开主导风向，减少建筑物外表面热损失；夏季和过渡季最大限度地减少得热并利用自然能来降温冷却，以达到节能的目的。因此，建筑的节能设计应考虑日照、主导风向、自然通风、朝向等因素。尤其是严寒和寒冷地区，建筑的规划设计更应有利于日照并避开冬季主导风向。

(3) 建筑和围护结构节能设计

① 公共建筑节能设计分类

在公共建筑节能设计标准中把公共建筑分为甲、乙两类：

甲类公共建筑：单栋建筑面积大于 $300m^2$ 的建筑或单栋面积小于或等于 $300m^2$ 但总建筑面积大于 $1000m^2$ 的公共建筑群；

乙类公共建筑：除甲类公共建筑外的公共建筑，为乙类公共建筑。

② 建筑热工设计分区

分区与热工设计规范吻合，设 5 个分区：严寒地区（含严寒地区 A 区、含严寒地区 B 区、含严寒地区 C 区）、寒冷地区（含寒冷地区 A 区、寒冷地区 B 区）、夏热冬冷地区（含夏热冬冷 A 区、夏热冬冷 B 区）、夏热冬暖地区（含夏热冬暖 A 区、夏热冬暖 B 区）、温和地区（含温和地区 A 区、温和地区 B 区）。

③ 严寒和寒冷地区公共建筑体形系数

详见《建筑节能与可再生能源利用通用规范》GB 55015—2021 第 3.1.3 条。强制性条文（表 1.4-7）。

严寒和寒冷地区公共建筑体形系数限值　　　　　　表 1.4-7

单栋建筑面积 A/m^2	建筑体形系数
$300<A\leqslant 800$	$\leqslant 0.50$
$A>800$	$\leqslant 0.40$

④ 屋面透光部分面积

详见《建筑节能与可再生能源利用通用规范》GB 55015—2021 第 3.1.6 条。强制性条文。允许权衡判断通过。

甲类公共建筑的屋面透光部分面积不应大于屋面总面积的 20%。

⑤ 甲类公共建筑的围护结构热工性能

详见《建筑节能与可再生能源利用通用规范》GB 55015—2021 第 3.1.10 条。强制性条文。允许权衡判断通过。

分 5 个气候区 6 个表格提出建筑围护结构限值：严寒 A、B 区甲类公共建筑围护结构热工性能限值，严寒 C 区甲类公共建筑围护结构热工性能限值，寒冷地区甲类公共建筑围护结构热工性能限值，夏热冬冷地区甲类公共建筑围护结构热工性能限值，夏热冬暖地区甲类公共建筑围护结构热工性能限值，温和地区甲类公共建筑围护结构热工性能限值。

⑥ 乙类公共建筑的围护结构热工性能

详见《建筑节能与可再生能源利用通用规范》GB 55015—2021 第 3.1.11 条。强制性条文。规定性指标，必须满足（表 1.4-8，表 1.4-9）。

乙类公共建筑屋面、外墙、楼板热工性能限值　　　　　　表 1.4-8

围护结构部位	传热系数 $K/[W/(m^2 \cdot K)]$				
	严寒 A、B 区	严寒 C 区	寒冷地区	夏热冬冷地区	夏热冬暖地区
屋面	$\leqslant 0.35$	$\leqslant 0.45$	$\leqslant 0.55$	$\leqslant 0.60$	$\leqslant 0.60$
外墙（包括非透明幕墙）	$\leqslant 0.45$	$\leqslant 0.50$	$\leqslant 0.60$	$\leqslant 1.0$	$\leqslant 1.5$
底面接触室外空气的架空或外挑楼板	$\leqslant 0.45$	$\leqslant 0.50$	$\leqslant 0.60$	$\leqslant 1.0$	—
地下车库和供暖房间与之间的楼板	$\leqslant 0.50$	$\leqslant 0.70$	$\leqslant 1.00$	—	—

乙类公共建筑外窗（包括透光幕墙）热工性能限值　　　　表1.4-9

围护结构部位	传热系数 K/[W/(m²·K)]					太阳得热系数 $SHGC$		
外窗（包括透光幕墙）	严寒A、B区	严寒C区	寒冷地区	夏热冬冷地区	夏热冬暖地区	寒冷地区	夏热冬冷地区	夏热冬暖地区
单一立面外窗（包括透光幕墙）	≤2.00	≤2.20	≤2.50	≤3.00	≤4.00	—	≤0.45	≤0.40
屋顶透光部分（屋顶透光部分面积≤20%）	≤2.00	≤2.00	≤2.00	≤3.0	≤4.0	≤0.40	≤0.35	≤0.30

⑦ 入口大堂全玻幕墙

详见《建筑节能与可再生能源利用通用规范》GB 55015—2021 第3.1.13条。强制性条文。

当公共建筑入口大堂采用全玻幕墙时，全玻幕墙中非中空玻璃的面积不应超过该建筑同一立面透光面积（门窗和玻璃幕墙）的15%，且应按同一立面透光面积（含全玻幕墙面积）加权计算平均传热系数。

⑧ 外窗的通风开口面积

详见《建筑节能与可再生能源利用通用规范》GB 55015—2021 第3.1.14条。强制性条文。

公共建筑中主要功能房间的外窗（包括透光幕墙）应设置可开启窗扇或通风换气装置。

⑨ 门窗、幕墙气密性

《公共建筑节能设计标准》GB 50189—2015 第3.3.5条要求，公共建筑外门、外窗的气密性分级应符合国家标准的规定，并应满足下列要求：

10层及以上建筑外窗的气密性不应低于7级；

10层以下建筑外窗的气密性不应低于6级；

严寒和寒冷地区外门的气密性不应低于4级。

第3.3.6条要求建筑幕墙的气密性应符合国家标准《建筑幕墙》GB/T 21086—2007中第5.1.3条的规定且不应低于3级。

根据现行国家标准《建筑幕墙、门窗通用技术条件》GB/T 31433—2015规定，建筑外门窗气密性7级对应的分级指标绝对值为：单位缝长[mm³/(m·h)] $1.0 \geq q_1 > 0.5$，单位面积[m³/(m²·h)] $3.0 \geq q_2 > 1.5$；建筑外门窗气密性6级对应的分级指标绝对值为：单位缝长[m³/(m·h)] $1.5 \geq q_1 > 1.0$，单位面积[m³/(m²·h)] $4.5 \geq q_2 > 3.0$。建筑外门窗气密性4级对应的分级指标绝对值为：单位缝长[m³/(m·h)] $2.5 \geq q_1 > 2.0$，单位面积[m³/(m²·h)] $7.5 \geq q_2 > 6.0$。幕墙气密性3级对应的分级指标为：开口部分 $1.5 \geq q_L > 0.5$，幕墙整体 $1.2 \geq q_A > 0.5$。

⑩ 建筑遮阳措施

详见《建筑节能与可再生能源利用通用规范》GB 55015—2021 第3.1.15条。强制性条文。

夏热冬暖、夏热冬冷地区，甲类公共建筑南、东、西向外窗和透光幕墙应采取遮阳措施。

（4）围护结构热工性能的权衡判断

进行权衡判断的设计建筑，其围护结构的热工性能应符合下列规定：

① 围护结构传热系数基本要求不得低于《建筑节能与可再生能源利用通用规范》GB 55015—2021 附录 C 中表 C.0.1-1 的规定。

② 透光围护结构传热系数和太阳得热系数基本要求：

当公共建筑单一立面的窗墙比大于或等于 0.40 时，透光围护结构的传热系数和太阳得热系数的基本要求应符合《建筑节能与可再生能源利用通用规范》GB 55015—2021 附录 C 中表 C.0.1-2 的规定。

1.4.4 工业建筑节能设计

为规范工业建筑节能设计，统一节能设计标准，做到节约和合理利用能源资源，提高能源资源利用效率，2017 年首次发布工业建筑节能设计标准《工业建筑节能设计统一标准》GB 51245—2017。内容包含建筑与建筑热工、供暖通风空调与给排水、电气、能量回收与可再生能源利用等专业提出的通用性的节能设计要求，规定相应的节能措施，指导工业建筑节能设计。2021 年实施的国家通用标准《建筑节能与可再生能源利用通用规范》GB 55015—2021 废止《工业建筑节能设计统一标准》GB 51245—2017 中的强制性条文，统一执行通用标准相关条文。

此节仅含建筑与建筑热工设计。

1）工业建筑节能设计分类

工业建筑节能设计分类根据环境控制和能耗方式分为以下两类：一类工业建筑——供暖和空调；二类工业建筑——通风。

2）工业建筑节能设计原则

一类工业建筑：通过围护结构保温设计和供暖系统的节能设计，降低冬季供暖能耗；通过围护结构隔热和空调系统的节能设计，降低夏季空调能耗；

二类工业建筑：通过自然通风设计和机械通风系统节能设计，降低通风能耗。

工业建筑所在地的热工设计分区应符合现行国家标准《民用建筑热工设计规范》GB 50176—2016 的有关规定。

工业建筑所在地的光气候分区应符合现行国家标准《建筑采光设计标准》GB 50033—2013 的有关规定。

3）总图与建筑设计

（1）厂区选址

厂区选址应综合考虑区域的生态环境因素，充分利用有利条件，符合可持续发展原则。

（2）总图设计

① 建筑总图设计应避免大量热、蒸汽或有害物质向相邻建筑散发而造成能耗增加，应采取控制建筑间距、选择最佳朝向、确定建筑密度和绿化构成等措施。

② 建筑总图设计应合理确定能源设备机房的位置，缩短能源供应输送距离。冷热源

机房宜位于或靠近冷热负荷中心位置集中设置。

③ 厂区总图设计和建筑设计应有利于冬季日照、夏季自然通风和自然采光等条件，合理利用当地主导风向。

（3）建筑设计

① 在满足工艺需求的基础上，建筑内部功能布局应区分不同生产区域。对于大量散热的热源，宜放在生产厂房的外部并与生产辅助用房保持距离；对于生产厂房内的热源，宜采取隔热措施，并宜采用远距离控制或自动控制。

② 建筑设计应优先采用被动式节能技术，根据气候条件，合理采用围护结构保温隔热与遮阳、天然采光、自然通风等措施，降低建筑的供暖、空调、通风和照明系统的能耗。

③ 有余热条件的厂区应充分考虑实现能量就地回收与再利用的设施。

④ 建筑设计应充分利用工业厂区水、植被等自然条件，合理选择绿化和铺装形式，营建有利的区域生态条件。

4）体形系数

严寒和寒冷地区室内外温差较大，建筑体形的变化将直接影响一类工业建筑供暖能耗的大小。在一类工业建筑的供暖耗热量中，围护结构的传热耗热量占有很大比例，建筑体形系数越大，单位建筑面积对应的外表面面积越大，传热损失就越大。因此，从降低冬季供暖能耗的角度出发，应对严寒和寒冷地区一类工业建筑的体形系数进行控制，以更好地实现节能目的。

相关条文：《工业建筑节能设计统一标准》GB 51245—2017 第 4.1.10 条。

5）窗墙面积比和屋顶透光部分面积比

窗的传热系数远大于墙的传热系数，一类工业建筑外窗面积过大会导致供暖和空调能耗增加，因此，从降低建筑能耗的角度出发，必须对窗墙面积比予以严格的限制。

设置供暖、空调系统的工业建筑总窗墙面积比不应大于 0.50，且屋顶透光部分面积不应大于屋顶总面积的 15%（详见《建筑节能与可再生能源利用通用规范》GB 55015—2021 第 3.1.7 条。强制性条文。允许权衡判断通过）。

6）自然通风和天然采光

（1）自然通风措施

① 工业建筑宜充分利用自然通风消除工业建筑余热、余湿。

② 对于二类工业建筑，宜采用单跨结构。

③ 在多跨工业建筑中，宜将冷热跨间隔布置，宜避免热跨相邻。

④ 在利用自然通风时，应避免自然进风对室内环境的污染或无组织排放造成室外环境的污染。

⑤ 在利用外窗作为自然通风的进、排风口时，进、排风面积宜相近；当受到工业辅助用房或工艺条件限制，进风口或排风口面积无法保证时，应采用机械通风进行补充。

⑥ 当外墙进风面积不能保证自然通风要求时，可采用在地面设置地下风道作为进风口的方式；对于年温差大、地层温度较低的地区，宜利用地道作为进风冷却方式。

⑦ 热压自然通风设计时，应使进、排风口高度差满足热压自然通风的需求。

⑧ 当热源靠近厂房的一侧外墙布置，且外墙与热源之间无工作地点时，该侧外墙的进风口宜布置在热源的间断处。

⑨ 以风压自然通风为主的工业建筑，其迎风面与夏季主导风向宜成60°～90°，且不宜小于45°。

⑩ 自然通风应采用阻力系数小、易于开关和维修的进、排风口或窗扇。不便于人员开关或需要经常调节的进、排风口或窗扇，应设置机械开关或调节装置。

(2) 自然采光

① 建筑设计应充分利用天然采光。大跨度或大进深的厂房采光设计时，宜采用顶部天窗采光或导光管采光系统等采光装置。

② 在大型厂房方案设计阶段，宜进行采光模拟分析计算和采光的节能量核算。

7) 围护结构热工设计

(1) 一类工业建筑热工参数限值

设置供暖空调系统的工业建筑围护结构热工性能应符合《工业建筑节能设计统一标准》GB 51245—2017 第 4.3.2 条中表 4.3.2-1～表 4.3.2-8 的规定。

(2) 二类工业建筑传热系数 K 推荐值如下：

严寒 A 区围护结构传热系数推荐值 [W/(m²·K)] 详见《工业建筑节能设计统一标准》GB 51245—2017 第 4.3.3 条中表 4.3.3-1。

(3) 生产车间应优先采用预制装配式外墙围护结构。当采用预制装配式复合围护结构时，应符合下列规定：

① 根据建筑功能和使用条件，应选择保温材料品种和设置相应构造层次；

② 预制装配式围护结构应有气密性和水密性要求，对于有保温隔热的建筑，其围护结构应设置隔汽层和防风透气层；

③ 当保温层或多孔墙体材料外侧存在密实材料层时，应进行内部冷凝受潮验算，必要时采取隔气措施；

④ 屋面防水层下设置的保温层为多孔或纤维材料时，应采取排气措施。

(4) 建筑围护结构应进行详细构造设计，并应符合下列规定：

① 采用外保温时，外墙和屋面宜减少出挑构件、附墙构件和屋顶突出物，外墙与屋面的热桥部分应采取阻断热桥措施；

② 有保温要求的工业建筑，变形缝应采取保温措施；

③ 严寒及寒冷地区地下室外墙及出入口应防止内表面结露，并应设防水排潮措施。

(5) 建筑围护结构采用金属围护系统且有供暖或空调要求时，构造层设计应采用满足围护结构气密性要求的构造；恒温恒湿环境的金属围护系统气密性不应大于 $1.2 m^3/(m^2·h)$。

(6) 外门、外窗设计

① 外门设计宜符合下列规定：

严寒和寒冷地区有保温要求时，外门宜通过设门斗、感应门等措施，减少冷风渗透；

有保温或隔热要求时，应采用防寒保温门或隔热门，外门与墙体之间应采取防水保温措施。

② 外窗设计应符合下列规定：

无特殊工艺要求时，外窗可开启面积不宜小于窗面积的30%，当开启有困难时，应设相应通风装置；

有保温隔热要求时，外窗安装宜采用具有保温隔热性能的附框，气密性等级应符合现行国家标准《建筑外门窗气密、水密、抗风压性能检测方法》GB/T 7106—2019 的有关规定。

（7）以排除室内余热为目的而设置的天窗及屋面通风器应采用可关闭的形式。

（8）位于夏热冬冷或夏热冬暖地区，散热量小于 23W/m³ 的厂房，当建筑空间高度不大于 8m 时，宜采取屋顶隔热措施。采用通风屋顶隔热时，其通风层长度不宜大于 10m，空气层高度宜为 0.2m。

（9）夏热冬暖、夏热冬冷、温和地区的工业建筑宜采取遮阳措施。当设置外遮阳时，遮阳装置应符合下列规定：东西向宜设置活动外遮阳，南向宜设水平外遮阳；建筑物外遮阳装置应兼顾通风及冬季日照。

8）工业建筑围护结构热工性能的权衡判断基本要求

进行权衡判断的设计建筑，其围护结构的热工性能应符合下列规定：

围护结构传热系数基本要求不得低于《建筑节能与可再生能源利用通用规范》GB 55015—2021 附录 C 中表 C.0.1-1 的规定。

设计建筑围护结构的传热系数最大限值如下：

所有区划屋面传热系数 K 值不得降低。

严寒 A 区：外墙　$K \leqslant 0.60$，外窗　$K \leqslant 3.0$；

严寒 B 区：外墙　$K \leqslant 0.65$，外窗　$K \leqslant 3.5$；

严寒 C 区：外墙　$K \leqslant 0.70$，外窗　$K \leqslant 3.8$；

寒冷 A 区：外墙　$K \leqslant 0.75$，外窗　$K \leqslant 4.0$；

寒冷 B 区：外墙　$K \leqslant 0.80$，外窗　$K \leqslant 4.2$；

夏热冬冷 A 区：外墙　$K \leqslant 1.20$，外窗　$K \leqslant 4.5$；

夏热冬冷 B 区：外墙　$K \leqslant 1.20$，外窗　$K \leqslant 4.5$；

夏热冬暖 A 区：外墙　$K \leqslant 1.60$，外窗　$K \leqslant 5.0$；

夏热冬暖 B 区：外墙　$K \leqslant 1.60$，外窗　$K \leqslant 4.5$；

温和 A 区：外墙　$K \leqslant 1.20$，外窗　$K \leqslant 5.0$。

1.4.5 近零能耗建筑

1）概念

零能耗建筑：其室内环境参数与近零能耗建筑相同，充分利用建筑本体和周边的可再生能源资源，使可再生能源年产能大于或等于建筑全年全部用能的建筑。

近零能耗建筑：适应气候特征和场地条件，通过被动式建筑设计最大幅度降低建筑供暖、空调、照明需求，通过主动技术措施最大幅度提高能源设备与系统效率，充分利用可再生能源，以最少的能源消耗提供舒适室内环境且其室内环境参数和能效指标符合《近零能耗建筑技术标准》GB/T 51350—2019 规定的建筑，其建筑能耗水平应较国家标准《公共建筑节能设计标准》GB 50189—2015 和行业标准《严寒和寒冷地区居住建筑节能设计标准》JGJ 26—2018、《夏热冬冷地区居住建筑节能设计标准》JGJ 134—2010、《夏热冬暖地区居住建筑节能设计标准》JGJ 75—2012 降低 60%～75%以上。

超低能耗建筑：其室内环境参数与近零能耗建筑相同，能效指标略低于近零能耗建筑，其建筑能耗水平应较国家标准《公共建筑节能设计标准》GB 50189—2015 和行业标准《严寒和寒冷地区居住建筑节能设计标准》JGJ 26—2018、《夏热冬冷地区居住建筑节能设计标准》JGJ 134—2010、《夏热冬暖地区居住建筑节能设计标准》JGJ 75—2012 降低 50%以上。

零能耗建筑是建筑节能的终极目标，从节能建筑到超低能耗建筑，再到近零能耗建筑，最终达到零能耗建筑，是建筑领域实现双碳达标的途径。《近零能耗建筑技术标准》GB/T 51350—2019 虽然为推荐性标准，其重要性不可忽视。

2）现行《近零能耗建筑技术标准》GB/T 51350—2019 要点

（1）编制目的：提升建筑室内环境品质和建筑质量，降低用能需求，提高能源利用效率，推动可再生能源建筑应用，引导建筑逐步实现近零能耗。

（2）适用范围：标准适用于近零能耗建筑的设计、施工、运行和评价。

（3）基本规定

① 建筑设计：应根据气候特征和场地条件，通过被动式设计降低建筑冷热需求和提升主动式能源系统的能效达到超低能耗，在此基础上，利用可再生能源对建筑能源消耗进行平衡和替代达到近零能耗。有条件时，宜实现零能耗。

② 约束性指标和推荐性指标：室内环境参数及能效指标为约束性指标；围护结构、能源设备和系统等性能参数为推荐性指标。

③ 建筑应进行全装修。室内装修应简洁，不应损坏围护结构气密层和影响气流组织，并宜采用获得绿色建材标识（或认证）的材料与部品。

（4）建筑室内环境参数

详见现行《近零能耗建筑技术标准》GB/T 51350—2019 第 4 节室内环境参数。

（5）建筑能效指标

详见现行《近零能耗建筑技术标准》GB/T 51350—2019 第 5 节能效指标。

（6）围护结构技术参数

包括居住建筑非透光围护结构平均传热系数、公共建筑非透光围护结构平均传热系数、分隔供暖空间和非供暖空间的非透光围护结构平均传热系数、外门窗气密性能、居住建筑和公共建筑外窗（包括透光幕墙）热工性能参数等。详见现行《近零能耗建筑技术标准》GB/T 51350—2019 第 6 节技术参数。

（7）技术措施（建筑专业）

① 性能化设计：性能化设计应根据《近零能耗建筑技术标准》GB/T 51350—2019 规定的室内环境参数和能效指标要求，并应利用能耗模拟计算软件等工具，优化确定建筑设计方案。

② 规划与建筑方案设计

城市及建筑群的总体规划应有利于营造适宜的微气候。应通过优化建筑空间布局，合理选择和利用景观、生态绿化等措施，夏季增强自然通风、减少热岛效应，冬季增加日照，避免冷风对建筑的影响。建筑的主朝向宜为南北朝向，主入口宜避开冬季主导风向。

建筑方案设计应根据建筑功能和环境资源条件，以气候环境适应性为原则，以降低建筑供暖年耗热量和供冷年耗冷量为目标，充分利用天然采光、自然通风以及围护结构保温隔热等被动式建筑设计手段降低建筑的用能需求。

建筑设计宜采用简洁的造型、适宜的体形系数和窗墙比、较小的屋顶透光面积比例。

建筑设计应采用高性能的建筑保温隔热系统及门窗系统。

遮阳设计应根据房间的使用要求、窗口朝向及建筑安全性综合考虑。可采用可调或固定等遮阳措施，也可采用可调节太阳得热系数（SHGC）的调光玻璃进行遮阳。南向宜采用可调节外遮阳、可调节中置遮阳或水平固定外遮阳的方式。东向和西向外窗宜采用可调节外遮阳设施。

建筑进深选择应考虑天然采光效果。进深较大的房间，应设置采光中庭、采光竖井、光导管等设施，改善天然采光效果。

地下空间宜设置采光天窗、采光侧窗、下沉式广场（庭院）、光导管等，充分利用自然光。

建筑设计宜采用建筑光伏一体化系统。

③ 热桥处理

建筑围护结构设计时，应进行消除或削弱热桥的专项设计，围护结构保温层应连续。

详见现行《近零能耗建筑技术标准》GB/T 51350—2019 第 7.1.14～7.1.17 条。

④ 建筑气密性

建筑围护结构气密层应连续并包围整个外围护结构，建筑设计施工图中应明确标注气密层的位置。

围护结构设计时，应进行气密性专项设计。详见《近零能耗建筑技术标准》GB/T 51350—2019 第 7.1.18～7.1.23 条。

(8) 评价

应对近零能耗建筑进行评价，评价应贯穿设计、施工及运行全过程。

评价应以单栋建筑为对象。

1.4.6 考点与考题分析

1) 考点分析

主要考查考生对建筑围护结构节能原理的掌握程度，包括各气候区不同类型建筑（居住建筑、公共建筑、工业建筑）节能的策略、原则和围护结构部位的节能设计（材料及其构造）。

2) 考题分析

试题1：夏热冬冷地区居住建筑节能设计标准对建筑物东、西向的窗墙面积比要求比北向要求严格的原因是（　　）。

A. 风力影响大　　　　　　　　B. 太阳辐射强
C. 湿度不同　　　　　　　　　D. 需要保温

答案：B

分析：该试题主要考查考生对夏热冬冷地区居住建筑建筑围护结构节能原理的掌握程度。所谓窗墙面积比严格就是窗户面积比较小，夏季透过窗户的太阳辐射带来的热量较少，由室内外温差引起的制冷能耗较少，可以达到节能的目的。

试题2：冬季墙面出现结露现象，其根本原因是（   ）。

A. 室内空气太过潮湿

B. 墙面不吸水

C. 墙面附近的空气不流动

D. 室内墙面温度低于室内空气露点温度

答案：D

分析：该试题主要考查考生对结露形成原因的了解。结露产生的最根本原因就是室内墙面温度低于室内空气露点温度。

试题3：进行近零能耗建筑设计时，下列居住建筑供暖需求能效指标中错误的是（   ）？

A. 严寒地区≤18kWh/（$m^2 \cdot a$）

B. 寒冷地区≤15kWh/（$m^2 \cdot a$）

C. 夏热冬冷地区≤10kWh/（$m^2 \cdot a$）

D. 夏热冬暖地区≤5kWh/（$m^2 \cdot a$）

答案：C

分析：详见《近零能耗建筑技术标准》GB/T 51350—2019 表5.0.1。

编制依据：

1. 《民用建筑热工设计规范》GB 50176—2016
2. 《城市居住区规划设计规范》GB 50180—2018
3. 《建筑节能和可再生能源利用通用规范》GB 55015—2021
4. 《严寒和寒冷地区居住建筑节能设计标准》JGJ 26—2018
5. 《夏热冬冷地区居住建筑节能设计标准》JGJ 134—2010
6. 《夏热冬暖地区居住建筑节能设计标准》JGJ 75—2012
7. 《温和地区居住建筑节能设计标准》JGJ 475—2019
8. 《公共建筑节能设计标准》GB 50189—2015
9. 《近零能耗建筑技术标准》GB/T 51350—2019
10. 《工业建筑节能设计统一标准》GB 51245—2017

参考书目：

[1] 清华大学建筑学院，同济大学建筑与城市规划学院，等. 建筑设计资料集·第一分册·建筑总论. 北京：中国建筑工业出版社，2017.

[2] 柳孝图. 建筑物理. 北京：中国建筑工业出版社，2010.

[3] 刘念雄，秦佑国. 建筑热环境. 北京：清华大学出版社，2005.

[4] 华南理工大学，重庆大学，等. 建筑物理. 广州：华南理工大学出版社，2002.

第二章 建筑采光和照明

2.1 考纲分析

2.1.1 考试大纲

了解建筑采光和照明的基本原理;掌握采光和照明设计标准;了解室内外光环境对光和色的控制;了解采光和照明节能的一般原则和措施。能够运用建筑光学综合技术知识,判断、解决该专业工程实际问题。

2.1.2 考试大纲解读

1)了解建筑采光和照明的基本原理:要求了解光学的基本概念,掌握采光(天然)、照明(人工)的原理及特性;

2)掌握采光设计标准与计算:要求熟记建筑采光设计标准的常用数据,掌握不同采光形式的计算公式;

3)了解室内外环境照明对光和色的控制:要求了解视觉原理和特性,掌握光源和灯具的光学特性,掌握建筑室内外照明的种类及其原理;

4)了解采光和照明节能的一般原则和措施:要求掌握采光和照明节能设计的一般原则和方法,熟悉绿色照明技术;

5)运用建筑光学综合技术知识,判断、解决该专业工程实际问题:考试更注重实践中的运用。

2.2 建筑采光和照明基本原理

2.2.1 光的特性

光是以波动形式传播的辐射能(虽然在量子力学中光具有粒子性,但平时可将其视作电磁波)。一般"光"这个词语指可见光,定义为波长 380～780nm 的电磁辐射。但实际上其他波长的电磁辐射也称作光。

不同波长的可见光在视觉上产生不同的颜色,不可见光因为眼睛里的感光细胞不会对其做出反应而不会产生任何颜色。只包含单一波长的电磁辐射的光称作单色光;反之则称作复色光(图 2.2-1)。

光具有沿直线传播的特性,同时在干涉和衍射可忽略的情形下,光路是可逆的。

光是能量的一种传播方式。光源之所以发出光,是因为束缚于光源原子里的电子的运

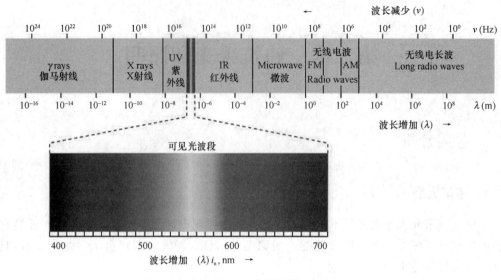

图 2.2-1 电磁波谱

动,有三种方式:热运动、跃迁辐射、受激辐射。

电磁波长与能量之间的关系式是:

$$E = hc/\lambda$$

式中 E 代表能量,h 为普朗克常数,λ 为电磁波长;c 是光在真空中的光速,近似值为 $2.998 \times 10^8 \mathrm{m/s}$。

这个等式也说明,光的能量和波长成反比,波长越小的光能量越大。

在本章讨论的光学之中仅涉及可见光。

2.2.2 视觉

视觉是由进入视觉系统的辐射所产生的光感觉而获得的对于外界环境的认识。对于人类而言,视觉只能通过眼睛来完成。

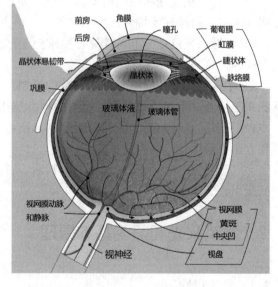

图 2.2-2 人眼的结构

人的眼睛是一个结构复杂的器官,其大致结构可见图 2.2-2。

1) 人眼的主要组成部分

角膜:是眼球最前方的透明多层组织,其作用为初步集中进入眼球内的光,防止异物进入眼球。角膜位于虹膜、瞳孔及前房前方,并为眼睛提供 2/3 的屈光力(角膜的屈光力是眼球中最强的),进入眼球的光在经过角膜后,通过晶状体的折射,光线(影像)便可以聚焦在视网膜上。角膜有十分敏感的神经末梢,如有外物接触角膜,眼睑便会不由自主地合上以保护眼睛。为了保持透明,角膜并没有血管,透过泪液及房水获取养分及氧气。

瞳孔：是眼球血管膜的前部虹膜中心的圆孔。沿瞳孔环形排列的平滑肌叫瞳孔括约肌，收缩时使瞳孔缩小，沿瞳孔放射状排列的平滑肌叫瞳孔放大肌，松弛时使瞳孔放大，调节进入眼球的光线量。

晶状体：位于玻璃体前面，周围由晶状体悬韧带与睫状体相连，呈双凸透镜状，富有弹性。晶状体为一个双凸面透明组织，被悬韧带固定悬挂在虹膜之后、玻璃体之前。晶状体是唯一具有调节能力的屈光间质，可以通过睫状肌的收缩和舒张改变形状，进而改变屈光度，实现在视网膜上清晰成像。

玻璃体：又称玻璃状液，是眼球内无色透明的胶状物质，表面覆盖着玻璃体膜。玻璃体填充于晶状体与视网膜之间，约占眼球内腔的 4/5。玻璃体的主要作用是支撑视网膜，使视网膜与色素上皮紧贴。

视网膜：又称视衣，是眼球后部的一层非常薄的细胞层，它是眼睛中承接由晶状体所成的像，并将光信号转化为神经信号的部分。其上有可以感受光的视杆细胞和视锥细胞。这些细胞可将它们感受到的光转化为神经信号，通过视神经传至大脑。

2）人视觉的形成

图 2.2-3 从外界入射的光线①通过角膜进入瞳孔②，瞳孔会根据光线的射入量放大或缩小，调节进入眼球的光线量。光紧接着通过晶状体③并被其折射，随后聚焦在视网膜上并成像④。其后视网膜上的感光细胞受到光子的刺激，将光信号转化为神经信号；神经信号被视网膜上的其他神经细胞处理后演化为视网膜神经节细胞的动作电位，通过视神经传输至大脑⑤，之后大脑处理神经信号形成图像⑥。

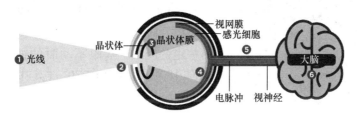

图 2.2-3　人眼视觉成像

视网膜上的感光细胞分布在视网膜的最外层，分为视杆细胞和视锥细胞两种（图 2.2-4）。

视锥细胞（Cone cell）的数量约为 600 万个且视敏度较高，虽然在各处均有分布，但是主要集中于视网膜的中央位置，称作黄斑的圆形区域内，并在眼睛光轴上的中央凹处最为集中，因为在视锥细胞之前没有任何神经元影响成像，能够最大限度地提升视觉的清晰度。

视杆细胞（Rod cell）的数量最多，达 9000 万个，对于光的敏感度很高但是视敏度较低，除了中央凹处之外均有分布。

视锥细胞在明亮环境下对色觉和视觉敏锐度起决定性作用，能够分辨出物体的细部和颜色，并对环境的明暗变化做出迅速的反应以适应新的环境。根据其敏感光线的波长，可分为 S（短波）、M（中波）和 L（长波）三种。视杆细胞则在黑暗环境中对明暗视觉起决定作用，虽然可以敏锐地接收物体的光，却不能分辨其颜色，对明暗变化的反应较缓慢。

实际上视网膜上还存在第三种感光细胞（内在光敏视网膜神经节细胞），虽然不产生映像，但能够控制昼夜节律和调节瞳孔大小（图 2.2-5）。

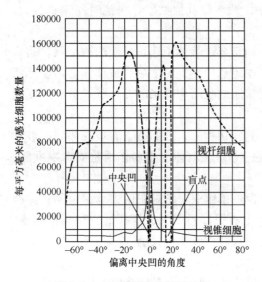

图 2.2-4　视杆细胞和视锥细胞
在视网膜上的分布

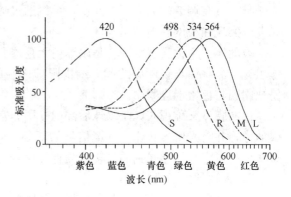

图 2.2-5　视锥细胞（S、M、L 三种）
和视杆细胞（R）的光吸收曲线

3）人的视觉活动特点

人的视觉活动具有以下特点：

（1）视野。根据感光细胞在视网膜上的分布以及眼眉、脸颊的影响，人眼的观看范围有一定的局限。双眼不动时的视野范围为：水平面 180°、垂直面 130°（其中上方 60°，下方 70°），具体见图 2.2-6。

其中上下的灰色范围为眼球不动时的不可见范围；两侧上下斜线的范围为左、右眼单独视野；中央的白色区域为双眼共有视野，人在此范围之内具有立体视觉。此外，中心的 2°视野对应视网膜上的黄斑区域，具有最高的视敏度，但是因几乎没有视杆细胞而在黑暗中几乎

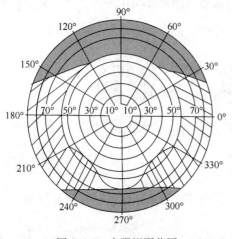

图 2.2-6　人眼视野范围

不产生视觉，往外直到 30°范围内才是视觉清楚区域，为观看物体的有利位置。

（2）明视觉和暗视觉

由于视锥细胞和视杆细胞分别在明、暗环境中起主要作用，形成明视觉和暗视觉。明视觉是指在明亮环境中由视锥细胞起主要作用的视觉（即正常人眼适应高于几个坎德拉时的视觉）。明视觉具有颜色感觉，同时能够辨认很小的细节，对外界光强度的变化适应力强。暗视觉则是在暗环境中主要由视杆细胞起作用的视觉，只有明暗感觉而不具有颜色感觉，且对外界光强度变化的反应较缓慢。

光谱效率：在特定光度条件下引起相同的视觉感觉，波长 λ_m 和 λ 的单色光通量之比。

可以看到（图 2.2-7，图 2.2-8），明视觉和暗视觉的光谱光视效率曲线存在差异，这

种在不同光照下人眼感受不同的现象称为普尔金耶效应（Purkinje effect），因此在设计颜色装饰时要根据其所处环境的明暗变化，根据此效应选择相应的色彩和明度对比，否则可能会背离预期的目的。

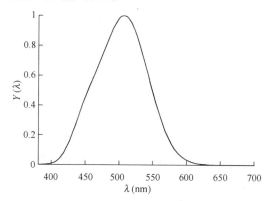

图 2.2-7　明视觉的光谱光视效率曲线

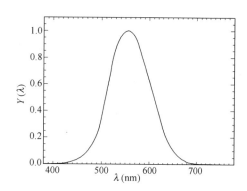

图 2.2-8　暗视觉的光谱光视效率曲线

2.2.3　光度学

1) 光度学是在人眼视觉的基础上，研究可见光的测试、计量和计算的学科。

主要单位：

坎德拉（Candela）：发光强度的单位，国际单位制七个基本单位之一，符号 cd。1979 年 10 月第十六届国际计量大会将坎德拉定义为：给定一个频率为 $540.0154×10^{12}$ Hz 的单色辐射光源（黄绿色可见光）与一个方向，且该辐射源在该方向的辐射强度为 1/683 瓦特每球面度，则该辐射源在该方向的发光强度为 1 坎德拉。

流明（Lumen）：符号为 lm，一个光源发射 1 坎德拉的发光强度到 1 个立体角的范围里，则到那个立体角的总发射光通量就是 1 流明。流明明显可被认为是对可见光总"量"的测量，定义式为 1lm=1cd·sr。

勒克斯（Lux）：标识照度的国际单位制单位，1 流明每平方米面积定义为 1 勒克斯。定义式为 $1lx=1lm/m^2=1cd·sr·m^{-2}$。

非国际单位制的单位：

烛光（Candlepower）：发光强度单位，1 烛光=1 坎德拉。

英尺-朗伯（Footlambert）：亮度单位，1 英尺-朗伯=1/π 烛光每平方英尺=3.426 烛光每平方米。

朗伯（Lambert）：亮度单位，1 朗伯=1/π 烛光每平方厘米。

毫朗伯（Millilambert）：亮度单位，1 毫朗伯=1/1000 朗伯。

熙提（Stilb）：亮度单位，1 熙提=1 烛光每平方厘米。

英尺烛光（Foot-candle, ft-c）：照度单位，字面意义是发光强度为距离 1 坎德拉的点光源 1 英尺处表面的照度，$1ft-c=1lm/ft^2=10.764$ lx，工业上常常采用 1ft-c=10 lx。

辐透或厘米烛光（Phot）：照度单位，相当于"流明每平方厘米"，$1Phot=1lm/cm^2$。

2) 基本光度物理量

(1) 立体角

343

球面面积和球心形成的角度叫作立体角，符号为 Ω，单位是球面度（sr）（图 2.2-9）。Ω 的定义式如下：

$$\Omega = \frac{A}{r^2} \text{（sr）}$$

式中，A 为球面面积，r 为球体半径。

同时，球体的表面积为 $4\pi r^2$，所以整个球面所成的立体角为：

$$\Omega_{球} = (4\pi r^2)/r^2 = 4\pi = 2.57\,\text{sr}$$

（2）光通量

用来表示辐射功率经过人眼的视见函数影响后的光谱辐射功率大小，符号为 Φ，标准单位是流明（lm），是表示光源整体亮度的指标。

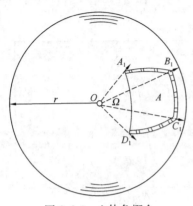

图 2.2-9 立体角概念

光通量的物理表达式为（对于某一波长为 λ 的光）：

$$\Phi = K \cdot \Phi(\lambda) \cdot V(\lambda)$$

对于复色光：

$$\Phi = K \cdot \int_0^\infty \frac{\mathrm{d}\Phi(\lambda)}{\mathrm{d}\lambda} \cdot V(\lambda) \mathrm{d}\lambda$$

式中　　K——最大光谱光视效能，如对于明视觉，$K=683\,\text{lm/W}$；

　　　　λ——波长；

　　　　$V(\lambda)$——称为人眼相对光谱敏感度曲线，亦作光谱光视效率曲线，是总结众多针对人眼的测试经验而得到的，它描述人眼对不同波长的光的反应强弱；

　　　　$\Phi(\lambda)$——波长为 λ 的光的辐射通量；

$\mathrm{d}\Phi(\lambda)/\mathrm{d}\lambda$——辐射通量的光谱分布，单位为 W。

在计算中，光通量常采用下方等式计算得到：

$$\Phi = K \cdot \Sigma \Phi(\lambda) \cdot V(\lambda)$$

（3）发光强度

表示光源给定方向上单位立体角内发光强弱程度的物理量，也就是光通量在立体空间内的分布，单位为 cd。

在给定方向上的发光强度的物理表达式为：

$$I = \frac{\mathrm{d}\Phi}{\mathrm{d}\Omega}$$

式中，$\mathrm{d}\Omega$ 为一立体角元，$\mathrm{d}\Phi$ 为此立体角元中光源传输的光通量。

一般来说，发光强度随方向而异，用极坐标 (θ, φ) 来描写选定的方向时，$I(\theta, \varphi)$ 表示沿该方向的发光强度。

当立体角 α 方向上的光通量 Φ 均匀分布在立体角之上时，该方向的发光强度为：

$$I_\alpha = \frac{\Phi}{\Omega}$$

（4）照度

对于被照面而言，常常用落在其单位面积上的光通量的多少来衡量其被照射的程度，这就是常用的照度，符号为 E，它表示被照面积上的光通量密度。

被照表面上一点的照度的物理表达式为：

$$E = \frac{\mathrm{d}\Phi}{\mathrm{d}A}$$

式中，$\mathrm{d}A$ 为该面元之面积，$\mathrm{d}\Phi$ 为此面元上光源传输的光通量。

若光通量 Φ 均匀分布在被照表面 A 上时，此面上各点的照度均相等，上方等式变为：

$$E = \frac{\Phi}{A}$$

照度的单位为勒克斯，英制单位为英尺烛光。一般在 40W 白炽灯下 1m 的照度约为 30 lx，若上方有灯罩则可达 73 lx；阴天中午室外照度为 8000～20000 lx，若为晴天则可高达 80000～120000 lx。

（5）亮度

亮度定义为单位面积发光（或反光）物体在给定方向上，在每单位立体角内所发出的总光通量。

亮度的物理表达式为：

$$L = \frac{\mathrm{d}\Phi}{\mathrm{d}\Omega \cdot \mathrm{d}s \cos(\theta)}$$

式中　Φ——由给定点处的束元 $\mathrm{d}s$ 传输并包含立体角元 $\mathrm{d}\Omega$ 内传播的光通量；

　　　Ω——立体角；

　　　$\mathrm{d}s$——包含给定点的射束截面之面积；

　　　θ——给定方向与射束截面 $\mathrm{d}s$ 法线方向的夹角。

当 θ 方向上射束截面 s 的发光强度 I_α 均相等时，θ 方向的亮度为：

$$L_\alpha = \frac{I_\alpha}{A \cos \alpha}$$

由于物体亮度在各个方向不一定相同，因此常在亮度符号的右下角表明角度，它表示与表面法线成 α 角方向上的亮度。

亮度的常用单位为坎德拉每平方米（cd/m^2），有时也使用较大单位熙提（sb）。常见的一些物体亮度值如下：

白炽灯灯丝：300～500sb

荧光灯表面：0.8～0.9sb

太阳：200000sb

无云时的蓝天：0.2～2sb（依距离太阳位置的角距离而不同）

亮度反映了物体表面的物理特性，但是我们感受到的亮度除了和物体表面的亮度相关之外，还和自身所处环境的明暗程度有关。一般来说，对于同一亮度的表面，放置在较亮环境下会让人们认为其比在相对较暗环境中时明亮。为了区分这两种亮度概念，常将前者称作物理亮度，后者称作表观亮度。在本篇中仅介绍物理亮度（图 2.2-10）。

3）发光强度和照度的关系

一个点光源在被照面上形成的照度，可以通过发光强度和照度这两个物理量的关系求出。

图 2.2-11 (a) 表示球面 A_1、A_2、A_3，距离点光源 O 分别为 r、$2r$、$3r$ 且在光源处形成的立体角相同，则 A_1、A_2、A_3 的面积比为它们距离光源的距离的平方之比（1：4：9）。设光源在这三个表面方向上的发光强度，即单位立体角的光通量不变，则落在这三个表面的光通量相同，但因为它们面积不同，它们的光通量密度也不同。由此可以推出发光强度和照度的一般关系：

根据等式：$E = \dfrac{\Phi}{A}$、$I_\alpha = \dfrac{\Phi}{\Omega}$、$\Omega = \dfrac{A}{r^2}$，可得：

$E = \dfrac{I_\alpha}{r^2}$。

此等式表明，某表面的照度 E 与点光源在这个方向的发光强度 I_α 成正比，与距光源的距离 r 的平方成反比，这就是计算点光源产生照度的基本公式，

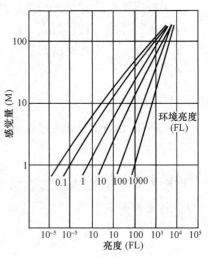

图 2.2-10 根据实验整理出的物理亮度和表观亮度的关系

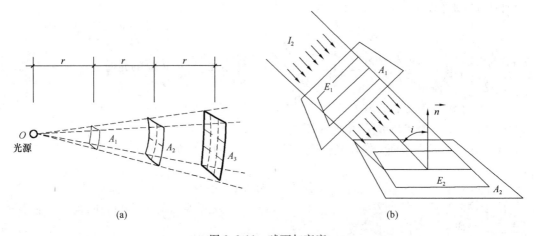

(a)   (b)

图 2.2-11 球面与亮度

称为距离平方反比定律。

若入射角不为 0，如图 2.2-11 (b) 中的表面 A_2，它和 A_1 成 i 角，A_1 的法线和光线重合，则 A_2 法线和光线成 i 角，由于：$\Phi = A_1 E_1 = A_2 E_2$ 且 $A_1 = A_2 \cos i$、$E_2 = E_1 \cos i$，故由 $E = \dfrac{I_\alpha}{r^2}$ 可知 $E_1 = \dfrac{I_\alpha}{r^2}$，因此可得：$E_2 = \dfrac{I_\alpha}{r^2} \cos i$。

上式表示：表面法线与入射光成 i 处的照度，与它至点光源的距离平方成反比；与光源在 i 方向的发光强度和入射角 i 的余弦值成正比。此等式适用于点光源，一般当光源尺度小于至被照面距离的五分之一时，即将该光源视作点光源。

4）照度和亮度的关系

所谓照度和亮度的关系，指的是光源亮度和其形成的照度之间的关系。如图 2.2-12，设 A_1 为各方向亮度均相同的发光面，A_2 为被照面。在 A_1 上去一微元面积 dA_1，由于其尺寸和其距离被照面的距离 r 相比足够小，故可以将 dA_1 视作点光源。此微元射向 O 点的

发光强度为 $dI_α$，这样它在 A_2 上的 O 点处形成的照度为：

$$dE = \frac{dI_α}{r^2}\cos i$$

对于微元发光面积 dA_1 而言，由之前求出的发光强度和亮度的关系式可得：

$$dI_α = L_α dA_1 \cos α$$

代入上式可得：

$$dE = L_α \frac{dA_1 \cos α}{r^2} \cos i$$

又因为 $\dfrac{dA_1 \cos α}{r^2}$ 是 dA_1 对 O 点展开的立体角 $Ω$，故又可写成：

$$dE = L_α dΩ \cos i$$

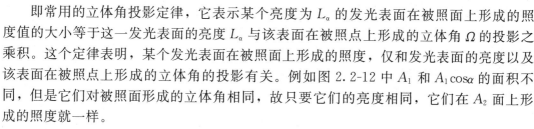

图 2.2-12　照度与亮度关系

所以，整个发光表面在 O 点形成的照度为：

$$E = \int_Ω L_α \cos i \, dΩ$$

同时，因为光源在各方向的亮度均相同，故有：

$$E = L_α Ω \cos i$$

即常用的立体角投影定律，它表示某个亮度为 $L_α$ 的发光表面在被照面上形成的照度值的大小等于这一发光表面的亮度 $L_α$ 与该表面在被照点上形成的立体角 $Ω$ 的投影之乘积。这个定律表明，某个发光表面在被照面上形成的照度，仅和发光表面的亮度以及该表面在被照点上形成的立体角的投影有关。例如图 2.2-12 中 A_1 和 $A_1\cos α$ 的面积不同，但是它们对被照面形成的立体角相同，故只要它们的亮度相同，它们在 A_2 面上形成的照度就一样。

立体角投影定律一般适用于光源尺寸相对于它和被照点的距离较大时。

5）材料的光学性质

（1）反射比、透射比、吸收比

假设总的入射光能为 $Φ$，反射的光能为 $Φ_ρ$，吸收的光能为 $Φ_α$，透射的光能为 $Φ_τ$（如图 2.2-13），则可以得到：

$$ρ = Φ_ρ/Φ$$
$$α = Φ_α/Φ$$
$$τ = Φ_τ/Φ$$

$ρ$、$α$、$τ$ 分别称为反射比、吸收比、透射比。

同时，根据能量守恒定律，显然会有：

$$Φ = Φ_ρ + Φ_α + Φ_τ$$

将上方三个等式代入，可得：

$$\frac{Φ_ρ}{Φ} + \frac{Φ_α}{Φ} + \frac{Φ_τ}{Φ} = ρ + α + τ = 1$$

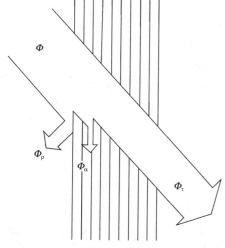

图 2.2-13　反射比、透射比、吸收比

各种材料在光线的入射角不同时的反射比、透射比、吸收比是不同的（入射角指光线和被照面的法线之间的夹角）。

光经过介质的反射和透射之后，它的分布变化取决于材料表面的光滑程度和局部分子结构。反光和透光材料可以分为规则的和不规则的两种。前者在光线经过介质的反射和透射之后光分布的立体角不变，例如**精准**和透明玻璃；后者会使入射光不同程度地分散在更大的立体角范围内，如粉刷过的墙面。

（2）规则反射和规则透射

规则反射：在无漫射情形下，遵守反射定律的反射（如图 2.2-14），反射定律如下：入射光线、反射光线和反射面在反射发生处的法线位于同一个平面；入射光线与法线所成的角等于反射光线与同一条法线所成的角；反射光线和入射光线处在法线的相对两边。产生规则反射的表面有玻璃镜面、磨光的金属表面等，主要用于把光线反射到需要的地方。经过材料反射之后的亮度和发光强度为：

$$I_\rho = I \times \rho$$
$$L_\rho = L \times \rho$$

式中，L_ρ、I_ρ 分别为经过反射之后光的亮度和发光强度，L、I 为光原有亮度和发光强度，ρ 为反射比。

规则透射：遵守折射定律的透射。

折射定律：折射光线位于入射光线和界面法线所决定的平面内；折射线和入射线分别在法线的两侧；入射角 i 的正弦和折射角 i' 的正弦的比值，对折射率一定的两种媒质来说是一个常数。

产生规则透射的表面有玻璃、有机玻璃等。经过材料透射之后的亮度和发光强度为：

$$L_\tau = L \times \tau$$
$$I_\tau = I \times \tau$$

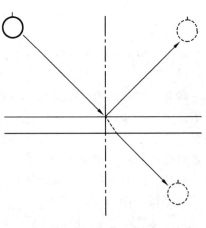

图 2.2-14 反射规律

式中，L_τ、I_τ 分别为经过反射之后光的亮度和发光强度，L、I 为光原有亮度和发光强度，τ 为透射比。

（3）漫反射和漫透射

漫反射和漫透射：漫反射指光线照射到表面时光线被材料向四面八方均匀反射或扩散。这时各个角度的亮度相同，看不见光源的影像，例子有粉刷后的墙壁、石膏、氧化镁、砖墙、绘图纸等；漫透射指光线照射到表面时光线被材料向四面八方均匀透射，透过的光线各个角度亮度均相同，这时看不见光源的影像，常见例子有半透明塑料、乳白玻璃等。

经过漫反射或漫透射之后的亮度为：

$$L = E \times \rho / \pi \quad (\text{cd/m}^2)$$
$$L = E \times \tau / \pi \quad (\text{cd/m}^2)$$

式中，ρ 为反射比，τ 为透射比。

经过漫反射或漫透射后，光线的最大发光强度在表面法线方向，其他方向的反射或透射光遵循以下的朗伯余弦定律：

$$I_i = I_o \cos i$$

式中，I_o 为法线方向的发光强度，i 为法线和所求方向的夹角。

亮度分布如图 2.2-15。

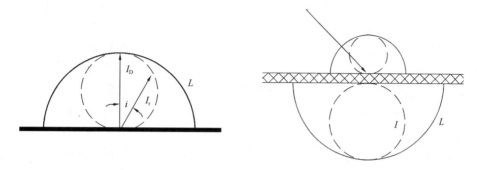

图 2.2-15　漫反射与漫透射

(4) 混合反射和混合透射

混合反射：指规则反射和漫反射兼有的反射，在反射方向可以看见光源的形象但不甚清晰。具有混合反射特性的材料被称为混合反射材料，例如粗糙的金属表面、光滑的纸、油漆等。

混合透射：指规则透射和漫透射兼有的透射，在透射反射方向可以看见光源的形象但不甚清晰。具有混合透射特性的材料称为混合透射材料，如磨砂玻璃等。具有这一特性的材料亮度分布如图 2.2-16，它们在规则反射或透射方向具有最大亮度，在其他方向也具有一定亮度。

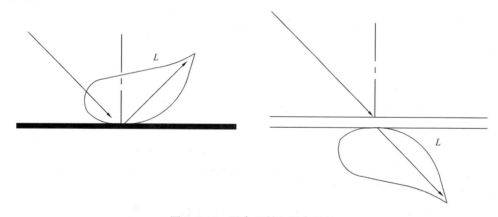

图 2.2-16　混合反射和混合透射

6）可见度及其影响因素

可见度即人眼辨认物体存在或形状的难易程度，用于定量表示人眼看物体的清晰程度。

(1) 亮度：照度或者亮度越高，人眼就看得越清楚。人眼能够看见的最低亮度阈值为 5～10asb（3.14asb=1cd/m²），随着亮度增大，可见度也增大。一般来说，1500～3000 lx 可见度最好，当物体亮度超过 16sb 时，人就会感到刺眼。

(2) 物件的相对尺寸：物件尺寸 d，眼睛至物体的距离 l 形成视角 α（单位为分），其关系如下：

$$\alpha = \frac{d}{l} \cdot 3440 \; (')$$

在医学上识别细小物体的能力叫作视力。它是所观看最小视角的倒数。医学上把在 5m 远的距离上能够识别 1 分视角的视标的视力称作 1.0，识别 2 分的视力为 0.5。

（3）亮度对比：观看对象的亮度与它的背景亮度（或颜色）的对比，即亮度或颜色差距越大，可见度越高。亮度对比系数 C＝目标与背景的亮度差/背景亮度。

（4）物体亮度、视角大小和亮度对比对可见度的影响：观看对象在眼睛处形成的视角不变时，如果亮度对比下降，则需要更大的照度才能保持相同的可见性；视角越小，需要的照度越高；一般天然光线比人工光更有利于提高可见性。

（5）识别时间：眼睛观看物体时，物体呈现时间越短，就需要越高的亮度以引起视觉。即物体越亮，识别时间越短。

同时，人的眼睛在暗环境和亮环境间切换时需要进行暗适应和明适应；一般而言，明适应持续 3~6s，但暗适应可长达 10~35min。

2.2.4 色度和颜色

1) 颜色的基本特性

颜色根据其成因分为两种：光源色和物体色。

光源色：由光源直接发出的光形成的色刺激，取决于光源的光谱组成。

物体色：光被物体反射和透射之后形成的色刺激，取决于光源的光谱组成和物体的反射和透射情况。

2) 颜色根据其有无色调分为有彩色和无彩色。

无彩色取决于物体的光反射比，1 为理想的纯白，0 为理想的纯黑，灰色的光反射比介于 0~1 之间。

有彩色则具有三种独立的性质：

色调：各颜色彼此相互区分开的视觉特性。光源色的色调取决于光源的光谱组成；物体色的色调则取决于光源的光谱组成和物体的反射和透射情况。

明度：在同样照明条件下，依据表观为白色或高透射比表面的视亮度来判断的某一表面的视亮度。彩色光的亮度越高，明度就越高。物体色的明度则和光反射比成正比。对于无彩色，明度是其唯一的颜色属性。

彩度：在同样照明条件下，依据表观为白色或高透射比表面的视亮度的一个区域的视亮度比例判断的颜色丰富程度，它是用距离等明度无彩点的视知觉特性来表示物体表面色彩的浓淡并予以分度（也就是彩色的纯洁性）。单色光掺入白光成分越多，也就意味着其越不饱和。

3) 颜色的混合

实验证明，任何颜色的光均可以通过不超过 3 种纯光谱波长的光来正确模拟；同时，颜色可以相互混合。一般对于光源色使用红（波长 700nm）、绿（波长 546.1nm）、蓝（波长 435.8nm）作为三原色，对于物体色则使用上述三者的补色（青、品红、黄）作为三原色，见图 2.2-17。

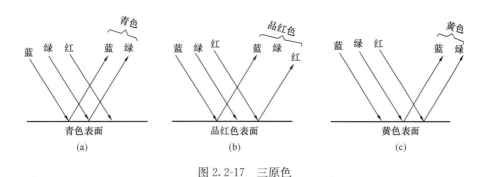

图 2.2-17 三原色

对于光源色的混合使用加色法（图 2.2-18a），物体色则使用减色法（图 2.2-18b）。

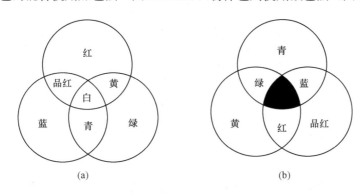

图 2.2-18 颜色混合的原色与中间色

4）颜色定量

(1) CIE 1931 标准色度系统

国际照明委员会（CIE）1931 年推荐的色度系统，见图 2.2-19。它把所有颜色用 x、y 两个坐标表示在一张色度图上。图上一点表示一种颜色。马蹄形曲线表示单一波长的光谱轨迹。400~700nm 称为紫红轨迹，表示光谱轨迹上没有的由紫到红的轨迹。图中的中心点为等能白光（白色），由三原色各占三分之一组成。CIE 1931 标准色度系统不但可以表示光源色，也可以表示物体色。图中曲线上的数字表示色温。例如：$x=0.425$、$y=0.400$ 时光源的色温约为 3200K。

(2) 孟塞尔（A. M. Munsell）表色系统

孟塞尔表色系统是按颜色的三种基本属性：色调 H、明度 V 和彩度 C 对颜色进行分类与标定的体系，见图 2.2-20。

色调分为 R、Y、B、G、P 五个主色调和 YR、GY、BG、PB 和 RP 五个中间色调，这十种色调再每个细分为 10 个等级，主色调和中间色调的值固定为 5，同时色调值 10 等于下一个色调的 0。中轴表示明度，理想的黑色定为 0、白色为 10，共 11 级。明度轴至色调的水平距

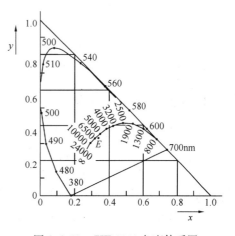

图 2.2-19 CIE 1931 色度体系图

离表示彩度的变化,离中轴越远彩度越大。

表色符号的排列是先写色调,再写明度,最后画一条斜线后写彩度。例如 10Y8/12 表示色调为黄色和绿色的中间色,明度为 8,彩度为 12。若为无彩色则以 N 开头且只写明度,如 N7/表示明度为 7 的中间色。

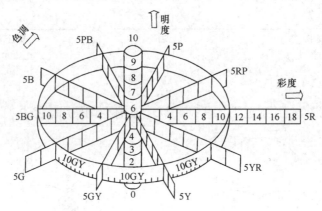

图 2.2-20　孟塞尔表色系统

2.2.5　光源的色温和显色性

1) 光源色温和相关色温

当光源的颜色和一完全辐射体（也就是黑体）在某一温度下发出的光色相同时,黑体的温度就是光源的色温,符号为 T_c,单位为 K。把某一种光源的色品和某一温度下的黑体的色品最为接近时黑体的温度称作相关色温,符号 T_{sp}。太阳光和热辐射电光源可以用色温描述,而气体放电和固体发光光源则用相关色温描述。如：40W 白炽灯的色温为 2700K,40W 荧光灯的相关色温为 3000～7500K,太阳光的色温为 5300～5800K,钠灯的相关色温为 2000K。

2) 光源的显色性

光源的显色性用显色指数表征,物体在待测光源下的颜色和其在参考标准光源下颜色相比的符合程度称作显色指数,符号 Ra。Ra 的取值范围在 0～100,一般认为 Ra 取 80～100 为显色优良,50～79 为显色一般,50 以下为较差。如：功率 500W 的白炽灯为 95～99,荧光灯为 50～93,1000W 高压钠灯为 20～60,镝灯为 85～95。

2.2.6　建筑标准中的术语

1)《建筑采光设计标准》GB 50033—2013 中的术语

参考平面 reference surface：测量或规定照度的平面。

照度 illuminance：表面上一点的照度是入射在包含该点面元上的光通量除以该面元面积之商。

室外照度 exterior illuminance：在天空漫射光照射下,室外无遮挡水平面上的照度。

室内照度 interior illuminance：在天空漫射光照射下,室内给定平面上某一点的照度。

采光系数 daylight factor：在室内参考平面上的一点,由直接或间接地接收来自假定和已知天空亮度分布的天空漫射光而产生的照度与同一时刻该天空半球在室外无遮挡水平面上产生的天空漫射光照度之比。

采光系数标准值 standard value of daylight factor：在规定的室外天然光设计照度下，满足视觉功能要求时的采光系数值。

室外天然光设计照度 design illuminance of exterior daylight：室内全部利用天然光时的室外天然光最低照度。

室内天然光照度标准值 standard value of interior daylight illuminance：对应于规定的室外天然光设计照度值和相应的采光系数标准值的参考平面上的照度值。

光气候 daylight climate：由太阳直射光、天空漫射光和地面反射光形成的天然光状况。

光气候系数 daylight climate coefficient：根据光气候特点，按年平均总照度值确定的分区系数。

室外天然光临界照度 critical illuminance of exterior daylight：室内需要全部开启人工照明时的室外天然光照度。

采光均匀度 uniformity of daylighting：参考平面上的采光系数最低值与平均值之比。

不舒适眩光 discomfort glare：在视野中由于光亮度的分布不适宜，或在空间或时间上存在着极端的亮度对比，以致引起不舒适的视觉条件。本标准中的不舒适眩光特指由窗引起的不舒适眩光。

窗地面积比 ratio of glazing to floor area：窗洞口面积与地面面积之比。对于侧面采光，应为参考平面以上的窗洞口面积。

采光有效进深 depth of daylighting zone：侧面采光时，可满足采光要求的房间进深。本标准用房间进深与参考平面至窗上沿高度的比值来表示。

导光管采光系统 tubular daylighting system：一种用来采集天然光，并经管道传输到室内，进行天然光照明的采光系统，通常由集光器、导光管和漫射器组成。

导光管采光系统效率 efficiency of the tubular daylighting system：导光管采光系统的漫射器输出光通量与集光器输入光通量之比。

采光利用系数 daylight utilization factor：被照面接受到的光通量与天窗或集光器接受到来自天空的光通量之比。

光热比 light to solar gain ratio：材料的可见光透射比与太阳能总透射比的比值。

透光折减系数 transmitting rebate factor：透射漫射光照度与漫射光照度之比。

2)《建筑照明设计标准》GB 50034—2013 中的术语

绿色照明 green lights：节约能源、保护环境，有益于提高人们生产、工作、学习效率和生活质量，保护身心健康的照明。

视觉作业 visual task：在工作和活动中，对呈现在背景前的细部和目标的观察过程。

光通量 luminous flux：根据辐射对标准光度观察者的作用导出的光度量。单位为流明（lm），1lm＝1cd·1sr。对于明视觉有：

$$\Phi = K_m \int_0^\infty \frac{d\Phi_e(\lambda)}{d\lambda} V(\lambda) d\lambda$$

式中　$d\Phi_e(\lambda)/d\lambda$ ——辐射通量的光谱分布；

　　　$V(\lambda)$ ——光谱光（视）效率；

K_m——辐射的光谱（视）效能的最大值，单位为流明每瓦特（lm/W）。在单色辐射时，明视觉条件下的 K_m 值为 683 lm/W（λ＝555nm 时）。

发光强度 luminous intensity：发光体在给定方向上的发光强度是该发光体在该方向的立体角元 $d\Omega$ 内传输的光通量 $d\Phi$ 除以该立体角元所得之商，即单位立体角的光通量。单位为坎德拉（cd），1cd＝1lm/sr。

亮度 luminance：由公式 $L = d^2\Phi/(dA \cdot cos\theta \cdot d\Omega)$ 定义的量。单位为坎德拉每平方米（cd/m^2）。

式中　$d\Phi$——由给定点的光束元传输的并包含给定方向的立体角 $d\Omega$ 内传播的光通量（lm）；

　　　dA——包括给定点的射束截面积（m^2）；

　　　θ——射束截面法线与射束方向间的夹角。

照度 illuminance：入射在包含该点的面元上的光通量 $d\Phi$ 除以该面元面积 dA 所得之商。单位为勒克斯（lx），1lx＝1lm/m^2。

平均照度 average illuminance：规定表面上各点的照度平均值。

维持平均照度 maintained average illuminance：在照明装置必须进行维护时，在规定表面上的平均照度。

参考平面 reference surface：测量或规定照度的平面。

作业面 working plane：在其表面上进行工作的平面。

识别对象 recognized objective：需要识别的物体和细节。

维护系数 maintenance factor：照明装置在使用一定周期后，在规定表面上的平均照度或平均亮度与该装置在相同条件下新装时在同一表面上所得到的平均照度或平均亮度之比。

一般照明 general lighting：为照亮整个场所而设置的均匀照明。

分区一般照明 localized general lighting：为照亮工作场所中某一特定区域而设置的均匀照明。

局部照明 local lighting：特定视觉工作用的、为照亮某个局部而设置的照明。

混合照明 mixed lighting：由一般照明与局部照明组成的照明。

重点照明 accent lighting：为提高指定区域或目标的照度，使其比周围区域突出的照明。

正常照明 normal lighting：在正常情况下使用的照明。

应急照明 emergency lighting：因正常照明的电源失效而启用的照明。应急照明包括疏散照明、安全照明、备用照明。

疏散照明 evacuation lighting：用于确保疏散通道被有效地辨认和使用的应急照明。

安全照明 safety lighting：用于确保处于潜在危险之中的人员安全的应急照明。

备用照明 stand-by lighting：用于确保正常活动继续或暂时继续进行的应急照明。

值班照明 on-duty lighting：非工作时间，为值班所设置的照明。

警卫照明 security lighting：用于警戒而安装的照明。

障碍照明 obstacle lighting：在可能危及航行安全的建筑物或构筑物上安装的标识照明。

频闪效应 stroboscopic effect：在以一定频率变化的光照射下，观察到物体运动显现出不同于其实际运动的现象。

发光二极管（LED）灯 light emitting diode lamp：由电致固体发光的一种半导体器件作为照明光源的灯。

光强分布 distribution of luminous intensity：用曲线或表格表示光源或灯具在空间各方向的发光强度值，也称配光。

光源的发光效能 luminous efficacy of a light source：光源发出的光通量除以光源功率所得之商，简称光源的光效。单位为流明每瓦特（lm/W）。

灯具效率 luminaire efficiency：在规定的使用条件下，灯具发出的总光通量与灯具内所有光源发出的总光通量之比，也称灯具光输出比。

灯具效能 luminaire efficacy：在规定的使用条件下，灯具发出的总光通量与其所输入的功率之比。单位为流明每瓦特（lm/W）。

照度均匀度 uniformity ratio of illuminance：规定表面上的最小照度与平均照度之比，符号是 U_0。

眩光 glare：由于视野中的亮度分布或亮度范围的不适宜，或存在极端的对比，以致引起不舒适感觉或降低观察细部或目标的能力的视觉现象。

直接眩光 direct glare：由视野中，特别是在靠近视线方向存在的发光体所产生的眩光。

不舒适眩光 discomfort glare：产生不舒适感觉，但并不一定降低视觉对象的可见度的眩光。

统一眩光值 unified glare rating（UGR）：国际照明委员会（CIE）用于度量处于室内视觉环境中的照明装置发出的光对人眼引起不舒适感主观反应的心理参量。

眩光值 glare rating（GR）：国际照明委员会（CIE）用于度量体育场馆和其他室外场地照明装置对人眼引起不舒适感主观反应的心理参量。

反射眩光 glare by reflection：由视野中的反射引起的眩光，特别是在靠近视线方向看见反射像所产生的眩光。

光幕反射 veiling reflection：视觉对象的镜面反射，它使视觉对象的对比降低，以致部分地或全部地难以看清细部。

灯具遮光角 shielding angle of luminaire：灯具出光口平面与刚好看不见发光体的视线之间的夹角。

显色性 colour rendering：与参考标准光源相比较，光源显现物体颜色的特性。

显色指数 colour rendering index：光源显色性的度量。以被测光源下物体颜色和参考标准光源下物体颜色的相符合程度来表示。

一般显色指数 general colour rendering index：光源对国际照明委员会（CIE）规定的第1~8种标准颜色样品显色指数的平均值。通称显色指数，符号是 R_a。

特殊显色指数 special colour rendering index：光源对国际照明委员会（CIE）选定的第9~15种标准颜色样品的显色指数，符号是 R_i。

色温 colour temperature：当光源的色品与某一温度下黑体的色品相同时，该黑体的绝对温度为此光源的色温。亦称"色度"。单位为开（K）。

相关色温 correlated colour temperature：当光源的色品点不在黑体轨迹上，且光源的色品与某一温度下的黑体的色品最接近时，该黑体的绝对温度为此光源的相关色温，简称相关色温。符号为 T_{cp}，单位为开（K）。

色品 chromaticity：用国际照明委员会（CIE）标准色度系统所表示的颜色性质。由色品坐标定义的色刺激性质。

色品图 chromaticity diagram：表示颜色色品坐标的平面图。

色品坐标 chromaticity coordinates：每个三刺激值与其总和之比。在 X、Y、Z 色度系统中，由三刺激值可算出色品坐标 x、y、z。

色容差 chromaticity tolerances：表征一批光源中各光源与光源额定色品的偏离，用颜色匹配标准偏差 SDCM 表示。

光通量维持率 luminous flux maintenance：光源在给定点燃时间后的光通量与其初始光通量之比。

反射比 reflectance：在入射辐射的光谱组成、偏振状态和几何分布给定状态下，反射的辐射通量或光通量与入射的辐射通量或光通量之比。

照明功率密度 lighting power density（LPD）：单位面积上一般照明的安装功率（包括光源、镇流器或变压器等附属用电器件），单位为瓦特每平方米（W/m^2）。

室形指数 room index：表示房间或场所几何形状的数值，其数值为 2 倍的房间或场所面积与该房间或场所水平面周长及灯具安装高度与工作面高度的差之商。

年曝光量 annual lighting exposure：度量物体年累积接受光照度的值，用物体接受的照度与年累积小时的乘积表示，单位为每年勒克斯小时（lx·h/a）。

3）其他可见《建筑照明术语标准》JGJ/T 119—2008

2.3 建筑采光设计标准与计算

2.3.1 光气候

1）光气候：由太阳直射光、天空漫射光和地面反射光形成的天然光状况。

2）天然光

太阳是天然光的基本光源，天然光由以下三种光组成：

（1）太阳直射光：太阳光经过大气层入射到地面，一部分为定向透射光，称为太阳直射光。直射光具有强烈的方向性，被照射物体背后在物体的背阳面形成阴影。直射光在地面上形成的照度主要受太阳高度角和大气通透度的影响。

（2）天空漫射光：太阳光遇到大气中的空气分子、水蒸气、粉尘等微粒产生散射而形成的使天空具有一定亮度的光。天空漫射光没有方向性，不形成阴影，在地面上形成的照度受太阳高度角的影响较小，而受天空中的云量、云状和大气中杂质含量的影响较大。

地面反射光：顾名思义，指的是太阳直射光和天空漫射光射到地表时反射出来的光。除了地表被白雪或白沙覆盖的情况外，采光计算一般可不考虑地面反射光的影响。

（3）由于太阳高度随时间而变化，大气通透度和天空中的云量随天气变化，天然光的照度变化甚大，组成和所占比例依不同天气状态、不同时间而异，晴天中午以太阳直射光为主，照度可高达 105 lx 以上，早晚以漫射光为主，全云天则只有漫射光。若两种光线所占比例发生变化,则地面上的照度和物体阴影浓度也将发生变化。室内采光不仅受天空亮度及其分布状况的影响,而且受室外各种反射光的影响。

云量:指云遮蔽天空视野的成数,划分为0~10级,即覆盖云彩的天空部分所占的立体角总和与整个天空立体角2π之比;

晴天:云量占整个天空面积30%以下的天气称为晴天;

全云天:天空全部被云层所遮盖的天气称为全云天或全阴天。

晴天和全云天是两种极端天气,在此之间还有多种天气状况。采光设计中,多采用最不利于采光的全云天作为制订设计标准的依据,对晴天较多的地区,按其所处纬度进行修正。

3) 光气候分区

我国地域辽阔,同一时刻南北方的太阳高度角相差很大。从日照率看来,由北、西北往东南方向逐渐减少,而以四川盆地一带为最低;从云量看来,自北向南逐渐增多,四川盆地最多;从云状看,南方以低云为主,向北逐渐以高、中云为主。这些均说明,南方天空扩散光照度较大,北方以太阳直射光为主,并且南北方室外平均照度差异较大,在采光设计中若采用同一标准值是不合理的。为此,在采光设计标准中,将全国划分为五个光气候区,分别取相应的采光设计标准。

2.3.2 采光标准

1) 采光系数

采光系数为在室内参考平面上的一点,由直接或间接地接收来自假定和已知天空亮度分布的天空漫射光而产生的照度与同一时刻该天空半球在室外无遮挡水平面上产生的天空漫射光照度之比。

$$C = \frac{E_n}{E_w} \cdot 100\%$$

式中 C——采光系数,%;

E_n——室内照度,lx;

E_w——室外照度,lx。

2) 采光标准值

建筑自然采光的设计标准按《建筑采光设计标准》GB 50033—2013 执行。

(1) 各采光等级参考平面上的采光标准值应符合表 2.3-1 的规定。

各采光等级参考平面上的标准值　　表 2.3-1

采光等级	侧面采光		顶部采光	
	采光系数标准值/%	室内天然光照度标准值/lx	采光系数标准值/%	室内天然光照度标准值/lx
Ⅰ	5	750	5	750
Ⅱ	4	600	3	450
Ⅲ	3	450	2	300
Ⅳ	2	300	1	150
Ⅴ	1	150	0.5	75

注:① 工业建筑参考平面取距地面 1m,民用建筑取距地面 0.75m,公用场所取地面。
② 表中所列采光系数标准值适用于我国Ⅲ类光气候区,采光系数标准值是按室外设计照度值 15000 lx 制定的。
③ 采光标准的上限值不宜高于上一级采光等级的级差,采光系数不宜高于 7%。

对于Ⅰ、Ⅱ采光等级的侧面采光，当开窗面积受到限制时，其采光系数值可降低到Ⅲ级，所减少的天然光照度应采用人工照明补充。

（2）各光气候区的室外天然光设计照度值应按表2.3-2选用，所在地区的采光系数标准值应乘以相应地区的光气候系数K。

室外天然光设计照度值　　　　表2.3-2

光气候区	Ⅰ	Ⅱ	Ⅲ	Ⅳ	Ⅴ
K值	0.85	0.90	1.00	1.10	1.20
室外天然光设计照度值E_s/lx	18000	16500	15000	13500	12000

（3）强制性条文：

《建筑采光设计标准》GB 50033—2013中，第4.0.1、4.0.2、4.0.4、4.0.6条为强制性条文，其内容如下：

4.0.1　住宅建筑的卧室、起居室（厅）、厨房应有直接采光。

4.0.2　住宅建筑的卧室、起居室（厅）的采光不应低于采光等级Ⅳ级的采光标准值，侧面采光的采光系数不应低于2.0%，室内天然光照度不应低于300 lx。

4.0.4　教育建筑的普通教室的采光不应低于采光等级Ⅲ级的采光标准值，侧面采光的采光系数不应低于3.0%，室内天然光照度不应低于450 lx。

4.0.6　医疗建筑的一般病房的采光不应低于采光等级Ⅳ级的采光标准值，侧面采光的采光系数不应低于2.0%，室内天然光照度不应低于300 lx。

（4）《建筑采光设计标准》GB 50033—2013中列出了住宅建筑、教育建筑、医疗建筑、办公建筑、图书馆建筑、旅馆建筑、博物馆建筑、展览建筑、交通建筑、体育建筑、工业建筑等类型建筑中各场所的采光标准值。

2.3.3　采光窗

为了获得天然光而在建筑的外围护（墙、屋顶）上开留、装有或无透光材料的孔洞称为窗洞口（采光口），按所处位置，可分为侧窗和天窗。

1）侧窗

侧窗构造简单，布置方便、造价低，光线具有明确的方向性，有利于形成阴影，并可通过它看到外界景物，扩大视野，故得到广泛使用。

窗洞口面积相等且窗台标高一致时，正方形窗口采光量最高，竖长方形次之，横长方形最少；沿进深方向照度均匀性方面，竖长方形最好，正方形次之，横长方形最差；沿宽度方向照度均匀性方面则横长方形最好，正方形次之，竖长方形最差。

侧窗的采光特点是照度沿进深方向下降很快，进深超过窗顶高2倍的部位，宜补充电光源照明。

侧窗分单侧窗、双侧窗、高侧窗三种。双侧窗在不同云量条件下两侧室内照度不尽相同。侧窗窗台一般在1m左右，窗台高于2m，称为高侧窗，常用于厂房仓库及展览美术建筑。

2) 天窗

随着建筑物体量的增大,单一使用侧窗已不能达到采光要求,建筑顶部采光的形式,称为天窗。根据使用要求的不同,有各种不同的天窗形式:

(1) 矩形天窗

矩形天窗是最常见的天窗形式,采光特性与高侧窗相似,主要有以下几种类型:

纵向矩形天窗:由装在屋架上的一列天窗架构而成,采光比侧窗均匀,由于安装位置较高,不易形成眩光,窗扇一般可以开启,可兼起通风作用,故在需要通风的工业建筑中大量使用。大尺寸天窗可增加照度和改善均匀性,但也会带来其他构造问题,一般宽度为跨度的一半,下沿至工作面的高度为跨度的 0.35~0.7 倍,相邻两天窗中线间的距离小于下沿至工作面高度的 2 倍,相邻天窗玻璃间距为天窗高度和的 1.5 倍为宜。将矩形天窗的玻璃做成倾斜的称为梯形天窗,可以增加室内采光量,但均匀度稍欠缺,构造复杂且易集尘,建议慎用。

横向天窗:天窗沿屋架方向设置、安装在屋架上下弦之间的称为横向天窗,采光效果与矩形天窗类似。由于不需要专门的天窗架构,造价较低,但屋架杆件对采光有一定影响。为减少阳光直射进入,横向天窗玻璃面宜朝南北方向,故该形式最适合南北走向的建筑。

井式天窗:常用于需通风的高温车间,是将几块屋面板装于屋架下弦形成井口的一种天窗形式,为达到通风效果常不设玻璃窗扇,采光效果一般。

(2) 锯齿形天窗

这种天窗属单面顶部采光。由于有倾斜顶棚的反光,采光效率比纵向矩形天窗高 15%~20%,由于有反射光,均匀性高于高侧窗。为防止阳光直射进入,一般朝北。由于其光线均匀且方向性强,轻工厂房、大型超市、体育馆等常用这种天窗。

(3) 平天窗

直接在屋面开洞设窗的天窗形式,构造简单,采光效率高,是矩形天窗的 2~3 倍,采光也比较均匀。设计时需注意防水、防污染、防眩光、防阳光直射、防结露等细节。

在平、剖面相同情况下,采光效率从高到低依次为平天窗、梯形天窗、锯齿形天窗、矩形天窗。实际设计中常对上述形式加以改造或混合使用,以适应不同建筑的特殊要求。

2.3.4 采光设计

采光设计就是根据指定的视觉作业的各项要求,通过选择窗洞形式、确定必需的窗洞口面积及位置等设计手段,使室内获得符合建筑采光设计标准的良好光环境,以保证视觉作业顺利进行。

1) 采光系数标准值

视觉工作分为Ⅰ~Ⅴ级,视觉作业场所工作面上的采光系数标准值如表 2.3-3:

2) 采光质量

(1) 采光均匀度

顶部采光时,Ⅰ~Ⅳ采光等级的采光均匀度不宜小于 0.7。为保证采光均匀度的要求,相邻两天窗中线间的距离不宜大于参考平面至天窗下沿高度的 1.5 倍。侧面采光时室内照度不可能做到均匀，故不作规定。

视觉作业场所工作面上的采光系数标准值 表 2.3-3

采光等级	视觉作业分类		侧面采光		顶部采光	
	作业精确度	识别对象的最小尺寸 d/mm	采光系数最低值 C_{min}/%	室内天然光临界照度/lx	采光系数平均值 C_{av}/%	室内天然光临界照度/lx
Ⅰ	特别精细	$d \leqslant 0.15$	5	250	7	350
Ⅱ	很精细	$0.15 < d \leqslant 0.3$	3	150	4.5	225
Ⅲ	精细	$0.3 < d \leqslant 1.0$	2	100	3	150
Ⅳ	一般	$1.0 < d \leqslant 5.0$	1	50	1.5	75
Ⅴ	粗糙	$d > 5.0$	0.5	25	0.7	35

注：表中所列采光系数标准值适用于我国Ⅲ类光气候区。采光系数标准值是根据室外临界照度为5000 lx制定的；亮度对比小的Ⅱ、Ⅲ级视觉作业，其采光等级可提高一级采用。

（2）窗眩光

侧面采光极易对水平工作视线的场所形成眩光，采光设计时，应采取下列减小窗的不舒适眩光的措施：作业区应减少或避免直射阳光；工作人员的视觉背景不宜为窗口；可采用室内外遮挡设施；窗结构内表面或窗周围内墙面，宜采用浅色饰面。

（3）光反射比

常见建筑室内各表面的反射比：顶棚 0.60～0.90，墙面 0.30～0.80，地面 0.10～0.50，桌面、工作台面、设备表面 0.20～0.60。

（4）其他主要原则

采光设计时，应注意光的方向性，应避免对工作产生遮挡和不利的阴影。

需补充人工照明的场所，照明光源宜选择接近天然光色温的光源。

需识别颜色的场所，应采用不改变天然光光色的采光材料。

博物馆建筑的天然采光设计和对光有特殊要求的场所，宜消除紫外线辐射、限制天然光照度值和减少曝光时间。陈列室不应有直射阳光进入。

当选用导光管采光系统进行采光设计时，采光系统应有合理的光分布。

3）窗地面积比

（1）Ⅲ类光气候区的采光，窗地面积比和采光有效进深按表 2.3-4 进行估算，其他光气候区的窗地面积比应乘以相应的光气候系数 K。侧面采光时窗口面积应为参考平面以上的窗洞口面积。

Ⅲ类光气候区窗地面积比有采光进深 表 2.3-4

采光等级	侧面采光		顶部采光
	窗地面积比/(A_c/A_d)	采光有效进深/(b/h_s)	窗地面积比/(A_c/A_d)
Ⅰ	1/3	1.8	1/6
Ⅱ	1/4	2.0	1/8
Ⅲ	1/5	2.5	1/10

续表

采光等级	侧面采光		顶部采光
	窗地面积比/(A_c/A_d)	采光有效进深/(b/h_s)	窗地面积比/(A_c/A_d)
Ⅳ	1/6	3.0	1/13
Ⅴ	1/10	4.0	1/23

注：窗地面积比计算条件：窗的总透射比 τ 取 0.6；室内各表面材料反射比的加权平均值：Ⅰ～Ⅲ级取 $\rho_j=0.5$；Ⅳ级取 $\rho_j=0.4$，Ⅴ级取 $\rho_j=0.3$；顶部采光指平天窗采光，锯齿形天窗和矩形天窗可分别按平天窗的 1.5 倍和 2 倍窗地比面积比进行估算。

(2) 主要类型建筑的窗地面积比

各类建筑走道、楼梯间、卫生间的窗地面积比为 1/10（采光系数最低值 1%，内照度标准值 150 lx）。

住宅的卧室、起居室和厨房的窗地面积比为 1/6（采光系数最低值 2%，室内照标准值 300 lx）。

综合医院的候诊室、一般病房、医生办公室、大厅窗地面积比为 1/6；诊室、药房窗地面积比为 1/5。

图书馆的目录室窗地面积比为 1/6。

旅馆的大堂、客房、餐厅的窗地面积比为 1/6。

展览建筑的登录厅、连接通道，交通建筑的出站厅、连接通道、自动扶梯、体育建筑的体育馆场地、入口大厅、休息厅、休息室、贵宾室、裁判用房等窗地面积比均为 1/6（即采光等级Ⅳ）；展览建筑的展厅（单层及顶层），交通建筑的进站厅、候机（车）厅等窗地面比均为 1/5（即采光等级Ⅲ）。

教育建筑的专用教室，办公建筑的办公室、会议室的窗地面积比为 1/5（采光系标准值 3%，室内天然光照度标准值 450 lx）。

图书馆的阅览室、开架书库的窗地面积比为 1/5。

办公建筑的设计室、绘图室的窗地面积比为 1/4（采光系数标准值 4%，室内天然光照度标准值 600 lx）。

(3)《民用建筑设计统一标准》GB 50352—2019 第 7.1.3 条规定有效采光窗面积计算应符合下列规定：侧面采光时，民用建筑采光口离地面高度 0.75m 以下的部分不应计入有效采光面积；侧窗采光口上部的挑檐、装饰板、防火通道及阳台等外部遮挡物在采光计算时，应按实际遮挡参与计算。

4) 博物馆、美术馆采光设计

博物馆、美术馆的采光颇为特殊，为获得良好的展出效果，需关注以下问题：

(1) 适宜的照度。展品中不乏光敏物质，长期照射（尤其含紫外线成分的光线）容易褪色、质变，因此，照度控制需在确保观赏和保护展品之间作平衡。

(2) 照度分布合理。布局上按观览路线控制照度，使观众的眼睛保持舒适。大尺度的展品上不应出现明显的明暗区别，如画作幅面上的照度最大值与最小值之比应控制在 3∶1 之内。

(3) 避免直接眩光。观看展品时，明亮的窗口应在视看范围外，眼睛到窗边、画边形成的夹角大于 14°就能满足这一要求。

(4) 避免一、二次反射眩光。光源（对侧高侧窗）中心和画面中心连线与水平线的夹角大于50°，可避免一次眩光，展品表面亮度（照度）高于室内一般照度，对避免、减弱二次眩光较为有效（图 2.3-1，图 2.3-2）。

(5) 墙面宜采用中性色，光反射比取 0.3 左右。

(6) 对光不敏感的陈列室和展厅，优先采用天然采光。

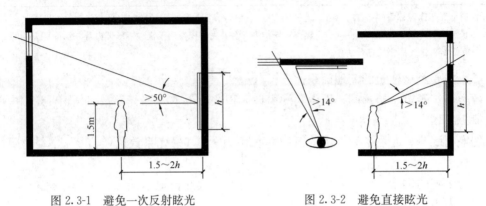

图 2.3-1 避免一次反射眩光　　　　　图 2.3-2 避免直接眩光

2.3.5 采光计算

采光设计时，应进行采光计算。采光计算可按下列方法进行。

1) 侧面采光，示意图见图 2.3-3，按下列公式进行计算。典型条件下的采光系数平均值按《建筑采光设计标准》GB 50033—2013 附录 C 中表 C.0.1 取值。

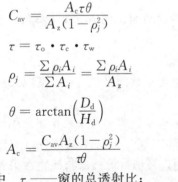
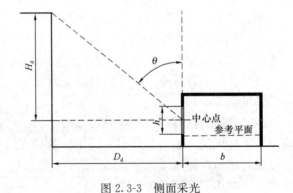

$$C_{av} = \frac{A_c \tau \theta}{A_z(1-\rho_j^2)}$$

$$\tau = \tau_o \cdot \tau_c \cdot \tau_w$$

$$\rho_j = \frac{\sum \rho_i A_i}{\sum A_i} = \frac{\sum \rho_i A_i}{A_z}$$

$$\theta = \arctan\left(\frac{D_d}{H_d}\right)$$

$$A_c = \frac{C_{av} A_z (1-\rho_j^2)}{\tau \theta}$$

图 2.3-3 侧面采光

式中　τ——窗的总透射比；

　　　A_c——窗洞口面积，m^2；

　　　A_z——室内表面总面积，m^2；

　　　ρ_j——室内各表面反射比的加权平均值；

　　　θ——从窗中心点计算的垂直可见天空的角度值，无室外遮挡 θ 为 90°；

　　　τ_o——采光材料的透射比，可按《建筑采光设计标准》GB 50033—2013 附录 D 中附表 D.0.1 和附表 D.0.2 取值；

　　　τ_c——窗结构的挡光折减系数，可按《建筑采光设计标准》GB 50033—2013 附录 D 中附表 D.0.6 取值；

　　　τ_w——窗玻璃的污染折减系数，可按《建筑采光设计标准》GB 50033—2013 附录 D

中附表 D.0.7 取值；

ρ_i——顶棚、墙面、地面饰面材料和普通玻璃窗的反射比，可按《建筑采光设计标准》GB 50033—2013 附录 D 中附表 D.0.5 取值；

A_i——与 ρ_i 对应的各表面面积；

D_d——窗对面遮挡物与窗的距离，m；

H_d——窗对面遮挡物距窗中心的平均高度，m。

2）顶部采光，示意图见图 2.3-4，按下列公式进行计算，利用系数按《建筑采光设计标准》GB 50033—2013 中表 6.0.2 取值。

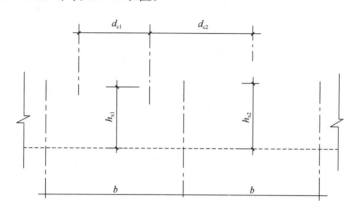

图 2.3-4　顶部采光

$$C_{av}=\tau \cdot CU \cdot A_c/A_d$$

式中　C_{av}——采光系数平均值，％；

　　　τ——窗的总透射比；

　　　CU——利用系数；

A_c/A_d——窗地面积比。

导光管系统采光，按下列公式进行计算：

$$E_{av}=\frac{n \cdot \Phi_u \cdot CU \cdot MF}{1 \cdot b}$$

$$\Phi_u=E_s \cdot A_t \cdot \eta$$

式中　E_{av}——平均水平照度，lx；

　　　n——拟采用的导光管采光系统数量；

　　　CU——导光管采光系统的利用系数，可按《建筑采光设计标准》GB 50033—2013 表 6.0.2 取值；

　　　MF——围护系数，导光管系统在使用一定周期后，在规定的表面上的平均照度或平均亮度与该装置在相同条件下新装时在同一表面上所得到的平均照度或平均亮度之比；

　　　Φ_u——导光管采光系统漫射器的设计输出光通量，lm；

　　　E_s——室外天然光设计照度值，lx；

　　　A_t——导光管的有效采光面积，m²；

η——导光管采光系统漫射器的设计输出光通量，lm。

采光形式复杂的建筑，应利用计算机模拟软件或缩尺模型进行采光计算分析。

2.4 建筑室内外照明

天然采光因自然条件及时间地点的限制而具有一定局限性。建筑不仅在夜间必须采用室内电光源照明，某些要求和场合下，白天室内、夜间室外也要用电光源照明，这就要求建筑设计人员必须掌握一定的照明知识。

2.4.1 电光源（表 2.4-1）

主要电光源类型、参数、特点及其主要使用场 表 2.4-1

类型	名称			常用功率/W	光效/(lm/W)	寿命/h	色温/K	显色指数/Ra	特点	使用场所
热辐射光源	白炽灯	反射型灯	投光灯泡反光灯泡镀银碗形灯	15～200	7～20	1000	2800	95～99	体积小，易于控光，环境温度要求低，使用方便。红光较多，散热量大，受电压变化及机械振动影响大，寿命短，发光效率低	住宅、酒店、陈列、应急照明
		异形装饰灯								
	卤钨灯	双玻壳单端卤钨灯双插脚普通照明卤钨灯		5～1000	12～21	2000	2850	95～99	与白炽灯相比体积小、寿命长、光效高、光色好、光输出稳定	商业、工厂、陈列、车站、大面积投光场所
气体放电光源	荧光灯	交流电源带启动器预热阴极荧光灯、快速启动荧光灯、瞬时启动荧光灯、高频预热阴极荧光灯		3～125	32～90	3000～10000	2700～6500	50～93	发光效率较高，发光表面亮度低，光色好，品种多，寿命较长，灯管表面温度较低。尺寸较大，对温湿度较敏感，普通型易受射频干扰，有频闪效应	工厂、学校、办公、医院、商业、美术馆、酒店、公共场所
		紧凑型荧光灯							放电管弯曲拼接成一定形状并将灯与镇流器一体化，与普通荧光灯相比体积更小，可直接代替白炽灯	
	荧光高压汞灯			50～1000	31～52	3500～12000	6000	40～50	发光效率高、寿命长，光色差	广场、街道、工厂、码头、施工场地或不需认真分辨颜色的大面积场所
	金属卤化物灯			70～1000	70～110	6000～20000	4500～7000	60～95	构造与发光原理与荧光高压汞灯相同，添加了金属卤化物，发光效率更高，光色更好，较为理想的照明光源	广场、工厂、码头、港口、机场、体育场所

续表

类型	名称		常用功率/W	光效/(lm/W)	寿命/h	色温/K	显色指数/Ra	特点	使用场所
气体放电光源	钠灯	高压钠灯	50~1000	41~120	8000~24000	≥2000	20,40,60	光效高、寿命长、透雾能力强，常用于户外和道路照明	广场、街道、工厂、码头、车站
		低压钠灯	18~180	100~175	3000	—	—	主要是黄光、显色性差，室内极少用	城市城郊道路
	氙灯		75~5000	110~140	12000	3000~6000	≥75	光谱与阳光相似、功率大、光通大，含紫外线	常用于广场等大面积场所，安装高度宜大于20m
	冷阴极荧光灯		10~30	35~53	20000	2700~6500	85~99	灯管细、体积小、耐振动、能耗低、光效高、亮度高、光色好、寿命长、可频繁启动	常用于建筑装饰照明
	高频无极感应灯		20~200	≥60	60000~100000	2700~6400	80	不需要电极、没有频闪、显色好、输出光通量恒定、瞬间启动	工厂、广场、办公、学校、场馆、车站、码头、机场、隧道、道路
固体发光光源	LED灯		单体0.05~1	60~160	30000~50000	—	70~90	光色纯，彩度大、辐射光谱窄、寿命长、体积小、响应快、控制灵活。单体功率小，需组合、需散热	应用广泛

2.4.2 灯具

灯具是光源所需的灯罩及其附件的总称，是能透光、分配和改变光源光分布并保护固定光源的器具。

1）灯具的光特性

（1）配光曲线：设定光源的光通量为 1000 lm，以极坐标的形式将灯具在各个方向的发光强度绘制出来所形成的平面示意图，见图 2.4-1。使用时应根据实际光源的光通量乘修正系数 $\Phi/1000$。

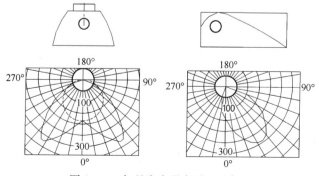

图 2.4-1 灯具发光强度平面示意图

(2) 空间等照度曲线：设定光源的光通量为 1000 lm 绘制，使用时以灯到计算点的水平距离和垂直距离查读相应曲线点的照度值，乘以 $\Phi/1000$ 即可得到计算点的照度值。

(3) 遮光角：灯具防止眩光的特性，指光源最边缘点与灯具出光口连线和水平线之间的夹角，以 γ 表达，见图 2.4-2。

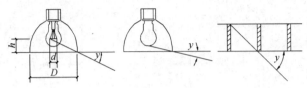

图 2.4-2 遮光角

计算式：

$$\tan\gamma = \frac{2h}{D+d}$$

(4) 灯具效率：灯具发出的总光通量 Φ 与灯具内所有光源发出的总光通量 Φ_Q 之比，用 η 表达，也称为灯具光输出比：

$$\eta = \frac{\Phi}{\Phi_Q}$$

(5)《建筑照明设计标准》GB 50034—2013 第 3.3.2 条规定，在满足眩光限制和配光要求条件下，应选用效率或效能高的灯具，并应符合表 2.4-2 中规定：

灯具效率效能与出光口形式　　　　　　　　　　　　　　　表 2.4-2

电光源灯具效率效能	灯具出光口形式						
	开敞式	保护罩		格栅	透光罩	保护罩	反射式	直射式
		透明	棱镜				
直管形荧光灯灯具效率/%	75	70	55	65	—	—	—	—
紧凑型荧光灯筒灯具效率/%	55	50		45	—	—	—	—
小功率金属卤化物筒灯具效率/%	60	55		50	—	—	—	—
高强度气体放电灯灯具	75	—		60			—	—
发光二极管筒灯灯具能效（lm/W）	2700K	—		55	—	60	—	—
	3000K	—		60	—	65	—	—
	4000K	—		65	—	70	—	—
发光二极管平面灯灯具能效（lm/W）	2700K	—		—	—	—	60	65
	3000K	—		—	—	—	65	70
	4000K	—		—	—	—	70	75

2) 灯具分类

灯具在不同场合有不同的分类方法，国际照明委员会按光通量在上、下半球的分布将灯具划分为五类，照明方面的特点见表 2.4-3。

灯具类别及其照明特点　　　　　　　　　　　　　　　表 2.4-3

灯具类别	光通量的近似分布/%		光照特性	主要使用场所
	上半球	下半球		
直接型	0~10	90~100	灯具效率高、室内表面的反射比对照度影响小、价格低、维护费用小。顶棚暗、易眩光，光线方向性强，阴影浓重	深罩型常用于工厂，广阔配光常用于广场道路，蝠翼型常用于教室照明和垂直面照度要求较高的室内场所及低而宽的房间

续表

灯具类别	光通量的近似分布/%		光照特性	主要使用场所
	上半球	下半球		
半直接型	10~40	60~90	灯具效率中等，亮度分布均匀，阴影稍淡	
漫射型	40~60	40~60	灯具效率中等，亮度分布均匀，光线柔和，基本无眩光	
半间接型	60~90	10~40	灯具效率中等，亮度分布均匀，光线柔和，室内表面的反射比对照度影响中等。透明部分易集尘，降低灯具效率，下半部表面亮度高	
间接型	90~100	0~10	亮度分布均匀，光线柔和，基本无阴影。光通利用率低，价格及维护费用较高	医院、餐厅等公共建筑

2.4.3 室内照明

1）照明方式

（1）一般照明：用于对光的投射方向没有特殊要求、工作面上没有特别需要提高可见度的工作点、工作点很密或不固定的场所，为照亮整个场所而设置的均匀照明。灯具一般均匀地分布在场所上空，在工作面上形成均匀的照度。

（2）分区一般照明：一个建筑空间内对某特定区域设计成不同照度来照亮该区域的一般照明。如开敞办公室中的办公区、讨论区、休息区等。

（3）局部照明：设置在要求照度高或对光线方向性有特殊要求的作业区域，专门为照亮该局部的照明方式。除宾馆客房外，不应单独采用。

（4）混合照明：由一般照明和局部照明组成的照明方式，既能解决整个场所的均匀照明，又能满足场所中局部对高照度和光线方向的要求。在高照度要求下，这是最经济的照明方式，也是建筑中大量使用的照明方式。

（5）重点照明：为突显建筑空间内的局部，提高该区域或目标物的照度的照明方式。

（6）照明种类的确定还应符合下列规定：

室内工作及相关辅助场所，均应设置正常照明。

当下列场所正常照明电源失效时，应设置应急照明：需确保正常工作或活动继续进行的场所，应设置备用照明；需确保处于潜在危险之中的人员安全的场所，应设置安全照明；需确保人员安全疏散的出口和通道，应设置疏散照明。

需在夜间非工作时间值守或巡视的场所应设置值班照明。

需警戒的场所，应根据警戒范围的要求设置警卫照明。

在危及航行安全的建筑物、构筑物上，应根据相关部门的规定设置障碍照明。

2）照明标准

基于作业对象的视觉特征、工作面分布密度等条件确定照明方式后，应根据识别对象的最小尺寸、识别对象与背景亮度对比等要求，依据照明标准来考虑房间照明的数量和质量。

《建筑照明设计标准》GB 50034—2013：照度标准值应按0.5 lx、1 lx、2 lx、3 lx、5 lx、10 lx、15 lx、20 lx、30 lx、50 lx、75 lx、100 lx、150 lx、200 lx、300 lx、500 lx、750 lx、1000 lx、1500 lx、2000 lx、3000 lx、5000 lx分级。

照度标准值规定的是作业面或参考平面的照度值。

《建筑照明设计标准》GB 50034—2013规定了居住建筑、图书馆、办公建筑、商店建筑、观演建筑、旅馆建筑、医疗建筑、教育建筑、博览建筑、美术馆、科技馆、博物馆、会展建筑、交通建筑、金融建筑、体育建筑、工业建筑等类型建筑各场所及通用房间或场所的照明标准值。

有电视转播的运动场所除照度、均匀度、眩光、显色指数等要求外，还增加了相关色温要求，除射箭射击，照度均为比赛场地主摄像机方向的使用照度值。

备用照明的照度标准值应符合下列规定：供消防作业及救援人员在火灾时继续工作场所，应符合现行国家标准《建筑设计防火规范》GB 50016—2014（2018年版）的有关规定；医院手术室、急诊抢救室、重症监护室等应维持正常照明的照度；其他场所的照度值除另有规定外，不应低于该场所一般照明照度标准值的10%。

安全照明的照度标准值应符合下列规定：医院手术室应维持正常照明的30%照度；其他场所不应低于该场所一般照明照度标准值的10%，且不应低于15 lx。

疏散照明的地面平均水平照度值应符合下列规定：水平疏散通道不应低于1 lx，人员密集场所、避难层（间）不应低于2 lx；垂直疏散区域不应低于5 lx；疏散通道中心线的最大值与最小值之比不应大于40∶1；寄宿制幼儿园和小学的寝室、老年公寓、医院等需要救援人员协助疏散的场所不应低于5 lx。

(1) 照明数量

符合下列一项或多项条件，作业面或参考平面的照度标准值可按标准分级提高一级：视觉要求高的精细作业场所，眼睛至识别对象的距离大于500mm；连续长时间紧张的视觉作业，对视觉器官有不良影响；识别移动对象，要求识别时间短促而辨认困难；视觉作业对操作安全有重要影响；识别对象与背景辨认困难；作业精度要求高，且产生差错会造成很大损失；视觉能力显著低于正常能力；建筑等级和功能要求高。

符合下列一项或多项条件，作业面或参考平面的照度标准值可按标准分级降低一级：进行很短时间的作业；作用精度或速度无关紧要；建筑等级和功能要求较低。

作业面背景区域一般照明的照度不宜低于作业面邻近周围照度的1/3。

设计照度与照度标准值的偏差不应超过±10%。

作业面邻近周围照度可低于作业面照度一个等级，但当作业面照度≤200 lx时，邻近周围照与作业面照度相同。

照明装置必须进行维护，设计时应按《建筑照明设计标准》GB 50034—2013取维护系数值。

(2) 照明质量

眩光限制：眩光（Dazzle）分为直接眩光和间接眩光，是指视野中由于不适宜亮度分布，或在空间或时间上存在极端的亮度对比，以致引起视觉不舒适和降低物体可见度的视觉条件。视野内产生人眼无法适应之光亮感觉，可能引起厌恶、不舒服甚或丧失明视度。除了要限制直接眩光，还要限制作业面上的反射眩光和光幕反射。

直接型灯具的遮光角不小于表 2.4-4 时，可有效地防止直接眩光。

直接型灯具亮度与遮光角　　　　　　　　　　　　表 2.4-4

光源平均亮度/（kcd/m^2）	遮光角（°）
1～20	10
20～50	15
50～500	20
≥500	30

公共建筑和工业建筑常用房间或场所中不舒适眩光采用统一眩光值（UGR）评价，是度量处于视觉环境中的照明装置发出的光对人眼引起不舒适感主观反应的心理参量。相关计算及取值见《建筑照明设计标准》GB 50034—2013 附录 A，建议了解熟记 UGR 最大允许值为 19、22、25 的房间及场所。

体育馆的眩光值 GR 计算见《建筑照明设计标准》GB 50034—2013 附录 B。

光幕反射就是作业面上规则反射与漫反射重叠出现的现象。减弱光幕反射的措施：尽量使用无光纸和不闪光墨水，使视觉作业和作业房间内的表面为无光泽的表面；提高照度以弥补亮度对比的损失（做法不一定经济）；减少来自干扰区的光；尽量使光线从侧面来，视觉作业避开光源的规则反射区域；采用合理的灯具配光，尽可能增大光源的仰角。有视觉显示终端的工作场所，在与灯具中垂线成 65°～90°范围内的灯具平均亮度限值（cd/m^2）应符合表 2.4-5 的规定。

灯具平均亮度限值　　　　　　　　　　　　表 2.4-5

屏幕分类	灯具平均亮度限值	
	屏幕亮度大于 $200cd/m^2$	屏幕亮度小于 $200cd/m^2$
亮背景暗字体或图像	3000	1500
暗背景亮字体或图像	1500	1000

（3）照明均匀度

作业面背景区域一般照明的照度不宜低于作业面邻近周围照度的 1/3。

体育场馆要求较高，具体如下：

有电视转播要求的体育场馆，其比赛时场地照明应符合下列规定：比赛场地水平照度最小值与最大值之比不应小于 0.5；比赛场地水平照度最小值与平均值之比不应小于 0.7；比赛场地主摄像机方向的垂直照度最小值与最大值之比不应小于 0.4；比赛场地主摄像机方向的垂直照度最小值与平均值之比不应小于 0.6；比赛场地平均水平照度宜为平均垂直照度的 0.75～2.0；观众席前排的垂直照度值不宜小于场地垂直照度的 0.25。

无电视转播要求的体育场馆，其比赛时场地的照度均匀度应符合下列规定：业余比赛时，场地水平照度最小值与最大值之比不应小于 0.4，最小值与平均值之比不应小于 0.6；专业比赛时，场地水平照度最小值与最大值之比不应小于 0.5，最小值与平均值之比不应小于 0.7。

（4）反射比

视场内各表面的亮度比较均匀，人眼看时才会最舒服和最有效率，因此要求室内各表面亮度保持一定的比例。长时间工作房间内表面反射比要求见表 2.4-6。

长时间工作房间内表面反射比   表 2.4-6

表面名称	反射比
顶棚	0.6～0.9
墙面	0.3～0.8
地面	0.1～0.5
作业面	0.2～0.6

3）光源与灯具选择

（1）光源选择

高度较低的房间，如办公室、教室、会议室及仪表、电子等生产车间宜采用细管径直管型荧光灯；商店营业厅宜采用细管径直管型荧光灯、紧凑型荧光灯或小功率的金属卤化物灯；高度较高的工业厂房，应按照生产使用要求，采用金属卤化物灯或高压钠灯，也可以采用大功率细管径荧光灯；一般照明场所不宜采用荧光高压汞灯，不应采用自镇流荧光高压汞灯；一般情况下，室内外照明不应采用普通照明白炽灯，对电磁干扰要求严格且无其他替代光源时方可使用，采用时其额定功率不应超过 100W。

长期工作或停留的房间或场所，照明光源的显色指数（Ra）不应小于 80。在灯具安装高度大于 8m 的工业建筑场所，Ra 可低于 80，但必须能够辨别安全色。

选用同类光源的色容差不应大于 5SDCM。

当选用发光二极管灯光源时，其色度应满足下列要求：长期工作或停留的房间或场所，色温不宜高于 4000K，特殊显色指数 $R9$ 应大于零；在寿命期内发光二极管灯的色品坐标与初始值的偏差在国家标准《均匀色空间和色差公式》GB/T 7921—2008 规定的 CIE 1976 均匀色度标尺图中，不应超过 0.007；发光二极管灯具在不同方向上的色品坐标与其加权平均值偏差在国家标准《均匀色空间和色差公式》GB/T 7921—2008 规定的 CIE 1976 均匀色度标尺图中，不应超过 0.004。

室内照明光源色表特征及适用场所宜符合表 2.4-7 的规定。

室内照明光源色表特征及适用场所   表 2.4-7

相关色温/K	色表特征	适用场所
<3300	暖	客房、卧室、病房、酒吧
3300～5300	中间	办公室、教室、阅览室、商场、诊室、检验室、实验室、控制室、机加工车间、仪表装配
>5300	冷	热加工车间、高照度场所

（2）灯具选择

潮湿的场所，应采用相应防护等级的防水灯具或带防水灯头的开敞式灯具。

有腐蚀性气体或蒸汽的场所，宜采用防腐蚀密闭式灯具。若采用开敞式灯具，各部应有防腐蚀或防水措施。

高温场所，宜采用散热性能好、耐高温的灯具。

有尘埃的场所，应按防尘的相应防护等级选择适宜的灯具。

装有锻锤、大型桥式吊车等振动或摆动较大场所使用的灯具，应有防振和防脱落措施。

易受机械损伤、光源自行脱落可能造成人员伤害或财产损失的场所使用的灯具，应有防护措施。

有爆炸或火灾危险场所使用的灯具，应符合国家现行相关标准和规范的有关规定。

有洁净要求的场所，应采用不易积尘、易于擦拭的洁净灯具。

需防止紫外线照射的场所，应采用隔紫灯具或无紫外线光源。

直接安装在可燃材料表面的灯具，应采用标有"F"标志的灯具。

（3）灯具布置

一般照明的灯具布置，目标是作业面上的照度均匀，主要通过控制灯具的距高比（灯具计算高度与灯具间距的比例）获得，靠墙灯具至墙距离减少到间距的20%~30%。

布置时应考虑照明场所的建筑结构形式、工艺设备、动力管道及安全维修等技术要求。

（4）照明计算

照明计算的目的是求出需要的光源功率，或按预定功率核算照度是否达到要求。

① 常用的利用系数法：

$$\Phi = \frac{AE}{NCUK}$$

式中　Φ——一个灯具内灯的总定额光通量，lm；

E——照明标准规定的平均照度值，lx；

A——工作面面积，m²；

N——灯具个数；

CU——利用系数（查灯具光度数据表）；

K——维护系数。

② 此外还有流明法：

$$E_{av} = \frac{N \cdot \Phi \cdot U \cdot K}{A}$$

式中　E_{av}——照明设计标准规定的照度标准值，lx；

N——照明装置（灯具）数量；

Φ——一个照明装置（灯具）内光源发出的光通量，lm；

U——利用系数，查选用灯具的光度数据表（无量纲）；

K——维护系数，见表2.4-8；

A——工作面（房间）面积，m²。

环境与维护系数　　　　表2.4-8

环境污染特性		房间或场所举例	灯具最少擦拭次数/(次/年)	维护系数值K
室内	清洁	卧室、办公室、影院、剧场、餐厅、阅览室、教室、病房、客房、仪器仪表装配间、电子元器件装配间、检验室、商店营业厅、体育馆、体育场等	2	0.80
	一般	机场候机厅、候车室、机械加工车间、机械装配车间、农贸市场等	2	0.70
	污染严重	公用厨房、锻工车间、铸工车间、水泥车间等	3	0.60
开敞空间		雨篷、站台	2	0.65

2.4.4 环境照明

1) 室内环境照明

（1）空间亮度的合理分布：将室内空间划分为视觉注视中心、活动区、顶棚区、周边区域等若干区域，按使用要求予以不同的亮度处理；

（2）强调照明技术：运用扩散照明、直射光照明、背景照明、墙体泛光照明、投光照明等强调照明形式，达成突出室内某些局部的造型、轮廓、艺术性等需求；

（3）突出照明艺术：重视光线的扩散和集中，适当增加较亮的光斑作闪烁处理活跃气氛，处理好光源光色与物体色的关系，完整、充分地表现观视对象；

（4）满足心理需求：照明应将空间使用者向开敞感、透明感、轻松感、私密感、活力感等积极感受引导，避免产生恐怖、不安全、黑洞等不良心理感受；

（5）光环境对视觉与心理的作用很大程度上依具体个人的气质、喜好、性格而异，没有固定的模式可解决所有问题，需在实践中总结。

2) 室外环境照明

室外环境照明包括城市功能照明和夜间景观照明，建筑师应能配合电气专业人员处理好夜景照明设计。

（1）建筑物夜景照明

建筑物立面照明常用的三种照明方式：轮廓照明、泛光照明、透光照明。三种方式可单独或组合同时采用。

轮廓照明：以黑暗的夜空背景、利用灯光直接勾画建筑物或构筑物轮廓的照明方式。一般采用冷阴极荧光灯、霓虹灯、LED、紧凑型荧光灯等沿建筑物各层级轮廓线安装，以期达到连续光带效果。

泛光照明：用投光灯照亮一个体量较大的景物或场地，使其被照射面照度比其周围环境照度明显高的照明方式。通过有层次地照亮整个建筑物或其中某些突出部分，利用阴影和光色变化，表达建筑的形体。灯具除了安装在建筑物本身（如阳台、雨篷、出挑部等），也可以安装在附近地面上（需防止暴露在观众视野范围内，影响美观并产生眩光），还可以安装在邻近的灯杆、建筑之上。泛光照明主要用于体形较大、轮廓不突出的建筑物，所需照度取决于建筑物的重要性、所处光环境和本身表面的反光特性。

透光照明：利用室内光线向外透射的照明方式，此方式需注意建筑窗和幕墙的透光性。

（2）城市广场照明和道路照明

城市广场照明：要求亮度适宜，相同功能区的明亮程度均匀一致，力求不出现眩光，灯具、灯杆不影响使用功能，便于维护管理。

道路照明：要求路面的平均亮度小于等于 $2.0cd/m^2$，路面亮度的总均匀度（即最小亮度与最大亮度的比值）大于等于 0.4，道路照明的眩光限制，快速路、主干道、次干道环境比（SR）大于等于 0.5，并具备一定对道路的走向、线型、坡度等的诱导性。

（3）室外照明的光污染

光污染是干扰光或过量的光辐射对人体健康和人类生存环境造成的负面影响的总称。为限制室外照明的光污染，应对室外照明进行合理规划，采用先进的设计理念和方法，合理选择灯具和光源，妥善布置灯具，有效控制方向和范围。

2.5 采光和照明节能的一般原则和措施

2.5.1 照明功率密度值

1) 照明功率密度值（LPD）：单位面积上一般照明的安装功率（包括光源、镇流器或变压器等附属用电器件），单位为瓦特每平方米（W/m²），是照明节能的主要评价指标。

2) 《建筑照明设计标准》GB 50034—2013 中，规定了各类型建筑照明功率密度的要求，住宅建筑见表 6.3.1，图书馆建筑见表 6.3.2，美术馆见表 6.3.8-1，科技馆见表 6.3.8-2，博物馆见表 6.3.8-3。

3) 《建筑照明设计标准》GB 50034—2013 中的第 6.3.3、6.3.4、6.3.5、6.3.6、6.3.7、6.3.9、6.3.10、6.3.11、6.3.12、6.3.13、6.3.14、6.3.15 条为强制性条文，规定了办公建筑、商店建筑（营业厅需重点照明时限值增加 5W/m²）、旅馆建筑、医疗建筑、教育建筑、会展建筑、交通建筑、金融建筑、工业建筑、公共和工业建筑非爆炸危险场所等类型建筑的照明功率密度限值，同时规定当房间或场所的室形指数值等于或小于 1 时，其照明功率密度限值应增加，但增加值不应超过限值的 20%，当房间或场所的照度标准值提高或降低一级时，其照明功率密度限值应按比例提高或折减。

2.5.2 绿色照明设计

重点在于照明设计节能，即在确保不降低作业视觉要求的条件下，最有效地利用照明用电。

1) 建筑室内照度、统一眩光值、一般显色指数等指标满足《建筑照明设计标准》GB 50034—2013 中的有关要求，主要功能房间的采光系数满足《建筑采光设计标准》GB 50033—2013 的要求；
2) 采用高效长寿命光源（现多以 LED 光源为主）；
3) 选用高效灯具，对于气体放电灯还要选用配套的高质量电子镇流器或节能电感镇流器；
4) 选用配光合理的灯具；
5) 根据视觉作业要求，确定合理的照度标准值，并选用合适的照明方式；
6) 室内顶棚、墙面、地面宜采用浅色装饰；
7) 工业企业的车间、宿舍和住宅等场所的照明用电均应单独计量；
8) 大面积使用普通镇流器的气体放电灯的场所，宜在灯具附近单独装设补偿电容器，使功率因数提高至 0.85 以上，并减少非线性电路元件、气体放电灯产生的高次谐波对电网的污染，改善电网波形；
9) 室内照明线路宜分细，多设开关，位置适宜，便于分区开关灯；
10) 室外照明宜采用自动控制方式或智能照明控制方式等节电措施；
11) 近窗的灯具应单设开关，并采用自动控制方式或智能照明控制方式；
12) 根据场所使用的时段特点，采用延时自动熄灭、夜间定时开关或降低照度的自动控制装置；

13) 充分考虑当地光气候状况并利用天然光，采用导光、反光等技术，尽可能进行日光采光，提高地下空间平均采光系数不小于0.5%的面积与首层地下室面积的比例；

14) 利用太阳能作为照明能源；

15) 照明场所中的装饰性照明灯具总功率的50%计入照明功率密度值的计算；

16) 采用智能化照明管理系统，制定有效的运行维护管理制度，定期检查、调试设备并根据运行数据进行运行优化。

第三章 建筑声学

3.1 考纲分析

3.1.1 考试大纲

了解建筑声学的基本原理；掌握建筑隔声设计与吸声材料和构造的选用原则；掌握室内音质评价的主要指标及音质设计的基本原则；了解城市环境噪声与建筑室内噪声允许标准；了解建筑设备噪声与振动控制的一般原则。能够运用建筑声学综合技术知识，判断、解决该专业工程实际问题。

3.1.2 考试大纲解读

（1）了解建筑声学的基本原理：要求了解声音基本概念和特性，掌握和运用常用的公式和数据。

（2）掌握建筑隔声设计与吸声材料和构造的选用原则：要求熟练掌握隔声设计的原理和原则，掌握不同材料和构造的隔声和吸声性能特点，可以运用公式简单计算。

（3）掌握室内音质评价的主要指标及音质设计的基本原则：要求掌握音质评价主要指标的概念和常用数据；掌握音质设计的基本流程和方法，定性分析室内音质的优劣。

（4）了解城市环境噪声与建筑室内噪声允许标准：要求掌握和熟记常用标准的数据。

（5）了解建筑设备噪声与振动控制的一般原则：要求掌握常见环境噪声允许标准，消声降噪的常用措施和不同效果。

（6）能够运用建筑声学综合技术知识，判断，解决该专业工程实际问题：要求具备分析、判断和解决实际工程中声学问题的能力。

3.2 建筑声学的基本原理

建筑声学研究与建筑环境有关的声学问题，包括厅堂音质和噪声控制两部分内容。前者是为各种听音场所建立最佳的语言或音乐的听闻条件；后者则为减少噪声和振动的干扰。两者相对独立但密切相关。建筑声学与许多学科有交叉联系，解决建筑声学问题往往需要综合考虑相关学科的配合。

3.2.1 声音、声波及其传播

声源：振动的固体、液体、气体。声源振动引起弹性媒质的压力变化，并在弹性媒质中传播的机械波称为声波。声源在空气中振动，使邻近的空气振动并以波动的方式向四周传播开来,传入人耳,引起耳膜振动,通过听觉神经产生声音的感觉。

声波的传播是能量的传递,而非质点的转移。空气质点总是在其平衡点附近来回振动而不传向远处。声波在空气中传播声波属纵波,即质点的振动方向和波的传播方向相平行。

声线:声线是假想的垂直于波阵面的直线,主要用于几何声学中对声传播的跟踪。声波的传播方向可用声线来表示。

考点关注:声音的产生和传播方式。

例题1:(2004)声音的产生来源于物体的何种状态?( )

A. 受热　　　　　　　　　　B. 受冷
C. 振动　　　　　　　　　　D. 静止

答案:C

解析:本题考查声音产生的基本概念。

3.2.2 声波的基本物理量

1) 频率

一秒钟内振动的次数称为频率,记作 f,单位赫兹(Hz)。如果系统不受其他外力,没有能量损耗的振动,称为"自由振动",其振动频率叫作该系统的"固有频率"记作 f_0。

人耳能感受到的声波的频率范围大约在 20~20000Hz 之间。低于 20Hz 声波称为次声波,高于 20000Hz 称为超声波。在建筑声学中,通常把 125~250Hz 及以下称为低频,500~1000Hz 称为中频,2000~4000Hz 及以上称为高频。

声压:空气质点由于声波作用而产生振动时所引起的大气压力起伏。(空气压强的变化量,10^{-5}~10^{10} Pa 量级)

2) 声速

声速的大小与声源无关,而与媒质的弹性、密度和温度有关。声音在固体中传播最快,流体次之,在气体中最慢。

空气中声速与温度的关系如下:

$$c = 331.4\sqrt{1+\theta/273}$$

常温下声速近似值:340m/s。固液体中的声速:钢 5000m/s;松木 3320m/s;水 1450m/s;软木 500m/s。

3) 波长

波长 λ 与频率 f、声速 c 的关系为:

$$c = \lambda \cdot f$$

考点关注:声音的频率、声速和波长的特性。

例题2:(2008)声波在下列哪种介质中传播最快?( )

A. 空气　　　　　　　　　　B. 水
C. 钢　　　　　　　　　　　D. 松木

答案:C

4) 声音传播的特性

(1) 反射、折射

反射:光滑表面对声波的反射遵循平方反比定律。反射波的强度取决于它们与"像"

的距离以及反射表面对声波吸收的程度。与平面反射相比，凹面反射波将产生聚焦，凸面反射波将产生扩散。

折射：声波在传播的过程中，遇到不同介质的分界面时，除了反射外，还会发生折射，从而改变声波的传播方向。温度与风向对声音的传播方向产生影响。

(2) 绕射

绕射：声波通过障板上的孔洞时，并不像光线那样直线传播，而能绕到障板的背后改变原来的传播方向，在它的背后继续传播，这种现象称为绕射（亦称为衍射）。当声波在传播过程中遇到一块尺度比波长大得多的障板时，声波将被反射。如声源发出的是球面波经反射后仍为球面波。

(3) 吸收、透射

声的吸收：声波入射到建筑构件时，声能的一部分被反射，一部分透过构件，还有一部分由于构件的振动或声音在其中传播时介质摩擦、传热而被损耗，我们称之为被材料吸收。

声波在空气中传播时，由于振动的空气质点之间的摩擦而使一小部分声能转化为热能，称为空气对声能的吸收。

单位时间内入射总声能 E_0，构件吸收声能为 E_α，则材料的吸声系数 $\alpha=E_\alpha/E_0$，吸声量$=S_\alpha$（S 为材料的面积）。α 值大的称为吸声材料。

声音透射：声波入射到建筑构件时，声能的一部分被反射，一部分被吸收，还有一部分透过建筑部件传到另一侧空间去。

材料的透声能力一般用透射系数 τ 来表示，在工程中习惯用隔声量 R 来表示：

$$R=10\lg\frac{1}{\tau}$$

R 越大则隔声量越大。

考点关注：声音传播的特性，反射、折射、绕射（衍射）、扩散产生的条件。

例题 3：(2010) 声波入射到无限大墙板时，不会出现以下哪种现象？（　　）

A. 反射　　　　　　　　　　B. 透射
C. 衍射　　　　　　　　　　D. 吸收

解析：本题考查声音传播特性。
答案：C

例题 4：(2008) 声波传播中遇到比其波长相对尺寸较小的障板时，会出现下列哪种情况？（　　）

A. 反射　　　　　　　　　　B. 绕射
C. 干涉　　　　　　　　　　D. 扩散

答案：B

例题 5：(2006) 声波遇到哪种较大面积的界面，会产生声扩散现象？（　　）

A. 凸曲面　　　　　　　　　B. 凹曲面
C. 平面　　　　　　　　　　D. 软界面

解析：本题考查声音传播特性。凹面反射波将产生聚焦，凸面反射波将产生扩散。
答案：A

3.2.3 声音的计量和听觉

1) 声功率

声功率是衡量声波能量大小的物理量，即单位时间内声源向外辐射的总声能量，记作 W，单位为瓦（W）或 μW。在计量时应注意所指的频率范围。通常声源的平均声功率是很小的，正常讲话的声功率大致为 $10\sim 50\mu W$，演员歌唱的声功率为 $100\sim 300\mu W$。充分利用人们讲话和演唱发出的有限功率是建筑声学研究的主要内容。

2) 声强

声强是衡量声音强弱的物理量，即单位时间内在垂直于声波传播方向的单位面积上的所通过的声能，记作 I，单位是 W/m^2。声强与声源的振幅有关。振幅越大，声强越大；振幅越小，声强越小。

在无反射的自由声场中，点声源发出球面波，距声源中心为 r 的球面上的声强为：

$$I=\frac{W}{4\pi r^2} \quad (W/m^2)$$

式中　W——声源声功率，W。

对于平面波，声线互相平行，声能没有变化，声强不变，与距离无关。

声波在介质中传播，声能总是有损耗的。声音频率越高，损耗越大。

3) 声压

声波传播时，使空气压强发生变化，称为声压。声压与大气压相比是很小的，正常说话的声压相当于大气压的百万分之一左右。声音的强弱只同声压（又称瞬时声压）的某段时间平均值有关。这种声压的平均值成为有效声压。一般使用时，声压是有效声压的简称。

声压与声强有密切关系。自由声场中，某处的声强 I 与该处声压的平方成正比，与介质密度和声速的乘积成反比：

$$I=p/\rho_0 c$$

式中　p——有效声压，Pa；

　　　ρ_0——空气密度，kg/m^3；

　　　c——空气中的声速，m/s。

4) 声压级、声强级和声功率级

级：通常取一个物理量的两个数值之比的对数称为该物理量的"级"。

声强级：其定义就是声音的强度 I 和基准声强 I_0 之比的常用对数，单位为贝尔（BL）。但一般不用贝尔，而用它的十分之一作单位，称为分贝（dB）。

$$L_I=10\lg\frac{I}{I_0}$$

基准声强 $I_0=10^{-12} W/m^2$。

同样可以用分贝为单位来定义声压级：

$$L_p=20\lg\frac{P}{P_0} \quad (dB)$$

基准声压 $P_0=2\times 10^{-5} N/m^2$。

声功率以"级"表示便是声功率级，单位也是分贝。

$$L_w = 10\lg\frac{W}{W_0}\ (\text{dB})$$

基准声功率级 $W_0 = 10^{-12}\,W$。

考点关注：级与分贝的概念。

例题 6：(2009) 人耳对声音响度变化程度的感觉，更接近于以下哪个量值的变化程度？（ ）

A. 声压值　　　　　　　　　　　B. 声强值

C. 声强的对数值　　　　　　　　D. 声功率值

答案：C

例题 7：(2005) 噪声对人影响的常用计量单位是（ ）。

A. 分贝（dB）　　　　　　　　　B. 帕（Pa）

C. 分贝〔dB（A）〕　　　　　　　D. 牛顿/平方米（N/m²）

解析：本题考查噪声评价的物理量和单位。常用 A 声级评价噪声对人的影响，计量单位为 dB（A）。

答案：C

5）声压级与距离的关系

对于点声源，距离增加一倍，声压级衰减 6dB；对于线声源，声波以柱状波辐射，距离增加一倍，声压级衰减 3dB；对于面声源，声压级不因距离增加而降低。

点声源向自由声场辐射声能的条件下，距声源 r 处声压级与声功率级的关系为

$$L_p = L_w - 20\lg r - 11$$

点声源向半自由声场（声源至于刚性地面）辐射声能的条件下，则关系为

$$L_p = L_w - 10\lg r - 8$$

6）声源叠加

两个声源叠加（I、P、W 声级同理）：

$$L_p = L_{p_1} + 10\lg(1 + 10^{-\frac{L_{p_1}-L_{p_2}}{10}})$$

n 个相同声源 L_1 叠加：

$$L = L_1 - 10\lg n$$

由上式可知，两个相同声源叠加，声级增加了 $10\lg 2 = 3$dB。如果 2 个声压级差大于 10dB 时，增量可以忽略不计。

多个声压级叠加时，可先叠加 2 个较大的声压级，得出总声压级，再与第三个叠加，直至两者相差 10dB 以上时不再叠加。

考点关注：声压级的基本概念和原理，掌握声压级计算公式，能够做简单计算。两个数值不相等的声压级叠加（$L_{p_1} > L_{p_2}$），总声压级计算；n 个声压级相等声音 L_1 的叠加，总声压级计算。两个声压级相等声音叠加时，总声压级比一个声音的声压级增加 3dB。

例题 8：(2009) 有两台空调室外机，每台空调外机单独运行时，在空间某位置产生的声压级均为 45dB，若这两台空调室外机同时运行，在该位置的总声压级是（ ）。

A. 48dB　　　　　　　　　　　　B. 51dB

C. 54dB　　　　　　　　　　　　D. 90dB

答案：A

例题9：（2008）室内有两个声压级相等的噪声源，室内总声压级与单个声源声压级相比较应增加（　　）。

A. 1dB B. 3dB
C. 6dB D. 1倍

答案：B

例题10：（2007）机房内有两台同型号的噪声源，室内总噪声为90dB，单台噪声源的声级应为（　　）。

A. 84dB B. 85dB
C. 86dB D. 87dB

答案：D

例题11：（2010）有四台同型号冷却塔按正方形布置。仅一台冷却塔运行时，在正方形中心、距地面1.5m处的声压级为70dB，问：四台冷却塔同时运行该处的声压级是多少？（　　）

A. 73dB B. 76dB
C. 79dB D. 82dB

答案：B

7) 响度级、总响度

听觉是人们对声音的主观反应，从标准听阈曲线看，低于800Hz，听觉灵敏度随频率降低而降低；800～1500Hz，听阈没有显著变化；3000～4000Hz，是最灵敏的听觉范围；高于6000Hz，灵敏度又减小。听阈与痛阈曲线之间，是听觉区域。

引入响度级表示声音的强弱，它考虑了人耳对不同频率的灵敏度变化，是主观量。声音的响度级等于等响1000Hz纯音（纯音只具有单一频率）的声压级，单位是方（phon）。

声级计是利用声-电转换系统并反映人耳听觉特征的测量设备，即按一定的频率计权和时间计权测量声压级和声级的仪器，是声环境测量中常用的仪器之一。

国际电工委员会规定的声级计权特性有A、B、C、D四种频率计权特征。其中A计权参考40方等响线，对500Hz以下的声音有较大衰减，模拟人耳对低频声不敏感的特性。用A计权网络测得的声级称为A计权声级，简称A声级，单位是dB（A）。

考点关注：衡量声音与人耳听闻感受关系密切的物理量，以及人耳听闻的特性。等响度曲线反映了人耳对2000～4000Hz的声音最敏感，1000Hz以下时，人耳的灵敏度随频率的降低而减少。A声级正是反映了声音的这种特性频率计权得出的总声级。

例题12：（2008）等响度曲线反映了人耳对哪种频段的声音感受不太敏感？（　　）

A. 低频 B. 中频
C. 中、高频 D. 高频

答案：A

例题13：（2007）常用的dB（A）声学计量单位反映人耳对声音有哪种特性？（　　）

A. 时间计权 B. 频率计权
C. 最大声级 D. 平均声级

答案：B

8) 声源的指向性

当声源尺度与波长相差不多或更大时，它就不是点声源，可视为由许多点声源所组成，叠加的结果各方向的辐射就不一样，因而具有指向性。

人的头和扬声器与低频声的波长相比是小的，这种情况下可视为无指向性点声频，但对高频声，就具有明显的指向性。所以，厅堂形状的设计、扬声器位置的布置，都要考虑声源的指向性。

9) 频谱、声的三要素

频谱反映了复声中不同频率组合的强度分布特性。它可以是线状谱（如乐器发出的声音）或连续谱（如大多数噪声）。滤波器可将声音频率，划分成若干较小的频段，这就是通常所说的频带或频程。它由下限频率 f_1 和上限频率 f_2 规定带宽。f_1、f_2 又称为截止频率。工程应用上常用的频带宽是倍频带（或称倍频程）。一个倍频带是上限频率为下限频率两倍频带，即 $f_2 = 2f_1$。实际应用上往往只用 63～8000Hz 八个或 125～4000Hz 六个倍频带就可以了。

声音的强弱、音调的高低和音色的好坏，是声音的基本性质，即所谓声音三要素。声音的强弱可用声强级、声压级或总声级等表示。音调是频率高、低的听觉属性，是主观生理上的等效频率。音调的高低主要取决于声音的频率，频率越高，音调也越高。

音色是反映复音的一种特性。在复音（如乐音）中，频率最低的声音振幅最大，称为基音。除了频率为 f_0 的基音外，还有频率为 f_0 整数倍的，如频率为 $2f_0$、$3f_0$、$4f_0$……的声音，称为泛音（或谐音）。复音就是由基音泛音组成的。音色是由声源所发出的泛音的数目、泛音的频率和振幅（或强弱）决定的。知道了某种声音的配音和泛音所组成的频谱，就可以模仿出这种声音来。

考点关注：声音的强弱、音调的高低和音色的好坏，是声音的基本性质，即所谓声音三要素。

例题 14：（2009）声音的三要素是指（　　）。
A. 层次、立体感、方向感　　B. 频谱、时差、丰满
C. 强弱、音调、音色　　　　D. 音调、音度、层次
答案：C

10) 时差效应

人耳在短时间间隙里出现的相同的声音的积分（整合）能力，即听成一个声音而不是若干个单独的声音，这种现象称为时差效应。一般认为，两个同样声音可以集成为一个的时差是 50ms，相当于声波在空气中 17m 的行程。

回声是反射声中的一个特殊现象。厅堂设计中出现回声将成为严重的音质缺陷，为了消除回声，就应使到达听者的直达声与反射声之间的时差小于 50ms。回声的消除还可用吸声材料（结构）或设置扩散结构等方法（不只是缩小直达声与反射声的声程差）。

考点关注：回声的基本概念和原理。根据哈斯效应，两个声音传到人耳的时间差如果大于 50ms（声程差为 17m）就可能分辨出它们是断续的，即回声。

例题 15：（2010）反射声比直达声最少延时多长时间就可听出回声？（　　）
A. 40ms　　　　　　　　　B. 50ms
C. 60ms　　　　　　　　　D. 70ms

答案：B

例题16：（2006）两个声音传至耳的时间差大于多少毫秒（ms）时，人们就会分辨出它们是断续的？（　　）

A．25ms　　　　　　　　　　B．35ms
C．45ms　　　　　　　　　　D．50ms

答案：D

11）双耳听闻效应

声定位，是由于声音到达两耳的时间差和声压级差，较远的耳朵处于声影区，声压级低。由于声波衍射，声影的影响对低频不明显。当频率高于1400Hz左右时，强度差起主要作用；而低于1400Hz时则时间差起主要作用。人耳确定声源远近的准确度较差，而确定方向相当准确，特别是左右水平方向上的分辨方位能力要比上下竖直方向强得多。

双耳听闻效应在厅堂音质设计中占有重要的地位。目前，剧场观众厅扩声系统中的扬声器倾向于配置在台口上方，也是考虑到人耳左右水平方向的分辨能力远大于上下垂直方向，以克服过去把扬声器组配置在台口两侧造成部分听众感到声音来自侧向的缺陷，避免使听众明显地感到扬声器发出的声音与讲演者的直达声来自不同的方向。

12）掩蔽

一个人的听觉系统能同时分辨几个声音，但若其中某个声音的声压级明显增大，别的声音就难以听清甚至听不到了。一个声音的听阈因为另一个掩蔽声音的存在而提高的现象称为听觉掩蔽，提高的数值称为掩蔽量。掩蔽量与很多因素有关，主要取决于这两个声音的相对强度和频率结构。一个既定频率的声音容易受到相同频率声音的掩蔽，声压级越高，掩蔽量越大。低频声能够有效地掩蔽高频声，高频声对低频声的掩蔽作用不大。

3.3　噪声控制

3.3.1　噪声的危害和控制噪声的标准

1）噪声与听力保护

噪声是指妨碍人们正常生产、工作、学习和生活的声音。超过45dB（A）的噪声级就会对正常人的睡眠发生影响；人们若长期工作在像织布车间、金属结构车间等声压级达到80~90dB以上的高噪声级环境中，就会从开始时的暂时性"听觉疲劳"发展到噪声性耳聋；声压级达到140~150dB的暴震声，可以使人的听觉器官发生急性外伤。

2）城市噪声控制

城市噪声的种类有交通噪声、建筑施工噪声、工业生产噪声、社会生活噪声等。交通噪声是最主要的噪声。

（1）噪声评价量

① 噪声评价数（NR）：用于评价噪声的可接受性以保护听力和保证语言通信，避免噪声干扰。对声环境现状确定噪声评价数的方法是：先测量各个倍频带声压级，再把倍频带噪声谱叠加在NR曲线上，以频谱与NR曲线相切的最高NR曲线编号，代表该噪声的

噪声评价数。国际标准化组织（ISO）推荐采用噪声评价 NR 曲线来进行评价。

② 语言干扰级（SIL）：用于评价噪声对语言掩蔽（干扰）的单值量。其方法是以中频率 500、1000、2000 和 4000Hz 3 个倍频带噪声声压级的算术平均值作为语言干扰级。语言干扰级只反映人们所处环境的噪声背景。

③ 昼夜等效声级（L_{dn}）：人们对夜间的噪声比较敏感，因此对所有在夜间 8 小时出现的噪声级均以比实际值高出 10dB 来处理，这样就得到一个对夜间有 10dB 补偿的昼夜等效声级。

（2）噪声控制

首先，调查噪声现状，以确定噪声的声压级；同时了解噪声产生的原因以及周围情况。其次，根据噪声现状和有关噪声允许标准，确定所需降低噪声声压级数值。再次，还利用自然条件创造愉悦声景。最后，根据需要和能，采用综合的降噪措施。

航空港用地一般都划定在远离市区的地方。城市总体规划的编制，应能预见将会增加的噪声源以及可能的影响范围。

对现有城市的改建规划，应当依据城市的基本噪声源，做出噪声级等值线分布，并据以调整城市区域对噪声敏感的用地，拟定解决噪声污染的综合性城市建设措施。

减少城市噪声干扰主要措施：

① 与噪声源保持必要的距离。当与干道的距离小于 15m 时，来自交通车流的噪声衰减，接近于反平方比定律，因为这时是单一车辆的噪声级起决定作用；如果接受点与干道距离超过 15m，距离每增加一倍，噪声级大致降低 4dB。沿干道建筑物的接受点对于干道视线范围受到限制的遮挡会使接受点的噪声有所降低。

② 利用屏障降低噪声。实体墙、路堤或类似的地面坡度变化，以及对噪声干扰不敏感的建筑物，均可作为对噪声干扰敏感建筑物的声屏障。一般隔声屏障可使高频声降低 15~25dB。

有效的声屏障应有足够重量使声音衰减，保养费用少，不易破坏。应能在不同现场条件下装配，并且便于分段维修，有良好的视觉效果。屏障应设置在靠近噪声源或需要防护的地方。

③ 屏障与不同地面条件组合的降噪。如：距离＋软质地面、距离＋浓密森林＋软地面、距离＋硬或软地面＋屏障等。

④ 绿化减噪

选用常绿灌木（高度、宽度均不小于 1m）与常绿乔木组成的林带，林带宽度不小于 10~15m，林带中心的树行高度超过 10m，株间距以不影响树木生长成熟后树冠的展开为度，以便形成整体绿墙。

⑤ 降噪路面

有空隙的铺面材料可减弱行驶中摩擦噪声。

考点关注：熟练掌握噪声控制的原则。

例题 17：（2008）噪声控制的原则，主要是对下列哪个环节进行控制？（　　）

A. 在声源处控制　　　　　　　　B. 在声音的传播途径中控制
C. 个人防护　　　　　　　　　　D. A、B、C 全部

解析：本题考查噪声控制的原则。噪声控制的原则，主要是控制声源的输出和声的传

播途径，以及对接收者进行保护。

答案：D

例题18：(2007)我国城市区域环境振动标准所采取的评价量是( )。

A. 水平振动加速度级　　　　　　B. 垂直振动加速度级
C. 振动速度级　　　　　　　　　D. 铅锤向z计权振动加速度级

解析：本题考查城市区域环境振动标准所采取的评价量的概念。我国城市区域环境振动标准所采取的评价量是铅锤向z计权振动加速度级。

答案：D

3) 噪声的允许标准

(1) 城市区域环境噪声标准

《声环境质量标准》GB 3096—2008 规定的各类声功能区环境噪声限值见表3.3-1。

各类声功能区环境噪声限值 $[L_{eq}][dB(A)]$　　　　表 3.3-1

类别	适用区域	昼间（6:00~22:00）	夜间（22:00~6:00）
0	康复疗养区等特别需要安静的区域	50	40
1	居民住宅、医疗卫生、文化教育、科研设计、行政办公为主要功能、需要保持安静的区域	55	45
2	商业金融、集市贸易为主要功能，或者居住、商业、工业混杂，需要维护住宅安静的区域	60	50
3	工业生产、仓储物流为主要功能，需要防止工业噪声对周围环境产生严重影响的区域	65	55
4a	高速公路、一级公路、二级公路、城市快速路、城市主干路、城市次干路、城市轨道交通（地面段）、内河航道两侧区域	70	55
4b	铁路干级两侧区域	70	60

注：① 本表的数值和《工业企业厂界环境噪声排放标准》GB 12348—2008 相同。测量点选在工业企业厂界外1.0m，高度1.2m以上；当厂界有围墙且周围有受影响的噪声敏感建筑物时，测点应选在厂界外1m，高于围墙0.5m以上的位置。

② 夜间偶发噪声的最大声级超过限值的幅度不得高15dB(A)。

(2) 民用建筑噪声允许标准

① 《建筑环境通用规范》GB 55016—2021、《民用建筑隔声设计规范》GB 50118—2010 对住宅、学校、医院、旅馆、办公、商业建筑室内允许噪声级见表3.3-2。

民用建筑室内允许噪声级　单位：dB(A)　　　　表 3.3-2

建筑类别	房间名称	时间	高要求标准	低限标准
住宅	卧室	昼间夜间		≤40 ≤30
	起居室（厅）			≤40

续表

建筑类别	房间名称	时间	高要求标准	低限标准
学校	语言教室、阅览室		≤40	
	普通教室、实验室、计算机房；音乐教室、琴房；教师办公室、休息室、会议室		≤45	
	舞蹈教室；健身房；教学楼中封闭的走廊、楼梯间		≤50	
医院	听力测听室		—	≤25
	化验室、分析实验室；人工生殖中心净化区		—	≤40
	各类重症监护室；病房、医护人员休息室	昼间 夜间	≤40 ≤35	≤45 ≤40
	诊室；手术室、分娩室		≤40	≤45
	洁净手术室		—	≤50
	候诊厅、入口大厅		≤50	≤55
办公建筑	单人办公室；电视电话会议室		≤35	≤40
	多人办公室；普通会议室		≤40	≤45
商业建筑	员工休息室		≤40	≤45
	餐厅		≤45	≤55
	商场、商店、购物中心、会展中心		≤50	≤55
	走廊		≤50	≤60
旅馆			特级	一级	二级
	客房	昼间 夜间	≤35 ≤30	≤40 ≤35	≤45 ≤40
	办公室、会议室		≤40	≤45	≤45
	多用途厅		≤40	≤45	≤50
	餐厅、宴会厅		≤45	≤50	≤55

注：声学指标等级与旅馆建筑等级的对应关系：特级——五星级以上旅游饭店及同档次旅馆建筑；一级——三、四星级旅游饭店及同档次旅馆建筑；二级——其他档次旅馆建筑。

允许噪声级测点应选在房间中央，与各反射面（如墙壁）的距离应大于1.0m，测点高度1.2～1.6m，室内允许噪声级采用A声级作为评价量，应为关窗状态下昼间(6：00～22：00)和夜间（22：00～6：00）时间段的标准值。

② 表3.3-3列出了不同建筑的室内允许噪声值（参考值）。

各种建筑室内允许噪声值（参考值）   表3.3-3

房间名称	允许的噪声评价数 N	允许的A声级/dB（A）
广播录音室	10～20	20～30
音乐厅、剧院的观众厅	15～25	25～35
电视演播室	20～25	30～35
电影院观众厅	25～30	35～40
图书馆阅览室、个人办公室	30～35	40～45
会议室	30～40	40～45
体育馆	35～45	45～55
开敞办公室	40～45	50～55

③ 墙和楼板空气声隔声标准

《民用建筑隔声设计规范》GB 50118—2010规定的民用建筑构件各部位的空气声隔声标准见表3.3-4。从表中看出，构件的隔声量越大，标准越高。

民用建筑构件各部位的空气声隔声标准　　　　表 3.3-4

建筑类别	隔墙和楼板部位	空气声隔声单值评价量+频率修正量/dB	
		高要求标准	低限标准
住宅	分户墙、分户楼板	$R_w+C>50$	$R_w+C>45$
	分隔住宅和非居住用途空间的楼板	—	$R_w+C_{tr}>51$
	卧室、起居室（厅）与邻户房间之间	$D_{nT,w}+C \geqslant 50$	$D_{nT,w}+C \geqslant 45$
	住宅和非居住用途空间分隔楼板上下的房间之间	—	$D_{nT,w}+C_{tr} \geqslant 51$
	相邻两户的卫生间之间	$D_{nT,w}+C \geqslant 45$	—
	外墙	$R_w+C_{tr} \geqslant 50$	
	户（套）门	$R_w+C \geqslant 25$	
	户内卧室墙	$R_w+C \geqslant 35$	
	户内其他分室墙	$R_w+C \geqslant 30$	
	临交通干道的卧室、起居室（厅）的窗	$R_w+C_{tr} \geqslant 30$	
	其他窗	$R_w+C_{tr} \geqslant 25$	
学校	语言教室、阅览室的隔墙与楼板	$R_w+C>50$	
	普通教室与各种产生噪声的房间之间的隔墙、楼板	$R_w+C>50$	
	普通教室之间的隔墙与楼板	$R_w+C>45$	
	音乐教室、琴房之间的隔墙与楼板	$R_w+C>45$	
	外墙	$R_w+C_{tr} \geqslant 45$	
	临交通干线的外窗	$R_w+C_{tr} \geqslant 30$	
	其他外窗	$R_w+C_{tr} \geqslant 25$	
	产生噪声房间的门	$R_w+C_{tr} \geqslant 25$	
	其他门	$R_w+C \geqslant 20$	
	语言教室、阅览室与相邻房间之间	$D_{nT,w}+C \geqslant 50$	
	普通教室与各种产生噪声的房间之间	$D_{nT,w}+C \geqslant 50$	
	普通教室之间	$D_{nT,w}+C \geqslant 45$	
	音乐教室、琴房之间	$D_{nT,w}+C \geqslant 45$	
医院	病房与产生噪声的房间之间的隔墙、楼板	$R_w+C_{tr}>55$	$R_w+C_{tr}>50$
	手术室与产生噪声的房间之间的隔墙、楼板	$R_w+C_{tr}>50$	$R_w+C_{tr}>45$
	病房之间及病房、手术室与普通房间之间的隔墙、楼板	$R_w+C>50$	$R_w+C>45$
	诊室之间的隔墙、楼板	$R_w+C>45$	$R_w+C>40$
	听力测听室的隔墙、楼板	—	$R_w+C>50$
	体外震波碎石室、核磁共振室的隔墙、楼板	—	$R_w+C_{tr}>50$
	外墙	$R_w+C_{tr} \geqslant 45$	
	外窗	$R_w+C_{tr} \geqslant 30$（临街一侧病房）	
		$R_w+C_{tr} \geqslant 25$（其他）	
	门	$R_w+C \geqslant 30$（听力测听室）	
		$R_w+C \geqslant 20$（其他）	

续表

建筑类别	隔墙和楼板部位	空气声隔声单值评价量+频率修正量/dB	
		高要求标准	低限标准
医院	病房与产生噪声的房间之间	$D_{nT,w}+C_{tr} \geq 55$	$D_{nT,w}+C_{tr} \geq 50$
	手术室与产生噪声的房间之间	$D_{nT,w}+C_{tr} \geq 50$	$D_{nT,w}+C_{tr} \geq 45$
	病房之间及手术室、病房与普通房间之间	$D_{nT,w}+C \geq 50$	$D_{nT,w}+C \geq 45$
	诊室之间	$D_{nT,w}+C \geq 45$	$D_{nT,w}+C \geq 40$
	听力测听室与毗邻房间之间	$D_{nT,w}+C \geq 50$	
	体外震波碎石室、核磁共振室与毗邻房间之间	$D_{nT,w}+C_{tr} \geq 50$	
办公建筑	办公室、会议室与产生噪声的房间之间的隔墙、楼板	$R_w+C_{tr}>50$	$R_w+C_{tr}>45$
	办公室、会议室与普通房间之间的隔墙、楼板	$R_w+C>50$	$R_w+C>45$
	外墙	$R_w+C_{tr} \geq 45$	
	临交通干道的办公室、会议室外窗	$R_w+C_{tr} \geq 30$	
	其他外窗	$R_w+C_{tr} \geq 25$	
	门	$R_w+C_{tr} \geq 20$	
	办公室、会议室与产生噪声的房间之间	$D_{nT,w}+C_{tr} \geq 50$	$D_{nT,w}+C_{tr} \geq 45$
	办公室、会议室与普通房间之间	$D_{nT,w}+C \geq 50$	$D_{nT,w}+C \geq 45$
商业建筑	健身中心、娱乐场所与噪声敏感房间之间的隔墙、楼板	$R_w+C_{tr}>60$	$R_w+C_{tr}>55$
	购物中心、餐厅、会展中心等与噪声敏感房间之间的隔墙、楼板	$R_w+C_{tr}>50$	$R_w+C_{tr}>45$
	健身中心、娱乐场所等与噪声敏感房间之间	$D_{nT,w}+C_{tr} \geq 60$	$D_{nT,w}+C_{tr} \geq 55$
	购物中心、餐厅、会展中心等与噪声敏感房间之间	$D_{nT,w}+C_{tr} \geq 50$	$D_{nT,w}+C_{tr} \geq 45$

建筑类别	隔墙和楼板部位	特级	一级	二级
旅馆	客房之间的隔墙、楼板	$R_w+C>50$	$R_w+C>45$	$R_w+C>40$
	客房与走廊之间的隔墙	$R_w+C>45$	$R_w+C>45$	$R_w+C>40$
	客房外墙（含窗）	$R_w+C_{tr}>40$	$R_w+C_{tr}>35$	$R_w+C_{tr}>30$
	客房外窗	$R_w+C_{tr} \geq 35$	$R_w+C_{tr} \geq 30$	$R_w+C_{tr} \geq 25$
	客房门	$R_w+C \geq 30$	$R_w+C \geq 25$	$R_w+C \geq 20$
	客房之间	$D_{nT,w}+C \geq 50$	$D_{nT,w}+C \geq 45$	$D_{nT,w}+C \geq 40$
	走廊与客房之间	$D_{nT,w}+C \geq 40$	$D_{nT,w}+C \geq 40$	$D_{nT,w}+C \geq 35$
	室外与客房	$D_{nT,w}+C_{tr} \geq 40$	$D_{nT,w}+C_{tr} \geq 35$	$D_{nT,w}+C_{tr} \geq 30$

注：声学指标等级与旅馆建筑等级的对应关系：特级——五星级以上旅游饭店及同档次旅馆建筑；一级——三、四星级旅游饭店及同档次旅馆建筑；二级——其他档次的旅馆建筑。

此外，设有活动隔断的会议室、多功能大厅，其活动隔断的空气声隔声性能 $R_w+C \geq 35dB$；电影院观众厅与放映机房之间隔墙隔声量不宜小于 45dB，相邻观众厅之间隔声量为低频不应小于 50dB，中高频不应小于 60dB。

④ 楼板撞击声隔声标准

《民用建筑隔声设计规范》GB 50118—2010 规定的建筑楼板撞击声隔声标准见表 3.3-5。

民用建筑楼板撞击声隔声标准　　　　　表3.3-5

建筑类别	隔楼和楼板部位	撞击声隔声单值评价量/dB	
		高要求标准	低限标准
住宅	卧室、起居室（厅）的分户楼板	$L_{n,w}<65$ $L'_{nT,w}\leqslant 65$	$L_{n,w}<75$ $L'_{nT,w}\leqslant 65$
学校	语言教室、阅览室与上层房间之间的楼板	$L_{n,w}<65$, $L'_{nT,w}\leqslant 65$	
	普通教室、实验室、计算机房与上层产生噪声的房间之间的楼板	$L_{n,w}<65$, $L'_{nT,w}\leqslant 65$	
	琴房、音乐教室之间的楼板	$L_{n,w}<65$, $L'_{nT,w}\leqslant 65$	
	普通教室之间的楼板	$L_{n,w}<75$, $L'_{nT,w}\leqslant 75$	
医院	病房、手术室与上层房间之间的楼板	$L_{n,w}<65$ $L'_{nT,w}\leqslant 65$	$L_{n,w}<75$ $L'_{nT,w}\leqslant 75$
	听力测听室与上层房间之间的楼板	$L'_{nT,w}\leqslant 65$	
办公建筑	办公室、会议室顶部的楼板	$L_{n,w}<65$ $L'_{nT,w}\leqslant 65$	$L_{n,w}<75$ $L'_{nT,w}\leqslant 75$
商业建筑	健身中心、娱乐声所等与噪声敏感房间之间的楼板	$L_{n,w}<45$ $L'_{nT,w}\leqslant 75$	$L_{n,w}<50$ $L'_{nT,w}\leqslant 50$
旅馆		特级	一级	二级
	客房与上层房间之间的楼板	$L_{n,w}<55$ $L'_{nT,w}\leqslant 55$	$L_{n,w}<65$ $L'_{nT,w}\leqslant 65$	$L_{n,w}<75$ $L'_{nT,w}\leqslant 75$

注：① 声学指标等级与旅馆建筑等级的对应关系：特级——五星级以上旅游饭店及同档次旅馆建筑；一级——三、四星级旅游饭店及同档次旅馆建筑；二级——其他档次的旅馆建筑。

② $L_{n,w}$——计权规范化撞击声压级（实验室测量）；

$L'_{nT,w}$——计权标准化撞击声压级（现场测量）。

⑤ 工业企业内各类工作场所噪声限值见表3.3-6（《工业企业噪声控制设计规范》GB/T 50087—2013）。

工业企业内各类工作场所噪声限值　　　　　表3.3-6

工作场所	噪声限值/dB（A）
生产车间	85
车间内值班室、观察室、休息室、办公室、实验室、设计室室内背景噪声级	70
正常工作状态下精密装配线、精密加工车间、计算机房	70
主控室、集中控制室、通信室、电话总机房、消防值班室、一般办公室、会议室、设计室、实验室室内背景噪声级	60
医务室、教室、值班宿舍室内背景噪声级	85

注：① 生产车间噪声限值为每周工作5d，每天工作8h等效声级；对于每周工作5d，每天工作时间不是8h，需计算8h等效声级；对于每周工作日不是5天，需计算40h等效声级。

② 室内背景噪声级指室外传入室内的噪声级。

考点关注：应熟记常见建筑类型噪声控制标准数值。

例题19：(2006) 我国工业企业生产车间内的噪声限值为(　　)。

A. 75dB（A） B. 80dB（A）
C. 85dB（A） D. 90dB（A）

解析：本题考查规范规定的工业企业生产车间内的噪声限值。《工作场所有害因素职业接触限值　第2部分：物理因素》GBZ 2.2—2007 第 11.2.1 条表 9 规定：工作场所噪声职业接触限值为 85dB（A）。

答案：C

例题 20：（2006）在《民用建筑隔声设计规范》GB 50118—2010 中，旅馆客房室内允许噪声级分为几个等级？（　　）

A. 5 B. 4
C. 3 D. 2

解析：本题考查规范规定的旅馆客房室内允许噪声级的分级要求。根据《民用建筑隔声设计规范》GB 50118—2010，旅馆客房室内允许噪声级分为：特级、一级、二级 3 个等级。

答案：C

例题 21：（2005）我国城市居民、文教区的昼间环境噪声等效声级的限值标准为（　　）。

A. 50dB（A） B. 55dB（A）
C. 60dB（A） D. 65dB（A）

解析：本题考查规范规定的城市居民、文教区的昼间环境噪声等效声级的限值标准。《声环境质量标准》GB 3096—2008 规定我国城市居民、文教区昼间环境噪声等效声级的限值标准为 55dB（A），夜间为 45dB（A）。

答案：B

3.3.2 建筑噪声控制

1）噪声控制的原则

在声源处降低是最根本、最直接、最有效的措施。其次可以在噪声传播的途径中采取各种措施进行综合理。这些措施包括：（1）合理的总体布局和建筑平、立面设计时，可降低噪声 10～40dB；（2）吸声减噪处理，可降低噪声 8～10dB；（3）建筑构件的隔声处理，可降低噪声 10～60dB；（4）通风设备的消声处理，可降低噪声 10～50dB。

2）建筑设计与噪声控制

（1）在进行总图设计时，应使建筑物尽可能远离噪声源，把对噪声不敏感的房间布置在临噪声源的一侧。安静要求较高的民用建筑，宜布置在本区域主要噪声源夏季主导风向的上风侧。

（2）采用内天井布置时，应考虑天井四周房间的用途，避免互相干扰。

（3）进行合理分区，把产生高噪声的房间与其他房间分开，并将噪声源集中布置。

（4）在住宅建筑设计中，厨房、厕所、电梯机房等不得设在卧室和起居室的上层，也不得将电梯与卧室、起居室相邻布置。

（5）采用隔声屏障和隔声罩。隔声屏障的隔声量随宽度和高度增大而增大，屏障表面宜布置吸声材料。

(6) 利用门斗或套间,并在其中布置吸声材料,使其成为隔声的"声闸"("声锁")。

(7) 利用交错布置房门或"障壁墙"来增大声的传播距离以降低噪声级。

(8) 当室内采用吊顶时,分户墙必须将吊顶内的空间完全分隔开。

考点关注:熟练掌握控制城市和建筑噪声的措施和效果。

例题22:(2005)用隔声屏障的方法控制城市噪声,对降低下列哪种频段的噪声较为有效?( )

A. 低频 B. 中、低频
C. 中频 D. 高频

解析:本题考查隔声屏障的隔声原理和特性。隔声屏障可以将声音波长短的高频声吸收或反射回去,使屏障后面形成"声影区",在声影区内感到噪声明显下降。对波长较长的低频声,由于容易绕射过去,因此隔声效果较差。

答案:D

例题23:(2008)声闸的内表面应( )。

A. 抹灰 B. 贴墙纸
C. 贴瓷砖 D. 贴吸声材料

解析:本题考查声闸的构造做法。声闸内表面应做成强吸声处理。声闸内表面的吸声量越大,隔声效果越好,所以应该贴吸声材料。

答案:D

3.3.3 室内吸声减噪

为了消减被噪声"包围"的感觉,可以在室内的顶棚、地面和墙面上布置吸声材料,或在房间中悬挂空间吸声体,使室内噪声源的反射声(混响声)被吸收减弱。这时听者所接收到的声音,主要是来自噪声源的直达声。这种控制噪声的方法称为"吸声减噪",常常可使噪声降低8~10dB,适用于原有吸声较少、混响声较强的房间。

室内吸声减噪量的计算方式如下:

$$L_p = L_w + 10\lg\left(\frac{1}{4\pi r^2} + \frac{4}{R}\right)$$

$$R = \frac{S\bar{\alpha}}{1-\bar{\alpha}}$$

式中 L_p——室内某点的声压级,dB;

L_w——声源声功率级,dB;

r——离开声源的距离,m;

R——房间常数,m²;

S——室内总表面积,m²;

$\bar{\alpha}$——室内平均吸声系数。

室内某点的声压级L_p由声源功率级L_w以及直达声(离开声源的距离r)和混响声(房间常数R)决定。r较小时,主要是直达声;随着距离r的增大,直达声减小;当距离增大到一定时,直达声与混响声相等。这一距离称为"混响半径"r_c或"临界半径"。在混响半径处应有:

$$\frac{1}{4\pi r_c^2} = \frac{4}{R}$$

$$r_c = 0.14\sqrt{R}$$

当 r 很大时，直达声相对混响声可以忽略，室内声压级即为混响声声压级。

对室内平均吸声系数较小的房间采取吸声减噪措施较为有效。这时房间常数近似等于房间总吸声量 A，室内吸声减噪量也可由以下公式计算：

$$\Delta L_p = 10\lg\left(\frac{A_2}{A_1}\right)$$

$$\Delta L_p = 10\lg\left(\frac{\bar{\alpha}_2}{\bar{\alpha}_1}\right)$$

由上式可知，吸声量增大一倍，室内声压级降低 3dB。因此，对于室内原有较大吸声量的房间，不宜采用增大室内吸声量的吸声减噪方法。

考点关注：声压级的计算原理和参数概念；吸声降噪的基本原理和措施。

例题 24：（2010）室内表面为坚硬材料的大空间，有时需要进行吸声降噪处理。对于吸声降噪的作用，以下哪种说法是正确的？（　　）

A. 仅能减弱直达声　　　　　　　　B. 仅能减弱混响声
C. 既能减弱直达声，也能减弱混响声　D. 既不能减弱直达声，也不能减弱混响声

答案：B

例题 25：（2009）某一机房内，混响半径（直达声压与混响声压相等的点到声源的声中心的距离）为 8m。通过在机房内表面采取吸声措施后，以下哪个距离（距声源）处的降噪效果最小？（　　）

A. 16m　　　　　　　　　　　　　B. 12m
C. 8m　　　　　　　　　　　　　　D. 4m

答案：D

3.3.4　消声与噪声控制

消声器是一种可在气流通过时降低噪声级的装置，大致可分为阻性消声器和抗性消声器两大类。阻性消声器是将消声能量转化为热能，从而达到消声的目的。抗性消声器主要不是直接吸收声能，而是借助管道截面的突然扩张或收缩，或旁接共振腔，使沿管道传播的部分气流噪声在突变处向声源方向反射回去，以此达到消声的目的。阻性消声器主要消除中高频的噪声，抗性消声器则主要消除低频噪声。

3.4　建筑隔声

声波可以通过围护结构的孔洞和缝隙直接传入建筑空间，也可透过围护结构传播，这两种情况的声音都是经由空气传播的，一般称为"空气传声"或"空气声"。第三种情况是围护结构受到直接的撞击或振动作用，声音直接通过围护结构传用而发生，并从某些建筑物的部件如墙体、楼板等再辐射出来，最后作为空气声传入人耳。这种声音传播的方式称为"固体传声"或"撞击声"。

考点关注：空气传声和固体传声的概念和原理。

例题26：（2010）住宅楼三层住户听到的以下噪声中，哪个噪声不是空气声？（　　）
A. 窗外的交通噪声　　　　　　　B. 邻居家的电视声
C. 地下室的水泵噪声　　　　　　D. 室内的电脑噪声
答案：C

3.4.1 隔绝空气声

透过围护结构的声能 E 与入射的总声能 E_0 之比值即透声系数，用符号 τ 来表示，则围护结构对空气声的隔声量 R 为：

$$R = 10 \lg \frac{1}{\tau}$$

式中　R——隔声量，dB；
　　　τ——围护结构的透声系数，$\tau = E/E_0$。

使用较多的单一数值指标是空气声计权隔声量 R_w。R_w 指标考虑了人耳听觉的频率特性及建筑中典型噪声源的频率特性，因此能较好地反映构件的隔声能力，并便于不同构件隔声能力的比较。

1）单层匀质密实墙的空气声隔声

单层匀质密实墙的隔声量大小主要与入射频率和墙的单位面积质量有关。声波无规则入射时隔声量 R 的计算式为：

$$R = 20 \lg f + 20 \lg M - 48$$

式中　f——入射声频率，Hz；
　　　M——墙体单位面积质量，kg/m^2。

上式说明墙的单位面积质量越大，隔声效果越好，这一规律称为"质量定律"。质量定律说明，当墙的材料已经决定后，为增加其隔声量，唯一的办法是增加墙的厚度，厚度增加一倍，单位面积质量即增加一倍，隔声量增加 6dB；该定律还表明，低频的隔声比高频的隔声要困难。在吻合临界频率 f_c 处的隔声量低谷也称"吻合谷"。一般硬而厚的墙体可降低吻合临界频率，在隔声设计中应设法使"吻合效应"不发生在主要的声频范围（125~4000Hz）。

考点关注：隔声的质量定律是经常考查的内容之一，应熟练掌握质量定律的原理和简单计算。

例题27：（2009）某50mm厚单层匀质密实墙板对100Hz声音量为20dB。根据隔声的"质量定律"，若单层密实墙板的厚度变为100mm，其对100Hz声音的隔声量是（　　）。
A. 20dB　　　　　　　　　　　　B. 26dB
C. 32dB　　　　　　　　　　　　D. 40dB
答案：B

例题28：（2006）下列哪种板材隔绝空气声的隔声量最大？
A. 140 陶粒混凝土板（238kg/m²）　　B. 70 加气混凝土砌块（70kg/m²）
C. 20 刨花板（13.8kg/m²）　　　　　D. 12 厚石膏板（8.8kg/m²）
答案：A

例题29：（2008）匀质墙体，其隔声量与其单位面积的质量（面密度）呈什么关系？（ ）
A. 线性　　　　　　　　　　　B. 指数
C. 对数　　　　　　　　　　　D. 三角函数
答案：C

2）双层匀质密实墙的空气声隔声

由于双层墙中间的空气层具有弹性（可看作与两侧墙壁相连的"弹簧"），这样，声波所引起的第一层墙壁的振动在通过空气层传给第二层墙壁时，就会由于空气层的弹性变形而使传递给第二层墙壁的振动大为减弱，从而提高双层墙总体的隔声量。与单层墙相比，同样重的双层墙可有10dB左右的隔声增量。空气层增大（空气层厚度宜小于50mm），隔声量随之增大，但空气层增大到80mm以上，隔声量增加就不明显了。刚性连接可以较多地传递声能，因此称为"声桥"。

双层墙的隔声量还会因为发生共振而下降。双层墙和空气间层其实是组成了固有频率为 f_0 的振动系统：

$$f_0 = \frac{600}{\sqrt{L}}\sqrt{\frac{1}{M_1}+\frac{1}{M_2}}$$

式中　M_1、M_2——每层墙壁的面密度，kg/m^2；
　　　L——空气层的厚度，cm。

对于那些频率大于1.414倍固有频率的声音，双层墙的隔声量才会有明显的提高，才能在声学上优于重量相同的匀质单层墙。另外，对双层墙分别采用不同厚度的墙体，可以使各层的吻合谷错开，以减轻吻合效应的不利影响。

3）轻质隔墙的空气声隔声

建筑设计和建筑工业化的趋势是采用轻质隔墙代替厚重的隔墙，但是这种隔墙的隔声量较小，可采用下列措施来增加隔声量：

（1）双层轻质隔墙间设空气层，将空气间层的厚度增加到75mm以上时，在大多数的频带内可以增加隔声量8~10dB。

（2）以多孔材料填充轻质墙体之间的空气层。

（3）增加轻质墙体的层数和填充材料的种类。为了避免轻墙的吻合效应，可使各层材料的质量不等，以错开吻合谷。

考点关注：双层墙主要是利用空气间层的弹性减振作用提高隔声能力。

例题30：（2005）双层墙能提高隔声能力主要是下列哪项措施起作用？（ ）
A. 表面积增加　　　　　　　　B. 体积增加
C. 空气层间层　　　　　　　　D. 墙厚度增加
解析：本题考查双层墙体的隔声原理。
答案：C

4）门窗的空气声隔声

（1）门是墙体中隔声较差的部件，普通未做隔声处理的门，其空气直接隔声量常低于20dB，门四周的缝隙也是传声的途径。提高门的隔声能力关键在于门扇及其周边缝隙的处理，为了达到较高的隔声量，可以用设置"声闸"的方法，即设置双层门并在双层门之间的门斗内壁贴强吸声材料。

(2) 窗是建筑围护结构隔声最薄弱的部件，普通的 3mm 厚玻璃窗，隔声量在 25dB 以下。可开启的窗很难有较高的隔声量，隔声窗通常是指不开启的观察窗。设计隔声窗时，可采用 5mm 以上的厚玻璃，层数可在两层以上，各层玻璃的厚度应不相同，以错开"吻合谷"，同时，两层玻璃不应平行，以免引起共振。另外，两层玻璃之间的窗樘上，应布置强吸声材料，双层玻璃的间距应尽可能大，最好能在 200mm 以上。

5) 组合墙体空气声隔声

组合墙体是指实体墙和门窗的组合。组合墙体隔声设计时应相应地提高门窗的隔声量，较为合理的做法是使门窗的隔声量比实体墙低 10dB 左右。

考点关注：组合墙体空气声隔声的方法。

例题 31：（2004）组合墙（即带有门或窗的隔墙）中，墙的隔声量选择哪种方法更合理？（　　）

A. 低于门或窗的隔声量　　　　　　B. 等于门或窗的隔声量
C. 可不考虑门或窗的隔声量　　　　D. 大于门或窗的隔声量

答案：D

例题 32：（2006）组合墙（即带有门或窗的隔墙）中，墙的隔声量应比门或窗的隔声量高多少才能有效隔声？（　　）

A. 3dB　　　　　　　　　　　　　B. 6dB
C. 8dB　　　　　　　　　　　　　D. 10dB

答案：D

3.4.2 隔绝固体声（撞击声）

与空气声相比，由撞击声引起的撞击声级一般也较高，影响范围更为广泛，因此对固体声（撞击声）的隔绝就成为提高室内声环境质量很重要的方面。在我国制订的《民用建筑隔声设计规范》GB 50118—2010 中，是以楼板部位的计权标准化撞击声压级来规定撞击声的隔声标准的。

1) 计权标准化撞击声压级

工程上常用计权撞击声压级来评价楼板的撞击声隔声性能。一般来说，楼板厚度增大一倍，撞击声压级约减小 10dB；楼板重量增加一倍，撞击声压级只是降低 3~4dB。可见增大厚度较为有利。

2) 楼板撞击声的隔绝措施

楼板要承受各种荷载，按照结构的要求，它必须有一定的厚度与重量，因此有一定的隔绝空气声的能力。但是由于人们的行走、拖动家具、物体的撞击声等引起固体振动所辐射的噪声，对楼下的干扰特别严重。楼板下的撞击声压级，取决于楼板的弹性模量、密度、厚度等因素，主要取决于楼板的厚度。

改善楼板隔绝撞击声的措施主要有：

(1) 在承重楼板上铺放弹性面层。这对于改善楼板隔绝中高频撞击声的性能有显著的效应。

(2) 浮筑构造。在楼板承重层与面层之间设置弹性垫层，以减轻结构的振动。

(3) 在承重楼板下加设吊顶。这对于改善楼板隔绝空气噪声和撞击声的性能都有明显的效用。吊顶与楼板的连接宜用弹性连接，且连接点在满足强度的情况下要少。

3) 振动的隔离

对于固体传声的隔绝首先应该在振源与建筑围护结构之间采取有效的隔振措施，如设置钢弹簧、橡胶、软木、毛毡、塑料等隔振垫，尤其是钢弹簧和橡胶。

安装在钢弹簧上的隔振机座，和钢弹簧组成了一个隔振系统，该系统的共振频率 f_0 为：

$$f_0 = \frac{5}{\sqrt{d}}$$

式中，d 是加上重量后弹簧的压缩量，称为静态压缩量，单位是 cm。

当机器的振动频率（或机器的每秒转数）大于 $1.414 f_0$，才会有隔振作用。而有效的隔振机座可使传到基础、围护结构的振动降低，有时可使噪声级降低 5~10dB。

考点关注：隔绝固体声（撞击声）的原理、方法和效果是常见的考查要点，应熟练掌握。

例题 33：（2009）某住宅楼三层的住户受位于地下室的变压器振动产生的噪声干扰，若要排除这一噪声干扰，应该采取以下哪项措施？（　　）

A. 加厚三层房间的地面楼板
B. 加厚地下变电室的顶部楼板
C. 在地下变电室的顶面、墙面装设吸声材料
D. 在变压器与基座之间加橡胶垫

答案：D

例题 34：（2009）为减少建筑设备噪声的影响，应首先考虑采取下列哪项措施？（　　）

A. 加强设备机房围护结构的隔声能力
B. 在设备机房的顶面、墙面设置吸声材料
C. 选用低噪声建筑设备
D. 加强受干扰房间围护结构的隔声能力

答案：C

例题 35：（2006）改善楼板隔绝撞击声性能的措施之一是在楼板表面铺设面层（如地毯类），它对降低哪类频率的声波尤为有效？（　　）

A. 高频 B. 中频
C. 中、低频 D. 低频

答案：A

例题 36：（2004）机器设备采用隔振机座，对建筑物内防止下列哪种频率的噪声干扰较为有效？（　　）

A. 高频 B. 中高频
C. 中频 D. 低频

答案：D

考点关注：应熟练掌握隔振系统隔振效果与干扰力频率、固有频率的关系。

例题37：(2005)隔振系统的干扰力频率（f）与固有频率（f_0）之比，必须满足多大，才能取得有效的隔振效果？（　　）

A. 0.2 B. 0.5
C. 1.0 D. $\sqrt{2}$

解析：本题考查隔振系统隔振效果与干扰力频率、固有频率的关系。当隔振系统的干扰力频率（f）与固有频率（f_0）之比大于$\sqrt{2}$时，才能取得有效的隔振效果。

答案：D

3.5 吸声材料与构造

3.5.1 多孔吸声材料

多孔材料是应用广泛的吸声材料，如超细玻璃棉、玻璃棉、岩棉、矿棉、沥青玻璃毡、木丝板、软质纤维板、微孔吸声砖等。

多孔材料吸声机理：材料中有许多微小间隙和连续气泡，具有一定通气性。当声波入射，引起小孔或间隙中空气的振动。空气质点自由地压缩、稀疏，但紧靠材料孔壁表面的空气质点振动速度较慢。由于摩擦和空气的黏滞阻力，空气质点的动能转为热能；此外，空气与孔壁之间发生热交换，使部分声能转为热能被吸声。吸声系数随声波频率提高而增加。

考点关注：多孔吸声材料的吸声特性和吸声机理是经常考查的内容，应熟练掌握。

例题38：(2010)对中、高频声有良好的吸收，背后留有空气时还能吸收低频声。以下哪种类型的吸声材料或吸声结构具备上述接特点？（　　）

A. 多孔吸声材料 B. 薄板吸声结构
C. 穿孔板吸声结构 D. 薄膜吸声结构

答案：A

例题39：(2010)多孔吸声材料最基本的吸声机理特征是（　　）。

A. 纤维细密 B. 适宜的容重
C. 良好的通气性 D. 互不相通的多孔性

答案：C

例题40：（2009）由相同密度的玻璃棉构成的下面四种吸声构造中，哪种构造对125Hz声音吸收最大？（　　）

A. 25厚玻璃棉板墙 B. 50厚玻璃棉板墙
C. 100厚玻璃棉板墙 D. 100厚玻璃棉板+100厚空腔墙

答案：D

影响吸声特性的因素包括：

1) 材料中空气的流阻

多孔材料的吸声特性受空气黏性的影响最大。空气流阻，是指空气流稳定地流过材料时，材料两面的静压差和流速之比。从吸声性能考虑，多孔材料存在最佳的空气流阻。材料受潮，首先降低对高频声的吸声，继而扩大其影响范围。

2）孔隙率

孔隙率，是指材料中的空隙体积和材料总体积之比。多孔材料的孔隙率一般都在70%以上，多数达到90%。

3）材料厚度

对同一种材料，实际上常以材料的厚度、容重等来控制其吸声特性。同一种多孔材料，厚度增加，中、低频吸声系数增加，其吸声的有效频率范围也扩大。但材料厚度增加到一定值，低频吸声增加明显，高频吸声影响小。通常按照中、低频范围所需要的吸声系数值选择材料厚度。

考点关注：多孔吸声材料的吸声特性。

例题41：(2008) 一般厚50mm的多孔吸声材料，它的主要吸声频段在（　）。

A. 低频　　　　　　　　　　　　B. 中频
C. 中、高频　　　　　　　　　　D. 高频

答案：C

4）材料表观密度

随着材料表观密度的增加，吸声系数有所不同。一般来说，一种多孔材料的表观密度有其最佳值。

5）材料背后的空气层

对于厚度、表观密度一定的多孔材料，当其与坚实壁面之间留有空气层时，吸声特性会有所改变，低频吸声系数增加。

6）饰面的影响

为了尽可能地保持多孔材料的吸声特性，饰面应具有良好透气性能。可使用金属网、塑料窗纱、透气性好的纺织品等。也可以使用厚度小于0.05mm的塑料薄膜、穿孔薄膜和穿孔率在20%以上的薄穿孔板等。使用穿孔板面层，低频吸声系数将有所提高；使用薄膜面层，中频吸声系数将有所提高。

考点关注：多孔性吸声材料外饰面对其吸声性能的影响是考查的内容。应熟记相关材料要求。

例题42：(2006) 在多孔性吸声材料外包一层塑料薄膜，膜厚多少才不会影响它的吸声性能？（　）

A. 0.2mm　　　　　　　　　　　B. 0.15mm
C. 0.1mm　　　　　　　　　　　D. 小于0.05mm

（注：此题2004年考过）

答案：D

例题43：(2005) 下列哪种罩面材料对多孔材料的吸声能力影响为最小？（　）

A. 0.5mm薄膜　　　　　　　　　B. 钢板网
C. 穿孔率10%的穿孔板　　　　　D. 三合板

答案：B

3.5.2 空腔共振吸声结构

共振结构的吸声机理：不透气软质膜状材料（如塑料、帆布）或薄板，与其背后的封

闭空气层形成一个质量—弹簧共振系统。当收到声波作用时，在该系统共振频率附近具有最大的声吸收。

最简单的空腔共振吸声结构是亥姆霍兹共振器。共振器的共振频率可用下式计算：

$$f_0 = \frac{c}{2\pi}\sqrt{\frac{S}{V(t+\delta)}}$$

式中　f_0——共振频率，Hz；
　　　c——声速，一般取 34000cm/s；
　　　S——颈口面积，cm^2；
　　　V——空腔容积，cm^3；
　　　t——孔颈深度（即板的厚度），cm；
　　　δ——开口末端修正量，cm；因为颈部空气柱两端附近的空气也参加振动，故需要修正；对于直径为 d 的圆孔，$\delta=0.8d$。

穿孔板吸声结构共振频率：

$$f_0 = \frac{c}{2\pi}\sqrt{\frac{p}{L(t+\delta)}}$$

式中　f_0——共振频率，Hz；
　　　c——声速，cm/s；
　　　L——板后空气层厚度，cm；
　　　t——板的厚度，cm；
　　　δ——孔口末端修正量，$g=0.8d$，cm；
　　　p——穿孔率，即穿孔面积与总面积之比。

圆孔按正方形排列时：

$$p = \frac{\pi}{4}\left(\frac{d}{D}\right)^2$$

圆孔按等边三角形排列时：

$$p = \frac{\pi}{2\sqrt{3}}\left(\frac{d}{D}\right)^2$$

式中，d 为孔径，D 为孔距。

当穿孔板需要喷涂油漆时，保持多孔材料的透气性很重要。应在板上喷涂油漆之后再安装多孔材料。

当穿孔板用作室内吊顶，背后空气层厚度超过 20cm 时，为了较精确地计算共振频率，应采用下列公式：

$$f_0 = \frac{c}{2\pi}\sqrt{\frac{p}{L(t+\delta)+pL^2/3}}$$

由于空腔较深，在低频范围将出现共振吸收。若在板后铺放多孔材料，还将使高频具有良好的吸声特性。这种吸声结构具有较宽的吸声特性。

考点关注：穿孔板吸声结构的共振频率是经常考查的内容，应熟练掌握共振频率的计算公式及其参数概念，并能做简单计算。

例题 44：(2006) 采取哪种措施，可有效降低穿孔板吸声结构的共振频率？（　　）
A. 增大穿孔率　　　　　　　　　B. 增加板后空气层厚度
C. 增大板厚　　　　　　　　　　D. 板材硬度
答案：B

例题 45：(2007) 决定穿孔板吸声结构共振频率的主要参数是（　　）。
A. 板厚　　　　　　　　　　　　B. 孔径
C. 穿孔率和板后空气层厚度　　　D. 孔的排列形式
答案：C

例题 46：（2010）如何使穿孔板吸声结构在很宽的频率范围内有较大的吸声系数？（　　）
A. 加大孔径　　　　　　　　　　B. 加大穿孔率
C. 加大穿孔板背后的空气层厚度　D. 在穿孔板背后加多孔吸声材料
答案：D

3.5.3 薄膜、薄板吸声结构

薄板吸声结构的吸声原理为：薄板吸声结构在声波作用下发生振动时，由于板内部和木龙骨间出现摩擦损耗，使声能转变为机械振动，最后转变为热能而起到吸声作用。

选用薄膜或薄板吸声结构时，较薄的板，因为容易振动可吸收较多。吸声系数峰值在低于 200～300Hz 的范围，随着薄板单位面积重量的增加以及薄板背后空气层厚度的增加，吸声系数峰值向低频移动。在薄板背后的空气层里填多孔材料，吸声系数峰值增加。薄板表面涂层，对吸声性能无影响。

1）薄膜等具有不透气、柔软、受张时有弹性等特性。薄膜材料可与其背后封闭的空气层形成共振系统。对于不受张拉或张力很小的膜，共振频率 f_0 可按下式计算：

$$f_0 = \frac{1}{2\pi}\sqrt{\frac{\rho c^2}{M_0 L}} \approx \frac{600}{\sqrt{M_0 L}}$$

式中　f_0——共振频率，Hz；
　　　M_0——膜的单位面积质量，kg/m²；
　　　L——膜与刚性壁之间空气层的厚度，cm；
　　　ρ——空气密度，kg/m³。

通常薄膜吸声结构的共振频率在 200～1000Hz 范围内，最大吸声系数为 0.3～0.4，一般可把它作为中频范围的吸声材料。

2）薄板吸声结构

把胶合板、硬质纤维板、石膏板、石棉水泥板或金属板等板材的同边固定在框架上，连同板后的封闭空气层，可共同构成薄板共振吸声结构。

因为低频声比高频声更容易激起薄板振动，所以它具有低频的吸声特性。工程常用的薄板共振吸声结构的共振频率在 80～300Hz，其吸声系数为 0.2～0.5。这种结构的共振频率 f_0 可用下式计算：

$$f_0 = \frac{1}{2\pi}\sqrt{\frac{\rho c^2}{M_0 L} + \frac{K}{M_0}} = \sqrt{\frac{1.4 \times 10^7}{M_0 L} + \frac{K}{M_0}}$$

式中 f_0——共振频率，Hz；
  M_0——板的单位面积质量，kg/m^2；
  L——板与刚性壁之间空气层的厚度，cm；
  K——结构的刚度因素，$kg/(m^2 \cdot s^2)$。一般板材的 K 值为 $1 \times 10^6 \sim 3 \times 10^6 kg/(m^2 \cdot s^2)$。

考点关注：薄板构造的吸声原理。

例题47：（2005）建筑中使用的薄板构造，其共振频率主要在下列哪种频率范围？（　　）

A. 高频　　　　　　　　　　B. 中、高频
C. 中频　　　　　　　　　　D. 低频

答案：D

3.5.4 其他类型的吸声结构

1) 强吸声结构

吸声尖劈是消声室中最常用的强吸声结构，其构造是用 $\phi 3.2 \sim 3.5$ 钢筋制成所需形状和尺寸的框子，在框架上粘缝布类罩面材料，内填棉状多孔材料，尖劈的吸声系数需在0.99以上。达到此要求的最低频率称为截止频率 f_0，并以此表示尖劈的特性。尖劈的截止频率 f_0 约为 $0.2c/l$，其中 c 为声速。增加尖部长度 l 可降低 f_0。

除了吸声尖劈之外，在强吸声结构中，还有在界面平铺多孔材料的。多孔材料厚度较大，也可做到对宽频带声音的强吸收。

考点关注：吸声尖劈的吸声特性和主要使用场所。

例题48：（2004）吸声尖劈构造最常用于下列哪种场所？（　　）

A. 录音室　　　　　　　　　B. 消声室
C. 音乐厅　　　　　　　　　D. 电影院

答案：B

2) 帘幕

若幕布、窗帘等离墙面、窗玻璃有一定距离，就好像在多孔材料背后设置了空气层，尽管没有完全封闭，对中高频甚至低频仍具有一定的吸声作用。设帘幕离刚性壁的距离为 L，具有吸声峰值的频率是 $f = (2n-1) \cdot c/4L$，n 为正整数。

3) 洞口

向室外自由声场敞开的洞口，从室内的角度来看，它是完全吸声的，对所有频率的吸声系数均为1。若洞口不是朝向自由声场时，其吸声系数通常就小于1。

4) 人和家具

人和室内家具也能够吸收声音，因此人和家具实际上也是吸声体。其吸声特性用每个人或每件家具的吸声量表示。它们与个数（或件数）的乘积即为总吸声量。为了保证室内音质受听众多少的影响不至太大，空场状态下单个椅子的吸声量，应尽可能相当于一个听众的吸声量。

5) 微穿孔板

由板厚和孔径均在1mm以下，穿孔率为1%～3%的薄金属板与背后空气层组成。由于穿孔细而密，因而比穿孔板声阻大。微穿孔板结构不需要在板后配置多孔吸声材料，使

结构大为简化。

考点关注：微穿孔板吸声构造的特性和吸声原理。

例题 49：（2006）微穿孔板吸声构造在较宽的频率范围内有效的吸声系数，其孔径应控制在多大范围？（　　）

A. 5mm　　　　　　　　　　B. 3mm
C. 2mm　　　　　　　　　　D. 小于 1mm

答案：D

3.5.5 吸声材料的选用

（1）混响室法的测量条件得出的吸声系数比较符合实际情况，对于驻波管法测得的吸声系数应在使用前先换算为混响室法吸声系数。

（2）建筑吸声材料的使用应该结合多方面的功能要求。

3.6 室内声学原理

3.6.1 几何声学

几何声学就是用声学的观点研究声波在封闭空间中传播的科学。利用几何声学的方法可以得到一个很直观的声音在室内传播的图形。直达声及反射声的分布情况对听者有很大影响，声学设计通常只着重研究前一、二次反射声，并控制其分布情况，以改善室内音质。

3.6.2 统计声学

对于任一接收点，其所接收的声音可以简单地看作由三部分组成：第一部分为直达声，即自声源未经反射直接传到接收点的声音；第二部分为早期反射声，它是指在直达声之后相对延迟时间为 50ms 内到达的反射声；第三部分为混响声，它是在前次反射后陆续到达的、经过多次反射的声音的统称。混响声的长短与强度将影响厅堂音质，如清晰度和丰满度等。

混响时间是指声音已达到稳态后停止声源，平均声能密度自原始值衰变到其百万分之一（60dB）所需要的时间。

1）赛宾公式

19 世纪末，赛宾通过试验研究，建立了赛宾公式：

$$T_{60} = \frac{0.161V}{A}$$

式中　　T_{60}——混响时间，s；

A——室内表面吸声量，$A = S \cdot \bar{\alpha}$；

$\bar{\alpha}$——室内平均吸声系数，$\bar{\alpha} = \dfrac{S_1\alpha_1 + S_2\alpha_2 + \cdots + S_n\alpha_n}{S_1 + S_2 + \cdots + S_n}$；

V——房间容积，m³；

S——室内总表面积，m²；

α_1，α_2，…，α_n——各种不同材料的吸声系数；
S_1，S_2，…，S_n——各种不同材料的表面积，m²。

应该注意，上式适合于 $\bar{\alpha}<0.2$ 的情况，否则将产生较大误差。

2）伊林公式

当考虑到室内表面和空气的吸收作用后，得出伊林公式为：

$$T_{60}=\frac{0.161V}{-S\ln(1-\bar{\alpha})+4mV}$$

式中 $4m$——空气吸声系数，一般在计算中可按相对湿度60%，室内温度20℃计。采用伊林公式，特别是在室内吸声量较大时（$\bar{\alpha}>0.2$），计算结果更接近于实测值。估计算混响时间时，通常要计算125Hz、250Hz、1000Hz、2000Hz和4000Hz六个频率的值。

这两个公式有以下假设条件：首先，室内的声音是充分扩散的，即室内任一点声音强度一样，而且在任何方向上的强度也一样；其次，室内声音按同样的比例被室内各表面吸收，即吸收是均匀的。

考点关注：混响时间的概念、计算公式及其主要参数的含义是考查的重要内容，应熟练掌握。

例题50：（2010）在房间内某点测得连续声源稳态声的声压级为90dB，关断声源后该点上声压级变化过程为：0.5s时75dB，1.0s时68dB，1.5s时45dB，2.0s时30dB。该点上的混响时间是多少？（　　）

A. 0.5s　　　　　　　　　　　B. 1.0s
C. 1.5s　　　　　　　　　　　D. 2.0s

答案：D

例题51：（2010）用赛宾公式计算混响时间是有限制条件的。当室内平均吸声系数小于多少时，计算结果才与实际情况比较接近？（　　）

A. 0.1　　　　　　　　　　　B. 0.2
C. 0.3　　　　　　　　　　　D. 0.4

答案：B

例题52：（2009）当室内声场达到稳态，声源停止发声后，声音衰减多少分贝所经历的时间是混响时间？（　　）

A. 40dB　　　　　　　　　　B. 40dB
C. 50dB　　　　　　　　　　D. 60dB

答案：D

3）混响时间计算的精确性

混响时间计算值与实测值一般会有10%左右的误差，产生误差的原因主要是：

（1）混响时间计算公式是假设室内声场充分扩散、室内声吸收是均匀的条件下导出的。在实践中，声场很不均匀，室内吸收分布很不均匀。

（2）一个厅堂里对材料的使用状况，不可能具备混响室的扩散条件。

3.6.3 室内声压级计算

已知声功率，可利用下式计算声源不同距离处的声压级：

$$L_p = 10\lg W + 10\lg\left(\frac{Q}{4\pi r^2} + \frac{4}{R}\right) + 120$$

式中 W——声源的声功率，W；

r——离开声源的距离，m；

R——房间常数，$R = \dfrac{S\bar{\alpha}}{1-\bar{\alpha}}$，m²；$\bar{\alpha}$——室内平均吸声系数；$S$——室内总表面积，m²；

Q——声源的指向性因素，见表3.6-1。

考点关注：室内点声源的声压级的计算原理和参数概念，应熟记。

点声源在室内不同位置时的指向性因素　　表3.6-1

指向性因素	$Q=1$	$Q=2$	$Q=4$	$Q=8$
点声源位置	房间中心	壁面中心	两壁面交线上	角落上

例题53：（2010）某房间的容积为10000m³，房间内表面吸声较少，有一点声源在房间中部连续稳定地发声。在室内常温条件下，房间内某处的声压级与以下哪项无关？（　　）

A. 声源的声功率　　　　　　　B. 离开声源的距离
C. 房间常数　　　　　　　　　D. 声速

答案：D

3.6.4 房间的声共振

1）驻波

驻波：就是驻定的声压起伏。当在传播方向遇到垂直的刚性反射面时，用声压表示的入射波在反射时没有振幅和相位的变化，入射波和反射波相互干涉就形成了驻波。

产生驻波的条件是：

$$L = n \cdot \frac{\lambda}{2} \quad (n\text{ 为正整数})$$

相应的频率是：

$$f = \frac{c}{\lambda} = \frac{nc}{2L} \quad (n\text{ 为正整数})$$

2）房间共振

房间共振：房间内复杂的共振系统，在声波的作用下也会产生驻波或称简正振动、简正波。

当房间受到声源激发时，简正频率及其分析决定于房间的边长及其相互比例，在小的建筑空间，如果其三维尺度是简单的整数比，则可被激发的简正频率相对较少并且可能只叠合（或称简并）在某些较低的频率，这就会使那些与简正频率（房间的共振频率）相同的声音被大大加强，导致原有的声音频率畸变，使人们感到听闻的声音失真，即出现房间共振现象。

根据驻波形成的原理，在矩形房间内三对平行表面上下、左右、前后间，只要其距离

是 λ/2 的整数倍，就可以产生相应方向上的轴向共振，相应的轴向共振频率为 f_{n_x}，f_{n_y}，为 f_{n_z}。在三维空间中，除了轴向驻波外，还会出现切向驻波和斜向驻波。计算矩形房间共振（包括轴向共振、切向共振、斜向共振三种共振）频率的普遍公式为：

$$f_{n_x,n_y,n_z} = \frac{c}{2}\sqrt{\left(\frac{n_x}{L_x}\right)^2 + \left(\frac{n_y}{L_y}\right)^2 + \left(\frac{n_z}{L_z}\right)^2}$$

式中　L_x，L_y，L_z——分别为房间的长、宽、高，m；
　　　n_x，n_y，n_z——分别为任意正整数（也可以是0，但不能同时为0）。

为了克服"简并"现象，使房间共振频率范围展宽，避免集中于某几个频率，需选择合适的房间尺寸、比例和形状，以改变房间的简正方式。应避免房间边长相同或形成简单整数比。正方体房间是最不利的。此外，将房间的墙面或顶棚做成不规则形状，或将吸声材料不规则地配置在室内界面上，也可以减少房间共振引起的不良影响。

考点关注：熟练掌握"简并"现象的原理和避免措施。

例题54：（2006）为了克服"简并"现象，使其共振频率分布可能均匀，房间几何尺寸应取哪种比例合适？（　　）
　　A. 7×7×7　　　　　　　　　B. 6×6×9
　　C. 6×7×8　　　　　　　　　D. 8×8×9
答案：C

3.7　厅堂音质设计

3.7.1　厅堂音质评价

1）音质主观评价

音质是指房间中传声的质量。房间音质的主要决定因素是混响、反射声序列时空结构和噪声级。对语言声主要是清晰度和可懂度，也要求具有一定的响度，同时要求频谱的均衡、不失真。对于音乐声，主要是清晰度（明晰度）、响度、丰满度、空间感和平衡感等方面的要求。同时，无论是语言声听闻还是音乐声听闻，共同的前提是避免音质缺陷。音质缺陷主要指噪声干扰、回声干扰及颤动回声干扰等。

（1）语言声音质主观评价

语言清晰度是指对无字义联系的语言号（单字或音节），通过厅堂的传输，能被听众正确辨认的百分数。语言声听闻要求可懂度达到95%以上，清晰度达到85%以上。当清晰度在60%以下时，听音感到费力，难懂；在60%～80%时，听者需集中注意力才能听懂说话的内容。

语言声音质主要评价还包括响度和音色方面的评判。

（2）音乐声音质主观评价

一般认为好的音质应具有四个方面的特征：在丰满度与清晰度之间具有恰当的平衡；具有合适的响度；具有一定的空间感；具有良好的音色，即低、中、高频各声部取得良好的平衡，音色不畸变、不失真。

2) 音质客观评价

(1) 混响时间与早期衰变时间

混响时间与音质的丰满度和清晰度有关。一般而言，对于以语言听闻为主的厅堂，不希望混响时间过长，以1s左右为宜；而对于以听音乐为主的厅堂，则希望混响时间较长些，如达到1.5～2.2s。各类厅堂混响时间参数参见表3.7-1～表3.7-3。

观演建筑观众厅频率为500～1000Hz满场混响时间范围　　　　表3.7-1

建筑类别	混响时间（中值）/s	适用容积/m³	说明
歌剧、舞剧剧场	1.1～1.6	1500～15000	选自《剧场、电影院和多用途厅堂建筑声学设计规范》GB/T 50356—2005
话剧、戏曲剧场	0.9～1.3	1000～10000	
会堂、报告厅、多用途礼堂	0.8～1.4	500～20000	
普通电影院	0.7～1.0	500～10000	
立体声电影院	0.5～0.8	500～10000	
歌舞厅	0.6～0.9（下限） 0.7～1.2（上限）		选自《歌舞厅扩声系统的声学特性指标与测量方法》WH 0301—93

观演建筑观众厅各频率混响时间相对于500～1000Hz的值　　　　表3.7-2

建筑类别	125Hz	250Hz	2000Hz	4000Hz
歌剧院	1.0～1.3	1.0～1.15	0.9～1.0	0.8～1.0
话剧、戏曲院	1.0～1.2	1.0～1.1		
会堂、报告厅、多用途礼堂	1.0～1.3	1.0～1.15		
普通电影院、立体声电影院	1.0～1.2	1.0～1.1		
歌舞厅	1.0～1.4	1.0～1.2	0.8～1.0	0.7～1.0

其他建筑空间混响时间推荐值（500～1000Hz 平均值）　　　　表3.7-3

厅堂类型	T_{60}/s	厅堂类型	T_{60}/s
音乐厅	1.5～2.2	电视演播室（音乐）	0.6～1.0
体育馆（多功能）	<2.0	教室	0.8～1.0
音乐录音室（自然混响）	1.2～1.6	视听教室	0.4～0.8
电视演播室（语音）	0.5～0.7		

考点关注：熟练掌握室内音质主观和客观评价量的主要内容。

例题55：（2007）室内音质的主要客观评价量是（　　）。

A. 丰满度和亲切感

B. 清晰度和可懂度

C. 立体感

D. 声压级、混响时间和反射声的时空分布

答案：D

(2) 声压级

与音质响度感密切相关的物理指标是声压级。对语言声和音乐可以选择不同的声压级

标准。对于语言声，要求声压级应至少达到50～55dB，信噪比（即语言声压级与背景噪声声压级之差）要达到10dB以上。对于音乐演出，演出时动态范围大，给如何评价听音乐演出时的响度感带来困难。一般希望强音标志乐段（f）的平均声压级 L_{pf} 达到90dB左右，响度感觉就比较满意，且空间感也出得来。

（3）明晰度与快速语言传输指数

研究表明，直达声之后50ms（对于语言声）或80ms（对于音乐声）内到达的早期反射声能与在此后到达的后期反射声能（或称混响声能）之比，对音质具有重要意义。早后期反射声能比值高，对改善音质清晰度有利。

（4）早期侧向能量因子

不仅早期反射声能的大小对音质有影响，而且这些反射声能到达的方向对音质也有影响。来自侧向的早期反射声能与音质的空间感有关。

（5）混响时间频率特性

为了使音乐各声部和语声的低、中、高频的分量平衡，使音色不失真，还必须照顾到低、中、高频声能之间自然的、恰当的比例关系。厅堂混响时间频率特性，应在规范规定的范围之内。这种混响时间频率特性对不同厅堂有不同的具体要求，如对于录音室等场所，以尽量平直为宜。

3.7.2 音质设计的内容

（1）选址、总平面设计、房间合理配置。
（2）确定房间容积、每座容积。
（3）设计厅堂的体形，有效声能合理布置，避免音质缺陷。
（4）混响设计、吸声材料及构造设计。
（5）电声系统设计。
（6）允许噪声级控制措施。
（7）内装前声学测试。
（8）完工后测量及评价。
（9）缩尺模型。

考点关注：厅堂音质设计的流程和内容是常见考查的内容，应熟练而全面掌握。

例题56：（2010）为了比较全面地进行厅堂音质设计，根据厅堂的使用功能，应按以下哪一组要求做？（　　）

A. 确定厅堂的容积、设计厅堂的体形、设计厅堂的混响、配置电声系统
B. 设计厅堂的体形、设计厅堂的混响、选择吸声材料与设计声学构造、配置电声系数
C. 确定厅堂的容积、设计厅堂的混响、选择吸声材料与设计声学构造、配置电声系统
D. 设计厅堂的体形、设计厅堂的混响、选择吸声材料与设计声学构造

答案：A

3.7.3 容积的确定

当进行厅堂音质设计时，特别对于以自然声演出为主的观演建筑，都主张尽量不用或

少用吸声材料。这时，观众的吸声量要占到厅堂总吸声量的 2/3 甚至 75% 以上，厅堂的容积，特别是每座容积（即厅堂的容积除以观众总人数）对混响就具有举足轻重的作用。厅堂的容积，特别是每座容积，还影响到厅堂的响度。若每座容积取值恰当，就可以在尽可能少用吸声材料的情况下，获得合适的混响时间（表 3.7-4）。

厅堂不用扩声系统时的最大容积（推荐值）　　　　　表 3.7-4

厅堂类型	最大容积/m³
音乐厅	25000
教室	500
讲演厅	3000
话剧院	10000
室内乐厅	10000

考点关注：确定厅堂容积主要考虑的因素。

例题 57：(2007) 从建筑声学设计解度考虑，厅堂容积的主要确定原则是（　　）。
A. 声场分布　　　　　　　　　B. 舞台大小
C. 合适的响度和混响时间　　　D. 直达声和反射声

解析：本题考查影响厅堂容积的主要因素。容积大小直接影响声音的响度和混响时间，与声场分布、直达声和反射声、舞台大小没有直接关系。

答案：C

3.7.4 体形设计

1) 充分利用声源的直达声

(1) 缩短直达声传播距离

对厅堂的纵向长度应加以控制，一般应使之小于 35m。当观众席位超过 1500 座时，宜采用一层悬挑式楼座；当观众席位超过 2500 座时，宜采用二层或多层楼座。

(2) 适应声源的指向性

厅堂的平面形状应当适应声源的指向性。在以自然人声演出的大厅中，应将大部分观众席布置在以声源为顶点的 140°角的范围内。

(3) 避免听众的掠射吸收和减少座椅吸收效应

观众席沿纵剖面一般应有足够的起坡，通常按照视线设计的地面升起坡度，也同时能满足声学的要求。

2) 争取和控制早期反射声

在厅堂体形设计中，应注意争取提供给观众较多的早期反射声。尤其应着重考虑舞台附近各反射表面的形状、大小、倾角对早期反射声的影响。利用相同的几何声线作图法，可从厅堂的平面求出侧墙的反射面，从厅堂的剖面求出吊顶的反射面，使来自侧向和顶面的反射声线较均匀地覆盖整个观众席。

从声线分析图中，可以求出直达声与早期反射声的时间间隔，并控制延迟时间在 50ms 以内。

3) 进行适当的扩散处理

欲使声能扩散，可以采取下述措施：

(1) 吸声材料均匀或随机布置

在顶棚或墙面上，交错布置具有不同声阻抗的吸声面和反射面，可以使入射声波发生扩散反射。

(2) 布置扩散构件

在室内界面或墙面上，交错布置能使能扩散的构件，或使顶棚和墙面凹凸起状，或悬吊各种几何形状的扩散体，都能起到使声能扩散的作用。欲取得良好的扩散效果，扩散体的尺寸应满足以下关系：

$$a \geqslant \frac{2}{\pi}\lambda$$
$$b \geqslant 0.15a$$
$$\lambda \leqslant g \leqslant 3\lambda$$

式中　a——扩散体宽度，m；
　　　b——扩散体凸出高度，m；
　　　λ——能被有效地扩散的最低频率声波的波长，m；
　　　g——扩散体间隔，m。

为了使扩散体尺寸不致过大，对于一般厅堂，频率下限可定为 200Hz。

考点关注：扩散体的尺寸与声波波长的关系。

例题 58：(2007) 为使厅堂内声音尽可能扩散，在设计扩散体的尺寸时，应考虑的主要因素是(　　)。

A. 它应小于入射声波的波长　　　B. 它与入射声波波长相当
C. 它与两侧墙的间距相当　　　　D. 它与舞台大小有关

答案：B

4) 防止声学缺陷的产生

(1) 房间共振

应合理选择房间的尺度（长、宽、高），尤其体积小于 700m³ 的小房间，更应注意避免选用构成简单正整数比的三维尺度。

(2) 声聚集

凹曲面的墙面或顶棚，可能引起声聚集现象，使声能分布严重不均，应加以避免。

(3) 回声与颤动回声

当直达声过后，存在延时超过 50ms 到达的强反射声时，就可能形成回声。观众厅中最容易产生回声的部位是后墙以及与后墙相接的顶棚和楼座挑台栏板，这些部位把声音反射到观众厅池座的前区和舞台。在容易产生回声的后墙面布置吸声材料，或进行扩散处理，或适当改变其倾角。

颤动回声（或称多重回声）是由于声波在特定界面间往复反射所产生的。避免颤动回声的措施与消除回声干扰的措施大体相同，如进行吸声扩散处理及改变界面的相对倾角，避免相互平行的界面等。

(4) 声影区

声影区是指由于障碍物对声波的遮挡使直达声或早期反射声不能到达的区域。观众席较多的大厅，一般要设挑台，以改善观众席后部的视觉条件。如挑台下空间过深，则易遮挡来自顶棚的反射声，在该区域形成影区。为避免声影区的形成，对于音乐厅，应控制挑台的开口比（$D/H=1$）或张口角度（$\theta=45°$）；对于歌剧院和多功能厅，则应使 $D/H=2$（或 $\theta=25°$）。

考点关注：厅堂体形设计的基本内容和方法。

例题 59：（2009）下述哪条不是厅堂体形设计的基本设计原则？（　　）

A. 保证每位观众都能得到来自声源的直达声
B. 保证前次反射声的良好分布
C. 保证室内背景噪声低于相关规范的规定值
D. 争取充分的声扩散反射

解析：保证室内背景噪声低于相关规范的规定值要从墙体构造和平面布局解决，与厅堂体形设计无关。

答案：C

3.7.5 混响设计

1）选择最佳混响时间及其频率特性

不同用途的厅堂具有不同的最佳混响时间。在选定中频（500Hz 及 1000Hz 的平均值）最佳混响时间值以后，还要确定各倍频带中心频率的混响时间，即混响时间频率特性。一般而言，混响时间频率特性以平直为佳，但对于音乐厅，低频混响时间可比中频略长；对于以语言听闻为主的大厅，应有较平直的混响时间频率特性。

2）混响时间计算

混响时间的计算一般列表进行，其主要步骤如下：

（1）根据观众厅或房间室内设计图，计算室内体积 V 和总表面积 S。

（2）根据混响时间计算公式，求出室内平均吸声系数 α。平均吸声系数 α 乘以室内总表面积 S，即为室内所需的总吸声量 A。

（3）计算室内固有吸声量，即家具、观众、舞台口、耳面光口、走道、通风口等的吸声量总和。

（4）查出材料及构件的吸声系数，参考艺术装修的要求，从中选择适当的装修材料及构造方式，确定相应的面积，以满足所需增加的吸声量，使各倍频带的混响时间能达到最佳中频值及频率特性的要求。

3）室内装修材料构件的选择和布置

从声学角度讲，为了争取和控制早期反射声，对舞台口周围的墙面、顶棚宜设计成声反射面，观众厅的后墙宜布置成吸声面以消除回声干扰。如所需增加的吸声量较多时，可在顶棚的中后部及四周边缘或侧墙的适当部位布置吸声材料。

对舞台空间内的界面也宜作适当的吸声处理，使舞台空间的混响时间与观众厅大体相同。耳面光及通风口内部也宜适当布置吸声材料。

考点关注：熟悉和掌握混响计算中常用固定参数的数值，如舞台、洞口等。

例题 60：（2005）计算剧场混响时间时，舞台开口的吸声系数取多大值较为合适？（　　）

A. 1.0 B. 0.3~0.5
C. 0.2 D. 0.1

解析：舞台开口的吸声系数一般应取 0.3~0.5。

答案：B

3.7.6 厅堂音质的缩尺模型试验

缩尺模型试验的目的是了解早期反射声和声场分布状况，预测由体形造成的声学缺陷，核对混响时间的计算结果。

由于模型比实物缩小 n 倍（即线长度缩小 n 倍），测试频率将相应提高 n 倍。

考点关注：缩尺模型实验中对实验频率的要求。

例题61：(2007) 在一个 1/20 的厅堂音质模型实验中，对 500Hz 的声音，模型实验时应采取多少 Hz 的声源？（　）

A. 500Hz B. 1000Hz
C. 5000Hz D. 10000Hz

答案：D

3.7.7 典型厅堂的音质设计

1. 剧场

剧场的类型多，主要有歌剧院、舞剧院、话剧院等，还有一种多功能厅。剧场声学设计的基本要求见前面的论述，建筑声学设计应与建筑设计、室内装饰装修设计同步。

剧场观众厅每座容积宜符合表 3.7-5 的规定。

观众厅每座容积　　　　　　　　　表 3.7-5

剧场类别	容积指标/(m³/座)
歌剧、舞剧	5.0~8.0
话剧、戏曲	4.0~6.0
多用途	4.0~7.0

专用歌舞剧院的混响时间可取 1.2~1.6s，但以 1.3s 为佳，频率特性见前。其背景声级当具有自然声演出时宜采用 NC-25（甲级）或 NR-30（乙级）噪声评价曲线，无自然声演出时宜采用 NC-30（甲级）或 NR-35（乙级）噪声评价曲线。

舞台空间应做吸声处理，其混响时间宜与观众厅空场混响时间一致。

2. 电影院

电影院可基本划分为两种类型：一种是普通电影院，一种是宽银幕立体声电影院。普通电影院的混响时间以 1.0s 左右为宜。从银幕后扬声器发出的直达声应先到达观众，与任何第一次反射声的时差，不宜超过 50ms。银幕至最远排观众的距离不宜超过 36m，银幕后墙应作吸声处理；立体声电影院要求更短的混响时间，如 0.65~0.9s 比较合适。立体声电影院不宜设楼座，对于矩形平面，长宽比以 1.5 左右为宜。立体声影院两侧墙应作吸声或扩散处理，或设计成倾斜墙面，使来自侧墙的反射声落入观众区。观众厅的后墙应采用防止回声的全频带强吸声结构。

立体声影院所需的吸声量较大，可在主扬声器附近墙面（包括银幕后墙）和顶棚作强吸声处理。

电影院观众厅混响时间，应根据观众厅的实际容积按下列公式计算确定：

500Hz 时的上限公式为：

$$T_{60} \leqslant 0.07653 V^{0.287353}$$

500Hz 时的下限公式为：

$$T_{60} \geqslant 0.032808 V^{0.333333}$$

式中　T_{60}——观众厅混响时间（s）；
　　　V——观众厅的实际容积（m³）。

特级、甲级、乙级电影院观众厅混响时间的频率特性宜按表 3.7-6 控制，丙级电影院观众厅混响时间频率特性应符合表 3.7-6 中 125Hz、250Hz、500Hz、1000kHz、2000kHz、4000kHz 的规定。

特、甲、乙级电影院观众厅混响时间的频率特性（与 500Hz 混响时间的比值）　表 3.7-6

63Hz	125Hz	250Hz	500Hz	1000Hz	2000Hz	4000Hz	8000Hz
1.00~1.75	1.00~1.50	1.00~1.25	1.00	0.85~1.00	0.70~1.00	0.55~1.00	0.40~0.90

观众厅宜利用休息厅、门厅、走廊等公共空间作为隔声降噪措施，观众厅出入口宜设置声闸。当放映机及空调系统同时开启时，空场情况下观众席背景噪声不应高于 NR 噪声评价曲线对应的声压级（表 3.7-7）。

电影院观众席背景噪声的声压级　表 3.7-7

电影院等级	特级	甲级	乙级	丙级
观众席背景噪声/dB	NR25	NR30	NR35	NR40

观众厅与放映机房之间隔墙应做隔声处理，中频（500~1000Hz）隔声量不宜小于 45dB。相邻观众厅之间隔声量为低频不应小于 50dB，中高频不应小于 60dB。观众厅隔声门的隔声量不应小于 35dB。设有声闸的空间应做吸声减噪处理。

3. 音乐厅

音乐厅的混响时间允许值为 1.5~2.8s，最佳值 1.8~2.2s。若低于 1.5s，音质就偏于干涩。音乐厅的背景噪声要求很低，音乐厅的背景噪声至少应满足 NR-20 标准。由于乐台与观众厅处于同一空间，其上空的顶棚常较高，因此需悬吊顶棚反射板来为乐师和观众提供早期反射声。

4. 体育馆

由于体育馆容积较大，因此必须使用电声系统。体育馆的混响时间应以 80%的观众数为满座，并以此作为设计计算和验收的依据。综合体育馆比赛大厅按等级和容积规定的满场 500~1000Hz 混响时间指标及各频率混响时间相对于 500~1000Hz 混响时间的比值，宜符合表 3.7-8 和表 3.7-9 的规定。

综合体育馆比赛大厅满场 500~1000Hz 混响时间　　　　表 3.7-8

综合体育馆等级	体育馆按等级在不同容积（m³）下的混响时间/s		
	>80000	40000~80000	<40000
特级、甲级	1.7	1.4	1.3
乙级	1.9	1.5	1.4
丙级	2.1	1.7	1.5

注：所规定的混响时间指标允许±0.15s 的变动范围。

各频率混响时间相对于 500~1000Hz 混响时间的比值　　　　表 3.7-9

频率/Hz	125	250	2000	4000
比值	1.0~1.2	1.0~1.1	0.9~1.0	0.8~0.9

体育馆容积较大，为了缩短混响时间，通常需要布置较多的吸声材料，可在墙面和顶部布置吸声材料，还可悬吊空间吸声体来增加吸声量。

当体育馆比赛大厅、贵宾休息室、扩声控制室、评论员室和扩声播音室无人占用时，在通风、空调、调光等设备正常运转条件下，厅（室）的背景噪声限值宜符合表 3.7-10 的规定。

体育馆比赛大厅等厅（室）背景噪声限值　　　　表 3.7-10

厅（室）类别	体育馆不同等级厅（室）的噪声限值	
	特级、甲级	乙级、丙级
比赛大厅	NR-35	NR-40
贵宾休息室	NR-30	NR-35
扩声控制室	NR-35	NR-40
评论员室	NR-30	NR-30
扩声播音室	NR-30	NR-30

参考资料：

1. 声环境质量标准：GB 3096—2008 [S].
2. 建筑环境通用规范：GB 55016—2021 [S].
3. 民用建筑隔声设计规范：GB 50118—2010 [S].
4. 剧场、电影院和多用途厅堂建筑声学技术规范：GB/T 50356—2005 [S].
5. 工业企业噪声控制设计规范：GB/T 50087—2013 [S].
6. 体育馆声学设计及测量规程：JGJ/T 131—2012 [S].
7. 西安建筑科技大学，华南理工大学，等．建筑物理 [M]．北京：中国建筑工业出版社，2009.
8. 项端祈．实用建筑声学 [M]．北京：中国建筑工业出版社，1992.

第三部分 建筑设备

第一章 建筑给水排水

1.1 建筑给水

[考纲分析]

《全国一级注册建筑师资格考试大纲（2002年版）》中第4.4条对建筑给水的内容提出了要求，即"了解冷水储存、加压及分配"。《全国一级注册建筑师资格考试大纲（2021年版）》对建筑给水的要求未变。从往年考试命题情况看，每年会出现4～6个单选题。以下根据考试需要，对建筑给水进行要点式分析。

[知识储备]

建筑给水系统是将城镇供水管网或自备水源供水管网的水引入室内，经配水管输送至各种配水龙头、生产机组和消防设备等用水点，并满足各用水点对水质、水量、水压的要求。

建筑内部生活给水系统，一般由引入管、给水管道、给水附件、配水设施、贮水和加压设备等构成。其中贮水设备主要有贮水池和水箱，加压设备主要有水泵、气压给水装置和变频调速给水装置。

根据供水用途不同，建筑给水可分为生活给水系统、生产给水系统、消防给水系统。建筑给水设计应根据建筑物的性质、高度、室外管网所能提供的水压、各种卫生器具和生产机组所需的压力及用水点的分布情况选择给水方式。最基本的给水方式有直接供水方式，设水池、水泵和水箱的供水方式，分区供水方式。其中，分区供水方式又有分区并联供水方式、分区串联供水方式、分区减压阀减压供水方式等。按照水平配水干管的敷设位置不同，给水系统的管网布置方式可以分为下行上给式、上行下给式和环状式。

知识要点1　用水定额

考题一 （2014-43）下列哪类不计入小区给水设计正常用水量？（　　）
A. 居民生活用水量　　　　　　B. 消防用水量
C. 绿化用水量　　　　　　　　D. 未预见用水及管网漏水
[答案] B

考题二 （2014-44）下列场所用水定额不含食堂用水的是（　　）。
A. 酒店式公寓　　　　　　　　B. 托儿所
C. 养老院　　　　　　　　　　D. 幼儿园

[答案] A

考题三 (2012-43) 绿化浇灌定额的确定因素中不包括下列哪项？( )

A. 气象条件　　　　　　　　　　B. 植物种类、浇灌方式

C. 土壤理化状态　　　　　　　　D. 水质

[答案] D

[知识快览]

生活用水量受当地气候、生活习惯、建筑物使用性质、卫生器具和用水设备的完善程度、生活水平以及水价等很多因素影响，故用水量不均匀。生活用水量可以根据现行的《建筑给水排水设计标准》中的用水定额（经多年的实测数据统计得出）进行计算。《建筑给水排水设计标准》GB 50015—2019 中关于建筑给水用水量的规定如下：

3.2.1　住宅生活用水定额及小时变化系数，可根据住宅类别、建筑标准、卫生器具设置标准等因素按表 3.2.1 确定。

注：1　当地主管部门对住宅生活用水定额有具体规定时，应按当地规定执行。

　　2　别墅生活用水定额中含庭院绿化用水和汽车抹车用水，不含游泳池补充水。

3.2.2　公共建筑的生活用水定额及小时变化系数，可根据卫生器具完善程度、区域条件和使用要求按表 3.2.2 确定。

注：1　中等院校、兵营等宿舍设置公用卫生间和盥洗室，当用水时段集中时，最高日小时变化系数 K_h 宜取高值 6.0～4.0；其他类型宿舍设置公用卫生间和盥洗室时，最高日小时变化系数 K_h 宜取低值 3.5～3.0。

　　2　除注明外，均不含员工生活用水，员工最高日用水定额为每人每班 40～60L，平均日用水定额为每人每班 30～45L。

　　3　大型超市的生鲜食品区按菜市场用水。

　　4　医疗建筑用水中已含医疗用水。

　　5　空调用水应另计。

3.2.3　绿化浇灌用水定额应根据气候条件、植物种类、土壤理化性状、浇灌方式和管理制度等因素综合确定。当无相关资料时，小区绿化浇灌最高日用水定额可按浇灌面积 1.0～3.0L/(m²·d) 计算。干旱地区可酌情增加。

3.2.4　小区道路、广场的浇洒最高日用水定额可按浇洒面积 2.0～3.0L/(m²·d) 计算。

3.2.6　民用建筑空调循环冷却水系统的补充水量，应根据气候条件、冷却塔形式、浓缩倍数等因素确定，可按本标准第 3.11.14 条的规定确定。

3.2.7　汽车冲洗用水定额应根据冲洗方式、车辆用途、道路路面等级和沾污程度等确定，汽车冲洗最高日用水定额可按表 3.2.7 计算。

3.2.9　给水管网漏失水量和未预见水量应计算确定，当没有相关资料时漏失水量和未预见水量之和可按最高日用水量的 8%～12% 计。

3.7.1　建筑给水设计用水量应根据下列各项确定：

1　居民生活用水量；

2　公共建筑用水量；

3　绿化用水量；

4 水景、娱乐设施用水量；
5 道路、广场用水量；
6 公用设施用水量；
7 未预见用水量及管网漏失水量；
8 消防用水量；
9 其他用水量。

条文说明：消防用水量仅用于校核管网计算，不计入日常用水量。

[考点分析与应试指导]

主要考用水定额的确定。考题会依据《建筑给水排水设计标准》"3.2 用水定额和水压"和"3.7 设计流量和管道水力计算"设计选项，考生需要熟悉规范中的条文及条文说明，尤其不能忽视了条文中的小注。由于命题方式和命题点比较固定，容易掌握。考试中应该是难度一般的题目，难易程度：B级。

知识要点 2 贮水池

考题（2006-52 改）生活饮用水水池的设置，下列哪项是错误的？（   ）

A. 建筑屋内的生活饮用水水池体，不得利用建筑物的本体结构作为水池的壁板、底板及顶盖
B. 生活饮用水水池与其他用水水池并列设置时，应有各自独立的池壁
C. 生活饮用水水池（箱）内贮水更新时间不宜超过 24h
D. 建筑物内生活饮用水水池上方的房间不应有厕所、浴室、厨房、污水处理间等

[答案] C

[知识快览]

贮水池在给水系统中是贮存和调节水量的构筑物。当建筑物所需水量、水压明显不足，或者用水量很不均匀，市政供水管网难以满足时，应当设置贮水池。《建筑给水排水设计标准》GB 50015—2019 中关于贮水池的设置要点：

3.3.15 供单体建筑的生活饮用水池（箱）与消防用水的水池（箱）应分开设置。

3.3.16 建筑物内的生活饮用水水池（箱）体，应采用独立结构形式，不得利用建筑物的本体结构作为水池（箱）的壁板、底板及顶盖。

生活饮用水水池（箱）与消防用水水池（箱）并列设置时，应有各自独立的池（箱）壁。

3.3.17 建筑物内的生活饮用水水池（箱）及生活给水设施，不应设置于与厕所、垃圾间、污（废）水泵房、污（废）水处理机房及其他污染源毗邻的房间内；其上层不应有上述用房及浴室、盥洗室、厨房、洗衣房和其他产生污染源的房间。

3.3.18 生活饮用水水池（箱）的构造和配管，应符合下列规定：

1 人孔、通气管、溢流管应有防止生物进入水池（箱）的措施；
2 进水管宜在水池（箱）的溢流水位以上接入；
3 进出水管布置不得产生水流短路，必要时应设导流装置；
4 不得接纳消防管道试压水、泄压水等回流水或溢流水；
5 泄水管和溢流管的排水应间接排水，并应符合本标准第 4.4.13 条、第 4.4.14 条

的规定；

6 水池（箱）材质、衬砌材料和内壁涂料，不得影响水质。

3.3.19 生活饮用水水池（箱）内贮水更新时间不宜超过48h。

3.13.9 小区生活用贮水池设计应符合下列规定：

1 小区生活用贮水池的有效容积应根据生活用水调节量和安全贮水量等确定，并应符合下列规定：

1）生活用水调节量应按流入量和供出量的变化曲线经计算确定，资料不足时可按小区加压供水系统的最高日生活用水量的15％～20％确定；

2）安全贮水量应根据城镇供水制度、供水可靠程度及小区供水的保证要求确定；

3）当生活用水贮水池贮存消防用水时，消防贮水量应符合现行的国家标准《消防给水及消火栓系统技术规范》GB 50974 的规定。

2 贮水池大于50m³宜分成容积基本相等的两格。

3 小区贮水池设计应符合国家现行相关二次供水安全技术规程的要求。

3.13.10 当小区的生活贮水量大于消防贮水量时，小区的生活用水贮水池与消防用贮水池可合并设置，合并贮水池有效容积的贮水设计更新周期不得大于48h。

3.13.11 埋地式生活饮用水贮水池周围10m内，不得有化粪池、污水处理构筑物、渗水井、垃圾堆放点等污染源。生活饮用水水池（箱）周围2m内不得有污水管和污染物。

[考点分析与应试指导]

主要考贮水池的设置要点。考题会依据《建筑给水排水设计标准》"3.3 水质和防水质污染"和"3.13 小区室外给水"中有关水池的规范条文设计选项，考生需要非常熟悉规范条文，特别是条文中的数据。考生复习该知识点时定性内容应理解记忆，定量内容要强化记忆。考试中是有一定难度的题目，不易得分。难易程度：C级。

知识要点3 水箱

考题（2012-45）以下饮用水箱配管示意图哪个正确？（　　）

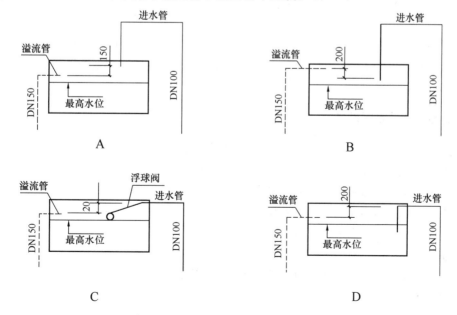

[答案] A
[知识快览]

水箱在给水系统中使用较广，主要起到贮存、调节水量，稳定水压的作用。《建筑给水排水设计标准》GB 50015—2019 中关于水箱的设置要点：

3.3.4 卫生器具和用水设备等的生活饮用水管配水件出水口应符合下列规定：

1 出水口不得被任何液体或杂质所淹没；

2 出水口高出承接用水容器溢流边缘的最小空气间隙，不得小于出水口直径的 2.5 倍。

3.3.5 生活饮用水水池（箱）进水管应符合下列规定：

1 进水管口最低点高出溢流边缘的空气间隙不应小于进水管管径，且不应小于 25mm，可不大于 150mm；

2 当进水管从最高水位以上进入水池（箱），管口处为淹没出流时，应采取真空破坏器等防虹吸回流措施；

3 不存在虹吸回流的低位生活饮用水贮水池（箱），其进水管不受以上要求限制，但进水管仍宜从最高水面以上进入水池。

3.3.18 生活饮用水水池（箱）的构造和配管，应符合下列规定：

1 人孔、通气管、溢流管应有防止生物进入水池（箱）的措施；

2 进水管宜在水池（箱）的溢流水位以上接入；

3 进出水管布置不得产生水流短路，必要时应设导流装置；

4 不得接纳消防管道试压水、泄压水等回流水或溢流水；

5 泄水管和溢流管的排水应间接排水，并应符合本标准第 4.4.13 条、第 4.4.14 条的规定；

6 水池（箱）材质、衬砌材料和内壁涂料，不得影响水质。

[考点分析与应试指导]

主要考水箱的设置要点。考题会依据《建筑给水排水设计标准》"3.3 水质和防水质污染"中有关水箱的规范条文设计选项，考生需要非常熟悉规范条文，特别是对管径大小、进水管口与溢流水位空气间隙的要求。考生复习该知识点时应能够根据规范条文及条文说明，能够采用图示方法表达水箱的设置，以加深理解。考试中是难度较高的题目，容易丢分。难易程度：D 级。

知识要点 4 加压设备

考题一（2006-59）建筑物内的给水泵房，下述哪项减振措施是错误的（　　）。

A. 应选用低噪声的水泵机组
B. 水泵机组的基础应设置减振装置
C. 吸水管和出水管上应设置减振装置
D. 管道支架、吊架的设置无特殊要求

[答案] D

考题二（2008-53）多台水泵从吸水总管上自灌吸水时，水泵吸水管与吸水总管的连接应采用（　　）。

A. 管顶平接　　　　　　　　　　B. 管底平接
C. 管中心平接　　　　　　　　　D. 低于吸水总管管底连接

[答案] A

[知识快览]

水泵是给水系统中的主要升压设备。《建筑给水排水设计标准》GB 50015—2019 中关于增压设备、泵房的设计要求：

3.9.6　当每台水泵单独从水池（箱）吸水有困难时，可采用单独从吸水总管上自灌吸水，吸水总管应符合下列规定：

1　吸水总管伸入水池（箱）的引水管不宜少于2条，当一条引水管发生故障时，其余引水管应能通过全部设计流量。每条引水管上应设阀门；

2　引水管宜设向下的喇叭口，喇叭口的设置应符合本规范第3.9.5条中吸水管喇叭口的相应规定；

3　吸水总管内的流速应小于1.2m/s；

4　水泵吸水管与吸水总管的连接，应采用管顶平接，或高出管顶连接。

3.9.10　建筑物内的给水泵房，应采用下列减振防噪措施：

1　应选用低噪声水泵机组；

2　吸水管和出水管上应设置减振装置；

3　水泵机组的基础应设置减振装置；

4　管道支架、吊架和管道穿墙、楼板处，应采取防止固体传声措施；

5　必要时，泵房的墙壁和天花应采取隔音吸音处理。

3.9.13　水泵基础高出地面的高度应便于水泵安装，不应小于0.10m；泵房内管道管外底距地面或管沟底面的距离，当管径不大于150mm时，不应小于0.20m，当管径大于或等于200mm时，不应小于0.25m。

3.9.14　泵房内宜有检修水泵场地，检修场地尺寸宜按水泵或电机外形尺寸四周有不小于0.7m的通道确定。泵房内配电柜和控制柜前面通道宽度不宜小于1.5m。泵房内宜设置手动起重设备。

[考点分析与应试指导]

主要考水泵和水泵房的设置。考题会依据《建筑给水排水设计标准》"3.9 增压设备、泵房"设计选项，考生应掌握给水泵的选择，水泵机组安装、管道安装，以及泵房建筑结构等设计要求。复习以熟悉为主，考试中应该是比较简单的得分题。难易程度：A级。

知识要点5　给水方式

考题（2014-47）超过100m的高层建筑生活给水供水方式宜采用(　　)。

A. 垂直串联供水　　　　　　　B. 垂直分区并联供水
C. 分区减压供水　　　　　　　D. 市政管网直供水

[答案] A

[知识快览]

给水方式是建筑内部给水系统的供水方案。《建筑给水排水设计标准》GB 50015—

2019中关于给水供水方案的选择要求如下：

3.4.1 建筑物内的给水系统应符合下列规定：

1 应充分利用城镇给水管网的水压直接供水；

2 当城镇给水管网的水压和（或）水量不足时，应根据卫生安全、经济节能的原则选用贮水调节和加压供水方式；

3 当城镇给水管网水压不足，采用叠压供水系统时，应经当地供水行政主管部门及供水部门批准认可；

4 给水系统的分区应根据建筑物用途、层数、使用要求、材料设备性能、维护管理、节约供水、能耗等因素综合确定；

5 不同使用性质或计费的给水系统，应在引入管后分成各自独立的给水管网。

3.4.2 卫生器具给水配件承受的最大工作压力，不得大于0.60MPa。

3.4.3 当生活给水系统分区供水时，各分区的静水压力不宜大于0.45MPa；当设有集中热水系统时，分区静水压力不宜大于0.55MPa。

3.4.4 生活给水系统用水点处供水压力不宜大于0.20MPa，并应满足卫生器具工作压力的要求。

3.4.5 住宅入户管供水压力不应大于0.35MPa，非住宅类居住建筑入户管供水压力不宜大于0.35MPa。

3.4.6 建筑高度不超过100m的建筑的生活给水系统，宜采用垂直分区并联供水或分区减压的供水方式；建筑高度超过100m的建筑，宜采用垂直串联供水方式。

[考点分析与应试指导]

主要考给水系统的选择和设计要求。考题会依据《建筑给水排水设计标准》"3.4 系统选择"设计选项，考生应掌握给水方式及其适用条件，掌握竖向分区压力的要求。复习要综合考试教材和规范条文一起复习，考试中应该是难度一般的题目，理解知识点后还是比较容易得分的。难易程度：B级。

知识要点6 给水管道敷设

考题一（2014-48）高层建筑给水立管不宜采用（　　）。

A. 钢管 B. 塑料和金属复合管
C. 不锈钢管 D. 塑料管

[答案] D

考题二（2008-52）下面哪一种阀的前面不得设置控制阀门？（　　）

A. 减压阀 B. 泄压阀
C. 排气阀 D. 安全阀

[答案] D

考题三（2006-53）管道井的设置，下述哪项是错误的？（　　）

A. 需进人维修管道的管道井，其维修人员的工作通道净宽度不宜小于0.6m

B. 管道井应隔层设外开检修门

C. 管道井检修门的耐火极限应符合消防规范的规定

D. 管道井井壁及竖向防火隔断应符合消防规范的规定

[答案] B

[知识快览]

给水系统采用的管材有金属管、塑料管和复合管。《建筑给水排水设计标准》GB 50015—2019 中关于管材的选用要求如下：

3.5.2 室内的给水管道，应选用耐腐蚀和安装连接方便可靠的管材，可采用不锈钢管、铜管、塑料给水管和金属塑料复合管及经防腐处理的钢管。高层建筑给水立管不宜采用塑料管。

3.13.22 小区室外埋地给水管道管材，应具有耐腐蚀和能承受相应地面荷载的能力，可采用塑料给水管、有衬里的铸铁给水管、经可靠防腐处理的钢管等管材。

给水管道的布置受建筑结构、用水要求、配水点和室外给水管道的位置，以及供暖、通风、空调、供电等其他建筑设备工程管线布置的影响。管道布置与敷设应确保供水安全和良好的水力条件，力求经济合理。《建筑给水排水设计标准》GB 50015—2019 对管道的敷设要求如下：

3.6.10 给水引入管与排水排出管的净距不得小于1m。建筑物内埋地敷设的生活给水管与排水管之间的最小净距，平行埋设时不宜小于0.50m；交叉埋设时不应小于0.15m，且给水管应在排水管的上面。

3.6.14 管道井尺寸应根据管道数量、管径、间距、排列方式、维修条件，结合建筑平面和结构形式等确定。需进人维修管道的管井，维修人员的工作通道净宽度不宜小于0.6m。管道井应每层设外开检修门。管道井的井壁和检修门的耐火极限和管道井的竖向防火隔断应符合现行国家标准《建筑设计防火规范》GB 50016 的规定。

3.13.15 由城镇管网直接供水的小区室外给水管网应布置成环状网，或与城镇给水管连接成环状网。环状给水管网与城镇给水管的连接管不应少于2条。

3.13.16 小区的室外给水管道应沿区内道路敷设，宜平行于建筑物敷设在人行道、慢车道或草地下。管道外壁距建筑物外墙的净距不宜小于1m，且不得影响建筑物的基础。

3.13.17 小区的室外给水管道与其他地下管线及乔木之间的最小净距，应符合本标准附录E的规定。

3.13.18 室外给水管道与污水管道交叉时，给水管道应敷设在污水管道上面，且接口不应重叠。当给水管道敷设在下面时，应设置钢套管，钢套管的两端应采用防水材料封闭。

3.13.19 室外给水管道的覆土深度，应根据土壤冰冻深度、车辆荷载、管道材质及管道交叉等因素确定。管顶最小覆土深度不得小于土壤冰冻线以下0.15m，行车道下的管线覆土深度不宜小于0.70m。

3.13.20 敷设在室外综合管廊（沟）内的给水管道，宜在热水、热力管道下方，冷冻管和排水管的上方。给水管道与各种管道之间的净距，应满足安装操作的需要，且不宜小于0.3m。

3.13.21 生活给水管道不应与输送易燃、可燃或有害的液体或气体的管道同管廊（沟）敷设。

为调节水量水压，关断水流，控制水流方向和水位，给水系统中需要安装各式阀门，常用的有截止阀、止回阀、减压阀、安全阀等。关于阀门的选择与安装，《建筑给水排水设计标准》GB 50015—2019要求如下：

3.5.4　室内给水管道的下列部位应设置阀门：
1　从给水干管上接出的支管起端；
2　入户管、水表前和各分支立管；
3　室内给水管道向住户、公用卫生间等接出的配水管起端；
4　水池（箱）、加压泵房、水加热器、减压阀、倒流防止器等处应按安装要求配置。

3.5.6　给水管道的下列管段上应设置止回阀，装有倒流防止器的管段处，可不再设置止回阀：
1　直接从城镇给水管网接入小区或建筑物的引入管上；
2　密闭的水加热器或用水设备的进水管上；
3　每台水泵的出水管上。

3.5.11　减压阀的设置应符合下列规定：
1　减压阀的公称直径宜与其相连管道管径一致；
2　减压阀前应设阀门和过滤器；需要拆卸阀体才能检修的减压阀，应设管道伸缩器或软接头，支管减压阀可设置管道活接头；检修时阀后水会倒流时，阀后应设阀门；
3　干管减压阀节点处的前后应装设压力表，支管减压阀节点后应装设压力表；
4　比例式减压阀、立式可调式减压阀宜垂直安装，其他可调式减压阀应水平安装；
5　设置减压阀的部位，应便于管道过滤器的排污和减压阀的检修，地面宜有排水设施。

3.5.12　当给水管网存在短时超压工况，且短时超压会引起使用不安全时，应设置持压泄压阀。持压泄压阀的设置应符合下列规定：
1　持压泄压阀前应设置阀门；
2　持压泄压阀的泄水口应连接管道间接排水，其出流口应保证空气间隙不小于300mm。

3.5.13　安全阀阀前、阀后不得设置阀门，泄压口应连接管道将泄压水（气）引至安全地点排放。

3.5.14　给水管道的排气装置设置应符合下列规定：
1　间歇性使用的给水管网，其管网末端和最高点应设置自动排气阀；
2　给水管网有明显起伏积聚空气的管段，宜在该段的峰点设自动排气阀或手动阀门排气；
3　给水加压装置直接供水时，其配水管网的最高点应设自动排气阀；
4　减压阀后管网最高处宜设置自动排气阀。

3.5.15　给水管道的管道过滤器设置应符合下列规定：
1　减压阀、持压泄压阀、倒流防止器、自动水位控制阀、温度调节阀等阀件前应设置过滤器；
2　水加热器的进水管上，换热装置的循环冷却水进水管上宜设置过滤器；
3　过滤器的滤网应采用耐腐蚀材料，滤网网孔尺寸应按使用要求确定。

3.13.23　室外给水管道的下列部位应设置阀门：
1　小区给水管道从城镇给水管道的引入管段上；

2　小区室外环状管网的节点处,应按分隔要求设置;环状管宜设置分段阀门;

3　从小区给水干管上接出的支管起端或接户管起端。

3.13.24　室外给水管道阀门宜采用暗杆型的阀门,并宜设置阀门井或阀门套筒。

[考点分析与应试指导]

主要考给水管材的选择、阀门的设置和管道的敷设要求。考题会依据《建筑给水排水设计标准》"3.5 管材、附件和水表"、"3.6 管道布置和敷设"和"3.13 小区室外给水"设计选项。其中有关阀门设置的条文较多,考生应重点掌握。复习时应熟悉条文内容并和工程实际相结合,考试中应该是难度较高的题目,容易丢分。难易程度:D级。

知识要点7　游泳池

考题(2005-71)游泳池设计要求,以下哪条错误?(　　)

A. 成人戏水池水深宜为1.5m

B. 儿童游泳池水深不得大于0.6m

C. 进入公共游泳池、游乐池的通道应设浸脚消毒池

D. 比赛用跳水池必须设置水面制波装置

[答案] A

[知识快览]

游泳池是供人们在水中以规定的各种姿势划水前进或进行活动的人工建造的水池;水上游乐池是供人们在水上或水中娱乐、休闲和健身的各种游乐设施和水池。《建筑给水排水设计标准》GB 50015—2019中关于游泳池和水上游乐池的设置要点规定如下:

3.9.26　幼儿戏水池的水深宜为0.3~0.4m,成人戏水池的水深宜为1.0m。(此条已删除,原规范2003版内容)

3.9.27　儿童游泳池的水深不得大于0.6m,当不同年龄段所用的池子合建在一起时,应采用栏杆将其分隔开。(此条已删除,原规范2003版内容)

3.10.5　游泳池和水上游乐池水应循环使用。游泳池和水上游乐池的池水循环周期应根据池的类型、用途、池水容积、水深、游泳负荷等因素确定。

3.10.6　不同使用功能的游泳池应分别设置各自独立的循环系统。水上游乐池循环水系统应根据水质、水温、水压和使用功能等因素,设计成一个或若干个独立的循环系统。

3.10.13　游泳池和水上游乐池的池水必须进行消毒处理。

3.10.22　游泳池和水上游乐池的进水口、池底回水口和泄水口应配设格栅盖板,格栅间隙宽度不应大于8mm。泄水口的数量应满足不会产生对人体造成伤害的负压。通过格栅的水流速度不应大于0.2m/s。

3.10.23　进入公共游泳池和水上游乐池的通道,应设置浸脚消毒池。

3.10.25　比赛用跳水池必须设置水面制波和喷水装置。

[考点分析与应试指导]

主要考游泳池的设计。考题会依据《建筑给水排水设计标准》"3.10 游泳池与水上游乐池"设计选项。复习时应熟悉条文内容及其条文说明,并在游泳时留意观察游泳池的构造,与规范条文相对应,帮助理解规范内容。考试中应该是难度一般的题目,难易程度:B级。

知识要点8 冷却塔

考题（2010-52）关于冷却塔的设置规定，下列做法中错误的是（   ）。
A. 远离对噪声敏感的区域
B. 远离热源、废气和烟气排放口区域
C. 布置在建筑物的最小频率风向的上风侧
D. 可不设置在专用的基础上而直接改置在屋面上

[答案] D

[知识快览]

循环冷却水系统通常以循环水是否与空气直接接触而分为密闭式和敞开式系统，民用建筑空气调节系统一般可采用敞开式循环冷却水系统。采用间接换热方式的冷却水系统，可采用密闭式。当建筑物内有需要全年供冷的区域，在冬季气候条件适宜时宜利用冷却塔作为冷源提供空调用冷水。《建筑给水排水设计标准》GB 50015—2019 中关于冷却塔的设置要点规定如下：

3.11.3 冷却塔设置位置应根据下列因素综合确定：

1 气流应通畅，湿热空气回流影响小，且应布置在建筑物的最小频率风向的上风侧；

2 冷却塔不应布置在热源、废气和烟气排放口附近，不宜布置在高大建筑物中间的狭长地带上；

3 冷却塔与相邻建筑物之间的距离，除满足塔的通风要求外，还应考虑噪声、飘水等对建筑物的影响。

3.11.6 冷却塔的布置应符合下列规定：

1 冷却塔宜单排布置；当需多排布置时，塔排之间的距离应保证塔排同时工作时的进风量，并不宜小于冷却塔进风口高度的4倍；

2 单侧进风塔的进风面宜面向夏季主导风向；双侧进风塔的进风面宜平行夏季主导风向；

3 冷却塔进风侧离建筑物的距离，宜大于冷却塔进风口高度的2倍；冷却塔的四周除满足通风要求和管道安装位置外，尚应留有检修通道，通道净距不宜小于1.0m。

3.11.7 冷却塔应安装在专用的基础上，不得直接设置在楼板或屋面上。当一个系统内有不同规格的冷却塔组合布置时，各塔基础高度应保证集水盘内水位在同一水平面上。

3.11.8 环境对噪声要求较高时，冷却塔可采取下列措施：

1 冷却塔的位置宜远离对噪声敏感的区域；
2 应采用低噪声型或超低噪声型冷却塔；
3 进水管、出水管、补充水管上应设置隔振防噪装置；
4 冷却塔基础应设置隔振装置；
5 建筑上应采取隔声吸音屏障。

[考点分析与应试指导]

主要考冷却塔的布置。考题会依据《建筑给水排水设计标准》"3.11 循环冷却水及冷却塔"设计选项。重点掌握冷却塔位置的选择与布置要求，考生最好能够参观实际工程，以便对条文内容的理解。考试中应该是比较简单的得分题。难易程度：A级。

知识要点 9 水景

考题（2011-45）关于水景水池溢水口的作用，以下哪项错误？（ ）
A. 维持一定水位　　　　　　　　　B. 进行表面排污
C. 便于清扫水池　　　　　　　　　D. 保持水面清洁
［答案］C

［知识快览］

水景工程指人工制造水的各种有观赏性的景观，包含人工喷泉、瀑布、珠泉、溪流和镜池等，广泛用于公园、广场、中庭等场所。水景的基本组成包括各种喷头、配水管道、循环水泵、补水管道、溢流泄流排水管道、控制设备、照明设备、水池及其他附属设备。

水景水池设置溢水口的目的是维持一定的水位和进行表面排污、保持水面清洁；大型水景设置一个溢水口不能满足要求时，可设若干个均匀布置在水池内。泄水口是为了水池便于清扫、检修和防止停用时水质腐败或结冰，应尽可能采用重力泄水。由于水在喷射过程中的飞溅和水滴被风吹出池外是不可能完全避免的，故在喷水池的周围应设排水设施。

《建筑给水排水设计标准》GB 50015—2019 中关于水景的设计要点如下：

3.12.2　水景用水应循环使用。循环系统的补充水量应根据蒸发、飘失、渗漏、排污等损失确定，室内工程宜取循环水流量的 1‰～3‰；室外工程宜取循环水流量的 3‰～5‰。

3.12.3　水景工程应根据喷头造型分组布置喷头。喷泉每组独立运行的喷头，其规格宜相同。

3.12.4　水景工程循环水泵宜采用潜水泵，并应符合下列规定：
1　应直接设置于水池底；
2　娱乐性水景的供人涉水区域，不应设置水泵；
3　循环水泵宜按不同特性的喷头、喷水系统分开设置；
4　循环水泵流量和扬程应按所选喷头形式、喷水高度、喷嘴直径和数量，以及管道系统水头损失等经计算确定；
5　娱乐性水景的供人涉水区域，因景观要求需要设置水泵时，水泵应干式安装，不得采用潜水泵，并采取可靠的安全措施。

3.12.5　当水景水池采用生活饮用水作为补充水时，应采取防止回流污染的措施，补水管上应设置用水计量装置。

3.12.6　有水位控制和补水要求的水景水池应设置补充水管、溢流管、泄水管等管道。在池的周围宜设排水设施。

［考点分析与应试指导］

主要考水景的基本组成。考题会依据《建筑给水排水设计标准》"3.12 水景"设计选项。复习时应熟悉条文内容及其条文说明，并留意观察身边的水景，与规范条文相对应，帮助理解规范内容。考试中应该是难度一般的题目，难易程度：B 级。

1.2 建筑内部热水系统

[考纲分析]

《全国一级注册建筑师资格考试大纲（2002版）》中第4.4条对建筑内部热水系统的要求是"了解热水加热方式及供应系统"。《全国一级注册建筑师资格考试大纲（2021年版）》对建筑内部热水系统的要求增加了"太阳能生活热水系统"。从往年考试命题情况看，每年会出现1~2个单选题。以下根据考试需要，对建筑内部热水系统进行要点式分析。

[知识储备]

随着我国经济的发展，居民生活水平的提高，生活和生产活动中人们对热水供应的需求越来越高。医院、宾馆、大型公共建筑及各类娱乐场所，均设置有较为完善的热水供应系统。在住宅建筑中，住户也都装上了热水系统。

热水的加热方式有直接加热和间接加热。直接加热也称一次换热，是以燃气、燃油、燃煤为燃料的热水锅炉，把冷水直接加热到所需热水温度，或者是将蒸汽或高温水通过穿孔管或喷射器直接通入冷水混合制备热水。间接加热也称二次换热，是将热媒通过水加热器把热量传递给冷水达到加热冷水的目的，在加热过程中热媒（如蒸汽）与被加热水不直接接触。常用加热方式有热水锅炉直接加热、煤气加热器加热、电加热器加热、太阳能热水器加热、汽水混合加热、容积式换热器间接加热、快速加热器间接加热、容积式换热器与快速加热器串联加热等。

热水系统按供应范围不同分为局部热水供应系统、集中热水供应系统、区域热水供应系统；按设置循环管网的方式不同分为无循环热水供应系统、半循环热水供应系统、全循环热水供应系统；按热水管网运行方式不同分为全日循环热水供应系统和定时循环热水供应系统；按热水供应系统是否敞开分为开式热水供应系统和闭式热水供应系统。

知识要点1　热水加热方式

考题（2014-54）局部热水供应系统不宜采用的热源是（　　）。
A. 废热　　　　　　　　　　B. 太阳能
C. 电能　　　　　　　　　　D. 燃气
[答案] A
[知识快览]

节约能源是我国的基本国策，在设计中应对工程基地附近进行调查研究，全面考虑热源的选择进而确定热水的加热方式。《建筑给水排水设计规范》GB 50015—2019中有关热源选择的知识要点如下：

6.3.1　集中热水供应系统的热源应通过技术经济比较，并应按下列顺序选择：

1　采用具有稳定、可靠的余热、废热、地热，当以地热为热源时，应按地热水的水温、水质和水压，采取相应的技术措施处理满足使用要求；

2 当日照时数大于1400h/a且年太阳辐射量大于4200MJ/m²及年极端最低气温不低于−45℃的地区，采用太阳能，全国各地日照时数及年太阳能辐照量应按本标准附录H取值；

3 在夏热冬暖、夏热冬冷地区采用空气源热泵；

4 在地下水源充沛、水文地质条件适宜，并能保证回灌的地区，采用地下水源热泵；

5 在沿江、沿海、沿湖、地表水源充足、水文地质条件适宜，以及有条件利用城市污水、再生水的地区，采用地表水源热泵；当采用地下水源和地表水源时，应经当地水务、交通航运等部门审批，必要时应进行生态环境、水质卫生方面的评估；

6 采用能保证全年供热的热力管网热水；

7 采用区域性锅炉房或附近的锅炉房供给蒸汽或高温水；

8 采用燃油、燃气热水机组、低谷电蓄热设备制备的热水。

6.3.2 局部热水供应系统的热源宜按下列顺序选择：

1 符合本标准第6.3.1条第2款条件的地区宜采用太阳能；

2 在夏热冬暖、夏热冬冷地区宜采用空气源热泵；

3 采用燃气、电能作为热源或作为辅助热源；

4 在有蒸汽供给的地方，可采用蒸汽作为热源。

6.3.5 采用蒸汽直接通入水中或采取汽水混合设备的加热方式时，宜用于开式热水供应系统。……

[考点分析与应试指导]

主要考热源的选择。考题会依据《建筑给水排水设计标准》6.3.1~6.3.5的条文内容设计选项。由于是单项选择题，命题人倾向于考查热水供应系统优先选用的热源或者不宜采用的热源。考生复习时应熟悉条文内容并进行归纳总结。由于命题方式和命题点比较固定，容易掌握。考试中应该是难度一般的题目，难易程度：B级。

知识要点2 热水供应系统

考题（2006-57改）集中热水供应系统的热水，下述哪项是错误的？（　　）

A. 应合理布置循环管道，减少能耗
B. 单栋建筑的集中热水供应系统应设热水回水管和循环水泵保证干管和立管中的热水循环
C. 对使用水温要求不高且不多于3个的非沐浴用水点，当其热水供水管长度大于15m时，可不设热水回水管
D. 循环管道应采用同程布置的方式

[答案] D

[知识快览]

在锅炉房、热交换站或加热间将水集中加热后，通过热水管网输送到整幢或几幢建筑的热水系统称集中热水供应系统。集中热水供应系统适用于热水用量较大，用水点比较集中的建筑，如较高级居住建筑、旅馆、公共浴室、医院、疗养院、体育馆、游泳池、大型饭店等公共建筑，布置较集中的工业企业建筑等。《建筑给水排水设计标准》GB 50015—2019中有关集中热水供应系统管网布置的要点如下：

6.3.10 集中热水供应系统应设热水循环系统，并应符合下列规定：

1 热水配水点保证出水温度不低于45℃的时间，居住建筑不应大于15s，公共建筑不应大于10s；

2 应合理布置循环管道，减少能耗；

3 对使用水温要求不高且不多于3个的非沐浴用水点，当其热水供水管长度大于15m时，可不设热水回水管。

6.3.11 小区集中热水供应系统应设热水回水总管和总循环水泵保证供水总管的热水循环，其所供单栋建筑的热水供、回水循环管道的设置应符合本标准第6.3.12条的规定。

6.3.12 单栋建筑的集中热水供应系统应设热水回水管和循环水泵保证干管和立管中的热水循环。

6.3.13 采用干管和立管循环的集中热水供应系统的建筑，当系统布置不能满足第6.3.10条第1款的要求时，应采取下列措施：

1 支管应设自调控电伴热保温；

2 不设分户水表的支管应设支管循环系统。

6.3.14 热水循环系统应采取下列措施保证循环效果：

1 当居住小区内集中热水供应系统的各单栋建筑的热水管道布置相同，且不增加室外热水回水总管时，宜采用同程布置的循环系统。当无此条件时，宜根据建筑物的布置、各单体建筑物内热水循环管道布置的差异等，在单栋建筑回水干管末端设分循环水泵、温度控制或流量控制的循环阀件。

2 单栋建筑内集中热水供应系统的热水循环管宜根据配水点的分布布置循环管道：

1）循环管道同程布置；

2）循环管道异程布置，在回水立管上设导流循环管件、温度控制或流量控制的循环阀件。

3 采用减压阀分区时，除应符合本标准第3.5.10条、第3.5.11条的规定外，尚应保证各分区热水的循环。

4 太阳能热水系统的循环管道设置应符合本标准第6.6.1条第6款的规定。

5 设有3个或3个以上卫生间的住宅、酒店式公寓、别墅等共用热水器的局部热水供应系统，宜采取下列措施：

1）设小循环泵机械循环；

2）设回水配件自然循环；

3）热水管设自调控电伴热保温。

6.6.1 太阳能热水系统的选择应遵循下列原则：

1 公共建筑宜采用集中集热、集中供热太阳能热水系统；

2 住宅类建筑宜采用集中集热、分散供热太阳能热水系统或分散集热、分散供热太阳能热水系统；

3 小区设集中集热、集中供热太阳能热水系统或集中集热、分散供热太阳能热水系统时应符合本标准第6.3.6条的规定；太阳能集热系统宜按分栋建筑设置，当需合建系统时，宜控制集热器阵列总出口至集热水箱的距离不大于300m；

4 太阳能热水系统应根据集热器构造、冷水水质硬度及冷热水压力平衡要求等经比较确定采用直接太阳能热水系统或间接太阳能热水系统；

5 太阳能热水系统应根据集热器类型及其承压能力、集热系统布置方式、运行管理条件等经比较采用闭式太阳能集热系统或开式太阳能集热系统；开式太阳能集热系统宜采用集热、贮热、换热一体间接预热承压冷水供应热水的组合系统；

6 集中集热、分散供热太阳能热水系统采用由集热水箱或由集热、贮热、换热一体间接预热承压冷水供应热水的组合系统直接向分散带温控的热水器供水，且至最远热水器热水管总长不大于20m时，热水供水系统可不设循环管道；

7 除上款规定外的其他集中集热、集中供热太阳能热水系统和集中集热、分散供热太阳能热水系统的循环管道设置应按本标准第6.3.14条执行。

[考点分析与应试指导]

主要考集中热水供应系统循环管道的布置。考题会依据《建筑给水排水设计标准》6.3.10～6.3.14以及6.6.1的条文内容设计选项。考生复习时应认真阅读条文说明，理解集中热水供应系统设置回水循环管道的目的，抓住热水循环管道"宜"采用同程布置的方式而不是"应"采用同程布置等细节内容。由于命题方式和命题点比较固定，容易掌握。考试中应该是难度一般的题目，难易程度：B级。

知识要点3　饮水供应

考题（2011-50）下列管道直饮水系统的设计要求中哪项有误？（　　）

A. 水质应符合《饮用净水水质标准》的要求

B. 宜以天然水体作为管道直饮水原水

C. 应设循环管道

D. 宜采用调速泵组直接供水方式

[答案] B

[知识快览]

直饮水为直接可饮用的水，其供应方式可以分为桶装饮用水供应方式、带有水深度处理功能的饮水机分散式供应方式和管道直饮水供应方式。管道直饮水供应方式是将自来水作集中深度处理和消毒后，用管道将饮用水直接送至用户，用户使用饮水水嘴直接饮用的供水方式。《建筑给水排水设计标准》GB 50015—2019中有关饮水供应的设计要点如下：

6.9.3　管道直饮水系统应符合下列规定：

1 管道直饮水应对原水进行深度净化处理，水质应符合现行行业标准《饮用净水水质标准》CJ 94的规定。

2 管道直饮水水嘴额定流量宜为0.04～0.06L/s，最低工作压力不得小于0.03MPa。

3 管道直饮水系统必须独立设置。

4 管道直饮水宜采用调速泵组直接供水或处理设备置于屋顶的水箱重力式供水方式。

5 高层建筑管道直饮水系统应竖向分区，各分区最低处配水点的静水压，住宅不宜大于0.35MPa，公共建筑不宜大于0.40MPa，且最不利配水点处的水压，应满足用水水压的要求。

6 管道直饮水应设循环管道，其供、回水管网应同程布置，当不能满足时，应采取保证循环效果的措施。循环管网内水的停留时间不应超过12h。从立管接至配水龙头的支管管段长度不宜大于3m。

7 办公楼等公共建筑每层自设终端净水处理设备时，可不设循环管道。

……

6.9.6 管道直饮水系统管道应选用耐腐蚀，内表面光滑，符合食品级卫生、温度要求的薄壁不锈钢管、薄壁铜管、优质塑料管。开水管道金属管材的许用工作温度应大于100℃。

6.9.7 开水管道应采取保温措施。

6.9.8 阀门、水表、管道连接件、密封材料、配水水嘴等选用材质均应符合食品级卫生要求，并与管材匹配。

[考点分析与应试指导]

主要考管道直饮水系统的设计。考题会依据《建筑给水排水设计标准》"6.9 饮水供应"的条文内容设计选项。考生复习时应认真阅读条文内容及条文说明，理解管道直饮水系统独立设置、采用调速泵组直接供水、设置循环管道的目的和意义。由于命题方式和命题点比较固定，容易掌握。考试中应该是难度一般的题目，难易程度：B级。

1.3 水污染的防治及抗震措施

[考纲分析]

《全国一级注册建筑师资格考试大纲（2002版）》中第4.4条要求"了解建筑给水排水系统水污染的防治及抗震措施"。《全国一级注册建筑师资格考试大纲（2021年版）》删除了该部分对抗震措施的要求，变更为"了解建筑给排水系统水污染的防治措施"。从往年考试命题情况看，每年会出现0~1个单选题。以下根据考试需要，对水污染的防治及抗振措施进行要点式分析。

[知识储备]

从自来水厂引入建筑物的生活用水水质应符合《生活饮用水卫生标准》，但是如果建筑内部给水系统的设计、施工或者维护不当，均可能出现水质污染现象。造成水质污染的原因可能是：（1）贮水池（箱）中的制作材料或防腐涂料选择不当。（2）水在贮水池（箱）中停留时间过长。（3）贮水池（箱）管理不当。（4）回流污染。

形成回流污染的原因主要有：（1）给水系统的埋地管道或阀门等附件连接不严密，平时渗漏，当饮用水断流，管道中出现负压时，被污染的下水或阀门井中的积水即会通过渗漏处，进入给水系统。（2）放水附件安装不当，出水口设在卫生器具或用水设备溢流水位下，或溢流管堵塞，而器具或设备中留有污水，室外给水管网又因事故供水压力下降，当开启放水附件时，污水即会在负压作用下，吸入给水管道。（3）饮用水管连接不当，如给水管与大便器（槽）的冲洗管直接相连，并用普通阀门控制冲洗，当给水系统压力下降时，开启阀门也会出现回流污染现象；饮用水与非饮用水管道直接连接。

知识要点1 水质

考题（2009-51）下列生活饮用水的表述，哪条错误？（ ）

A. 符合现行的国家标准《生活饮用水卫生标准》要求的水

B. 只要通过消毒就可以直接饮用的水

C. 是指供生食品的洗涤、烹饪用水

D. 供盥洗、沐浴、洗涤衣物用水

[答案] B

[知识快览]

生活饮用水是指供生食品的洗涤、烹饪；盥洗、沐浴、衣物洗涤、家具擦洗、地面冲洗的用水。生活杂用水指用于便器冲洗、绿化浇水、室内车库地面和室外地面冲洗的水。《建筑给水排水设计标准》GB 50015—2019 对生活用水的水质提出如下要求：

3.3.1 生活饮用水系统的水质，应符合现行国家标准《生活饮用水卫生标准》GB 5749 的要求。

3.3.2 当采用中水为生活杂用水时，生活杂用水系统的水质应符合现行国家标准《城市污水再生利用 城市杂用水水质》GB/T 18920 的要求。

《生活饮用水卫生标准》GB 5749—2022 中 4.1 条对生活饮用水提出如下水质要求：

a) 生活饮用水中不应含有病原微生物。

b) 生活饮用水中化学物质不应危害人体健康。

c) 生活饮用水中放射性物质不应危害人体健康。

d) 生活饮用水的感官性状良好。

e) 生活饮用水应经消毒处理。

[考点分析与应试指导]

主要考生活饮用水的水质要求。考题会依据《建筑给水排水设计标准》3.3.1～3.3.2 的条文内容及条文说明设计选项。考生复习时应结合《生活饮用水卫生标准》GB 5749—2022 的内容一同复习。本考点内容少，考试中应该是比较简单的得分题。难易程度：A 级。

知识要点 2　水污染防治措施

考题（2014-46）城市给水管道与用户自备水源管道连接的规定，正确的是（　　）。

A. 自备水源优于城市管网水质可连接

B. 严禁连接

C. 安装了防倒流器可连接

D. 安装了止回阀的可连接

[答案] B

[知识快览]

针对建筑给水管网有可能造成水质污染的原因，《建筑给水排水设计标准》GB 50015—2019 给出了下列防水质污染的措施：

3.1.2 自备水源的供水管道严禁与城镇给水管道直接连接。

3.1.3 中水、回用雨水等非生活饮用水管道严禁与生活饮用水管道连接。

3.1.4 生活饮用水应设有防止管道内产生虹吸回流、背压回流等污染的措施。

3.3.4 卫生器具和用水设备等的生活饮用水管配水件出水口应符合下列规定：

1 出水口不得被任何液体或杂质所淹没；

2 出水口高出承接用水容器溢流边缘的最小空气间隙，不得小于出水口直径的 2.5 倍。

3.3.7 从生活饮用水管道上直接供下列用水管道时，应在用水管道的下列部位设置倒流防止器：

1 从城镇给水管网的不同管段接出两路及两路以上至小区或建筑物，且与城镇给水管形成连通管网的引入管上；

2 从城镇生活给水管网直接抽水的生活供水加压设备进水管上；

3 利用城镇给水管网直接连接且小区引入管无防回流设施时，向气压水罐、热水锅炉、热水机组、水加热器等有压容器或密闭容器注水的进水管上。

3.3.8 从小区或建筑物内的生活饮用水管道系统上接下列用水管道或设备时，应设置倒流防止器：

1 单独接出消防用水管道时，在消防用水管道的起端；

2 从生活用水与消防用水合用贮水池中抽水的消防水泵出水管上。

3.3.13 严禁生活饮用水管道与大便器（槽）、小便斗（槽）采用非专用冲洗阀直接连接。

[考点分析与应试指导]

主要考防水质污染的措施。考题会依据《建筑给水排水设计标准》3.1.2～3.3.13 以及 3.13.11 的条文内容设计选项。考生复习时应认真阅读条文说明，既要掌握如何防水质污染，又要理解其中缘由。由于命题比较灵活，不易得分，难易程度：C 级。

知识要点 3　抗震措施

考题（2005-65）我国目前对 7～9 度地震区设置了规范标准，给排水设防应在什么范围内？（　　）。

A. 6～7 度　　　　　　　　　　　B. 7～8 度
C. 7～9 度　　　　　　　　　　　D. 8～9 度

[答案] C

[知识快览]

由于我国某些地区处在地壳地震断裂带附近，由此引发的大小地震会对给水排水设施产生负面影响，因此在给水排水系统的设计、施工中需要采取一定的抗震措施。《室外给水排水和燃气热力工程抗震设计规范》GB 50032—2003 对给水排水的设防做了如下规定：

1.0.3　抗震设防烈度为 6 度及高于 6 度地区的室外给水、排水和燃气、热力工程设施，必须进行抗震设计。

1.0.8　对位于设防烈度为 6 度地区的室外给水、排水和燃气、热力工程设施，可不作抗震计算；当本规范无特别规定时，抗震应按 7 度设防的有关要求采用。

3.1.2　地震区的大、中城市中给水、燃气和热力的管网和厂站布局，应符合下列要求：

1 给水、燃气干线应敷设成环状；

2 热源的主干线之间应尽量连通；

3 净水厂、具有调节水池的加压泵房、水塔和燃气贮配站、门站等，应分散布置。

10.3.1 给水和燃气管道的管材选择，应符合下列要求：

1 材质应具有较好的延性；
2 承插式连接的管道，接头填料宜采用柔性材料；
3 过河倒虹吸管或架空管应采用焊接钢管；
4 穿越铁路或其他主要交通路线以及位于地基土为液化土地段的管道，宜采用焊接钢管。

[考点分析与应试指导]

主要考室外给水排水抗震设防烈度的要求。考题会依据《室外给水排水和燃气热力工程抗震设计规范》"1 总则"中的条文命题。考试中应该是比较简单的得分题。难易程度：A级。

1.4 消防给水

[考纲分析]

《全国一级注册建筑师资格考试大纲（2002版）》中第4.4条对消防给水的内容提出了要求，即"了解消防给水与自动灭火系统"。《全国一级注册建筑师资格考试大纲（2021年版）》对消防给水的要求未变。从往年考试命题情况看，每年会出现4～6个单选题。以下根据考试需要，对消防给水进行要点式分析。

[知识储备]

水是不燃液体，它的来源丰富，取用方便，价格便宜，是最常用的天然灭火剂。它的主要灭火机理是冷却和窒息，其中冷却功能是灭火的主要作用。以水为灭火剂的方式主要有消火栓灭火系统和自动喷水灭火系统。

建筑消火栓给水系统是把室外给水系统提供的水通过管道系统直接或经加压（外网压力不能满足需要时）输送到建筑物内，用于扑救火灾而设置的固定灭火设备，是建筑物中最基本的灭火设施。建筑消火栓给水系统一般由水枪、水带、消火栓、消防管道、消防水池、高位水箱、水泵接合器及增压水泵等组成。

根据《建筑设计防火规范》GB 50016—2014规定，下列建筑或场所应设置室内消火栓系统：

（1）建筑占地面积大于300m^2的厂房和仓库；

（2）高层公共建筑和建筑高度大于21m的住宅建筑；

注：建筑高度不大于27m的住宅建筑，设置室内消火栓系统确有困难时，可只设置干式消防竖管和不带消火栓箱的DN65的室内消火栓。

（3）体积大于5000m^3的车站、码头、机场的候车（船、机）建筑、展览建筑、商店建筑、旅馆建筑、医疗建筑和图书馆建筑等单、多层建筑；

（4）特等、甲等剧场，超过800个座位的其他等级的剧场和电影院等以及超过1200个座位的礼堂、体育馆等单、多层建筑；

(5) 建筑高度大于 15m 或体积大于 10000m³ 的办公建筑、教学建筑和其他单、多层民用建筑。

自动喷水灭火系统是一种在火灾发生时，能自动打开喷头喷水灭火并同时发出火警信号的消防灭火设施。自动喷水灭火系统由水源、加压贮水设备、喷头、管网、报警装置等组成。根据喷头的常开、闭形式和管网充水与否分为湿式自动喷水灭火系统、干式自动喷水灭火系统、预作用喷水灭火系统、雨淋喷水灭火系统和水幕系统。

根据《建筑设计防火规范》GB 50016—2014 规定，除本规范另有规定和不宜用水保护或灭火的场所外，下列高层民用建筑或场所应设置自动灭火系统，并宜采用自动喷水灭火系统：

(1) 一类高层公共建筑（除游泳池、溜冰场外）及其地下、半地下室；
(2) 二类高层公共建筑及其地下、半地下室的公共活动用房、走道、办公室和旅馆的客房、可燃物品库房、自动扶梯底部；
(3) 高层民用建筑内的歌舞娱乐放映游艺场所；
(4) 建筑高度大于 100m 的住宅建筑。

根据《建筑设计防火规范》GB 50016—2014 规定，除本规范另有规定和不宜用水保护或灭火的场所外，下列单、多层民用建筑或场所应设置自动灭火系统，并宜采用自动喷水灭火系统：

(1) 特等、甲等剧场，超过 1500 个座位的其他等级的剧场，超过 2000 个座位的会堂或礼堂，超过 3000 个座位的体育馆，超过 5000 人的体育场的室内人员休息室与器材间等；
(2) 任一层建筑面积大于 1500m² 或总建筑面积大于 3000m² 的展览、商店、餐饮和旅馆建筑以及医院中同样建筑规模的病房楼、门诊楼和手术部；
(3) 设置送回风道（管）的集中空气调节系统且总建筑面积大于 3000m² 的办公建筑等；
(4) 藏书量超过 50 万册的图书馆；
(5) 大、中型幼儿园，老年人照料设施；
(6) 总建筑面积大于 500m² 的地下或半地下商店；
(7) 设置在地下或半地下或地上四层及以上楼层的歌舞娱乐放映游艺场所（除游泳场所外），设置在首层、二层和三层且任一层建筑面积大于 300m² 的地上歌舞娱乐放映游艺场所（除游泳场所外）。

知识要点 1　灭火剂

考题一（2012-56）根据《建筑设计防火规范》规定，具有使用方便、器材简单、价格低廉、效果良好特点的主要灭火剂是（　　）。
A. 泡沫　　　　　　　　　　B. 干粉
C. 水　　　　　　　　　　　D. 二氧化碳
[答案] C

考题二（2014-58）由于环保问题目前被限制生产和使用的灭火剂是（　　）。
A. 二氧化碳　　　　　　　　B. 卤代烷
C. 干粉　　　　　　　　　　D. 泡沫

[答案] B

[知识快览]

火灾是指在时间或空间上由于燃烧失去控制造成的灾害。灭火就是采取一定的技术措施破坏燃烧条件，使燃烧反应终止的过程。灭火的基本原理包括冷却、窒息、隔离和化学抑制。灭火剂有水基灭火剂、泡沫灭火剂、气体灭火剂、干粉灭火剂。以水为灭火剂的方式：消火栓灭火系统、消防水炮灭火系统、自动喷水灭火系统、水喷雾灭火系统和细水雾灭火系统。

卤代烷灭火剂曾经是一种在世界范围内广泛使用的气体灭火剂，但是20世纪80年代初有关专家研究表明，卤代烷对大气臭氧层有破坏作用，危害人类的生存环境，1990年6月在英国伦敦由57个国家共同签订了《蒙特利尔议定书》（修正案），决定逐步停止生产和逐步限制使用氟利昂、卤代烷灭火剂。我国于1991年6月加入了《蒙特利尔议定书》（修正案）缔约国行列，承诺2005年停止生产卤代烷1211灭火剂，2010年停止生产卤代烷1301灭火剂。

[考点分析与应试指导]

主要考灭火剂的应用。考生应掌握灭火剂的种类及其灭火机理，重点掌握由于环保原因卤代烷灭火剂被限制生产和使用。本考点是常考点，但是属于认知型的内容，考试中应该是比较简单的得分题。难易程度：A级。

知识要点 2 室外消火栓

考题一（2010-63）关于室外消火栓布置的规定，以下哪项是错误的？（　　）
A. 间距不应大于120m
B. 保护半径应不大于150m
C. 距房屋外墙不宜大于5m
D. 设置地点应有相应的永久性固定标识

[答案] C

考题二（2010-62）关于甲、乙、丙类液体储罐区室外消火栓的布置规定，以下哪项是正确的？（　　）
A. 应设置在防火堤内
B. 应设置在防护墙外
C. 距罐壁15m范围内的消火栓，应计算在该罐可使用的数量内
D. 因火灾危险性大，每个室外消火栓的用水量应按5L/s计算

[答案] B

[知识快览]

消防给水由室外消防给水系统、室内消防给水系统共同组成。室外消火栓给水系统是城镇、居住区、建（构）筑物最基本的消防设施，其主要作用是供给室内外消防设备的水源。《消防给水及消火栓系统技术规范》GB 50974—2014关于室外消火栓的布置规定要点如下：

7.2.2　市政消火栓宜采用直径DN150的室外消火栓，并应符合下列要求：

1　室外地上式消火栓应有一个直径为150mm或100mm和两个直径为65mm的栓口；

2　室外地下式消火栓应有直径为100mm和65mm的栓口各一个。

7.2.5　市政消火栓的保护半径不应超过150m，间距不应大于120m。

7.2.6 市政消火栓应布置在消防车易于接近的人行道和绿地等地点，且不应妨碍交通，并应符合下列规定：
1 市政消火栓距路边不宜小于0.5m，并不应大于2.0m；
2 市政消火栓距建筑外墙或外墙边缘不宜小于5.0m；
3 市政消火栓应避免设置在机械易撞击的地点，确有困难时，应采取防撞措施。

7.2.11 地下式市政消火栓应有明显的永久性标志。

7.3.1 建筑室外消火栓的布置除应符合本节的规定外，还应符合本规范第7.2节的有关规定。

7.3.2 建筑室外消火栓的数量应根据室外消火栓设计流量和保护半径经计算确定，保护半径不应大于150.0m，每个室外消火栓的出流量宜按10L/s～15L/s计算。

7.3.3 室外消火栓宜沿建筑周围均匀布置，且不宜集中布置在建筑一侧；建筑消防扑救面一侧的室外消火栓数量不宜少于2个。

7.3.4 人防工程、地下工程等建筑应在出入口附近设置室外消火栓，且距出入口的距离不宜小于5m，并不宜大于40m。

7.3.5 停车场的室外消火栓宜沿停车场周边设置，且与最近一排汽车的距离不宜小于7m，距加油站或油库不宜小于15m。

7.3.6 甲、乙、丙类液体储罐区和液化烃罐罐区等构筑物的室外消火栓，应设在防火堤或防护墙外，数量应根据每个罐的设计流量经计算确定，但距罐壁15m范围内的消火栓，不应计算在该罐可使用的数量内。

[考点分析与应试指导]

主要室外消火栓的设置。考题会依据《消防给水及消火栓系统技术规范》GB 50974—2014 "7.2市政消火栓"和"7.3室外消火栓"的条文内容设计选项。考生复习时应认真阅读相关条文，特别是建筑室外消火栓的布置应同时满足7.2节和7.3节的条文要求，即市政消火栓的设置要求同样适用于室外消火栓的设置。由于规范条文中数据比较多，命题时又常考查考生对数据掌握的精准度，容易丢分，难易程度：C级。

知识要点3 消防水源

考题一（2006-60）消防给水水源选择，下述哪项是错误的？（　　）
A. 城市给水管网
B. 枯水期最低水位时能保证消防给水，并设置有可靠的取水设施的室外水源
C. 消防水池
D. 生活专用水池

[答案] D

考题二（2010改）关于高层民用建筑中容量大于500m³的消防水池的设计规定，以下哪项是正确的？（　　）
A. 可与生活饮用水池合并成一个水池
B. 不分设两格能独立使用的消防水池
C. 补水时间不超过48h，可以不分设两格能独立使用的消防水池
D. 宜分设两格能独立使用的消防水池

[答案] D

[知识快览]

消防水源水质应满足水灭火设施本身，及其灭火、控火、抑制、降温和冷却等功能的要求。室外消防给水其水质可以差一些，如河水、海水、池塘等，并允许一定的颗粒物存在，但室内消防给水如消火栓、自动喷水等对水质要求较严，颗粒物不能堵塞喷头和消火栓水枪等，平时水质不能有腐蚀性，要保护管道。《消防给水及消火栓系统技术规范》GB 50974—2014 对消防水源提出了如下要求：

4.1.3 消防水源应符合下列规定：

1 市政给水、消防水池、天然水源等可作为消防水源，并宜采用市政给水；

2 雨水清水池、中水清水池、水景和游泳池宜作为备用消防水源。

4.1.4 消防给水管道内平时所充水的 pH 值应为 6.0~9.0。

……

4.3.1 符合下列规定之一时，应设置消防水池：

1 当生产、生活用水量达到最大时，市政给水管网或入户引入管不能满足室内、室外消防给水设计流量；

2 当采用一路消防供水或只有一条入户引入管，且室外消火栓设计流量大于 20L/s 或建筑高度大于 50m；

3 市政消防给水设计流量小于建筑室内外消防给水设计流量。

4.3.6 消防水池的总蓄水有效容积大于 500m^3 时，宜设两格能独立使用的消防水池；当大于 1000m^3 时，应设置能独立使用的两座消防水池。每格（或座）消防水池应设置独立的出水管，并应设置满足最低有效水位的连通管，且其管径应能满足消防给水设计流量的要求。

[考点分析与应试指导]

主要考消防水源的选择和消防水池的设置。考题会依据《消防给水及消火栓系统技术规范》GB 50974—2014 "4 消防水源"的条文内容设计选项。消防水源的选择应结合条文说明复习，以便理解条文内容。消防水池重点加强条文中有关数据的记忆。由于规范条文中数据比较多，命题时又常考查考生对数据掌握的精准度，容易丢分，难易程度：C 级。

知识要点 4　供水设施

考题一（2003-63）以下叙述哪条错误？（　　）

A. 一组消防水泵吸水管不应少于两条

B. 当一组消防水泵吸水管其中一条损坏时，其余的出水管应仍能通过 50% 用水量

C. 消防水泵房应有不少于两条出水管直接与环状管网连接

D. 消防水泵宜采用自灌式引水

[答案] B

考题二（2011-55 改）下列关于消防水泵房的设计要求中哪项错误？（　　）

A. 其疏散门应紧靠建筑物的安全出口

B. 消防水泵应确保从接到启泵信号到水泵正常运转的自动启动时间不大于 2min

C. 在火灾情况下操作人员能够坚持工作

D. 不宜独立建造

[答案] A

考题三（2006-63改）高位消防水箱的设置高度应保证最不利点消火栓的静水压力。当一类高层公共建筑的建筑高度不超过100m时，最不利点消火栓静水压力应不低于（　　）。

A. 0.07MPa B. 0.09MPa
C. 0.10MPa D. 0.15MPa

[答案] C

考题四（2006-62）水泵接合器应设在室外便于消防车使用的地点，距室外消火栓或消防水池的距离宜为（　　）。

A. 50m B. 15～40m
C. 10m D. 5m

[答案] B

[知识快览]

在室外给水管网不能满足室内消火栓给水系统的水压要求时需要设置增压和贮水设备。**消防水泵**是消火栓系统最常用的增压设备，《消防给水及消火栓系统技术规范》GB 50974—2014中有关消防水泵的设置要点如下（目前已调整，见新标准，以下多处。因出题时参考此标准，因此暂不修改）：

5.1.6 消防水泵的选择和应用应符合下列规定：

1 消防水泵的性能应满足消防给水系统所需流量和压力的要求；

2 消防水泵所配驱动器的功率应满足所选水泵流量扬程性能曲线上任何一点运行所需功率的要求；

3 当采用电动机驱动的消防水泵时，应选择电动机干式安装的消防水泵；

4 流量扬程性能曲线应为无驼峰、无拐点的光滑曲线，零流量时的压力不应大于设计工作压力的140%，且宜大于设计工作压力的120%；

5 当出流量为设计流量的150%时，其出口压力不应低于设计工作压力的65%；

6 泵轴的密封方式和材料应满足消防水泵在低流量时运转的要求；

7 消防给水同一泵组的消防水泵型号宜一致，且工作泵不宜超过3台；

8 多台消防水泵并联时，应校核流量叠加对消防水泵出口压力的影响。

5.1.12 消防水泵吸水应符合下列规定：

1 消防水泵应采取自灌式吸水；

2 消防水泵从市政管网直接抽水时，应在消防水泵出水管上设置有空气隔断的倒流防止器；

3 当吸水口处无吸水井时，吸水口处应设置旋流防止器。

5.1.13 离心式消防水泵吸水管、出水管和阀门等，应符合下列规定：

1 一组消防水泵，吸水管不应少于两条，当其中一条损坏或检修时，其余吸水管应仍能通过全部消防给水设计流量；

2 消防水泵吸水管布置应避免形成气囊；

3 一组消防水泵应设不少于两条的输水干管于消防给水环状管网连接，当其中一条输水管检修时，其余输水管应仍能供应全部消防给水设计流量；

4 消防水泵吸水口的淹没深度应满足消防水泵在最低水位运行安全的要求，吸水管喇叭口在消防水池最低有效水位下的淹没深度应根据吸水管喇叭口的水流速度和水力条件确定，但不应小于600mm。当采用旋流防止器时，淹没深度不应小于200mm。

……

5.5.12 消防水泵房应符合下列规定：

1 独立建造的消防水泵房耐火等级不应低于二级；

2 附设在建筑物内的消防水泵房，不应设置在地下三层及以下，或室内地面与室外出入口地坪高差大于10m的地下楼层；

3 附设在建筑物内的消防水泵房，应采用耐火极限不低于2.0h的隔墙和1.50h的楼板与其他部位隔开，其疏散门应直通安全出口，且开向疏散走道的门应采用甲级防火门。

5.5.13 当采用柴油机消防水泵时宜设置独立消防水泵房，并应设置满足柴油机运行的通风、排烟和阻火设施。

11.0.3 消防水泵应确保从接到启泵信号到水泵正常运转的自动启动时间不应大于2min。

消防水箱是消火栓系统最常用的贮水设备，它对扑救初期火灾起着重要作用。《消防给水及消火栓系统技术规范》GB 50974—2014中有关高位消防水箱的设置要点如下：

5.2.2 高位消防水箱的设置位置应高于其所服务的水灭火设施，且最低有效水位应满足水灭火设施最不利点处的静水压力，并应按下列规定确定：

1 一类高层公共建筑，不应低于0.10MPa，但当建筑高度超过100m时，不应低于0.15MPa；

2 高层住宅、二类高层公共建筑、多层公共建筑，不应低于0.07MPa，多层住宅不宜低于0.07MPa；

3 工业建筑不应低于0.10MPa，当建筑体积小于20000m³时，不宜低于0.07MPa；

4 自动喷水灭火系统等自动水灭火系统应根据喷头灭火需求压力确定，但最小不应小于0.10MPa。

5.2.4 高位消防水箱的设置应符合下列规定：

1 当高位消防水箱在屋顶露天设置时，水箱的人孔以及进出水管的阀门等应采取锁具或阀门箱等保护措施；

2 严寒、寒冷等冬季冰冻地区的消防水箱应设置在消防水箱间内，其他地区宜设置在室内，当必须在屋顶露天设置时，应采取防冻隔热等安全措施；

3 高位消防水箱与基础应牢固连接。

水泵接合器是连接消防车向室内消防给水系统加压供水的装置。《消防给水及消火栓系统技术规范》GB 50974—2014中有关水泵接合器的设置要点如下：

5.4.7 水泵接合器应设在室外便于消防车使用的地点，且距室外消火栓或消防水池的距离不宜小于15m，并不宜大于40m。

5.4.8 墙壁消防水泵接合器的安装高度距地面宜为0.70m；与墙面上的门、窗、孔、洞的净距离不应小于2.0m，且不应安装在玻璃幕墙下方；地下消防水泵接合器的安装，应使进水口与井盖底面的距离不大于 0.40m，且不应小于井盖的半径。

5.4.9 水泵接合器处应设置永久性标志铭牌，并应标明供水系统、供水范围和额定压力。

[考点分析与应试指导]

主要考消防水泵、消防水箱和水泵接合器。考题会依据《消防给水及消火栓系统技术规范》GB 50974—2014 "5 供水设施"的条文内容设计选项。由于规范条文中数据比较多，命题时又常考查考生对数据掌握的精准度的掌握程度，因此考生复习时应重点加强条文中有关数据的记忆。考试中容易丢分，难易程度：C 级。

知识要点 5 室内消火栓

考题一（2014-56 改）下列室内消火栓设置要求，错误的是（　　）。

A. 包括设备层在内的每层均应设置

B. 消防电梯间前室应设置

C. 栓口与设置消火栓墙面成 90°角

D. 栓口离地面高度 1.5m

[答案] D

考题二（2008-63）有关消防软管卷盘设计及使用的规定，以下哪一条是正确的？（　　）

A. 只能由专业消防人员使用

B. 消防软管卷盘用水量可不计入消防用水总量

C. 消防软管卷盘喷嘴口径应不小于 19.00mm

D. 安装高度无任何要求

[答案] B

[知识快览]

消火栓设备由水枪、水带和消火栓组成，均安装于消火栓箱内。消火栓的选型应根据使用者、火灾危险性、火灾类型和不同灭火功能等因素综合确定。《消防给水及消火栓系统技术规范》GB 50974—2014 中有关室内消火栓的设置要点如下：

7.4.2 室内消火栓的配置应符合下列要求：

1 应采用 DN65 室内消火栓，并可与消防软管卷盘或轻便水龙设置在同一箱体内；

2 应配置公称直径 65 有内衬里的消防水带，长度不宜超过 25.0m；消防软管卷盘应配置内径不小于 φ19 的消防软管，其长度宜为 30.0m；轻便水龙应配置公称直径 25 有内衬里的消防水带，长度宜为 30.0m；

3 宜配置当量喷嘴直径 16mm 或 19mm 的消防水枪，但当消火栓设计流量为 2.5L/s 时宜配置当量喷嘴直径 11 mm 或 13mm 的消防水枪；消防软管卷盘和轻便水龙应配置当量喷嘴直径 6mm 的消防水枪。

7.4.3 设置室内消火栓的建筑，包括设备层在内的各层均应设置消火栓。

7.4.5 消防电梯前室应设置室内消火栓，并应计入消火栓使用数量。

7.4.7 建筑室内消火栓的设置位置应满足火灾扑救要求，并应符合下列规定：

1 室内消火栓应设置在楼梯间及其休息平台和前室、走道等明显易于取用，以及便于火灾扑救的位置；

2 住宅的室内消火栓宜设置在楼梯间及其休息平台；

3 汽车库内消火栓的设置不应影响汽车的通行和车位的设置，并应确保消火栓的开启；

4 同一楼梯间及其附近不同层设置的消火栓，其平面位置宜相同；

5 冷库的室内消火栓应设置在常温穿堂或楼梯间内。

7.4.8 建筑室内消火栓栓口的安装高度应便于消防水龙带的连接和使用，其距地面高度宜为1.1m；其出水方向应便于消防水带的敷设，并宜与设置消火栓的墙面成90°角或向下。

7.4.11 消防软管卷盘和轻便水龙的用水量可不计入消防用水总量。

7.4.14 住宅户内宜在生活给水管道上预留一个接DN15消防软管或轻便水龙的接口。

[考点分析与应试指导]

主要考室内消火栓的布置和配置。考题会依据《消防给水及消火栓系统技术规范》GB 50974—2014 "7.4 室内消火栓"的条文内容设计选项。重点掌握室内消火栓的设置位置，消火栓口径、消防水枪喷嘴直径、消火栓栓口的安装高度等数据。由于命题方式和命题点比较固定，容易掌握。考试中应该是难度一般的题目，难易程度：B级。

知识要点6 消防电梯井

考题（2009-60）消防电梯井的设置要求，以下哪条错误？（   ）

A. 井底应设置排水设施

B. 排水井容量不小于2m³

C. 消防电梯与普通电梯梯井之间应用耐火极限不小于1.5h的隔墙隔开

D. 排水泵的排水量应不小于10L/s

[答案] C

[知识快览]

对于高层建筑，消防电梯能节省消防员的体力，使消防员能快速接近着火区域，提高战斗力和灭火效果。《建筑设计防火规范》GB 50016—2014有关消防电梯的设置要点如下：

7.3.2 消防电梯应分别设置在不同防火分区内，且每个防火分区不应少于1台。

7.3.6 消防电梯井、机房与相邻电梯井、机房之间应设置耐火极限不低于2.00h的防火隔墙，隔墙上的门应采用甲级防火门。

7.3.7 消防电梯的井底应设置排水设施，排水井的容量不应小于2m³，排水泵的排水量不应小于10L/s。消防电梯间前室的门口宜设置挡水设施。

[考点分析与应试指导]

主要考消防电梯井的设置。考题会依据《建筑设计防火规范》"7.3 消防电梯"的条文内容设计选项。重点掌握消防电梯井底排水设施的设置。由于命题方式和命题点比较固定，容易掌握。考试中应该是难度一般的题目，难易程度：B级。

知识要点7 自动喷水灭火系统

考题一（2009-60）应设置自动喷水灭火系统的场所，以下哪条错误？（   ）

A. 特等、甲等剧院

B. 超过1500座位的非特等、非甲等剧院

C. 超过2000个座位的会堂

D. 3000个座位以内的体育馆

[答案] D

考题二 （2014-61）不属于闭式洒水喷头的自动喷水灭火系统是（　　）。

A. 湿式系统、干式系统　　　　　　B. 雨淋系统

C. 预作用系统　　　　　　　　　　D. 重复启闭预作用系统

[答案] B

考题三 （2014-59）自动喷水灭火系统的水质无须达到（　　）。

A. 生活饮用水标准　　　　　　　　B. 无污染

C. 无悬浮物　　　　　　　　　　　D. 无腐蚀

[答案] A

[知识快览]

自动喷水灭火系统是当今世界上公认的最为有效的自动灭火设施之一，是应用最广泛、用量最大的自动灭火系统。《建筑设计防火规范》GB 50016—2014对自动灭火系统的设置场所规定如下：

8.3.4 除本规范另有规定和不宜用水保护或灭火的场所外，下列单、多层民用建筑或场所应设置自动灭火系统，并宜采用自动喷水灭火系统：

1 特等、甲等剧场，超过1500个座位的其他等级的剧场，超过2000个座位的会堂或礼堂，超过3000个座位的体育馆，超过5000人的体育场的室内人员休息室与器材间等；

2 任一层建筑面积大于1500m^2或总建筑面积大于3000m^2的展览、商店、餐饮和旅馆建筑以及医院中同样建筑规模的病房楼、门诊楼和手术部；

3 设置送回风道（管）的集中空气调节系统且总建筑面积大于3000m^2的办公建筑等；

4 藏书量超过50万册的图书馆；

5 大、中型幼儿园，老年人照料设施；

6 总建筑面积大于500m^2的地下或半地下商店；

7 设置在地下或半地下或地上四层及以上楼层的歌舞娱乐放映游艺场所（除游泳场所外），设置在首层、二层和三层且任一层建筑面积大于300m^2的地上歌舞娱乐放映游艺场所（除游泳场所外）。

自动喷水灭火系统中湿式自动喷水灭火系统、干式自动喷水灭火系统、预作用式喷水灭火系统为喷头常闭的灭火系统；雨淋喷水灭火系统、水幕系统为喷头常开的灭火系统。《自动喷水灭火系统设计规范》GB 50084—2017对系统选型做了如下规定：

4.2.2 环境温度不低于4℃且不高于70℃的场所，应采用湿式系统。

4.2.3 环境温度低于4℃或高于70℃的场所，应采用干式系统。

4.2.4 具有下列要求之一的场所，应采用预作用系统：

1 系统处于准工作状态时严禁误喷的场所；

2 系统处于准工作状态时严禁管道充水的场所；

3 用于替代干式系统的场所。

4.2.6 具有下列条件之一的场所，应采用雨淋系统：

1 火灾的水平蔓延速度快、闭式洒水喷头的开放不能及时使喷水有效覆盖着火区域的场所；

2 设置场所的净空高度超过本规范第 6.1.1 条的规定，且必须迅速扑救初期火灾的场所；

3 火灾危险等级为严重危险级Ⅱ级的场所。

《自动喷水灭火系统设计规范》GB 50084—2017 对供水做了如下规定：

10.1.1 系统用水应无污染、无腐蚀、无悬浮物。可由市政或企业的生产、消防给水管道供给，也可由消防水池或天然水源供给，并应确保持续喷水时间内的用水量。

10.1.2 与生活用水合用的消防水箱和消防水池，其储水的水质应符合饮用水标准。

10.1.3 严寒与寒冷地区，对系统中遭受冰冻影响的部分，应采取防冻措施。

10.1.4 当自动喷水灭火系统中设有 2 个及以上报警阀组时，报警阀组前宜设环状供水管道。……

[考点分析与应试指导]

主要考自动喷水灭火系统的设置场所、自动喷水灭火系统的分类和自动喷水灭火系统的供水水质。考题会依据《建筑设计防火规范》"8.3 自动灭火系统"、《自动喷水灭火系统设计规范》"4.2 系统选型"和"10 供水"中的条文命题。复习以熟悉为主，考试中应该是比较简单的得分题。难易程度：A 级。

1.5 建筑排水

[考纲分析]

《全国一级注册建筑师资格考试大纲（2002 版）》中第 4.4 条对建筑内部排水系统的要求是"了解污水系统及透气系统、雨水系统"。《全国一级注册建筑师资格考试大纲（2021 年版）》对建筑排水的要求未变。从往年考试命题情况看，每年会出现 6～7 个单选题。以下根据考试需要，对建筑内部排水系统进行要点式分析。

[知识储备]

建筑内部排水系统的功能是将人们在日常生活和工业生产过程中使用过的、受到污染的水以及降落到屋面的雨水和雪水收集起来，及时排到室外。建筑内部排水系统分为污废水排水系统和屋面雨水排水系统两大类。按照污废水的来源，污废水排水系统又分为生活排水系统和工业废水排水系统。按污水与废水在排放过程中的关系，生活排水系统和工业废水排水系统又分为合流制和分流制两种体制。

建筑内部污废水排水系统的基本组成部分有：卫生器具和生产设备的受水器、排水管道、清通设备和通气管道。在有些建筑物的污废水排水系统中，根据需要还设有污废水的提升设备和局部处理构筑物。卫生器具又称卫生洁具，是建筑内部排水系统的起点，是用来满足日常生活和生产过程中各种卫生要求，收集和排除污废水的设备，如坐便器、洗脸盆、浴盆、洗涤盆等。排水管道系统由器具排水管（含存水弯）、排水横支管、排水立管和排出管等组成。为了疏通排水管道，在室内排水系统中，一般均需设置清扫口、检查口、检查井等清通设备。通气管的作用是把管道内产生的有害气体排至大气中，以免影响室内的环境卫生，减轻废水、废气对管道的腐蚀，并在排水时向管内补给空气，减轻立管内的气压变化幅度，防止洁具的水封受到破坏，保证水流通畅。

屋面雨水排水系统按建筑内是否有雨水管道可分为外排水系统和内排水系统。外排水系统又分为檐沟外排水和天沟外排水。檐沟外排水由檐沟和敷设在建筑物外墙的立管组成，适用于一般居住建筑，屋面面积比较小的公共建筑和单跨工业建筑。天沟外排水由天沟、雨水斗和排水立管组成，一般用于低层建筑及大面积厂房，室内不允许设置雨水管道时，多采用天沟外排水。屋面雨水内排水系统由雨水斗、连接管、悬吊管、立管、排出管、埋地干管和附属构筑物几部分组成，常用于多跨工业厂房，及屋面设天沟有困难的壳形屋面、锯齿形屋面、有天窗的厂房等。屋面雨水排水系统按雨水在管道内的流态分为重力流和压力流两类。重力流是指管内未充满雨水，管内气水混合，雨水主要在重力作用下流动。压力流是指管内充满雨水，主要在负压抽吸作用下流动，这种系统也称为虹吸式系统，适用于工业厂房、公共建筑的大型屋面雨水排水。屋面雨水内排水系统根据每根立管连接的雨水斗个数又可以分为单斗和多斗雨水排水系统。单斗雨水排水系统的一根悬吊管连接一个雨水斗；多斗雨水排水系统的一根悬吊管连接两个以上雨水斗。

知识要点1 排水系统选择

考题一（2010-66）新建居住小区的排水系统应采用（　　）。
A. 生活排水与雨水合流系统
B. 生活排水与雨水分流系统
C. 生活污水与雨水合流系统
D. 生活废水与雨水合流并与生活污水分流系统
[答案] B

考题二（2014-49）下列建筑排水中，不包括应单独排水至水处理或回收构筑物的是（　　）。
A. 机械自动洗车台冲洗水
B. 用作回水水源的生活排水管
C. 营业餐厅厨房含大量油脂的洗涤废水
D. 温度在40℃以下的锅炉排水
[答案] D

[知识快览]

建筑内部排水系统的排水体制分为合流制和分流制。如果将污水、废水和雨水分别设置管道排出建筑物外的称为分流制，将污水和废水一根管道排出则称为合流制。合流制的优点是工程总造价比分流制少，而分流制的优点是有利于污水和废水的分别处理和再利用。《建筑给水排水设计标准》GB 50015—2019对排水系统的选择做了如下规定：

4.1.5 小区生活排水与雨水排水系统应采用分流制。

4.2.1 生活排水应与雨水分流排出。

4.2.2 下列情况宜采用生活污水与生活废水分流的排水系统：

1 当政府有关部门要求污水、废水分流且生活污水需经化粪池处理后才能排入城镇排水管道时；

2 生活废水需回收利用时。

4.2.4 下列建筑排水应单独排水至水处理或回收构筑物：

1 职工食堂、营业餐厅的厨房含有油脂的废水；

2 洗车冲洗水；

3 含有致病菌、放射性元素等超过排放标准的医疗、科研机构的污水；

4 水温超过40℃的锅炉排污水；

5 用作中水水源的生活排水；

6 实验室有害有毒废水。

4.2.5 建筑中水原水收集管道应单独设置，且应符合现行的国家标准《建筑中水设计标准》GB 50336 的规定。

[考点分析与应试指导]

主要考小区与建筑内排水系统的选择。考题会依据《建筑给水排水设计标准》"4.2 系统选择"中的条文命题。考生应在理解排水体制的含义及合流制与分流制的优缺点基础之上，熟悉规范条文及其条文说明，考试中应该是比较简单的得分题。难易程度：A级。

知识要点 2 地漏和存水弯

考题一（2008-67 改）关于地漏的选择，以下哪条错误？（　　）

A. 应优先采用具有防涸功能的地漏

B. 严禁采用钟罩式地漏

C. 公共浴室不宜采用网框式地漏

D. 食堂、厨房宜采用网框式地漏

[答案] C

考题二（2010-69）以下存水弯的设置说法哪条错误？（　　）

A. 构造内无存水弯的卫生器具与生活污水管道连接时，必须在排水口下设存水弯

B. 医院门诊、病房不在同一房间内的卫生器具不得共用存水弯

C. 医院化验室、试验室不在同一房间内的卫生器具可共用存水弯

D. 存水弯水封深度不得小于50mm

[答案] C

[知识快览]

地漏主要设置在厕所、浴室、盥洗室、卫生间及其他需要从地面排水的房间内，用以排除地面积水。《建筑给水排水设计标准》GB 50015—2019 中关于地漏的设置和选用规定如下：

4.3.5 地漏应设置在有设备和地面排水的下列场所：

1 卫生间、盥洗室、淋浴间、开水间；

2 在洗衣机、直饮水设备、开水器等设备的附近；

3 食堂、餐饮业厨房间。

4.3.6 地漏的选择应符合下列规定：
1 食堂、厨房和公共浴室等排水宜设置网筐式地漏；
2 不经常排水的场所设置地漏时，应采用密闭地漏；
3 事故排水地漏不宜设水封，连接地漏的排水管道应采用间接排水；
4 设备排水应采用直通式地漏；
5 地下车库如有消防排水时，宜设置大流量专用地漏。
4.3.7 地漏应设置在易溅水的器具或冲洗水嘴附近，且应在地面的最低处。

存水弯是在卫生器具排水管上或卫生器具内部设置一定高度的水柱，防止排水管道系统中的气体窜入室内的附件，存水弯内一定高度的水柱称为水封。《建筑给水排水设计标准》GB 50015—2019 中关于存水弯的设置要点如下：

4.3.10 下列设施与生活污水管道或其他可能产生有害气体的排水管道连接时，必须在排水口以下设存水弯：
1 构造内无存水弯的卫生器具或无水封的地漏；
2 其他设备的排水口或排水沟的排水口。

4.3.11 水封装置的水封深度不得小于 50mm，严禁采用活动机械活瓣替代水封，严禁采用钟式结构地漏。

4.3.12 医疗卫生机构内门诊、病房、化验室、试验室等不在同一房间内的卫生器具不得共用存水弯。

4.3.13 卫生器具排水管段上不得重复设置水封。

[考点分析与应试指导]

主要考地漏和存水弯的设置。考题会依据《建筑给水排水设计标准》"4.3 卫生器具、地漏及存水弯"中的条文命题。考生应在理解存水弯构造特点及其作用的基础之上，熟悉规范条文及其条文说明，考试中应该是比较简单的得分题。难易程度：A 级。

知识要点 3　排水管道布置与敷设

考题一（2014-50）建筑物内排水管道不可以穿越的部位是（　　）。
A. 风道　　　　　　　　　　　B. 管槽
C. 管道井　　　　　　　　　　D. 管沟
[答案] A

考题二（2010-70）下列哪一种室内排水管道敷设方式是正确的？（　　）
A. 排水横管直接布置在食堂备餐的上方
B. 穿越生活饮用水池部分的上方
C. 穿越生产设备基础
D. 塑料排水立管与家用灶具边净距大于 0.4m
[答案] D

考题三（2011-60）关于排水管的敷设要求，以下哪项错误？（　　）
A. 住宅卫生间器具排水管均应穿过底板设于下一层顶板上
B. 排水管宜地下埋设
C. 排水管可在地面、楼板下明设

D. 可设于气温较高且全年无结冻区域的建筑外墙上

[答案] A

考题四（2011-51）以下哪类排水可以与下水道直接连接？（　　）

A. 食品冷藏库房排水　　　　　　B. 医疗灭菌消毒设备排水
C. 开水房带水封地漏　　　　　　D. 生活饮用水贮水箱溢流管

[答案] C

[知识快览]

室内排水管道的布置应力求管线最短、转弯最少，使污水以最佳水力条件排至室外管网；管道的布置不得影响、妨碍房屋的使用和室内各种设备的正常运行；管道布置还应便于安装和维护管理，满足经济和美观的要求。排水管道的敷设分明装和暗装两种。《建筑给水排水设计标准》GB 50015—2019 中关于管道布置和敷设的要求如下：

4.4.1 室内排水管道布置应符合下列规定：

1 自卫生器具排至室外检查井的距离应最短，管道转弯应最少；
2 排水立管宜靠近排水量最大或水质最差的排水点；
3 排水管道不得敷设在食品和贵重商品仓库、通风小室、电气机房和电梯机房内；
4 排水管道不得穿过变形缝、烟道和风道；当排水管道必须穿过变形缝时，应采取相应技术措施；
5 排水埋地管道不得布置在可能受重物压坏处或穿越生产设备基础；
6 排水管、通气管不得穿越住户客厅、餐厅，排水立管不宜靠近与卧室相邻的内墙；
7 排水管道不宜穿越橱窗、壁柜，不得穿越贮藏室；
8 排水管道不应布置在易受机械撞击处；当不能避免时，应采取保护措施；
9 塑料排水管不应布置在热源附近；当不能避免，并导致管道表面受热温度大于60℃时，应采取隔热措施；塑料排水立管与家用灶具边净距不得小于0.4m；
10 当排水管道外表面可能结露时，应根据建筑物性质和使用要求，采取防结露措施。

4.4.2 排水管道不得穿越下列场所：

1 卧室、客房、病房和宿舍等人员居住的房间；
2 生活饮用水池（箱）上方；
3 遇水会引起燃烧、爆炸的原料、产品和设备的上面；
4 食堂厨房和饮食业厨房的主副食操作、烹调和备餐的上方。

4.4.3 住宅厨房间的废水不得与卫生间的污水合用一根立管。

4.4.4 生活排水管道敷设应符合下列规定：

1 管道宜在地下或楼板填层中埋设，或在地面上、楼板下明设；
2 当建筑有要求时，可在管槽、管道井、管窿、管沟或吊顶、架空层内暗设，但应便于安装和检修；
3 在气温较高、全年不结冻的地区，管道可沿建筑物外墙敷设；
4 管道不应敷设在楼层结构层或结构柱内。

4.4.5 当卫生间的排水支管要求不穿越楼板进入下层用户时，应设置成同层排水。

4.4.6 同层排水形式应根据卫生间空间、卫生器具布置、室外环境气温等因素，经技术经济比较确定。住宅卫生间宜采用不降板同层排水。

4.4.12 下列构筑物和设备的排水管与生活排水管道系统应采取间接排水的方式：
1 生活饮用水贮水箱（池）的泄水管和溢流管；
2 开水器、热水器排水；
3 医疗灭菌消毒设备的排水；
4 蒸发式冷却器、空调设备冷凝水的排水；
5 贮存食品或饮料的冷藏库房的地面排水和冷风机溶霜水盘的排水。

4.4.15 室内生活废水在下列情况下，宜采用有盖的排水沟排除：
1 废水中含有大量悬浮物或沉淀物需经常冲洗；
2 设备排水支管很多，用管道连接有困难；
3 设备排水点的位置不固定；
4 地面需要经常冲洗。

4.4.17 室内生活废水排水沟与室外生活污水管道连接处，应设水封装置。

4.10.3 室外生活排水管道下列位置应设置检查井：
1 在管道转弯和连接处；
2 在管道的管径、坡度改变、跌水处；
3 当检查井井间距超过表4.10.3时，在井距中间处。

4.10.4 检查井生活排水管的连接应符合下列规定：
1 连接处的水流转角不得小于90°；当排水管管径小于或等于300mm且跌落差大于0.3m时，可不受角度的限制；
2 室外排水管除有水流跌落差以外，管顶宜平接；
3 排出管管顶标高不得低于室外接户管管顶标高；
4 小区排出管与市政管渠衔接处，排出管的设计水位不应低于市政管渠的设计水位。

[考点分析与应试指导]

主要考室内排水管道的布置。考题会依据《建筑给水排水设计标准》"4.4 管道布置和敷设"中的条文命题。考生应熟悉规范条文及其说明，重点掌握黑体强制性条文。复习时应对照实际工程理解条文内容，并分析对排水管道布置提出要求的背后原因。由于命题特点固定，命题内容具有重复性，虽然是常考点，但不是难点。考试中应该是难度一般的题目，难易程度：B级。

知识要点4 排水管材和附件

考题（2009-71）在建筑物内优先采用的排水管是（   ）。
A. 塑料排水管　　　　　　　　B. 普通排水铸铁管
C. 混凝土管　　　　　　　　　D. 钢管

[答案] A

[知识快览]

建筑室内排水管材有塑料管材和金属管材两大类。其中常用的塑料排水管材是硬聚氯乙烯（PVC-U）排水管，常用的金属排水管是铸铁排水管。《建筑给水排水设计标准》GB 50015—2019中关于排水管材的选用规定如下：

4.6.1 排水管材选择应符合下列规定：
1 室内生活排水管道应采用建筑排水塑料管材、柔性接口机制排水铸铁管及相应管件；通气管材宜与排水管管材一致；
2 当连续排水温度大于40℃时，应采用金属排水管或耐热塑料排水管；
3 压力排水管道可采用耐压塑料管、金属管或钢塑复合管。

4.6.2 生活排水管道应按下列规定设置检查口：
1 排水立管上连接排水横支管的楼层应设检查口，且在建筑物底层必须设置；
2 当立管水平拐弯或有乙字管时，在该层立管拐弯处和乙字管的上部应设检查口；
3 检查口中心高度距操作地面宜为1.0m，并应高于该层卫生器具上边缘0.15m；当排水立管设有H管时，检查口应设置在H管件的上边；
4 当地下室立管上设置检查口时，检查口应设置在立管底部之上；
5 立管上检查口的检查盖应面向便于检查清扫的方向。

4.6.3 排水管道上应按下列规定设置清扫口：
1 连接2个及2个以上的大便器或3个及3个以上卫生器具的铸铁排水横管上，宜设置清扫口；连接4个及4个以上的大便器的塑料排水横管上宜设置清扫口；
2 水流转角小于135°的排水横管上，应设清扫口；清扫口可采用带清扫口的转角配件替代；
3 当排水立管底部或排出管上的清扫口至室外检查井中心的最大长度大于表4.6.3-1的规定时，应在排出管上设清扫口；
4 排水横管的直线管段上清扫口之间的最大距离，应符合表4.6.3-2的规定。

4.6.4 排水管上设置清扫口应符合下列规定：
1 在排水横管上设清扫口，宜将清扫口设置在楼板或地坪上，且应与地面相平，清扫口中心与其端部相垂直的墙面的净距离不得小于0.2m；楼板下排水横管起点的清扫口与其端部相垂直的墙面的距离不得小于0.4m；
2 排水横管起点设置堵头代替清扫口时，堵头与墙面应有不小于0.4m的距离；
3 在管径小于100mm的排水管道上设置清扫口，其尺寸应与管道同径；管径大于或等于100mm的排水管道上设置清扫口，应采用100mm直径清扫口；
4 铸铁排水管道设置的清扫口，其材质应为铜质；塑料排水管道上设置的清扫口宜与管道相同材质；
5 排水横管连接清扫口的连接管及管件应与清扫口同径，并采用45°斜三通和45°弯头或由两个45°弯头组合的管件；
6 当排水横管悬吊在转换层或地下室顶板下设置清扫口有困难时，可用检查口替代清扫口。

4.6.5 生活排水管道不应在建筑物内设检查井替代清扫口。

[考点分析与应试指导]
主要考排水管材的选择和地漏的设置与选择。考题会依据《建筑给水排水设计标准》"4.6 管材、配件"中的条文命题。考生应熟悉规范条文及其说明，重点掌握管材的选择，地漏的设置场所和选择。考试中应该是比较简单的得分题，难易程度：A级。

知识要点5 通气管

考题一（2009-68）关于伸顶通气管的作用和设置要求，以下哪条是错误的？（　　）
A. 排除排水管中的有害气体至屋顶释放
B. 平衡室内排水管中的压力波动
C. 通气管可用于雨水排放
D. 生活排水管立管顶端，应设伸顶通气管
[答案] C

考题二（2006-69）伸顶通气管的设置，下列哪项做法是错误的？（　　）
A. 通气管高出屋面0.25m，其顶端装设网罩
B. 在距通气管3.5m地方有一窗户，通气管口引向无窗一侧
C. 屋顶为休息场所，通气管口高出屋面2m
D. 伸顶通气管的管径与排水立管管径相同
[答案] A

[知识快览]

卫生器具排水时，立管内的空气由于受到水流的压缩或抽吸，管内气流会产生正压或负压变化，这个压力变化幅度如果超过了存水弯水封深度就会破坏水封。因此，为了平衡排水系统中的压力，需要设置通气管与大气相通，以泄放正压或通过补给空气来减小负压，使排水管内气流压力接近大气压力，保护卫生器具水头使排水管内水流畅通，并可排除排水管道中污浊的有害气体至大气中。通气管分伸顶通气管和辅助通气管两大类。常用的辅助通气管系统包括专用通气立管、主通气立管、副通气立管、环形通气管、器具通气管、结合通气管等。《建筑给水排水设计标准》GB 50015—2019中关于通气管的设置要点如下：

4.7.2 生活排水管道的立管顶端应设置伸顶通气管。当伸顶通气管无法伸出屋面时，可设置下列通气方式：

1 宜设置侧墙通气时，通气管口的设置应符合本标准第4.7.12条的规定；

2 当本条第1款无法实施时，可设置自循环通气管道系统，自循环通气管道系统的设置应符合本标准第4.7.9条、第4.7.10条的规定；

3 当公共建筑排水管道无法满足本条第1款、第2款的规定时，可设置吸气阀。

4.7.3 除本标准第4.7.1条规定外，下列排水管段应设置环形通气管：

1 连接4个及4个以上卫生器具且横支管的长度大于12m的排水横支管；

2 连接6个及6个以上大便器的污水横支管；

3 设有器具通气管；

4 特殊单立管偏置时。

4.7.4 对卫生、安静要求较高的建筑物内，生活排水管道宜设置器具通气管。

4.7.5 建筑物内的排水管道上设有环形通气管时，应设置连接各环形通气管的主通气立管或副通气立管。

4.7.6 通气立管不得接纳器具污水、废水和雨水，不得与风道和烟道连接。

4.7.12 高出屋面的通气管设置应符合下列规定：

1 通气管高出屋面不得小于0.3m，且应大于最大积雪厚度，通气管顶端应装设风帽

或网罩；

2 在通气管口周围4m以内有门窗时，通气管口应高出窗顶0.6m或引向无门窗一侧；

3 在经常有人停留的平屋面上，通气管口应高出屋面2m，当屋面通气管有碍于人们活动时，可按本标准第4.7.2条规定执行；

4 通气管口不宜设在建筑物挑出部分的下面；

5 在全年不结冻的地区，可在室外设吸气阀替代伸顶通气管，吸气阀设在屋面隐蔽处；

6 当伸顶通气管为金属管材时，应根据防雷要求设置防雷装置。

4.7.17 伸顶通气管管径应与排水立管管径相同。最冷月平均气温低于−13℃的地区，应在室内平顶或吊顶以下0.3m处将管径放大一级。

[考点分析与应试指导]

主要考伸顶通气管和通气立管的设置要求。考题会依据《建筑给水排水设计标准》"4.7通气管"中的条文命题。考生应熟悉规范条文及其说明，重点掌握伸顶通气管的设置。本考点是高频考点，考生应重点掌握。由于规范条文中数据比较多，命题时又常考查考生对数据掌握的精准度的掌握程度，因此考生复习时应重点加强条文中有关数据的记忆。考试中容易丢分，难易程度：C级。

知识要点6　集水池

考题（2010-71）下列哪一项不符合建筑物室内地下室污水集水池的设计规定？（　　）

A. 设计最低水位应满足水泵的吸水要求　B. 池盖密封后，可不设通气管
C. 池底应有不小于0.05坡度坡向泵位　D. 应设置水位指示装置

[答案] B

[知识快览]

民用和公共建筑的地下室、人防建筑、消防电梯底部集水坑内以及工业建筑内部标高低于室外地坪的车间和其他用水设备房间排放的污废水，若不能自流排至室外检查井时，必须提升排出，因此在上述建筑空间附近应设集水池。《建筑给水排水设计标准》GB 50015—2019中关于集水池的设置要点如下：

4.8.3 当生活污水集水池设置在室内地下室时，池盖应密封，且应设置在独立设备间内并设通风、通气管道系统。成品污水提升装置可设置在卫生间或敞开室间内，地面宜考虑排水措施。

4.8.4 生活排水集水池设计应符合下列规定：

1 集水池有效容积不宜小于最大一台污水泵5min的出水量，且污水泵每小时启动次数不宜超过6次；成品污水提升装置的污水泵每小时启动次数应满足其产品技术要求；

2 集水池除满足有效容积外，还应满足水泵设置、水位控制器、格栅等安装、检查要求；

3 集水池设计最低水位，应满足水泵吸水要求；

4 集水坑应设检修盖板；

5 集水池底宜有不小于0.05坡度坡向泵位；集水坑的深度及平面尺寸，应按水泵类型而定；

6 污水集水池宜设置池底冲洗管；

7 集水池应设置水位指示装置，必要时应设置超警戒水位报警装置，并将信号引至物业管理中心。

[考点分析与应试指导]

主要考集水池的设计要求。考题会依据《建筑给水排水设计标准》"4.8污水泵和集水池"中的条文命题。考生应熟悉规范条文及其说明，重点掌握集水池的设计要求。本考点属于低频考点，且内容较少，命题方式和命题点比较固定，容易掌握。考试中应该是难度一般的题目，难易程度：B级。

知识要点7　生活污水处理设施

考题（2011-56）关于化粪池的设置要求，以下哪项错误？（　　）

A. 化粪池离地下水取水构筑物不得小于30m

B. 池壁与池底应防渗漏

C. 顶板上不得设人孔

D. 池与连接井之间应设透气孔

[答案] C

[知识快览]

建筑内部污水未经处理不允许直接排水市政排水管网或水体时，应在建筑物内或附近设置局部处理构筑物予以处理，如化粪池、隔油池、降温池、沉砂池等。这些局部处理构筑物如果设置不当也将会对建筑生活用水造成污染。因此，《建筑给水排水设计标准》GB 50015—2019中对小型生活污水处理做了如下规定：

4.9.4　生活污水处理设施的设置应符合下列规定：

1 当处理站布置在建筑地下室时，应有专用隔间；

2 设置生活污水处理设施的房间或地下室应有良好的通风系统，当处理构筑物为敞开式时，每小时换气次数不宜小于15次；当处理设施有盖板时，每小时换气次数不宜小于8次；

3 生活污水处理间应设置除臭装置，其排放口位置应避免对周围人、畜、植物造成危害和影响。

4.10.13　化粪池距离地下取水构筑物不得小于30m。

4.10.14　化粪池的设置应符合下列规定：

1 化粪池宜设置在接户管的下游端，便于机动车清掏的位置；

2 化粪池池外壁距建筑物外墙不宜小于5m，并不得影响建筑物基础；

3 化粪池应设通气管，通气管排出口设置位置应满足安全、环保要求。

4.10.17　化粪池的构造应符合下列规定：

1 化粪池的长度与深度、宽度的比例应按污水中悬浮物的沉降条件和积存数量，经水力计算确定。但深度（水面至池底）不得小于1.3m，宽度不得小于0.75m，长度不得小于1.00m，圆形化粪池直径不得小于1.00m；

2 双格化粪池第一格的容量宜为计算总容量的75%；三格化粪池第一格的容量宜为总容量的60%，第二格和第三格各宜为总容量的20%；

3 化粪池格与格、池与连接井之间应设通气孔洞；

4 化粪池进水口、出水口应设置连接井与进水管、出水管相接；

5 化粪池进水管口应设导流装置，出水口处及格与格之间应设拦截污泥浮渣的设施；

6 化粪池池壁和池底应防止渗漏；

7 化粪池顶板上应设有人孔和盖板。

[考点分析与应试指导]

主要考化粪池的设置和污水处理构筑物的设置。考题会依据《建筑给水排水设计标准》"4.9 小型污水处理"和"4.10 小区生活排水"的条文内容设计选项。考生复习时应认真阅读相关条文及其说明，掌握小型生活污水处理设施的设置要求及其缘由。由于命题方式和命题点比较固定，容易掌握。考试中应该是难度一般的题目，难易程度：B级。

知识要点8 屋面雨水排水系统

考题一（2004-71改）以下叙述哪条错误？（   ）

A. 雨水量应以当地暴雨强度公式按降雨历时5min计算

B. 雨水管道的设计重现期，应根据建筑物的重要程度、汇水区域性质、地形特点、气象特征等因素确定

C. 屋面汇水面积应按屋面实际面积计算

D. 屋面汇水面积应按屋面投影面积计算

[答案] C

考题二（2010-72）建筑屋面雨水排水工程的溢流设施中不应设置有（   ）。

A. 溢流堰   B. 溢流口

C. 溢流管系   D. 溢流阀门

[答案] D

考题三（2014-55）屋面雨水应采用重力流排水的建筑是（   ）。

A. 工业厂房   B. 库房

C. 高层建筑   D. 公共建筑

[答案] C

考题四（2012-55）下述关于屋面雨水排放的说法中，错误的是（   ）。

A. 高层建筑阳台排水系统应单独设置

B. 高层建筑裙房的屋面雨水应单独排放

C. 多层建筑阳台雨水宜单独排放

D. 阳台立管底部应直接接入下水道

[答案] D

考题五（2007-71）有关雨水系统的设置，以下哪项正确？（   ）

A. 雨水汇水面积应按地面、屋面水平投影面积计算

B. 高层建筑裙房屋面的雨水应合并排放

C. 阳台雨水立管底部应直接排入雨水道

D. 天沟布置不应以伸缩缝、沉降缝、交形缝为分界

[答案] A

考题六（2008-72改）有埋地排出管的屋面雨水排出管系，其立管底部应设（　　）。

A. 排气口　　　　　　　　　　B. 泄压口
C. 溢流口　　　　　　　　　　D. 检查口

[答案] D

[知识快览]

降落在建筑物屋面的雨雪水，特别是大暴雨会在短时间内形成积水，因此建筑物的屋面需要设置雨水排水系统，有组织有系统地将屋面雨水及时排除。屋面雨水排水系统的选择应根据建筑物的类型、建筑结构的形式、屋面面积大小、当地气候条件以及生活生产的要求，经过技术经济比较，本着既安全又经济的原则选择雨水排水系统。《建筑给水排水设计标准》GB 50015—2019中关于屋面雨水排水系统的设计要点如下：

5.2.3　屋面雨水排水设计降雨历时应按5min计算。

5.2.4　屋面雨水排水管道工程设计重现期应根据建筑物的重要程度、气象特征等因素确定，各种屋面雨水排水管道工程的设计重现期不宜小于表5.2.4中的规定值。

5.2.7　屋面的汇水面积应按屋面水平投影面积计算。高出裙房屋面的毗邻侧墙，应附加其最大受雨面正投影的1/2计算。窗井、贴近高层建筑外墙的地下汽车库出入口坡道应附加其高出部分侧墙面积的1/2。

5.2.8　天沟、檐沟排水不得流经变形缝和防火墙。

5.2.9　天沟宽度不宜小于300mm，并应满足雨水斗安装要求，坡度不宜小于0.003。

5.2.11　建筑屋面雨水排水工程应设置溢流孔口或溢流管系等溢流设施，且溢流排水不得危害建筑设施和行人安全。下列情况下可不设溢流设施：

1　外檐天沟排水、可直接散水的屋面雨水排水；

2　民用建筑雨水管道单斗内排水系统、重力流多斗内排水系统按重现期P大于或等于100a设计时。

5.2.13　屋面雨水排水管道系统设计流态应符合下列规定：

1　檐沟外排水宜按重力流系统设计；

2　高层建筑屋面雨水排水宜按重力流系统设计；

3　长天沟外排水宜按满管压力流设计；

4　工业厂房、库房、公共建筑的大型屋面雨水排水宜按满管压力流设计；

5　在风沙大、粉尘大、降雨量小地区不宜采用满管压力流排水系统。

5.2.22　裙房屋面的雨水应单独排放，不得汇入高层建筑屋面排水管道系统。

5.2.23　高层建筑雨落水管的雨水排至裙房屋面时，应将其雨水量计入裙房屋面的雨水量，且应采取防止水流冲刷裙房屋面的技术措施。

5.2.24　阳台、露台雨水系统设置应符合下列规定：

1　高层建筑阳台、露台雨水系统应单独设置；

2　多层建筑阳台、露台雨水宜单独设置；

3　阳台雨水的立管可设置在阳台内部；

4　当住宅阳台、露台雨水排入室外地面或雨水控制利用设施时，雨落水管应采取断

接方式；当阳台、露台雨水排入小区污水管道时，应设水封井；

5 当屋面雨落水管雨水间接排水且阳台排水有防返溢的技术措施时，阳台雨水可接入屋面雨落水管；

6 当生活阳台设有生活排水设备及地漏时，应设专用排水立管管接入污水排水系统，可不另设阳台雨水排水地漏。

5.2.25 建筑物内设置的雨水管道系统应密闭。有埋地排出管的屋面雨水排出管系，在底层立管上宜设检查口。

5.2.27 建筑屋面各汇水范围内，雨水排水立管不宜少于2根。

5.2.28 屋面雨水排水管的转向处宜做顺水连接。

5.2.30 重力流雨水排水系统中长度大于15m的雨水悬吊管，应设检查口，其间距不宜大于20m，且应布置在便于维修操作处。

5.2.39 雨水排水管材选用应符合下列规定：

1 重力流雨水排水系统当采用外排水时，可选用建筑排水塑料管；当采用内排水雨水系统时，宜采用承压塑料管、金属管或涂塑钢管等管材；

2 满管压力流雨水排水系统宜采用承压塑料管、金属管、涂塑钢管、内壁较光滑的带内衬的承压排水铸铁管等，用于满管压力流排水的塑料管，其管材抗负压力应大于-80kPa。

[考点分析与应试指导]

主要考屋面雨水排水系统雨水量的计算、流态选择、管道设置等。考题会依据《建筑给水排水设计标准》"5 雨水"中的条文命题。考生应熟悉规范条文及其说明，重点掌握流态的选择和管道的设置。本考点是高频考点，考生应重点掌握。由于规范条文内容多而杂，还有一些数据需要记忆，命题时又考得比较仔细，因此考生复习时应重点加强条文的理解和记忆。考试中是难度较高的题目，容易丢分。难易程度：D级。

1.6 建筑节水基本知识

 [考纲分析]

《全国一级注册建筑师资格考试大纲（2002版）》中第4.4条对建筑内部排水系统的要求是"了解建筑节水的基本知识"。《全国一级注册建筑师资格考试大纲（2021年版）》增加了对中水系统的要求，即"了解中水系统和建筑节水的基本知识"。从往年考试命题情况看，每年会出现0~1个单选题。以下根据考试需要，对建筑节水基本知识进行要点式分析。

[知识储备]

当前我国日益严重的水资源短缺问题和水环境污染，不仅困扰国计民生，并已经成为制约社会经济可持续发展的重要因素。节约用水已经成为我国的基本国策。

城市节约用水工作包括：水资源合理调度、节约用水管理、工业企业节水技术和建筑节水等若干内容。建筑节水有三层含义：一是减少用水量，二是提高水的有效使用效率，三是防止泄漏。建筑节水设备和器具是实施建筑节水的一项重要手段。主要的建筑节水设备和器具有：限量水表、水位控制装置、减压阀、延时自闭式水龙头、手压或脚踏式水龙头、停水自动关闭水龙头、节水淋浴器具等。

雨水和中水可代替自来水用于建筑内的冲厕、小区内的景观、绿化、汽车冲洗、路面冲洗等。雨水的回收利用和污废水的再生利用既具有良好的节水效益和环境生态效益，也具有明显的经济效益。因此，发展和实施雨水控制及利用技术和污水再生利用技术也是实现建筑节水的重要手段。

知识要点1　节水设备和器具

考题一（2014-45）对生活节能型卫生器具流量无上限要求的器具是（　　）。
A. 水龙头　　　　　　　　　B. 便器及便器系统
C. 家用洗衣机　　　　　　　D. 饮水器喷嘴
[答案] D

考题二（2010-51）下列哪项措施不符合建筑给水系统的节水节能要求？（　　）
A. 住宅卫生间选用9升的坐便器
B. 利用城市给水管网的水压直接供水
C. 公共场所设置小便器时，采用自动冲洗装置
D. 工业企业设置小便槽时，采用自动冲洗水箱
[答案] A

[知识快览]
节水型生活用水器具是指比同类常规产品能减少流量或用水量，提高用水效率、体现节水技术的器件、用具。《建筑给水排水设计标准》GB 50015—2019中关于选用节水型生活用水器具提出了相应要求。

3.2.13　卫生器具和配件应符合国家现行有关标准的节水型生活用水器具的规定。

3.2.14　公共场所卫生间的卫生器具设置应符合下列规定：

1　洗手盆应采用感应式水嘴或延时自闭式水嘴等限流节水装置；

2　小便器应采用感应式或延时自闭式冲洗阀；

3　坐式大便器宜采用设有大、小便分档的冲洗水箱，蹲式大便器应采用感应式冲洗阀、延时自闭式冲洗阀等。

《节水型生活用水器具》CJ/T 164—2014针对水嘴（水龙头）、便器及便器系统、便器冲洗阀、淋浴器、家用洗衣机等五种常用的生活用水器具的流量（或用水量）的上限做出了相应的规定。5.2.4.1条将坐便器用水量分为两个等级，其中1级用水量4.0L，2级用水量5.0L。5.2.4.2条规定：小便器一次用水量不应大于3.0 L。5.2.4.3条规定：蹲便器一次用水量不应大于6.0 L。《民用建筑节水设计标准》GB 50555—2010中的6.1.3条也规定：居住建筑中不得使用一次冲洗水量大于6L的坐便器。

[考点分析与应试指导]
主要考节水器具的选择。考题会依据《建筑给水排水设计标准》"3.2用水定额和水压"、《民用建筑节水设计标准》"6.1卫生器具、器材"和《节水型生活用水器具》CJ/T 164中的有关条文命题。考生应熟悉规范条文及其说明，重点掌握节水器具的类型和用水

量限制。本考点是低频考点,但是属于国家推行的政策,极有可能再次命题,因此要求考生不容忽视。由于节水器具涉及的规范比较多,考生复习时需要几个规范对照着复习。考试中容易丢分,难易程度:C 级。

知识要点 2　建筑中水

考题（2005-66）选择中水水源以下哪条不宜?（　　）
A. 生活污水　　　　　　　　　B. 生产污水
C. 生活废水　　　　　　　　　D. 冷却水
[答案] B
[知识快览]

建筑中水系统有中水原水收集系统、处理系统和中水供水系统组成。建筑中水水源应根据排水的水质、水量、排水状况和中水回用的水质、水量确定。《建筑中水设计标准》GB 50336—2018 对中水原水的选择做了如下规定:

3.1.3　建筑物中水原水可选择的种类和选取顺序为:
1　卫生间、公共浴室的盆浴和淋浴等的排水;
2　盥洗排水;
3　空调循环冷却系统排水;
4　冷凝水;
5　游泳池排污水;
6　洗衣排水;
7　厨房排水;
8　冲厕排水。

3.1.6　下列排水严禁作为中水原水:
1　医疗污水;
2　放射性废水;
3　生物污染废水;
4　重金属及其他有毒有害物质超标的排水。

[考点分析与应试指导]

主要考建筑物中水水源的选择。考题会依据《建筑中水设计标准》"3.1 建筑物中水原水"中的条文命题。考生应在理解建筑物中水水源选择的原则是尽可能选用污染浓度低、水量稳定的优质杂排水。考试中应该是比较简单的得分题。难易程度:A 级。

主要参考资料

1.《建筑给水排水设计标准》GB 50015—2019
2.《生活饮用水卫生标准》GB 5749—2006
3.《室外给水排水和燃气热力工程抗震设计规范》GB 50032—2003
4.《建筑设计防火规范》GB 50016—2014（2018 年版）
5.《消防给水及消火栓系统技术规范》GB 50974—2014
6.《自动喷水灭火系统设计规范》GB 50084—2017
7.《节水型生活用水器具》CJ/T 164—2014

8. 《民用建筑节水设计标准》GB 50555—2010
9. 《建筑中水设计标准》GB 50336—2018
10. 《气体灭火系统设计规范》GB 50370—2005
11. 《建筑与小区雨水控制及利用工程技术规范》GB 50400—2016
12. 曹纬浚. 一级注册建筑师考试教材. 第三分册. 建筑物理与建筑设备. 北京：中国建筑工业出版社，2017.
13. 曹纬浚. 一级注册建筑师考试历年真题解析. 第三分册. 建筑物理与建筑设备，北京：中国建筑工业出版社，2017.
14. 王兆惠. 全国一级注册建筑师执业资格考试历年真题解析与模拟试卷. 建筑物理与建筑设备. 北京：中国电力出版社，2018.
15. 岳秀萍. 全国勘察设计注册公用设备工程师给排水专业执业资格考试教材. 3册. 建筑给水排水工程. 北京：中国建筑工业出版社，2018.
16. 王增长. 建筑给水排水工程. 北京：中国建筑工业出版社，2016.
17. 蔡可键. 建筑给水排水工程. 北京：中国建筑工业出版社，2005.

第二章 供暖通风与空气调节

2.1 供暖通风与空气调节的常用术语

1. 供暖（heating）：用人工方法通过消耗一定能源向室内供给热量，使室内保持生活或工作所需温度的技术、装备、服务的总称。

供暖系统的组成：热媒制备（热源）＋热媒输送＋热媒利用（散热设备）

三个组成可以分开设置，也可以集合设置，对于个别系统可以没有热媒输送环节（例如电热直接供暖）。

2. 集中供暖（central heating）：热源和散热设备分别设置，用热媒管道相连接，由热源向多个热用户供给热量的供暖系统，又称为集中供暖系统。

3. 值班供暖（standby heating）：在非工作时间或中断使用的时间内，为使建筑物保持最低室温要求而设置的供暖。

4. 通风（ventilation）：利用自然或机械的方式，为功能区域送入新鲜空气或排除功能区域的污染空气，是为了满足功能区域生产、生活的卫生、安全、舒适等需求。通风系统一般分为自然通风系统、机械通风系统、复合通风系统。

5. 置换通风（hybrid ventilation system）：空气以低风速、小温差的状态送入人员活动区下部，在送风及室内热源形成的上升气流的共同作用下，将热浊空气升至顶部排出的一种机械通风方式。

6. 复合通风系统（hybrid ventilation system）：在满足热舒适和室内空气质量的前提下，自然通风和机械通风交替或联合运行的通风系统。

7. 风管（air duct）：采用金属、非金属薄板或其他材料制作而成，用于空气流通的管道。

8. 风道（air channel）：风道是建筑常标注的风井，例如排风井、进风井、新风井，是采用混凝土、砖等建筑材料砌筑而成，用于空气流通的通道。

9. 空气调节（air condtioning）：通过对功能空间提供新鲜空气、供冷或供热，对功能空间的温度、湿度、空气洁净度、气流组织、空气龄等进行调节与控制，满足功能空间的工艺性或舒适性使用需求。

10. 空调区（air-conditioned zone）：保持空气参数在设定范围之内的空气调节区域。在实际建设项目中，空调区面积与建筑面积是有区别的。

11. 分层空调（stratified air conditioning）：特指仅使高大空间下部工作区域的空气参数满足设计要求的空气调节方式。项目设计中，高大空间是否能实现分层空调设计，对负荷计算、设备投入、使用效果的影响很大，一般净高超过 6m 时应考虑分层空调。

2.2 供暖系统

供暖系统分类

1. 按热源形式：集中式供暖、分散式供暖。
2. 按热媒品种：热水系统、蒸汽系统、油系统（家用电热设备）。
3. 按末端供热方式：辐射式、对流式。
4. 热泵热水系统按热水温度：高温系统、低温系统，热泵出水水温高于55℃为高温系统，出水温度根据使用需求一般在55～85℃。
5. 按供热末端：

（1）自然对流式散热器，对流为主，是我国北方地区最常见的供暖设备；

（2）热水辐射末端系统，主要有低温地板辐射系统、墙面毛细管系统、顶棚毛细管、金属面板（墙面或顶棚）辐射系统；

（3）燃气直接燃烧式辐射系统，主要应用于工业场所；

（4）热风供暖系统，强制对流系统，主要有热风机、热风幕，常见热风供暖系统的热媒有热水、电热，家用冷暖分体空调器从广泛意义上讲也是电热风系统；

（5）电热辐射供暖，主要电热散热器、电热低温地板辐射供暖。

集中供暖系统的热源

1. 集中供暖系统热源的种类：

（1）废热；

（2）工业余热；

（3）城市区域热网；

（4）可再生能源热源系统（地源热泵系统、水源热泵系统、空气源热泵系统）；

（5）自建集中热源（燃气锅炉房、燃气热水机房、燃煤锅炉房、燃油锅炉房）；

（6）蓄热系统（用于电力充足，有峰谷电价地区）；

（7）复合热源（有两种以上热源系统）。

2. 集中供暖系统热源选择的基本原则：

应根据建筑物规模、用途、建设地点的能源条件、结构、价格以及国家节能减排和环保政策的相关规定等，通过综合论证确定，并应符合下列规定：

（1）有可供利用的废热或工业余热的区域，热源宜采用废热或工业余热；

（2）在技术经济合理的情况下，热源宜利用浅层地能、太阳能、风能等可再生能源。当采用可再生能源受到气候等原因的限制无法保证时，应设置辅助热源；

（3）不具备本条第（1）（2）款的条件，但有城市或区域热网的地区，集中式供热热源宜优先采用城市或区域热网；

（4）不具备本条第（1）（2）（3）款的条件，但城市燃气供应充足的地区，宜采用燃气锅炉、燃气热水机供热或燃气吸收式冷（温）水机组供热；

（5）不具备本条第（1）（2）（3）（4）款的条件的地区，可采用燃煤锅炉、燃油锅炉供热；

（6）天然气供应充足的地区，当建筑的电力负荷、热负荷和冷负荷能较好匹配，能充分发挥冷、热、电联产系统的能源综合利用效率并经济技术比较合理时，宜采用分布式燃气冷热电三联供系统；

（7）在执行分时电价、峰谷电价差较大的地区，经技术经济比较，采用低谷电价能够明显起到对电网"削峰填谷"和节省运行费用时，宜采用蓄能系统供热；

（8）夏热冬冷地区的中、小型建筑宜采用空气源热泵或土壤源地源热泵系统供热；

（9）有天然地表水等资源可供利用，或者有可利用的浅层地下水且能保证100%回灌时，可采用地表水或地下水地源热泵系统供热；

（10）具有多种能源的地区，可采用复合式能源供热。

供暖系统设计

1. 供暖方式的确定需根据以下几个要素通过技术经济比较确定：

（1）建筑物规模；

（2）所在地区气象条件；

（3）能源状况；

（4）能源政策；

（5）节能环保要求；

（6）生活习惯要求。

2. 应设置供暖设施的地区：

累年日平均温度稳定低于或等于5℃的日数大于或等于90d的地区。该地区宜采用集中供暖。

3. 宜设置供暖设施的地区：

（1）累年日平均温度稳定低于或等于5℃的日数为60~89d；

（2）累年日平均温度稳定低于或等于5℃的日数不足60d，但累年日平均温度稳定低于或等于8℃的日数大于或等于75d；

（3）该地区的幼儿园、养老院、中小学校、医疗机构等建筑宜采用集中供暖。

4. 严寒或寒冷地区设置供暖的公共建筑间歇供暖时的温度保障要求如下：

（1）在非使用时间内，室内温度应保持在0℃以上；

（2）当利用房间蓄热量不能满足要求时，应按保证室内温度5℃设置值班供暖；

（3）当工艺有特殊要求时，应按工艺要求确定值班供暖温度。

5. 设置集中供暖系统时，应按连续供暖进行设计的建筑：

（1）设置集中供暖系统的居住建筑；

（2）设置集中供暖系统的医院住院楼、急诊区；

（3）设置集中供暖系统的旅馆建筑；

（4）设置集中供暖系统的其他24小时使用场所。

6. 集中供暖热水系统管道设计、计量及控制

（1）散热器供暖系统的供水和回水管道应在热力入口处与其他供暖系统分开，独立设置；

（2）当供暖管道利用自然补偿不能满足要求时，应设置补偿器；

（3）供暖系统水平管道设计坡度，要求如下：

1) 干管、支管坡度宜为0.003，不得小于0.002；

2）立管与散热器连接的支管坡度不得小于0.01；

3）坡向有利于管道排气和泄水；

4）条件受限，局部无法设坡时，管道内水流速不得小于0.25m/s；

5）对于汽水逆向流动的蒸汽管，坡度不得小于0.005。

（4）蒸汽供暖系统，当供汽压力高于室内供暖系统的工作压力时，应在供暖系统入口的供汽管上装设减压装置；

（5）高压蒸汽供暖系统，疏水器前的凝结水管不应向上抬升；疏水器后的凝结水管向上抬升的高度应经计算确定。当疏水器本身无止回功能时，应在疏水器后的凝结水管上设置止回阀；

（6）室内热水供暖系统的设计应进行水力平衡计算，并应采取措施使设计工况时各并联环路之间（不包括共用段）的压力损失相对差额不大于15%；

（7）集中供暖的新建建筑和既有建筑节能改造必须设置热量计量装置，并具备室温调控功能。用于热量结算的热量计量装置必须采用热量表；

（8）热源和换热机房应设热量计量装置；

（9）居住建筑热计量一般分为楼栋热计量、分户热计量；

（10）新建和改扩建散热器室内供暖系统，应设置散热器恒温控制阀或其他自动温度控制阀进行室温调控；

（11）低温热水地面辐射供暖系统应具有室温控制功能。

7. 散热器供暖系统设计

（1）散热器供暖系统的一般要求，见表2.2-1、图2.2-1。

散热器供暖的一般规定　　　　　　　　　　　　表2.2-1

	热媒	应采用热水	备注
热媒要求	温度参数	宜75℃/50℃	
		供水温度不宜大于85℃	
		供、回水温差不宜小于20℃	
内热水系统	居住建筑	宜采用垂直双管系统	
		宜采用共用立管的分户独立循环双管系统	
		可采用垂直单管跨越系统	
	公共建筑	宜采用双管系统	
		可采用单管跨越式系统	
	既有建筑改造	室内垂直单管顺流式系统应改成垂直双管系统或垂直单管跨越式系统，不宜改造为分户独立循环系统	
	其他注意事项	垂直单管跨越式系统，楼层层数不宜超过6层	
		水平单管跨越式系统，散热器组数不宜超过6组	
		管道有冻结危险的场所，散热器的供暖立管或支管应单独设置	强制性要求

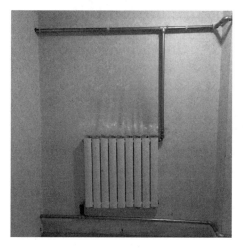

图 2.2-1 典型的单层建筑双管系统

(2) 选择散热器时，应符合的规定见表 2.2-2、图 2.2-2。

散热器选择的原则　　　　　　　　表 2.2-2

序号	性能参数要求	使用需求或适用场所	备注
1	散热器工作压力确定	应根据供暖热水系统压力要求、产品标准确定	
2	外部耐腐蚀	适用湿度环境较大房间	
3	非供暖季节充水保养	钢制散热器	
4	水质要求高，需做内防腐	铝制散热器	
5	系统有热计量表、恒温阀设置需求时	不宜采用含黏砂的铸铁散热器	
6	对流型散热器	不宜在高大空间单独采用	

图 2.2-2 钢制散热器

(3) 散热器布置的相关规定，见表 2.2-3。

散热器布置的原则　　　　　　　　　　　　表 2.2-3

序号	关键词	使用需求或适用场所的布置原则	备注
1	必须	幼儿园、老年人和特殊功能要求的建筑的散热器必须暗装或加防护罩	强制要求
2	应	除幼儿园、老年人和特殊功能要求的建筑外，散热器应明装。必须暗装时，装饰罩应有合理的气流通道、足够的通道面积，并方便维修。散热器的外表面应刷非金属性涂料。楼梯间的散热器，应分配在底层或按一定比例分配在下部各层	
3	宜	宜安装在外墙窗台下	
4	可	可靠内墙安装（条件受限时）	
5	不应	两道外门之间的门斗内，不应设置散热器	
6	不宜	铸铁散热器的组装片数：粗柱型（包括柱翼型）不宜超过 20 片；细柱型不宜超过 25 片	

8. 热水辐射供暖系统

（1）热水辐射供暖系统主要有热水地面供暖系统、毛细管网辐射系统、热水吊顶辐射板系统。三种系统的水温、系统、安装、隔热要求见表 2.2-4。

几种热水辐射供暖系统设置原则　　　　　　表 2.2-4

	热水地面供暖系统	毛细管网辐射系统	热水吊顶辐射板系统
热水温度	宜采用 35～45℃，不应大于 60℃	顶棚宜采用 25～35℃ 墙面宜采用 25～35℃ 地面宜采用 30～40℃	宜采用 40～95℃。与安装高度、板面顶棚占比有关
热水供回温差	温差不宜大于 10℃，且不宜小于 5℃	供回水温差宜采用 3～6℃	
工作压力	不宜大于 0.8MPa	不应大于 0.6MPa	
地面温度限值	人员经常停留的地面，不大于 29℃ 人员短暂停留的地面，不大于 32℃ 无人停留的地面，不大于 42℃	无地面敷设情况	
水系统要求	每个环路加热管的进、出水口，应分别与分水器、集水器相连接。分水器、集水器内径不应小于总供、回水管内径，且分水器、集水器最大断面流速不宜大于 0.8m/s。每个分水器、集水器分支环路不宜多于 8 路。每个分支环路供回水管上均应设置可断阀门。在分水器的总进水管与集水器的总出水管之间，宜设置旁通管，旁通管上应设置阀门。分水器、集水器上应设置手动或自动排气阀		
安装位置	地面敷设	单独供暖：优先考虑地面埋置方式，地面面积不足时再考虑墙面埋置方式 冬夏供暖供冷共用：宜首先考虑顶棚安装方式，顶棚面积不足时再考虑墙面或地面埋置方式	吊顶、顶棚安装

续表

	热水地面供暖系统	毛细管网辐射系统	热水吊顶辐射板系统
管道材质	热水地面辐射供暖塑料加热管的材质和壁厚的选择，应根据工程的耐久年限、管材的性能以及系统的运行水温、工作压力等条件确定		根据厂家产品
居住建筑	热水辐射供暖系统应按户划分系统，并配置分水器、集水器；户内的各主要房间，宜分环路布置加热管		
非供暖季保养要求	无	无	在非供暖季节供暖系统应充水保养
适用建筑要求	无	无	用于层高为3～30m建筑物的供暖

(2) 热水地面辐射供暖系统地面构造，应符合下列规定：

1) 直接与室外空气接触的楼板、与不供暖房间相邻的地板为供暖地面时，必须设置绝热层；

2) 与土壤接触的底层，应设置绝热层；设置绝热层时，绝热层与土壤之间应设置防潮层；

3) 潮湿房间，填充层上或面层下应设置隔离层。

9. 电加热供暖系统

电加热供暖一般有电供暖散热器、发热电缆辐射供暖、低温电热膜辐射供暖等几种方式。

(1) 采用电加热供暖系统，必须满足下述条件之一：

1) 供电政策支持；

2) 无集中供暖和燃气源，且煤或油等燃料的使用受到环保或消防严格限制的建筑；

3) 以供冷为主，供暖负荷较小且无法利用热泵提供热源的建筑；

4) 启用的建筑；

5) 由可再生能源发电设备供电，且其发电量能够满足自身电加热量需求的建筑。

(2) 电加热供暖，现行规范中的其他强制性要求：

1) 根据不同的使用条件，电供暖系统应设置不同类型的温控装置；

2) 安装于距地面高度180cm以下的电供暖元器件，必须采取接地及剩余电流保护措施。

(3) 发热电缆敷设供暖的设置要求：

1) 发热电缆辐射供暖宜采用地板式；

2) 采用发热电缆地面辐射供暖方式时，发热电缆的线功率不宜大于17W/m，且布置时应考虑家具位置的影响；当面层采用带龙骨的架空木地板时，必须采取散热措施，且发热电缆的线功率不应大于10W/m。

(4) 低温电热膜辐射供暖设置要求：

1) 低温电热膜辐射供暖宜采用顶棚式；

2) 电热膜辐射供暖安装功率应满足房间所需热负荷要求。在顶棚上布置电热膜时，应考虑为灯具、烟感器、喷头、风口、音响等预留安装位置。

10. 燃气红外线辐射供暖系统

燃气红外线辐射供暖系统使用要求见表2.2-5。

燃气红外线辐射供暖系统　　　　表2.2-5

项目	使用要求、原则	备注
防火	设备本身、周边、房间应满足防火要求	强制要求
通风	房间应有通风系统，满足《城镇燃气设计规范》GB 50028 对燃气使用场所的要求	强制要求
安装位置	燃气红外线辐射器距地不宜低于 3m 局部供暖时，数量不应少于 2 个，且应安装在人体不同方向的侧上方	
燃烧空气	燃烧空气室内供应时，燃烧器所需空气量不应超过该空间的 0.5 次/h 换气 利用通风机供应空气时，通风机与供暖系统应设置连锁开关	强制要求
尾气排放	排至室外，且满足以下要求： 1）设在人员不经常通行的地方，距地面高度不低于 2m； 2）水平安装的排气管，其排风口伸出墙面不少于 0.5m； 3）垂直安装的排气管，其排风口高出半径为 6m 以内的建筑物最高点不少于 1m； 4）排气管穿越外墙或屋面处，加装金属套管	
燃烧器室外取风口	设在室外空气洁净区，距地面高度不低于 2m 与排风口同层时，进排风口水平距离大于 6m 当处于排风口下方时，垂直距离不小于 3m 当处于排风口上方时，垂直距离不小于 6m	

11. 户式供暖系统

当无集中供暖热源时，居住建筑供暖系统采用户式供暖系统，主要有户式燃气炉供暖和户式空气源热泵供暖。

户式燃气炉应采用全封闭式燃烧、平衡式强制排烟型（强制要求）。

户式供暖系统一般为成套的产品，系统应具有防冻保护、室温调控功能，并应设置排气、泄水装置。

12. 热空气幕

热空气幕设置的原则见表2.2-6。

热空气幕设置　　　　表2.2-6

项目	使用要求、原则	备注
目的	减少冷风渗透	
严寒地区	公共建筑经常开启的外门，应采取热空气幕等减少冷风渗透	
寒冷地区	公共建筑经常开启的外门，当不设门斗和前室时，宜设置热空气幕	
风速	对于公共建筑的外门，不宜大于 6m/s；对于高大外门，不宜大于 25m/s	
出风温度	公共建筑的外门，不宜高于 50℃；对于高大外门，不宜高于 70℃	

2.3 通风

通风系统基本知识

1. 通风系统分类：民用通风系统一般分为自然通风、机械通风、自然通风与机械通风相结合的复合通风。按照通风系统服务范围，分为局部通风、全面通风。

2. 通风的目的：消除建筑物内的余热余湿、有害物质，把新鲜空气或满足使用需求的净化空气送入室内。

3. 通风设计原则：当建筑物存在大量余热余湿、有害物质时，宜优先采用通风措施消除；建筑物处于室外空气污染严重、室外噪声较大的环境时，不宜采用自然通风；通风系统设置应从总体规划、建筑设计和工艺等方面综合考虑。

4. 排放要求：有害或污染环境的物质排放，排放前应进行净化处理，并达到国家、地方有关大气环境质量标准和各种污染物排放标准的要求。

自然通风

1. 自然通风的动力来源是热压、风压，实际项目中，大多数情况是热压、风压综合作用。热压是室内外温差造成的静压差，冬季供暖的冷风渗透、热气球等就是典型的热压作用（图2.3-1）；风压是因为风力作用，造成建筑物室内外不同朝向出现不同的静压差，穿堂风是典型的风压作用。

2. 在实际设计中，因为风压的不稳定性，对于有稳定余热的场所（例如厂房热车间、稳定热源的高大空间）计算自然通风是否满足时，仅考虑热压作用。

3. 单栋建筑物利用穿堂风进行自然通风时，迎风面宜与夏季最多方向成60°~90°角，不应小于45°。多栋建筑组成的建筑群，建筑布局应考虑自然通风的因素，宜进行气流场模拟，特别防止局部部位风速偏高，造成使用不便或风噪。

图2.3-1 热气球是典型的热压作用

4. 自然通风进风口设置宜按表2.3-1要求设置。

自然进风口设置原则　　　　　　　　表2.3-1

项目	夏季自然通风进风口	冬季自然通风进风口
下缘距室内地面高度	不宜大于1.2m	当下缘低于4m时，宜设措施防止冷风吹向人员活动区
距离污染源	大于3m	大于3m
开口有效面积	不应小于房间地板面积的5%	

5. 厨房采用自然通风时，通风开口的有效面积不应小于厨房房间面积的10%，并不

得小于 $0.6m^2$。

6. 屋顶无动力风帽装置是被动通风的主要技术之一，是典型的热压、风压综合利用的措施。

机械通风

1. 机械通风是通过消耗能源、通过机械的方式进行的有组织的空气流动。

2. 机械通风系统按系统设置一般分为以下几种方式：机械送风、正压排风，机械排风、负压补风，机械排风、机械送风及根据正负压要求的正压排风或负压补风。

3. 机械送风系统进风口应设置在室外空气清洁的地点，应避免与排风短路，进风口的下缘距室外地坪不宜小于2m，当设在绿化地带时，不宜小于1m。

4. 机械排风系统设计为全面排风时，其排风吸入口设计应根据排除气体的密度设置上排风口或下排风口。排除氢气与空气混合物时，吸风口上缘至顶棚平面或屋顶的距离不大于0.1m；其他上部吸风口，上缘至顶棚平面或屋顶的距离不大于0.4m；排出气体密度大于空气密度时，设置于房间下部区域的排风口，其下缘至地板距离不大于0.3m。设置全面机械排风的场所，建筑设计应配合暖通设计进行顶棚或屋顶的空间确认。

5. 住宅通风系统设计，户型设计宜优先考虑自然通风，不满足时宜采用复合通风系统。

1）厨房、无窗卫生间应设计或预留设计机械排风系统；

2）厨房、卫生间全面通风换气次数不宜小于3次/h；

3）厨房、卫生间宜设竖向排风道，竖向排风道应具有防火、防倒灌及均匀排气的功能，并应采取防止支管回流和竖井泄漏的措施；

4）竖向排风道顶部应设置防止室外风倒灌装置。

6. 公共浴室无条件设置气窗时，应独立设置机械排风系统，保障其相对其他区域的负压。

7. 公共厨房中热污染、油烟和蒸汽污染的设备应设置局部机械排风设施。

8. 汽车库排风系统的排风口，应设于建筑的下风向且远离人员活动区。

9. 关于事故通风的设置要求见表2.3-2。

事故通风设置要求　　　　　　　　　　　表2.3-2

项目	设置要求	备注
设置原因	场所内可能突然放散大量有害气体或有爆炸危险气体，应设置事故通风	
检测与控制	根据放散物的种类，设置相应的检测报警及控制系统	
手动控制装置	应在室内外便于操作的地点分别设置	
防爆	放散有爆炸危险气体的场所应设置防爆通风设备	
吸风口、传感器	按有害气体、危险气体的密度进行设置	
排放口	不应在人员经常停留或经常通行的地点或邻近窗户、天窗、室门等位置 与机械送风系统的进风口的水平距离不应小于20m；当水平距离不足20m时，排风口应高出进风口，并不宜小于6m 含有可燃气体时，事故通风系统排风口应远离火源30m以上，距可能火花溅落地点应大于20m 不应朝向室外空气动力阴影区，不宜朝向空气正压区	

10. 机械通风系统,水平布置不得跨越防火分区。

2.4 空气调节(含冷源、热源)

参数设计

1. 舒适性空调室内设计参数应按照热舒适度等级划分进行设计,建筑采用舒适度Ⅰ级或Ⅱ级取决于建筑本身的属性及使用需求。

1) Ⅰ级舒适度室内设计参数见表2.4-1:

Ⅰ级舒适度室内设计参数　　　　　　　　表2.4-1

	温度/℃	相对湿度/%	风速/(m/s)
空调供暖工况	22~24	≥30	≤0.2
供冷工况	24~26	40~60	≤0.25

2) Ⅱ级舒适度室内设计参数见表2.4-2:

Ⅱ级舒适度室内设计参数　　　　　　　　表2.4-2

	温度/℃	相对湿度/%	风速/(m/s)
空调供暖工况	18~22	—	≤0.2
供冷工况	26~28	≤70	≤0.3

3) 室内设计参数与实际运行中节能运行参数是有区别的,考虑可持续发展,应按照建筑属性对应的舒适度要求进行参数设计。

2. 工艺性空调的室内设计参数应满足工艺需求及满足健康要求确定。人员活动区的风速,供热工况时,不宜大于0.3m/s;供冷工况时,宜采用0.2~0.5m/s。

3. 为了卫生健康,建筑物内有人员的功能房间均应设计新风供应系统,对于公共建筑中办公室、客房、大堂四季厅等功能房间,新风供应的最小值现行规范是强制性要求。其中办公室最小新风量为30m^3/(h·人),客房最小新风量为30m^3/(h·人),大堂、四季厅最小新风量为10m^3/(h·人)。

4. 建筑功能房间的人员密度,也是重要的设计参数,要根据建筑定位、使用需求进行确定。

空调系统的分类及空调系统

1. 空调系统的分类一般有三种分类方式,一种是按冷源设置方式,一种是按空调系统的末端设置方式,一种是按负担室内负荷的介质。分类情况见表2.4-3、图2.4-1~图2.4-4。

空调系统分类一览表　　　　　　　　表2.4-3

分类方式	空调系统类型	解析
按冷源设置方式、设置位置	集中空调系统	建筑物的冷源集中设置,除特殊使用的局部位置外,建筑空间空调降温的冷供应均来自同一个冷源。例如集中设置的水冷冷水系统、风冷冷水系统
	分散式空调系统	建筑物内的冷源根据不同的使用空间、使用功能分别设置,任何一个冷源都无法担负建筑物80%以上的冷负荷供应,例如单元式、分体式空调器(包含多联机系统),生活中住宅的户式集中多联机系统对整个建筑物来讲是分散式空调系统

续表

分类方式	空调系统类型	解析
按空气处理设备的设置位置	集中空调系统（又称：全空气空调系统）	功能房间的空调系统集中进行空气的处理，通过管道输送、送风口分配到不同区域。典型的有单风道全空气系统、双风道全空气系统，变风量系统是全空气空调系统中的一种 全空气空调系统分为：全回风系统（封闭系统）、新回风系统（混合系统）、全新风系统（直流系统）
	半集中空调系统	功能房间既有集中的空调系统，又有设置房间内的换热设备。典型的有风机盘管加新风系统，除湿新风系统加辐射系统，新风加多联式分体空调系统等
	分散式空调系统	每个房间的空气处理都是由相对独立设置的设备完成。单元式空调器、窗式空调器、分体式空调器，注意多联式分体空调器从空气处理的方式分不属于分散式空调系统
按照负担室内负荷的介质	全空气系统	外部进入房间能承担房间负荷的只有风系统
	全水系统	外部进入房间能承担房间负荷的只有水系统
	空气-水系统	典型如风机盘管加新风系统
	制冷剂系统	制冷设备的蒸发器直接蒸发承担室内空气冷负荷的系统

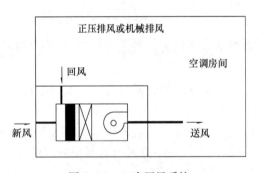

图 2.4-1　一次回风系统

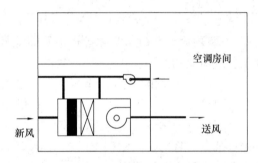

图 2.4-2　二次回风系统

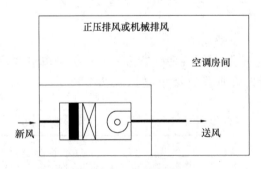

图 2.4-3　直流新风系统

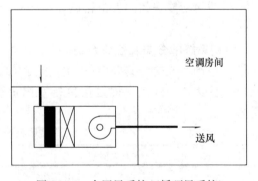

图 2.4-4　全回风系统（循环风系统）

2. 空调系统的设置，当出现使用时间不同、温湿度参数及波动范围不同、洁净度不同、噪声要求不同时，宜单独设置系统；不同使用情况合用系统时，空气处理应按照标准高的参数设置系统。

3. 空气中含有易燃易爆或有毒有害物质的空调区，应独立设置空调风系统。

4. 全空气空调系统设计，宜采用单风管系统；允许采用较大送风温差时，应采用一次回风式系统；送风温差较小、相对湿度要求不严格时，可采用二次回风式系统；除温湿度波动范围要求严格的空调区外，同一个空气处理系统中，不应有同时加热和冷却过程。

5. 新风进风口的面积应适应最大新风量的需要。进风口处应装设能严密关闭的阀门。

6. 全空气空调系统的新风量，当系统服务于多个不同新风比的空调区时，系统新风比应小于空调区新风比中的最大值。

7. 下面的几种情况应采用直流式空调系统（全新风空调系统）：

1）空调系统的送风量不能满足空调房间排风量需求，应根据排风量、房间正负压要求合理设计为直流式空调系统；

2）防疫卫生、工艺要求，空调系统设计为直流式空调系统；

3）室内散发有毒有害物质无法通过局部排风排出时，循环风运行可能造成二次污染；

4）防火、防爆要求不允许有循环风运行；

5）室外空气的热性能品质高于室内，一般为室外空气比焓低于室内时。

8. 从节能角度出发，当空调系统服务的房间允许时，可采用新风作为冷源时，应最大限度地使用新风。

9. 空调系统应进行风量平衡计算，满足功能房间的正压、负压要求；对于正压、无污染功能房间，宜通过自然方式排风，当建筑密封性好或者过渡季节加大新风运行，自然排风不能满足时，应设置机械排风系统。

气流组织

1. 气流组织的设计原则：

1）温度、湿度，气流组织要满足环境温湿度使用要求，控制在一定范围内；

2）环境风速；

3）空气质量；

4）温度梯度、空气龄。

2. 常见送风方式、送风口设置型式如下：

1）侧送，常用百叶、格栅、条缝风口，人员活动区的风速要求严格时，不应采用侧送送风，高大空间侧送可采用喷口送风；

2）下送风，常用散流器、孔板送风，高大空间可采用下送风时宜采用喷口、旋流送风口；

3）上送风主要有地板送风、座椅送风、窗边送风槽等，根据使用功能不同采用地板格栅、地板散流器或特制风口。

3. 送风口的出口风速应根据送风方式、风口型式、噪声控制要求、送风气流区使用要求确定。

4. 回风口的设置原则如下：

1）不应在送风射流区；

2）不应在人员长期停留区；回风口靠近人员经常停留区时，应控制回风口风速不大于 1.5m/s；

3）侧送风时宜在送风口同侧下方；

4）地板送风时应设置在人员上方；

5) 宜设置在人员不经常停留区、走廊等区域。

空气冷却处理

1. 空气的冷却主要有以下3种方式，应根据需求、具备的条件进行选择：

1) 循环水蒸发冷却；

2) 地表水（江水、湖水等）、地下水等天然冷源冷却；

3) 人工冷源冷却，一般有冷媒直接蒸发式、冷水循环式。

2. 采用地下水进行空气冷却时，使用过后的地下水应全部（100%）回灌到同一含水层，并不得污染；因此采用地下水进行空气冷却时，水系统应采用闭式系统；

3. 空调系统不得采用氨作制冷剂的直接膨胀式空气冷却器；

4. 空调系统新风、回风应过滤处理，根据使用需求设置粗效、中效、高效过滤器。工艺性空调应根据服务区域的洁净度要求设置过滤器；

5. 空气净化装置采用高压静电空气净化装置时，应设置与风机有效联动的措施。

集中空调的冷源

1. 制冷机分为压缩式制冷和吸收式制冷两种，按供冷介质分冷水机组、直接膨胀蒸发式机组。

2. 空调系统供冷系统的冷源应根据规模、用途、建设地点的能源条件、结构、价格以及国家节能减排和环保政策的相关规定等，通过综合论证确定。

1) 有废热、工业余热利用时，热源宜优先采用，冷源根据废热、工业余热的参数，可考虑采用吸收式制冷；

2) 经济技术合理情况下，采用可再生能源系统；

3) 有区域供冷时，宜优先考虑；

4) 有实施条件时，宜优先考虑蓄冷系统，实现对供电系统的"削峰填谷"，降低运行费用；

5) 电制冷系统，宜考虑全年运行的高效。

3. 宜设置分散式空调降温系统的建筑如下：

1) 全年供冷时间较少，采用集中供冷不经济；

2) 各空调房间比较分散，采用集中空调系统不经济；

3) 空间布局，采用集中空调系统无法布置设备、管道系统；

4) 防止辐射等特殊要求场所；

5) 居住建筑。

4. 电动压缩式冷水机组

1) 电制冷压缩式制冷机组主要有压缩式、涡旋式、螺杆式、离心式几种，其中压缩式制冷机组因为能效较低及需要正压冷媒等原因已经逐渐退出民用建筑领域；

2) 根据暖通专业相关规范、公共建筑节能规范要求，电制冷压缩机组的总装机容量，应根据计算的空调系统冷负荷值直接选定，不另作附加；在设计条件下，当机组的规格不能符合计算冷负荷的要求时，所选择机组的总装机容量与计算冷负荷的比值不得超过1.1；

3) 民用建筑采用氨冷水机组时应采用封闭性良好的整体性机组。

5. 热泵

1) 热泵主要有空气源热泵、水源热泵两种，其中水源热泵主要有地源热泵、地水源

热泵、地表水源热泵、污水源热泵等;

2)地埋管地源热泵应通过工程场地状况调查和对浅层地能资源的勘察,确定地埋管换热系统实施的可行性与经济性;当应用建筑面积大于5000m²时,应进行岩土热响应试验;

3)采用地下水地源热泵时,应对地下水采取可靠的回灌措施,确保全部回灌到同一含水层,且不得对地下水资源造成污染。

6.吸收式冷水机组

1)吸收式冷水机组采用溴化锂作为吸收溶液,常称为溴化锂吸收式冷水机组;

2)溴化锂吸收式机组有热吸收式机组、直燃吸收式机组两种。热吸收式机组宜采用废热、工业余热、可再生能源产生的热源;目前"碳达峰"、"碳中和"的目标下,直燃式机组的采用应谨慎,且不应设计为单效机组。

空调冷(热)水系统(图2.4-5,图2.4-6)

1.当空调系统的供冷、供暖采用水为介质时,冷水、热水的参数应考虑对冷热源设备、末端设备、循环水泵的影响,一般情况下,参数设置见表2.4-4。

空调冷(热)水系统参数设置　　　　　　　　表2.4-4

系统型式	供水温度	运行温差
冷水机组直供冷水系统(末端常规)	不宜小于5℃	不应小于5℃
温湿度分控系统服务显热的冷水系统	不宜低于16℃	强制对流末端不应小于5℃
为辐射供冷系统服务的冷水系统	不结露为原则	不应小于2℃
水蓄冷系统	不宜低于4℃	不应小于6℃
冰蓄冷系统内融冰直供	不宜高于6℃	不应小于6℃
冰蓄冷系统外融冰直供	不宜高于5℃	不应小于8℃
冰蓄冷系统内融冰换热后二次水	不宜高于6℃	不应小于5℃
冰蓄冷系统外融冰换热后二次水	不宜高于5℃	不应小于6℃
市政、锅炉等热源通过换热后为空调系统供应热水时	宜50~60℃;严寒地区预热宜高于70℃	夏热冬冷宜高于10℃;严寒、寒冷宜高于15℃
空调热泵热水系统	根据设备及系统需要,一般40~50℃	

2.除采用直接蒸发冷却器的系统外,空调水系统应采用闭式循环。

3.空调冷水系统的一般分类及特征见表2.4-5。

空调冷水系统分类　　　　　　　　表2.4-5

空调冷水系统分类	特征描述
定流量一级泵系统	冷水流经冷水机组、用户末端的流量恒定,末端不设调节阀或设三通调节阀。除设置一台冷水机组的小型工程外,不应采用定流量一级泵系统
变流量一级泵系统	冷水流经冷水机组流量恒定,流经用户末端的流量在变化。末端设二通调节阀,冷水机房总供回水管路设压差旁通阀
变频、变流量一级泵系统	在冷水机组的性能许可范围内,通过主机的冷水流量也是变化的,水泵设变频控制,一般用于单台机组较大的冷源系统。注意,通过主机的最小流量,要根据冷水机组的自身性能确定

续表

空调冷水系统分类	特征描述
变流量二级泵系统	用于系统半径大，系统水阻力较高的大型工程。一般一级泵定频定流量、二级泵变频变流量，中间设置平衡管
变流量多级泵系统	当二级泵输送距离较远，各用户水系统阻力差别较大，或使用温差不一致，可采用多级泵系统

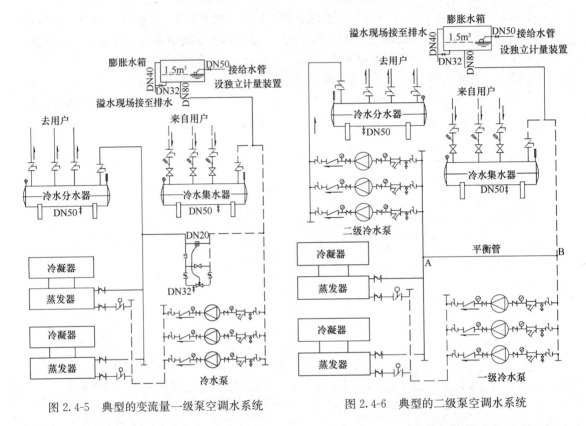

图 2.4-5 典型的变流量一级泵空调水系统　　图 2.4-6 典型的二级泵空调水系统

4. 除采用定流量一级泵系统外，空调末端装置应设置水路电动二通阀进行调节。

5. 空调水系统的定压、补水

1) 闭式循环的空调系统定压、补水方式分为膨胀水箱定压补水和补水泵定压补水两种。

2) 开式系统的定压位置是开敞的液面，补水直接通过控制液面高度进行补水。

3) 空调系统的补水应设计量系统。

4) 空调冷热水的水质应符合相关国家现行标准规定。对于水质较硬的地区，空调热水系统的补水宜水质软化处理。

6. 空调冷、热水系统的管道的敷设应满足以下规定：

1) 空调热水管道利用自然补偿不能满足要求时，应设置补偿器。

2) 空调热水管道水平敷设时，应有坡度，坡向要有利于排气和泄水。

3) 空调冷、热水系统应设置排气和泄水装置。

7. 空调系统冷凝水管道的设置应满足以下要求：

1) 冷凝水积水盘处于正压段，出水口宜设置水封；冷凝水积水盘处于负压段，出水口应设置水封；
2) 凝水盘的泄水支管沿水流方向坡度不宜小于 0.010；冷凝水干管坡度不宜小于 0.005，不应小于 0.003，且不允许有积水部位；
3) 冷凝水排入污水系统时，应有空气隔断措施；冷凝水管不得与室内雨水系统直接连接；
4) 冷凝水水平干管始端应设置扫除口；
5) 凝结水管道应采取防结露措施。

冷却水系统

1. 除采用地表水（江、河、湖、海等）进行冷却的系统外，空调系统的冷却水应循环使用。

2. 冷却塔是冷却水系统的核心设备，民用建筑中开式冷却塔的标准运行工况为：空气湿球温度28℃时，冷却塔进水温度37℃、出水温度32℃。

3. 水冷冷水机组对于冷却水的进水温度有要求，电动压缩式冷水机组不宜低于15.5℃，溴化锂吸收式机组不宜低于 24℃。

4. 实际项目设计中，加大冷却塔积水盘深度、容积是防止吸空、减少溢流补水的有效节能措施。

蓄能系统（蓄冷和蓄热）

1. 利用蓄能系统，优化电力供应系统，是空调系统协助电力供应系统"减碳"的重要措施之一。

2. 有峰谷电价鼓励的地区，经济技术比较合理时宜采用蓄冷（蓄热）系统。

3. 蓄冷系统一般指水蓄冷、冰蓄冷两种，其他材质的相变蓄冷还处于研究阶段。冰蓄冷系统分为动态蓄冷、静态蓄冷两种。静态蓄冷指盘管蓄冷系统，有内融冰冰盘管式蓄冰装置、外融冰盘管蓄冷装置两种，盘管材质有非金属（塑料、复合塑料）、镀锌钢板、不锈钢三种。动态蓄冷常见的有冰浆系统、片冰机系统。

4. 蓄热系统一般为电锅炉直接加热蓄热系统、热泵加热蓄热系统两种。

5. 消防水池可与蓄冷水池合用，系统设计应时刻满足消防用水水量需求；蓄热水池不应与消防水池合用。

6. 冬季利用蓄冷水池蓄热时，应充分考虑水池内设备、设施对水温的要求。

制冷机房及风冷设备布置

1. 制冷机房宜布置在负荷中心，机房内有较大设备，无法从车道进入或进入困难时，应考虑设备的吊装孔。

2. 机房内机组制冷机安全阀泄压管应接至室外安全处。

3. 机房内机组应有一定的安装间距、检修空间，机组间距不小于 1.2m，机组与土建的墙距离不小于1m，机组与独立设置的配电柜距离不小于1.5m，机组上方净空间不应小于 1m，机房主要通道宽度不小于 1.5m。

4. 风冷冷水机组应设置在通风良好的位置，机组设置应防止空气的回流循环。

5. 冷却塔的布置应保障通风良好，布置方式、消声做法不应造成冷却塔排风回流。

6. 氨制冷机房应单独设置且远离建筑群；机房内严禁明火供暖；机房内应有良好的

通风条件,同时设置每小时不小于12次换气的事故排风系统,事故排风系统应防爆。

7. 直燃吸收式机组机房的设计应符合下列规定:

1) 宜单独设置机房;不能单独设置机房时,机房应靠建筑物的外墙,并采用耐火极限大于2h的防爆墙和耐火极限大于1.5h的现浇楼板与相邻部位隔开;当与相邻部位必须设门时,应设甲级防火门;

2) 不应与人员密集场所和主要疏散口贴邻设置;

3) 燃气直燃型制冷机组机房单层面积大于200m²时,机房应设直接对外的安全出口;

4) 应设置泄压口,泄压口面积不应小于机房占地面积的10%,泄压口应避开人员密集场所和主要安全出口;

5) 不应设置吊顶;

6) 烟道布置不应影响机组的燃烧效率及制冷效率。

热源机房布置要求(锅炉房、换热机房)

1. 供热机房应设置供热量控制装置。

2. 燃油或燃气锅炉宜设置在建筑外的专用房间内;确需贴邻民用建筑布置时,应采用防火墙与所贴邻的建筑分隔,且不应贴邻人员密集场所,该专用房间的耐火等级不应低于二级;确需布置在民用建筑内时,不应布置在人员密集场所的上一层、下一层或贴邻。

3. 燃油或燃气锅炉房应设置在首层或地下一层的靠外墙部位,但常(负)压燃油或燃气锅炉可设置在地下二层或屋顶上。设置在屋顶上的常(负)压燃气锅炉,距离通向屋面的安全出口不应小于6m。

4. 采用相对密度(与空气密度的比值)不小于0.75的可燃气体为燃料的锅炉,不得设置在地下或半地下。

5. 锅炉房、变压器室的疏散门均应直通室外或安全出口。

6. 锅炉房与其他部位之间应采用耐火极限不低于2.00h的防火隔墙和1.50h的不燃性楼板分隔。在隔墙和楼板上不应开设洞口,确需在隔墙上设置门、窗时,应采用甲级防火门、窗。

7. 锅炉房内设置储油间时,其总储存量不应大于1m³,且储油间应采用耐火极限不低于3.00h的防火隔墙与锅炉间分隔;确需在防火隔墙上设置门时,应采用甲级防火门。

8. 燃气锅炉房应设置爆炸泄压设施。燃油或燃气锅炉房应设置独立的通风系统,燃气锅炉房应选用防爆型的事故排风机。当采取机械通风时,机械通风设施应设置导除静电的接地装置,通风量应符合下列规定:

1) 燃油锅炉房的正常通风量应按换气次数不少于3次/h确定,事故排风量应按换气次数不少于6次/h确定;

2) 燃气锅炉房的正常通风量应按换气次数不少于6次/h确定,事故排风量应按换气次数不少于12次/h确定。

2.5 建筑防烟、排烟系统及通风空调系统防火

防烟、排烟系统的名词解释

1. 防烟系统 smoke protection system

通过采用自然通风方式，防止火灾烟气在楼梯间、前室、避难层（间）等空间内积聚，或通过采用机械加压送风方式阻止火灾烟气侵入楼梯间、前室、避难层（间）等空间的系统，防烟系统分为自然通风系统和机械加压送风系统。

2. 排烟系统 smoke exhaust system

采用自然排烟或机械排烟的方式，将房间、走道等空间的火灾烟气排至建筑物外的系统，分为自然排烟系统和机械排烟系统。

3. 自然排烟窗（口）natural smoke vent

具有排烟作用的可开启外窗或开口，可通过自动、手动、温控释放等方式开启。

4. 挡烟垂壁 draft curtain

用不燃材料制成，垂直安装在建筑顶棚、梁或吊顶下，能在火灾时形成一定的蓄烟空间的挡烟分隔设施。

5. 储烟仓 smoke reservoir

位于建筑空间顶部，由挡烟垂壁、梁或隔墙等形成的用于蓄积火灾烟气的空间。储烟仓高度即设计烟层厚度。

6. 清晰高度 clear height

烟层下缘至室内地面的高度。

防烟系统

1. 建筑的下列场所或部位应设置防烟设施：

1) 防烟楼梯间及其前室；

2) 消防电梯间前室或合用前室；

3) 避难走道的前室、避难层（间）。

建筑高度不大于50m的公共建筑、厂房、仓库和建筑高度不大于100m的住宅建筑，当其防烟楼梯间的前室或合用前室符合下列条件之一时，楼梯间可不设防烟系统：

1) 前室或合用前室采用敞开的阳台、凹廊；

2) 前室或合用前室具有不同朝向的可开启外窗，且独立前室两个外窗面积分别不小于2.0m^2，合用前室两个外窗面积分别不小于3.0m^2。

2. 建筑高度大于50m的公共建筑、工业建筑和建筑高度大于100m的住宅建筑，其防烟楼梯间、独立前室、共用前室、合用前室及消防电梯前室应采用机械加压送风系统。

3. 建筑高度小于或等于50m的公共建筑、工业建筑和建筑高度小于或等于100m的住宅建筑，其防烟楼梯间、独立前室、共用前室、合用前室（除共用前室与消防电梯前室合用外）及消防电梯前室应采用自然通风系统；当不能设置自然通风系统时，应采用机械加压送风系统。

4. 避难走道应在其前室及避难走道分别设置机械加压送风系统，但下列情况可仅在前室设置机械加压送风系统：

1) 避难走道一端设置安全出口，且总长度小于30m；

2) 避难走道两端设置安全出口，且总长度小于60m。

5. 可开启外窗应方便直接开启，设置在高处不便于直接开启的可开启外窗应在距地面高度为1.3～1.5m的位置设置手动开启装置。

6. 建筑高度大于100m的建筑，其机械加压送风系统应竖向分段独立设置，且每段高度不应超过100m。

7. 机械加压送风系统应采用管道送风，且不应采用土建风道。送风管道应采用不燃材料制作且内壁应光滑。当送风管道内壁为金属时，设计风速不应大于20m/s；当送风管道内壁为非金属时，设计风速不应大于15m/s。

8. 机械加压送风系统的设计风量不应小于计算风量的1.2倍。

9. 加压送风机的启动应符合下列规定：
1) 现场手动启动；
2) 通过火灾自动报警系统自动启动；
3) 消防控制室手动启动；
4) 系统中任一常闭加压送风口开启时，加压风机应能自动启动。

10. 当防火分区内火灾确认后，应能在15s内联动开启常闭加压送风口和加压送风机，并应符合下列规定：
1) 应开启该防火分区楼梯间的全部加压送风机；
2) 应开启该防火分区内着火层及其相邻上下层前室及合用前室的常闭送风口，同时开启加压送风机。

排烟系统设计

1. 民用建筑的下列场所或部位应设置排烟设施：
1) 设置在一、二、三层且房间建筑面积大于100m^2的歌舞娱乐放映游艺场所，设置在四层及以上楼层、地下或半地下的歌舞娱乐放映游艺场所；
2) 中庭；
3) 公共建筑内建筑面积大于100m^2且经常有人停留的地上房间；
4) 公共建筑内建筑面积大于300m^2且可燃物较多的地上房间；
5) 建筑内长度大于20m的疏散走道；
6) 地下或半地下建筑（室）、地上建筑内的无窗房间，当总建筑面积大于200m^2或一个房间建筑面积大于50m^2，且经常有人停留或可燃物较多时，应设置排烟设施。

2. 同一个防烟分区应采用同一种排烟方式。

3. 当中庭与周围场所未采用防火隔墙、防火玻璃隔墙、防火卷帘时，中庭与周围场所之间应设置挡烟垂壁。

4. 防烟分区不应跨越防火分区。

5. 自然排烟窗（口）应设置手动开启装置，设置在高位不便于直接开启的自然排烟窗（口），应设置距地面高度1.3～1.5m的手动开启装置。净空高度大于9m的中庭、建筑面积大于2000m^2的营业厅、展览厅、多功能厅等场所，尚应设置集中手动开启装置和自动开启设施。

6. 当建筑的机械排烟系统沿水平方向布置时，每个防火分区的机械排烟系统应独立设置。

7. 建筑高度超过50m的公共建筑和建筑高度超过100m的住宅，其排烟系统应竖向分段独立设置，且公共建筑每段高度不应超过50m，住宅建筑每段高度不应超过100m。

8. 机械排烟系统应采用管道排烟，且不应采用土建风道。排烟管道应采用不燃材料制作且内壁应光滑。当排烟管道内壁为金属时，管道设计风速不应大于20m/s；当排烟管道内壁为非金属时，管道设计风速不应大于 15m/s。

9. 排烟管道下列部位应设置排烟防火阀：

1）垂直风管与每层水平风管交接处的水平管段上；

2）一个排烟系统负担多个防烟分区的排烟支管上；

3）排烟风机入口处；

4）穿越防火分区处。

10. 排烟系统的设计风量不应小于该系统计算风量的 1.2 倍。

11. 排烟风机、补风机的控制方式应符合下列规定：

1）现场手动启动；

2）火灾自动报警系统自动启动；

3）消防控制室手动启动；

4）系统中任一排烟阀或排烟口开启时，排烟风机、补风机自动启动；

5）排烟防火阀在 280℃ 时应自行关闭，并应连锁关闭排烟风机和补风机。

排烟补风系统

1. 除地上建筑的走道或建筑面积小于 500m² 的房间外，设置排烟系统的场所应设置补风系统。

2. 补风系统应直接从室外引入空气，且补风量不应小于排烟量的 50%。

3. 补风系统可采用疏散外门、手动或自动可开启外窗等自然进风方式以及机械送风方式。防火门、窗不得用作补风设施。风机应设置在专用机房内。

4. 补风口与排烟口设置在同一空间内相邻的防烟分区时，补风口位置不限；当补风口与排烟口设置在同一防烟分区时，补风口应设在储烟仓下沿以下；补风口与排烟口水平距离不应少于 5m。

5. 补风系统应与排烟系统联动开启或关闭。

供暖通风与空气调节系统的防火设施

1. 为甲、乙类厂房服务的送风、排风设备应分别布置在不同通风机房内，且排风设备不应和其他房间的送、排风设备布置在同一通风机房内。

2. 民用建筑内空气中含有易燃、易爆物质的房间，应设置自然通风或独立的机械通风设施，且其空气不应循环使用。

3. 当空气中含有比空气轻的可燃气体时，水平排风管全长应顺气流方向向上坡度敷设。

4. 通风空调系统，竖向风管应设置在管井内。

5. 空气中含有易燃、易爆危险物质的房间，其送、排风系统应采用防爆型的通风设备。当送风机布置在单独分隔的通风机房内且送风干管上设置防止回流设施时，可采用普通型的通风设备。

排除有燃烧或爆炸危险气体、蒸气和粉尘的排风系统，应符合下列规定：

（1）排风系统应设置导除静电的接地装置；

（2）排风设备不应布置在地下或半地下建筑（室）内；

（3）排风管应采用金属管道，并应直接通向室外安全地点，不应暗设。

6. 通风空调系统的风管，在下列部位设置防火阀，防火阀的公称动作温度为 70℃。

1) 穿越防火分区处；
2) 穿越通风、空气调节机房的房间隔墙和楼板处；
3) 穿越重要或火灾危险性大的场所的房间隔墙和楼板处；
4) 穿越防火分隔处的变形缝两侧；
5) 竖向风管与每层水平风管交接处的水平管段上；
6) 当建筑内每个防火分区的通风、空气调节系统均独立设置时，水平风管与竖向总管的交接处可不设置防火阀。

7. 公共建筑的浴室、卫生间和厨房的竖向排风管，应采取防止回流措施并宜在支管上设置公称动作温度为70℃的防火阀。公共建筑内厨房的排油烟管道宜按防火分区设置，且在与竖向排风管连接的支管处应设置公称动作温度为150℃的防火阀。

2.6 检测与监控、计量

检测与监控

1. 供暖、通风与空调系统应设置检测与监控设备或系统。
2. 监控系统一般有就地监控设备或系统、集中监控系统。
3. 就地检测仪表应设于便于观察的地点。
4. 采用集中监控系统控制的动力设备，应设就地手动控制装置。
5. 空调系统的电加热器应与送风机连锁，并应设无风断电、超温断电保护装置；电加热器必须采取接地及剩余电流保护措施。

计量

锅炉房、换热机房和制冷机房的能量计量应符合下列规定：

1. 应计量燃料的消耗量；
2. 应计量耗电量，宜分设备分别设置，便于分类统计；
3. 应计量集中供热系统的供热量；
4. 应计量补水量，包含冷水系统补水、冷却水系统补水；
5. 应计量集中空调系统冷源的供冷量；
6. 循环水泵耗电量宜单独计量。

第三章 建筑电气

3.1 供配电系统

 [知识储备]

电力系统，是通过各级电压的电力线路，将发电厂、变电所和电力用户连接起来的，发电、输电、变电、配电和用电的整体。供配电系统由供电电源、配电网及电力负荷组成，其供电电源是电力系统或自备发电机。配电网起接受电能、变化电压、分配电能的作用。用电设备是消耗电能的场所，将电能通过用电设备转换为满足用户需求的其他形式的能量。

依据《全国供用电规则》，我国的供电额定电压有：

(1) 低压供电：单相为 220V，三相为 380V；

(2) 高压供电：为 10、35（63）、110、220、330、500kV；

(3) 除发电厂直配电压可采用 3kV、6kV 外，其他等级的电压应逐步过渡到上列额定电压。

工频交流电压 1000V 及以下称为低压配电线路，1000V 以上称为高压。用电设备总容量在 250kW 及以上或变压器容量在 160kVA 及以上时，宜以 20（10）kV 供电。当用电设备总容量在 250kW 以下或变压器容量在 160kVA 以下时，可由低压 380V/220V 供电。

电力负荷应根据供电可靠性及中断供电所造成的损失或影响程度，分为一级负荷、二级负荷及三级负荷。各级负荷应符合下列规定：

1. 符合下列情况之一时，应为一级负荷：

1) 中断供电将造成人身伤亡；

2) 中断供电将造成重大影响或重大损失；

3) 中断供电将破坏有重大影响的用电单位的正常工作，或造成公共场所秩序严重混乱，例如：重要通信枢纽、重要交通枢纽、重要的经济信息中心、特级或甲级体育建筑、国宾馆、承担重大国事活动的会堂、经常用于重要国际活动的大量人员集中的公共场所等的重要用电负荷。

在一级负荷中，当中断供电后将发生中毒、爆炸和火灾等情况的负荷，以及特别重要场所的不允许中断供电的负荷，应为特别重要负荷。

2. 符合下列情况之一时，应为二级负荷：

1) 中断供电将造成较大影响或损失；

2) 中断供电将影响重要用电单位的正常工作或造成公共场所秩序混乱。

3. 不属于一级和二级的用电负荷应为三级负荷。

一级负荷应由两个电源供电，当一个电源发生故障时，另一个电源不应同时受到损坏。

对于一级负荷中的特别重要负荷，应增设应急电源，并严禁将其他负荷接入应急供电系统。

二级负荷的供电系统，宜由两回线路供电。在负荷较小或地区供电条件困难时，二级负荷可由一回路 6kV 及以上专用的架空线路或电缆供电。当采用架空线时，可为一回路架空线供电；当采用电缆线路时，应采用两根电缆组成的线路供电，其每根电缆应能承受 100% 的二级负荷。

三级负荷可按约定供电。

知识要点 1　供配电系统的额定电压

考题一（2010-98）关于高压和低压的定义，下面哪种划分是正确的？（　　）

A. 1000V 及以上定为高压　　B. 1000V 以上定为高压

C. 1000V 以下定为低压　　D. 500V 及以下定为低压

[答案] B

[知识快览]

依据《民用建筑电气设计标准》GB 51348—2019 第 7.1.1 条，工频交流电压 1000V 及以下称为低压配电线路，所以 1000V 以上称为高压。

考题二　某一多层住宅，每户 4kW 用电设备容量，共 30 户，其供电电压应选择（　　）

A. 三相 380V　　B. 单相 220V　　C. 10kV　　D. 35kV

[答案] A

[知识快览]

对于多层住宅，依据《住宅建筑电气设计规范》JGJ 242—2011 第 6.2.6 条，6 层及以下的住宅单元宜采用三相电源供配电，当住宅单元数为 3 及 3 的整数倍时，住宅单元可采用单相电源供配电。

考题三　用电单位用电设备容量当大于何者时，在正常情况下，应以高压方式供电？（　　）

A. 250kW　　B. 250kVA　　C. 160kW　　D. 160kVA

[答案] A

考题四　民用建筑的高压方式供电，一般采用的电压是多少 kV？（　　）

A. 10　　B. 50　　C. 100　　D. 1000

[答案] A

[知识快览]

依据《民用建筑电气设计标准》GB 51348—2019 第 3.4.1 条，用电设备总容量在 250kW 及以上或变压器容量在 160kVA 及以上时，宜以 20kV 或 10kV 供电。当用电设备总容量在 250kW 以下或变压器容量在 160kVA 以下时，可由低压 380V/220V 供电。

考题五（2005-99，2011-83）下面哪一种电压不是我国现行采用的供电电压？（　　）

A. 220/380V B. 1000V C. 6kV D. 10kV

［答案］B

［知识快览］

依据《全国供用电规则》，按照国家标准，供电局供电额定电压：

(1) 低压供电：单相为220V，三相为380V；

(2) 高压供电：为10、35（63）、110、220、330、500kV；

(3) 除发电厂直配电压可采用3kV、6kV外，其他等级的电压应逐步过渡到上列额定电压。

［考点分析与应试指导］

主要考对供配电系统额定电压的概念、分类及不同等级额定电压在实际设计中的选择原则的熟悉程度。考题会针对额定电压的内容而展开，只要考生有一定的实际工作经验，结合日常生活用电常识，应该不难理解和掌握。这一道题可以理解为常识判断题。复习以熟悉为主，考试中应该是较为简单的得分题。难易程度：A级。

知识要点2　电力负荷分级

考题一（2003-99）电力负荷分为三级，即一级负荷、二级负荷和三级负荷，电力负荷分级是为了（　　）

A. 进行电力负荷计算
B. 确定供电电源的电压
C. 正确选择电力变压器的台数和容量
D. 确保其供电可靠性的要求

［答案］D

［知识快览］

依据《供配电系统设计规范》GB 50052—2009第3.0.1条，电力负荷应根据对供电可靠性的要求及中断供电对人身安全、经济损失上所造成的影响程度进行分级。据此用电分级的意义，在于正确地反映它对供电可靠性要求的界限，以便恰当地选择符合实际水平的供电方式，提高投资的经济效益，保护人员生命安全。

考题二　电力负荷是按下列哪一条原则分为一级负荷、二级负荷和三级负荷的？（　　）

A. 根据供电可靠性及中断供电造成的损失或影响的程度进行分级
B. 按建筑物电力负荷的大小进行分级
C. 按建筑物的高度和总建筑面积进行分级
D. 根据建筑物的使用性质进行分级

［答案］A

［知识快览］

依据《民用建筑电气设计标准》GB 51348—2019第3.2.1条，电力负荷应根据供电可靠性及中断供电所造成的损失或影响程度，分为一级负荷、二级负荷及三级负荷。

考题三（2003-100）下面哪类用电负荷为二级负荷？（　　）

A. 中断供电将造成人身伤亡者
B. 中断供电将造成较大政治影响者
C. 中断供电将造成重大经济损失者

D. 中断供电将造成公共场所秩序严重混乱者

[答案] B

[知识快览]

依据《民用建筑电气设计标准》GB 51348—2019 第 3.2.1 条第 2 款，符合下列情况之一时，应为二级负荷：

1) 中断供电将造成较大损失或较大影响；

2) 中断供电将影响重要用电单位的正常工作或造成人员密集的公共场所秩序混乱。

考题四（2004-100）请指出下列建筑中的客梯，哪个属于一级负荷？（　　）

A. 国家级办公建筑　　　　　　　　B. 高层住宅

C. 普通高层办公建筑　　　　　　　D. 普通高层旅馆

[答案] A

考题五（2005-100）下列哪类场所的乘客电梯列为一级电力负荷？（　　）

A. 重要的高层办公楼　　　　　　　B. 计算中心

C. 大型百货商场　　　　　　　　　D. 高等学校教学楼

[答案] A

[知识快览]

依据《民用建筑电气设计标准》GB 51348—2019 附录 A，民用建筑中各类建筑物的主要用电负荷分级，国家级会堂、国宾馆、国家级国际会议中心的客梯为一级负荷，国家及省部级政府办公建筑的客梯为一级负荷，一类高层建筑中客梯用电为一级负荷，二类高层建筑中客梯用电为二级负荷。依据条文说明第 3.2.2 条，一类和二类高层建筑中的电梯、部分场所的照明、生活水泵等用电负荷如果中断供电将影响全楼的公共秩序和安全，对用电可靠性的要求比多层建筑明显提高。

考题六（2005-112）航空障碍标志灯应按哪一个负荷等级的要求供电？（　　）

A. 一级　　　　　　　　　　　　　B. 二级

C. 三级　　　　　　　　　　　　　D. 一级负荷中特别重要负荷

[答案] D

[知识快览]

依据《民用建筑电气设计标准》GB 51348—2019 附录 A，障碍标志灯电源应按一级负荷中特别重要负荷供电。

考题七（2012-83）特级体育馆的空调用电负荷应为哪级负荷？（　　）

A. 一级负荷中特别重要负荷　　　　B. 一级负荷

C. 二级负荷　　　　　　　　　　　D. 三级负荷

[答案] B

[知识快览]

依据《体育建筑电气设计规范》JGJ 354—2014 第 3.2.1 条第 3 款，对于直接影响比赛的空调系统、泳池水处理系统、冰场致冰系统等用电负荷，特级体育建筑的应为一级负荷，甲级体育建筑的应为二级负荷。

考题八（2014-85）百级洁净度手术室空调系统用电负荷的等级是（　　）

A. 一级负荷中特别重要负荷　　　　B. 一级负荷

C. 二级负荷　　　　　　　　　　　　D. 三级负荷

[答案] B

[知识快览]

依据《民用建筑电气设计标准》GB 51348—2019 附录 A，百级洁净度手术室空调系统用电负荷等级为一级负荷。

考题九　下列部位的负荷等级，哪组答案是完全正确的？（　　）

Ⅰ 县级医院手术室　二级；　　　　Ⅱ 大型百货商店　二级

Ⅲ 特大型火车站旅客站房　一级　　Ⅳ 民用机场候机楼　一级

A. Ⅰ、Ⅳ　　　　B. Ⅰ、Ⅲ　　　　C. Ⅲ、Ⅳ　　　　D. Ⅰ、Ⅱ

[答案] C

[知识快览]

依据《民用建筑电气设计标准》GB 51348—2019 附录 A，县级医院手术室用电负荷等级为一级负荷。

[考点分析与应试指导]

本考点主要考核电力负荷分级的相关概念及规定，需要考生熟悉负荷分级的目的、依据、负荷等级及其内容，应熟悉不同类型建筑内不同电力负荷的负荷等级规定，此类考题多是比较直接考察某一种负荷所属的负荷等级，因此对于规范中负荷及其负荷等级的对应关系应有针对性地记忆。难易程度：A 级。

知识要点 3　电力负荷供电要求

考题一（2007-100）下列哪一种情况下，建筑物宜设自备应急柴油发电机？（　　）

A. 为保证一级负荷中特别重要的负荷用电

B. 市电为双电源为保证一级负荷用电

C. 市电为两个电源为保证二级负荷用电

D. 当外电源停电时，为保证自身用电

[答案] A

[知识快览]

依据《民用建筑电气设计标准》GB 51348—2019 第 3.2.9 条，一级负荷中特别重要的负荷除需双电源供电，还需增设应急电源，题中自备应急柴油发电机为建筑物应急电源。

考题二（2006-102）根据对应急电源的要求，下面哪种电源不能作为应急电源？（　　）

A. 与正常电源并联运行的柴油发电机组

B. 与正常电源并联运行的有蓄电池组的静态不间断电源装置

C. 独立于正常市电电源的柴油发电机组

D. 独立于正常电源的专门馈电线路

[答案] A

[知识快览]

依据《民用建筑电气设计标准》GB 51348—2019 第 3.2.8 条和第 3.2.9 条，一级负荷应由两个电源供电；对于一级负荷中特别重要的负荷，除需双电源供电，还需增设应急电源。应急电源与正常电源供电时不能同时损坏，这是应急电源的基本条件，与正常电源并联运行的柴油发电机组相互不独立，不能作为应急电源。

考题三　建筑供电一级负荷中的特别重要负荷供电要求为何？（　　）
A. 一个独立电源供电　　　　　　　B. 两个独立电源供电
C. 一个独立电源之外增设应急电源　D. 两个独立电源之外增设应急电源
[答案] D
[知识快览]

依据《供配电系统设计规范》GB 50052—2009 第 3.0.3 条，一级负荷中特别重要的负荷供电，应符合下列要求：

1. 除应由双重电源供电外，尚应增设应急电源，并严禁将其他负荷接入应急供电系统。

2. 设备供电电源的切换时间，应满足设备允许中断供电的要求。

考题四　下列哪个电源作为应急电源是错误的？（　　）
A. 蓄电池　　　　　　　　　　　　B. 独立于正常电源的发电机组
C. 从正常电源中引出一路专用的馈电线路　D. 干电池
[答案] C
[知识快览]

应急电源应是与电网在电气上独立的各式电源，即：应急电源与正常电源供电时不能同时损坏，这是应急电源的基本条件。例如：蓄电池、柴油发电机等。供电网络中有效地独立于正常电源的专用馈电线路即是指保证两个供电线路不大可能同时中断供电的线路。选项 C 从正常电源中引出一路专用的馈电线路与正常电源有关，互不独立，不能作为应急电源。

考题五（2014-94 改）建筑高度超过 100m 的高层民用建筑，为应急疏散照明供电的蓄电池，其连续供电时间不应少于（　　）
A. 15min　　　　B. 90min　　　　C. 30min　　　　D. 60min
[答案] B
[知识快览]

依据《建筑防火设计规范》GB 50016—2014 第 10.1.5 条，建筑内消防应急照明和灯光疏散指示标志的备用电源的连续供电时间应符合下列规定：建筑高度大于 100m 的民用建筑，不应小于 1.5 小时。

考题六（2012-84）A 级电子信息系统机房应采用下列哪种方式供电？（　　）
A. 单路电源供电
B. 两路电源供电
C. 两路电源＋柴油发电机供电
D. 两路电源＋柴油发电机＋UPS 不间断电源系统供电
[答案] D
[知识快览]

依据《数据中心设计规范》GB 50174—2017 第 8.1.1 条、第 8.1.7 条、第 8.1.12 条

分析，A级电子信息系统机房供电负荷等级为一级负荷。GB 50174 中要求 A 级电子信息系统机房应配置后备柴油发电机系统，且电子信息设备应由不间断电源供电。

[考点分析与应试指导]

本考点与负荷分级的考点相对应，即对应于不同的负荷等级有不同的供电要求。首先，考生应判断电力负荷的等级。其次，应熟悉一级负荷、二级负荷、三级负荷各自的供电要求，并理解规范中对供电电源和供电线路具体要求的含义，总结规律，灵活应用。难易程度：B级。

知识要点 4　电能质量

考题一　（2010-97、2009-97、2009-99）评价电能质量主要依据哪一组技术指标？（　　）

A. 电流、频率、波形　　　　　　　B. 电压、电流、频率
C. 电压、频率、负载　　　　　　　D. 电压、频率、波形

[答案] D

[知识快览]

目前我国电能质量评价在国家标准中有 8 项指标，其中有关电压质量的 5 项，有关频率质量的 1 项，有关波形质量的 2 项。所以电压、频率、波形是评价电能质量的主要技术指标。

考题二　（2007-107）下列哪种用电设备工作时会产生高次谐波？（　　）

A. 电阻炉　　　　B. 变频调速装置　　　C. 电热烘箱　　　　D. 白炽灯

[答案] B

[知识快览]

整流设备、逆变设备、变频器等会产生高次谐波，电阻炉、电热烘箱和白炽灯是电阻性负载，不产生谐波。

[考点分析与应试指导]

电能质量考点主要考核考生对电能质量评价指标等基本概念的理解和掌握情况。考生应了解评价电能质量的指标有哪些，理解每个指标的具体概念，了解产生电能质量的原因及供配电系统中对电能质量的要求。对于各指标的概念考生可进行对比理解。难易程度：A级。

知识要点 5　功率因数

考题一　低压供电的用电单位功率因数应为下列哪个数值以上？（　　）

A. 0.8　　　　　　B. 0.85　　　　　　C. 0.9　　　　　　D. 0.95

[答案] C

[知识快览]

依据《民用建筑电气设计标准》GB 51348—2019 第 3.6.1~3.6.4 条，35kV 及以下无功补偿宜在配电变压器低压侧集中补偿……功率因数不宜低于 0.9。高压侧的功率因数指标，依现行的《国家电网公司电力系统电压质量和无功电力管理规定》规定，100kVA 及以上 10kV 供电的电力用户，在用户高峰负荷时变压器高压侧功率因数不宜低于 0.95。

考题二（2011-90，2010-106）下列用电设备中，哪一个功率因数最高？（　　）
A. 电烤箱　　　　B. 电冰箱　　　　C. 家用空调器　　D. 电风扇
[答案] A
[知识快览]
电烤箱是阻性负载。阻性负载功率因数最高。

考题三（2005-101）采用电力电容器作为无功补偿装置可以（　　）。
A. 增加无功功率　　　　　　　B. 吸收电容电流
C. 减少泄漏电流　　　　　　　D. 提高功率因数
[答案] D
[知识快览]
依据《供配电系统设计规范》GB 50052—2009 第 6.0.2 条，当采用提高自然功率因数措施后，仍达不到电网合理运行要求时，应采用并联电力电容器作为无功补偿装置。
[考点分析与应试指导]
考生需理解功率因数的概念，功率因数低所带来的危害以及如何提高功率因数。功率因数由负荷性质决定，感性、容性、阻性负荷分别对应不同的功率因数，也利用此性质作为改善功率因数的方法和措施。复习以理解为主，难易程度：A 级。

3.2　变配电所和自备电源

[知识储备]

变电所是接收、变换和分配电能的场所，主要由电力变压器、高低压开关柜、保护与控制设备以及各种测量仪表等装置构成，而配电所是接收和分配电能的场所，没有变换电压的功能，因此没有变压器。

变配电所中，承担传输和分配电能到各用电场所的配电线路称为一次电路（主电路），一次电路中所有电气设备称为一次设备。用来测量、控制、信号显示和保护一次电路及其中设备运行的电路，称为二次电路（二次回路），二次电路中的所有电气设备，称为二次设备。

常用的高压一次设备有高压断路器、高压隔离开关、高压负荷开关、高压熔断器和高压开关柜。常用的低压一次电气设备包括低压刀开关、低压负荷开关、低压断路器和低压熔断器等，通常组成低压配电盘，用于变压器低压侧的首级配电系统，作为动力、照明配电之用。

正确、合理地选择变配电所所址，是供配电系统安全、合理、经济运行的重要保证。变配电所位置应根据下列要求综合考虑确定：

1. 深入或接近负荷中心；
2. 进出线方便；
3. 接近电源侧；
4. 设备吊装、运输方便；
5. 不应设在有剧烈振动或有爆炸危险介质的场所；

6. 不宜设在多尘、水雾或有腐蚀性气体的场所,当无法远离时,不应设在污染源的下风侧;

7. 不应设在厕所、浴室、厨房或其他经常积水场所的正下方,且不宜与上述场所贴邻,如果贴邻,相邻隔墙应做无渗漏、无结露等防水处理;

8. 配变电所为独立建筑物时,不应设置在地势低洼和可能积水的场所。

备用电源指正常电源断电时,由于非安全原因用来维持电气装置或其某些部分所需的电源。应急电源,又称安全设施电源,是用作应急供电系统组成部分的电源,是为了人体和家畜的健康和安全,以及避免对环境或其他设备造成损失的电源。为防止应急电源超负荷断电,规范不允许应急供电系统外其他负荷由应急电源供电。

知识要点1 供配电设备

考题一(2014-89)下列绝缘介质的变压器中,不宜设在高层建筑变电所内的是( )。

A. 环氧树脂浇注干式变压器 B. 气体绝缘干式变压器
C. 非可燃液体绝缘变压器 D. 可燃油油浸变压器

[答案] D

[知识快览]

依据《20kV及以下变电所设计规范》GB 50053—2013 第 2.0.3 条,在多层建筑物或高层建筑物的裙房中,不宜设置油浸变压器的变电所,当受条件限制必须设置时,应将油浸变压器的变电所设置在建筑物首层靠外墙的部位,且不得设置在人员密集场所的正上方、正下方、贴邻处以及疏散出口的两旁。高层主体建筑内不应设置油浸变压器的变电所。

考题二(2014-100,2011-100)电信机房、扩音控制室、电子信息机房位置选择时,不应设置在变配电室的楼上、楼下、隔壁场所,其原因是( )。

A. 防火 B. 防电磁干扰
C. 线路敷设方便 D. 防电击

[答案] B

[知识快览]

变配电室是产生电磁干扰的场所,离变配电室位置越近,电磁干扰强度越强,若超过系统设备的承受能力,就会影响设备的正常运行。

考题三(2012-85)当采用柴油发电机作为一类高层建筑消防负荷的备用电源时,其启动方式及与主电源的切换方式应采用下列哪种方式?( )

A. 自动启动、自动切换 B. 手动启动、手动切换
C. 自动启动、手动切换 D. 手动启动、自动切换

[答案] A

[知识快览]

一类高层建筑消防负荷为一级负荷,根据《民用建筑电气设计标准》GB 51348—2019 第 6.1.8 条和第 6.1.10 条,当消防应急电源由柴油发电机提供备用电源时,且消防用电负荷为一级时,应设自动启动装置,同时规定主电源与应急电源间,应采用自动切换

方式。

考题四（2004-101）请指出下列消防用电负荷中，哪一个可以不在最末一级配电箱处设置电源自动切换装置？（　　）

  A. 消防水泵　　　　　　　　B. 消防电梯
  C. 防烟排烟风机　　　　　　D. 应急照明、防火卷帘

［答案］D

[知识快览]

依据《建筑设计防火规范》GB 50016—2014 第 10.1.8 条，消防控制室、消防水泵房、防烟和排烟风机房的消防用电设备及消防电梯等的供电，应在其配电线路的最末一级配电箱处设置自动切换装置。

考题五（2012-86）自备应急柴油发电机电源与正常电源之间，应采用下列哪种防止并网运行的措施？（　　）

  A. 电气连锁　　　B. 机械连锁　　　C. 钥匙连锁　　　D. 人工保障

［答案］A

[知识快览]

根据《民用建筑电气设计标准》GB 51348—2019 第 6.1.8 条，自备应急柴油发电机电源与正常电源之间应采用电气连锁防止并网运行的措施。

考题六（2010-99）关于配电变压器的选择，下面哪项表述是正确的？（　　）

  A. 变压器满负荷时效率最高
  B. 变压器满负荷时的效率不一定最高
  C. 电力和照明负荷通常不共用变压器供电
  D. 电力和照明负荷分开计量时，则电力和照明负荷只能分别专设变压器

［答案］B

[知识快览]

根据变压器工作特性曲线，变压器负荷在 50%～70% 时的效率最高。

考题七（2010-102）下面哪一条关于采用干式变压器的理由不能成立？（　　）

  A. 对防火有利
  B. 体积较小，便于安装和搬运
  C. 没有噪声
  D. 可以和高低压开关柜布置在同一房间内

［答案］C

[知识快览]

干式变压器工作中有噪声。

考题八（2011-88，2009-106，2008-101）下列电气设备，哪个不应在高层建筑内的变电所装设？（　　）

  A. 真空断路器　　　　　　　B. 六氟化硫断路器
  C. 环氧树脂浇注干式变压器　　D. 有可燃油的低压电容器

［答案］D

[知识快览]

根据《民用建筑电气设计标准》GB 51348—2019 第 4.3.5 条，设置在民用建筑中的变压器应选择干式变压器、气体绝缘变压器或非可燃性液体绝缘变压器。

考题九（2006-98）三相交流配电装置各相序的相色标志，一般规定是什么颜色？（　　）

A. L1 相黄色、L2 相绿色、L3 相红色　　B. L1 相黄色、L2 相红色、L3 相绿色
C. L1 相红色、L2 相黄色、L3 相绿色　　D. L1 相红色、L2 相蓝色、L3 相绿色

[答案] A

[知识快览]

10kV 及以下变配电所配电装置各回路的相序排列宜一致，硬导体应涂刷相色油漆或相色标志。色相应为 L1 相黄色、L2 相绿色、L3 相红色。

考题十（2021-72）关于民用建筑电气设备的说法，正确的是（　　）。

A. NMR-CT 机的扫描室的电气线缆应穿铁管明敷设
B. 安装在室内外的充电桩，可不考虑防水防尘要求
C. 不同温度要求的房间，采用一根发热电缆供暖
D. 电视转播设备的电源不应直接接在可调光的舞台照明变压器上

[答案] D

[知识快览]

根据《民用建筑电气设计标准》GB 51348—2019 第 9.6.7 条，NMR-CT 机的扫描室的电气管线、器具及其支持构件不得使用铁磁物质或铁磁制品。进入室内的电源电线、电缆必须进行滤波。第 9.5.7 条第 2 项，电声、电视转播设备的电源不应直接接在舞台照明变压器上。

[考点分析与应试指导]

该考点围绕变配电所主接线展开，涉及供配电系统接受电能、转换电能及分配电能各个环节中的线缆和设备。考生应熟悉各设备的功能、特性及安装使用要求等，考点虽是考相关的电气设备，但应与变配电所的防火和安装布置等结合，考虑变配电系统安全、可靠运行等方面分析选项答案。难易程度：A 级。

知识要点 2　变配电所耐火等级

考题一（2010-100）下面哪一种电气装置的房间应采用三级耐火等级？（　　）

A. 设有干式变压器的变配电室　　B. 高压电容器室
C. 高压配电室　　D. 低压配电室

[答案] 依据现行规范，此题无答案。

[知识快览]

依据《20kV 及以下变电所设计规范》GB 50053—2013 第 6.1.1 条，变压器室、配电室和电容器室的耐火等级不应低于二级。题目中各电气设备室的耐火等级要求均为二级或以上。规范修订后，此题无答案。

考题二　可燃油油浸变压器室的耐火等级为何者？（　　）

A. 一级　　B. 二级　　C. 三级　　D. 一级或二级

[答案] D

[知识快览]

依据《民用建筑电气设计标准》GB 51348—2019 第 4.10.1 条，可燃油油浸电力变压器室的耐火等级不得低于二级。

考题三　高压配电室的耐火等级，不应低于何者？（　　）

A. 一级　　　　　　B. 二级　　　　　　C. 三级　　　　　　D. 无规定

[答案] B

[知识快览]

依据《民用建筑电气设计标准》GB 51348—2019 第 4.10.2 条，非燃或难燃介质的配电变压器室以及低压配电装置室和电容器室的耐火等级不宜低于二级。

[考点分析与应试指导]

变配电所内各具体功能房间的耐火等级需要考生对照规范内容进行梳理、总结，应理清不同类型变压器安装在变配电所时对应的耐火等级，进行对比记忆。复习以记忆熟悉为主。难易程度：A 级。

知识要点 3　变配电所防火设计

考题一（2012-87）位于高层建筑地下室的配变电所通向汽车库的门，应选用（　　）。

A. 甲级防火门　　B. 乙级防火门　　C. 丙级防火门　　D. 普通门

[答案] A

[知识快览]

依据《建筑设计防火规范》GB 50016—2014 第 6.2.7 条，变配电室开向建筑内的门应采用甲级防火门。《民用建筑电气设计标准》GB 51348—2019 第 4.10.3 条，变电所位于地下层或下面有地下层时，通向相邻房间或过道的门，应为甲级防火门；变电所通向汽车库的门应为甲级防火门。

考题二（2009-103）高层建筑内柴油发电机房储油间的总储油量不应超过几小时的需要量？（　　）

A. 2 小时　　　　B. 4 小时　　　　C. 6 小时　　　　D. 8 小时

[答案] D

[知识快览]

依据《民用建筑电气设计标准》GB 51348—2019 第 6.1.10 条 条文说明，机房内应设置储油间，通常最大储油量不应超过 8.0h 的需要量。

考题三（2007-101）设备用房如配电室、变压器室、消防水泵房等，其内部装修材料的燃烧性能应选用下列哪种材料？（　　）

A. A 级　　　　　B. B1 级　　　　　C. B2 级　　　　　D. B3 级

[答案] A

[知识快览]

依据《建筑内部装修设计防火规范》GB 50222—2017 第 4.0.9 条，消防水泵房、机械加压送风排烟机房、固定灭火系统钢瓶间、配电室、变压器室、发电机房、储油间、通风和空调机房等，其内部所有装修均应采用 A 级装修材料。

A级为不燃性，B1级为难燃性级，B2级为可燃性级，B3级为易燃性级。

考题四（2006-99）高层民用建筑中，柴油发电机房日用柴油储油箱的容积不应大于（ ）。

A. $0.5m^3$　　　　B. $1m^3$　　　　C. $3m^3$　　　　D. $5m^3$

[答案] B

[知识快览]

依据《建筑设计防火规范》GB 50016—2014 第 5.4.13 条，布置在民用建筑内的柴油发电机房应符合下列规定：机房内设置储油间时，其总储存量不应大于 $1m^3$，储油间应采用耐火极限不低于 3.00h 的防火隔墙与发电机间分隔；确需在防火隔墙上开门时，应设置甲级防火门。

考题五（2006-104）民用建筑中应急柴油发电机所用柴油（闪点≥60℃），根据火灾危险性属于哪一类物品？（ ）

A. 甲类　　　　B. 乙类　　　　C. 丙类　　　　D. 丁类

[答案] C

[知识快览]

依据《建筑设计防火规范》GB 50016—2014 第 3.1.3 条，甲、乙、丙类液体，依据闪点划分：将甲类火灾危险性的液体闪点基准定为<28℃；乙类定为≥28℃～<60℃；丙类定为≥60℃。这样划分甲、乙、丙类是以汽油、煤油、柴油的闪点为基准的，这样既排除了煤油升为甲类的可能性，也排除了柴油升为乙类的可能性，有利于节约和消防安全。而在我国国产 16 种规格的柴油闪点大多数为 60～90℃（其中仅"35"号柴油闪点为 50℃），所以柴油一般属于丙类液体。

[考点分析与应试指导]

按往年考题分析，该考点考的内容比较多，也比较细，这也不难理解，建筑防火本身就是一个很重要的设计方面。变配电所防火设计涉及防火门的等级、变压器或柴油发电机的用油、装修材料等，考生可将与此相关的规范内容归纳总结起来，熟练记忆。难易程度：B 级。

知识要点 4　变配电所通风设计

考题一（2014-86）地上变电所中的下列房间，对通风无特殊要求的是（ ）。

A. 低压配电室　　B. 柴油发电机房　　C. 电容器室　　D. 变压器室

[答案] A

[知识快览]

《民用建筑电气设计标准》GB 51348—2019 中，对柴油发电机房、电容器室、变压器室的通风均有特殊要求。

第 6.1.14 条，柴油发电机房宜利用自然通风排除发电机房的余热，当不能满足温度要求时，应设置机械通风装置。

第 4.11.1 条，设在地上的变电所内的变压器室宜采用自然通风，设在地下的变电所的变压器室应设机械送排风系统，夏季的排风温度不宜高于 45℃，通风和排风的温差不宜大于 15℃。

第4.11.2条，并联电容器室应有良好的自然通风，通风量应根据电容器温度类别按夏季排风温度不超过电容器所允许的最高环境空气温度计算。当自然通风不能满足排热要求时，可增设机械通风。

考题二（2012-92）对充六氟化硫气体绝缘的10（6）kV配电装置室而言，其通风系统风口设置的说法，正确的是（　　）。

　　A. 进风口与排风口均在上部　　　　B. 进风口在底部、排风口在上部
　　C. 底部设排风口　　　　　　　　　D. 上部设排风口

[答案] C

[知识快览]

六氟化硫气体密度大于空气密度。

考题三（2014-86，2009-102，2008-103）某一地上独立式变电所中，下列哪一个房间对通风无特殊要求？（　　）

　　A. 低压配电室　　B. 柴油发电机间　　C. 电容器室　　D. 变压器室

[答案] A

[知识快览]

依据《民用建筑电气设计标准》GB 51348—2019 第6.1.14条、第4.11.1条、第4.11.2条，地上独立式变电所中以上各房间均以自然通风为主，柴油发电机间、电容器室、变压器室自然通风不能满足通风要求时，需加机械通风，低压配电室对通风无特殊要求。

考题四（2004-103）变压器室夏季的排风温度不宜高于多少度？进风和排风温差不宜大于多少度？哪组答案是正确的？（　　）

　　A. 45℃、15℃　　　B. 35℃、10℃　　　C. 60℃、30℃　　　D. 30℃、5℃

[答案] A

[知识快览]

依据《民用建筑电气设计标准》GB 51348—2019 第4.11.1条，自然通风条件下，变压器室夏季的排风温度不宜高于45℃，进风和排风温差不宜大15℃，否则加机械通风。

考题五（2003-103改）应急柴油发电机的进风口面积一般应如何确定？（　　）

　　A. 应大于柴油发电机散热器的面积
　　B. 大于柴油发电机散热器的面积的1.5倍
　　C. 应大于柴油发电机散热器的面积的1.6倍
　　D. 大于柴油发电机散热器的面积的1.2倍

[答案] B

[知识快览]

依据《民用建筑电气设计标准》GB 51348—2019 第6.1.11条第9款，机房进风口设置符合下列要求：进风口宜设在正对发动机端或发动机端两侧，进风口面积不宜小于柴油机散热器面积的1.6倍。

[考点分析与应试指导]

变配电所的通风设计是变配电所设备安全、可靠、高效运行的重要保障，考生对变配电所进风口、排风口的位置、温度要求、面积大小、自然通风和机械排风的要求及实现方

式等应重点记忆、掌握。难易程度：B级。

知识要点5 变配电所的结构与布置

考题一（2012-88改）关于配变电所的房间布置，下列哪项是正确的？
A. 不带可燃油的10kV配电装置、低压配电装置和干式变压器可设置在同一房间内
B. 不带可燃油的10kV配电装置、低压配电装置和干式变压器均需要设置在单独房间内
C. 不带可燃油的10kV配电装置、低压配电装置可设置在同一房间内，干式变压器需要设置在单独房间内
D. 不带可燃油的10kV配电装置需要设置在单独房间内，低压配电装置和干式变压器可设置在同一房间内

[答案] A

[知识快览]

依据《民用建筑电气设计标准》GB 51348—2019第4.5.2条，不带可燃性油的35kV、20kV或10kV配电装置、低压配电装置和干式变压器等可设置在同一房间内。

考题二（2011-85）在确定柴油发电机房位置时，下列场所中最合适的是（　　）
A. 地上一层靠外墙　　　　　　　B. 地上一层不靠外墙
C. 地下三层靠外墙　　　　　　　D. 屋顶

[答案] A

[知识快览]

地上一层靠外墙位置较其他场所更安全和方便。

考题三（2010-101）关于变配电室的布置及对土建的要求，下面哪项规定是正确的？（　　）
A. 电力变压器可与高低压配电装置布置在同一房间内
B. 地上变压器室宜采用自然通风，地下变压器室应设机械送排风系统
C. 配变电所通向汽车库的门应为乙级防火门
D. 10kV配电室宜装设能开启的自然采光窗

[答案] B

[知识快览]

依据《20kV及以下变电所设计规范》GB 50053—2013第4.1.2条，非充油的高、低压配电装置和非油浸型的电力变压器，可设置在同一房间内。A中电气设备未限定为非油浸式配电装置及变压器，不正确。

依据《民用建筑电气设计标准》GB 51348—2019第4.11.1条，地上配变电所内的变压器室宜采用自然通风，地下配变电所的变压器室应设机械送排风系统，B正确。

依据《建筑设计防火规范》GB 50016—2014第6.2.7条，民用建筑中变配电室开向建筑内的门应采用甲级防火门，C不正确。

依据《20kV及以下变电所设计规范》GB 50053—2013第6.2.1条，地上变电所宜设自然采光窗。除变电所周围设有1.8m高的围墙或围栏外，高压配电室窗户的底边距室外地面的高度，不应小于1.8m，当高度小于1.8m时，窗户应采用不易破碎的透光材料或

加装格栅；低压配电室可设能开启的采光窗。D不正确。

考题四 (2007-102) 变电所对建筑的要求，下列哪项是正确的？（　　）

A. 变压器室的门应向内开
B. 高压配电室可设能开启的自然采光窗
C. 长度大于10m的配电室应设两个出口，并布置在配电室的两端
D. 相邻配电室之间有门时，此门应能双向开启

[答案] D

[知识快览]

依据《20kV及以下变电所设计规范》GB 50053—2013 第6.2.1条，高压配电室窗户的底边距室外地面的高度，不应小于1.8m，当高度小于1.8m时，窗户应采用不易破碎的透光材料或加装格栅；低压配电室可设能开启的采光窗。

第6.2.2条 变压器室、配电室、电容器室的门应向外开启。相邻配电室之间有门时，应采用不燃材料制作的双向弹簧门。

第6.2.6条 长度大于7m的配电室应设两个安全出口，并宜布置在配电室的两端。

A、B、C均有明显错误。

考题五 (2006-103) 对高压配电室门窗的要求，下列哪一个是错误的？（　　）

A. 宜设不能开启的采光窗
B. 窗台距室外地坪不宜低于1.5m
C. 临街的一面不宜开窗
D. 经常开启的门不宜开向相邻的酸、碱、蒸汽、粉尘和噪声严重的场所

[答案] B

[知识快览]

依据《民用建筑电气设计标准》GB 51348—2019 第4.10.8条，电压为35kV、20kV或10kV的配电室和电容器室，宜装设不能开启的采光窗，窗台距室外地坪不宜低于1.8m。临街的一面不宜开设窗户。

考题六 (2005-103) 在变配电所的设计中，下面哪一条的规定是正确的？（　　）

A. 高压配电室宜设能开启的自然采光窗
B. 高压电容器室的耐火等级应为一级
C. 高压配电室的长度超过10m时应设两个出口
D. 不带可燃油的高、低压配电装置可以布置在同一房间内

[答案] D

[知识快览]

根据防火性能和经济指标关系，《民用建筑电气设计标准》GB 51348—2019 第4.5.2条，不带可燃性油的35kV、20kV或10kV配电装置、低压配电装置和干式变压器等可设置在同一房间内。

考题七 (2005-104) 在变配电所设计中关于门的开启方向，下面哪一条的规定是正确的？（　　）

A. 低压配电室通向高压配电室的门应向高压配电室开启
B. 高压配电室通向变压器室的门应向低压配电室开启

C. 高压配电室通向高压电容器室的门应向高压电容器室开启

D. 配电室相邻房间之间的门,其开启方向是任意的

[答案] B

[知识快览]

依据《民用建筑电气设计标准》GB 51348—2019 第 4.10.9 条,变压器室、配电装置室、电容器室的门应向外开,并应装锁。相邻配电室之间设门时,门应向低压配电室开启。

考题八（2004-102）10kV 变电所中,配电装置的长度大于多少米时,其柜（屏）后通道应设两个出口？（　　）

　　A. 6m　　　　　　B. 8m　　　　　　C. 10m　　　　　　D. 15m

[答案] A

[知识快览]

依据《民用建筑电气设计标准》GB 51348—2019 第 4.7.3 条,当成排布置的配电柜长度大于 6m 时,柜后面的通道应设有两个出口。当两个出口之间的距离大于 15m 时,尚应增加出口。

考题九（2003-101）关于变配电所的布置,下列叙述中哪一个是错误的？（　　）

A. 不带可燃性油的高低压配电装置和非油浸式电力变压器,不允许布置在同一房间内

B. 高压配电室与值班室应直通或经通道相通

C. 当采用双层布置时,变压器应设在底层

D. 值班室应有直接迎向户外或通向走道的门

[答案] A

[知识快览]

依据《20kV 及以下变电所设计规范》GB 50053—2013 第 4.1.2 条,非充油的高、低压配电装置和非油浸型的电力变压器,可设置在同一房间内。显然,A 是错误的。

第 4.1.4 条,有人值班的变电所,应设单独的值班室,值班室应与配电室直通或经过通道直通,且值班室应有直接通到室外或通向变电所外走道的门。当低压配电室兼作值班室时,低压配电室的面积应适当增大。B、D 正确。

第 4.1.5 条,变电所宜单层布置。当采用双层布置时,变压器应设在底层,设于二层的配电室应设搬运设备的通道、平台或孔洞。C 正确。

考题十（2003-102）关于变压器室、配电室、电容器室的门开启方向,正确的是（　　）。

Ⅰ 向内开启

Ⅱ 向外开启

Ⅲ 相邻配电室之间有门时,向任何方向单向开启

Ⅳ 相邻配电室之间有门时,双向开启

　　A. Ⅰ、Ⅳ　　　　B. Ⅱ、Ⅲ　　　　C. Ⅱ、Ⅳ　　　　D. Ⅰ、Ⅲ

[答案] C

[知识快览]

依据《20kV 及以下变电所设计规范》GB 50053—2013 第 6.2.2 条，变压器室、配电室、电容器室的门应向外开启，相邻配电室之间有门时，应采用不燃材料制作的双向弹簧门。

[考点分析与应试指导]

该部分考点在历年考试中出题也相对较多，涉及变配电所的选址、功能结构划分、面积、设备布置，设备与设备或设备与墙、柱等的距离，门的位置和开启方向等，比较细，也比较具体。考生可绘制一张变配电所的平面图，将规范中涉及的相关内容结合平面图对应着理解和记忆。难易程度：B 级。

3.3 民用建筑的配电系统

 [知识储备]

常用的低压配电方式有放射式、树干式和混合式等基本形式。

1. 放射式

由配电装置直接供给分配电盘或负载。

优点是各个负荷独立受电，配电线路相互独立，因而具有较高的可靠性，故障范围一般仅限于本回路，线路发生故障需要检修时也只切断本回路而不影响其他回路；同时回路中电动机的启动引起的电压波动对其他回路的影响也较小。

缺点是所需开关和线路较多，因而建设费用较高。

放射式配电多用于比较重要的负荷，如空调机组、消防水泵等。

2. 树干式

树干式配电是由配电装置引出一条线路同时向若干用电设备配电。

优点是有色金属耗量少、造价低。

缺点是干线故障时影响范围大，可靠性较低。

一般用于用电设备的布置比较均匀、容量不大、无特殊要求的场合，如用于一般照明的楼层分配电箱等。

3. 混合式

混合式配电方式兼顾了放射式和树干式两种配电方式的特点，是将两者进行组合的配电方式，如高层建筑中，当每层照明负荷都较小时，可以从低压配电盘放射式引出多条干线，将楼层照明配电箱分组接入干线，局部为树干式。

供配电系统线缆的选择是否合理，直接关系到有色金属的消耗量与线路的投资，以及电网的安全、可靠、经济、合理运行。选择电线和电缆时，应满足允许温升、电压损失、机械强度等要求，电线、电缆的绝缘额定电压要大于线路的工作电压，并应符合线路安装方式和敷设环境的要求。电线、电缆的导线截面积应不小于与保护装置配合要求的最小截面积。

根据国际电工委员会（IEC）规定，低压配电系统的接地型式有 TN 系统、TT 系统和 IT 系统。其中 TN 系统又分为 TN-C 系统、TN-S 系统和 TN-C-S 系统。

表示系统型式符号的含义为：

第一个字母表示电源端的接地状态：

T——表示直接接地；

I——表示不直接接地，即对地绝缘或经 1kΩ 以上的高阻抗接地。

第二个字母表示负载端接地状态：

T——表示电气设备金属外壳的保护接地与电源端工作接地相互独立；

N——表示负载端接地与电源端工作接地作直接电气连续。

第三、四个字母表示中性线与保护接地线是否合用。

C——表示中性线（N）与保护接地线（PE）合用为一根导线（PEN）；

S——表示中性线（N）与保护接地线（PE）分开设置，为不同的导线。

1) IT 系统

IT 系统中，电源端不接地或通过阻抗接地，电气设备的金属外壳直接接地。

IT 系统适用于用电环境较差的场所（如井下、化工厂、纺织厂等）和对不间断供电要求较高的电气设备的供电。IT 系统中一般不设置中性线。

2) TT 系统

TT 系统的电源端中性点直接接地，用电设备的金属外壳的接地与电源端的接地相互独立。

在 TT 系统中当电气设备的金属外壳带电（相线碰壳或漏电）时，接地可以减少触电危险，但低压断路器不一定跳闸，设备的外壳对地电压可能超过安全电压。当漏电电流较小时，需加漏电保护装置。接地装置的接地电阻应尽量减小，通常采用建筑物钢筋混凝土基础内的主筋作为自然接地体，使接地电阻降低到 1Ω 以下。

3) TN 系统

(1) TN-C 系统

即四线制系统，三根相线 L1、L2、L3，一根中性线与保护接地线合并的 PEN 线，用电设备的外露可导电部分接到 PEN 线上。

TN-C 系统中，由于中性线与保护接地线合为 PEN 线，因而具有简单、经济的优点，但 PEN 线上除了有正常的负荷电流通过外，有时还有谐波电流通过，正常运行情况下，PEN 线上也将呈现出一定的电压。其大小取决于 PEN 线上不平衡电流和线路阻抗。因此，TN-C 系统主要适用于三相负荷基本平衡的工业企业建筑，在一般住宅和其他民用建筑内，不应采用 TN-C 系统。

(2) TN-S 系统

TN-S 系统，即五线制系统，三根相线分别是 L1、L2、L3，一根零线 N，一根保护接地线 PE，仅电力系统中性点一点接地，用电设备的外露可导电部分直接接到 PE 线上。

TN-S 系统中，将中性线和保护接地线严格分开设置，系统正常工作时，中性线 N 上有不平衡电流通过，而保护接地线 PE 上没有电流通过，因而，保护接地线和用电设备金属外壳对地没有电压。可较安全地用于一般民用建筑及施工现场的供电。

(3) TN-C-S 系统

TN-C-S 系统，即四线半系统，电源中性点直接接地，中性线与保护接地线部分合用，部分分开，系统中的一部分为 TN-C 系统，另一部分为 TN-C-S 系统。分开后不允许再合并。

TN-C-S 系统是民用建筑中广泛采用的一种接地方式。电源在建筑物的进户点处做重复接地,并分出中性线 N 和保护接地线 PE,或在室内总低压配电箱内分出中性线 N 和保护接地线 PE。

知识要点 1 电力供配电方式

考题一 (2014-84,2009-99,2008-101) 某幢住宅楼,采用 TN-C-S 三相供电,其供电电缆有几根导体?(　　)

A. 三根相线,一根中性线
B. 三根相线,一根中性线,一根保护线
C. 一根相线,一根中性线,一根保护线
D. 一根相线,一根中性线

[答案] A

[知识快览]

TN-C-S 三相供电系统前部分是 TN-C 方式供电,供电电缆有四根导体,其中三根相线,一根中性线;在系统后部分总配电箱分出 PE 线,构成 TN-C-S 供电系统,供电电缆有五根导线,其中三根相线;一根中性线;一根保护线。题目中,该住宅进线部分是 TN-C 方式。

考题二 (2004-107) 对某大型工程的电梯,应选择的供电方式是(　　)。

A. 由楼层配电箱供电
B. 由竖向公共电源干线供电
C. 由低压配电室直接供电
D. 由水泵房配电室供电

[答案] C

[知识快览]

依据《民用建筑电气设计标准》GB 51348—2019 第 7.2.1 条,对于容量较大或重要的负荷,宜从低压配电室以放射式配电。

考题三 (2005-97) 下列哪一类低压交流用电或配电设备的电源线不含有中性线?(　　)

A. 220V 电动机
B. 380V 电动机
C. 380/220V 照明配电箱
D. 220V 照明

[答案] B

[知识快览]

单相 220V 电源均有相线和中性线,而 380V 电动机只包括电源线和接地线,无中性线。

考题四 (2005-101) 在住宅的供电系统设计中,哪种接地方式不宜在设计中采用?(　　)

A. TN-S 系统
B. TN-C-S 系统
C. IT 系统
D. TT 系统

[答案] C

[知识快览]

住宅中的电源插座多数为连接手持式及移动式家用电器,出现故障应采用断电保护方式更为安全。由于IT系统是不断电保护,故不宜在住宅设计中采用。

[考点分析与应试指导]

该考点答题时要根据不同的建筑类型及供电需求,经过一定的分析进行判断。这就要求对系统不同的供配电方式、优缺点及其应用场合要非常熟练,考生可将这些相关知识总结归纳,对比理解与记忆。难易程度:A级。

知识要点 2　室内外电气配线配管

考题一 (2012-89) 建筑高度超过100m的高层建筑,其消防设备供电干线和分支干线应采用下列哪种电缆?（　　）

A. 矿物绝缘电缆　　　　　　　　B. 有机绝缘耐火类电缆

C. 阻燃电缆　　　　　　　　　　D. 普通电缆

[答案] A

[知识快览]

矿物绝缘电缆不含有机材料,具有不燃、无烟、无毒和耐火的特性。

考题二 (2010-104) 选择低压配电线路的中性线截面时,主要考虑哪一种高次谐波电流的影响?（　　）

A. 3次谐波　　　B. 5次谐波　　　C. 7次谐波　　　D. 所有高次谐波

[答案] A

[知识快览]

依据《民用建筑电气设计标准》GB 51348—2019 第7.4.4条,当线路中存在高次谐波时,在选择导体截面时应对载流量加以校正,校正系数应符合表7.4.4的规定。表7.4.4中仅提到按3次谐波整数倍的谐波电流含量进行校正。目前,由于在用电设备中有大量非线性用电设备存在,电力系统中的谐波问题已经很突出,严重时,中性导体的电流可能大于相导体的电流,因此必须考虑谐波问题引起的效应。实际上,线路中不仅只有3次谐波的影响,但规范中没有给出其他高次谐波明确的计算方法,所以本题选A。

考题三 (2010-105) 关于选择低压配电线路的导体截面,下面哪项表述是正确的?（　　）

A. 三相线路的中性线的截面均应等于相线的截面

B. 三相线路的中性线的截面均应小于相线的截面

C. 单相线路的中性线的截面应等于相线的截面

D. 单相线路的中性线的截面应小于相线的截面

[答案] C

[知识快览]

依据《低压配电设计规范》GB 50054—2011 第3.2.7条,符合下列情况之一的线路,中性导体的截面应与相导体的截面相同:

1. 单相两线制线路;

2. 铜相导体截面小于等于16mm^{2}或铝相导体截面小于等于25mm^{2}的三相四线制

线路。

依据《低压配电设计规范》GB 50054—2011 第 3.2.8 条，符合下列条件的线路，中性导体截面可小于相导体截面：

1. 铜相导体截面大于 16mm² 或铝相导体截面大于 25mm²；
2. 铜中性导体截面大于等于 16mm² 或铝中性导体截面大于等于 25mm²；
3. 在正常工作时，包括谐波电流在内的中性导体预期最大电流小于等于中性导体的允许载流量；
4. 中性导体已进行了过电流保护。

因此，为保证供电可靠性，单相线路的中性线的截面应等于相线的截面。

考题四（2004-105）布线用塑料管和塑料线槽，应采用难燃材料，其氧指数应大于（　　）。

A. 40　　　　　B. 35　　　　　C. 27　　　　　D. 20

[答案] C

[知识快览]

塑料管和塑料线槽的氧指数应大于 27，属于难燃材料。

考题五（2004-104）低压配电线路绝缘导线穿管敷设，绝缘导线总截面面积不应超过管内截面积的百分之多少？（　　）

A. 30%　　　　B. 40%　　　　C. 60%　　　　D. 70%

[答案] B

[知识快览]

依据《民用建筑电气设计标准》GB 51348—2019 第 8.3.3 条，穿金属导管的绝缘电线（两根除外），其总截面（包括外护层）不应超过管内截面积的 40%。

考题六（2008-105）在建筑物中有可燃物的吊顶内，下列布线方式哪一种是正确的？（　　）

A. 导线穿金属管　　　　　　　B. 导线穿塑料管
C. 瓷夹配线　　　　　　　　　D. 导线在塑料线槽内敷设

[答案] A

[知识快览]

依据《低压配电设计规范》GB 50054—2011 第 7.2.8 条，在建筑物闷顶内有可燃物时，应采用金属导管、金属槽盒布线。

[考点分析与应试指导]

该考点以供配电线缆的选择在具体工程项目中的应用为主，主要考核线缆类型、规格、材料、结构、特性、截面大小及相应的配管选择，考生对涉及规范中相应的设计和选择要求应有一定的了解。难易程度：B 级。

知识要点 3　配电线路布线

考题一（2014-87）高层建筑中向屋顶通风机供电的线路，其敷设路径应选择（　　）。

A. 沿电气竖井　　B. 沿电梯井道　　C. 沿给水井道　　D. 沿排烟管道

[答案] A

[知识快览]

依据《民用建筑电气设计标准》GB 51348—2019 第 8.11.2 条,电气竖井内布线不应和电梯井、管道井共用同一竖井。

考题二（2014-88）某一高层住宅,消防泵的配电线路导线从变电所到消防泵房,要经过一段公共区域,该线路应采用的敷设方式是（　　）

A. 埋在混凝土内穿管暗敷　　　　　B. 穿塑料管明敷
C. 沿普通金属线槽敷设　　　　　　D. 沿电缆桥敷设

[答案] A

[知识快览]

依据《建筑设计防火规范》GB 50016—2014 第 10.1.10 条,消防配电线路数设应符合:明敷时应穿金属导管或采用封闭式金属槽盒保护,金属导管或封闭式金属槽盒应采取防火保护措施。暗敷时应穿管并应敷设在不燃性结构内且保护层厚度不应小于 30mm。

考题三（2012-90）高层建筑内电气竖井的位置,下列叙述哪项是正确的?（　　）

A. 可以与电梯井共用同一竖井　　　B. 可以与管道井共用同一竖井
C. 宜靠近用电负荷中心　　　　　　D. 可以与烟道贴邻

[答案] C

[知识快览]

依据《民用建筑电气设计标准》GB 51348—2019 第 8.11.2 条,电气竖井的位置:不应和电梯井、管道井共用同一竖井;不应贴邻有烟道、热力管道及其他散热量大或潮湿的设施。

考题四（2012-91）电缆隧道进入建筑物及配电所处,应采取哪种防火措施?

A. 应设耐火极限 2.0h 的隔墙　　　　B. 应设带丙级防火门的防火墙
C. 应设带乙级防火门的防火墙　　　D. 应设带甲级防火门的防火墙

[答案] D

[知识快览]

依据《民用建筑电气设计标准》GB 51348—2019 第 8.7.3 条第 9 款,电缆隧道进入建筑物及配电所处,应设带甲级防火门的防火墙。

考题五（2011-84）高层建筑中电缆竖井的门应为（　　）

A. 普通门　　　B. 甲级防火门　　　C. 乙级防火门　　　D. 丙级防火门

[答案] D

[知识快览]

依据《民用建筑电气设计标准》GB 51348—2019 第 8.11.3 条,高层建筑中电缆竖井的门应为丙级防火门。

考题六（2011-86）向屋顶通风机供电的线路,其敷设部位下列哪项正确?（　　）

A. 沿电气竖井　　　　　　　　　　B. 沿电梯井道
C. 沿给排水或通风井道　　　　　　D. 沿排烟管道

[答案] A

[知识快览]

屋顶通风机电源取自低压配电室,其供电线路沿电气竖井敷设。

考题七（2010-103）关于电气竖井的位置，下面哪项要求错误？（　　）

A. 不应和电梯井共用同一竖井

B. 可与耐火、防火的其他管道共用同一竖井

C. 电气竖井邻近不应有烟道

D. 电气竖井邻近不应有潮湿的设施

[答案] B

[知识快览]

为避免相互影响，电气不应与其他管道共用同一竖井。

考题八（2009-104）某高层建筑顶部旋转餐厅的配电干线敷设的位置，下列哪一项是正确的？（　　）

A. 沿电气竖井　　　　　　　　B. 沿电梯井道

C. 沿给排水或通风井道　　　　D. 沿排烟管道

[答案] A

[知识快览]

为避免各种不利因素影响，配电干线不能在电梯井道、给排水或通风井道、排烟管道内敷设。

考题九（2006 改）当地面上的均匀荷载超过多少时，埋设的电缆排管应采取加固措施，以防排管受到机械损伤？（　　）

A. $50kN/m^2$　　　B. $100kN/m^2$　　　C. $150kN/m^2$　　　D. $200kN/m^2$

[答案] B

[知识快览]

依据《民用建筑电气设计标准》GB 51348—2019 第 8.7.4 条，当地面上均匀荷载超过 $100kN/m^2$ 时，应采取加固措施，防止排管受到机械损伤。

考题十（2006-106）在木屋架的闷顶内，关于配电线路敷设方式的叙述，下列哪个是正确的？（　　）

A. 穿塑料管保护

B. 穿金属管保护

C. 采用绝缘子配线

D. 采用塑料护套绝缘线直接敷设在木屋架上

[答案] B

[知识快览]

依据《民用建筑电气设计标准》GB 51348—2019 第 8.2.3 条，建筑物顶棚内，不应采用直敷布线。《低压配电设计规范》GB 50054—2011 第 7.2.8 条，在建筑物闷顶内有可燃物时，应采用金属导管、金属槽盒布线。本题木屋架的闷顶内宜采用金属管布线。

考题十一（2005-106）关于电气线路的敷设，下面哪一种线路敷设方式是正确的？（　　）

A. 绝缘电线直埋在地板内敷设

B. 绝缘电线在顶棚内直敷

C. 室外绝缘电线架空敷设

D. 绝缘电线不宜敷设在金属线槽内

[答案] C

[知识快览]

从防火、检修、更换、使用、维护等方面考虑，《民用建筑电气设计标准》GB 51348—2019 第 8.2.3 条规定：建筑物顶棚内、墙体及顶棚的抹灰层、保温层及装饰面板内或在易受机械损伤的场所不应采用直敷布线。

考题十二（2005-107）下面哪一种电气线路敷设的方法是正确的？（　　）

A. 同一回路的所有相线和中性线不应敷设在同一金属线槽内

B. 同一回路的所有相线和中性线应敷设在同一金属线槽内

C. 三相用电设备采用单芯电线或电缆时，每相电线或电缆应分开敷设在不同的金属线槽内

D. 应急照明和其他照明的线路可以敷设在同一金属管中

[答案] B

[知识快览]

依据《低压配电设计规范》GB 50054—2011 第 7.2.9 条，同一回路的所有相线和中性线，应敷设在同一金属槽盒内或穿于同一根金属导管内。

考题十三（2005-109）儿童活动场所，电源插座距地面安装高度应不低于多少米？（　　）

A. 0.8m　　　　B. 1.0m　　　　C. 1.8m　　　　D. 2.5m

[答案] C

[知识快览]

依据《托儿所、幼儿园建筑设计规范》（2019 年版）JGJ 39—2016 第 6.3.5 条，托儿所、幼儿园的房间内应设置插座，且位置和数量根据需要确定。活动室插座不应少于四组，寝室插座不应少于两组。插座应采用安全型，安装高度不应低于 1.80m。

考题十四（2007-112）照明配电系统的设计，下列哪一条是正确的？（　　）

A. 照明与插座回路分开敷设

B. 每个照明回路所接光源最多 30 个

C. 接组合灯时每个照明回路所接光源最多 70 个

D. 照明分支线截面不应小于 1.0mm^2

[答案] A

[知识快览]

依据《建筑照明设计标准》GB 50034—2013 第 7.2.4、7.2.5、7.2.11 条，每个照明回路所接光源不超过 25 个；组合灯每个照明回路所接光源不超过 60 个。电源插座不宜和普通照明灯接在同一分支回路。照明分支线截面不应小于 1.5mm。

考题十五（2004-106）在下述关于电缆敷设的叙述中，哪个是错误的？（　　）

A. 电缆在室外直接埋地敷设的深度不应小于 800mm

B. 电缆穿管敷设时，穿管内径不应小于电缆外径的 1.5 倍

C. 电缆隧道两个出口间的距离超过 75m 时，应增加出口

D. 电缆隧道内的净高不应低于 1.9m

[答案] A

[知识快览]

依据《民用建筑电气设计标准》GB 51348—2019 第 8.7.2 条，电缆室外埋地敷设电缆外皮至地面的深度不应小于 0.7m。

考题十六（2003-104）室外电缆沟的防水措施，采用下列哪一项是最重要的？（　　）

A. 做好沟盖板板缝的密封

B. 做好沟内的防水处理

C. 做好电缆引入、引出管的防水密封

D. 在电缆沟底部做坡度不小于 0.5% 的排水沟，将积水直接排入排水管或经集水坑用泵排出

[答案] D

[知识快览]

依据《低压配电设计规范》GB 50054—2011 第 7.6.24 条，电缆沟和电缆隧道应采取防水措施；其底部排水沟的坡度不应小于 0.5%，并应设集水坑，积水可经集水坑用泵排出，当有条件时，积水可直接排入下水道。

考题十七（2003-105）下列哪一种线路敷设方法禁止在吊顶内使用？（　　）

A. 绝缘导线穿金属管敷设　　　　B. 封闭式金属线槽

C. 用塑料线夹布线　　　　　　　D. 封闭母线沿吊架敷设

[答案] C

[知识快览]

依据《低压配电设计规范》GB 50054—2011 第 7.2.1 条，正常环境的屋内场所除建筑物顶棚及地沟内外，可采用直敷布线。第 7.2.2 条，正常环境的，屋内场所和挑檐下的屋外场所，可采用瓷夹或塑料线夹布线。

考题十八（2003-106）无铠装的电缆在室内明敷时，垂直敷设至地面的距离不应小于多少米，否则应有防止机械损伤的措施？（　　）

A. 2.0m　　　　B. 1.8m　　　　C. 2.2m　　　　D. 2.5m

[答案] B

[知识快览]

依据《低压配电设计规范》GB 50054—2011 第 7.6.8 条，无铠装的电缆在屋内明敷，除明敷在电气专用房间外，水平敷设时，与地面的距离不应小于 2.5m；垂直敷设时，与地面的距离不应小于 1.8m；当不能满足上述要求时，应采取防止电缆机械损伤的措施。

考题十九（2003-107）向电梯供电的线路敷设的位置，下列哪一种不符合规范要求？（　　）

A. 沿电气竖井　　　　　　　　　B. 沿电梯井道

C. 沿顶层吊顶内　　　　　　　　D. 沿电梯井道之外的墙敷设

[答案] B

[知识快览]

依据《通用用电设备配电设计规范》GB 50055—2011 第 3.3.6 条，向电梯供电的电

源线路，不应敷设在电梯井道内，除电梯的专用线路外，其他线路不得沿电梯井道敷设。

考题二十（2010-103）关于电气竖井的位置，下面哪项要求错误？（　　）

A. 不应和电梯井共用同一竖井

B. 可与耐火、防水的其他管道共用同一竖井

C. 电气竖井邻近不应有烟道

D. 电气竖井邻近不应有潮湿的设施

[答案] B

[知识快览]

依据《低压配电设计规范》GB 50054—2011 第7.7.4条，电气竖井的位置和数量，应根据用电负荷性质、供电半径、建筑物的沉降缝设置和防火分区等因素确定，并应符合下列规定：

1. 应靠近用电负荷中心；

2. 应避免邻近烟囱、热力管道及其他散热量大或潮湿的设施；

3. 不应和电梯、管道间共用同一电气竖井。

考题二十一（2008-106，2009-101）在高层建筑中电缆竖井的维护检修门应采用下列哪一种？（　　）

　　A. 普通门　　　　B. 甲级防火门　　　C. 乙级防火门　　　D. 丙级防火门

[答案] D

[知识快览]

依据《民用建筑电气设计标准》GB 51348—2019 第8.11.3条，竖井的门耐火等级不应低于丙级。

依据《低压配电设计规范》GB 50054—2011 第7.7.5条，电气竖井的井壁应采用耐火极限不低于1h的非燃烧体。电气竖井在每层楼应设维护检修门并应开向公共走廊，检修门的耐火极限不应低于丙级。

考题二十二（2007-103 改）不超过100m的高层建筑电缆竖井的楼板处需要做防火分隔，下列哪个做法是正确的？（　　）

　　A. 每2～3层做防火分隔　　　　　　B. 每层做防火分隔

　　C. 在建筑物高度一半处做防火分隔　　D. 只在设备层做防火分隔

[答案] B

[知识快览]

依据《建筑设计防火规范》GB 50016—2014 第6.2.9条第3款，建筑内的电缆井、管道井应在每层楼板处采用不低于楼板耐火极限的不燃材料或防火封堵材料封堵。

考题二十三（2006）关于高层建筑中电缆井的叙述，下列哪一个是错误的？（　　）

A. 电缆井不允许与电梯井合并设置

B. 电缆井的检查门应采用丙级防火门

C. 电缆井允许与管道井合并设置

D. 电缆井与房间、走道等相连通的孔洞，其空隙应采用不燃烧材料填密实

[答案] C

[知识快览]

依据《民用建筑电气设计标准》GB 51348—2019 第 8.11.2 条,电缆井不应和电梯井、管道井共用同一竖井。

[考点分析与应试指导]

管线的敷设需要考虑电压等级、电缆的数量、安装环境,是否易受外力损坏,后期维护的方便性,技术经济合理性,防水、排水措施以及防小动物进入的措施等方面的相关知识和设计规范规定。考生需结合实际工程、工作情况,熟悉规范内容,一方面了解建筑整体供配电电缆的敷设方法及要求,另一方面还需了解在建筑内各房间照明、空调、插座等各种设备用电的敷设要求。难易程度:B 级。

考题二十四 (2021-71) 关于线路铺设,下面正确的是( )。

A. 电缆直接埋设在冻土区地下时,应铺设在冻土线以上
B. 电缆沟应有良好的排水条件,应在沟内设置不少于 0.5% 的纵坡
C. 电缆隧道埋设时当遇到其他交叉管道时可适当避让降低高度,但应保证不小于 1.9m 净高
D. 消防电缆线在建筑内暗敷时,需要埋在保护层不少于 20mm 的不燃烧结构层内

[答案] B

[知识快览]

根据《民用建筑电气设计标准》GB 51348—2019 第 8.7.2 条第 5 款,在寒冷地区,电缆宜埋设于冻土层以下。当无法深埋时,应采取措施,防止电缆受到损伤。

第 8.7.3 条第 7 款,电缆沟和电缆隧道应采取防水措施,其底部应做不小于 0.5% 的坡度坡向集水坑(井);积水可经逆止阀直接接入排水管道或经集水坑(井)用泵排出。

第 8.7.3 条第 12 款,电缆隧道的净高不宜低于 1.9m,局部或与管道交叉处净高不宜小于 1.4m;隧道内应有通风设施,当满足要求时可采取自然通风。

根据《建筑防火设计规范》GB 50016—2014(2018 年版)第 10.1.10 条第 2 款,暗敷时,应穿管并应敷设在不燃性结构内且保护层厚度不应小于 30mm。

3.4 电气照明

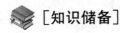

电气照明是建筑物的重要组成部分,电气照明设计的首要任务是在缺乏自然光的工作场所或工作区域内,创造一个适宜于进行视觉工作的环境。合理的电气照明是保证安全生产、改善劳动条件、提高劳动生产率、减少事故、保护工作人员视力健康及美化环境的必要措施。适用、经济和美观,是照明设计的一般原则。

照明的种类按用途分为正常照明、应急照明、值班照明、警卫照明、景观照明和障碍照明等。由于建筑物的功能和要求不同,对照度和照明方式的要求也不相同。照明方式可分为一般照明、局部照明和混合照明。

1. 一般照明

一般照明是为照亮整个场所而设置的均匀照明。一般照明由若干个灯具均匀排列而

成,可获得较均匀的水平照度。对于工作位置密度很大而对照射方向无特殊要求或受条件限制不适宜装设局部照明的场所,可只单独装设一般照明,如办公室、体育馆和教室等。

2. 局部照明

局部照明是为特定视觉工作用的、为照亮某个局部而设置的照明。其优点是开关方便,并能有效地突出对象。对于局部地点需要高照度并对照射方向有要求时,可采用局部照明。但在整个场所不应只设局部照明而不设一般照明。

3. 混合照明

由一般照明和局部照明组成的照明称为混合照明。对于工作位置需要有较高照度并对照射方向有特殊要求的场合,应采用混合照明。混合照明的优点是,可以在工作面(平面、垂直面或倾斜面)表面上获得较高的照度,并易于改善光色,减少照明装置功率和节约运行费用。

混合照明中的一般照明的照度不低于混合照明总照度的 5%~10%,并且最低照度不低于 20lx。

目前常用的电光源,根据其发光原理,基本上可分为固体发光光源(热辐射光源)和气体放电发光光源。气体放电光源按其发光的物质不同又可分为金属类(低压汞灯、高压汞灯)、惰性气体类(如氙灯、汞氙灯)、金属卤化物类(钠、铟)等。

灯具是指能透光、分配光和改变光源光分布的器具,以达到合理利用和避免眩光的目的。灯具由电光源(灯泡)、灯罩、灯座组成。灯具的布置主要就是确定灯在室内的空间位置。灯具的布置对照明质量有重要影响,光的投射方向、工作面的照度、照明均匀性、直射眩光、视野内其他表面的亮度分布及工作面上的阴影等,都与照明灯具的布置有直接关系。灯具的布置合理与否影响到照明装置的安装功率和照明设施的耗费,影响照明装置的维修和安全。

照明设计的主要任务是选择合适的照明器具,进行合理的布局,以获得符合要求的亮度分布。照度的计算是在灯具布置的基础上进行的,而照度计算的初步结果又可用于对灯具布置进行调整,以便获得合理的布置,最后确定光源的功率。也就是说,无论是由已知灯具功率求照度,还是由给定照度求灯具功率,都需要进行照度计算。

照明设计部分的计算主要是照度计算,只有在特殊的场合,才需要计算某些表面的亮度。照度计算的目的是根据所需要的照度值及其他已知条件(如布灯方案、照明方式、灯具类型、房间各个面的反射条件及灯具和房间的污染情况等)来决定灯泡的容量和灯的数量,或者是在灯具类型、容量及布置都已确定的情况下,计算某点的照度值。照度计算一般采用利用系数法、单位容量法和逐点法等。

建筑物内部的照明供电系统,一般采用 380V/220V 三相四线制供电形式。为使三相用电量平衡,照明设备尽量平均地分三组接入三相电源中。低压供电线路通过户外架空线路或地下敷设的电缆向建筑物供电。

知识要点 1 电气照明的基本知识

考题一 (2010-112) 下面哪项关于照度的表述是正确的?( )

A. 照度是照明灯具的效率
B. 照度是照明光源的发光强度

C. 照度是照明光源的光通量
D. 照度的单位是勒克斯（lx）

[答案] D

[知识快览]

依据《建筑照明设计标准》GB 50034—2013 第 2.0.6 条，照度的定义：入射在包含该点的面元上的光通量 dΦ 除以该面元面积 dA 所得之商。单位为勒克斯（lx），$1lx=1lm/m^2$。

考题二（2005-28）照度标准值指的是作业面或参考平面上的哪种照度？（　　）

A. 最小照度　　　　　　　　　　B. 最大照度
C. 初始平均照度　　　　　　　　D. 维持平均照度

[答案] D

[知识快览]

依据《建筑照明设计标准》GB 50034—2013 第 5.1.1 条，本标准规定的照度除标明外均应为作业面或参考平面上的维持平均照度。

考题三（2005-31）商店营业厅用光源的一般显色指数不应低于（　　）

A. 90　　　　　B. 80　　　　　C. 70　　　　　D. 60

[答案] B

[知识快览]

依据《商店建筑设计规范》JGJ 48—2014 第 7.3.7 条，商店建筑的照明应按商品类别选择光源的色温和显色性（R_a），并应符合下列规定（其中第 2 款）：

主要光源的显色指数应满足商品颜色真实性的要求，一般区域，R_a 可取 80，需反映商品本色的区域，R_a 宜大于 85。

考题四（2005-32 改）标准中规定的学校教室的照明功率密度现行值是（　　）。

A. $12W/m^2$　　　B. $11W/m^2$　　　C. $10W/m^2$　　　D. $9W/m^2$

[答案] D

[知识快览]

依据《建筑照明设计标准》GB 50034—2013 第 6.3.7 条，教育建筑中教室的照度标准值为 300lx，照明功率密度限制现行值≤$9.0W/m^2$。

考题五（2004-25）下列哪种光源的寿命长？（　　）

A. 白炽灯　　　B. 卤钨灯　　　C. 荧光灯　　　D. 高压钠灯

[答案] D

[知识快览]

高压钠灯使用时发出金白色光，具有发光效率高、耗电少、寿命长、透雾能力强和不诱虫等优点，是各种电光源中使用寿命最长的一种。

考题六（2004-26）下列哪种光源的色温为暖色？（　　）

A. 3000K　　　B. 4000K　　　C. 5000K　　　D. 6000K

[答案] A

考题七（2003-26）下列哪种光源的色温为冷色？（　　）

A. 3000K　　　B. 4000K　　　C. 5000K　　　D. 6000K

[答案] D

[知识快览]

暖色,色温值<3300K;中间色,色温值3300～5300K;冷色,色温值>5300K。

考题八(2004-27)下列哪种灯具的下半球的光通量百分比值(所占总光通量的百分比)为间接型灯具?( )

A. 60%～90%　　B. 40%～60%　　C. 10%～40%　　D. 0～10%

[答案] C

考题九(2003-27)下列哪种灯具的下半球光通量比值(所占总光通量的百分比)为直接型灯具?( )

A. 90%～100%　　B. 60%～90%　　C. 40%～60%　　D. 10%～40%

[答案] A

[知识快览]

国际照明委员会按光通在空间上、下半球的分布把灯具划分为五类:

1. 直接型灯具。上半球的光通占0～10%,下半球的光通占100%～90%。
2. 半直接型灯具。上半球的光通占10%～40%,下半球的光通占90%～60%。
3. 直接-间接型灯具。上半球的光通占40%～60%,下半球的光通占60%～40%。
4. 半间接型灯具。上半球的光通占60%～90%,下半球的光通占40%～10%。
5. 间接型灯具。上半球的光通占90%～100%,下半球的光通占40%～10%。

考题十(2004-28)当点光源垂直照射在1m距离的被照面时的照度为E_1时,若至被照面的距离增加到3m时的照度E_2为原E_1照度的多少?( )

A. 1/3　　B. 1/6　　C. 1/9　　D. 1/12

[答案] C

考题十一(2003-28)当点光源垂直照射在1m距离的被照面时的照度为E_1时,若至被照面的距离增加到2m时的照度E_2为原E_1照度的多少?( )

A. 1/2　　B. 1/3　　C. 1/4　　D. 1/5

[答案] C

[知识快览]

根据平方反比定律,光线垂直于被照面时,被照面上的照度与光源的发光强度成正比,与距离的平方成反比。

考题十二(2004-31)下列哪种管径(Φ)的荧光灯最不节能?( )

A. T12(Φ38mm)灯　　　　　　B. T10(Φ32mm)灯
C. T8(Φ26mm)灯　　　　　　D. T5(Φ16mm)灯

[答案] A

考题十三(2003-31)下列哪种管径(Φ)的荧光灯最节能?( )

A. T12(Φ38mm)灯　　　　　　B. T10(Φ32mm)灯
C. T8(Φ26mm)灯　　　　　　D. T5(Φ16mm)灯

[答案] D

[知识快览]

细管径荧光灯比粗管径荧光灯发光效率高,显色性能好,更节能。

考题十四（2004-32）在工作面上具有相同照度条件下，用下列哪种类型的灯具最不节能？（　　）

A. 直接型灯具　　B. 半直接型灯具　　C. 扩散型灯具　　D. 间接型灯具

[答案] D

考题十五（2003-32）在工作面上具有相同照度条件下，用下列哪种类型的灯具最节能？（　　）

A. 直接型灯具　　B. 半直接型灯具　　C. 扩散型灯具　　D. 间接型灯具

[答案] A

[知识快览]

国际照明委员会按光通在空间上、下半球的分布把灯具划分为五类：直接型、半直接型、直接-间接型、半间接型和间接型。直接型灯具由于其利用系数高、配光合理、反射效率高、耐久性好的特点，故为最节能的灯具。相对应的，间接型灯具光通利用率低，设备投资高，维护费用高，最不节能。

考题十六（2003-18）亮度是指（　　）。

A. 发光体射向被照面上的光通量密度

B. 发光体射向被照空间内的光通量密度

C. 发光体射向被照空间的光通量的量

D. 发光体在视线方向上单位面积的发光强度

[答案] D

[知识快览]

亮度是发光体在视线方向上单位面积的发光强度。

考题十七（2003-25）下列哪种光源为热辐射光源？（　　）

A. 荧光灯　　B. 高压钠灯　　C. 卤钨灯　　D. 金卤化物灯

[答案] C

[知识快览]

热辐射光源是发光物体在热平衡状态下，使热能转变为光能的光源，如白炽灯、卤钨灯等。

考题十八（2003-29）在住宅起居室照明中，宜采用下列哪种照明方式为宜？（　　）

A. 一般照明　　　　　　　　B. 局部照明

C. 局部照明加一般照明　　　D. 分区一般照明

[答案] C

[知识快览]

起居室一般采用两种照明方式：一般照明和局部照明，一般照明通常选用枝形吊灯或豪华吸顶灯，置于会客区上方，以形成豪华明亮的气氛。局部照明包括落地灯壁灯、台灯、筒灯和装饰射灯，等等。

考题十九（2011-96）下列为降低荧光灯频闪效应所采取的方法中，哪一种无效？（　　）

A. 相邻的灯接在同一条相线上　　　B. 相邻的灯接在不同的两条相线上

C. 相邻的灯接在不同的三条相线上　　D. 采用高频电子镇流器

［答案］A

［知识快览］

相邻灯具接在不同的相线上，或采用高频电子镇流器均能降低荧光灯频闪效应。

考题二十（2011-97）下列照明光源中哪一种光效最高？（　　）

A. 白炽灯　　　　　　　　　　B. 卤钨灯
C. 金属卤化物灯　　　　　　　D. 低压钠灯

［答案］D

［知识快览］

低压钠灯光源是上述光源中光效最高的一种。

考题二十一（2009）在有彩电转播要求的体育馆比赛大厅，宜选择下列光源中的哪一种？（　　）

A. 钠灯　　　　　　　　　　　B. 荧光灯
C. 金属卤化物灯　　　　　　　D. 白炽灯

［答案］C

［知识快览］

金属卤化物灯光源适合用于高大空间及有显色性要求的场所。

考题二十二（2009）有显色性要求的室内场所不宜采用哪一种光源？（　　）

A. 白炽灯　　　　　　　　　　B. 低压钠灯
C. 荧光灯　　　　　　　　　　D. 发光二极管（LED)

［答案］B

［知识快览］

低压钠灯显色指数差，不适合用于有显色性要求的室内场所。

考题二十三（2007-26）高度较低的办公房间宜采用下列哪种光源？（　　）

A. 粗管径直管型荧光灯　　　　B. 细管径直管型荧光灯
C. 紧凑型荧光灯　　　　　　　D. 小功率金属卤化物灯

［答案］B

［知识快览］

依据《建筑照明设计标准》GB 50034—2013 第 3.2.2 条第 1 款，灯具安装高度较低的房间宜采用细管直管形三基色荧光灯。

考题二十四（2007-27）下列哪种荧光灯灯具效率为最低？（　　）

A. 开敞式灯具　　　　　　　　B. 带透明保护罩灯具
C. 格栅灯具　　　　　　　　　D. 带磨砂保护罩灯具

［答案］依据现行规范，此题无答案。

［知识快览］

依据《建筑照明设计标准》GB 50034—2013 第 3.3.2 条第 1 款，直管型荧光灯灯具的效率开敞式 75％，带透明保护罩 70％，带棱镜保护罩 55％，带格栅 65％。第 2 款，紧凑型荧光灯灯具的效率开敞式 55％，带保护罩 50％，带格栅 45％。

考题二十五（2007-29）下列哪种灯的显色性为最佳？（　　）

A. 白炽灯　　　　　　　　　　B. 三基色荧光灯

C. 荧光高压汞灯 D. 金属卤化物灯

[答案] A

[知识快览]

白炽灯的理论显色指数接近100，是显色性最好的灯具。

考题二十六（2007-30）用流明法计算房间照度时，下列哪项参数与照度计算无直接关系？（　　）

A. 灯的数量 B. 房间的维护系数
C. 灯具效率 D. 房间面积

[答案] C

[知识快览]

$$E_{av} = \frac{N \cdot \Phi \cdot U \cdot K}{A}$$

其中，E_{av} 是《建筑照明设计标准》中规定的照度标准值，N 是照明灯具的数量，Φ 是一个灯具内光源发出的光通量，U 是利用系数，K 是维护系数，A 是工作面面积。

考题二十七（2007-31 改）一般商店营业厅的照明功率密度的现行值为（　　）。

A. $12W/m^2$ B. $13W/m^2$ C. $11W/m^2$ D. $10W/m^2$

[答案] D

[知识快览]

依据《建筑照明设计标准》GB 50034—2013 表 6.3.4，一般商店营业厅照明功率密度限制现行值≤$10.0W/m^2$。

考题二十八（2007-113）下列哪种情况不应采用普通白炽灯？（　　）

A. 连续调光的场所 B. 装饰照明
C. 普通办公室 D. 开关频繁的场所

[答案] C

考题二十九（2005-26）下列哪个场所不可采用白炽灯？（　　）

A. 要求连续调光的场所 B. 防止电磁干扰要求严格的场所
C. 开关灯不频繁的场所 D. 照度要求不高的场所

[答案] C

[知识快览]

白炽灯用于要求瞬间启动和连续调光，对防止电磁干扰要求严格、开关频繁、照度要求不高、照明时间较短的场所以及对装饰有特殊要求的场所。

考题三十（2003-108）请判断在下述部位中，哪个应选择有过滤紫外线功能的灯具？（　　）

A. 医院手术室 B. 病房
C. 演播厅 D. 藏有珍贵图书和文物的库房

[答案] D

[知识快览]

依据《建筑照明设计标准》GB 50034—2013 第 3.3.4 条第 10 款条文说明，在博物馆展室或陈列柜等场所……需采用能隔紫外线的灯具或无紫外线光源。

[考点分析与应试指导]

此部分是建筑照明设计相关的基础知识，考生应理解并掌握照明的基本概念、照明质量、照明方式与种类、光源与灯具。对于概念不仅要理解字面的意思，还要结合实际，理解各概念，如光通量与亮度、照度之间的关系，记住常见光源 LED 灯、白炽灯、荧光灯、卤钨灯、金属卤化物灯、高压汞灯、低压钠灯的光效、寿命、色温、显色指数、应用场合等基本参数，理解照度计算的公式和方法。难易程度：A 级。

知识要点 2　应急照明

考题一（2007-111）应急照明是指下列哪一种照明？（　　）
A. 为照亮整个场所而设置的均匀照明
B. 为照亮某个局部而设置的照明
C. 因正常照明电源失效而启用的照明
D. 为值班需要所设置的照明
[答案] C
[知识快览]

依据《建筑照明设计标准》GB 50034—2013 第 2.0.19 条，应急照明：因正常照明的电源失效而启用的照明。

考题二（2008-103）下列哪一个场所的应急照明应保证正常工作时的照度？（　　）
A. 商场营业厅　　B. 展览厅　　　C. 配电室　　　D. 火车站候车室
[答案] C

考题三（2009-116，2011-98）在下列部位的应急照明中，当发生火灾时，哪一个应保证正常工作时的照度？（　　）
A. 百货商场营业厅　　　　　　B. 展览厅
C. 火车站候车室　　　　　　　D. 防排烟机房
[答案] D
[知识快览]

由于防排烟机房、配电室在火灾期间要保持正常工作，故应急照明应保证正常工作时的照度。以上三道题目属于同一知识点的不同问法，可一起理解、记忆。

考题四（2010-110）应急照明包括哪些照明？（　　）
A. 疏散照明、安全照明、备用照明
B. 疏散照明、安全照明、警卫照明
C. 疏散照明、警卫照明、事故照明
D. 疏散照明、备用照明、警卫照明
[答案] A

考题五（2008-112）下列哪一种照明不属于应急照明？（　　）
A. 安全照明　　B. 备用照明　　　C. 疏散照明　　　D. 警卫照明
[答案] D
[知识快览]

依据《建筑照明设计标准》GB 50034—2013 第 2.0.19 条，应急照明包括：疏散照明、安全照明和备用照明。以上两题属于同一知识点的不同问法，应熟练掌握。

[考点分析与应试指导]

应急照明属于比较明确的一个知识点，考生应掌握应急照明的概念、作用、包含内容、负荷等级、照度要求及安装要求等，一方面应熟悉基本概念，另一方面还应熟悉规范规定，了解工程设计要求。难易程度：B级。

考题七（2021-73）下列公共建筑的场所应设置疏散照明的是：

A. 150m^2 的餐厅　　　　　　　　B. 150m^2 的演播室

C. 150m^2 的营业厅　　　　　　　D. 150m^2 的地下公共活动场所

[答案] D

[知识快览]

根据《建筑设计防火规范》GB 50016—2014 第10.3.1条，除建筑高度小于27m的住宅建筑外，民用建筑、厂房和丙类仓库的下列部位应设置疏散照明：

1 中封闭楼梯间、防烟楼梯间及其前室、消防电梯间的前室或合用前室、避难走道、避难层（间）；

2 观众厅、展览厅、多功能厅和建筑面积大于200m^2 的营业厅、餐厅、演播室等人员密集的场所；

3 建筑面积大于100m^2 的地下或半地下公共活动场所；

4 公共建筑内的疏散走道；

5 人员密集的厂房内的生产场所及疏散走道。

知识要点3　障碍照明

考题一（2009-113，2008-114改）高度超过151m高的建筑物，其航空障碍灯应为哪一种颜色？（　　）

A. 白色　　　　B. 红色　　　　C. 蓝色　　　　D. 黄色

[答案] A

[知识快览]

依据《民用建筑电气设计标准》GB 51348—2019 第10.2.7条，航空障碍标志灯技术要求不同高度选用不同光强的光源，高于地面151m时，灯光颜色选用高光强白色灯。

考题二（2006-112）关于建筑物航空障碍灯的颜色及装设位置的叙述，下列哪一个是错误的？（　　）

A. 距地面150m以下应装设红色灯

B. 距地面150m及以上应装设白色灯

C. 航空障碍灯应装设在建筑物最高部位，当制高点平面面积较大时，还应在外侧转角的顶端分别设置

D. 航空障碍灯的水平、垂直距离不宜大于60m

[答案] D

[知识快览]

依据《民用建筑电气设计标准》GB 51348—2019 第10.2.7条第2款，障碍标志灯的水平、垂直距离不宜大于52m。

考题三（2005-112）航空障碍标志灯应按哪一个负荷等级的要求供电？（　　）
A. 一级
B. 二级
C. 二级
D. 按主体建筑中最高电力负荷等级

[答案] D

[知识快览]

依据《民用建筑电气设计标准》GB 51348—2019 第 10.6.2 条，航空障碍标志灯应按主体建筑中最高负荷等级要求供电。

[考点分析与应试指导]

障碍照明与应急照明类似，都属于比较明确的知识点。同样，考生应掌握障碍照明的概念、作用、颜色、负荷等级及供电要求等，一方面应熟悉基本概念，另一方面还应熟悉规范规定，了解工程设计要求。难易程度：B 级。

知识要点 4　照明节能

考题一（2010-111）关于照明节能，下面哪项表述不正确？（　　）
A. 采用高效光源
B. 一般场所不宜采用普通白炽灯
C. 每平方米的照明功率应小于照明设计标准规定的照明功率密度值
D. 充分利用天然光

[答案] C

[知识快览]

依据《建筑照明设计标准》GB 50034—2013：

第 6.2.5 条，一般照明在满足照度均匀度条件下，宜选择单灯功率较大、光效较高的光源。A 正确。

第 3.2.2 条第 5 款，照明设计不应采用普通照明白炽灯，对电磁干扰有严格要求，且其他光源无法满足的特殊场所除外。B 正确。

第 6.4.2 条，当有条件时，宜利用各种导光和反光装置将天然光引入室内进行照明。D 正确。

第 6.1.3 条，照明设计的房间或场所的照明功率密度应满足本标准规定的现行值的要求。C 不正确。

考题二（2007-114）照明的节能以下列哪个参数为主要依据？（　　）
A. 光源的光效
B. 灯具效率
C. 照明的控制方式
D. 照明功率密度值

[答案] D

[知识快览]

依据《建筑照明设计标准》GB 50034—2013 第 6.1.2 条，照明节能应采用照明功率密度值作为评价指标。

考题三（2006-108）在高层建筑中对照明光源、灯具及线路敷设的下列要求中，哪一个是错误的？（　　）

A. 开关插座和照明器靠近可燃物时，应采取隔热、散热等保护措施

B. 卤钨灯和超过 250W 的白炽灯泡吸顶灯、槽灯、嵌入式灯的引入线应采取保护措施

C. 白炽灯、卤钨灯、荧光高压汞灯、镇流器等不应直接设置在可燃装修材料或可燃构件上

D. 可燃物仓库不应设置卤钨灯等高温照明灯具

[答案] B

[知识快览]

依据《建筑设计防火规范》GB 50016—2014 第 10.2.4 条，卤钨灯和额定功率不小于 100W 的白炽灯泡的吸顶灯、槽灯、嵌入式灯，其引入线应采用瓷管、矿棉等不燃材料作隔热保护。

考题四（2004-119）下述部位中，哪个适合选用节能自熄开关控制照明？（   ）

A. 办公室　　　　　　　　　　　　B. 电梯前室
C. 旅馆大厅　　　　　　　　　　　D. 住宅及办公楼的疏散楼梯

[答案] D

[知识快览]

节能自熄开关控制照明应能有强制点亮措施，否则仅适合使用在住宅及办公楼的疏散楼梯。

考题五（2003-112）下面哪一种方法不能作为照明的正常节电措施？（   ）

A. 采用高效光源　　　　　　　　　B. 降低照度标准
C. 气体放电灯安装电容器　　　　　D. 采用光电控制室外照明

[答案] B

[知识快览]

依据《建筑照明设计标准》GB 50034—2013 第 6.1.1 条，在满足规定的照度和照明质量要求的前提下，进行照明节能评价。第 6.2 条 照明节能措施，第 7.3 条照明控制：选用高效光源、灯具；利用天然采光的场所，随天然光照度变化自动调节照度；提高气体放电灯的功率因数等均为照明的正常节电措施。

[考点分析与应试指导]

照明节能这一考点涉及光源、灯具、供电线路、控制开关、照明方式、自然光的利用、照明功率密度、照明用电管理等方方面面。考生应理解基本概念，同时也应结合规范，联系实际工作和生活中照明节能的具体体现，进行分析判断。难易程度：A 级。

3.5　电气安全和建筑防雷

 [知识储备]

当人体接触到输电线或电气设备的带电部分时，电流就会流过人体，造成触电现象。触电对人的伤害分为电击和电伤。电击为内伤，电流通过人体主要是损伤心脏、呼吸器官和神经系统，严重时将使心脏停止跳动，导致死亡。电伤为外伤，电流通过人体外部发生的烧伤，危及生命的可能性较小。

实验表明,触电的危害性与通过人体的电流大小、频率和电击的时间有关。工频50Hz的电流对人体伤害最大,50 mA 的工频电流流过人体就会有生命危险,100mA 的工频电流流过人体就可致人死亡。我国规定安全电流为 30mA(50Hz),时间不超过 1s,即 30mA·s。

流过人体的电流大小与触电的电压及人体的自身电阻有关。大量的测试数据说明,人体的平均电阻在 1000Ω 以上,在潮湿的环境中,人体的电阻则更低。根据这个平均数据,国际电工委员会规定了长期保持接触的电压最大值,在正常环境下,该电压为 50V。根据工作场所和环境的不同,我国规定安全电压的标准有 42、36、24、12 和 6V 等规格。一般用 36V,在潮湿的环境下,选用 24V。在特别危险的环境下,如人浸在水中工作等情况下,应选用更安全的电压,一般为 12V。

为了达到安全用电的目的,必须采用可靠的技术措施,防止触电事故发生。绝缘、安全间距、漏电保护、安全电压、遮拦及阻挡物等都是防止直接触电的防护措施。保护接地、保护接零是间接触电防护措施中最基本的措施。所谓间接触电防护措施是指防止人体各个部位触及正常情况下不带电,而在故障情况下才变为带电的电器金属部分的技术措施。

漏电是指电器绝缘损坏或其他原因造成导电部分碰壳时,如果电器的金属外壳是接地的,那么电就由电器的金属外壳经大地构成通路,从而形成电流,即漏电电流,也叫作接地电流。其工作原理之前已有介绍,当漏电电流超过允许值时,漏电保护器能够自动切断电源或报警,以保证人身安全。漏电保护器动作灵敏,切断电源时间短,因此只要能够合理选用和正确安装、使用漏电保护器,除了保护人身安全以外,还有防止电气设备损坏及预防火灾的作用。

为了提高接地故障保护的效果和供配电系统的安全性,将建筑物内可导电部分进行相互连接的措施,称为等电位联结。等电位联结包括总等电位联结和辅助等电位联结。

1) 总等电位联结中包括:

(1) 保护接地线干线;

(2) 从用电设备接地极引来的接地干线;

(3) 建筑物内的金属给排水管道、煤气管、采暖和空调管等;

(4) 建筑物内的金属构件等导电部分。

2) 总等电位联结的做法。总等电位连接干线的截面积应不小于电气装置最大保护接地线截面积的一半,且不小于 $6mm^2$,采用铜导线时,其截面积可不超过 $25mm^2$,若采用非铜质金属导体,其截面积应能承受相应的载流量。

当电气设备或设备的某一部分接地故障保护的条件不能满足要求时,应在局部范围内做辅助等电位联结。辅助等电位联结中应包括局部范围内所有人体能同时触及的用电设备的外露可导电部分,条件许可时,还应包括钢筋混凝土结构柱、梁或板内的主钢筋。

等电位联结是接地故障保护的一项重要安全措施,实施等电位联结可以大大降低在接地故障情况下电气设备金属外壳上预期的接触电压,在保证人身安全和防止电气火灾方面的重要意义,已经逐步为广大工程技术人员所认识和接受,并在工程实践中得到了广泛的推广应用。

雷电的危害主要表现为直接雷、间接雷和高电位侵入。

（1）直接雷。直接雷是指雷电通过建（构）筑物或地面直接放电，在瞬间产生巨大的热量可对建（构）筑物形成破坏作用。直接雷大多作用在建（构）筑物的顶部突出的部分，如屋角、屋脊、女儿墙和屋檐等处，对于高层建筑，雷电还有可能通过其侧面放电，称为侧击。

（2）间接雷。间接雷也称为感应雷。它是指带电云层或雷电流对其附近的建筑物产生的电磁感应作用所导致的高压放电过程。一般而言，间接雷的强度不及直接雷，但是间接雷的危害也是不容忽视的。

（3）高电位侵入。高电位侵入是指雷电产生的高电压通过架空线路或各种金属管道侵入建筑物内，危及人身和电气设备的安全。

根据《建筑物防雷设计规范》GB 50057—2010：

3.0.1 建筑物应根据建筑物的重要性、使用性质、发生雷电事故的可能性和后果，按防雷要求分为三类。

3.0.2 在可能发生对地闪击的地区，遇下列情况之一时，应划为第一类防雷建筑物：

1 凡制造、使用或贮存火炸药及其制品的危险建筑物，因电火花而引起爆炸、爆轰，会造成巨大破坏和人身伤亡者。

2 具有0区或20区爆炸危险场所的建筑物。

3 具有1区或21区爆炸危险场所的建筑物，因电火花而引起爆炸，会造成巨大破坏和人身伤亡者。

3.0.3 在可能发生对地闪击的地区，遇下列情况之一时，应划为第二类防雷建筑物：

1 国家级重点文物保护的建筑物。

2 国家级的会堂、办公建筑物、大型展览和博览建筑物、大型火车站和飞机场、国宾馆，国家级档案馆、大型城市的重要给水泵房等特别重要的建筑物。

注：飞机场不含停放飞机的露天场所和跑道。

3 国家级计算中心、国际通信枢纽等对国民经济有重要意义的建筑物。

4 国家特级和甲级大型体育馆。

5 制造、使用或贮存火炸药及其制品的危险建筑物，且电火花不易引起爆炸或不致造成巨大破坏和人身伤亡者。

6 具有1区或21区爆炸危险场所的建筑物，且电火花不易引起爆炸或不致造成巨大破坏和人身伤亡者。

7 具有2区或22区爆炸危险场所的建筑物。

8 有爆炸危险的露天钢质封闭气罐。

9 预计雷击次数大于0.05次/a的部、省级办公建筑物和其他重要或人员密集的公共建筑物以及火灾危险场所。

10 预计雷击次数大于0.25次/a的住宅、办公楼等一般性民用建筑物或一般性工业建筑物。

3.0.4 在可能发生对地闪击的地区，遇下列情况之一时，应划为第三类防雷建筑物：

1 省级重点文物保护的建筑物及省级档案馆。

2 预计雷击次数大于或等于0.01次/a，且小于或等于0.05次/a的部、省级办公建筑物和其他重要或人员密集的公共建筑物，以及火灾危险场所。

3 预计雷击次数大于或等于 0.05 次/a，且小于或等于 0.25 次/a 的住宅、办公楼等一般性民用建筑物或一般性工业建筑物。

4 在平均雷暴日大于 15d/a 的地区，高度在 15m 及以上的烟囱、水塔等孤立的高耸建筑物；在平均雷暴日小于或等于 15d/a 的地区，高度在 20m 及以上的烟囱、水塔等孤立的高耸建筑物。

知识要点 1　漏电保护

考题一（2014-91，2008-111，2009-100）下列场所和设备设置的剩余电流（漏电）动作保护，在发生接地故障时，只报警而不切断电源的是（　　）。

A. 手持式用电设备　　　　　　　　B. 潮湿场所的用电设备
C. 住宅内的插座回路　　　　　　　D. 医院用于维持生命的电气设备回路

[答案] D

[知识快览]

医院用于维持生命的电气设备回路，一旦发生剩余电流超过额定值切断电源时，因停电会造成生命危险，应安装报警式剩余电流保护装置，只报警而不切断电源。

考题二（2014-92，2011-91，2008-108）住宅中插座回路用的剩余电流（漏电）保护器，其动作电流应为下列哪一个数值？（　　）

A. 10mA　　　　B. 30mA　　　　C. 300mA　　　　D. 500mA

[答案] B

[知识快览]

通常人触电有一个感知电流和摆脱电流的过程。人触电后当电流值达到一定时才会感知麻木，此时人的大脑还是有意识的，能控制自己摆脱触电。当触电电流再大到一定值时，人已经无意识，就不能控制自己摆脱触电了，这个电流值就是 30mA，所以漏电保护开关的动作电流设定为 30mA。

考题三（2010-109 改）关系到患者生命安全的手术室属于哪一类医疗场所？（　　）

A. 0 类　　　　B. 1 类　　　　C. 2 类　　　　D. 3 类

[答案] C

[知识快览]

依据《医疗建筑电气设计规范》JGJ 312—2013 第 3.0.1 条，医疗场所应按对电气安全防护的要求分为 0、1、2 三类：

0 类场所为不使用医疗电气设备接触部件的医疗场所；

1 类场所为医疗电气设备接触部件需要与患者体表、体内（除 2 类医疗场所所述部位外）接触的医疗场所；

2 类场所为医疗电气设备接触部件需要与患者体内接触、手术室以及电源中断或故障后将危及患者生命的医疗场所。

因此，关系到患者生命安全的手术室属于 2 类医疗场所，答案 C。

考题四（2005-110）哪些电气装置不应设动作于切断电源的漏电电流动作保护器？（　　）

A. 移动式用电设备　　　　　　　　B. 消防用电设备

C. 施工工地的用电设备　　　　　　D. 插座回路

[答案] B

[知识快览]

消防用电设备为保证其使用功能，电气装置不应设动作于切断电源的漏电电流动作保护器。此题与第一题一起理解、记忆。

考题五（2005-105）采用漏电电流动作保护器，可以保护以下哪一种故障？（　　）

A. 短路故障　　　B. 过负荷故障　　　C. 接地故障　　　D. 过电压故障

[答案] C

[知识快览]

漏电电流动作保护器可以保护接地故障。

考题六（2007-106）住宅楼带洗浴的卫生间内电源插座安装高度不低于1.5m时，可采用哪种型式的插座？（　　）

A. 带开关的二孔插座　　　　　　　B. 保护型二孔插座

C. 普通型带保护线的三孔插座　　　D. 保护型带保护线的三孔插座

[答案] D

考题七（2003-109）潮湿场所（如卫生间），应采用密闭型或保护型的带保护线触头的插座，其安装高度不低于（　　）。

A. 1.5m　　　B. 1.6m　　　C. 1.8m　　　D. 2.2m

[答案] A

[知识快览]

注意两道题的问法。依据《通用用电设备配电设计规范》GB 50055—2011 第 8.0.6 条第 4 款，在潮湿场所，应采用具有防溅电器附件的插座，安装高度距地不应低于1.5m。

考题八（2007-108）为防止电气线路因绝缘损坏引起火灾，宜设置哪一种保护？（　　）

A. 短路保护　　　　　　　　　　　B. 过负载保护

C. 过电压保护　　　　　　　　　　D. 剩余电流（漏电）保护

[答案] D

[知识快览]

国家标准《剩余电流动作保护装置安装和运行》GB 13955—2017 中明确规定：低压配电系统中装设剩余电流动作保护装置是防止直接和间接接触导致的电击事故的有效措施之一，也是防止电气设备和电气线路因接地故障引起电气火灾和电气设备损坏事故的技术措施之一。

考题九（2006-97）关于电气线路中漏电保护作用的叙述，下列哪一个是正确的？（　　）

A. 漏电保护主要起短路保护作用，用以切断短路电流

B. 漏电保护主要起过载保护作用，用以切断过载电流

C. 漏电保护用作间接接触保护，防止触电

D. 漏电保护用作防静电保护

[答案] C

[知识快览]

漏电电流动作保护器，主要是用来对有致命危险的人身触电进行保护，功能是提供间接接触保护，即人与故障情况下变为带电的外露导电部分的接触保护。

[考点分析与应试指导]

关于此考点，考生需掌握漏电保护的概念、作用、保护原理，合理选择漏电保护动作电流、安装方式和应用场所。在除基本概念外，考试多围绕漏电保护的作用展开，因此考生应结合原理理解漏电保护在实际应用中的作用。难易程度：B级。

知识要点 2　等电位联结

考题一（2014-93，2011-95，2009-112，2008-110）建筑物内电气设备的金属外壳（外露可导电部分）和金属管道、金属构件（外界可导电部分）应实行等电位联结，其主要目的是（　　）。

A. 防干扰　　　B. 防电击　　　C. 防火灾　　　D. 防静电

[答案] B

[知识快览]

等电位联结是一种电击防护措施，它将设备外壳或金属部分与地线联结，从而构成各自的等电位体，实行等电位联结可有效地降低接触电压，防止故障电压对人体造成的危害。

考题二（2011-94）在下列建筑场所内，可以不作辅助等电位联结的是（　　）。

A. 室内游泳池　　　　　　　　B. 办公室
C. Ⅰ类、Ⅱ类医疗场所　　　　D. 有洗浴设备的卫生间

[答案] B

[知识快览]

上述建筑场所内，只有办公室环境干燥，人体承受的接触电压可相对大些，总等电位联结即可降低电击危险。

考题三（2010-108）浴室内的哪一部分不包括在辅助保护等电位联结的范围？（　　）

A. 电气装置的保护线（PE线）　　B. 电气装置中性线（N线）
C. 各种金属管道　　　　　　　　D. 用电设备的金属外壳

[答案] B

[知识快览]

辅助等电位联结应包括所有可同时触及的固定式设备的外露可导电部分和外部可导电部分的相互连接，正常工作时不通过电流，仅在故障时才通过电流。电气装置中性线（N线）是通过正常工作时的电流。

考题四（2009-111）下列哪一个房间不需要作等电位联结？（　　）

A. 变配电室　　　　　　　　B. 电梯机房
C. 卧室　　　　　　　　　　D. 有洗浴设备的卫生间

[答案] C

[知识快览]

卧室没有可能带电伤人或物的导电体，故不需要作等电位联结。

考题五（2007-109）等电位联结的作用是（　　）。
A. 降低接地电阻　　　　　　　　B. 防止人身触电
C. 加强电气线路短路保护　　　　D. 加强电气线路过电流保护
[答案] B
[知识快览]
等电位联结的作用是：降低接触电压来降低电击危险。

考题六（2004-109）旅馆、住宅和公寓的卫生间，除整个建筑物采取总等电位联结外，尚应进行辅助等电位联结，其原因是下面的哪一项？（　　）
A. 由于人体电阻降低和身体接触地电位，使得电击危险增加
B. 卫生间空间狭窄
C. 卫生间有插座回路
D. 卫生间空气温度高
[答案] A
[知识快览]
总等电位联结是靠降低接触电压来降低电击危险性，由于卫生间潮湿，使得人体电阻降低且身体接触地电位，电击危险性增加。辅助等电位联结可作为总等电位联结的补充进一步降低接触电压。

[考点分析与应试指导]
考生需理解等电位联结的概念，了解等电位联结的分类、作用、应用场合，应根据具体的应用场景分析等电位联结的实现方法及所起到的作用。重点以理解概念并灵活运用为主。难易程度：B级。

知识要点3　安全电压

考题一（2011-92）我国规定正常环境下的交流安全电压应为下列哪项？（　　）
A. 不超过25V　　B. 不超过50V　　C. 不超过75V　　D. 不超过100V
[答案] B
[知识快览]
我国规定人体干燥环境内的接触电压限值为50V，人体潮湿环境内的接触电压限值为25V。

考题二（2007-110）游泳池和可以进人的喷水池中的电气设备必须采用哪种交流电压供电？（　　）
A. 12V　　　　　B. 48V　　　　　C. 110V　　　　　D. 220V
[答案] A
[知识快览]
根据《民用建筑电气设计标准》GB 51348—2019附录E及第12.10.14条，游泳池属于特殊场所的安全防护的0区域，在0区域内，应采用交流电压不超过12V的安全特低电压供电。

考题三（2008-98）正常环境下安全接触电压最大为（　　）。
A. 25V　　　　　B. 50V　　　　　C. 75V　　　　　D. 100V

[答案] B

考题四（2004-99）在正常环境下，人身电击安全交流电压限值为多少伏？（　　）
A. 50V　　　　B. 36V　　　　C. 24V　　　　D. 75V
[答案] A
[知识快览]
国际电工委员会规定，正常环境下安全接触电压最大为50V。

考题五（2007-105）安全超低压配电电源有多种形式，下列哪一种形式不属于安全超低压配电电源？（　　）
A. 普通电力变压器　　　　　　B. 电动发电机组
C. 蓄电池　　　　　　　　　　D. 端子电压不超过50V的电子装置
[答案] A
[知识快览]
安全隔离变压器属于安全超低压配电电源，而普通电力变压器不属于安全超低压配电电源。

[考点分析与应试指导]
对于安全电压，考生需要理解其概念，并要记住几个数字，即在不同场合下的安全电压数值。同时需要理解安全电压是相对的，在一种场合是安全电压，在另一种场合不一定是安全的。难易程度：A级。

知识要点 4　建筑防雷

考题一（2014-97）建筑物防雷装置专设引下线的敷设部位及敷设方式是（　　）。
A. 沿建筑物所有墙面明敷设　　　B. 沿建筑物所有墙面暗敷设
C. 沿建筑物外墙内表面明敷设　　D. 沿建筑物外墙内表面暗敷设
[答案] D
[知识快览]
依据《建筑物防雷设计规范》GB 50057—2010 第5.3.4条，专设引下线应沿建筑物外墙外表面明敷设，并应以最短路径接地。

考题二（2011-99，2009-117，2008-115）当利用金属屋面作接闪器时，金属屋面需要有一定厚度，这主要是因为（　　）。
A. 防止雷电流的热效应使屋面穿孔
B. 防止雷电流的电动力效应使屋面变形
C. 屏蔽雷电流的电磁干扰
D. 减轻雷击时巨大声响的影响
[答案] A
[知识快览]
主要针对防雷安全，金属屋面需要有一定厚度，否则在与雷电闪击通道接触处，会由于熔化而烧穿金属板。

考题三（2010-113）国家级的会堂划为哪一类防雷建筑物？（　　）
A. 第三类　　　　B. 第二类　　　　C. 第一类　　　　D. 特类

[答案] B

[知识快览]

根据《建筑物防雷设计规范》GB 50057—2010 第 3.0.3 条第 2 款，在可能发生对地闪击的地区，国家级的会堂、办公建筑物、大型展览和博览建筑物、大型货车站和飞机场、国宾馆，国家级档案馆、大型城市的重要给水泵房等特别重要的建筑物应划为第二类防雷建筑物。

考题四（2010-114）超高层建筑物顶上避雷网的尺寸不应大于（　　）。

A. 5m×5m　　　　B. 10m×10m　　　　C. 15m×15m　　　　D. 20m×20m

[答案] B

[知识快览]

依据《建筑物防雷设计规范》GB 50057—2010 第 4.2.1、4.3.1、4.4.1 条规定，第一类防雷建筑架空接闪网的网格尺寸不应大于 5m×5m 或 6m×4m，第二类防雷建筑屋面接闪网的网格尺寸不应大于 10m×10m 或 12m×8m，第三类防雷建筑屋面接闪网的网格尺寸不应大于 20m×20m 或 24m×16m。

考题五（2007-115）下列建筑物防雷措施中，哪一种做法属于二类建筑防雷措施？（　　）

A. 屋顶避雷网的网格不大于 20m×20m

B. 防雷接地的引下线间距不大于 25m

C. 高度超过 45m 的建筑物设防侧击雷的措施

D. 每根引下线的冲击接地电阻不大于 30 欧姆

[答案] B

[知识快览]

依据《建筑物防雷设计规范》GB 50057—2010 第 4.3.9 条，二类防雷建筑，当高度超过 45m 时应设防侧击雷的措施。

考题六（2006-113）某高层建筑拟在屋顶四周立 2m 高钢管旗杆，并兼作接闪器，钢管直径和壁厚分别不应小于下列何值？（　　）

A. 20mm，2.5mm　　　　B. 25mm，2.5mm

C. 40mm，4mm　　　　D. 50mm，4mm

[答案] B

[知识快览]

依据《建筑物防雷设计规范》GB 50057—2010 第 5.2.2 条，第 5.2.8 条，接闪杆采用钢管制成，杆长 1～2m 时，钢管直径和壁厚分别不应小于 25mm 和 2.5mm。

考题七（2005-114）高度超过 100m 的建筑物利用建筑物的钢筋作为防雷装置的引下线时，有什么规定？（　　）

A. 间距最大不应大于 12m　　　　B. 间距最大不应大于 15m

C. 间距最大不应大于 18m　　　　D. 间距最大不应大于 25m

[答案] C

[知识快览]

根据《建筑物防雷设计规范》GB 50057—2010 第 3.0.2 条、第 4.3.3 条，高度超过

100m 的建筑物属于第二类防雷建筑物，引下线间距最大不应大于 18m。

考题八（2005-115）下面哪一类建筑物应装设独立避雷针做防雷保护？（　　）

A. 高度超过 100m 的建筑物

B. 国家级的办公楼、会堂、国宾馆

C. 省级办公楼、宾馆、大型商场

D. 生产或贮存大量爆炸物的建筑物

[答案] D

[知识快览]

根据《建筑物防雷设计规范》GB 50057—2010 第 3.0.2 条、第 4.2.1 条，生产或贮存大量爆炸物的建筑物属于第一类防雷建筑物。第一类防雷建筑物应装设独立避雷针做防雷保护。

考题九（2005-116）关于金属烟囱的防雷，下面哪一种做法是正确的？（　　）

A. 金属烟囱应作为接闪器和引下线

B. 金属烟囱不允许作为接闪器和引下线

C. 金属烟囱可作为接闪器，但应另设引下线

D. 金属烟囱不允许作为接闪器，但可作为引下线

[答案] A

[知识快览]

依据《建筑物防雷设计规范》GB 50057—2010 第 4.4.9 条，金属烟囱应作为接闪器和引下线。

考题十（2004-110）关于一类防雷建筑物的以下叙述中，哪个是正确的？（　　）

A. 凡制造、使用或贮存炸药、火药等大量爆炸物质的建筑物

B. 国家重点文物保护的建筑物

C. 国家级计算中心、国际通信枢纽等设有大量电子设备的建筑物

D. 国家级档案馆

[答案] A

[知识快览]

依据《建筑物防雷设计规范》第 3.0.2 条，凡制造、使用或贮存炸药、火药等大量爆炸物质的建筑物属于一类防雷建筑物。

考题十一（2004-111）钢管、钢罐一旦被雷击穿，其介质对周围环境造成危险时，其壁厚不得小于多少毫米允许作为接闪器？（　　）

A. 0.5mm　　　　B. 2mm　　　　C. 2.5mm　　　　D. 4mm

[答案] D

[知识快览]

依据《建筑物防雷设计规范》GB 50057—2010 第 5.2.8 条，输送和储存物体的钢管和钢罐的壁厚不应小于 2.5mm，当钢管、钢罐一旦被雷击穿，其介质对周围环境造成危险时，其壁厚不得小于 4mm。

考题十二（2003-113）防直击雷的人工接地体距建筑物出入口或人行道的距离应不小于（　　）。

A. 1.5m B. 2.0m C. 3.0m D. 5.0m

[答案] 无

[知识快览]

依据《建筑物防雷设计规范》GB 50057—2010 第 5.4.7 条，防直击雷的专设引下线距出入口或人行道边沿不宜小于 3m，取消了原规范人工接地体距出入口或人行道不宜小于 3m 的规定。读者应注意，虽然都是距离应不小于 3m，但内容是不一样的。

考题十三（2003-114）第三类防雷建筑物的防直击雷措施中，应在屋顶设避雷网，避雷网的尺寸应不大于（　　）。

A. 5m×5m B. 10m×10m C. 15m×15m D. 20m×20m

[答案] D

[知识快览]

依据《建筑物防雷设计规范》GB 50057—2010 第 4.4.1 条，第三类防雷建筑物接闪网、接闪带应按本规定附录 B 的规定沿屋角、屋脊、屋檐和檐角等易受雷击的部位敷设，并应在整个屋面组成不大于 20m×20m 或 24m×16m 的网格。

考题十四（2003-115）第二类防雷建筑物中，高度超过多少米的钢筋混凝土结构、钢结构建筑物，应采取防侧击雷和等电位的保护措施？（　　）

A. 30m B. 40m C. 45m D. 50m

[答案] C

[知识快览]

依据《建筑物防雷设计规范》GB 50057—2010 第 4.2.4、4.3.9、4.4.8 条，当一类防雷建筑物高于 30m、二类防雷建筑物高于 45m、三类防雷建筑物高于 60m 时，应采取防侧击的措施。

考题十五（2021-74）确定建筑物防雷分类可不考虑的因素？

A. 建筑物的使用性质　　　　B. 建筑物的空间分割形式
C. 建筑物的所在地点　　　　D. 建筑物的高度

[答案] B

[知识快览]

根据《建筑物防雷设计规范》GB 50057—2010 第 3.0.1 条，建筑物应根据建筑物的重要性、使用性质、发生雷电事故的可能性和后果，按防雷要求分为三类。

根据《建筑物防雷设计规范》GB 50057—2010 附录 A，建筑物年预计雷击次数与建筑物所处地区的年平均雷暴日及与建筑物截收相同雷击次数的等效面积（包含建筑物的高度）等因素有关。

[考点分析与应试指导]

关于建筑防雷，考生需首先掌握《建筑物防雷设计规范》GB 50057—2010 中对于建筑防雷等级的划分，能判断不同类型建筑的防雷等级，针对不同防雷等级，其接闪杆、引下线均对应有不同的尺寸、数量、距离等的要求。还应掌握对于直击雷、感应雷、侧击雷等不同的雷击形式对应采取的防雷措施。涉及内容较细、较多，难易程度：B级。

知识要点5　建筑接地

考题一（2014-90）带金属外壳的手持式单相家用电器，应采用插座的形式是(　　)。

A. 单相双孔插座 B. 单相三孔插座
C. 四孔插座 D. 五孔插座

[答案] B

[知识快览]

带金属外壳的手持式单相家用电器，其功率小，单相供电，为防止发生接地故障使金属外壳带电，供电系统需提供接地保护，所以采用单相三孔插座。

考题二（2011-89）带金属外壳的交流220V家用电器，应选用下列哪种插座？（ ）

A. 单相双孔插座 B. 单相三孔插座
C. 四孔插座 D. 五孔插座

[答案] B

[知识快览]

Ⅰ类用电设备要有接地保护。

考题三（2011-93）保护接地导体应连接到用电设备的哪个部位？（ ）

A. 电源保护开关 B. 带电部分
C. 金属外壳 D. 相线接入端

[答案] C

[知识快览]

用电设备的金属外壳正常使用不应带电，但一旦发生接地故障，金属外壳带电，保护接地导体可处理金属外壳故障电流，消除或减轻人的触电危险。

考题四（2010-107）哪一类埋地的金属构件可作为接地极？（ ）

A. 燃气管 B. 供暖管
C. 自来水管 D. 钢筋混凝土基础的钢筋

[答案] D

[知识快览]

接地极对埋地的金属构件有稳定性和可靠性的要求。

考题五（2009-108，2008-109）带金属外壳的单相家用电器，应用下列哪一种插座？（ ）

A. 双孔插座 B. 三孔插座 C. 四孔插座 D. 五孔插座

[答案] B

[知识快览]

带金属外壳的单相家用电器属于Ⅰ类电气设备，是需要采用系统保护的设备，故需三孔插座。多一根PE线，它是接在用电器的金属外壳上，当发生漏电事故的时候，人接触用电器外壳不会触电。

考题六（2008-107）不能用作电力装置地线的是（ ）。

A. 建筑设备的金属架构 B. 供水金属管道
C. 建筑物金属构架 D. 煤气输送金属管道

[答案] D

[知识快览]

防止煤气渗漏与静电接触发生爆炸，故煤气输送金属管道不能用作电力装置接地线。

考题七（2006-111）电子设备的接地系统如与建筑物防雷接地系统分开设置，两个接地系统之间的距离不宜小于下列哪个值？（　　）

A. 5m　　　　B. 15m　　　　C. 20m　　　　D. 30m

［答案］C

［知识快览］

根据《民用建筑电气设计标准》GB 51348—2019 第 12.8.3 条，当电子设备接地与防雷接地系统分开时，两接地装置应保持 20m 以上间距。

考题八（2005-111）关于埋地接地装置的导电特性，下面哪一条描述是正确的？（　　）

A. 土壤干燥对接地装置的导电性能有利
B. 土壤潮湿对接地装置的导电性能不利
C. 黏土比砂石土壤对接地装置的导电性能有利
D. 黏土比砂石土壤对接地装置的导电性能不利

［答案］C

［知识快览］

埋地接地装置的导电特性其电阻越小越好。

［考点分析与应试指导］

建筑接地分工作接地、保护接地和防雷接地等形式。考生应理解不同接地形式的含义、作用及安装布置要求，以理解基本概念为主，也应记忆涉及规范中规定的不同接地形式的接地电阻、接地网距离、接地体设计等要求。难易程度：A 级。

3.6　火灾自动报警系统

［知识储备］

火灾自动报警系统是由触发装置、火灾报警装置、联动输出装置以及具有其他辅助功能装置组成的，它能在火灾初期，将燃烧产生的烟雾、热量、火焰等物理量，通过火灾探测器变成电信号，传输到火灾报警控制器，并同时以声或光的形式通知整个楼层疏散，控制器记录火灾发生的部位、时间等，使人们能够及时发现火灾，并及时采取有效措施，扑灭初期火灾，最大限度地减少因火灾造成的生命和财产的损失，是人们同火灾做斗争的有力工具。

知识要点 1　火灾自动报警系统组成与类型

考题一　建筑物的消防控制室设在下列哪个位置是正确的？（　　）

A. 设在建筑物的顶层
B. 设在消防电梯前室
C. 宜设在首层或地下一层，并应设置通向室外的安全出口
D. 可设在建筑物内任一位置

［答案］C

[知识快览]

根据《民用建筑电气设计标准》GB 51348—2019 第 13.3.1 条，消防控制室应设置在建筑物的首层或地下一层，宜选择在便于通向室外的部位。

考题二　下列高层建筑中哪种可不设消防电梯？（　　）

A. 一类公共建筑

B. 塔式住宅

C. 11 层及 11 层以下的单元式住宅和通廊式住宅

D. 高度超过 32m 的其他二类公共建筑

[答案] C

[知识快览]

《建筑设计防火规范》GB 50016—2014 第 7.3.1 条，一类公共建筑、塔式住宅、高度超过 32m 的其他二类公共建筑应设消防电梯。

[考点分析与应试指导]

主要考查对火灾自动报警系统设计原则的熟悉程度，考查重点是选址问题、设备或设施的设置问题。只要考生有一定的实际工作经验，应该不难理解和掌握。复习以熟悉为主，基本都是常识性的问题，考试中应该是较为简单的得分题。难易程度：A 级。

知识要点 2　火灾探测器的选择与布置

考题一（2009）电缆隧道适合选择下列哪种火灾探测器？（　　）

A. 光电感烟探测器　　　　　　　B. 差温探测器

C. 缆式线型感温探测器　　　　　D. 红外感烟探测器

[答案] C

考题二（2007）下列哪个场所应选用缆式感温探测器？（　　）

A. 书库　　　　　　　　　　　　B. 走廊

C. 办公楼的厅堂　　　　　　　　D. 电缆夹层

[答案] D

[知识快览]

《火灾自动报警系统设计规范》GB 50116—2013 第 5.3.3 条第 1 款，电缆隧道、电缆竖井、电缆夹层、电缆桥架宜选择缆式线型感温探测器。

考题三（2009）大型电子计算机房选择火灾探测器时，应选用（　　）。

A. 感烟探测器　　　　　　　　　B. 感温探测器

C. 火焰探测器　　　　　　　　　D. 感烟与感温探测器

[答案] A

[知识快览]

感温探测器不适宜保护可能由小火造成不能允许损失的场所，大型电子计算机房应选用感烟探测器。

考题四（2004）一个火灾报警探测区域的面积不宜超过（　　）。

A. 500m^2　　　B. 200m^2　　　C. 100m^2　　　D. 50m^2

[答案] A

[知识快览]

《火灾自动报警系统设计规范》GB 50116—2013 第 3.3.2 条第 1 款，一个火灾报警探测区域的面积不宜超过 500m²。

考题五（2003） 下列哪一组场所，宜选择点型感烟探测器？（　　）

A. 办公室、电子计算机房、发电机房

B. 办公室、电子计算机房、汽车库

C. 楼梯、走道、厨房

D. 教学楼、通信机房、书库

[答案] D

[知识快览]

宜选择点型感烟探测器的场所有：

（1）饭店、旅馆、教学楼、办公楼的厅堂、卧室、办公室、商场、列车载客车厢等；

（2）计算机房、通信机房、电影或电视放映室等；

（3）楼梯、走道、电梯机房、车库等；

（4）书库、档案库等

发电机房、厨房、汽车库等场所，正常情况下长期有烟雾滞留，不适宜选用感烟探测器。

考题六　在高层民用建筑内，下述部位中何者宜设感温探测器？（　　）

A. 电梯前室　　　B. 走廊　　　C. 发电机房　　　D. 楼梯间

[答案] C

[知识快览]

厨房、锅炉房、发电机房、烘干车间等宜选用感温探测器。

考题七　在下列情形的场所中，哪种不宜选用火焰探测器？（　　）

A. 火灾时有强烈的火焰辐射

B. 探测器易受阳光或其他光源的直接或间接照射

C. 需要对火焰做出快速反应

D. 无阴燃阶段的火灾

[答案] B

[知识快览]

探测器易受阳光或其他光源的直接或间接照射的场所不宜设置火焰探测器。A、C、D 均为宜选择火焰探测器的情况。

考题八　在下列有关火灾探测器的安装要求中，哪种有误？（　　）

A. 探测器至端墙的距离，不应大于探测器安装间距的一半

B. 探测器至墙壁、梁边的水平距离，不应少于 0.5m

C. 探测器周围 1m 范围内，不应有遮挡物

D. 探测器至空调送风口的水平距离，不应小于 1.5m，并宜接近回风口安装

[答案] C

[知识快览]

根据《火灾自动报警系统设计规范》GB 50116—2013 第 6.2.6 条，点型探测器周围

0.5m 内，不应有遮挡物。

考题九　在梁突出顶棚的高度小于（　　）mm 时，顶棚上设置的感烟、感温探测器，可不考虑梁对探测器保护面积的影响。

A. 50　　　　　　B. 100　　　　　　C. 150　　　　　　D. 200

[答案] D

[知识快览]

根据《火灾自动报警系统设计规范》GB 50116—2013 第 6.2.3 条，在梁突出顶棚的高度小于 200mm 时，顶棚上设置的感烟、感温探测器，可不考虑梁对探测器保护面积的影响。

[考点分析与应试指导]

本知识要点是考试的高频考点，要引起足够的重视。主要考查感烟、感温、火焰探测器的设置原则和安装要求。尤其是各种火灾探测器的适用场所和特点，需要考生加以分辨。由于内容较多，比较容易混淆，考生需要在理解的基础上加以记忆，尽量熟悉规范要求，并多做练习，这样才能熟能生巧，拿到分数。难易程度：B 级。

知识要点 3　消防联动控制系统的工作原理

考题一　(2010) 消防联动控制包括下面哪一项？（　　）

A. 应急电源的自动启动　　　　　　B. 非消防电源的断电控制

C. 继电保护装置　　　　　　　　　D. 消防专业电话

[答案] B

[知识快览]

消防联动控制对象应包括下列设施：1) 各类自动灭火设施；2) 通风及防、排烟设施；3) 防火卷帘、防火门、水幕；4) 电梯；5) 非消防电源的断电控制；6) 火灾应急广播、火灾警报、火灾应急照明、疏散指示标志的控制等。

考题二　(2004) 消防控制室在确认火灾后，应能控制哪些电梯停于首层，并接受其反馈信号？（　　）

A. 全部电梯　　　　　　　　　　　B. 全部客梯

C. 全部消防电梯　　　　　　　　　D. 部分客梯及全部消防电梯

[答案] A

[知识快览]

根据《火灾自动报警系统设计规范》GB 50116—2013 第 4.7.1 条，消防控制室在确认火灾后，应能控制全部电梯停于首层或电梯转换层。

考题三　(2003) 火灾探测器动作后，防火卷帘应一步下降到底，这种控制要求适用于以下哪种情况？（　　）

A. 汽车库防火卷帘　　　　　　　　B. 疏散通道上的卷帘

C. 各种类型卷帘　　　　　　　　　D. 这种控制是错误的

[答案] A

[知识快览]

《火灾自动报警系统设计规范》GB 50116—2013 第 4.6.3 条，疏散通道上设置的防火

卷帘的联动控制设计,应符合下列规定:

1 联动控制方式,防火分区内任两只独立的感烟火灾探测器或任一只专门用于联动防火卷帘的感烟火灾探测器的报警信号应联动控制防火卷帘下降至距楼板面1.8m处,任一只专门用于联动防火卷帘的感温火灾探测器的报警信号应联动控制防火卷帘下降到楼板面;在卷帘的任一侧距卷帘纵深0.5~5m内应设置不少于2只专门用于联动防火卷帘的感温火灾探测器。

2 手动控制方式,应由防火卷帘两侧设置的手动控制按钮控制防火卷帘的升降。

第4.6.4条 非疏散通道上设置的防火卷帘的联动控制设计,应符合下列规定:

1 联动控制方式,应由防火卷帘所在防火分区内任两只独立的火灾探测器的报警信号,作为防火卷帘下降的联动触发信号,并应联动控制防火卷帘直接下降到楼板面。

2 手动控制方式,应由防火卷帘两侧设置的手动控制按钮控制防火帘的升降,并应能在消防控制室内的消防联动控制器上手动控制防火卷帘的降落。

考题四 火灾确认后,下述联动控制哪条错误?( )

A. 关闭有关部位的防火门、防火卷帘,并接收其反馈信号

B. 发出控制信号,强制所有电梯停于首层,并切断客梯电源,消防梯除外

C. 接通火灾应急照明和疏散指示灯

D. 接通全楼的火灾警报装置和火灾事故广播,切断全楼的非消防电源

答案:D

[知识快览]

根据《火灾自动报警系统设计规范》GB 50116—2013第4.8.8条、第4.10.1条,火灾确认后,应同时向全楼进行广播,切断有关部位的非消防电源。

[考点分析与应试指导]

本知识要点的实用性很强,主要考查考生对于消防联动控制系统工作原理的理解。由于消防联动控制对象较多,包括各类自动灭火设施、通风及防排烟设施、防火卷帘、防火门、水幕、电梯、非消防电源的断电控制、火灾应急广播、火灾警报、火灾应急照明、疏散指示标志的控制等,考查方式比较灵活,高频考点为通风及防排烟设施、防火卷帘等的设置原则。需要考生有一定的应用能力。难易程度:B级。

知识要点4 火灾自动报警与消防联动控制系统的设计

考题一 (2008)超高层建筑的各避难层,应每隔多少米设置一个消防专用电话分机或电话塞孔?( )

A. 30m B. 20m C. 15m D. 10m

[答案]B

[知识快览]

《火灾自动报警系统设计规范》GB 50116—2013第6.7.4条第3款规定,各避难层应每隔20m设置一个消防专用电话分机或电话塞孔。

考题二 (2006)某高层建筑的一层发生火灾,在切断有关部位非消防电源的叙述中,下列哪一个是正确的?( )

A. 切断二层及地下各层的非消防电源

B. 切断一层的非消防电源

C. 切断地下各层及一层的非消防电源

D. 切断一层及二层的非消防电源

[答案] B

[知识快览]

《火灾自动报警系统设计规范》GB 50116—2013 第 4.10.1 条，当确定火灾后，应切断火灾区域及相关区域的非消防电源。

考题三（2005）火灾自动报警系统中的特级保护对象（建筑高度超过 100m 的高层民用建筑），该建筑物中的各避难层应每隔多少距离设置一个消防专用电话分机或电话塞孔？（　　）

A. 10m　　　　　B. 20m　　　　　C. 30m　　　　　D. 40m

[答案] B

[知识快览]

《火灾自动报警系统设计规范》GB 50116—2013 取消了保护对象的划分，第 6.7.4 条第 3 款规定，各避难层应每隔 20m 设置一个消防专用电话分机或电话塞孔。

考题四　下列场所中哪种场所不应设火灾报警系统？（　　）

A. 敞开式汽车库

B. Ⅰ类汽车库

C. Ⅱ类地下汽车库

D. 高层汽车库以及机械式立体汽车库、复式汽车库、采用升降梯作汽车疏散出口的汽车库

[答案] A

[知识快览]

《汽车库、修车库、停车场设计防火规范》GB 50067—2014 第 9.0.7 条，除敞开式汽车库、屋面停车场以外的汽车库、修车库，应设置火灾自动报警系统。

考题五（2014）在火灾发生时，下列消防用电设备中需要在消防控制室进行手动直接控制的是（　　）。

A. 消防电梯　　　B. 防火卷帘门　　　C. 应急照明　　　D. 防烟排烟机房

[答案] D

[知识快览]

《火灾自动报警系统设计规范》GB 50116—2013 第 4.5.3 条，防烟系统、排烟系统的手动控制方式，应能在消防控制室内的消防联动控制器上手动控制送风口、电动挡烟垂壁、排烟口、排烟窗、排烟阀的开启或关闭及防烟风机、排烟风机等设备的启动或停止；防烟、排烟风机的启动、停止按钮应采用专用线路直接连接至设置在消防控制室内的消防联动控制器的手动控制盘，并应直接手动控制防烟、排烟机的启动、停止。

此条规定了在消防控制室防排烟系统的手动控制方式的联动设计要求。

[考点分析与应试指导]

本知识要点有一定的难度，涉及火灾自动报警与消防联动控制系统两个方面。在设计中必须熟悉相关规范的要求，考生务必对《火灾自动报警系统设计规范》GB 50116—2013

中的相关条款有一定的了解。考查的内容比较分散，要求考生有一定的工程经验。难易程度：B级。

知识要点5 消防应急照明与疏散指示系统设计

考题一（2010） 应急照明包括哪些照明？（ ）
A. 疏散照明、安全照明、备用照明 B. 疏散照明、安全照明、警卫照明
C. 疏散照明、警卫照明、事故照明 D. 疏散照明、备用照明、警卫照明

[答案] A

[知识快览]
《建筑照明设计标准》GB 50034—2013 第2.0.19条，应急照明：因正常照明的电源失效而启用的照明。应急照明包括疏散照明、安全照明、备用照明。

考题二 在下列应设有应急照明的条件中，哪一条是错误的？（ ）
A. 面积大于200m^2的演播室 B. 面积大于1500m^2的营业厅
C. 面积大于1500m^2的展厅 D. 面积大于5000m^2的观众厅

[答案] D

[知识快览]
观众厅不受面积限制，应设置应急照明。

考题三 设在疏散走道的指示标志的间距不得大于多少米？（ ）
A. 20   B. 15   C. 25   D. 30

[答案] A

[知识快览]
根据《民用建筑电气设计标准》GB 51348—2019 第13.6.5条，走道上疏散标志灯的间距不应大于20m。

[考点分析与应试指导]
本知识要点考查内容的重复率较高，高频考点是应急照明的组成，以及疏散走道指示标志的间距要求，请考生牢记（考题一和考题三）。本内容不难理解和掌握，复习以熟悉为主，基本都是常识性的问题。难易程度：A级。

知识要点6 可燃气体探测器报警系统设计

考题一（2006） 高层建筑内瓶装液化石油气储气间，应设哪种火灾探测器？（ ）
A. 感烟探测器 B. 感温探测器
C. 火焰探测器 D. 可燃气体浓度报警器

[答案] D

[知识快览]
对于使用可燃气体、燃气站和燃气表房以及存储液化石油气罐、其他散发可燃气体和可燃蒸气的场所，选用可燃气体探测器。由于高层建筑内储气间火灾起因是液化石油气，应设置可燃气体浓度报警器。

考题二（2008） 下列哪个场所适合选择可燃气体探测器？（ ）
A. 燃气表房 B. 柴油发电机房储油间

C. 汽车库　　　　　　　　　　　D. 办公室

［答案］A

［知识快览］

对于使用可燃气体、燃气站和燃气表房以及存储液化石油气罐、其他散发可燃气体和可燃蒸气的场所，选用可燃气体探测器。

［考点分析与应试指导］

复习本知识要点时，请理解可燃气体探测报警系统设计的一般原则：可燃气体探测报警系统应具有独立的系统形式，可燃气体探测器不应接入火灾报警控制器的探测器回路；当可燃气体的报警信号需接入火灾自动报警系统时，应由可燃气体报警控制器接入。考查的重点在于可燃气体探测器的设置场所和原则。难易程度：A级。

知识要点7　消防用电与配电设计

考题一　在下列关于消防用电的叙述中哪个是错误的？（　　）

A. 一类高层建筑消防用电设备的供电，应在最末一级配电箱处设置自动切换装置
B. 一类高层建筑的自备发电设备，应设有自动启动装置，并能在60s内供电
C. 消防用电设备应采用专用的供电回路
D. 消防用电设备的配电回路和控制回路宜按防火分区划分

［答案］B

［知识快览］

根据《民用建筑电气设计标准》GB 51348—2019 第6.1.8条、第13.7.9条，一类高层建筑的自备发电设备，应设有自动启动装置，并能在30s内供电。

考题二　消防用电设备的配电线路，当采用穿金属管保护，暗敷在非燃烧体结构内时，其保护层厚度不应小于（　　）cm。

A. 2　　　　　　B. 2.5　　　　　　C. 3　　　　　　D. 4

［答案］C

［知识快览］

根据《火灾自动报警系统设计规范》GB 50116—2013 第11.2.3条，暗敷在非燃烧体结构内时，其保护层厚度不应小于30mm。

考题三　消防控制室的接地电阻应符合下列哪项要求？（　　）

A. 专设工作接地装置时其接地电阻应小于4Ω
B. 专设工作接地装置时其接地电阻不应小于4Ω
C. 采用联合接地时，接地电阻应小于2Ω
D. 采用联合接地时，接地电阻不应小于2Ω

［答案］A

［知识快览］

火灾自动报警及联动控制系统的接地应采用共用接地系统。接地干线应采用截面积不小于16mm^{2}的铜芯绝缘线，并宜穿管敷设接至本楼层（或就近）的等电位接地端子板。采用专用接地装置时，由消防控制室接地板引至各消防电子设备的专用接地线应选用铜芯绝缘导线，其线芯截面面积不应小于4mm^2。

火灾自动报警系统采用共用接地装置时，接地电阻值不应大于1Ω；采用专用接地装置时，接地电阻值不应大于4Ω。

考题四 火灾自动报警系统的传输线路，应采用铜芯电线或电缆，其电压等级不应低于（   ）V。

A. 交流110　　　B. 交流220　　　C. 交流250　　　D. 交流500

[答案] D

[知识快览]

根据《民用建筑电气设计标准》GB 51348—2019 第 13.8.2 条，火灾自动报警系统的传输线路，应采用耐压不低于交流 300V/500V 的多股绝缘电线或电缆。

考题五 下列叙述中，哪组答案是正确的？（   ）

① 交流安全电压是指标称电压在 65V 以下

② 消防联动控制设备的直流控制电源电压应采用 24V

③ 变电所内高低压配电室之间的门宜为双向开启

④ 大型民用建筑工程的应急柴油发电机房应尽量远离主体建筑，以减少噪声、振动和烟气的污染

A. ①、②　　　B. ①、④　　　C. ②、③　　　D. ②、③、④

[答案] C

[知识快览]

交流安全电压是指标称电压在 50V 及以下。发电机房应靠近负荷中心设置。

[考点分析与应试指导]

本知识要点是高频考点，请考生对《民用建筑电气设计标准》GB 51348—2019 中第 13.7 和第 13.8 中的条款要求有一定的了解，结合实际理解并掌握。考查内容主要包括：电压等级的要求、线缆的选择和敷设、接地电阻的要求等。难度不大，但是内容较多，容易混淆。难易程度：B级。

3.7 安全防范系统

[知识储备]

安全防范系统以维护社会公共安全为目的，运用安全防范产品和其他相关产品所构成的入侵报警系统、视频安防监控系统、出入口控制系统、防爆安全检查系统等；或由这些系统为子系统组合或集成的电子系统或网络。

通常所说的安全防范主要是指技术防范，是指通过采用安全技术防范产品和防护设施实现安全防范。

知识要点　安全防范监控系统设计

考题一（2010）下面哪项规定不符合对于安全防范监控中心的要求？（   ）

A. 不应与消防、建筑设备监控系统合用控制室

B. 宜设在建筑物一层

C. 应设置紧急报警装置
D. 应配置用于进行内外联络的通信手段

[答案] A

[知识快览]

《民用建筑电气设计标准》GB 51348—2019 第 14.9.4 条，安防监控中心宜设置为禁区，应有保证自身安全的防护措施和进行内外联结的通信装置……。第 14.9.2 条，与消防控制室或智能化总控室合用时，其专用工作区面积不宜小于 12m²。第 23.2.1 条，机房宜设在建筑物首层及以上各层，当有多层地下室时，也可设在地下一层。

考题二（2004） 下述部位中，哪个应不设监控用的摄影机？（ ）

A. 高级宾馆大厅 B. 电梯轿厢
C. 车库出入口   D. 高级客房

[答案] D

[知识快览]

高级客房不属于必须进行监控的场所。

[考点分析与应试指导]

本知识要点涉及《民用建筑电气设计标准》GB 51348—2019 第 14 部分，虽然规范条款较多，但是考查内容主要集中于第 14.7、14.9 条中相关的内容，尤其是安全防范监控中心的设置要求。内容不难理解和掌握。难易程度：A 级。

3.8 电话、有线广播和扩声、同声传译

 [知识储备]

电话设备主要包括电话交换机（含配套辅助设备）、话机及各种线路设备和线材。目前主要的电话交换机有纵横制自动电话交换机、数字程控交换机（简称程控交换机）。

公共建筑应设有线广播系统。系统的类别应根据建筑规模、使用性质和功能要求确定，一般可分为业务性广播系统、服务性广播系统和火灾事故广播系统。

根据使用要求，视听场所的扩声系统可分为语言扩声系统、音乐扩声系统以及语言和音乐兼用的扩声系统。扩声系统的技术指标应根据建筑物用途、类别、服务对象等因素确定。

同声传译系统的信号输出方式分为有线、无线和两者混合方式，无线方式可分为感应式和红外辐射式两种。同声传译系统具有直接翻译和二次翻译两种形式，其设备及用房宜根据二次翻译的工作方式设置，同声传译系统语言清晰度应达到良好以上。

知识要点 1　电话系统的设计

考题一　关于电话站技术用房位置的下述说法哪种不正确？（ ）

A. 不宜设在浴池、卫生间、开水房及其他容易积水房间的附近
B. 不宜设在水泵房、冷冻空调机房及其他有较大振动场所附近
C. 不宜设在锅炉房、洗衣房以及空气中粉尘含量过高或有腐蚀性气体、腐蚀性排泄物等场所附近

D. 宜靠近配变电所设置，在变压器室、配电室楼上、楼下或隔壁

[答案] D

[知识快览]

电话技术用房应远离变配电所设置，减少磁干扰场强。

考题二　电话站技术用房应采用下列哪一种地面？（　　）

A. 水磨石地面　　　　　　　　　B. 防滑地砖

C. 防静电的活动地板或塑料地面　　D. 无要求

[答案] C

[知识快览]

电话站技术用房的地面（除蓄电池室），应采用防静电的活动地板或塑料地面，有条件时亦可采用木地板。

[考点分析与应试指导]

本知识要点的考查重点是电话站技术用房的设计原则，试题有一定的重复率，请考生对真题有一定的了解。

另外，请考生具备以下知识：调度电话站、会议电话室的位置，应选择在防止泄密、便利生产指挥和噪声小的地点，并应尽量避免设在有腐蚀性气体厂房最大频率风向的下风侧。如与产生噪声较大的房间（如空调机室、通风机室、充气维护室、油机室等）邻近时，应采取隔声消声措施，设备基础应根据振动力的大小采取相应的减振措施。调度电话站和会议电话室应采取防尘措施，室内表面材料不应起灰。室内温湿度应符合所装设备的要求，并根据环境条件设置采暖、通风、空调设施。

难易程度：A级。

知识要点2　有线广播和扩声、同声传译的设计

考题一　（2008、2006）关于会议厅、报告厅内同声传译信号的输出方式，下列叙述中哪一个是错误的？（　　）

A. 设置固定座席并有保密要求时，宜采用无线方式

B. 设置活动座席时，宜采用无线方式

C. 在采用无线方式时，宜采用红外辐射方式

D. 既有固定座席又有活动座席，宜采用有线、无线混合方式

[答案] A

[知识快览]

同声传译的信号输出方式一般分为有线、无线或者两者结合，具体选用宜符合下列规定：

（1）置固定座席并有保密要求的场所，宜采用无线式。在听众的座席上应设有耳机插孔、音量调节和分路选择开关的收听盒。

（2）不设固定座席的场所，宜采用无线式。当采用感应式同声传译设备时，在不影响接收效果的前提下，天线宜沿吊顶、装修墙面敷设，亦可在地面下或无抗静电措施的地毯下敷设。

（3）特殊需要时，宜采用有线和无线混合方式。

考题二　（2007）民用建筑中广播系统选用的扬声器，下列哪项是正确的？（　　）

A. 办公室的业务广播系统选用的扬声器不小于5W
B. 走廊、门厅的广播扬声器不大于2W
C. 室外扬声器应选用防潮保护型
D. 室内公共场所选用号筒扬声器

[答案] C

[知识快览]

《民用建筑电气设计标准》GB 51348—2019 第 16.4.7 条,办公室、生活间、客房等可采用1~3W的扬声器;走廊、门厅及公共场所的背景音乐、业务广播等宜采用3~5W的扬声器。

考题三 (2005) 关于有线广播控制室的土建及其设施要求,下面哪一条是正确的?（　　）

A. 机房净高不低于2.3m   B. 采用水磨石地面
C. 采用木地板或塑料地面   D. 照明照度不低于100lx

[答案] C

[知识快览]

《民用建筑电气设计标准》GB 51348—2019 第 23.4 条表 23.4.2、表 23.4.3 的要求,机房净高不低于2.5m,使用防静电地面,照明照度不低于300lx。

考题四　扩声控制室的下列土建要求中,哪条是错误的?（　　）

A. 镜框式剧场扩声控制室宜设在观众厅后部
B. 体育馆内扩声控制室宜设在主席台侧
C. 报告厅扩声控制室宜设在主席台侧
D. 扩声控制室不应与电气设备机房上、下、左、右贴邻布置

[答案] C

[知识快览]

根据《民用建筑电气设计标准》GB 51348—2019 第 16.7.4 条,报告厅扩声控制室宜设在观众厅后部。

考题五　演播室及播音室的隔声门及观察窗的隔声量每个应不少于（　　）dB。

A. 40　　　　　B. 50　　　　　C. 60　　　　　D. 80

[答案] C

[知识快览]

隔声门及观察窗的隔声量每个应不少于60dB。

考题六　演播室与控制室地面高度的关系如下,何种正确?（　　）

A. 演播室地面宜高于控制室地面0.3m
B. 控制室地面宜高于演播室地面0.3m
C. 演播室地面宜高于控制室地面0.5m
D. 控制室地面宜高于演播室地面0.5m

[答案] B

[知识快览]

控制室地面宜高于演播室地面0.3m。

[考点分析与应试指导]

本知识要点要求考生具有一定的专业知识,并且了解《民用建筑电气设计标准》GB 51348—2019 中第 16 部分,规范条款较多,考题比较分散,考查重点在于重要环节的参数设置,考生应该牢记。建议在理解的基础上多做真题和模拟题加以巩固。难易程度:B级。

知识要点 3　信息机房系统

考题一（2009）电话站、扩声控制室、电子计算机房等弱电机房位置选择时,都要远离变配电所,主要是为了（　　）。

A. 防火　　　　　　　　　　B. 防电磁干扰
C. 线路敷设方便　　　　　　D. 防电击

[答案] B

[知识快览]

机房选址在外部环境方面应重点考虑以下事项:

（1）电力供给应充足可靠,通信应快速畅通,交通应便捷。

（2）采用水蒸发冷却方式制冷的数据中心,水源应充足。

（3）自然环境应清洁,环境温度应有利于节约能源。

（4）应远离产生粉尘、油烟、有害气体以及生产或贮存具有腐蚀性、易燃、易爆物品的场所。

（5）应远离水灾、地震等自然灾害隐患区域。

（6）应远离强震源和强噪声源。

（7）应避开强电磁干扰。

（8）A级数据中心不宜建在公共停车库的正上方。

（9）大中型数据中心不宜建在住宅小区和商业区内。

考题二（2004）通信机房的位置选择,下列哪一种是不适当的?（　　）

A. 应布置在环境比较清静和清洁的区域
B. 宜设在地下层
C. 在公共建筑中宜设在二层及以上
D. 住宅小区内应与物业用房设置在一起

[答案] B

[知识快览]

由于潮湿影响,通信机房不宜设在地下层。

考题三　关于计算机用房的下述说法哪种不正确?（　　）

A. 业务用计算机电源属于一级电力负荷
B. 计算机房应远离易燃易爆场所及振动源
C. 为取电方便应设在配电室附近
D. 计算机用房应设独立的空调系统或在空调系统中设置独立的空气循环系统

[答案] C

[知识快览]

计算机用房应远离配电室,减少磁干扰场强。

[考点分析与应试指导]

本知识要点是考试的高频考点,重点考查考生对于信息机房的设置原则和要求,尤其是信息机房对于防火、防电磁干扰的要求。考生需具有一定的专业知识,并且了解《民用建筑电气设计标准》GB 51348—2019 中第 23 部分。由于专业性较强,需要具有一定的工程经验才能更好掌握。难易程度:B 级。

3.9 共用天线电视系统和闭路应用电视系统

 [知识储备]

目前我国多数电缆电视系统主要分送由集体接收天线接收到的无线广播电视信号(即转播无线广播电视节目),通常将这样的系统称"共用天线电视系统"。利用共用天线电视系统的电缆分配网,也可以分送商品音像制品的重放信号(放录像)。共用天线电视系统是一种主要用于传输和分送无线电广播电视信号的电缆分配系统。习惯上主要用于传输并分送电视及其伴音信号的电缆分配系统,也称为电缆电视系统。

闭路电视系统是指用金属电缆或光缆在闭合的环路内传输电视信号的系统。对于工业电视系统,一般指非广播电视系统而言,由于它首先并广泛应用于工业,故惯称为工业电视系统,其特点主要是以电缆方式在特定的范围内形成电视信号的传输系统。因其系统是闭合回路结构,故又称为闭路电视系统。由于工业电视的用途十分广泛,因此,也有称应用于不同场合的工业电视为应用电视。

知识要点 1　共用天线电视系统

考题一 (2006) 建筑高度超过 100m 的建筑物,其设在屋顶平台上的共用天线,距屋顶直升机停机坪的距离不应小于下列哪个数值?(　　)

A. 1.00m　　　　B. 3.00m　　　　C. 5.00m　　　　D. 10.00m

[答案] C

[知识快览]

根据《建筑设计防火规范》GB 50016—2014 第 7.4.2 条,设在屋顶平台上的设备机房、水箱间、电梯机房、共用天线等突出物,距屋顶直升机停机坪的距离不应小于 5.00m。

考题二　共用天线电视系统(CATV)接收天线位置的选择,下述原则哪个提法不恰当?(　　)

A. 宜设在电视信号场强较强,电磁波传输路径单一处

B. 应远离电气化铁路和高压电力线处

C. 必须接近大楼用户中心处

D. 尽量靠近 CATV 的前端设备处

[答案] C

[知识快览]

根据《民用建筑电气设计标准》GB 51348—2019 第 15.4.5 条,卫星电视接收站宜选

择在周围无微波站和雷达站等干扰源处，并应避开同频干扰；应远离高压线和飞机主航道；卫星信号接收方向应保证无遮挡。

[考点分析与应试指导]

本知识要点的考查重点是共用天线电视系统接收天线位置的选择，要注意相关参数的设置并牢记。考题一般都是常识性的问题，比较简单，不难掌握。难易程度：A级。

知识要点2 闭路应用电视系统

考题一（2010）有线电视系统应采用哪一种电源电压供电？（ ）
A. 交流380V　　B. 直流24V　　C. 交流220V　　D. 直流220V

[答案] C

[知识快览]

有线电视系统应采用单相220V、50Hz交流电源供电，电源配电箱内，宜根据需要安装浪涌保护器。

考题二（2007）有线电视的前端部分包括三部分，下列哪项是正确的？（ ）
A. 信号源部分、信号处理部分、信号放大合成输出部分
B. 电源部分、信号源部分、信号处理部分
C. 电源部分、信号处理部分、信号传输部分
D. 信号源部分、信号传输部分、电源部分

[答案] A

[知识快览]

有线电视的前端部分包括信号源部分，信号处理部分，信号放大、合成、输出三部分。

[考点分析与应试指导]

本知识要点的考查重点是有线电视系统的组成以及各部分的功能，大多数是基本常识。另外，请考生具备系统设计原则的以下知识：

有线电视系统设计时应明确下列主要条件和技术要求：

1　系统规模、用户分布及功能需求；
2　接入的有线电视网或自设前端的各类信号源和自办节目的数量、类别；
3　城镇的有线电视系统，应采用双向传输及三网融合技术方案；
4　接收天线设置点的实测场强值或理论计算的信号场强值及有线电视网络信号接口参数；
5　接收天线设置点建筑物周围的地形、地貌以及干扰源、气象和大气污染状况等。

难易程度：A级。

3.10 呼应（叫）信号及公共显示装置

[知识储备]

呼应信号系统是指以找人为目的的声光提示及应答系统，包括病房护理呼应信号系

统、候诊排队叫号系统、老年人公寓呼应信号系统、营业厅排队叫号系统、电梯多方通话系统、公共求助呼应信号系统等。

信息显示系统是指在会议厅（室）及公共场所以信息传播为目的的计时及动态文字、图形、图像显示系统。包括信息引导及发布电子显示系统、会议等系统的信息显示单元、时钟系统等。

知识要点　呼应（叫）信号及公共显示装置的设备选择

考题一（2006）医院呼叫信号装置使用的交流工作电压范围应是（　　）。
A. 380V 及以下　　　　　　　　　　B. 220V 及以下
C. 10V 及以下　　　　　　　　　　 D. 50V 及以下
［答案］D

［知识快览］
《民用建筑电气设计标准》GB 51348—2019 第 17.2.2 条，医院病房护理呼叫信号系统，应使用交流 50V 及以下安全电压。

考题二　下列关于呼应（叫）信号的设备选择及线路敷设规定，不正确的一项是（　　）。
A. 呼应（叫）信号的设备必须功能齐全
B. 医院、旅馆的呼应（叫）信号装置，应使用 50V 以下安全工作电压
C. 系统连接电缆（线）宜穿钢管保护
D. 系统连接电缆（线）一般不宜采用明敷方式
［答案］A

［知识快览］
呼应（叫）信号的设备选择及线路敷设规定有：
（1）设计中应根据各种呼应（叫）信号设备的灵敏度、可靠性、显示、对讲质量等指标以及操作程式、外观、维护难易等性能，经比较择优选用，不宜片面强调功能齐全。
（2）医院、旅馆的呼应（叫）信号装置，应使用 50V 以下安全工作电压。
（3）系统连接电缆（线）宜穿钢管保护，一般不宜采用明敷方式。

［考点分析与应试指导］
本知识要点的考查频率不高，考生对医院及公共建筑内，呼应信号及信息显示系统的设计有所了解即可，重点掌握设备选择及线路敷设规定。难易程度：A 级。

3.11　智能建筑及综合布线系统

［知识储备］

智能建筑指通过将建筑物的结构、系统、服务和管理根据用户的需求进行最优化组合，从而为用户提供一个高效、舒适、便利的人性化建筑环境。智能建筑是集现代科学技术之大成的产物。其技术基础主要由现代建筑技术、现代计算机技术现代通信技术和现代控制技术所组成。建筑智能化工程又称弱电系统工程，主要指通信自动化（CA），楼宇自

动化（BA），办公自动化（OA），消防自动化（FA）和保安自动化（SA），简称5A。

综合布线系统是智能化办公室建设数字化信息系统基础设施，是将所有语音、数据等系统进行统一的规划设计的结构化布线系统，为办公提供信息化、智能化的物质介质，支持将来语音、数据、图文、多媒体等综合应用。综合布线系统产品由各个不同系列的器件所构成，包括传输介质、交叉/直接连接设备、介质连接设备、适配器、传输电子设备、布线工具及测试组件。这些器件可组合成系统结构各自相关的子系统，分别起到各自功能的具体用途。

知识要点1　建筑设备自控系统的设计

考题一（2007）建筑设备自控系统的监控中心，其设置的位置，下列哪一种情况是不允许的？（　　）

A. 环境安静　　　　　　　　　　B. 地下层
C. 靠近变电所、制冷机房　　　　D. 远离易燃易爆场所

[答案] C

[知识快览]

建筑设备自控系统的监控中心靠近变电所、制冷机房，会有电磁干扰及震动和潮湿的影响。

考题二（2010）建筑设备监控系统包括以下哪项功能？（　　）

A. 办公自动化　　　　　　　　　B. 有线电视、广播
C. 供配电系统　　　　　　　　　D. 通信系统

[答案] C

[知识快览]

《民用建筑电气设计标准》GB 51348—2019第18.1.1条，建筑物（群）所属建筑设备监控系统（BAS）的设计可对下列子系统进行设备运行和建筑节能的监测与控制：1 冷热源系统；2 空调及通风系统；3 给水排水系统；4 供配电系统；5 照明系统；6 电梯和自动扶梯系统。

考题三（2005）关于建筑物自动化系统监控中心的设置和要求，下面哪一条规定是正确的？（　　）

A. 监控中心尽可能靠近变配电室
B. 监控中心应设活动地板，活动地板高度不低于0.5m
C. 监控中心的各类导线在活动地板下线槽内敷设，电源线和信号线之间应采用隔离措施
D. 监控中心的上、下方应无卫生间等潮湿房间（不应设在卫生间等潮湿房间的正下方或贴邻）

[答案] C

[知识快览]

监控中心与变配电室距离不宜小于15m；监控中心应设活动地板，活动地板高度不低于0.2m。监控中心的各类导线在活动地板下线槽内敷设，电源线和信号线之间应采用隔离措施，无屏蔽布线，间距宜大于0.3m。线槽内布线，电源线和信号线之间应采用隔离措施，

保证信号线不受外界电磁干扰。监控中心不应设在卫生间等潮湿房间的正下方或贴邻。

考题四（2003）建筑设备自动化系统（BAS），是以下面哪一项的要求为主要内容？（　　）

A. 空调系统　　　　　　　　　　B. 消防火灾自动报警及联动控制系统

C. 安全防范系统　　　　　　　　D. 供配电系统

[答案] A

[知识快览]

BAS 按工作范围有两种定义方法：广义的 BAS 包括建筑设备监控系统、火灾自动报警系统和安全防范系统；狭义的 BAS 即为建筑设备监控系统，从使用方便的角度，简称"BAS"，不包括 B 和 C。"BAS"包括 A 和 D，分析综合型建筑能源消耗量相对集中在暖通空调及照明、动力两大部分，而暖通空调能耗所占比例最大达 60% 以上，照明、动力能耗达 30% 以上，故"BAS"以 A 为主要内容。

考题五（2003）建筑设备自控系统的监控中心设置的位置，下列哪一种情况是不允许的？（　　）

A. 环境安静　　　　　　　　　　B. 地下层

C. 靠近变电所、制冷机房　　　　D. 远离易燃易爆场所

[答案] C

[知识快览]

依据《民用建筑电气设计标准》GB 51348—2019 第 23.2.1 条，机房应远离强电磁场干扰场所；应远离强振动源和强噪声源的场所；不应设置在厕所、浴室或其他潮湿、易积水的场所的正下方或与其贴邻。

[考点分析与应试指导]

本知识要点是考试的高频考点，涉及《民用建筑电气设计标准》GB 51348—2019 第 18 部分。考生应该对监控对象以及监控原则有所了解，包括冷冻水及冷却水系统、热交换系统、采暖通风及空气调节系统、给水与排水系统、供配电系统、公共照明系统、电梯和自动扶梯系统。主要考查各种监控对象的基本原理和设置原则，内容比较分散，有一定的难度。难易程度：B 级。

知识要点 2　综合布线系统的设计

考题一（2010）综合布线有什么功能？（　　）

A. 合并多根弱电回路的各种功能

B. 包含强电、弱电和无线电线路的功能

C. 传输语音、数据、图文和视频信号

D. 综合各种通信线路

[答案] C

[知识快览]

《民用建筑电气设计标准》GB 51348—2019 第 21.1.2 条，综合布线系统应采用开放式网络拓扑结构，应能满足语音、数据、图文和视频等信息传输的要求。

考题二（2008、2006）办公楼综合布线系统信息插座的数量，按基本配置标准的要求是（　　）。

A. 每两个工作区设 1 个　　　　　B. 每个工作区设 1 个
C. 每个工作区设不少于 2 个　　　D. 每个办公室设 1-2 个

[答案] C

[知识快览]

根据《综合布线系统工程设计规范》GB 50311—2016 第 7.1.2 条，每个工作区信息插座数量不宜少于 2 个。

考题三（2008、2006）关于综合布线设备间的布置，机架（柜）前面的净空不应小于下列哪一个尺寸？（　　）

A. 800mm　　　B. 1000mm　　　C. 1200mm　　　D. 500mm

[答案] B

[知识快览]

根据《民用建筑电气设计标准》GB 51348—2019 第 21.5.4 条，机柜单排安装时，前面净空不应小于 1.0m。

考题四（2008）综合布线系统的设备间，其位置的设置宜符合哪项要求？（　　）

A. 靠近低压配电室　　　　　　　B. 靠近工作区
C. 位于配线子系统的中间位置　　D. 位于干线子系统的中间位置

[答案] D

[知识快览]

根据《民用建筑电气设计标准》GB 51348—2019 第 21.5.1 条，设备间应根据主干缆线的传输距离、敷设路由和数量，设置在靠近用户密度中心和主干线缆竖井位置。

考题五　建筑物综合布线系统中电信间的数量是根据下列哪个原则来设计的？（　　）

A. 高层建筑每层至少设两个
B. 多层建筑每层至少设一个
C. 水平线缆长度不超过 90m 设一个
D. 水平配线长度不超过 120m 设一个

[答案] C

考题六（2005 改）综合布线系统的电信间数量，应从所服务的楼层范围考虑，如果配线电缆长度都在 90m 范围以内时，宜设几个电信间？（　　）

A. 1 个　　　B. 2 个　　　C. 3 个　　　D. 4 个

[答案] A

[知识快览]

依据《民用建筑电气设计标准》GB 51348—2019 第 21.5.3 条，综合布线系统的电信间的数量，应按所服务楼层范围及工作区面积来确定，当最长水平电缆长度小于或等于 90m 时，宜设置 1 个电信间。最长水平线缆长度大于 90m 的情况下，宜设 2 个或多个电信间。

考题七（2004）下面哪一条是综合布线的主要功能？（　　）

A. 综合强电和弱电的布线系统
B. 综合电气线路和非电气管线系统
C. 综合火灾自动报警和消防联动控制系统
D. 建筑物内信息通信网络的基础传输通道

[答案] D

[知识快览]

综合布线由传输介质、线路管理硬件、连接器、适配器、传输电子线路等部件组成，并可以通过这些部件来构造各种子系统，故称之为综合布线。综合布线是建筑物或建筑群内部之间的传输网络，以方便语音和数据通信、交换设备及其他信息管理系统的彼此相连。

考题八（2003）综合布线系统中水平布线电缆总长度的允许最大值是（　　）。

A. 50m B. 70m C. 100m D. 120m

[答案] C

[知识快览]

《综合布线系统工程设计规范》GB 50311—2016 第 3.3.2 条，配线子系统信道的最大长度不应大于 100m。

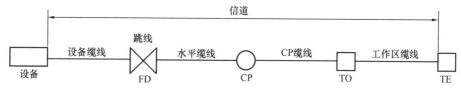

配线子系统缆线划分

考题九（2003）综合布线系统中的设备间应有足够的安装空间，其面积不应小于（　　）。

A. 10m² B. 15m² C. 20m² D. 30m²

[答案] A

[知识快览]

《综合布线系统工程设计规范》GB 50311—2016 第 7.3.3 条，设备间内的空间应满足布线系统配线设备的安装需要，其使用面积不应小于 10m²。

[考点分析与应试指导]

本知识要点是考试的高频考点，涉及的规范包括《综合布线系统工程设计规范》GB 50311—2016 和《民用建筑电气设计标准》GB 51348—2019 的第 21 条。考查的内容主要是综合布线系统的组成、功能，以及重要的参数设置。虽然内容较多，但是都属于基本常识，难度不大。难易程度：A 级。

3.12 电气设计基础

[知识储备]

正弦交流电路是指电路中的电动势、电流和电压都是按正弦规律变化的电路。正弦交流电是由交流发电机或正弦信号发生器产生的。

在正弦交流电路中，电压 u 或电流 i 都可以用时间 t 的正弦函数来表示：

$$\left. \begin{array}{l} u = U_\mathrm{m} \sin(\omega t + \varphi_u)\,\mathrm{V} \\ i = I_\mathrm{m} \sin(\omega t + \varphi_i)\,\mathrm{A} \end{array} \right\}$$

在上式中，u、i 表示在某一瞬时正弦交流电量的值，称为瞬时值，上式称为瞬时表达式；U_m 和 I_m 表示变化过程中出现的最大瞬时值，称为最大值，或称幅值；ω 为正弦交流电的角频率；φ_u、φ_i 为正弦交流电的初相位。最大值、角频率和初相位称为正弦交流电的三个特征量，或称之为三要素。

正弦量的幅值和瞬时值，虽然能表明一个正弦量在某一特定时刻的量值，但是不能用它来衡量整个正弦量的实际作用效果。常引出另一个物理量"有效值"，来衡量整个正弦量的实际作用效果。有效值是用电流的热效应来规定的，即：如果一个交流电流 i 通过某一电阻 R 在一个周期内产生的热量，与一个恒定的直流电流 I 通过同一电阻在相同的时间内产生的热量相等，就用这个直流电的量值 I 作为交流电的量值，称为交流电的有效值。

在交流电路中，有功功率与视在功率的比值用 λ 表示，称为电路的功率因数，即：

$$\lambda = \frac{P}{S} = \cos\varphi$$

电压与电流的相位差 φ 称为功率因数角，它是由电路的参数决定的。在纯电容和纯电感电路中，$P=0$，$Q=S$，$\lambda=0$，功率因数最低；在纯电阻电路中，$Q=0$，$P=S$，$\lambda=1$，功率因数最高。

功率因数是一项重要的电能经济指标。当电网的电压一定时，功率因数太低，会引起下述三方面的问题：

（1）降低了供电设备的利用率。

容量 S 一定的供电设备能够输出的有功功率为：

$$P = S\cos\varphi$$

$\cos\varphi$ 越低，P 越小，设备越得不到充分利用。

（2）增加了供电设备和输电线路的功率损耗。

负载从电源取用的电流为：

$$I = \frac{P}{U\cos\varphi}$$

在 P 和 U 一定的情况下，$\cos\varphi$ 越低，I 就越大，供电设备和输电线路的功率损耗也就越多。

（3）输电线上的线路压降大，因此负载端的电压低，从而使线路上的用电设备不能正常工作，甚至损坏。

提高电感性电路的功率因数会带来显著的经济效益。目前，在各种用电设备中，属电感性的居多。例如，工农业生产中广泛应用的异步电动机和日常生活中大量使用的荧光灯等都属于电感性负载，而且它们的功率因数往往比较低，有时甚至到 $0.2\sim0.3$。供电部门对工业企业单位的功率因数要求是在 0.85 以上，如果用户的负载功率因数低，则需采取措施提高功率因数。提高功率因数的原则是必须保证原负载的工作状态不变，即加至负载上的电压和负载的有功功率不变。

三相电力系统是由三相电源、三相负载和三相输电线路三部分组成。对称三相电源是由三个等幅值、同频率、初相位依次相差 $120°$ 的正弦电压源按照不同的联结方式而组成的电源。将对称三相电源按照不同的联结方式联结起来，可以为负载供电。三相电源的联结方式有两种——星形联结和三角形联结。

不论对称负载是星形联结还是三角形联结，三相负载总的有功功率为：
$$P = \sqrt{3}U_l I_l \cos\varphi$$
式中，U_l、I_l 分别为负载的线电压与线电流；φ 是负载的相电压与相电流之间的相位差。

三相负载总的无功功率与视在功率为：
$$Q = \sqrt{3}U_l I_l \sin\varphi$$
$$S = \sqrt{3}U_l I_l$$

电动机的作用是将电能转换为机械能，广泛用于生产机械的驱动。生产机械由电动机驱动有很多优点：简化生产机械的结构；提高生产率和产品质量；易于实现自动控制和远距离操纵；减轻繁重的体力劳动等。按照使用或产生的电能种类的不同，电动机可分为交流电动机和直流电动机两大类。交流电动机又分为异步电动机（或称感应电动机）或同步电动机。直流电动机按照励磁方式的不同分为他励、并励、串励和复励四种。

三相异步电动机由两个基本部分组成：定子（固定部分）和转子（旋转部分）。定子由机座和装在机座内的圆筒形铁心及其中的三相定子绕组组成。当定子绕组中通过三相交流电流时，可以产生按一定方向以一定速度在空间旋转的磁场，称为旋转磁场。转子在旋转磁场作用下产生转矩，从而带动机械负载转动。

电动机的启动就是接通电源把它开起来。在启动初始瞬间，转子处于静止状态，而旋转磁场立即以 n_0 速度旋转，它们之间的相对速度很大，磁力线切割转子导体的速度很快，此时转子绕组中产生的感应电动势和电流都很大，这与变压器的道理一样，转子电流很大，定子电流相应地很大。在一般中小型电动机中，启动时的定子电流约为额定电流的 5~7 倍。

由于启动时间较短，所以电动机的启动电流虽大，也不会使电动机本身发生过热现象，当电动机启动后，电流便迅速减少，很大的启动电流在短时间内使供电线路电压下降，以致影响其他负载的正常工作。因此，异步电动机启动的主要缺点是启动电流较大。为了减小启动电流，必须采用适当的启动方法。常见的启动方法有：直接启动、自耦调压器降压启动、Y-△降压启动、转子串电阻启动、变频启动等。

知识要点 1　正弦交流电

考题一 （2003-97，2012-82）正弦交流电网电压值，如 380V、220V，此值指的是（　　）。

A. 电压的峰值　　　　　　　　B. 电压的平均值
C. 电压的有效值　　　　　　　D. 电压某一瞬间的瞬时值

［答案］C

［知识快览］

正弦交流量的峰值和瞬时值，虽然能表明一个正弦量在某一特定时刻的量值，但是不能用它来衡量整个正弦量的实际作用效果。常采用另一个物理量"有效值"，来衡量整个正弦量的实际作用效果。有效值是用电流的热效应来规定的，即：如果一个交流电流 i 通过某一电阻 R 在一个周期内产生的热量，与一个恒定的直流电流 I 通过同一电阻在相同的时间内产生的热量相等，就用这个直流电的量值 I 作为交流电的量值，称为交流电的有效值。

通常所说的交流电压多少伏、交流电流多少安，都是指有效值。例如交流电压 220V 或 380V，交流电流 5A、10A 等都是有效值。

考题二（2009-97）下列单位中哪一个是用于表示无功功率的单位？（　　）

A. kW　　　　　B. kV　　　　　C. kA　　　　　D. kVar

[答案] D

[知识快览]

kW 和 kVar 均为功率的单位，kW 是有功功率，kVar 是无功功率的单位。

考题三（2007-97）交流电路中的阻抗与下列哪个参数无关？（　　）

A. 电阻　　　　B. 电抗　　　　C. 电容　　　　D. 磁通量

[答案] D

[知识快览]

交流电路中的阻抗与电阻、电抗和电容有关。

考题四（2004-97）用电设备在功率不变的情况下，电压和电流两者之间的关系，下面哪条叙述是正确的？（　　）

A. 电压与电流两者之间无关系　　　　B. 电压越高，电流越小

C. 电压越高，电流越大　　　　　　　D. 电压不变，电流可以任意变化

[答案] B

[知识快览]

功率＝电压×电流

考题五（2003-98）有功功率、无功功率表示的单位分别是（　　）。

A. W、VA　　　B. W、Var　　　C. Var、VA　　　D. VA、W

[答案] B

[知识快览]

有功功率、无功功率、视在功率的符号分别是 P、Q、S，单位分别是 W、Var、VA，选择中给的是单位，所以有功功率、无功功率的单位是 W、Var。

[考点分析与应试指导]

电气设计基础中正弦交流电的考点涉及建筑电气设计、施工等的基础知识。考生应理解正弦交流电的电压、电流、功率的概念及对应的单位和计算公式。了解电路中的负载以及负载的阻抗性质，理解三相电路线电压与相电压的概念及关系。本考点以基本概念为主，题目较简单，属于得分项。难易程度：A 级。

知识要点 2　电机

考题一（2009-98，2008-97，2007-98）下列哪种调速方法是交流笼型电动机的调速方法？（　　）

A. 电枢回路串电阻　　　　　　　B. 改变励磁调速

C. 变频调速　　　　　　　　　　D. 串级调速

[答案] C

[知识快览]

电枢回路串电阻是绕线式异步电动机的调速方法;改变励磁调速是直流电动机的调速方法;变频调速是交流鼠笼异步电动机的调速方法;串级调速是交流绕线式异步电动机的调速方法。

考题二(2004-98)某一工程生活水泵的电动机,请判断属于哪一类负载?(　　)

A. 交流电阻性负载　　　　　　　　B. 直流电阻性负载
C. 交流电感性负载　　　　　　　　D. 交流电容性负载

[答案] C

[知识快览]

常用生活水泵的电动机属于交流电感性负载。

考题三(2005-98)民用建筑和工业建筑中最常用的低压电动机是哪一种类型?(　　)

A. 交流异步鼠笼型电动机　　　　　B. 同步电动机
C. 直流电动机　　　　　　　　　　D. 交流异步绕线电动机

[答案] A

[知识快览]

电动机按产生或耗用电能种类的不同,分为直流电动机和交流电动机;交流电动机又按它的转子转速与旋转磁场转速的关系不同,分为同步电动机和异步电动机;异步电动机按转子结构的不同,还可分为绕线式异步电动机和鼠笼式异步电动机。民用建筑和工业建筑中最常用的低压电动机是交流异步鼠笼型电动机。

考题四(2005-108)关于电动机的启动,下面哪一条描述是不正确的?(　　)

A. 电动机启动时应满足机械设备要求的启动转矩
B. 电动机启动时应保证机械设备能承受其冲击转矩
C. 电动机启动时应不影响其他用电设备的正常运行
D. 电动机的启动电流小于其额定电流

[答案] D

[知识快览]

根据电动机的启动特性,电动机的启动电流大于其额定电流。

考题五(2004-108)电动机回路中的热继电器是(　　)。

A. 短路保护　　B. 过载保护　　C. 漏电保护　　D. 低电压保护

[答案] B

[知识快览]

热继电器主要用来对异步动机进行过载保护。

[考点分析与应试指导]

变压器和异步电动机、同步电动机、交流电动机、直流电动机等均属于电动机。变压器的考点多集中在变配电所部分,因此对于电动机的考点多见电动机启动、调速、负载特性以及保护等方面,对于这些基本概念,建议考生结合配电系统的供电理解掌握。难易程度:A级。

编委风采

张 霖
职　　务：副总建筑师
职　　称：教授级高级工程师
职业资格：国家一级注册建筑师
单位名称：华蓝设计（集团）有限公司

张晋元
职　　务：主任
职　　称：教授
职业资格：一级注册工程师
单位名称：天津大学

谭方彤
职　　务：副总建筑师
职　　称：教授级高级工程师
职业资格：国家一级注册建筑师
单位名称：华蓝设计（集团）有限公司

褟晓林
职　　务：副总建筑师
职　　称：教授级高级工程师
职业资格：国家一级注册建筑师
单位名称：华蓝设计（集团）有限公司

田力
职　　称：副教授
单位名称：天津大学